DER ELEKTROMAGNETISMUS.

Von

Dr. JULIUS DUB.

DER
ELEKTROMAGNETISMUS.

Von

Dr. JULIUS DUB.

MIT 120 IN DEN TEXT EINGEDRUCKTEN HOLZSCHNITTEN.

BERLIN.

VERLAG VON JULIUS SPRINGER.

1861.

ISBN 978-3-642-50558-4 ISBN 978-3-642-50868-4 (eBook)
DOI 10.1007/978-3-642-50868-4

VORREDE.

In der kurzen Zeit, seitdem der Elektromagnetismus bekannt ist, sind in der Erforschung der Gesetze desselben bereits grosse Fortschritte gemacht worden. Allein die grosse Zahl der angestellten Untersuchungen, die in den verschiedenen wissenschaftlichen Journalen zerstreut sind und überdies noch einer sichtenden Kritik bedürfen, erschwert den Ueberblick über die bis jetzt erlangten Resultate der Forschungen in dem Maasse, dass ein solcher nur einem angestrengten Studium möglich wird.

Aus diesen Gründen habe ich es unternommen, die bisher nur dem forschenden Sachkenner zugänglichen Lehren des Elektromagnetismus nicht allein den Physikern, denen dieses Studium ferner liegt, sondern auch den Technikern, welche den Elektromagnetismus praktisch anwenden, sowie endlich dem gebildeten Publikum, dessen Interesse für die Anwendung dieser Kraft sich von Tag zu Tag steigert, näher zu führen. Zu dem Zwecke sind die bis jetzt als richtig anerkannten Gesetze systematisch zusammengestellt und wissenschaftlich begründet, die Mängel einiger Forschungen nachgewiesen und die durch dieselben erregten Zweifel gehoben worden.

Ausserdem habe ich mich bemüht, noch vorhandene Lücken durch neue Untersuchungen auszufüllen, und dadurch mehreren Gesetzen eine allgemeinere Geltung oder festere Begründung zu verschaffen.

Die Anwendung, welche man bis jetzt von dem Elektromagnetismus gemacht hat, konnte in dem vorliegenden Werke nicht besprochen werden. Denn obschon das Ziel, das sich gleich nach der Entdeckung dieser Art des Magnetismus die Physiker gesteckt hatten, nämlich ihn als Triebkraft anzuwenden, nicht erreicht worden ist, sondern die neuesten Forschungen eine solche Anwendung für jetzt und wahrscheinlich auch für die Folge als unmöglich herausgestellt haben; so ist doch diese Kraft anderweitig bereits so mannigfach nutzbar gemacht worden, dass eine Darlegung der Anwendung zu umfangreich geworden wäre, und daher einer späteren Arbeit vorbehalten bleiben musste.

Aus demselben Grunde, den Umfang des Werkes nicht zu sehr zu vergrössern, habe ich mich auch veranlasst gefunden, einen kleinen Theil der Lehren des Elektromagnetismus selbst zu übergehen, nämlich die durch diese Kraft hervorgerufenen Rotationen, insofern sie nicht bei den Maschinen zur Sprache kommen. Die Begründung dieses Theiles der elektromagnetischen Erscheinungen würde besonders aus dem Grunde zu umfangreich werden, weil sie nicht ohne Besprechung der elektro-dynamischen Gesetze möglich ist. Ich halte das Uebergehen der hieher gehörigen Erscheinungen um so mehr für gerechtfertigt, weil bereits umfassende und gründliche Darstellungen derselben das hier zu Gebende nur als eine compendiöse Wiederholung erscheinen lassen müsste.

Die grosse Ausdehnung, welche die Darstellung der Lehren des Elektromagnetismus erlangt hat, findet besonders darin ihren Grund, dass die bis jetzt aufgestellten Gesetze meist nur für enge Gränzen Geltung haben und daher in grosser Zahl vorhanden sind. Das Ziel der gesammten Forschungen, durch die Gesetze die Kraftäusserungen eines Magneten aus den gegebenen Bedingungen für einen jeden Fall zu bestimmen, liegt leider noch fern. Nach Erreichung desselben werden die Lehren des Elektromagnetismus in wenige Sätze gefasst werden können, sie werden alsdann vielleicht wie das Ohm'sche Gesetz für die Erscheinungen an der voltaischen Säule in einer oder doch nur in wenigen Formeln bestehen.

Für diejenigen Leser, denen es nicht um die wissenschaftliche Begründung des bisher Gefundenen zu thun ist, und die doch den Wunsch hegen, sich einen Ueberblick über die bereits bekannten Thatsachen auf dem Gebiete des Elektromagnetismus zu verschaffen, ist noch zu bemerken, dass der letzte Abschnitt die Resultate aller bisherigen Untersuchungen im Zusammenhange darstellt, so dass derselbe einerseits den Inhalt des ganzen Werkes giebt, andererseits aber als ein gesondertes Ganzes betrachtet und studirt werden kann, über welches die vorhergehenden Abschnitte näheren Aufschluss ertheilen.

Berlin, im Juli 1860.

Julius Dub.

Inhaltsverzeichniss.

Abschnitt II.

Seite

Abschnitt III.

Abschnitt IV.

Seite

Abschnitt VI.

Abschnitt VII.

I. Der erregte Magnetismus.

II. Der freie Magnetismus.

Abschnitt XII.

Der Elektromagnetismus.

I. Abschnitt.

Die Gesetze der Nadelablenkung durch den galvanischen Strom

und die

Messapparate,

welche auf diese Gesetze gegründet sind.

§. 1.

Oersted's Entdeckung.

1. Schon lange vor der Bekanntschaft mit dem Elektromagnetismus hatte man den Einfluss der Elektricität auf magnetisirbare Körper beobachtet. Man hatte nicht allein Stahlinstrumente durch einen Blitzschlag oder andere starke elektrische Entladungen magnetisirt, sondern sogar den Magnetismus von Magnetnadeln durch dieselbe Ursache umgekehrt gefunden. In Folge von dergleichen Beobachtungen bemühte man sich, gestützt auf die Ansichten der dynamischen Naturphilosophie, dass die sogenannten imponderabelen Stoffe die Aeusserungen einer Urkraft seien, den Beweis für die Behauptung zu führen, dass Magnetismus und Elektricität identisch wären. J. W. Ritter besonders stellte den Satz auf, und suchte dafür den experimentellen Beweis zu liefern, dass jede Voltaische Säule ein Magnet sei, und ihre Elektroden magnetische Polarität zeigen.[1]) Er behauptete, dass eine Nadel, die aus Silber und Zink bestand, sich in den magnetischen Meridian gestellt habe, und durch die Pole eines Magneten leicht angezogen und abgestossen worden sei. Er gab ferner an, dass es ihm gelungen sei, einer Goldmünze positive und negative elektrische Pole zu ertheilen, indem er sie in einen galvanischen Strom brachte, und die so mitgetheilte Polarität sei vom Golde beibehalten worden, nachdem es mit anderen Metallen in Berührung gekommen war, und scheine deshalb an der Natur des Magnetismus Theil zu haben. Diese Versuche erweckten bei Ritter eine unbestimmte Vorstellung, dass elektrische Verbindungen, wenn sie ihre elektrische Spannung nicht äusserten, in einem magnetischen Zustand sich befänden, und dass eine Art

[1]) Beiträge zum Galvanismus II. 55, Gilbert Ann. 26 p. 21 (1807), Ann. de Chem. 64 p. 80.

elektromagnetischen Meridians vorhanden sei, der auf der Elektricität der Erde beruhe und im rechten Winkel zu den magnetischen Polen stehe.[1])

Dem Grafen Beccaria fiel bei seinen Versuchen (1777) über die Natur des magnetischen Einflusses der Elektricität die Thatsache auf, dass eine Compassnadel, durch die er einen elektrischen Schlag sandte, statt sich von Norden nach Süden zu drehen, sich von Westen nach Osten stellte. Diese Beobachtung steht unter allen der Thatsache am nächsten, deren Entdecker ein halbes Jahrhundert später Oersted wurde.

2. Im Jahre 1813 erschien von Oersted ein Werk über die Gleichheit der Natur der chemischen und elektrischen Kräfte, in welchem er Vermuthungen über die gegenseitigen Beziehungen ausspricht, welche zwischen den elektrischen, galvanischen und magnetischen Flüssigkeiten vorhanden sei. Erst 6 Jahre nach dem Erscheinen dieses Werkes beobachtete Oersted in einer Vorlesung im Winter 1819 bis 1820, dass ein die beiden Pole einer Voltaischen Batterie verbindender Platindraht die Magnetnadel aus ihrer Ruhelage ablenkte. Er veröffentlichte diese Entdeckung in einem Werke unter dem Titel: „Experimenta circa efficaciam conflictus electrici in acum magneticam," dessen Uebersetzung sich in Gilbert's Annalen 66 p. 295 findet. Der erste Bericht, welcher über seine Entdeckung in England erschien, lautete folgendermassen: [2])

„Die zwei Pole einer starken Voltaischen Batterie wurden durch einen Metalldraht verbunden, so dass sie eine vollständige galvanische Kette bildeten. Der Draht, welcher dazu dient, ist von Oersted der Schliessungs- oder Vereinigungsdraht genannt worden, und er bezeichnet die Wirkung, die in diesem Leiter und in dem umgebenden Raume beim Durchgange der Elektricität stattfindet, mit dem Namen elektrischer Conflict, weil er die Vorstellung hegt, es finde sich ein fortwährender Zusammenstoss und Neutralisation der zwei Arten elektrischer Flüssigkeiten, während sie in entgegengesetzten Strömungen in der Vorrichtung umliefen. Alsdann nahm er eine Compassnadel, brachte sie auf ihrem Zapfen in gehöriges Gleichgewicht, liess sie die natürliche Lage im magnetischen Meridian annehmen und legte einen geraden Theil des Vereinigungsdrahtes horizontal über die Nadel und in paralleler Richtung mit derselben. Er vervollständigte alsdann die galvanische Kette, so dass der Strom durch den Draht ging. Im Augenblicke, wo dies geschah, veränderte die Nadel ihre Stellung; ihre Enden wichen von Norden und Süden nach Osten und Westen ab, je nach der Richtung, worin der elektrische Strom floss, so dass die Umkehrung der Richtung des

[1]) Elektromagnetismus von Roget p. 8. [2]) Roget p. 9.

Stromes auch die Richtung der Nadel umkehrte. Das allgemeine Gesetz hat er auf folgende Weise ausgedrückt: „dasjenige Ende der Nadel, welches der negativen Seite der Batterie zunächst liegt, oder auf welches der Strom positiver Elektricität zufliesst, bewegt sich sogleich nach Westen.“

3. Oersted war der Meinung, dass erst eine sehr kräftige Batterie, wie es auch in dem obigen Berichte heisst, die Erscheinung hervortreten lasse, und wiederholte daher nach der ersten Entdeckung die Versuche vor mehreren Zeugen mit zwanzig Elementen, deren kupferne Zellen einen Fuss im Quadrat und $2\frac{1}{2}''$ Breite hatten, in welche eine Zinkplatte von $10''$ Seite tauchte. Die Zellen waren mit Wasser gefüllt, das mit $\frac{1}{60}$ seines Gewichtes Schwefelsäure und ebenso viel Salpetersäure versetzt war. Vor Allem hielt Oersted das Glühen des Verbindungsdrahtes der Batterie zu der von ihm gemachten Entdeckung für nothwendig, denn er schliesst die Beschreibung der Batterie mit den Worten: „doch können auch kleinere Apparate gebraucht werden, wenn sie nur einen Draht zum Glühen zu bringen vermögen.“

Pictet, Arago und Ampère wiederholten diese Versuche unter denselben Bedingungen, und bald darnach macht Gilbert im 66. Bande seiner Annalen p. 332 darauf aufmerksam, dass eine so grosse Stromes-Intensität, wie man sie angewandt hatte, zu diesen Versuchen durchaus überflüssig sei, und ein aus einem einzigen Paare bestehender Apparat hinreiche, die Einwirkung des galvanischen Stromes auf die Magnetnadel, auf eine bestimmte und sehr in die Augen fallende Weise hervorzubringen.

4. Das Resultat der Versuche, welche von Oersted ausführlich beschrieben worden, stellte sich folgendermassen heraus:

Der von einem galvanischen Strome durchflossene Leitungsdraht zeigt das Bestreben, eine frei schwebende Magnetnadel senkrecht auf die Ebene zu stellen, welche durch die Stromesrichtung und den Mittelpunkt der Nadel geht. Die Lage, welche die Nadel zu dem Drahte einnimmt, ist einerseits von der Richtung des den Leiter durchfliessenden Stromes, anderseits von der Stellung der Nadel zu dem Leiter abhängig. Ampère hat bekanntlich in folgender Weise die Regel angegeben, welche in allen Fällen die Richtung der Nadel zu dem Leiter feststellt. Denkt man sich eine menschliche Figur in der Richtung des den Leiter durchfliessenden positiven Stromes schwimmend, so hat diese Figur, wenn ihr Gesicht der Nadel zugekehrt ist, den Nordpol derselben zu ihrer Linken. Hierbei sei ein für alle Mal bemerkt, dass künftig immer, nach der in Deutschland üblichen Weise, derjenige Pol der Nadel der Nordpol genannt wird, welcher sich nach Norden richtet. Aus dieser Regel folgt denn, dass, wenn die Nadel sich unter dem Leitungsdrahte befindet, dieselbe in entgegengesetzter Richtung abgelenkt wird, als wenn sie über demselben ist; denn im ersten Falle muss die Figur mit nach unten gekehrtem, im zweiten mit nach oben gekehrtem Gesicht schwimmen.

Fig. 1.

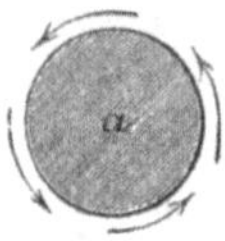

In gleicher Weise ist die Nadel, wenn sie auf der rechten Seite des Drahtes gehalten wird, umgekehrt gerichtet, wie wenn sie sich links befindet. Stellt also der Kreis *a* den Querschnitt des Leiters dar, so sind die um ihn gezeichneten Pfeile die Richtungen der Nadel, wenn der positive Strom von der Fläche des Papieres aus sich nach vorn bewegt, und die Spitzen den Nordpol bezeichnen.

§. 2.

Wirkung eines geradlinigen Stromes auf die Magnetnadel.

1. Nach diesem von Oersted gefundenen Satze, dass die Richtung der Kraft, welche die Magnetnadel ablenkt, in einer senkrecht auf der Längsrichtung des Stromleiters stehenden Ebene wirkt, untersuchten Biot und Savart das Gesetz, nach welchem die von dem Schliessungsdrahte ausgehende Kraft je nach verschiedenen Entfernungen von seiner Axe abnimmt.[1]) Sie gelangten auf experimentellem Wege zu diesem Gesetze. Eine Magnetnadel ward an einen Coconfaden horizontal aufgehängt, und der Kraft des Erdmagnetismus dadurch entzogen, dass ein horizontal liegender Magnetstab in eine solche Richtung und Entfernung zu derselben gebracht wurde, dass er die Wirkung der Erdkraft compensirte. Dieser in den Indifferenzzustand versetzten Nadel ward ein möglichst langer, von oben nach unten gespannter Schliessungsdraht in verschiedenen Entfernungen genähert, und in jeder dieser Stellungen die Zeitdauer gemessen, welche die Nadel zu 10 Oscillationen gebrauchte.

Sie erhielten in dieser Weise folgende Versuchsreihe:

Abstände der Nadel vom Draht.	Dauer von 10 Oscillationen.		Differenz.
	beobachtet.	berechnet.	
40mm	48″,62	48″,85	—0″,23
20	33″,88	33″,50	+0″,38
50	53″,74	54″,75	—1″,01
60	59″,40	56″,75	+2″,65
120	84″,25	89″,00	—4″,75
15	30″,99	30″,00	+0″,99

[1]) Experimentalphysik von Biot, übersetzt von Fechner 1829, IV. p. 158.

Aus dieser Reihe geht hervor, dass die beobachteten Kräfte sich ziemlich genau umgekehrt wie die Entfernung der Strombahn von der Nadel verhalten. Die Differenzen zwischen diesen Beobachtungen und den nach der Formel $N' = N\sqrt{\frac{D'}{D}}$ berechneten Werthen der Schwingungsdauer, wo N und N' die Sekundenzahl und D und D' die Abstände für zwei verschiedene Beobachtungen bedeuten, sind sowohl positiv als negativ, und werden um so grösser, je grösser die Abstände sind. Dies ist aus dem Grunde natürlich, weil der Mangel an absoluter Indifferenz der Nadel gegen den Erdmagnetismus um so mehr hervortreten muss, je geringer der Einfluss des Stromes, d. h. je weiter derselbe von der Nadel entfernt ist. Die Versuche berechtigen daher zur Aufstellung des Gesetzes: Die Gesammtwirkung des Verbindungsdrahtes auf irgend ein magnetisches Element verhält sich umgekehrt wie der geradlinige Abstand dieses vom Drahte.

Ueber denselben Gegenstand liegen auch Versuche von Schmidt vor,[1]) welcher andererseits dieses Gesetz auch aus der Annahme entwickelt hat, dass ein Stromelement die Nadel im umgekehrten Verhältnisse des Quadrates der Entfernungen ablenke.[2])

2. Setzen wir voraus, dass ein Stromelement ab (Fig. 2) auf ein magnetisches Theilchen μ umgekehrt wie das Quadrat seiner Entfernung r von demselben wirke, so ergiebt sich die analytische Entwicklung des obigen Gesetzes in folgender Weise.

Fig. 2.

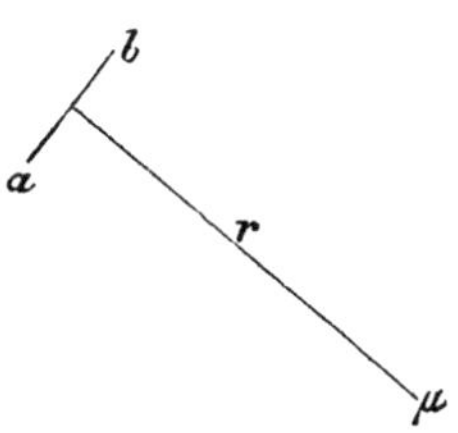

Die Kraft, mit der für diesen Fall das Stromelement auf das magnetische Theilchen wirkt, und deren Richtung auf der durch ab und μ gehenden Ebene senkrecht steht, ist alsdann proportional der Stromstärke S, der Länge des Elementes ab, der Intensität des Theilchens μ, und umgekehrt proportional dem Quadrate der Entfernung r, so dass sich als Ausdruck der Intensität der Kraft ergiebt:

$$J = \frac{\mu S ab}{r^2}.$$

Ist nun die Richtung des Stromelementes dx (Fig. 3, s. Pag. 8), nicht senkrecht auf der Verbindungslinie r, so erhält man dessen Wirkung, wenn man es, wie eine Kraft, in zwei Stromelemente zerlegt denkt, von welchen

[1]) Gilbert Ann. 70 p. 249. [2]) Ebendas. 71 p. 389.

Fig. 3.

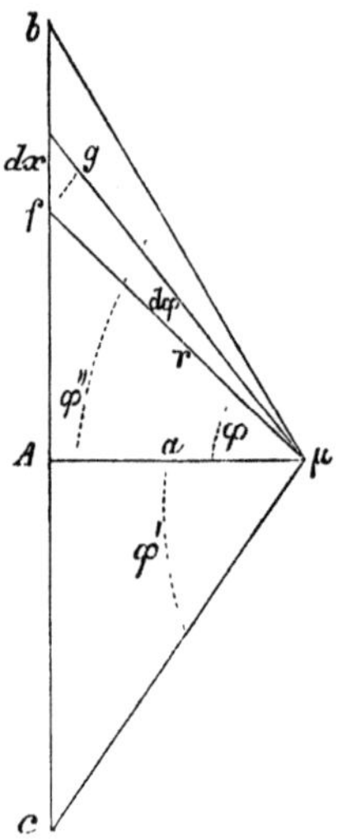

das eine fg senkrecht auf r steht, während das andere in die Richtung von r fällt. Da nun aber das letztere für alle auf ihm senkrechten Richtungen indifferent ist, so kommt nur der Theil fg zur Wirkung Nennen wir nun den Winkel, den r mit dem von μ auf die Stromesrichtung gefällten Lothe a bildet φ, so ist $fg = r d\varphi$ und daher die Wirkung des Elementes dx auf μ gleich

$$\frac{\mu S r d\varphi}{r^2} = \frac{\mu S d\varphi}{r} = \frac{1}{a} S\mu \frac{a}{r} d\varphi$$

$$= \frac{1}{a} \mu S \cos\varphi \, d\varphi.$$

Hieraus ergiebt sich für die Wirkung eines geradlinigen Stromstückes bc, wenn die Werthe von φ für die Endpunkte desselben φ' und φ'' sind, weil die von allen Elementen der Linie bc auf μ ausgeübten Kräfte dieselbe Richtung haben,

$$J = \int_{\varphi'}^{\varphi''} \frac{1}{a} \mu S \cos\varphi \, d\varphi$$

$$= \frac{1}{a} \mu S (\sin\varphi'' - \sin\varphi'),$$

und daher für die Wirkung eines auf beiden Seiten von A unendlich langen Stromes, wo $\varphi'' = 90^0$ und $\varphi' = -90^0$ zu setzen ist:

$$J = \frac{2}{a} \mu S.$$

Für den Fall, dass der Strom von A aus nur nach einer Seite ins Unendliche ginge, wäre hiernach

$$J = \frac{\mu S}{a}.$$

Daraus ergiebt sich denn: *Die Wirkung eines geradlinigen elektrischen Stromes auf ein magnetisches Element ist der Entfernung desselben von der Stromesrichtung umgekehrt proportional, sowohl wenn der Strom nach beiden Seiten, als auch wenn er nur nach einer Seite von dem Fusspunkt des von dem magnetischen Elemente auf die Stromesrichtung gefällten Perpendikels aus unendlich lang ist.*

Ueberhaupt sind nach dem Obigen die von geradlinigen Strömen gleicher Intensität auf ein magnetisches Element geübten Kräfte den von dem Element auf die Stromrichtungen gefällten Perpendikeln umgekehrt proportional, wenn entweder die nach den Endpunkten gezogenen Linien mit den genannten Perpendikeln dieselben Winkel bilden, oder wenn die Differenzen der Sinus dieser Winkel gleich sind.

§. 3.

Wirkung eines Kreisstromes auf die Magnetnadel.

Fig. 4.

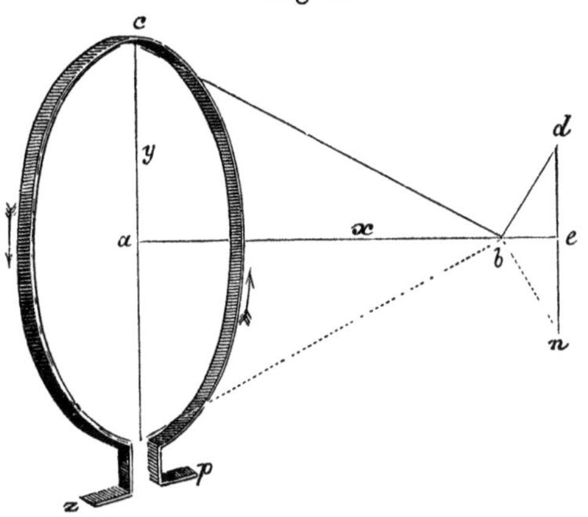

Der Einfluss eines Kreisstromes auf ein magnetisches Element ergiebt sich nach einer Darstellung von W. Weber in folgender Weise.[1]) In der Fig. 4 stelle czp einen Kupferring dar, dessen Mittelpunkt a, dessen Axe $ab=x$, und dessen Halbmesser $ac=y$ sei. Die Intensität des Stromes, welcher den Ring in der Richtung des Pfeiles durchfliessen mag, heisse g. In der Axe, in der Entfernung x vom Mittelpunkte befinde sich ein nordmagnetisches Element b von der Intensität μ. Geht nun der Strom durch das Ringelement $yd\varphi$ im Punkte c, so wird das Element von b nach d senkrecht gegen die durch b und durch das Element $yd\varphi$ gelegte Ebene bewegt. Die Grösse dieser bewegenden Kraft, mit der die Ablenkung geschieht, ist einerseits, wie wir gesehen haben, der magnetischen Intensität μ des Elementes, der Stromstärke g und der Länge des Stromelementes $yd\varphi$ gerade, anderseits aber dem Quadrate des Abstandes cb des Stromelementes vom magnetischen Elemente umgekehrt proportional, so dass sich ergiebt:

$$bd=\frac{g\mu y\,d\varphi}{cb^2}.$$

Zerlegt man bd in die Kraft be in der Richtung der Ringaxe, und in die darauf senkrechte ed, von denen nur be zur Wirkung kommt, und sich

[1]) Pogg. Ann. 55 p. 29.

zu der des Elementes summirt, welches dem Elemente $y d\varphi$ in c diametral gegenüber liegt, während der Krafttheil ed von dem des gegenüberliegenden, und deshalb entgegengesetzt gerichteten Elementes en aufgehoben wird.

Wegen Aehnlichkeit der Dreiecke cab und bed ist aber

$$be = \frac{bd.y}{cb}.$$

Es ist also die auf das magnetische Element geübte Kraft

$$dJ = be = \frac{y}{cb} \cdot \frac{g \mu y \, d\varphi}{cb^2}.$$

Da nun $cb = \sqrt{x^2 + y^2}$, so ergiebt sich als Kraft des in c befindlichen Stromelementes $y d\varphi$

$$dJ = \frac{g \mu y^2 d\varphi}{(x^2 + y^2)^{3/2}}.$$

Hieraus erhält man die Resultante der Kraft, mit der alle Elemente des Kreisstromes das Element in b nach der Richtung der Axe zu bewegen suchen, wenn man 2π statt $d\varphi$ setzt, so dass sich ergiebt

$$J = \frac{2\pi g \mu y^2}{(x^2 + y^2)^{3/2}},$$

d. h. Ein magnetisches Element, welches sich in der Axe eines Kreisstromes befindet, wird mit einer Kraft von dem Mittelpunkte des Kreisstromes angezogen oder abgestossen, welche dem Flächeninhalte des Kreises gerade, dagegen der dritten Potenz des Abstandes des Elementes vom Kreisumfange umgekehrt proportional ist.

Fig. 5.

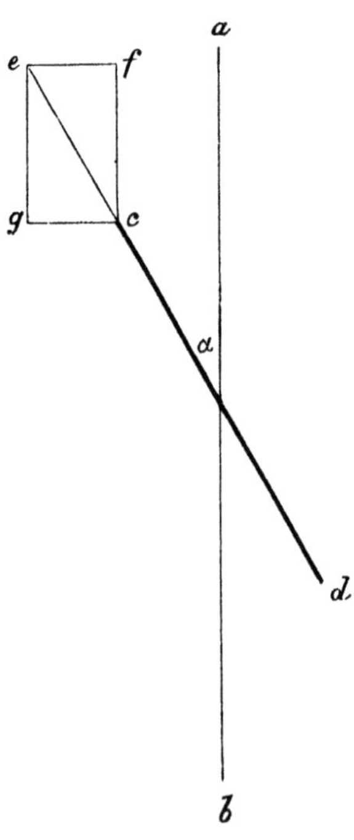

§. 4.

Die Tangentenbussole von Pouillet.

1. Wenn der Kreisstrom sich in dem magnetischen Meridian befindet, dessen Richtung in der Fig. 5 durch die Linie ab dargestellt werden mag, so wirken auf ein nordmagnetisches Element in c von der Intensität μ zwei aufeinander senkrecht stehende Kräfte,

indem nämlich der Erdmagnetismus T dasselbe in die Richtung des Meridians, dagegen der Kreisstrom es senkrecht auf diesen zu stellen strebt. Die Mittelkraft aus beiden ist die Diagonale ce des aus diesen Kräften gebildeten Parallelogramms $cgef$, welche mit dem Meridian einen Winkel α macht, dessen Tangente $= \frac{ef}{fc}$ ist. Eine gleiche Resultante in entgegengesetzter Richtung wirkt auf ein gleiches südmagnetisches Molekül in d. Beide Kräfte heben sich auf, wenn die Nadel ebenfalls mit dem Meridian den Winkel α macht. Im Falle des Gleichgewichts macht also die Nadel mit dem Meridian einen solchen Winkel α, dass

$$\operatorname{tg}\alpha = \frac{ef}{fc}.$$

Nach dem Früheren ist aber $ef = \mu g \frac{2\pi y^2}{(x^2+y^2)^{3/2}}$, wogegen $fc = \mu T$, so dass

$$\operatorname{tg}\alpha = \frac{\mu g \frac{2\pi y^2}{(x^2+y^2)^{3/2}}}{\mu T}$$

wo g die Stromstärke bedeutet. Wir erhalten also

$$g = \frac{T(x^2+y^2)^{3/2}}{2\pi y^2} \operatorname{tg}\alpha,$$

d. h. Ein in der Ebene des magnetischen Meridians fliessender Kreisstrom lenkt eine in seiner Axe befindliche und gegen seinen Radius verschwindend kleine Magnetnadel so ab, dass die Tangente des Ablenkungswinkels der Stromstärke proportional ist.

Ferner zeigt die Gleichung, dass die Intensität μ der Nadel ohne Einfluss auf die Ablenkung ist, weil dieser Factor im Zähler und Nenner des obigen Bruches auftritt.

Pouillet war der Erste, der auf diese Sätze gestützt, ein Messinstrument für den galvanischen Strom construirte, welches er die Tangentenbussole nannte. Bei der von ihm angewandten Bussole befand sich die Nadel in dem Centrum des Kreisstromes selbst, so dass $x = 0$ ist. Für diesen Fall verwandelt sich die obige Gleichung in

$$g = \frac{Ty}{2\pi} \operatorname{tg}\alpha$$

oder

$$\operatorname{tg}\alpha = \frac{g 2\pi}{Ty}.$$

Hieraus sieht man zugleich, dass in diesem Falle bei gleicher Stromstärke die Tangente des Ablenkungswinkels der Weite des Ringes des Kreisstromes umgekehrt proportional ist.

2. Dasselbe Gesetz lässt sich auch auf folgende Weise ableiten.

Da einem jeden nordmagnetischen Molekül ein gleiches südmagnetisches entspricht, so können aus der Einwirkung des Stromes und des Erdmagnetismus nur Kräftepaare hervorgehen, welche die Nadel um ihren Schwerpunkt zu drehen streben, und es handelt sich nur um die Bedingung, unter welcher die drehenden Kräfte einander aufheben.

Fig. 6.

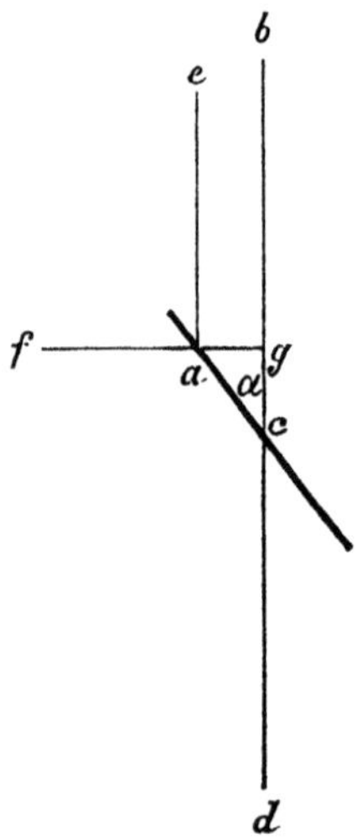

Es sei a, Fig. 6, ein nord- oder südmagnetisches Molekül, und bd die Richtung des Meridians, in welcher der Kreisstrom sich befindet, so wirkt der Erdmagnetismus $\pm ae$ mit dem Hebelarm ag, und sein Moment ist

$$\pm ae . ag = ae . ac \sin \alpha.$$

Ferner wirkt der Strom mit der Intensität $\pm af$ unter dem Hebelarm cg, so dass sein Moment ist

$$\pm af . cg = \pm af . ac \cos \alpha.$$

Beide drehenden Kräfte heben sich auf, wenn

$$ae \sin \alpha = af \cos \alpha.$$

Da dasselbe für alle magnetischen Moleküle gilt, so ist die Nadel im Gleichgewicht, wenn

$$\operatorname{tg} \alpha = \frac{af}{ae}.$$

Die Tangente des Ablenkungswinkels ist also der Stromstärke direkt und dem Erdmagnetismus umgekehrt proportional.

Zugleich kann man erkennen, dass das von dem Erdmagnetismus herrührende Drehungsmoment dem sinus, und das von der Stromstärke herrührende Drehungsmoment dem cosinus des Ablenkungswinkels der Nadel in allen Fällen, auch wenn nicht Gleichgewicht besteht, proportional ist.

3. Das Verhältniss der Tangente zum Strome wird ein anderes, sobald das Molekül sich an einer anderen Stelle als in der Axe des Kreisstromes befindet, daher darf die in dieser Axe befindliche Nadel nur klein sein gegen den Durchmesser des Kreisstromes, wenn die oben ausgeführten Sätze Geltung behalten sollen. Es ist nun die Frage, innerhalb welcher Gränzen die Länge der Nadel variiren dürfe, damit die durch ihre Länge hervorgerufenen Abweichungen von dem Gesetze so unerheblich bleiben, dass sie bei Messungen vernachlässigt werden dürfen.

W. Weber hat gezeigt, dass die Messungen noch befriedigend genau ausgefallen, wenn die Länge der Nadel den vierten oder fünften Theil des Durchmessers des Kreisstromes nicht übersteigt.

Despretz suchte das günstigste Verhältniss zwischen Nadellänge und Ringdurchmesser auf experimentellem Wege in folgender Weise zu erforschen.[1]) Ein mittelst einer Bussole und einem Rheostaten constant erhaltener Strom wurde durch eine genau gearbeitete Tangentenbussole geleitet, deren Nadellänge $38,5^{mm}$ und deren Ringdurchmesser 444^{mm} betrug. Der Abstand der Pole der Nadel war 30^{mm}. Um nun Ströme zu erhalten, deren Intensität in einem schon im Voraus bekannten Verhältniss zu einander stehen, leitete Despretz den constant erhaltenen Strom durch eine Anzahl von Drähten, deren Leitungswiderstand genau gleich war. War die in dieser Weise erhaltene Ablenkung der Nadel nach Osten und Westen hin wiederholt abgelesen, so wurden alle Drähte ausser einem vor der Bussole abgezweigt, und man erhielt nun einen Strom, dessen Verhältniss zu dem früheren leicht zu bestimmen war. Nach dieser Methode ergab eine Versuchsreihe folgendes Resultat. Der ungetheilte Strom gab $40^0\ 30'$ Ablenkung, wogegen der durch Abzweigung auf $^1/_4$ seiner Intensität reducirte auf $12^0\ 6',25$ ablenkte. Es ist aber

$$\begin{aligned} \text{tg}\ 40^0\ 30' &= 8540 \\ \text{tg}\ 12^0\ 6',25 &= 2144 \\ {}^1/_4\ \text{tg}\ 40^0\ 30' &= 2135. \end{aligned}$$

Diese Differenz von 9 entspricht einem Winkel von 4', um welche also die geringere Stromstärke zu gross erhalten war. Wurden dagegen die erhaltenen Werthe nach einer genaueren Formel

$$S = (1 + 3\alpha^2)\ \text{tg}\ \vartheta - \frac{15\alpha^2}{8}\ \sin\ 2\vartheta$$

berechnet, in welcher $S =$ Stromstärke, $\alpha =$ Verhältniss zwischen Polarabstand der Nadel und Ringdurchmesser, $\vartheta =$ Ablenkungswinkel, so betrug die Differenz noch nicht 1'. Das α der obigen Bussole war $= \frac{1}{14,8}$. Mehrere andere Versuche mit dieser Bussole und solchen mit anderem α sind in der folgenden Tabelle verzeichnet.

[1]) Compt. rend. 35 p. 449. Karsten Encyclop p. 56.

α	ungetheilter Strom.	$^1/_4$ des Stromes.	Differenz nach der gewöhnl. Formel.	Differenz nach der vollst. Formel.
	$40^0\ 30'$	$12^0\ 6^1/_4{}'$	$0^0\ 4'$	$1'$
$\frac{1}{14{,}8}$	$43^0\ 36^1/_3{}'$	$13^0\ 31^1/_2{}'$	$8'$	$2'$
	$52^0\ 53'$	$18^0\ 26^1/_2{}'$	$10'$	$0'$
	$64^0\ 32^1/_4{}'$	$28^0\ 2^1/_2{}'$	$20'$	$5^1/_2{}'$
	$23^0\ 55^1/_2{}'$	$6^0\ 20^3/_4{}'$	$1'$	$0'$
$\frac{1}{13{,}5}$	$45^0\ 9^1/_4{}'$	$14^0\ 12^3/_4{}'$	$6'$	$1^1/_4{}'$
	$54^0\ 56'$	$19^0\ 49'$	$13'$	$^1/_4{}'$
$\frac{1}{8{,}3}$	$45^0\ 23^1/_2{}'$	$14^0\ 35^1/_4{}'$	$23'$	$1^1/_4{}'$
	$71^0\ 36'$	$37^0\ 43^1/_3{}'$	$48'$	$0'$
	$32^0\ 28'$	$9^0\ 12^2/_3{}'$	$0^0\ 10'$	$-1^5/_6{}'$
$\frac{1}{6{,}6}$	$49^0\ 22'$	$16^0\ 54^2/_3{}'$	$0^0\ 39^2/_3{}'$	$-2^1/_2{}'$
	$62^0\ 28'$	$26^0\ 53'$	$1^0\ 16'$	$+3^2/_3{}'$
	$72^0\ 12'$	$39^0\ 16'$	$1^0\ 21^1/_2{}'$	$+5^1/_2{}'$

Aus diesen Versuchsreihen ergeben sich nun folgende Sätze:

1) Die Stromstärken sind nicht genau den Tangenten der Ablenkung proportional, selbst dann nicht, wenn das Verhältniss zwischen der Nadellänge und dem Ringdurchmesser nur $^1/_{15}$ beträgt. Die Stromstärken fallen stets zu klein aus, wenn sie nach der Formel

$$S = e.\operatorname{tg}\varphi$$

berechnet werden.

2) Der Unterschied ist bei derselben Tangentenbussole um so grösser, je grösser der Ablenkungswinkel, und bei verschiedenen Bussolen um so grösser, je kleiner der Ringdurchmesser zur Nadellänge ist.

Fig. 7.

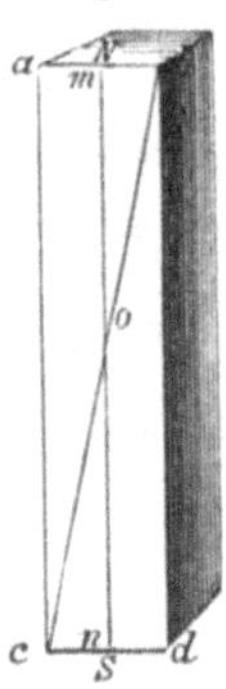

4. In Bezug auf die Form der Magnetnadel ist noch zu beachten, dass man, um eintretenden Störungen vorzubeugen, derselben nicht, wie das wohl zu geschehen pflegt, eine parallelopipedische Form geben darf. Hat der horizontale Längsschnitt der Nadel die Form des Fig. 7 gezeichneten Rechtecks, so muss sie so magnetisirt werden, dass sie an der ganzen Seite *ab* nord- und bei *cd* südpolar ist und also die Linie *mn* in der Richtung des magnetischen Meridians liegt. Für diesen Fall wird dann der Zeiger, auf dem die Nadel gewöhnlich des bequemeren Ablesens wegen befestigt ist, und dessen Spitze in der Verlängerung von *mn* liegt, auf 0^0 des Theilkreises ein-

gestellt. Nähert man einer solchen Nadel einen Magneten, so kommt es zuweilen vor, dass die magnetische Axe sich plötzlich in die Richtung der Diagonale, entweder nach *bc* oder *ad* stellt und also eine dieser Linien die Richtung des Meridians einnimmt. Der Zeiger der Nadel weicht dann um den Winkel *mob* von dem Nullpunkt ab, und man erhält durchaus falsche Messungen. Man thut daher wohl, der Nadel an beiden Seiten Spitzen zu geben, so dass ihr horizontaler Längsschnitt wenigstens annäherungsweise rhombisch ist. —

5. Die Magnetnadel befindet sich zur Vermeidung der Luftströmungen am besten unter Glas. In Bezug hierauf erwähnt jedoch Joule eines wohl zu beachtenden Umstandes,[1]) dessen Anführung hier am Orte, obgleich die Beobachtung nicht gerade an der Tangentenbussole gemacht ist. Er sagt: „Die Grösse des in einer Stange erregten Magnetismus bestimmte ich, indem ich sie mit ihrem unteren Ende in 6″ bis 12″ Entfernung von einem $^3/_{16}$″ langen $^1/_{40}$″ starken Nadel legte, die an einem Coconfaden (mit Glaszeiger und 6″ grossem getheiltem Kreise) hing. Die Drehkraft des Fadens bewies sich so unbedeutend, dass sie vernachlässigt werden konnte. Beobachtungen mit einer so kleinen Nadel liessen sich mit grosser Leichtigkeit anstellen, da der Zeiger sich stetig fortbewegte und einen neuen Deklinationswinkel etwa 8 bis 10 Sekunden nach Vollendung des elektrischen Stromes erreichte und der Widerstand der Luft der Art war, dass er den geringsten Grad der Oscillation verhinderte. Dieser Widerstand der Luft indessen, der sich so nützlich erwies, die Nadel schnell zur Ruhe zu bringen, macht es nothwendig, sorgfältig jede Ungleichmässigkeit der Temperatur in dem Gefäss, worin die Nadel eingeschlossen ist, zu verhüten. Ein Sonnenstrahl würde alsbald eine Abweichung um mehrere Grade veranlassen,[2]) und ich fand, dass die Wärme der Hand, wenn ich dieselbe über einen Theil des dicken Glasgefässes, 45° von dem Zeiger hielt, genügend war, nachdem sie durch das Glas gedrungen, einen Luftzug zu erregen, der eine stetige Ablenkung von nicht weniger als 30° veranlasste, eine Abweichung, die mit der grössten Regelmässigkeit und grosser Langsamkeit aufhörte, wenn ich die Hand entfernte.“

6. Die von W. Weber gebrauchte Tangentenbussole hatte die Einrichtung, wie sie die umstehende Fig. 8 darstellt.

[1]) Proc. of Roy. Soc. VIII. 488; Phil. Trans. 1856 p. 287. [2]) Tyndal Philos. mag. 4. Serie, Vol. 3 p. 127.

Fig. 8.

Die in der Mitte des Ringes befindliche Nadel bewegt sich auf einer Spitze, jedoch ist es vortheilhafter, dieselbe an einem, oben am Ringe befestigten Coconfaden aufzuhängen. Behufs der Zu- und Ableitung des Stromes durch das Gestell, umgiebt das eine Ende des Ringes das andere, ohne dass sie mit einander in leitender Verbindung stehen, wie dies die Figur zeigt. Bei der horizontalen Weiterleitung befindet sich das eine Ende dicht unter dem anderen, damit nur der Strom, welcher durch den Ring geht, auf die Nadel wirken kann.

§. 5.

Tangentenbussolen von Gaugain und Nervander.

1. Die Untersuchungen von Weber und von Despretz haben gezeigt,[1]) dass die Tangenten der Nadelablenkungen an der Tangentenbussole nicht genau den Intensitäten der elektrischen Ströme proportional sind. Diese Abweichungen von der Proportionalität werden um so bedeutender, je kleiner der Durchmesser des Kreisstromes im Verhältniss zur Nadellänge ist. Hieran schliessen sich Versuche von Gaugain über den Einfluss des Verrückens der Nadel in der Axe des Kreisstromes. Er sagt darüber: [2])

[1]) Seite 13. [2]) Pogg. Ann. 88 p. 443. Compt rend. XXXXVI. p. 191.

„Ist der Kreis von kleinem Durchmesser und nimmt er die gewöhnliche Stellung ein, d. h. fällt sein Mittelpunkt mit dem der Magnetnadel zusammen, so ist der Werth der Abweichung von der Tangente des Ablenkungswinkels bedeutend, sobald die Ablenkung selbst etwas gross ist. Wenn man aber den Kreis vom Mittelpunkte der Nadel entfernt, so findet man, dass die Abweichung, welcher eine bestimmte Ablenkung entspricht, mit dieser Entfernung abnimmt. Ist er bis zu einem gewissen Abstand gelangt, so ist die Abweichung Null für alle Ablenkungen; jenseits dieses Abstandes erscheint die Abweichung wieder, aber mit umgekehrtem Zeichen, und ihr absoluter Werth wächst mit dem Abstande, wenigstens innerhalb ziemlich weiter Gränzen."

Bravais hat den mathematischen Beweis für die von Gaugain gemachte Beobachtung in folgender Weise geliefert.

In §. 2 ist gezeigt, dass die Wirkung eines Stromelements ab auf einen magnetischen Punkt c mit der Kraft

$$\frac{\mu . i . ab . \sin \alpha}{ac^2} \qquad 1)$$

wirkt, wenn μ die Intensität des Magneten c, i die Intensität des Stromelementes ab, α den Winkel, den das Stromelement mit der Verbindungslinie dieses und des Magneten, und ac die Verbindungslinie bedeutet, und man zur Einheit der Kraft die Wirkung eines Stromelementes annimmt von der Länge und Intensität 1 auf einem senkrecht gegen die Richtung des Elements in der Entfernung 1 sich befindenden Magneten von der Intensität 1.

Es soll nun

Fig. 9.

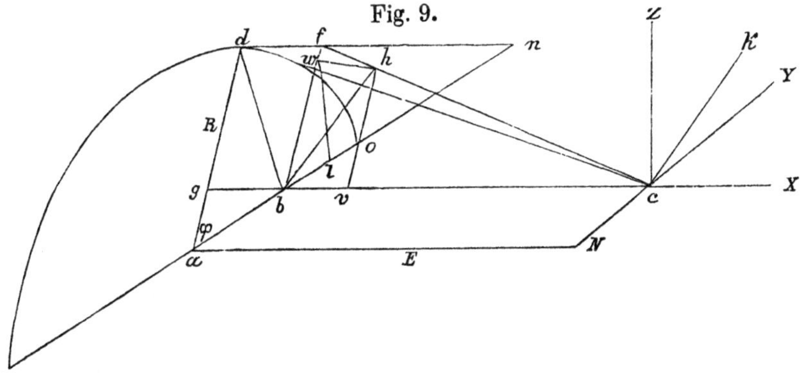

die Wirkung eines Kreiselementes in d (Fig. 9) auf einen magnetischen Punkt c bestimmt werden, welches zum Centriwinkel $d\varphi$ gehört, und um den Winkel φ von o entfernt ist. Der magnetische Punkt sei um $ab = N$ vom Kreismittelpunkt nach Norden und um $bc = E$ nach Osten entfernt.

Fig. 9.

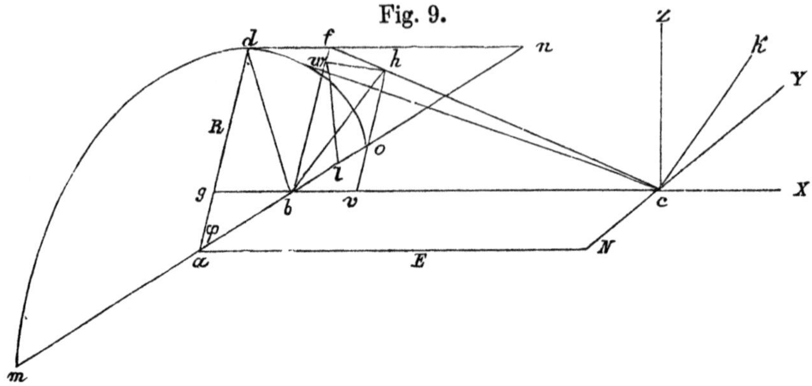

Nach dem Obigen ist die Wirkung des Kreiselementes, dessen Länge durch $Rd\varphi$ ausgedrückt wird

$$\frac{\mu i R d\varphi \sin cdf}{cd^2}.$$

Errichtet man nun das Perpendikel bf von b auf mn und verbindet f mit c, so steht auch cf auf dn senkrecht, und man erhält

$$\sin cdf = \frac{cf}{cd}.$$

Da ferner bc senkrecht auf der Kreisebene mdo, also auch senkrecht auf bd steht, so ist

$$cd^2 = bc^2 + bd^2 = E^2 + bd^2.$$

Es ist aber

$$bd^2 = ad^2 + ab^2 - 2ad.ab \cos\varphi$$
$$= R^2 + N^2 - 2RN \cos\varphi.$$

Hiernach wandelt sich der Ausdruck 1) für die Kraft, mit der das Stromelement auf den Punkt c wirkt, um in

$$\frac{\mu.i.Rd\varphi\, cf}{cd^3} = \frac{\mu i R d\varphi . cf}{(R^2+N^2+E^2-2RN\cos\varphi)^{3/2}}. \qquad 2)$$

Diese Kraft steht senkrecht auf der durch die Tangente dn und den Punkt c gehenden Ebene. Sie möge in eine östliche nach X, in eine nördliche nach Y und in eine vertikale Kraft nach Z zerlegt werden. Zu diesem Zwecke hat man sie mit den Cosinus der Winkel zu multipliciren, die ihre Richtung mit den drei Componenten X, Y, und Z macht. Diese Winkel sind aber dieselben, welche irgend ein anderes Perpendikel auf der Ebene cdf mit den Linien nach den drei Richtungen macht. Wir fällen ein solches von b aus in der auf cdf senkrecht stehenden Ebene bfc, welches die Linie cf in h treffen möge. Betrachten wir bh als den Ausdruck einer Kraft, so sind die Verhältnisse derselben zu ihren Componenten gleich der der obigen elektromagnetischen Kräfte. Zerlegt man sie in die Componenten bv und bw, so ist das Verhältniss der östlichen Componente zur Kraft $\frac{bv}{bh} = \frac{bf}{fc}$. Wir erhalten somit als Ausdruck für die östlichen Componente der Kraft

$$\frac{\mu i R d\varphi . bf}{(R^2+N^2+E^2-2RN\cos\varphi)^{3/2}}.$$

Es ist aber, wenn bg parallel df gezogen wird $bf = dg = ad - ag = ad - ab\cos\varphi = R - N\cos\varphi$, wodurch der Ausdruck sich verwandelt in

$$\frac{\mu i R(R-N\cos\varphi)d\varphi}{(R^2+N^2+E^2-2RN\cos\varphi)^{3/2}}.$$

Durch Integration dieses Ausdruckes zwischen den Gränzen 0 und π erhält man die Summe X der östlichen Componenten aller Elemente des Halbkreises, die nur mit 2 zu multipliciren ist, um die des ganzen Kreises zu erhalten. Hiernach ist

$$X = \int_0^\pi \frac{2\mu i R(R-N\cos\varphi)\,d\varphi}{(R^2+N^2+E^2-2RN\cos\varphi)^{3/2}}.$$

Die Componente von bh nach Norden, d. h. nach bo, erhält man, indem man die in der Verticalebene liegende Componente bw nach bo und nach verticaler Richtung durch das Perpendikel wl zerlegt. Man erhält dadurch als nördliche Componente $bl = bw\cos\varphi$. Es ist aber $bw = fh\cos hbw = bh\cos bcf = bh.\frac{bc}{cf} = \frac{bh.E}{cf}$. Also ist $bl = bh\frac{E\cos\varphi}{cf}$ und $\frac{bl}{bh} = \frac{E\cos\varphi}{cf}$. Dasselbe Verhältniss besteht zwischen der Kraft in c und ihrer nördlichen Componente, so dass wir für diese den Ausdruck erhalten

$$\frac{\mu i RE\cos\varphi\,d\varphi}{(R^2+N^2+E^2-2RN\cos\varphi)^{3/2}},$$

woraus sich als Summe Y der nördlichen Componenten aller Stromelemente des ganzen Kreisstromes ergiebt

$$Y = \int_0^\pi \frac{2\mu i RE\cos\varphi\,d\varphi}{(R^2+N^2+E^2-2RN\cos\varphi)^{3/2}}.$$

Da die verticalen Componenten der Kräfte zweier vertical übereinander befindlichen Kreiselemente einander gleich und entgegengesetzt gerichtet sind, so ist die Summe Z aller verticalen Componenten Null, also

$$Z = 0.$$

Fig. 10.

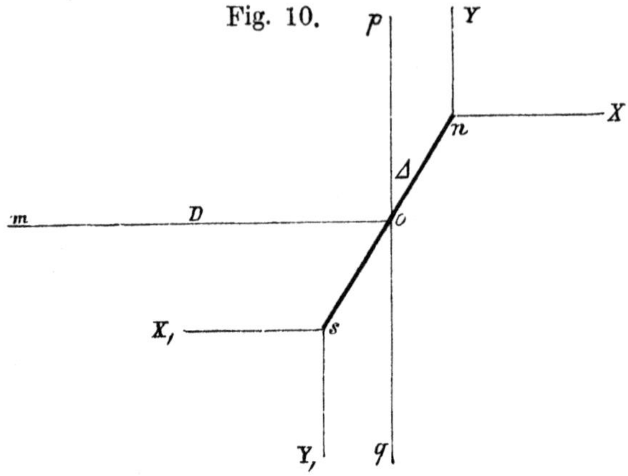

Geht die Horizontalebene des Papiers durch den Mittelpunkt m, Fig. 10, der Tangentenbussole, sind n und s die Pole der Nadel, welche um den Winkel Δ aus dem durch den Mittelpunkt der Nadel gehenden Meridian pq abgelenkt ist, und ist $on = os = l$; so ist nach den früheren Bezeichnungen für den Nordpol n der Nadel $N = l \cos \Delta$ und $E = D + l \sin \Delta$, wenn $D = mo$ ist. Ferner werde das Quadrat der Entfernung eines Stromelementes von einem der Pole

$$\varrho^2 = R^2 + D^2 + l^2$$

gesetzt. Alsdann ist das durch X auf die Nadel ausgeübte Drehungsmoment $X l \cos \Delta$, dagegen das durch Y gleich $Y l \sin \Delta$. Das zusammengesetzte Moment beider Kräfte ist mithin, nach Osten drehend,

$$X l \cos \Delta - Y l \sin \Delta.$$

Setzt man für N und E in X und Y die obigen Ausdrücke, so ergiebt sich

$$\int_0^{\pi} \frac{2\mu R(R - l \cos \Delta \cos \varphi) d\varphi . l \cos \Delta - 2\mu i R(D + l \sin \Delta) l \sin \Delta \, d\varphi}{(R^2 + l^2 \cos^2 \Delta + D^2 + 2Dl \sin \Delta + l^2 \sin^2 \Delta - 2Rl \cos \Delta \cos \varphi)^{3/2}}$$

oder
$$2\mu i R l \int_0^{\pi} \frac{R \cos \Delta - (D \sin \Delta + l) \cos \varphi}{(\varrho^2 + 2lD \sin \Delta - 2lR \cos \Delta \cos \varphi)^{3/2}} . d\varphi.$$

Wird $R \cos \Delta = a$ und $D \sin \Delta = b$ gesetzt, so erhält man

$$\frac{2\mu i R l}{\varrho^3} \int_0^{\pi} \frac{a - b \cos \varphi - l \cos \varphi}{\left[1 + \frac{2l}{\varrho^2}(b - a \cos \varphi)\right]^{3/2}} . d\varphi \ldots . A.$$

Die Kräfte X_1 und Y_1 am Pol s bewirken eine Drehung der Nadel um o in demselben Sinne wie X und Y. Für die Kräfte X_1 und Y_1 ist aber $N = -l \cos \Delta$ und $E = D - l \sin \Delta$, während die Hebelarme wie vorhin wieder $l \cos \Delta$ und $l \sin \Delta$ sind. Man erhält daher das Drehungsmoment von X_1 und Y_1, wenn man in dem vorigen Drehungsmoment das l vor dem Integralzeichen unverändert lässt, und dem l unter dem Integralzeichen das entgegengesetzte Vorzeichen giebt. Das Moment ist daher

$$\frac{2\mu i R l}{\varrho^3}\int_0^{\pi}\frac{a - b\cos\varphi + l\cos\varphi}{\left[1 - \frac{2l}{\varrho^3}(a - b\cos\varphi)\right]^{3/2}} \, . \, d\varphi \ldots . B.$$

Soll die Nadel im Gleichgewicht sein, so muss die Summe der beiden Momente A und B gleich dem Drehungsmomente des Erdmagnetismus sein. Ist die Intensität des Erdmagnetismus M, so dreht derselbe die Nadel nach Westen, indem er auf jeden der Pole n und s mit dem Hebelarme $l \sin \Delta$ wirkt. Sein Drehungsmoment ist also

$$2 M \mu \, l \sin \Delta$$

und demnach

$$2 M \mu \, l \sin \Delta = \frac{2 i \mu R l}{\varrho^3}\left\{\begin{array}{l}\displaystyle\int_0^{\pi}\frac{a - b\cos\varphi - l\cos\varphi}{\left[1 + \frac{2l}{\varrho^2}(b - a\cos\varphi)\right]^{3/2}} d\varphi \\ \displaystyle + \int_0^{\pi}\frac{a - b\cos\varphi + l\cos\varphi}{\left[1 - \frac{2l}{\varrho^2}(b - a\cos\varphi)\right]^{3/2}} d\varphi\end{array}\right\}.$$

Die Integration dieses Ausdruckes ergiebt als Endresultat, wenn man nur die Glieder mit l^2 berücksichtigt

$$i = \frac{M(R^2 + D^2)^{3/2}}{2\pi R^2}\left(1 - \frac{3l^2(R^2 - 4D^2)}{4(R^2 + D^2)^2}\right)\left(1 + \frac{15 l^2 (R^2 - 4D^2)}{4(R^2 + D^2)^2}\sin^2\Delta\right)\operatorname{tg}\Delta,$$

oder einfacher

$$i = K\left[1 + G\left(\tfrac{1}{4} - \frac{D^2}{R^2}\right)\left(1 + \frac{D^2}{R^2}\right)^{-2}\sin^2\Delta\right]\operatorname{tg}\Delta,$$

worin K und G immer positive Grössen sind, K nur von M, R, D und l, dagegen G von R und l abhängt.

Aus dieser Formel geht hervor, dass i nur für den Fall der Tangente des Ablenkungswinkels Δ proportional ist, wenn $\frac{D^2}{R^2} = \frac{1}{4}$ ist, wogegen i rascher wächst als die Tangente, wenn $\frac{D^2}{R^2} < \frac{1}{4}$ und dagegen langsamer wenn $\frac{D^2}{R^2} > \frac{1}{4}$.

Diese Untersuchung von Bravais fällt zusammen mit den Versuchsresultaten von Gaugain, und es folgt also aus denselben, dass eine Tangentenbussole nur für den Fall sichere Resultate giebt, wenn der Mittelpunkt des galvanischen Kreises um den halben Radius desselben vom Mittelpunkte der Nadel entfernt ist.

Bravais berechnet endlich noch, wie gross der durch die Vernachlässigung der Glieder mit l^4 entstandene Fehler sei. Vernachlässigt man l^6 und setzt

$$D^2 = \frac{1}{4}R^2 \text{ und } \varrho^2 = \frac{5}{4}R^2 + l^2,$$

so erhält man

$$i = \frac{M\varrho^3 \operatorname{tg}\Delta}{2\pi R^2}\left[1 - \frac{3\,l^2}{2\varrho^2} + \frac{15 l^2 R^2}{4\ \varrho^4}\left(1 - \frac{7\,l^2}{4\varrho^2}\right)\right.$$
$$\left. + \frac{3.5.7.9 l^4 R^4}{2.2.4.4\varrho^8}\left(\sin\Delta - \frac{3}{2}\sin{}^4\Delta\right)\right].$$

Dies lässt sich umformen in

$$i = K \operatorname{tg}\Delta\left[1 + \frac{3.5.7.9}{2.2.4.4}\cdot\frac{l^4 R^4}{\varrho^4}\sin{}^2\Delta\left(1 - \frac{3}{2}\sin{}^2\Delta\right)\right]$$
$$= K \operatorname{tg}\Delta\left[1 + \frac{3.5.7.9}{1.1.2.2}\left(\frac{2l}{5R}\right)^4 \sin{}^2\Delta\left(1 - \frac{3}{2}\sin{}^2\Delta\right)\right].$$

So lange $\Delta < 64^0$, hat der Faktor $\sin{}^2\Delta\left(1 - \frac{3}{2}\sin{}^2\Delta\right)$ einen geringeren Zahlenwerth als $\frac{1}{6}$; wenn also die Grösse

$$\frac{1.3.5.7.9.2^4 l^4}{6.1.1.2.2.5^4 R^4} = \frac{126\,l^4}{125 R^4}$$

ein zu vernachlässigender Bruch ist, so giebt die Methode Gaugain's die Intensität mit sehr genügender Genauigkeit proportional der Tangente der Ablenkung.

Für eine Nadel z. B., deren Länge $\frac{1}{5}$ des Durchmessers ist, übersteigt der Fehler nicht $\frac{1}{600}$, und für $\frac{l}{R} = \frac{1}{6}$ würde derselbe etwa $\frac{1}{1250}$ sein. Diese Fehler sind ohne Zweifel schon viel geringer als die Beobachtungsfehler, und man kann daher eine Bussole, deren Nadel $^1/_{12}$ des Ringdurchmessers ist, als absolut genau betrachten.

Die Empfindlichkeit der Bussole von dieser Construction lässt sich in sicherer Weise dadurch erhöhen, dass man mehrere Windungen so wickelt, dass sie in der Oberfläche des Conus liegen, dessen Spitze der Mittelpunkt der Nadel, und dessen Grundfläche die Ebene des Kreisstromes ist. Fig. 11 stellt eine Tangentenbussole nach Angabe Gaugain's dar, wogegen Fig. 12 den horizontalen Querschnitt einer solchen Bussole zeigt, welche 6 Windungen hat. Nach dem von Bravais geführten Beweise muss der Winkel *amc* so gross sein, dass die trigonometrische Tangente desselben = 2 ist, d. h. = 63° 26′.

Fig. 11.

Fig. 12.

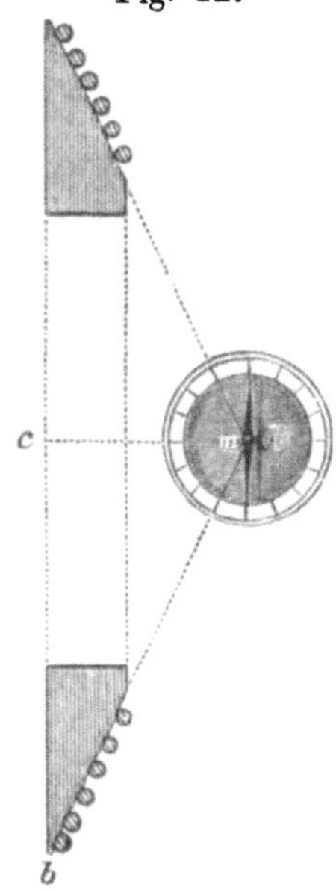

2. Der Vollständigkeit wegen erwähnen wir auch eines in früherer Zeit von Nervander construirten Messapparates,[1]) dessen sich Lenz und Jakobi zu mehreren ihrer Untersuchungen bedienten, obgleich er wohl schwerlich jetzt noch in Anwendung gebracht wird, da die eben beschriebenen Bussolen sowohl einen grössern Kreis ihrer Anwendbarkeit bieten, als

[1]) Ann. de chem. et de phys. 55 p. 156. Dove's Rep. I. p. 261. Gehler's Phys. Lex. 6 p. 2498. Karsten. Enc. 2 Liefer. §. 11.

auch durch den theoretischen Nachweis grösseres Vertrauen auf ihre Zuverlässigkeit einflössen.

Der Unterschied zwischen diesem Apparate und den genannten Tangentenbussolen besteht darin, dass der Strom nicht in einem oder in wenigen weiten Kreisen um die Nadel geführt wird, sondern dass, nach Art der später beschriebenen Multiplicatoren, der Strom in vielen Windungen die Nadel umkreist. Von den eigentlichen Multiplicatoren unterscheidet er sich aber dadurch, dass die Drahtwindungen nicht wie bei jenen auf einem parallelopipedischen Rahmen aufgewickelt und somit alle von gleicher Länge sind, sondern von einem senkrecht stehenden Cylinder getragen werden, dessen Höhe etwa ein Viertel seines Durchmessers beträgt. Auf diesem

Fig. 14.

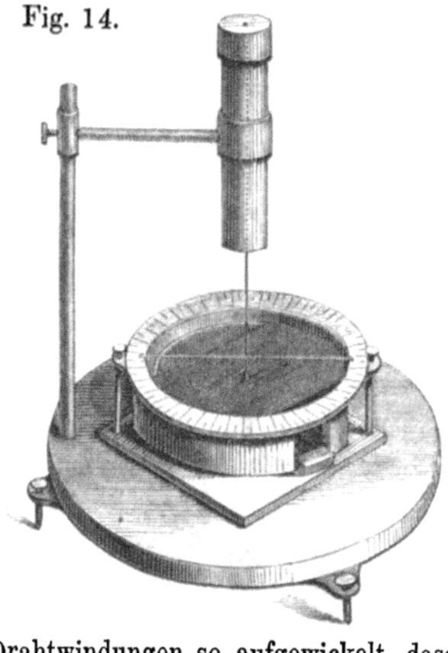

Fig. 13.

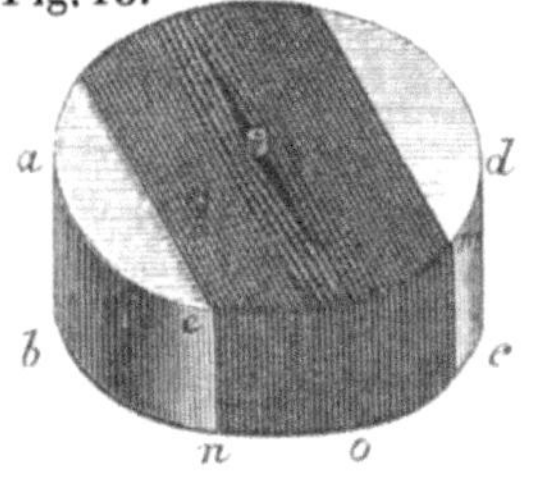

Cylinder *abcd* Fig. 13 sind die Drahtwindungen so aufgewickelt, dass die Ebenen der Windungen parallel mit der Axe desselben stehen, wie die Figur zeigt. Sie sind neben einander gereiht bis etwa 46^0 von der Mitte *o* aus nach jeder Seite hin. Die letzten derselben sind, damit sie nicht herabgleiten, an dem Cylinder festgeklebt. Die innerhalb der Windungen schwingende, an einem Coconfaden aufgehängte Magnetnadel bleibt in Folge dieser Anordnung mit ihrer Spitze stets in gleicher Entfernung von den senkrecht gerichteten Theilen *en* etc. der Windungen. Die Erfahrung hat nun gelehrt, dass die Stromstärken etwa bis auf 30^0 den Tangenten der Ablenkungswinkel proportional sind und man hat daher auch diesem Instrumente den Namen Tangentenbussole gegeben. Die ganze Einrichtung derselben geht aus der Fig. 14 hinreichend hervor.

Fig. 15.

3. Einer anderen von Nervander construirten Tangentenbussole bediente sich Lenz bei seinen Untersuchungen über die Wärmeentwicklung durch den galvanischen Strom.[1]) Dieses Instrument ist darauf basirt, dass eine Magnetnadel von einer in Entfernung auf sie wirkenden galvanischen Spirale abgelenkt wird. Liegt diese Spirale, wie in der beistehenden Fig. 15 *AA* dargestellt ist, mit ihrer Längsaxe in der senkrecht zum magnetischen Meridian durch die Mitte der Nadel gehenden Ebene, so lenkt sie die Nadel um einen Winkel ab, dessen Tangente dem wirkenden Strome proportional ist. Die Einrichtung des Instruments wird durch die Figur selbst klar. Die an einem Coconfaden aufgehängte Nadel *aa'* ist mittelst eines Messingstifts mit einem Zeiger *bb'* fest verbunden, der sich über dem Limbus der Theilung bewegt und die Stellung der Nadel angiebt. Der Theil *BB'* ist die Vorrichtung im Querschnitt, mittelst welcher

[1]) Pogg. Ann. 59. p. 203.

die Spirale auf- und abbewegt, mit ihrer Axe horizontal gestellt, in die Mitte unter der Nadel und in jedes beliebige Azimuth gebracht werden kann.

§. 6.
Die Sinusbussole.

Die Kraft, mit welcher der Erdmagnetismus eine aus dem Meridian abgelenkte Nadel wieder in denselben zurückzuführen strebt, ist, wie wir früher schon gesehen, dem Sinus des Ablenkungswinkels α proportional. Sie wächst also mit der Grösse der Ablenkung bis auf 90°. Ist nun die Ablenkung durch einen Kreisstrom hervorgerufen, so muss dieselbe wachsen, wenn man mit dem Kreisstrome der abweichenden Nadel folgt, und ihr Maximum erreichen, wenn die Nadel wieder in der Ebene des Kreisstromes sich befindet. Es kommt in diesem Falle die ganze Kraft des Kreisstromes, welche senkrecht auf dessen Ebene steht, zur Wirkung, während bei der Stellung desselben im Meridian nur der Theil der Kraft zur Wirkung kommt, welcher dem Cosinus des Ablenkungswinkels proportional ist. Es verwandelt sich also für den Fall, dass die Kreisebene mit der Nadel zusammenfällt, die vorn erhaltene Formel

Fig. 16.

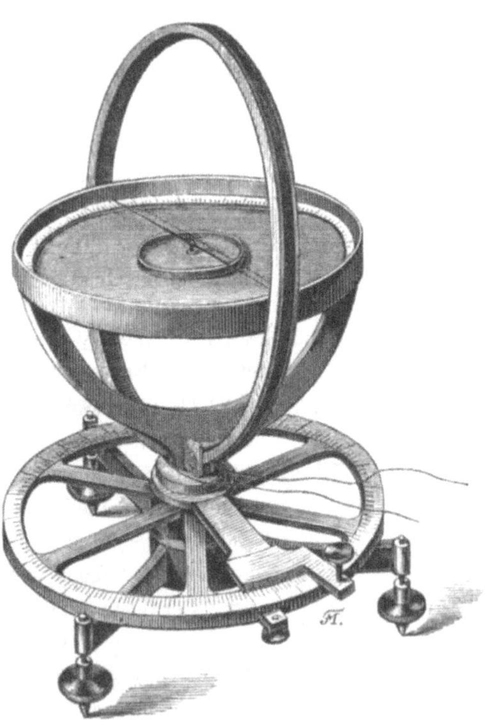

$$S \cos \alpha = T \sin \alpha,$$

in

$$S = T \sin \alpha,$$

d. h. Für diesen Fall ist die Stromstärke dem Sinus des Ablenkungswinkels proportional.

Die von Pouillet auf dieses Princip basirte Bussole ist daher von ihm Sinusbussole genannt worden. Es leuchtet ein, dass dieselbe nur innerhalb der Gränzen solcher Stromstärken anwendbar ist, deren absolute Intensität die Erdkraft bei der Ablenkung der Nadel auf 90° nicht übersteigt, weil im entgegengesetzten Falle diese über 90° hinausgetrieben werden würde, wo dann die Wirkung der Erdkraft wieder abnimmt. Für schwache Ströme ist die Sinusbussole mit Vortheil anzuwenden, weil die Ablenkungswinkel ihrer Nadel stets grösser werden müssen als bei der Tangentenbussole, wodurch das Ablesen dieser Ablenkungen erleichtert wird.

Fig. 16 (s. Pag. 26) giebt ein Bild der Sinusbussole.

§. 7.

Der Multiplicator.

1. Zur Messung sehr schwacher Ströme und solcher, die nur momentan wirken, ist weder die Tangenten- noch die Sinusbussole anwendbar. Dass man bei einem momentanen Strome, dessen Wirkung einem Stosse gleich ist, nicht mit dem Kreise der Sinusbussole der abweichenden Nadel folgen kann, versteht sich von selbst. Wegen der Trägheit der Nadel beobachtet man aber auch an der Tangentenbussole kaum einen Ausschlag, wenn der Strom nur sehr kurze Zeit wirkt und überdies schwach ist.

Um die Wirkung eines Stromes auf eine Nadel zu verstärken, verfertigten bald nach Oersted's Entdeckung Schweigger 1820 und Poggendorff 1821 den Multiplicator. Ein mit Wachs überzogener Messingdraht oder ein mit Seide umsponnener Silberdraht wurde von Schweigger über ein Holzscheibchen gewickelt und in den zwischen dem oberen und unteren Theil der Windungen gelassenen Raum eine Magnetnadel gebracht, welche an einem Coconfaden aufgehängt war. Wie an der Tangentenbussole der die Nadel umgebende Ring stärker wirkt als ein nur in gerader Linie über oder unter der Nadel hingehender Strom, so verstärkt auch bei der vorliegenden Einrichtung jedes Stromtheilchen in jeder Windung die Wirkung auf die Nadel. Da jedoch die Theile nicht alle in gleicher Entfernung von den Polen der Nadel liegen, und auch jede einzelne Windung eine von allen anderen merklich verschiedene Lage zu denselben hat, so lässt sich hier, besonders weil die Windungen die Nadel eng umschliessen, kein so einfaches Gesetz aufstellen, wie bei den früher genannten Instrumenten, nur ist klar, dass die Wirkung sich mit der Zahl der Windungen vervielfachen muss, woher denn auch der Name des Apparates rührt.

2. Die Doppelnadel. Nobili verbesserte später den Multiplicator durch Anwendung der Doppelnadel.[1]) Er verbindet zwei Nadeln in der Weise, dass sie parallel aber im entgegengesetzten Sinne stehen, indem die eine mit dem Nordpol nach entgegengesetzter Seite zeigt als die andere. Dieses System der astatischen Doppelnadel ist dem Einflusse des Erdmagnetismus fast ganz entzogen, da nämlich dieser nur mit einer Kraft auf dasselbe wirkt, welche die Differenz der Intensität beider Nadeln zulässt. Da das Resultat der Ablenkung der Nadel hervorgeht aus den beiden Kräften, dem Erdmagnetismus und dem senkrecht darauf wirkenden Strome, so muss die Empfindlichkeit der Nadel in dem Grade gesteigert werden, als die Richtkraft der Erde auf dieselbe geschwächt wird. Ausserdem aber ist die Wirkung der Windungen auf die Doppelnadel noch dadurch verdoppelt, dass die eine derselben ausserhalb, die andere innerhalb der Windungen sich befindet.

Sind die beiden entgegengesetzt mit einander verbundenen Nadeln absolut gleich stark magnetisirt, und fallen die Azimuthe beider Nadeln genau zusammen, so kann auf ein solches System von Nadeln der Erdmagnetismus keinen Einfluss üben, das System besitzt keine Richtkraft. Wäre es daher möglich, in der That ein solches Nadelpaar herzustellen, so würde man sich genöthigt sehen, diese vollkommene Astasie wieder zu zerstören, da ja die aus ihrer Stellung abgelenkte Nadel wieder auf den früher innegehaltenen Nullpunkt zurückkehren muss, wenn überhaupt eine Beobachtung möglich sein soll. Wenngleich man nun für das Nichteintreten einer solchen Vollkommenheit keine Sorge zu tragen hat, da die Kunst nicht im Stande ist, sie herzustellen, so sind doch Zustände zu erzielen, welche sich der absoluten Gleichheit beider Nadeln so weit nähern, dass sie für die Messungen unvortheilhaft sind.

Die Vollkommenheit der Astasie hängt also von der Differenz der magnetischen Intensität beider Nadeln ab. Das einfache Mittel, dieselbe zu prüfen, ist die Schwingungsdauer des frei aufgehängten Systems. Bekanntlich schwingt ein Magnet, wenn er aus seiner Gleichgewichtslage gebracht wird, um so schneller, je grösser seine magnetische Intensität ist, es wird also ein System von Nadeln um so langsamer eine Amplitude seiner Schwingungen vollführen, je vollkommener seine Astasie ist. Man stellt diese Astasie, wenn sie nur in geringem Grade vorhanden ist, nach Nobili's Vorschrift, dadurch vollkommener her, dass man die stärkere Nadel mit einem sehr schwachen Magneten in entgegengesetzter Richtung streicht. Wie

[1]) Pogg. Ann. 8 p. 338.

nun diese schwächer wird, vergrössert sich die Schwingungsdauer, und zwar so, dass für kleine Schwingungen die Richtkraft im quadratischen Verhältniss abnimmt mit der Zunahme der Schwingungszeit. Man hat in der angegebenen Weise astatische Nadeln hergestellt, welche über eine Minute zu einer Schwingung nöthig hatten. Allein aus dem Späteren geht hervor, dass eine so grosse Astasie für die Messungen nicht günstig ist.

Ein störender Umstand für fortgesetzte Messungen mittelst des Multiplicators ist die Aenderung der Intensität der Nadeln. Du Bois hat beobachtet, dass diese Veränderlichkeit in geringerem Maasse stattfinde, wenn die Masse der Nadeln zunimmt. Er sagt: „Die Theorie spricht zwar in sofern für leichtere Nadeln, als dieselben vergleichweise eine grössere Kraft besitzen. Allein es scheint, als ob mit der Masse zugleich die Stabilität des magnetischen Zustandes der Nadeln eine Abnahme erlitte. Wenigstens klagen Péclet und Matteucci, die sich französischer Instrumente bedienten, über die Verletzbarkeit der Astasie ihrer Spiele aus allerlei Ursachen, deren Einfluss ich nach meinen Erfahrungen an jenen schweren Nadeln (deren jede 384^{mgr} wog) gar nicht zu würdigen weiss. Ich habe dieselben zwei Jahre lang tagtäglich Strömen ausgesetzt, welche sie häufig gegen die Hemmung führten, ohne dass ich nöthig gehabt hätte, ihrer Astasie nachzuhelfen, welche nach diesem Zeitraume immer noch beträchtlich genug war, um sie, vermöge der anziehenden Kräfte der Drahtmassen zu verhindern, die Nulllinie der Theilung einzuhalten. Nur die Stärke des Magnetismus jeder einzelnen Nadel hatte jedoch in beiden in annähernd gleichem Maasse abgenommen."

3. Wie die Astasie der Doppelnadel durch die Differenz der Intensität der beiden Nadeln bewirkt wird, so ruft der Nichtparallelismus beider Nadeln eine andere Erscheinung hervor, welche du Bois die freiwillige Ablenkung des Nadelpaares nennt. Würden zwei Nadeln so miteinander verbunden, dass die eine senkrecht auf der anderen stünde, so würde ein solches System sich so richten, dass beide bezeichneten Pole sich nach Norden stellten. Es würde ein solches System, wenn die Intensität beider Nadeln absolut gleich wäre, die Stellung der beistehenden Fig. 17 haben, wenn die punktirte Linie NS die Richtung des magnetischen Meridians andeutet. Diese Lage der Pole zum Meridian bleibt aber auch dieselbe, wenn man die Nadeln einander in der Weise nähert, dass n näher zu s' und n' näher zu s geführt wird, und beide nur

Fig. 17.

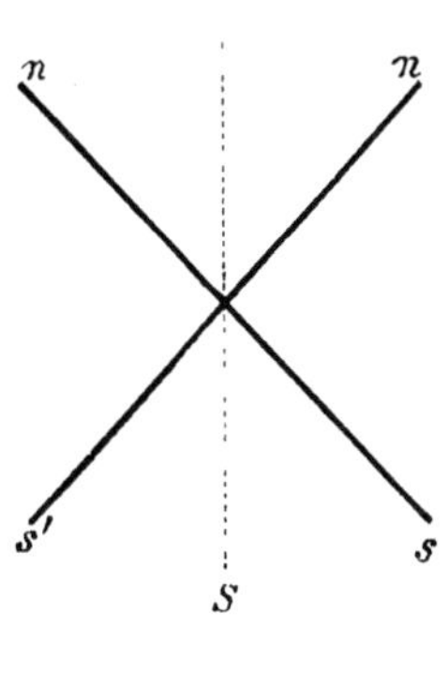

noch einen kleinen Winkel mit einander bilden. Wir erhielten dann die beistehende Stellung, Fig. 18, des Systems zum Meridian, es würde sich, wenn die Azimuthabweichungen unmerklich wären, direkt von Westen nach Osten senkrecht auf den magnetischen Meridian stellen.

Fig. 18.

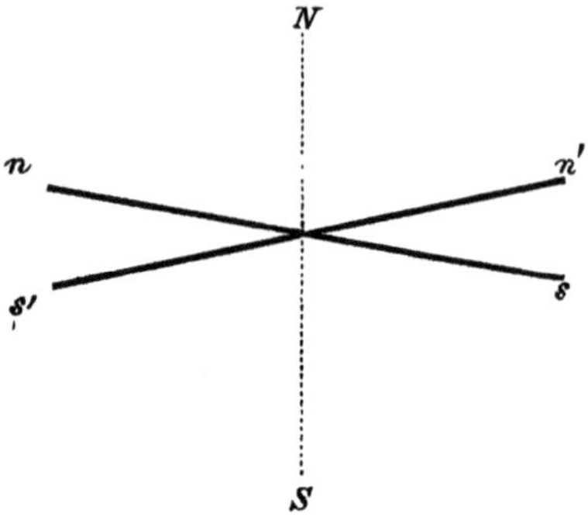

Diese Stellung hält aber das System nicht inne, wenn *n* und *n'* nicht gleiche Intensität haben. Es kehrt sich in diesem Falle der Pol von der grösseren Intensität nach der ihm entsprechenden Seite, und das ganze System erhält eine Mittelstellung, welche sich um so mehr dem Meridian nähert, je grösser die Differenz zwischen *n* und *n'* wird, d. h. die Abweichung aus dem Meridian wird um so weniger hervortreten, je geringer die Astasie ist. Je mehr jedoch die beiden Pole gleich gemacht werden, je grösser wird die Abweichung werden, d. h. sie wächst mit der Schwingungsdauer des Systems, so dass sie die Nähe des 90⁰ Punktes erreicht, wenn die Schwingungsdauer am grössten ist. „Dies ist," sagt du Bois, „der Zustand, der der möglichst vollkommenen Gleichheit beider Nadeln entspricht. Fährt man dann fort, dieselbe Nadel zu streichen, so dass der Unterschied beider wieder wächst, so fährt ihrerseits die freiwillige Ablenkung zu wachsen fort, bis sich das System um 180⁰ gedreht hat. Streicht man nun die andere Nadel und lässt solchergestalt den Unterschied wieder abnehmen, so kehrt das System auf demselben Wege zurück, den es vorher beschrieben hatte, indem die Schwingungsdauer dieselbe Reihe von Werthen rückwärts durchläuft. Es giebt Nadelpaare, welche sich, bei anfangs überwiegender oberer Nadel, mit dem bezeichneten Ende derselben durch Ost, andere, die sich durch West nach Süden drehen. Man kann aber eine freiwillige Ablenkung von bestimmtem Werthe und Zeichen in eine gleich grosse von entgegengesetzten Zeichen, oder ein auf die beschriebene Weise sich durch Ost drehendes Nadelpaar in ein sich durch West drehendes verwandeln, indem man dasselbe, ohne sonst etwas daran zu ändern, oberst zu unterst umhängt."

Moser[1]) hat eine analytische Entwicklung dieser Erscheinung in folgender Weise gegeben. Wenn sich die stärkere der beiden Nadeln in dem

[1]) Dove, Rep. d. Physik I. pag 260.

Azimuthe α Fig. 19 befindet, und die schwächere in $180-(\alpha+\beta)$, wo β den Winkel bezeichnet, den die beiden Nadeln mit einander bilden, wenn ferner h und h_1 die magnetischen Momente beider Nadeln sind; so muss

Fig. 19.

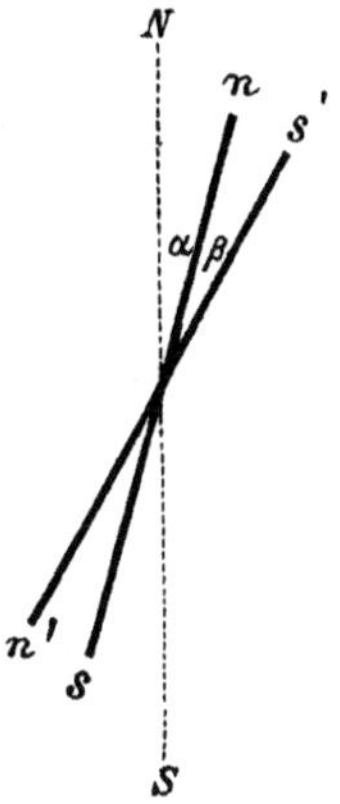

$$h \sin \alpha = h_1 \sin [180-(\alpha+\beta)]$$

sein, wenn die Doppelnadel in Ruhe sein soll.

Hieraus folgt

$$h \sin \alpha = h_1 \sin \alpha \cos \beta + h_1 \cos \alpha \sin \beta,$$

$$\frac{h}{h_1} = \cos \beta + \operatorname{cotg} \alpha \sin \beta,$$

$$\operatorname{cotg} \alpha = \left(\frac{h}{h_1} - \cos \beta\right) \frac{1}{\sin \beta}.$$

Sind nun die beiden Nadeln absolut gleich stark, d. h. ist $h = h$, so ergiebt sich

$$\operatorname{cotg} \alpha = \operatorname{tg} \frac{\beta}{2}$$

$$\text{oder } \sin \alpha = \cos \frac{\beta}{2}$$

$$\text{oder } \cos \alpha = \sin \frac{\beta}{2}.$$

Dieser Bedingungsgleichung nähert sich also das System beider Nadeln, wenn ihre Richtkraft unbedeutend wird, und man sieht, dass für kleine Werthe von β, grosse für α, d. h. grosse Ablenkungen aus dem Meridian entstehen. „Für $\beta = 0$, fährt Moser fort, geben die 3 letzten Formeln $\alpha = 90^0$, d. h. dass, wenn die Nadeln ganz gleich und parallel sind, die Doppelnadel sich um 90^0 aus dem Meridian entferne. Dies ist nicht richtig, denn in der That wird die Doppelnadel in jedem Azimuth α zur Ruhe kommen, da die ursprüngliche Gleichung des Gleichgewichts, wenn $h = h_1$ und $\beta = 0$ ist, für jeden Werth von α erfüllt wird. Das Resultat $\alpha = 90^0$ rührt daher, weil bei der Ableitung der Formel durch $\sin \frac{\beta}{2}$ dividirt worden ist, d. h. durch einen Werth, welcher selbst gleich Null wird. Ich führe dies besonders deshalb an, weil bei Gelegenheit des Galvanometers Becquerel[1]) angiebt, man müsse das Schwächen der stärkeren Nadel so lange fortsetzen, bis die Doppelnadel aus dem Meridian sich entfernt, und sich mehr oder weniger dem magnetischen Aequator nähert. Es ist nach dem Vorigen klar, dass dies nur geschehen wird, wenn die beiden Nadeln einen gewissen

[1]) Traité de El. II. p. 17.

Winkel mit einander bilden. — Ist h nicht $= h_1$, so lässt sich das Verhältniss $\frac{h}{h_1}$ aus der Schwingungsdauer der beiden Nadeln finden und ist $\frac{t_1^2}{t^2}$ gleich, vorausgesetzt, dass das Moment der Trägheit beider Nadeln dasselbe ist." —

4. Das Drahtgewinde. Will man Ströme messen, die einen nur geringen Widerstand zu überwinden im Stande sind, so darf der Draht des Multiplicators nur kurz sein und muss einen verhältnissmässig grossen Querschnitt haben. Ist dagegen der Widerstand in der elektrischen Kette gross, so vermag der erregte Strom einen bedeutenden Widerstand zu überwinden und man kann dann einen Multiplicator mit vielen Windungen anwenden. Th. Fechner sagt darüber: [1]) „Wer sich viel mit Versuchen im Gebiete des Galvanismus und der Elektrochemie zu beschäftigen hat, sollte mit einem ganzen Sortiment von Multiplicatoren verschiedener Art versehen sein, und namentlich ist darauf aufmerksam zu machen, dass es für manche Untersuchungen von besonderem Vortheil ist, die Extreme in der Einrichtung des Multiplicators bereit zu halten. Als das eine Extrem betrachte ich die Einrichtung des Multiplicators, welche ich früher in Schweigger's Journ. beschrieben habe, bestehend aus einem einfachen, breiten, dicken Kupferstreifen, der eine einzige Windung um die Nadel macht." [2]) — „Für die Messungsmethode mittelst der Oscillationen bietet indess dieser Multiplicator den Uebelstand dar, dass vermöge des Einflusses des breiten Kupferstreifens auf die Nadel die Schwingungen sich sehr schnell verkleinern. In diesem und manchem anderen Bezuge möchte in den meisten Fällen die diesem Extrem zunächst stehende Einrichtung vorzuziehen sein, die ich mich erinnere bei Professor Dove gesehen zu haben, bei welcher ein Kupferstab so gebogen ist, dass er einige wenige, etwa 4 Windungen neben einander macht, zwischen welchen die Nadel schwebt." — „Von viel ausgedehnterer Anwendung jedoch für viele Untersuchungen ist ein Multiplicator, der das andere Extrem, möglichst viele Windungen aus dünnem Draht, zu repräsentiren dient." Fechner theilt mit, dass er im Besitze eines Multiplicators ist, der 12076^0 Windungen von 16454′ Länge hat. Gauss bediente sich zur Messung des Induktionsvermögens der erdmagnetischen Kräfte eines Multiplicators, dessen Draht 20000 Fuss Länge hatte.

In Bezug auf den zum Multiplicator verwandten Draht sagt du Bois, dass es fast unmöglich ist, denselben unmagnetisch zu erhalten. Zwar erhält man das Kupfer ganz rein, wenn es galvanisch niedergeschlagen wird;

[1]) Pogg. Ann. 45 p. 233. [2]) Siehe Abschnitt IV.

allein man kann einerseits dieses Kupfer nicht zu so feinem Drahte ausziehen, andererseits wird es auch durch das Ziehen wieder mit Eisen verunreinigt, indem solches beim Hindurchdrängen durch die Löcher des Zieheisens an der Oberfläche des Drahtes hängen bleibt. Von wie grossem Einflusse Eisentheile der Art sind, haben die diamagnetischen Versuche bewiesen, bei denen man mit magnetischen Körpern zu thun zu haben glaubte, weil beim Zerschneiden derselben mit einem Messer Eisentheile auf ihrer Oberfläche haften geblieben waren.

Die mit dem Kupferdraht vorhandenen Eisentheilchen werden um so mehr von Einfluss, je grösser die Astasie der Nadel ist. Bei geringer Schwingungsdauer wird keine Störung durch die Drahtmassen bemerkbar, die Nadel hält leicht die Nulllinie ein. Bei grösserer Astasie dagegen bemerkt man sehr bald, dass die Stellung des Nadelpaares, wenn es in den Windungen hängt, nicht mehr mit der ausserhalb derselben übereinstimmt. Ist die Nadel im Multiplicator zur Ruhe gekommen, und bewegt man dann die Windungen, um jene in die Nulllinie derselben zu bringen, so bewegt sich die Nadel vor den Windungen her und schlägt endlich nach der entgegengesetzten Seite herum. Führt man die Nadel auf Null, so weicht sie, sich selbst überlassen, wieder nach der einen oder anderen Seite und nimmt ausserhalb der Nulllinie ihre Stellung, etwa 15 — 20^0 von dem Nullpunkte entfernt. Wird endlich die Astasie noch vollkommener, so verwickeln sich die Erscheinungen. Zuerst rückt die Lage der Windungen, bei der das Durchschlagen erfolgt, immer weiter vom Meridian fort. Dann bemerkt man, dass die Nadel, noch ehe jene Lage erreicht ist, durch den Nullpunkt in den entgegengesetzten Quadranten hinübergeführt, auch hier in festem Gleichgewichte verharrt. So machen sich bei immer grösserer Steigerung der Astasie immer noch verwickeltere Erscheinungen geltend, welche du Bois in folgender Weise erklärt.

5. Die störende Curve. Die Nadel ist innerhalb der Windungen unter dem Einflusse zweier Kräfte, nämlich der Wirkung der Drahtwindungen und des Erdmagnetismus. Die Windungen treiben die Nadel in Folge ihres Magnetismus, wenn sie selbst in der Richtung des magnetischen Meridians liegen, von dem Nullpunkt nach beiden Seiten hin mit gleicher Kraft. Die Nadel ist also Hinsichts dieses Einflusses in dem Nullpunkt im labilen Gleichgewicht, wogegen 20^0 zu beiden Seiten des Nullpunktes ein stabiles Gleichgewicht vorhanden ist, indem die Nadel nach diesen Stellungen zurückgeführt wird, wenn man ihr eine grössere oder geringere Abweichung vom Nullpunkte giebt, als die von 20 Graden. Stellt man den Einfluss der Drahtwindungen graphisch dar, so erhält man Folgendes.

Fig. 20.

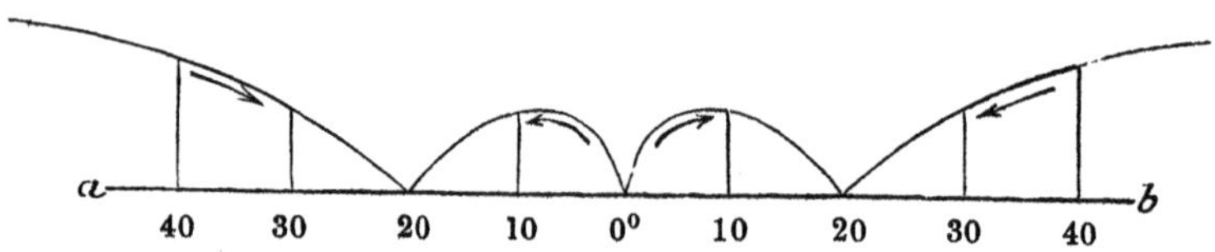

Die Abscissenaxe *ab*, Fig. 20 bedeutet den Gradbogen der Multiplicatortheilung, während die Ordinaten die Intensität ausdrücken, mit der die Nadel aus der bestimmten Stellung getrieben wird. Die Richtung, in welcher dies geschieht, wird durch die bei der Curve gezeichneten Pfeile angegeben. Nach der Beobachtung ergiebt sich folgender Gang der Curve, welche du Bois die störende Curve nennt.[1]) Auf dem Nullpunkte ist die Ordinate Null. Wenn dagegen die Pole der Nadel die ersten Windungen hinter sich gelassen haben, ist die Kraft am grössten. Sie geht dann schnell wieder abwärts, indem jetzt für einen Theil der Nadel auch auf der der Nulllinie zugewandten Seite Kräfte vorhanden sind, welche die Wirkung der nach aussen gelegenen Windungen bekämpfen. In der Nähe der Diagonale des Gewindes muss die Curve die Abscissenaxe schneiden, ihre Ordinaten werden negativ, die Drahtmassen wirken fortan statt ablenkend, einlenkend auf die Nadel. Endlich muss die Curve, nachdem sie die Breite des Gewindes verlässt, am 90° Punkte zum dritten Male die Abscissenaxe erreichen.

Die Wirkung der Erdkraft auf die Nadel ist, wie wir schon gesehen, je nach der Astasie derselben verschieden stark, allein sie wirkt unter jeder Bedingung so, dass sie die Nadel stets nach dem Nullpunkte zu führen strebt. Wir können ihre Wirkung durch die beistehende einfache Fig. 21 darstellen.

Fig. 21.

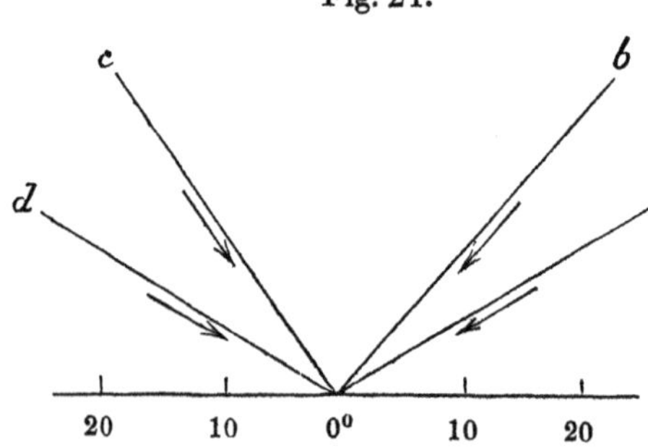

a0 und *d0* stellen die Wirkung für einen Grad der Astasie, *b0* und *c0* für einen anderen dar.

Vereinigen wir die beiden Systeme, Fig. 20 und 21, so leuchtet ein, dass je nach der Steigung der Linien in Fig. 21 das Resultat ein anderes werden muss. Es kann vor Allem sein entweder Fig. 22 oder Fig. 23.

[1]) Untersuchungen über thierische Elektr. I. p. 179.

Fig. 22.

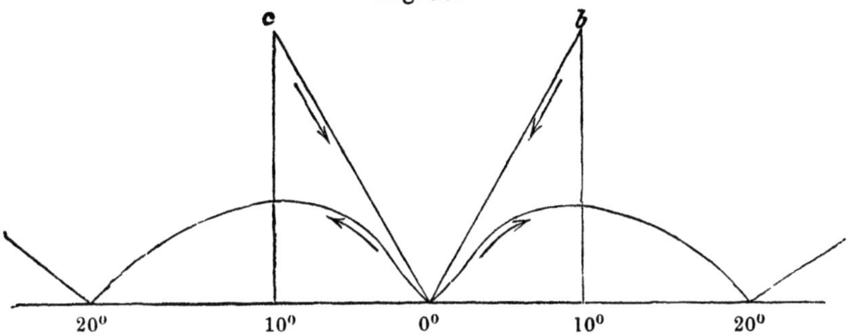

Fig. 23.

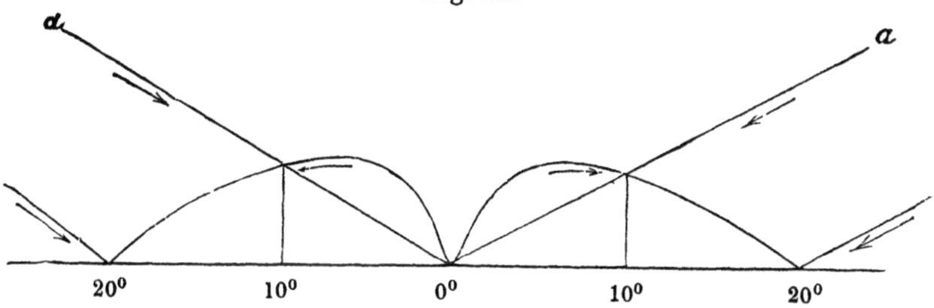

Fig. 22 stellt den Fall dar, in welchem die Erdkraft in jeder Stellung die Wirkung der Drahtmassen überwindet, in welchem also die Nadel auf dem Nullpunkte in stabilem Gleichgewicht, obgleich nur mit geringer Kraft gehalten wird. Diese Kraft wird durch die Differenz der Ordinaten beider Curven bestimmt, und die daraus resultirende Curve stellt sich etwa durch die Fig. 24 dar.

Fig. 24.

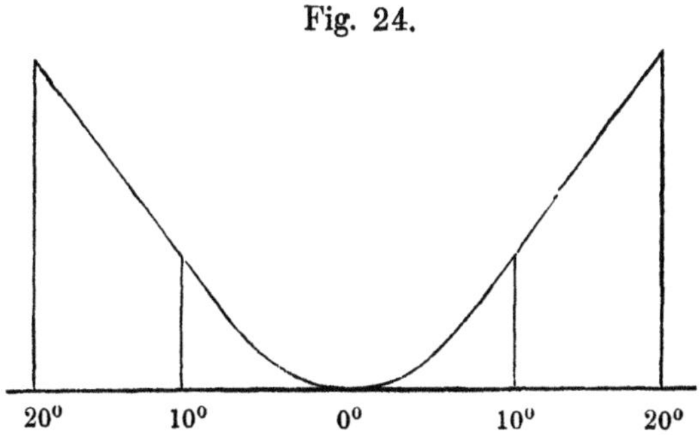

Dies ist nicht der früher besprochene Fall. Dieser geht hervor aus Fig. 23, bei der die einander entgegenwirkenden Kräfte sich in den Punkten bei 10^0 schneiden. In diesen Punkten wäre für den gezeichneten Fall die ablenkende Kraft = 0, ausserhalb derselben würde sie langsam in entgegengesetzter Richtung bis 20^0 wachsen, von wo ab sie dann aber schneller zunehmen müsste, weil sie dann nicht mehr die Differenz, sondern die Summe beider Kräfte sein würde. Für den vorliegenden Fall würde sich die Combinationscurve folgendermassen darstellen.

Fig. 25.

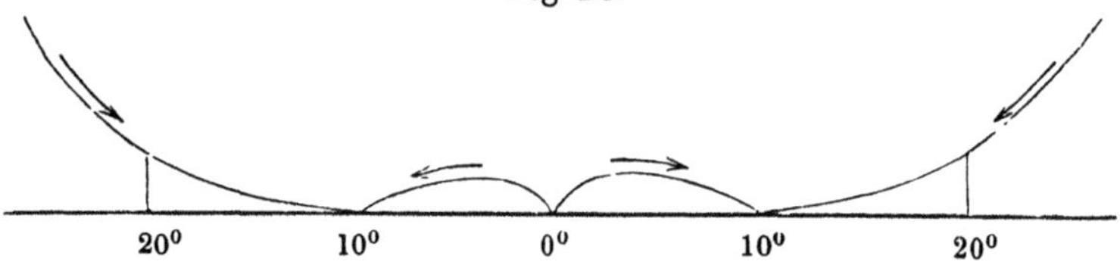

Eine noch grössere Astasie und in Folge dessen geringere Wirkung der Erdkraft, würde die hier bei 10^0 gezeichneten Nullpunkte weiter hinausrücken; allein sie würden nie die Gränzen von 20^0 erreichen können, wenn die andere Curve ihre Nullpunkte bei 20^0 hat, weil sich ja jenseit derselben beide Kräfte summiren.

Zu den hier angeführten Fällen kommen noch viele andere, wenn man die Richtung der Windungen nicht in den magnetischen Meridian liegend denkt, sondern sie nach und nach einen immer grösseren Winkel mit denselben bilden lässt. Alle können jedoch in der hier dargelegten Weise graphisch verzeichnet werden, wenn man in den verschiedenen Stellungen an dem gegebenen Multiplicator Messungen anstellt.

6. **Berichtigung der Ablenkung durch die Drahtmassen.** Um den störenden Einfluss der Drahtmassen möglichst zu entfernen, muss man vor allen Dingen bemüht sein, den Draht so eisenrein wie möglich darzustellen, was auch in neuester Zeit dadurch gelungen ist, dass man denselben nach dem Ziehen mit Säure gewaschen und so das etwa haftende Eisen wieder entfernt hat.

Sollte nun aber ein Multiplicator nicht eisenfreien Draht enthalten, und also die oben genannte störende Curve zeigen, so bieten sich doch Mittel, diese Störung zu entfernen. Alle diese Mittel bestehen darin, den magnetischen Curven, welche die Nadel nach dem Punkte der freiwilligen Ablenkung zurückzuführen streben, eine solche Steilheit (Fig. 22) zu geben, dass sie bei derjenigen Lage der Windungen, wo die Nulllinie in diesem Punkte einsteht, zur Ueberwältigung der störenden Curven eben ausreichen. Dies lässt sich auf zweifache Art erreichen.

Das eine dieser Mittel besteht darin, durch Streichen der Nadeln die Astasie so weit zu vernichten, dass die Curve die gewünschte Steilheit erlangt. Da es jedoch nur Zufall sein kann, wenn man gerade den richtigen Grad der Astasie trifft und im anderen Falle, wenn die Steilheit der Curve über diese Gränze hinaus vermehrt wird, der Multiplicator unnützer Weise an Empfindlichkeit verliert; so ist die Anwendung dieses Mittels wenig zu empfehlen. Das andere ist der von Nobili vorgeschlagene Berichtigungsstab.

„Stellt man," sagt du Bois, „einen Magnetstab in der Azimuthebene, in der ein astatisches System sich im Gleichgewichte befindet, dergestalt auf, dass seine Axe mit der die senkrechte Entfernung beider Nadeln halbirenden Wagerechten zusammenfällt, so wirkt er mit gleichen und entgegengesetzten Kräften auf beide Nadeln, und die Astasie des Systems bleibt unverändert. Hebt oder senkt man den Stab, so wirkt er hingegen beschleunigend oder verzögernd auf dessen Schwingungen, je nachdem die einander am nächsten liegenden Pole des Stabes und des Systems gleichnamig oder ungleichnamig sind."[1]) Durch Nähern oder Entfernen des Stabes kann man seine Wirkung verstärken und schwächen. Melloni schreibt für den Berichtigungsstab eine Länge von 200^{mm} und einen Durchmesser von 5^{mm} vor.

Auf diesem Wege wird es möglich, die Wirkung der störenden Curve zu entfernen und einen Multiplicator mit Erfolg anzuwenden, auch wenn das Drahtgewinde nicht eisenfrei ist.

7. Gesetz der Multiplicatorablenkungen. Nachdem in der angegebenen Weise alle Vorkehrungen getroffen sind, um den Multiplicator zuverlässig brauchbar zu machen, kommt es darauf an, das Gesetz festzustellen, nach welchem die jedesmal erhaltenen Ablenkungen zu beurtheilen seien.

Es leuchtet ein, dass bei der verschiedenen Lage, Länge und Gestalt, die die einzelnen Windungen haben, sowie bei der verschiedenen Grösse und magnetischen Vertheilung der Nadel nicht aus der Wirkung derselben das Gesetz auf so einfache Weise, wie bei den früher besprochenen Instrumenten, hergeleitet werden kann. Zunächst bietet sich jedoch für einen speciellen Fall ein einfaches Gesetz für die Nadelablenkung dar.

Für den Fall nämlich, dass der Multiplicator dazu benutzt wird, einen nur momentanen Strom zu messen, hat Lenz eine Betrachtung angestellt aus welcher sich das Gesetz als sehr einfach ergiebt.

Nach den bekannten Gesetzen der Pendelschwingungen giebt, wenn Fig. 26 (s. pag. 38) *cb* ein Pendel darstellt, welches ein Stoss zu der Höhe

[1]) Untersuchungen über thierische Elektr I. p. 189.

Fig. 26.

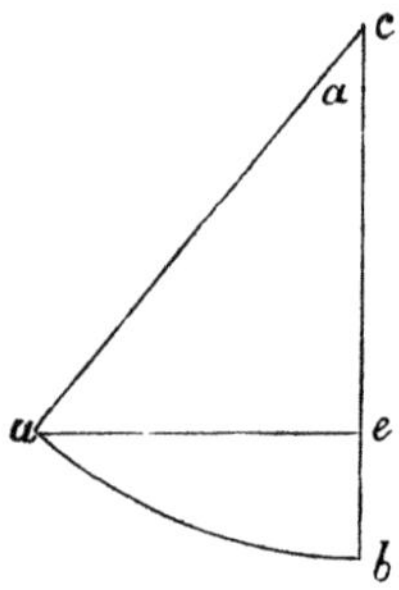

bis α gebracht hat, die aus a gezogene Horizontale ae in der Linie bc die Höhe an, bis zu welcher der der Gravitation unterworfene schwere Punkt durch denselben Stoss senkrecht in die Höhe gestiegen sein würde. Da nun die Kraft, mit der der Punkt b bis e getrieben wird, nach den Fallgesetzen der Quadratwurzel dieser Höhe be gleich, und $be = 1 - \cos\alpha = \sin.\text{vers}\,\alpha$ ist; so ist diese Kraft gleich der Quadratwurzel des Sinusversus des Elongationswinkels.

In Bezug auf den vorliegenden Fall sagt nun Lenz: [1])

„Wir können uns die Wirkung eines nur momentanen Stromes auf die Nadel wie einen Stoss denken, und die Kraft dieses Stosses durch die Geschwindigkeit messen, die er der Nadel ertheilt. Die Geschwindigkeit der Nadel ist aber bei ihrem Ausgange offenbar so gross als diejenige, welche sie beim Zurückschwingen an dem Ausgangspunkte wieder erlangt; sie wird also, wenn f eine Constante bedeutet (aus den oben angegebenen Gründen), ausgedrückt werden können durch:

$$A = f\sqrt{\sin.\text{vers}\,\alpha},$$

wo A die gesuchte Anfangsgeschwindigkeit oder auch nach Obigem die Grösse des Stromes im Multiplicatordrahte, α aber den Ablenkungswinkel der Nadel durch die Kraft bedeutet. Dieser Ausdruck verwandelt sich aber durch Substitution von $2\sin^2\frac{\alpha}{2}$ statt $\sin.\text{vers}\,\alpha$ in folgenden:

$$A = p \sin {}^1\!/_2\,\alpha,$$

wenn wir $p = f\sqrt{2}$ setzen.“

Hieraus folgt:

Die Intensität des den Multiplicator durchfliessenden **momentanen** Stromes ist dem Sinus des halben Ablenkungswinkels der Nadel proportional.

Für diesen Fall ergiebt sich also ein Gesetz, welches für alle Multiplicatoren gilt, und man hat für jeden einzelnen nur die Constante durch einige Versuche festzustellen.

8. Nicht so einfach stellt sich das Gesetz heraus, nach welchem die durch dauernde Ströme bewirkten Ablenkungen zu bestimmen sind. Theoretisch lassen sich die Intensitätsscalen füglich nicht wohl herstellen, und man sieht sich daher genöthigt, experimentelle Methoden zur Bestim-

[1]) Pogg. Ann. 34 p. 392.

mung derselben anzuwenden. Deren existiren mehrere, welche meist auf dem Princip beruhen, dass n gleiche Ströme die $n$fache Kraft des einfachen Stromes liefern. Diese n gleichen Ströme können durch n Drähte in gleicher Weise um die Nadel geführt, oder sie können auch in einen Draht vereinigt werden.

Gleiche Ströme lassen sich mittelst einer Thermosäule erzeugen, indem ein Element derselben nach dem anderen gleichmässig erwärmt, und so die Kraft stets um ein Gleiches gesteigert wird. Sowohl diese Elektricitätsquelle, als auch hydroelektrische Ströme wenden Becquerel,[1]) Nobili[2]) und Melloni[3]) an, um theils durch die Summe, theils auch durch die Differenz zweier oder mehrerer Ströme die Intensitäten zu bestimmen, welche den einzelnen Graden des Theilkreises entsprechen. Man wird leicht einsehen, dass die Hauptschwierigkeit aller dieser Methoden darin besteht, genau gleiche Ströme zu erzeugen, und sie gleich zu erhalten. Des günstigsten Mittels zu diesem Zwecke bedient sich Melloni, indem er die beiden Seiten einer Thermokette abwechselnd und gleichzeitig durch Lampen erwärmt, und durch die Differenz der Ströme wie nachheriges Interpoliren die einzelnen Punkte der Intensitätsscala bestimmt. Für die Gränzen, innerhalb welcher die Wärmegrade liegen, die Melloni prüft, ist dieses Mittel vollkommen ausreichend. Da jedoch viele Physiker, wie schon vor langer Zeit Becquerel, später Regnault, so wie Wiedemann und Franz gezeigt haben, dass die Intensität des in einem Thermoelement erregten galvanischen Stromes, besonders bei höhern Wärmegraden, nicht in gleichem Verhältniss zu der Temperaturerhöhung der Löthstelle des Elementes stehe; so kann auch dieses Mittel zur Bestimmung der Intensitätsscala nicht genügen. Aus den Untersuchungen von Wiedemann und Franz geht hervor, dass die Ausschläge am Galvanometer ein wenig schneller zunehmen als die Ueberschüsse der Temperaturen des Thermometers über die Umgebung,[4]) andererseits zeigen die Versuche Becquerel's, dass bei gleichen Temperaturdifferenzen verschiedener Wärmegrade die Intensität der elektro-dynamischen Kraft um so geringer wird, je höhere Wärmegrade angewandt wurden. So ist die Stromesintensität bei einer Temperaturdifferenz von 100°, während die eine Seite des Elementes 0° und die andere 100° hat, = 22; bei derselben Differenz, bewirkt durch 50° und 150° = 20 und bei 100° und 200° = 15.[5])

Aus diesen Andeutungen geht hervor, dass zur Bestimmung der Werthe der Nadelablenkung am Multiplicator diejenigen Methoden wenig Sicherheit

[1]) Pogg. Ann. 9 p. 345. [2]) Ebend. 20 p. 226. [3]) Ebend 35. p. 132.
[4]) Ebend. 89 p. 526. [5]) Ebend. 9 p. 349.

bieten, welche die Summe oder Differenz verschiedener Ströme als Mittel benutzen. Poggendorff wendet daher zu dieser Bestimmung einen einzigen constanten Strom an.[1]) Das Princip dieser Methode beruht auf dem Satze:

dass man die Ablenkungen, welche die Drahtwindungen, im magnetischen Meridian liegend, bei verschiedener Stärke des durchgeleiteten Stromes, der Magnetnadel ertheilen, herleiten kann aus denjenigen, welche sie, von einem und demselben Strom durchflossen, aber unter verschiedene Winkel gegen den magnetischen Meridian gestellt, auf dieselbe Nadel ausüben.

Die Begründung dieses Satzes geht aus Folgendem hervor:

Die Kraft, mit welcher der Erdmagnetismus eine aus dem Meridiane abgelenkte Nadel in diesen zurückzuführen strebt, ist bekanntlich dem Sinus des Ablenkungswinkels proportional.[2]) Sie lässt sich mithin als eine Curve darstellen, deren Abscissen die Bogen, und deren Ordinaten die Sinus der Bogen sind. Wäre nun der die Nadel umgebende Kreisstrom gegen dieselbe unendlich gross, und läge in dem magnetischen Meridian, so würde die Kraft, mit welcher dieser Kreisstrom die Nadel aus dem Meridian zu entfernen sucht, dem Cosinus des Ablenkungswinkels proportional sein. Sie würde sich also durch eine Curve darstellen lassen, welche gegen die frühere eine umgekehrte Lage hat, da ihre Ordinate gleich Null wäre, wenn jene das Maximum zeigt und umgekehrt. Wegen der geringen Entfernung der Drahtwindungen von der Nadel am Multiplicator, hat diese Curve aber in dem vorliegenden Falle eine viel complicirtere Gestalt als die durch die Cosinuswerthe bestimmte, allein man wird einsehen, dass sie nichtsdestoweniger eine der Sinuscurve entgegensetzte Lage haben muss.

Wird es nun möglich, die Durchschnittspunkte beider genannten Curven für die einzelnen Fälle der Nadelablenkung zu bestimmen, so ist dadurch die Intensität des galvanischen Stromes für alle diese Fälle gegeben.

Zur Bestimmung der Sinuscurve leitet folgende Betrachtung. Da sie hervorgebracht wird durch den Einfluss des Erdmagnetismus auf die Nadel, so kommt es darauf an, unter übrigens gleichen Kräften diesen Einfluss im Verhältniss zum Strom zu ändern. Dies bewirkt Poggendorff dadurch, dass er bei einem immer constant bleibenden Strome, etwa den einer Thermosäule, die Ebene der Windungen um einen bestimmten Winkel aus dem Meridian heraus dreht.

Stellt z. B. NS, Fig. 27, die Richtung des magnetischen Meridians dar, und dreht man die Windungen in die Richtung der Linie wv, so mag die

[1]) Pogg. Ann. 56 p. 324. [2]) Siehe p. 12.

Nadel *ns* mit denselben den Winkel *n* bilden. Wir erhalten alsdann die Nadelablenkung $a = m + n$. Wird die Ebene der Windungen nach der entgegengesetzten Seite *w*, Fig. 28, gedreht, so wird man die dort verzeichneten Winkel *m* und *n* erhalten. Setzt man diese Drehung nach beiden Seiten hin fort, so kann man, wenn man nach der Seite der Nadelablenkung wie in Fig. 27 dreht, die Wirkung des Erdmagnetismus durch die grössere Ablenkung der Nadel so lange steigern, bis, wie bei der Sinusbussole, die Nadel mit der Ebene der Windungen *wv* zusammenfällt, so dass $n = 0$ wird. Dreht man dagegen nach der entgegengesetzten Seite, wie in Fig. 28, so wird bei $m = -90^0$ die Nadel *ns* in den Meridian fallen.

Fig. 27.

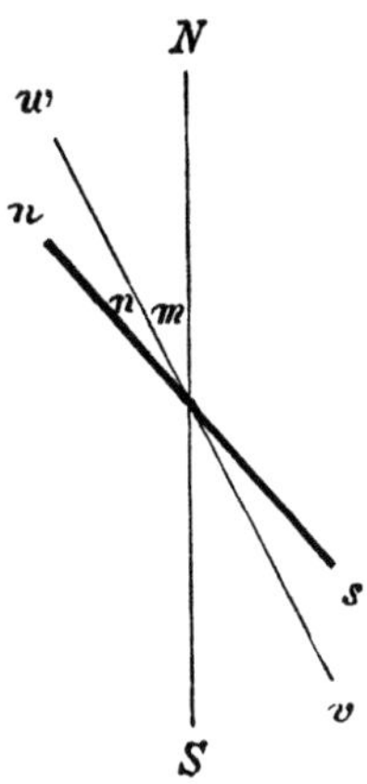

Fig. 28.

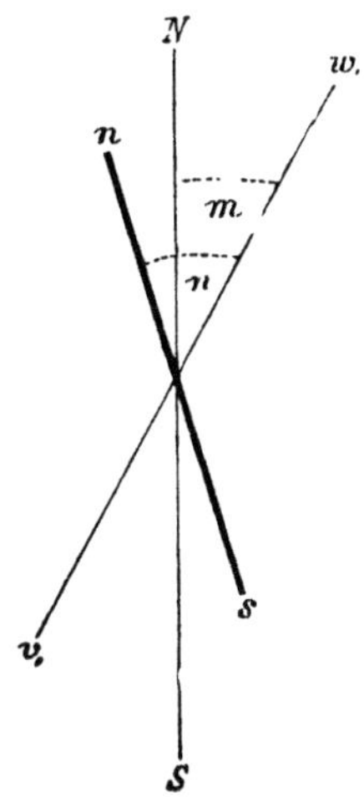

Fig. 29.

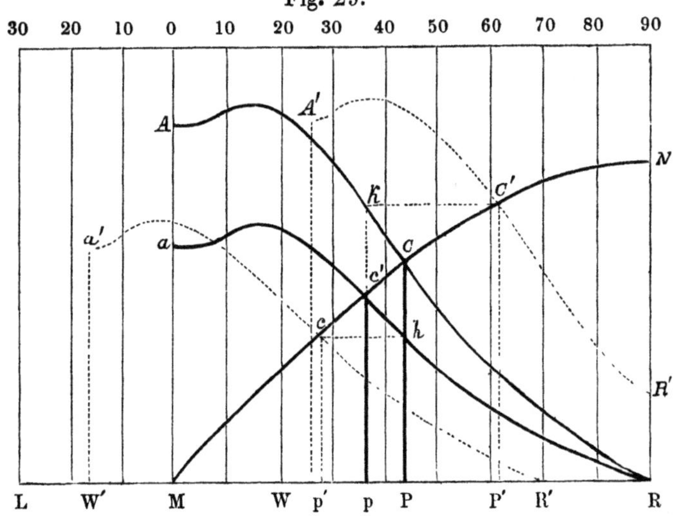

Die Linie *LR*, Fig. 29, stelle den Kreis der Theilung des Multiplicators als Abscissenaxe dar, und die Curve *MN* die vorn genannte Sinuscurve,

Fig. 29.

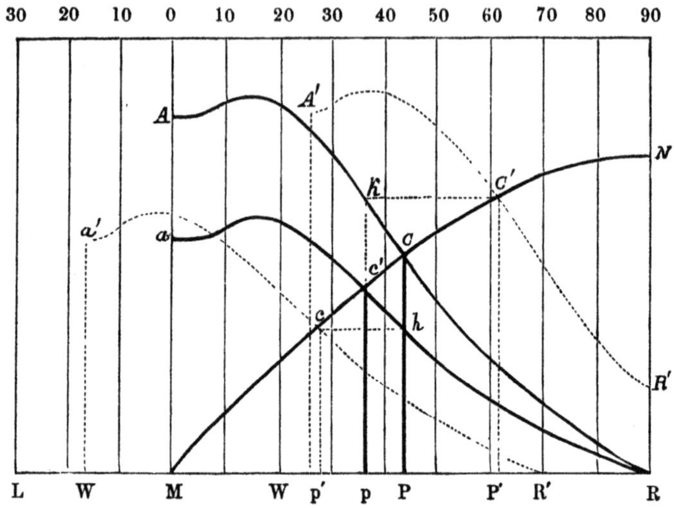

welche unter der Bedingung erhalten worden, dass die von einem constanten Strome durchflossenen Multiplicatorwindungen so lange gedreht sind, bis die Nadel in gewissen Intervallen alle Grade des Theilkreises von 0° bis 90° durchlaufen hat. Andererseits möge die Curve aR die Wirkung des Stromes auf die Nadel darstellen, so dass also der Durchschnitt c' beider, einer bestimmten Ablenkung der Nadel entspricht. Nach dieser vorläufigen Zeichnung der zu suchenden Curven wird man einsehen, dass eine Drehung des Gewindes nach links oder rechts eine Verschiebung der Curve aR ebenfalls nach links oder rechts entsprechen würde, da ja die Ordinate für den Punkt c in dem einen Falle, welchen Fig. 27 darstellt, wächst, während sie in dem anderen, Fig. 28, abnimmt. Für den Fall der Verschiebung nach links würde die Curve etwa die Lage $a' R'$ erhalten, so dass den beobachteten Winkeln a die Abscissen Mp und Mp' und die Ordinaten $c'p = \sin Mp$ und $cp' = \sin Mp'$ entsprechen würden.

Wurden nun die Windungen so gedreht, dass sich der Winkel zwischen ihnen und der Nadel, den wir n genannt haben, immer um 5° vergrösserte, so ergaben sich für den von Poggendorff angewandten Strom, der die Nadel, wenn das Gewinde im Meridian stand, auf 36° ablenkte, folgende Werthe für m und n:

m	n	m+n	$\frac{\sin n}{\sin (m+n)}$
$+49\frac{1}{2}^0$	0^0	$49\frac{1}{2}^0$	0,0000
$+46\frac{1}{2}$	5	$51\frac{1}{2}$	0,1114
$+43\frac{1}{2}$	10	$53\frac{1}{2}$	0,2160
$+38\frac{1}{2}$	15	$53\frac{1}{2}$	0,3220
$+31\frac{1}{2}$	20	$51\frac{1}{2}$	0,4370
$+23\frac{1}{2}$	25	$48\frac{1}{2}$	0,5643
$+13^0$	30	43	0,7331
$+\ 3$	35	38	0,9316
$-\ 0$	36	36	1,
$-\ 8^0$	40	32	1,2130
-19^0	45	26	1,6130
$-28\frac{1}{2}$	50	$21\frac{1}{2}$	2,0901
-37	55	18	2,6508
-45	60	$14\frac{1}{2}$	3,5182
-54	65	11	4,7499
-61	70	9	6,0071
-69	75	6	9,2408
-76	80	4	14,1180

In Bezug auf die Wahl des constanten Stromes, unter dessen Einfluss die Ablenkungen bewirkt werden, ist zu beachten, dass er nicht zu gross genommen werden darf, damit die Möglichkeit bleibe, die Windungen mit der Nadel parallel zu stellen. Ein sehr starker Strom würde nämlich die Nadel auch noch über das Maximum der Wirkung des Erdmagnetismus, über 90^0 hinaus, vor sich her treiben, so dass dann nie ein Parallelismus zwischen Nadel und Windungen zu Stande käme.

Da, wie schon vorn angegeben, durch das Drehen der Windungen die Curve aR oder AR, welche die Wirkung des Stromes auf die Nadel angiebt, nach rechts oder links verschoben wird, und dadurch stets andere Durchschnittspunkte mit MN erhalten werden, deren Ordinaten gleichen Längen auf den ursprünglichen Ordinaten entsprechen; so ist durch die in der obigen Tabelle erhaltenen Werthe $m+n$ die ganze Curve bestimmt. Wäre z. B. AR die erhaltene Curve für die bestimmte Stromstärke und man sollte nun die Werthe für eine andere Stromstärke suchen, so steht zunächst fest, dass sich dieselben wie die Ordinaten der beiden Curven verhalten. Wäre also aR die neue Curve, so würde sich die Ordinate für den Punkt P der jetzigen zu der früheren verhalten wie $Ph : PC$. Denkt man sich aber die Curve aR verschoben nach $a'R$, so verschieben sich auch die Durchschnittspunkte mit der Curve MN, und es wird sich daraus ein Werth für Ph ergeben, welcher dem Winkel m der Windungen, d. h. der Abscisse Mp' entspricht, dessen Ordinate $p'c = \sin Mp' = \sin a$ ist, d. h. gleich dem

Sinus des Winkels, den die Nadel mit dem Meridian bildet. Um also die Curve aR zu construiren, werden die Abscissen den Winkeln n in der vorigen Tabelle und die Ordinaten den Sinus der Winkel a proportional genommen. Hieraus folgt, dass die Stromstärken, deren Wirkungen durch die Curven AR und aR ausgedrückt werden, und die, wenn die Windungen im Meridian liegen, die Ablenkungen MP und Mp hervorbringen, sich wie ein sin a zu einem sin n der obigen Tafel verhalten. Man findet also das Verhältniss der zu bestimmenden Stromstärke durch Division des Sinus der neuen Abscisse durch den Sinus der ersteren um die Verschiebung verkleinerten oder vergrösserten Abscisse. In dieser Weise ist die in der Tabelle enthaltene letzte Colonne berechnet, welche dann die Stromstärke der Ablenkungen n in der zweiten Colonne angiebt.

Die Fig. 30 stellt den von mir benutzten Multiplicator dar.

Fig. 30.

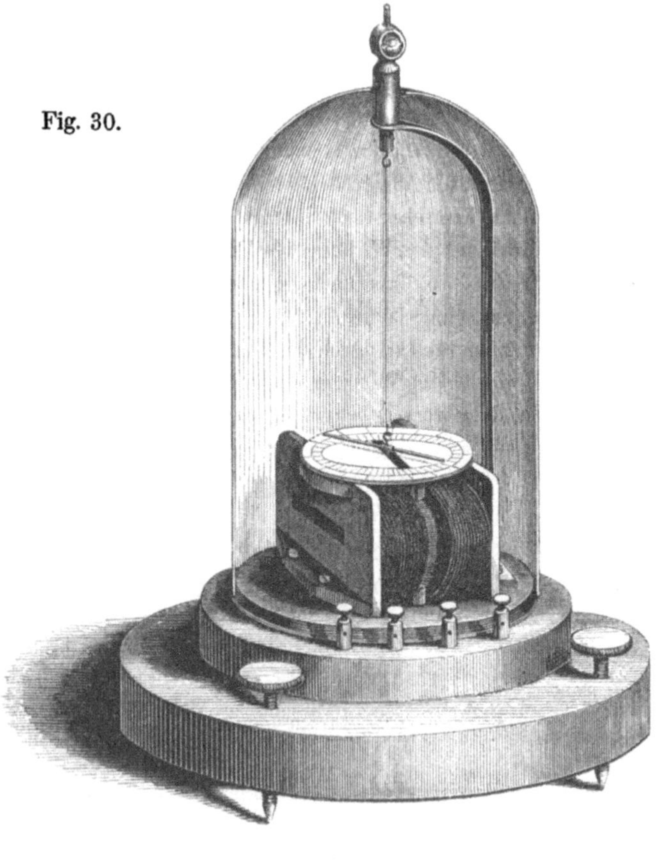

Auf dem durch 3 Schrauben getragenen Brettchen befinden sich vier Klemmschrauben, welche die Enden von zwei Drahtgewinden tragen, die übereinander auf dem Gestell, Fig. 31, aufgewunden sind. Das unterste dieser Gewinde besteht nur aus einer geringen Anzahl Windungen von ziemlich starkem Draht, während das darüber befindliche Gewinde aus mehreren über einander gewickelten Lagen sehr feinen Drahtes gebildet wird. Hierdurch wird es möglich, denselben Multiplicator zu verschiedenen, der bereits vorn erwähnten Zwecke zu benutzen.

Fig. 31.

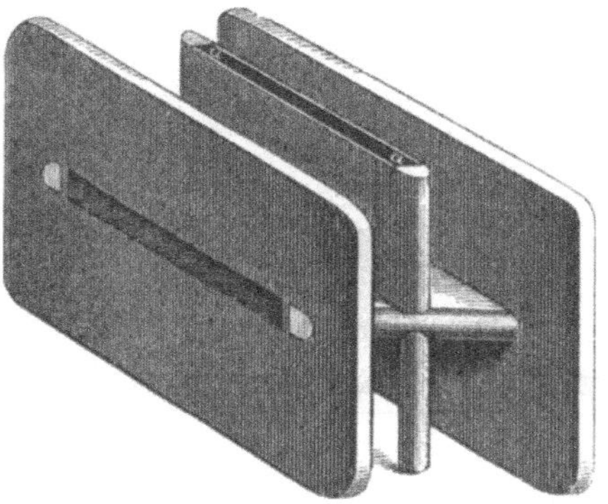

Dem Gestell, auf welchem der Draht gewickelt ist, giebt man am vortheilhaftesten die Form, welche Fig. 31 darstellt,[1]) bei der die in der Mitte zwischen den Windungen gelassene Oeffnung *aa* erlaubt, dass man die astatische Doppelnadel nach Belieben herausnehmen und wieder einsetzen kann.

9. Der Spiegelmultiplicator. Schliesslich müssen wir noch eines Multiplicators Erwähnung thun, dessen Magnetnadel in einem Stahlspiegel besteht, und der Behufs der Ablesung mittelst eines Fernrohres grosse Bequemlichkeit bietet. Es möge hier die Beschreibung des Multiplicators dieser Art Platz finden, wie ihn Wiedemann und Franz bei ihren Untersuchungen über die Wärmeleitungsfähigkeit der Metalle angewandt und beschrieben haben.[2])

Auf einem 40 Centimeter langen, 14 Centimenter breiten Brett *a*, Fig. 32 (s. pag. 46), liessen sich zwischen zwei Holzleisten *b* die Brettchen *dd* und *c* verschieben. Auf dem Mittelbrettchen *c* stand eine Hülse *e* aus Kupfer, von 30^{mm} Länge, 21^{mm} inneren und 56^{mm} äusseren Durchmesser, welche vorn und hinten durch Glasfenster verschlossen werden konnte. Auf diese war die Glasröhre *f* aufgesetzt, welche oben eine geeignete Vorrichtung *g* trug, an der an einem Coconfaden ein Stahlspiegel *h* von 1^{mm} Dicke und

[1]) Müllers Lehrb. d. Phys. II. p. 173. [2]) Pogg. Ann. 89 p. 504.

Fig. 32.

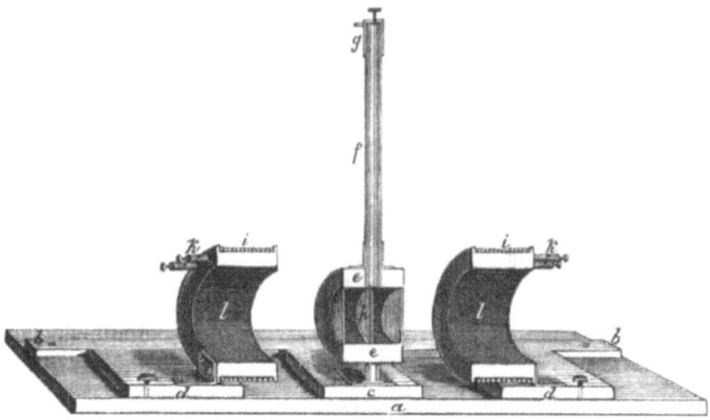

19^{mm} Diameter in der Weise aufgehängt war, dass er frei in der Kupferhülse schwebte. Der Stahlspiegel war magnetisirt, so dass seine Ebene sich stets in den magnetischen Meridian stellte. Auf den Brettchen *dd* befanden sich zwei Drahtspiralen *l* von 60^{mm} innerem Durchmesser, von denen jede aus zwei 1^{mm} dicken und 16^{m} langen Kupferdrähten *i* gewickelt war. Die Enden der Kupferdrähte waren an den Drahtklemmen *kk* befestigt; durch Zwischendrähte zwischen letzteren konnten die einzelnen Drähte der Spiralen beliebig mit einander verbunden werden. — Der Apparat wurde so aufgestellt, dass die Längsrichtung des Brettes *a* senkrecht gegen den magnetischen Meridian stand. — Wurde jetzt durch die Drähte *i* der Spiralen *ll* ein Strom geleitet, so wurde der Spiegel aus seiner Ruhelage abgelenkt, und es konnte die Ablenkung durch ein Fernrohr an einer etwa 2^{m} entfernten Scale beobachtet werden.

Es übte hierbei die dicke Kupferhülse, in der der magnetische Stahlspiegel schwebte, einen so stark dämpfenden Einfluss auf seine Schwingungen, dass der Spiegel nach dem Einsetzen des Stromes fast gar nicht um die neu erlangte Gleichgewichtslage hin und her schwankte. — Vier bis sechs Sekunden genügten, um die Ablenkung des Spiegels zu bestimmen.

Je nachdem stärkere oder schwächere Ströme mit dem Galvanometer gemessen werden sollten, konnten die Spiralen *i* von dem in der Kupferhülse *e* schwebenden Spiegel entfernt oder ihr genähert werden. Dadurch konnte bewirkt werden, dass das Maximum der Ablenkungen des Spiegels nie mehr als 2 bis 3^{0} betrug, und man somit die Ablenkung des Spiegels der Intensität des ablenkenden Stromes selbst ohne Weiteres proportional setzen konnte.

§. 8.

Das Elektro-Dynamometer von W. Weber.

An diese bisher beschriebenen Messapparate schliesst sich ein anderer, welcher nicht auf der Nadelablenkung durch den galvanischen Strom beruht, und eben wegen des anderen Princips, auf das er sich stützt, unter Verhältnissen zur Strommessung dienen kann, unter denen die übrigen Instrumente keine Anwendung finden.

Dies von Weber erfundene Instrument[1]) dient zunächst zur Bestimmung der elektro-dynamischen Kräfte, d. h. der Kraftäusserung zweier elektrischer Ströme auf einander, und besteht daher im Wesentlichen aus zwei von einander getrennten galvanischen Leitern.

„Die beiden galvanischen Leiter," sagt Weber,[2]) „deren Wechselwirkung beobachtet werden soll, bestehen in zwei dünnen mit Seide besponnenen Kupferdrähten, welche, wie Multiplicatoren, ringförmig in den äusseren Höhlungen zweier cylindrisch geformter Rahmen aufgewunden sind. Der eine dieser beiden Ringe umschliesst einen freien Raum, welcher gross genug ist, damit der andere Ring darin Platz finden und sich frei bewegen könne."

„Geht nun durch die Drähte beider Ringe ein galvanischer Strom, so übt der eine auf den anderen ein Drehungsmoment aus, welches am grössten ist, wenn die Mittelpunkte beider Ringe zusammenfallen, und wenn die Ebenen, denen die Windungen beider Ringe parallel sind, einen rechten Winkel mit einander bilden. Der gemeinschaftliche Durchmesser beider Ringe ist die Drehungsaxe. Sie steht vertical, so dass die Drehung in horizontaler Ebene erfolgt. Die rechtwinklige Stellung beider Ringe zu einander ist ihre normale Stellung, welche sie in dem Instrumente erhalten."

Derjenige von diesen beiden Ringen, welcher gedreht werden soll, erhält an diesem Instrumente nicht, wie bei Ampères Apparaten, seine Zu- und Ableitung des Stromes mittelst zweier Spitzen, die in Quecksilberschalen eintauchen, in welchen die unbeweglichen Leiter endigen; sondern statt dieser, keine freie Drehung gestattenden Verbindung, werden hier zwei lange dünne Verbindungsdrähte angewandt, welche mit ihren oberen Enden an zwei festen Metallhaken, in denen die beiden unbeweglichen Leiter endigen, mit ihren unteren Enden am Rahmen des Ringes befestigt sind, und daselbst mit den Drahtenden des Ringes fest verbunden werden.

[1]) Elektrod. Maassbest. 1846 p. 10. [2]) Pogg. Ann. 73 p. 195.

„Diese Verbindungsdrähte,“ fährt Weber fort, „leisten aber ausser der reibungslosen Aufhängung noch mehr, indem sie bewirken, dass jeder Drehung des Ringes um einen bestimmten Winkel ein bestimmtes Drehungsmoment entspricht, welches diesen Winkel zu verkleinern sucht, und dem Sinus des Drehungswinkels proportional ist, wodurch ein Massstab für alle Drehungsmomente gebildet wird, mit dessen Hülfe jedes andere auf den Ring wirkende Drehungsmoment gemessen werden kann. Es geschieht dies nach den nämlichen einfachen Gesetzen, welche Gauss für das Bifilar-Magnetometer zuerst entwickelt hat. Dieser Massstab lässt sich endlich nach Belieben und Bedürfniss feiner und gröber machen, je nachdem die beiden Verbindungsdrähte einander genähert oder von einander entfernt werden.“

Fig. 33.

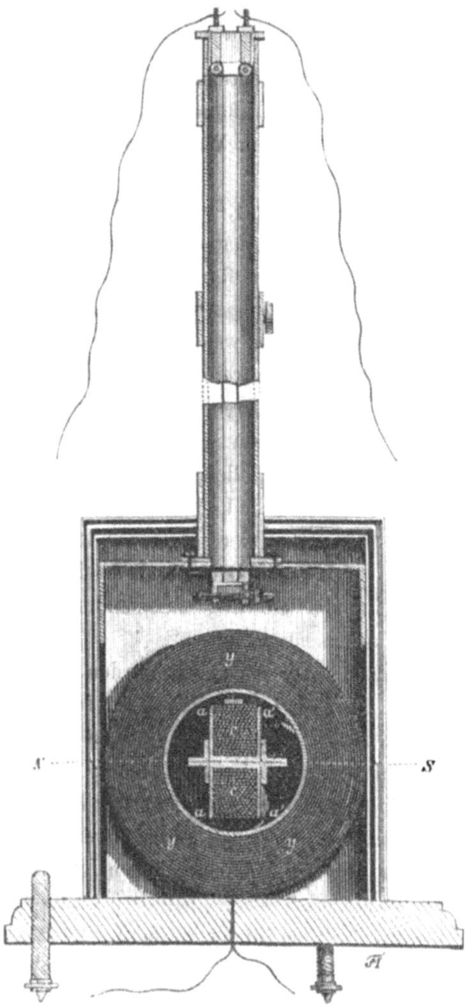

2. Fig. 33 stellt eine Ansicht des Weberschen Dynamometers im verticalen Querschnitt dar, die nach dem Vorangehenden von selbst verständlich ist. Weber nennt die an den beiden Metallfäden aufgehängte Drahtrolle aa und $a'a'$, welche im Querschnitt ihrer Drahtbewicklung gezeichnet ist, die Bifilarrolle, wogegen er die feststehende Rolle y, welche die Figur in einem Schnitte parallel mit dem Drahtgewinde zeigt, den Multi-

plicator nennt. Die Fig. 34 zeigt dasselbe Instrument in einem ebenfalls vertikalen Querschnitte, welcher zu dem der vorigen Figur rechtwinklig steht. Bei *ff* befindet sich ein Spiegel Behufs der Ablesung der bewirkten Ablenkung.

Die Fig. 35 (s. pag. 50) endlich giebt einen horizontalen Querschnitt beider Rollen, so dass hier sowohl die Drahtwindungen der Bifilarrolle *c*, wie der Multiplicatorrolle *y* senkrecht durchschnitten erscheinen.

Fig. 34.

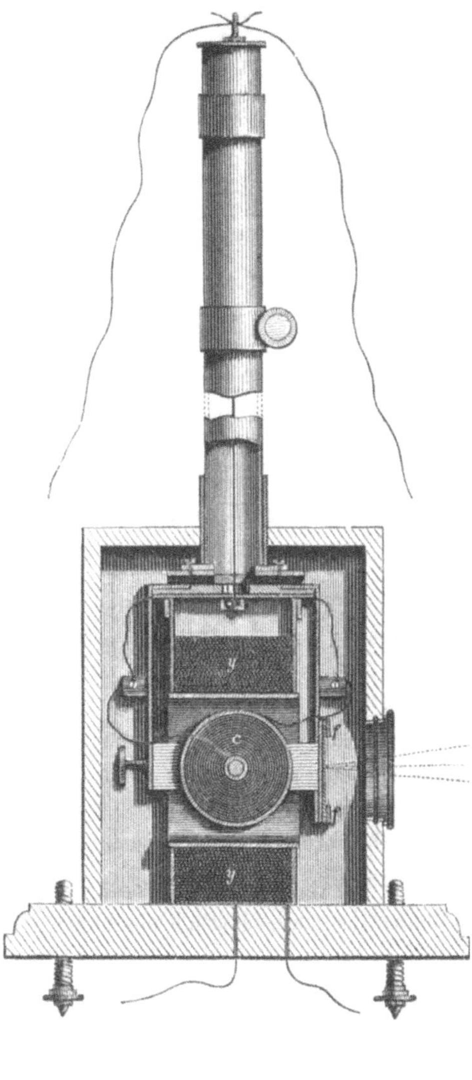

3. Die Betrachtungsweise, aus der das Gesetz der hier erfolgenden Ablenkungen durch einen, beide Rollen hinter einander durchfliessenden Strom abgeleitet werden muss, ist analog der Betrachtung, welche das Gesetz der Wirkung eines Magneten auf seinen Anker ergiebt. Die Kraft, mit welcher die Bifilarrolle gedreht wird, hängt sowohl von dem Strome im Multiplicator wie von dem in der Bifilarrolle ab. Da nun die Kraft, mit der eine Spirale auf einen unveränderlichen Magneten wirkt, dem Strome proportional ist, so muss das Drehungsmoment, welches beide Rollen auf einander üben, wenn in ihnen gleichmässig der Strom geändert wird, dem Quadrate des wirkenden Stromes proportional sein.

Fig. 35.

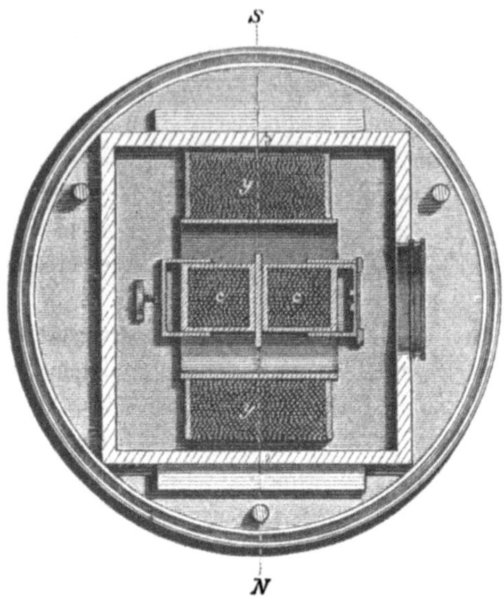

Weber weist experimentell die Richtigkeit dieses Satzes nach, indem er nacheinander drei Ströme von verschiedener Intensität durch die beiden Leiter des Dynamometers sendet und dieselben gleichzeitig an einem Galvanometer genau misst. Er erhält für die Ablenkungen beider Instrumente folgende Mittelwerthe:

Zahl der Grove'schen Becher.	Ablenkungen des Dynamometers.	Ablenkungen des Galvanometers.
3	440,038	108,426
2	198,255	72,398
1	50,915	36,332

Bezeichnet man nun die Dynamometerbeobachtungen mit δ, die Galvanometerbeobachtungen mit γ, so ergiebt sich

$$\gamma = 5{,}15534 \,.\, \sqrt{\delta};$$

denn berechnet man hiernach die Werthe von γ aus den beobachteten Werthen von δ, so erhält man der Reihe nach

108,144,
72,589,
36,786,

welche von den beobachteten Werthen von γ kleinere Differenzen zeigen, als verbürgt werden können, nämlich:

$$-0{,}282,$$
$$+0{,}191,$$
$$+0{,}454.$$

Hieraus ergiebt sich denn:

„Die elektro-dynamische Kraft der Wechselwirkung zweier Leitungsdrähte, durch welche Ströme von gleicher Intensität gehen, ist dem Quadrate dieser Intensität proportional.“

Das Dynamometer ist bei der Messung entgegengesetzter Ströme von Wichtigkeit, welche, wie bei magnetoelektrischen Maschinen, in schnellem Wechsel auf einander folgen. Wir werden später sehen, dass derartige Ströme erst mittelst eines Commutators in gleichgerichtete verwandelt werden müssen, wenn eine Messung derselben mittelst eines der bisher besprochenen elektromagnetischen Apparate nur zu einem annähernd richtigen Resultate führen sollen. Für das Dynamometer ist es dagegen gleichgültig, in welcher Richtung der Strom beide Drahtgewinde durchfliesst, da bei Umkehrung desselben die Umkehrung in beiden Rollen eine Ablenkung in demselben Sinne wie die vorhergehende Stromesrichtung bewirken muss.

Als Resultate des in diesem Abschnitte Besprochenen ergiebt sich Folgendes:

1. Die Richtung der Kraft, mit der der galvanische Strom auf die Magnetnadel wirkt, steht senkrecht auf der durch die Stromrichtung und den Mittelpunkt der Nadel gelegten Ebene.

2. Die Grösse der Wirkung eines geradlinigen, unbegränzten Stromes steht in umgekehrtem Verhältniss der senkrechten Abstände der Magnetpole von demselben.

3. Ein in der Axe eines galvanischen Kreisstromes befindliches, magnetisches Theilchen wird mit einer Kraft angezogen oder abgestossen, welche dem Flächeninhalte des Kreises gerade, dagegen der dritten Potenz des Abstandes vom Umfange desselben umgekehrt proportional ist.

4. Ein in der Ebene des magnetischen Meridians fliessender Kreisstrom lenkt eine in seiner Axe befindliche und gegen

seine Weite verschwindend kleine Magnetnadel so ab, dass die Tangente des Ablenkungswinkels der Stromstärke proportional ist.

5. Befindet sich die Nadel im Mittelpunkte des Kreisstromes, so ist bei gleicher Stromstärke die Tangente des Ablenkungswinkels der Nadel dem Durchmesser des Kreisstromes umgekehrt proportional.

6. Die Intensität der angewandten Nadel ist ohne Einfluss auf die Ablenkung.

7. Obgleich diese Sätze nur absolute Geltung haben, wenn die Nadel gegen die Grösse des galvanischen Kreises verschwindend klein ist, so gelten sie doch noch hinreichend genau, wenn die Länge der Nadel den fünften Theil des Kreisdurchmessers nicht übersteigt.

8. Die Ablenkung der Nadel ist am genauesten der Tangente proportional, wenn der Mittelpunkt des Kreisstromes von dem Mittelpunkte der Nadel um den halben Radius entfernt ist.

9. Folgt man mit dem galvanischen Kreise der abgelenkten Nadel, bis diese sich wieder während der Stromwirkung in der Kreisebene befindet, so ist die nun sattfindende Ablenkung aus dem Meridian dem Sinus des Ablenkungswinkels proportional.

10. Die Intensität eines den Multiplicator durchfliessenden **momentanen** Stromes ist dem Sinus des halben Ablenkungswinkels der Nadel proportional.

11. Man kann die Ablenkungen, welche die im magnetischen Meridian liegenden Drahtwindungen bei verschiedenen Strömen bewirken, aus denjenigen herleiten, welche sie bei gleichem Strome, aber unter verschiedenem Winkel zum Meridian stehend, auf dieselbe Nadel ausüben.

12. Die elektro-dynamische Kraft der Wechselwirkung zweier Leitungsdrähte, durch welche Ströme von gleicher Intensität gehen, ist dem Quadrate dieser Intensität proportional.

II. Abschnitt.

Ueber den Elektromagneten im Allgemeinen

und einige Sätze

der Induction.

§. 1.

Der Elektromagnet.

1. Nachdem man die Wirkung des galvanischen Leiters auf einen Magneten beobachtet und viele dahinzielende Apparate construirt hatte, nachdem auch gezeigt war, dass ein galvanisches Schraubengewinde die Eigenschaften eines Magneten zeige; musste ein in dieses Gewinde eingeführter Stab aus weichem Eisen den Elektromagneten ergeben. Besonders aber machte darauf die Anfertigung eines Hufeisenelektromagneten wieder Epoche in der Entwicklungsgeschichte der elektromagnetischen Forschungen.

Sturgeon war der Erste, welcher im Jahre 1825 mit der Beschreibung mehrerer elektromagnetischer Apparate, bei denen auch der Stabmagnet angewandt wird, einen solchen, durch die Elektricität hervorgerufenen Magneten in Hufeisenform construirte.[1]) Die Beschreibung und Zeichnung desselben findet sich in den Transactions of the Society for the Encouragement of Arts etc., Vol. XLIII., 1825, wo Seite 48 die Beschreibung der Zeichnungen, Fig. 36 und 37 (s. pag. 56), folgendermassen lautet:

Eine Vorder- und Seitenansicht eines Statifs mit zwei hölzernen Verbindungsbechern, in welchen der gekrümmte, mit Kupferdraht umwundene Eisendraht von beiden Kupferdrahtenden getragen wird. Stellt man die galvanische Verbindung durch den Kupferdraht her, so wird der Eisenbügel ein starker Hufeisenmagnet und trägt eine schwere Eisenstange, wie Fig. 37 darstellt. Wenn man den Verbindungsdraht Fig. 36 aus dem Becher hebt, so fällt das Gewicht unmittelbar herab, und wenn man die Verbindung wieder herstellt, ist auch die Kraft wieder hergestellt. Wenn man die Pole

[1]) Pogg. Ann. 24 p. 634.

Fig. 36.

Fig. 37.

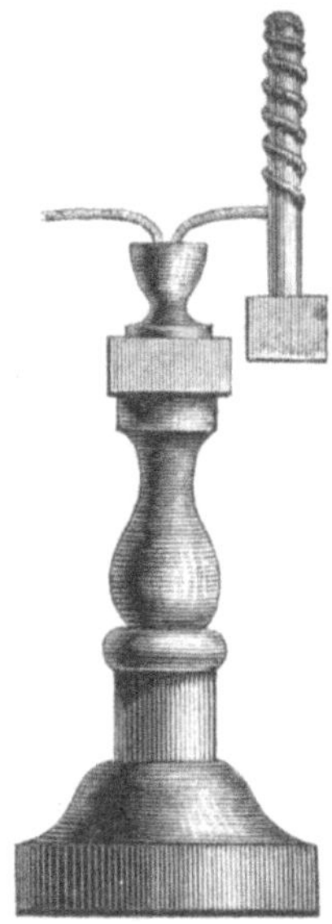

der Säule vertauscht, so werden auch die Pole des Magneten vertauscht, oder wenn man nur den Kupferdraht um die Eisenstange wickelt wie eine rechts gewundene Spirale, anstatt einer links gewundenen, so wird ebenfalls der Nord- mit dem Südpole vertauscht.

2. Im Jahre 1828 zeigte Pohl den in Berlin versammelten Naturforschern einen solchen Hufeisenmagneten vor, und 1830 giebt Pfaff von einem ähnlichen Magneten in Schweiggers Journal 58 pag. 273 Nachricht, den er im Kabinet der Londoner Universität gesehen hatte. Alle diese Magnete waren indess nur schwach, da sich ihre Tragkraft nicht über 10 Pfund belief. Darauf vergrösserte man die Dimensionen der Magnete wie die der wirkenden galvanischen Säulen, und suchte die Kraftäusserung möglichst zu steigern. Die grössesten Magnete, welche man in damaliger Zeit verfertigte, waren die von Henry und Ten Eyck. Das grösste Hufeisen, das sie herstellten, wog 60 Pfund und bestand aus einer achteckigen Eisenstange von 30″ Länge. Es trug auf seinen Schenkeln 728 Fuss Kupferdraht. Seine Tragkraft, erregt durch zwei Calorimotoren, jeder von $4^7/_9$ Quadratfuss Oberfläche, war 2063 Pfund. Diese Magnete hatten keinen andern Zweck, als die Möglichkeit einer Steigerung der Kraft durch Vergrösserung der Dimensionen zu zeigen. In neuester Zeit hat man, nach

Faraday's Vorgange, noch viel grössere Hufeisenelektromagnete construirt, welche nach Entdeckung des Diamagnetismus dazu dienen, die Forschungen auf diesem Felde zu erweitern.

Die gewöhnlichen jetzt angewandten Elektromagnete unterscheiden sich nur dadurch von dem ursprünglich von Sturgeon hergestellten, dass sie, wie Fig. 38 zeigt, mit Kupferdraht umwunden sind, der mit Baumwolle oder Seide besponnen ist, zur Verhütung der Nebenleitung, welche bei der Berührung des metallischen Kupfers mit dem Eisen unfehlbar eintreten und die Wirkung wenigstens theilweise aufheben muss.

Will man, um die Wirkung zu verstärken, mehrere Lagen von Spiralwindungen übereinander legen, so wickelt man dieselben am vortheilhaftesten

Fig. 38.

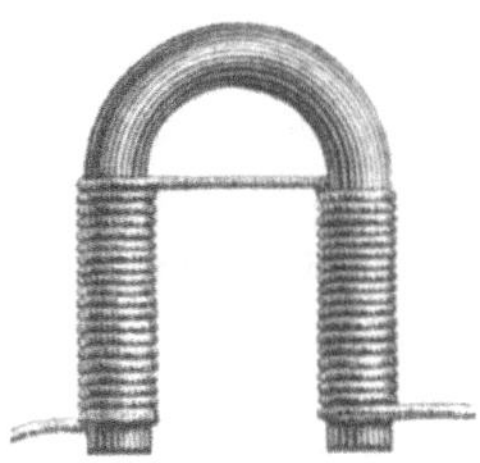

Fig. 39.

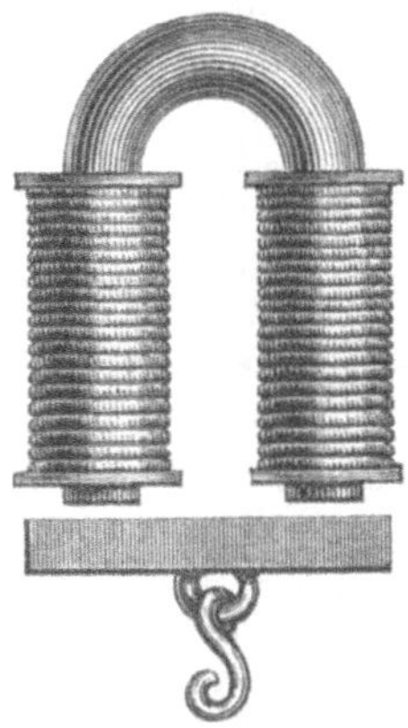

nicht direkt auf den Eisenkern, sondern auf eine Holz- oder Papphülse mit vorstehenden Holzrändern. Ein Elektromagnet erhält alsdann die Gestalt Fig. 39. Statt der Pappe oder des dünnen Holzes, welches die Hülse bildet, kann man auch Messing oder Kupferblech nehmen, doch müssen Hülsen dieser Art der Länge nach aufgeschlitzt sein zur Vermeidung der beim Beginn und Verschwinden des Stromes entstehenden Inductionsströme. (Siehe §. 5 dieses Abschnittes.) Behufs der Herstellung von Elektromagneten von verschiedener Länge thut man wohl, mehrere kurze Spiralen anzufertigen, welche zu jeder beliebigen Länge aneinander gereiht werden können. Für meine Untersuchungen wende ich Spiralen von 1″ und auch von 2″ innerer Weite und $1^3/_4''$ Länge an, deren jede aus 52 Windungen 1,^{mm}4 dicken Kupferdraht in zwei Lagen übereinander besteht. Sie sind auf aufgeschlitzte Messinghülsen gewickelt, und das letzte Ende des Drahtes ist nach dem anderen Ende der Spirale zurückgeführt, damit zwei aufeinander folgende Spiralen bequem mittelst einer Klemmschraube mit einander verbunden werden können.

Ein seiner ganzen Länge nach mit Spiralwindungen umgebener Eisenstab stellt sich mittelst solcher Spiralen alsdann in der Weise der Fig. 40 dar.

Fig. 40.

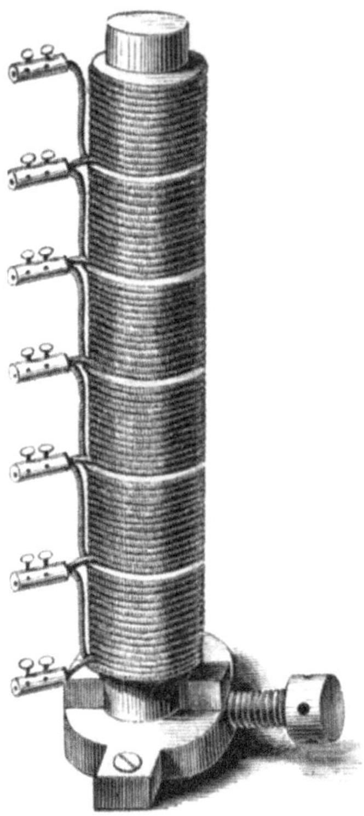

Eine solche Zusammenstellung der Windungen gewährt auch den Vortheil, dass man, ohne irgend eine Aenderung des Apparates vorzunehmen, die Zahl der Windungen beliebig verringern und so die galvanische Spirale verkürzen kann. Man hat zu diesem Zwecke nur den Leitungsdraht des einen Poles der galvanischen Säule in die einzelnen Klemmschrauben einzuführen, um nur einen Theil des Kernes vom Strome umkreisen zu lassen.

3. Behufs seiner diamagnetischen Untersuchungen bediente sich Faraday ausser einem geraden Stabelektromagneten eines sehr grossen Hufeisens, dessen Eisenkern aus einem Cylinder von 46″ Länge und 3,″75 Durchmesser besteht, und so gebogen ist, dass seine Enden, welche die Pole bilden, 6″ auseinander stehen. Die beiden Schenkel dieses Hufeisens sind mit zwei galvanischen Spiralen bedeckt, deren jede 16″ Länge hat und aus drei Drahtlagen über einander gebildet wird. Der zu diesen Spiralen verwandte Kupferdraht ist 522 Fuss lang, 0,17″ dick und mit Zwirn übersponnen. Die Pole sind genau geebnet und auf ihnen sind zwei Stäbe, 7″ lang, $2^1/_2$″ und 1″ dick, von weichem Eisen aufgesetzt, die Faraday Halbanker nennt. Sie können durch Schrauben in jeder Entfernung bis zu 6″ von einander gehalten werden, so dass es möglich wird, das magnetische Feld zwischen den Polen innerhalb dieser Gränzen beliebig zu vergrössern und zu verkleinern.

Die Figur 41 (s. pag. 59), giebt ein Bild des grossen Magneten, welcher, nach Poggendorff's und Magnus Angaben construirt, sich in dem königl. physikalischen Cabinet in Berlin befindet.

Fig. 41.

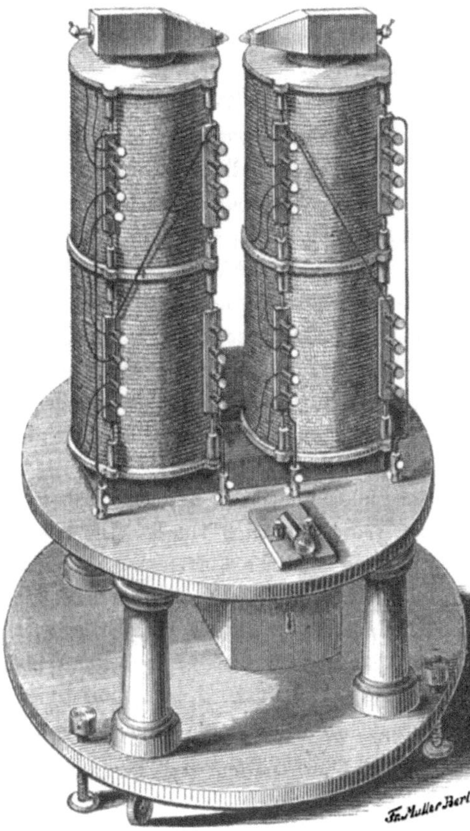

Die Länge der Schenkel dieses Magneten beträgt 22,″25, ihr Durchmesser 4,″12. Das Querstück, auf dem sie stehen, ist parallelopipedisch 18,″5 lang, 5″ breit und 2,″25 dick. Die Entfernung der Axen der beiden Schenkel beträgt 14 Zoll.

Dieser Eisenkern ist auf seinen beiden senkrechten Schenkeln mit Spiralwindungen umgeben, die auf Messinghülsen gewickelt sind. Ein jeder Schenkel trägt wie die Figur zeigt, zwei solcher Messinghülsen. Das Gewicht des auf alle vier Hülsen gewickelten, mit Baumwolle besponnenen Kupferdrahts ist 234 Pfund, so dass eine jede Hülse beinahe 59 Pfund Draht trägt. Dieser Draht hat $2,^{mm}25$ Durchmesser, und umgiebt daher den Eisenkern seiner ganzen Länge nach mit wenigstens 5000 Windungen.

Die Bewicklung ist so eingerichtet, dass immer vier Drähte einander parallel laufen. Die Enden eines jeden der vier parallelen Drähte führen nach einer Klemmschraube, so dass eine jede Hülse, wie die Figur zeigt, 8 Klemmschrauben trägt, mittelst deren die vier Drahtlagen neben oder hinter einander verbunden werden können. In der Figur ist die Verbindung so gezeichnet, wie sie vorgenommen wird, wenn der Strom gleichzeitig alle vier Drähte durchlaufen soll. Je vier der Klemmschrauben sind an einer Holzleiste befestigt, die von den vorstehenden Rändern der Messinghülsen gehalten wird. Die Schrauben stehen also nur mittelst der Drähte untereinander in Verbindung. Die beiden auf dem Holztisch befestigten Klemmschrauben nehmen die von der Säule kommenden Leitungsdrähte auf. Zur grösseren Bequemlichkeit beim Oeffnen und Schliessen der Säule ist auf dem oberen Tische, in der Mitte zwischen diesen beiden Klemmschrauben, eine Vorrichtung angebracht und mittelst Drahtleitung zwischen die Schrauben eingeschaltet, durch die man bei einer Drehung um 90^0 die leitende Verbindung herstellen oder aufheben kann.

Die auf die Magnetpole aufliegenden Halbanker haben in ihrer grössten Ausdehnung 9″, sind 3″,75 breit und 3″ hoch. Die einander gegenüber stehenden Spitzen derselben sind die Fortsetzung von eisernen Cylindern, welche in die Halbanker eingeschliffen sind und durch Messingschrauben an dem entgegengesetzten Ende der Halbanker einander genähert und von einander entfernt werden können. Mit diesen aufgelegten Halbankern beträgt die Höhe des ganzen Apparates 5 Fuss. Er steht auf drei eisernen Rollen, neben denen drei Schrauben in dem unteren Tisch des Gestelles angebracht sind, durch die der Magnet gehörig gerichtet werden kann.

§. 2.

Theoretische Ansichten vor Ampère.

Die Begründung der Methoden, nach denen die Messungen der Wirkung der Magnete unternommen wurde, erfordert die Kenntniss der Theorie, auf welche man die Erscheinung des Magnetismus basirt. Wir schicken daher diese Theorie der Entwicklung der an Magneten beobachteten Gesetze voraus, und folgen dabei besonders der von Weber in seinen elektro-dynamischen Maassbestimmungen gegebenen Darstellungsweise.

„Man unterscheidet,“ wie Weber sagt,[1]) „in der Lehre vom Magnetismus zwei Arten von Magneten, nämlich beharrliche und veränderliche.

[1]) Elektro-dynamische Maassbestimmungen pag. 538.

„Ein Magnet von glashartem Stahle ist z. B. ein beharrlicher, ein Magnet von weichem Eisen ein veränderlicher. Genau genommen findet nun zwar in der Wirklichkeit kein strenger Gegensatz zwischen beharrlichen und veränderlichen Magneten statt, denn alle Magnete, auch die beharrlichsten, zeigen sich unter der Einwirkung sehr grosser Kräfte veränderlich, und ebenso zeigen sich alle Magnete, auch vom weichsten Eisen, unter der Einwirkung sehr kleiner Kräfte beharrlich. Da man aber in der Regel zu physikalischen Versuchen Magnete wählt und unter Verhältnissen betrachtet, wo entweder der beharrliche oder der veränderliche Theil ihres Magnetismus nicht hervortritt, so kann jene einfache Unterscheidung in den meisten Fällen ohne Nachtheil für die Sache beibehalten werden. Bei der Betrachtung dieser beiden Arten von Magneten soll hier nun hauptsächlich folgender Unterschied, der sich zwischen ihnen machen lässt, hervorgehoben werden, dass nämlich der Magnetismus der beharrlichen Magnete, insofern sie wirklich als beharrlich betrachtet werden, nur aus seinen Wirkungen erforscht werden kann; der Magnetismus der veränderlichen Magnete dagegen auf doppelte Weise, nämlich sowohl aus seinen Wirkungen, als auch aus seinen Ursachen."

In Bezug auf die beharrlichen Magnete, machte man nun, vor der Kenntniss der veränderlichen (Elektromagnete) Behufs der Erklärung der von ihnen geäusserten Wirkung, welche man an ihrer Oberfläche wahrnimmt, Annahmen über den Zustand im Innern derselben, durch welchen die äusseren Erscheinungen hervorgerufen würden. Man setzte einen bestimmten Zustand der Moleküle voraus, durch dessen Umänderung mittelst einer von aussen wirkenden Kraft diese Moleküle ihren Magnetismus nach aussen wirksam machen. Dieser Magnetismus der Moleküle muss dann einen inneren magnetischen Zustand des ganzen Körpers bedingen, durch welchen eine Vertheilung der magnetischen Wirkung auf der Oberfläche zu Stande kommt, die den Erscheinungen der Wirklichkeit entspricht. Wenngleich nun diese zur Erscheinung kommende Vertheilung des Magnetismus von der wahren inneren Vertheilung noch verschieden ist, so hat doch Gauss nachgewiesen, dass die Vertheilung des Magnetismus an der Oberfläche der Magnete die innere Vertheilung bei der Betrachtung aller Wirkungen vollkommen vertritt. Eine solche Hypothese über den magnetischen Zustand der Körper war von Coulomb und Poisson aufgestellt worden, über welche sich Gauss in folgender Weise ausspricht: [1])

„Zur Erklärung der magnetischen Erscheinungen nehmen wir zwei

[1]) Pogg. Ann. 28 p. 248.

magnetische Flüssigkeiten an, nennen, mit den Physikern, die eine die nördliche, die andere die südliche. Ferner setzen wir voraus, dass die Elemente der einen Flüssigkeit die der anderen anziehen, dass dagegen die Elemente derselben Flüssigkeit einander abstossen, und dass beide Wirkungen sich im umgekehrten Verhältniss des Quadrats der Entfernungen verändern."

„Diese Flüssigkeiten erscheinen nicht für sich, sondern nur verbunden mit den wägbaren Theilchen solcher Körper, die des Magnetismus fähig sind; ihre Wirkungen auf diese zeigen sich dadurch, dass sie dieselben entweder zur Bewegung antreiben, oder die Bewegung, welche andere auf dieselben wirkende Kräfte, z. B. die Schwere, schon erzeugt haben, hindern oder ändern."

„Die Wirkung einer gegebenen Menge magnetischer Flüssigkeit auf eine gegebene Menge entweder der nämlichen oder der anderen Flüssigkeit in einer gegebenen Entfernung wird demnach vergleichbar sein mit einer gegebenen bewegenden Kraft, d. h. mit der Wirkung einer gegebenen beschleunigenden Kraft auf eine gegebene Masse."

„Wenn demnach in einem physischen Punkte gleiche Mengen der nördlichen und der südlichen Flüssigkeit vorhanden sind, entsteht daraus keine Wirkung; wenn sie aber ungleich sind, kommt nur der Ueberschuss der einen, den wir freien Magnetismus nennen, in Betracht."

„Diesen Grundvoraussetzungen muss noch eine andere, welche die Erfahrung überall bestätigt, hinzugefügt werden, nämlich die, dass jeder Körper, in welchem die magnetischen Flüssigkeiten zugegen sind, immer gleiche Mengen von beiden enthalte. Die Erfahrung lehrt sogar, dass diese Voraussetzung auf die einzelnen noch so kleinen Theile eines solchen Körpers, sobald sie nur noch für unsere Sinne erkennbar sind, auszudehnen ist. Da aber nach dem, was wir vorher gesagt, die Wirkung nur so lange vorhanden sein kann, als irgend eine Trennung der Flüssigkeiten stattfindet, so müssen wir annehmen, diese geschähe durch so kleine Zwischenräume, dass sie unsern Messungen unzugänglich sind."

„Jeder des Magnetismus fähige Körper muss daher als ein Verein unzählbarer Theilchen angesehen werden, von denen jedes eine gewisse Menge der nördlichen und eine ebenso grosse der südlichen enthält, und zwar so, dass sie entweder gleichförmig gemischt (wo dann der Magnetismus gebunden ist) oder mehr oder weniger getrennt sind (wo dann der Magnetismus entwickelt ist), welche Trennung jedoch niemals in eine Uebertragung der Flüssigkeit aus einem Theilchen in das andere übergehen kann. Gleichgültig ist, ob man annimmt, die grössere Trennung sei entstanden durch eine grössere Menge frei gewordener Flüssigkeit oder durch einen grösseren Zwischenraum; klar ist aber, dass ausser der Grösse der Trennung auch die Richtung derselben in Betracht kommen muss, und dass, je nachdem sie in den verschiedenen Theilchen des Körpers entweder gleich- oder widersinnig ist, daraus eine grössere oder geringere Gesammtkraft in Bezug auf die Punkte ausserhalb des Körpers entspringen muss."

Nach dieser Theorie würde dann ein veränderlicher Magnet, ein Elektromagnet, dadurch entstehen, dass der einen Eisenstab umkreisende galvanische Strom die in den einzelnen Molekülen vorhandenen und vereinigten magnetischen Flüssigkeiten trennte, welche sich dann wieder vereinigen, sobald der Strom aufhörte.

Die ursprünglichen an Elektromagneten gemachten Beobachtungen widersprechen einer solchen Annahme nicht. Allein, da die Beobachtung gezeigt hatte, dass die wirkende Kraft des galvanischen Stromes darin bestehe, dass er eine Magnetnadel senkrecht auf seine Axe richte, so wandelte man jene Annahme dahin um, dass man sagte, die einzelnen Moleküle eines Körpers seien ursprünglich fertige Magnete, und die Magnetisirung des Eisens bestehe darin, dass diese in allen möglichen Richtungen liegenden Molekularmagnete durch den elektrischen Strom oder eine andere von aussen wirkende Kraft gerichtet würden, so dass alle ihren Nordpol nach der einen und ihren Südpol nach der anderen Seite kehren, und so den ganzen Körper polar machen.

Diese Annahme, nach welcher die magnetisirbaren Körper aus fertigen Molekularmagneten bestehen, ist aus dem Wunsche hervorgegangen, eine Analogie mit anderen Wirkungen des galvanischen Stromes herzustellen, sie lässt sich jedoch nicht mit allen Erscheinungen in Einklang bringen, welche die Körper unter dem Einfluss des galvanischen Stromes oder eines kräftigen Magneten zeigen. Nach Weber's Theorie des Diamagnetismus ist es besonders dieses Feld von Erscheinungen, welches keine der beiden eben gemachten Annahmen zulässt. Diese, erst in neuester Zeit aufgestellte Theorie, schliesst sich der Theorie des Magnetismus von Ampère an, welche jetzt fast allgemein als gültig anerkannt wird.

§. 3.

Ampère's Theorie.

Nach den beiden oben genannten Theorien des Magnetismus wirken beim Elektromagneten zwei verschiedene Kräfte auf einander, nämlich die elektrische auf die im Körper vorhandene magnetische. Nach der Entdeckung des Elektromagnetismus lag jedoch der Gedanke nahe, dass die Erscheinungen des Magnetismus und der Elektricität, welche man bisher aus zweien ganz verschiedenen Ursachen hergeleitet hatte, wohl einen und denselben Ursprung hätten, und dass jedenfalls jenen früheren eine Theorie vorzuziehen sei, welche sowohl die elektrischen als die magnetischen Erscheinungen aus einer Grundursache herleitete.

Ampère machte nun die Entdeckung, dass gleichgerichtete elektrische Ströme einander anziehen, entgegengesetzt gerichtete sich abstossen. Aus diesem Satze entwickelte er die nach ihm benannte Theorie des Magnetismus.

Nach dieser Theorie wird ein jedes Eisenmolekül schon vor der Magnetisirung von einem elektrischen, in sich selbst geschlossenen Strome umkreist. Die Ebenen dieser Ströme der einzelnen Moleküle liegen in beliebigen Richtungen und werden erst durch den galvanischen Strom, wenn er in der Spirale den Eisenstab umströmt, gerichtet, so dass sie mit dem Strome parallel und in gleicher Richtung, also auch untereinander parallel und in gleicher Richtung um die Moleküle circuliren. Von diesen parallelen Elementarströmen um die Moleküle *m*, *n*, *o*, *p*, *q* (Fig. 42), hebt, nach beistehender Veranschaulichung, der eine die Wirkung des benachbarten auf, bis auf den nach aussen liegenden Theil *a*, *b*, *c* derjenigen Ströme, welche die an der Gränze *r s* des Körpers liegenden Elemente *m*, *n*, *o* umkreisen. Diese einzelnen Theile der in ihrer Wirkung nicht aufgehobenen Molekularströme bilden einen continuirlichen Strom um einen jeden Querschnitt des Magneten senkrecht auf seine Längsaxe, so dass hiernach ein Magnet ein System paralleler Kreisströme darstellt.

Fig. 42.

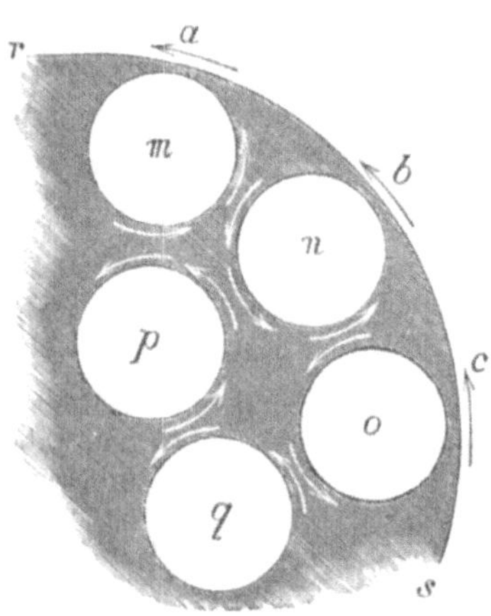

Man hat diese von Ampère aufgestellte Hypothese, dass die Moleküle von elektrischen Strömen umkreist würden, deshalb angegriffen, weil man die Wahrscheinlichkeit einer solchen Annahme bestritt; allein ein Zweifel an der absoluten Realität thut dem Werthe einer Hypothese nur wenig Abbruch. Die Hauptsache ist, ob aus derselben sämmtliche Erscheinungen des Gebietes, auf das sie angewendet werden soll, ihre Erklärung finden, während sie selbst nicht in Widerspruch mit den übrigen Theilen der Wissenschaft steht. Mit Recht sagt W. Weber: „Alle unsere Hypothesen oder Vorstellungen von den Körpern finden immer nur innerhalb eines begrenzten Bereiches von Erscheinungen Geltung. — Wir schreiben ihnen Realität zu, so lange wir keine Erscheinungen kennen, die ausserhalb des Bereiches, für welches sie gelten, lägen."

Einen Widerspruch der Ampère'schen Theorie mit analogen Erscheinungen in anderen Theilen der Wissenschaft findet unter Andern Dove in derselben. Er sagt:[1]) „Die von Ampère zur Erläuterung dieses Magnetismus hypothetisch angenommenen, die Eisentheilchen umkreisenden elektrischen Ströme unterscheiden sich also, unter der Voraussetzung, dass sie erst entstehen, von allen bekannten elektrischen Strömen dadurch, dass sie während der Dauer eines elektrischen Stromes sich bilden, d.h. unter Umständen eintreten, wo sich nie andere elektrische Ströme bilden. Diese Schwierigkeit umgeht die Theorie dadurch, dass sie annimmt, es werden bereits vorhandene, die Eisentheilchen umkreisende Ströme durch einen äusseren Strom nur gerichtet, nicht erzeugt. Dann aber entbehrt die Erscheinung, dass ein Elektromagnet in seinen unmagnetischen Zustand zurückkehrt, wenn der primäre ihn magnetisirende Strom aufhört, durchaus der Analogie in anderen Gebieten. Ein polarisirter Lichtstrahl bleibt polarisirt, wenn er der Wirkungssphäre des spiegelnden oder brechenden Körpers entrückt ist, welcher ihn polarisirte, er depolarisirt sich nicht selbst, d. h. die parallel gewordenen Schwingungsrichtungen der Aethertheilchen bleiben parallel, nachdem sie es einmal geworden sind. Aus welchem Grunde hören dann die parallel gewordenen Elementarströme auf parallel zu sein, wenn der Strom, welcher sie in diese parallele Lage brachte, zu wirken aufhört, da in ihnen selbst doch nicht das Bestreben liegen kann, aus der parallelen Stellung wieder herauszuweichen? Der Grund, welcher diese Erscheinung bedingt, sei aber welcher er wolle, so muss er doch im Sinne der Hypothese elektrischer Natur sein. Warum hängt er aber dann nicht mit der Leitungsfähigkeit der Metalle zusammen?"

§. 4.

Theorie des Diamagnetismus von W. Weber.

Durch die in neuster Zeit von Faraday gemachte Entdeckung des Diamagnetismus schien der Zeitpunkt herbeigeführt, wo die Ampère'sche

[1]) Untersuchungen im Gebiete der Inductionselektricität p. 53 u. 54.

Theorie nicht mehr haltbar wäre, denn trotz mancher Bemühungen wollte es Anfangs nicht gelingen, jene Erscheinungen aus der Hypothese Ampère's zu erklären. Weber hat jedoch durch eine Annahme in Bezug auf den Zustand der Körper, welcher das Strömen der Elektricität um die Moleküle modificirt, diese Ströme wieder in ihre alte Herrschaft eingesetzt und somit die Theorie Ampère's noch mehr befestigt.

Die von Weber gemachte Annahme besteht darin, dass er die Körper, in denen Magnetismus erregt werden kann, von denen, welche diamagnetische Erscheinungen zeigen, insofern verschieden denkt, dass in den erstern beständig elektrische Molekularströme existiren, während die andern nur die Möglichkeit der Erregung von Strömen unter den geeigneten Bedingungen bieten.

Nehmen wir an, dass in einem Körper erst dann Molekularströme entstehen, wenn dieselben dem Einflusse anderer Ströme, also z. B. den Polen eines Magneten, ausgesetzt werden, so müssen diese nach dem Gesetze der Induction den erregenden Strömen entgegengesetzt gerichtet sein und also von diesen abgestossen werden.

Die sonst einen Leiter durchfliessenden elektrischen Ströme erleiden einen durch den Stoff bewirkten Widerstand, und hören daher auf, sobald die erregende Bewegung aufhört. Die Ströme aber, welche um die Moleküle rotiren, haben einen solchen Widerstand nicht zu überwinden, sie hören daher nicht auf zu rotiren, sobald die erregende Bewegung aufhört, sondern können erst wieder gehemmt oder vermindert werden, wenn durch Entfernung oder Schwächung des erregenden Körpers entgegengesetzt gerichtete Ströme erzeugt werden.

Hätten nun aber diese in den diamagnetischen Körpern in Rotation versetzten Ströme dieselbe Beziehung zu ihren Molekülen, wie die nach der Ampèreschen Hypothese in den magnetischen Körpern vorhandenen, so würden die durch Induction erregten, welche den erregenden Strömen entgegengesetzt gerichtet sind, sich diesen gleich richten, und es würde dann ein Zustand in dem Körper hervorgerufen werden, welcher sich von dem in den magnetischen Körpern nicht unterschiede. Aus diesem Grunde fügt Weber seiner Annahme, dass in den diamagnetischen Körpern durch aussen befindliche Ströme, entgegengesetzte im Innern der Körper inducirt werden, die Bedingung hinzu, dass diese inducirten Molekularströme ihre Lage nicht ändern können. Er sagt: „die Entstehung eines reinen, mit Magnetismus nicht vermischten Diamagnetismus setzt ausserdem voraus, dass die Moleküle mit jenen Bahnen oder Canälen nicht drehbar sind: denn sonst würden drehbare Molekularströme entstehen, die, wie

Ampere bewiesen hat, einen magnetischen Zustand zur Folge haben, wenn sich bei der Drehung ihre Intensität nicht ändert.“ [1])

Nach dieser Hypothese werden also in einem diamagnetischen Körper, sobald er einem Magneten genähert wird, Molekularströme inducirt, welche nach dem allgemeinen Gesetz der Induction den inducirenden entgegengesetzt gerichtet sind und somit, da sie nicht drehbar sind, von diesen abgestossen werden. Und da dies, wenn der Körper zwischen den Polen eines Magneten frei schwingt, von beiden Polen in gleicher Weise geschieht, so muss derselbe eine Stellung einnehmen, in welcher seine Pole in der grössten Entfernung von den inducirenden sich befinden, d. h. seine Längsrichtung muss senkrecht auf der Verbindungslinie der erregenden Pole stehen. Der Körper stellt sich äquatorial.

Hiernach gäbe es somit vier verschiedene Arten von inneren, in den Körpern gelegenen Ursachen, aus denen magnetische Erscheinungen hervorgehen.

1. Die innere Ursache solcher Wirkungen kann in der Existenz zweier magnetischer Fluida, welche (mehr oder weniger) unabhängig von ihrem ponderabelen Träger beweglich sind, enthalten sein.

2. Sie kann in der Existenz zweier magnetischer Fluida enthalten sein, welche nur mit den Molekülen ihres ponderabeln Trägers beweglich sind (drehbare Molekularmagnete).

3. Sie kann in der Existenz beharrlicher, von den zwei elektrischen Fluidis gebildeter Molekularströme enthalten sein, welche mit den Molekülen drehbar sind.

4. Sie kann in der Existenz zweier beweglicher elektrischer Fluida enthalten sein, welche in Molekularströmung versetzt werden können, ohne dass die Strömungen drehbar sind.

„Zwei dieser Fälle,“ sagt Weber, „beruhen auf der Voraussetzung, dass zwei magnetische Fluida existiren, denen in den Molekülen des Körpers entweder eine constante oder eine variable Scheidung zugeschrieben wird; die beiden anderen Fälle beruhen auf der Voraussetzung, dass die beiden nach der Elektricitätslehre vorhandenen elektrischen Fluida in einer bestimmten Kreisbahn um jedes Molekül des Körpers entweder in einer constanten oder variabeln Strombewegung sich befinden.“

Diese vier Fälle vereinigen sich also in zwei Hauptfälle, deren einer den Erscheinungen magnetische und deren anderer denselben elektrische Fluida zu Grunde legt. Beide Fälle sind so lange anwendbar, bis die

[1]) Elektro-dynamische Maassbestimmungen, insb. üb. Diamagnetismus pag. 545.

Untersuchung Erscheinungen zeigt, welche eine dieser beiden Annahmen unmöglich macht.

Durch jeden dieser beiden Hauptfälle wird also eine Theorie begründet, und man kann beide wieder in zwei Theile theilen. In einen Theil, worin beide Theorien in ihren Resultaten übereinstimmen und in einen anderen, in dem sie sich in ihren Resultaten widersprechen.

Beide Theorien stimmen überein in allen, die Erscheinungen beharrlicher Magnete betreffenden Resultaten und auch in denjenigen, welche die eine Art der veränderlichen Magnete (Elektromagnete) betrifft. Allein sie widersprechen einander in ihren Resultaten über die zweite Art der veränderlichen Magnete, welche Faraday Diamagnete genannt hat.

Den in jedem Körper fertigen Molekularmagneten der ersten Theorie entsprechen nämlich in der anderen die constanten, beweglichen Molekularströme, wogegen den erst zu scheidenden, magnetischen Fluidis die variabeln, nicht drehbaren Molekularströme der anderen Theorie entsprechend sind. In Bezug auf diesen letzten Theil ergiebt die erste Theorie, welche magnetische Fluida voraussetzt, dieselben Magnete, die die erste Annahme der zweiten Theorie hervorbringt, während die zweite Theorie in ihrer zweiten Annahme Magnete mit entgegengesetzter Lage der Pole erzeugt.

„So lange man also," fährt Weber fort, „nur solche veränderliche Magnete kannte, wo die Lage der Pole bei gleicher Lage der erregenden Kraft gleich war, so liessen sie sich nach beiden Theorien erklären, und es bedurfte nach der zweiten Theorie nur der Annahme, dass Magnete der zweiten Klasse entweder gar nicht oder nur mit Magneten der ersten Klasse so verbunden vorkämen, dass die Wirkung derselben immer vorherrsche. Sobald man aber veränderliche Magnete entdeckte, wo die Lage der Pole bei gleich gerichteter inducirender Kraft entgegengesetzt war, so blieb keine Wahl mehr zwischen beiden Theorien, denn es konnte dann nur die zweite Theorie gebraucht werden, weil sie allein von der Entstehung zweier Klassen von Magneten mit entgegengesetzter Lage der Pole Rechenschaft giebt."

„Die von Faraday entdeckten diamagnetischen Erscheinungen dienen daher zur Entscheidung der Alternative zwischen diesen beiden Theorien, gerade so, wie die Interferenzerscheinungen zur Entscheidung der Alternative zwischen Emissions- und Undulationstheorie in der Optik gedient haben, und dies ist die wichtigste und wesentlichste Bedeutung, welche dieser Entdeckung gegeben werden kann. Durch die Entdekkung des Diamagnetismus wird also die Hypothese der elektrischen **Molekularströme** im Inneren der Körper bestätigt; die Hypothese der magnetischen Fluida im Inneren der Körper widerlegt."

„Wenn nun aber auch die magnetischen Fluida in die Reihe der idealen Vorstellungen versetzt werden müssen, so behalten sie doch die nämliche Wichtigkeit und Bedeutung, die sie bisher besassen, so oft man Betrachtungen auf denjenigen Kreis beschränkt, für welchen sie gelten. — Und wenn wir auch für jetzt den elektrischen Molekularströmen im Innern des Körpers Realität zuschreiben, gleich wie den Wellen fortpflanzenden Lichtäther in der Optik, so kann es doch geschehen, dass auch sie künftig, bei weiterer Ausbildung der Wissenschaft, in die Reihe der idealen Vorstellungen versetzt werden müssen."

§. 5.
Induction.

1. Wie die Entwicklung der theoretischen Ansichten, so ist auch die Bekanntschaft mit einigen Sätzen der Inductionslehre zum Verständniss der nachfolgenden Untersuchungen erforderlich. Wir geben deshalb in dem Folgenden diejenigen Sätze über die Lehre von der Induction, ohne welche mehrere der angewandten Versuchsmethoden, so wie einige bei den elektromagnetischen Maschinen auftretenden Erscheinungen unverständlich sein würden.

Die Induction wurde im Jahre 1831 von Faraday entdeckt. Er wickelte zwei Spiralen so, dass jede Lage der einen Spirale immer zwischen je zwei der anderen sich befand, ohne dass dieselben sich berührten. Leitete er nun durch die eine der Spiralen den Strom einer starken galvanischen Batterie, so beobachtete er in der andern, welche mit einem Multiplicator verbunden war und mit diesem einen geschlossenen Leiter bildete, einen elektrischen Strom beim Schliessen und Oeffnen der Kette. Dieser so entstehende nur momentane Strom heisst Inductionsstrom, und ist beim Schliessen der Kette dem Strome derselben entgegengesetzt, beim Oeffnen dagegen gleich gerichtet. Die Multiplicatornadel lässt einerseits die Richtung dieses secundären Stromes aus der Seite erkennen, nach welcher hin sie abgelenkt wird, andererseits zeigt sie die nur momentane Dauer desselben dadurch an, dass sie nach dem durch das Schliessen und Oeffnen des primären Stromes bewirkten Ausschlag sich wieder auf den Nullpunkt einstellt.

Diese Art der Stromerregung mittelst des Stromes einer galvanischen Säule heisst Volta-Induction.

2. Wenn jeder beginnende elektrische Strom einen Inductionsstrom in einem geschlossenen Leiter erzeugt, so muss er auch dieselbe Wirkung auf die Theile desselben Leiters haben, an denen er vorbeigeht.[1]) Dies ist besonders dann der Fall, wenn der Leiter zu einer Spirale gewunden ist, wo die einander parallel laufenden Windungen auf einander inducirend wirken. Da der beim Beginn des Stromes entstehende Inductionsstrom dem galvanischen Strome entgegengesetzt gerichtet ist, und natürlich nicht zwei Ströme zugleich in entgegengesetzter Richtung den Draht durchlaufen, so muss der primäre Strom durch den secundären im Verhältniss seiner Stärke geschwächt werden, und es kommt daher immer nur die Differenz beider zur Wirkung. Da diese Schwächung nur beim Beginn des Stromes stattfindet, so erlangt der galvanische Strom wegen dieses Inductionsstromes nicht plötzlich, sondern erst nach einer bestimmten Zeit seine volle Kraft. Wie beim Beginn, so muss auch beim Aufhören des primären Stromes ein inducirter Strom in derselben Spirale durch Wechselwirkung der Windungen auf einander entstehen, wenn nur die Spirale nach Ausschaltung der Kette noch ausserhalb derselben geschlossen ist. Dieser durch die Wechselwirkung der Windungen in demselben Leiter hervorgerufene Inductionsstrom ist von Faraday Extrastrom, von Anderen auch Gegenstrom genannt worden.

Wie von dem, durch die Wirkung eines Leiters auf einen anderen, entstandenen Inductionsstrome nachgewiesen ist, dass derselbe der inducirenden Stromstärke proportional ist, so hat Edlund[2]) in Upsala gezeigt:

„Die beim Oeffnen und Schliessen einer galvanischen Kette durch die Einwirkung des Stromes auf sich selbst entstehenden Inductionsströme sind der inducirenden Stromstärke proportional."

Ferner fand Edlund:

„Die beim Oeffnen und Schliessen einer galvanischen Kette durch die Einwirkung des Stromes auf sich selbst entstehenden Inductionsströme sind gleich gross, wenn die inducirende Stromstärke in beiden Fällen die nämliche ist."

Er bemerkt, dass der Unterschied, der oft wahrgenommen wird, von einer durch die Polarisation in der Säule verursachten Verminderung der inducirenden Stromstärke herrühre.

3. Wenn nach Ampère ein Magnet das Resultat unendlich vieler in

[1]) Pogg. Ann. 35 p. 438. [2]) Pogg. Ann. 77 p. 193.

einem Eisenstabe gerichteter, elektrischer Molekularströme ist, so ist der Moment, in welchem diese Ströme gerichtet werden, so dass sie alsdann den Stab in der besprochenen Weise umströmen, und dadurch erst eine Wirkung nach aussen erhalten, dem gleich zu erachten, in welchem überhaupt ein Strom entsteht. Es muss also ein entstehender Magnet, im Augenblicke des Entstehens, wie eine galvanische Spirale wirken, und in einer um ihn gewundenen, geschlossenen Spirale einen den Strömen des Magneten entgegengesetzten Inductionsstrom hervorrufen. Ebenso muss ein jenen Strömen gleichgerichteter Inductionsstrom beim Verschwinden des Magnetismus in der besagten Inductionsspirale erregt werden. Diese Folgerungen finden sich in der Erfahrung bestätigt, und man hat diese Erscheinungen im Gegensatze zu der Volta-Induction Magneto-Induction genannt.

Es versteht sich von selbst, dass der entstehende und verschwindende Magnetismus auch in der diesen Magnetismus erregenden Spirale einen Inductionsstrom hervorrufen muss. Dieser inducirte Strom ist dem Extrastrome der Spirale gleichgerichtet und summirt sich also zu diesem, d. h. er wirkt mit schwächend auf den primären galvanischen Strom, und lässt diesen erst nach einiger Dauer zur vollen Wirkung kommen.

4. Eine andere Art von Inductionsströmen entsteht dadurch, dass ein, einem geschlossenen Leiter genäherter Strom gleich einem entstehenden Strome wirkt, wogegen ein sich entfernender Strom einem aufhörenden gleich geachtet werden muss. Nähert man also einer geschlossenen Spirale entweder eine andere, von einem elektrischen Strome durchflossene Spirale, oder einen Magneten; so entsteht in der geschlossenen Spirale ein jenen Strömen des elektrischen Leiters, oder den hypothetischen Strömen des Magneten entgegengesetzter Strom, wogegen beim Entfernen ein gleichgerichteter hervorgerufen wird.

Lenz drückt diese Erscheinungen so aus:

„Wenn ein metallischer, geschlossener Leiter und ein von Elektricität durchströmter Leiter einander genähert, oder von einander entfernt werden, so entsteht in dem metallischen Leiter ein elektrischer Strom, welcher gerade die entgegengesetzte Richtung von demjenigen hat, der in dem metallischen Leiter schon hätte vorhanden sein müssen, um jene Annäherung oder Entfernung zu bewirken.“[1])

Nähert man also einer Inductionsspirale einen Magneten, so zeigt ein Multiplicator, mit dem die Enden der Inductionsspirale verbunden sind,

[1]) Pogg. Ann. 31 p. 483.

einen Strom, welcher dem entgegengesetzt ist, der nach der Ampère'schen Theorie die Moleküle des Magneten umkreist.

Auf diese Wirkung eines constanten Magneten gestützt construirte zuerst Pixii eine Maschine,[1]) bei der ein um eine Axe rotirender Stahlmagnet sich vor den Polen eines Hufeisens aus weichem Eisen vorbei bewegte, dessen Schenkel Inductionsrollen trugen. In diesen Rollen wird durch das Annähern und Entfernen der Magnetpole und das Magnetischwerden und wieder Verschwinden des Magnetismus in dem Eisen ein elektrischer Strom erzeugt, mit dem alle diejenigen Wirkungen hervorgebracht werden können, welche ein hydro-elektrischer Strom zeigt.

Saxton, Clarke und v. Ettingshausen verbesserten die Einrichtung dieser Magneto-Inductionsmaschine. Letzterer stellte sie etwa in der Form der Figur 43 her.[2])

Fig. 43.

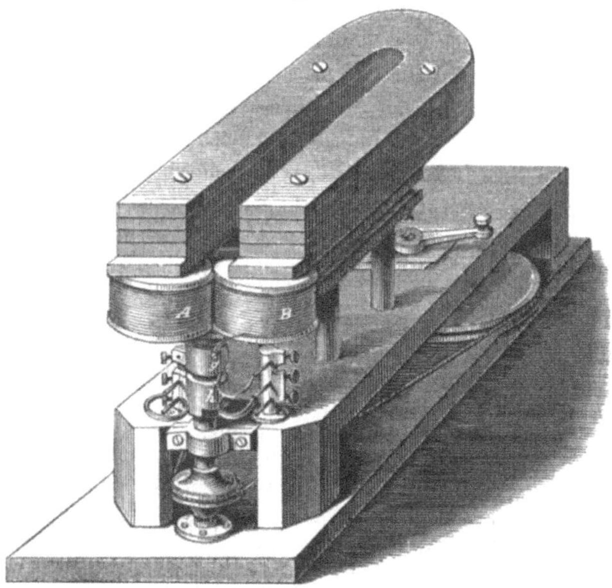

Ein hufeisenförmiger Anker, der auf seinen Schenkeln starke Inductionsrollen A und B trägt, wird vor den Polen eines aus fünf Lamellen zusammengesetzten Stahlmagneten mittelst einer Drehscheibe und Schnur in Rotation versetzt. Denken wir die beiden Schenkel des Ankers unter den

[1]) Pogg. Ann. 27 p. 390. [2]) Pogg. Ann. 27 p. 390.

Polen des Magneten stehen, wie die Figur zeigt, und beginnen nun die Umdrehung, so entfernen sich beide Schenkel von den Polen, und es entsteht in jeder Drahtrolle durch das Verschwinden des Magnetismus ein Strom, welcher den Ampère'schen Strömen im Stahlmagneten gleichgerichtet ist. Die Ströme beider Rollen haben also entgegengesetzte Richtung. Dies Verschwinden des Magnetismus dauert fort, bis sich die Ankerschenkel auf halbem Wege zwischen den beiden Magnetpolen befinden, d. h. bis sie einen Quadranten ihrer Bahn durchlaufen haben. Von hier ab kehrt sich der Magnetismus in dem Anker um, und es findet nun eine Zunahme des Magnetismus statt, bis die Schenkel wieder vor den entgegengesetzten Magnetpolen stehen. Da nun die Annäherung an den Magneten einen Strom erzeugt, der dem beim Entfernen entgegengesetzt ist, so muss der Strom, welcher im zweiten Quadranten erzeugt wird, dem des ersten Quadranten gleichgerichtet sein, denn es wird zu gleicher Zeit der Magnetismus und der durch ihn inducirte Strom ein entgegengesetzter. Bei der weiteren Drehung durch den dritten und vierten Quadranten ist der Strom in beiden Rollen der entgegengesetzte als vorher, weil hier die bisherige Annäherung sich in ein Entfernen verwandelt, ohne dass gleichzeitig der Magnetismus umgekehrt würde.

Mittelst der Vorrichtung *g* und *h* am oberen Ende der Rotationsaxe, dem Commutator, kann man die Ströme beider Inductionsrollen, welche in die Federn austreten und von hier aus weiter geleitet werden, so vereinigen, dass sie entweder in ihrer ursprünglichen, also in entgegengesetzter Richtung, oder gleichgerichtet, hinter einander den unter den Klemmschrauben des Commutators einzuschaltenden Leiter durchströmen. Durch ein auf den Magneten aufgelegtes Eisenstück, welches die beiden Schenkel als Anker verbindet, lässt sich der Magnetismus desselben, und dadurch der in den Rollen erregte Inductionsstrom beliebig schwächen, je nachdem man diesen Anker den vorderen Polflächen nähert, oder ihn nach hinten zurückschiebt.

Bei der ursprünglich von Saxton construirten Maschine bewegen sich die Inductionsrollen vor den Magnetpolen, doch wird behauptet, dass eine Einrichtung der vorliegenden Art grössere Kraft äussere als jene.

5. Die Gesetze, denen die Inductionsströme bei ihrer Erregung folgen, sind denen der primären Ströme analog, wie sich dies wohl aus der gleichen Natur beider schliessen lässt. Lenz hat einige derselben, bei einer Untersuchung über die Wirkung eines Magneten auf eine ihm genäherte oder von ihm entfernte Spirale, festgestellt.[1]) Er bestimmte, welchen Einfluss

[1]) Pogg Ann. 34 p. 385.

1. die Anzahl der Windungen,
2. die Weite der Windungen,
3. die Dicke des Drahtes,
4. die Substanz der Windungen

der Inductions-Spirale auf das Phänomen habe.

Die Anzahl der Windungen.

Um diese Sätze zu prüfen, umwand Lenz einen Eisencylinder mit einer Spirale, deren Enden mit einem Multiplicator in Verbindung standen, legte den Eisenkern als Anker an einen Stahlmagneten und beobachtete den sich an der Multiplicatornadel markirenden Ausschlag, sobald er den Anker wieder abriss. Als er diesen Anker nach und nach mit 5, 10, 15 etc. Windungen umgab, erhielt er folgende Reihe:

Anzahl d. Windungen,	beobacht. Winkel,	berechn. Winkel,
5	$8^0,6$	$8^0,77$
10	$17^0,4$	$17^0,60$
15	$26^0,45$	$26^0,53$
20	$35^0,25$	$35^0,58$
25	$45^0,10$	45^0
30	$55^0,05$	$54^0,67$

Es sind hier noch zugleich die Winkel hinzugefügt, welche nach der Berechnung sich ergeben müssten, wenn die Kraft des Inductionsstromes der Anzahl der Windungen proportional sein sollte. Die Uebereinstimmung dieser Zahlen begründet folgenden Satz:

„Die elektromotorische Kraft, welche der Magnet in der Spirale erregt, ist bei gleicher Grösse der Windungen, und bei gleicher Dicke und gleicher Substanz des Drahtes, direkt der Anzahl der Windungen proportional."

Es ist wohl zu beachten, dass hier von der elektromotorischen Kraft in dem Drahte, nicht aber von dem elektrischen Strome die Rede ist. Der letztere ist der Quotient aus der elektromotorischen Kraft, dividirt durch den Widerstand. Da nun der Widerstand der Zahl der Windungen proportional ist, so folgt aus diesem Satze, dass der elektrische Strom einer einzigen Windung gleich jeder beliebigen Anzahl sein würde, wenn keine Zuleitungsdrähte vorhanden wären.

Die Weite der Windungen.

6. Was ferner die Weite der Windungen betrifft, so nahm Lenz unter anderem auch zwei Spiralen, deren eine 0,73″ und deren andere 28″ Durchmesser hatte. Die weite bewirkte einen Ausschlag von $7^0,9$, dagegen

die engere einen Ausschlag von 13°,5. Während also das Verhältniss der Durchmesser der Spiralen 1 : 38,3 war, war die Ablenkung der engeren nicht ganz doppelt so gross als die der weiten. Lenz hat nun nach der Formel:

$$\frac{(L + l + \lambda)\, p \sin {}^1/_2\, \alpha}{(L + l + \lambda^1)\, p \sin {}^1/_2\, \alpha^1} = \frac{x}{x^1}$$

wo L den Leitungswiderstand des Multiplicators, l den in den Leitungsdrähten, λ den in der Spirale und α den Ablenkungswinkel des Multiplicators bedeutet, für diesen Fall erhalten

$$\frac{x^1}{x} = \frac{1222{,}75 \,.\, \sin (3^0\ 52^1)}{692{,}45 \,.\, \sin (6^0\ 45^1)} = 1{,}0107.$$

Wäre die elektromotorische Kraft in beiden Drähten gleich, so müsste die Division beider Zahlen *1* ergeben. Nun ist aber die erhaltene *1,0107* so nahe an Eins, dass wir daraus schliessen müssen:

> Die elektromotorische Kraft, welche der Magnetismus in den ihn umgebenden Spiralen erregt, ist bei jeder Grösse der Windungen dieselbe.

Diese Erscheinung ist analog der später besprochenen, dass bei Elektromagneten die Weite der Windungen ohne Einfluss ist.[1])

Lenz sagt darüber: „Da aber ein spiralförmig den Anker umschliessender Draht, je grösser sein Durchmesser oder sein Abstand vom Anker wird, auch in eben dem Verhältnisse eine grössere Länge der Einwirkung des Magnetismus im Anker darbietet, so folgt aus dem eben gefundenen Gesetze, dass auf ein und dasselbe Theilchen des Drahtes die elektromotorische Einwirkung des Magneten im einfachen Verhältniss der Entfernung abnehme. Dieses ist gleichsam die Umkehrung des von Biot im Gebiete des Elektromagnetismus nachgewiesenen Gesetzes, welches bekanntlich aussagt, dass die Wirkung eines elektrischen Schliessungsdrahtes auf eine Magnetnadel im einfachen Verhältniss der Entfernung abnimmt,[2]) und es folgt aus unseren Versuchen, wie aus denen Biot's, dass die Wirkung eines Theilchens der den Magneten umkreisenden elektrischen Ströme auf jedes Theilchen der Spirale im umgekehrten Verhältnisse der Quadrate der Entfernungen stehe."

„Auch folgt unmittelbar aus dem soeben nachgewiesenen Gesetze, dass der in verschiedenen, den Anker umschliessenden Drahtringen durch Abziehen desselben vom Magneten hervorgebrachte elektrische Strom sich umgekehrt wie der Durchmesser der Ringe verhalte. Es ist nämlich die elektromotorische

[1]) Siehe Abschnitt V. §. 2. [2]) Siehe Abschnitt I. §. 2, p 8.

Kraft in jedem Ringe dieselbe, der Leitungswiderstand aber wächst wie der Durchmesser der Ringe, folglich nimmt der elektrische Strom ab, wie der Durchmesser der Ringe wächst, weil nach dem Ohm'schen Gesetz der elektrische Strom gleich der elektromotorischen Kraft, dividirt durch den Widerstand ist."[1])

Die Dicke des Drahtes.

7. Zur Prüfung des Einflusses der Dicke verschiedener Drähte wählte Lenz drei gleich weite Spiralen, bei denen sich die Querschnitte ihrer Drähte wie 233 : 839 : 1661 verhielten. Die elektromotorischen Kräfte wurden wieder nach der früheren Formel berechnet, und es ergaben sich als Verhältniss der elektromotorischen Kräfte der beiden letzten Spiralen zu der ersten die Zahlen 1,00305 und 1,0085. Diese Zahlen sind so nahe an Eins, dass daraus unbedingt folgt:

„Die durch den Magneten in der Spirale hervorgerufene elektromotorische Kraft ist für jede Dicke der Drähte dieselbe, oder von ihr unabhängig."[2])

Aus diesem Gesetze folgt nun wieder für den die Spiralen durchfliessenden elektrischen Strom, dass dieser sich wie die Querschnitte der Drähte verhalten müsse; denn die elektromotorische Kraft bleibt dieselbe, der Leitungswiderstand nimmt aber umgekehrt wie die Querschnitte ab, folglich nehmen die elektrischen Ströme oder die Quotienten der elektromotorischen Kräfte durch die Leitungswiderstände im Verhältniss des Querschnittes zu.

Die Substanz der Windungen.

8. Lenz prüfte, um die Grösse der elektromotorischen Kraft in Inductionsspiralen von verschiedener Substanz zu beobachten, die vier Metalle: Kupfer, Eisen, Platin und Messing, und verfuhr dabei nach seiner eigenen Darstellung folgendermassen:

„Um den Einfluss der verschiedenen Leitung gänzlich zu vermeiden, brachte ich in den metallischen Leitungskreis, welchen der elektrische Strom zu durchlaufen hatte, je zwei sonst ganz gleiche Spiralen, aber von verschiedenen Metallen, zu gleicher Zeit, indem ich das eine Ende der einen mit dem einen Leitungsdraht, das eine Ende der andern mit dem andern Leitungsdraht, die beiden frei gebliebenen Enden der Spiralen aber durch einen besonderen kupfernen Verbindungsdraht verband. Hierauf brachte ich zuerst die eine Spirale auf den Eisenanker des Hufeisenmagneten, und verfuhr mit ihm wie in den früheren Versuchen, und dann die andere; auf diese Weise war

[1]) Siehe Abschnitt IV. §. 1. [2]) Pogg. Ann. 34 p. 403.

natürlich der Leitungswiderstand, den der elektrische Strom bei beiden Erregungsarten erlitt, ganz derselbe.“ Auf diesem Wege gelangte Lenz zu dem Satze:

„Die elektromotorische Kraft, welche der Magnet in Spiralen aus Drähten von verschiedenen Substanzen erregt, ist für alle diese Substanzen vollkommen gleich.“

Dieses letzte Gesetz hatte vor Lenz schon Faraday auf anderem Wege gefunden.

Hieraus folgt, dass sich in zwei Drähten von verschiedenen Substanzen die Inductionsströme wie das Leitungsvermögen dieser Drähte verhalten.

Dieselben Sätze hat in neuester Zeit Gaugain wieder untersucht und bestätigt gefunden.[1])

9. Lenz hat ferner untersucht, in welchem Verhältniss die Form der Spirale zu der Stärke des Inductionsstromes bei einem Eisenkern steht, welcher als Anker an einen Magneten gelegt wird.

Wir haben nämlich aus den vorhergehenden Untersuchungen gesehen, dass der elektrische Strom, den eine Windung der Inductionsspirale hervorruft, gleich sein würde jeder beliebigen Anzahl von nebeneinander liegenden Windungen, wenn keine Zuleitungsdrähte vorhanden wären. Da aber diese stets vorhanden sein müssen, so vermehrt jede grössere Zahl der auf dem Anker neben einander liegenden Spiralwindungen die Stärke des Inductionsstromes. Hiernach würde dieser nie das Maximum erreichen, wenn man unzählige Windungen neben einander auf den Kern bringen könnte. Die Zahl der auf dem Kern neben einander legbaren Windungen ist aber, wie man einsieht, durch die Länge des Kernes bedingt. Will man eine grössere Windungszahl anwenden, so muss diese über der ersten liegen und der zu verwendende Draht länger sein als der der untern Spirale. Dadurch wird aber sein Leitungswiderstand auch grösser und mithin der elektrische Strom geschwächt.

Nennen wir die elektromotorische Kraft φ, den Leitungswiderstand der ersten Spirale α und den der Leitungsdrähte β, so erhalten wir als Ausdruck der Stärke des Inductionsstromes S:

$$S = \frac{\varphi}{\alpha + \beta}.$$

Kommt nun eine zweite Reihe von Spiralwindungen hinzu, in der wir das Stück, um welches sie wegen ihres grösseren Durchmessers länger ist,

[1]) L'institut 22. Jahrgang, Nr. 1088 und 1090.

als die erste γ nennen, so ergiebt sich als Ausdruck der nun vorhandenen Stromstärke S_1:

$$S_1 = \frac{2\varphi}{2\alpha + \gamma + \beta}.$$

Ist nun durch die zweite Windungsreihe der Strom nicht stärker geworden als er bei der ersten Reihe war, so ist

$$\frac{\varphi}{\alpha + \beta} = \frac{2\varphi}{2\alpha + \gamma + \beta}.$$

Findet dies statt, so ist $\beta = \gamma$, d. h. für den Fall, dass die Zuleitungsdrähte so lang sind als der Unterschied der Länge des Drahtes beider Spirallagen, so tritt durch die zweite Windungsreihe keine Verstärkung des Stromes ein. Eine dritte Lage würde für diesen Fall den Strom schwächen.

In gleicher Weise findet man, dass, wenn drei Reihen keine stärkere Wirkung haben sollen wie zwei

$$\delta = {}^1/_2(\gamma + \beta),$$

wenn δ den Ueberschuss der Länge der dritten Reihe über die erste bedeutet. So sehen wir also, dass bei Vermehrung der Reihen der Spiralwindungen über einander in jedem Fall ein Maximum eintritt, und dass dies um so später eintritt, je länger die Zuleitungsdrähte sind.

Bei der allgemeinen Behandlung dieser Aufgabe fand Lenz folgende Sätze:

1. Das Maximum der Wirkung des Magneten auf die Inductionsspirale wird für jede Dicke des Drahtes bei derselben Anzahl der Windungsreihen erreicht.

2. Je länger die Zuleitungsdrähte sind, um so mehr Reihen von Windungen sind erforderlich, um das Maximum der Stromstärke zu erreichen.

3. Je mehr Windungen auf dem Anker neben einander gelegt werden können, um so weniger Reihen von Windungen sind erforderlich, um das Maximum der Stromstärke zu erreichen.

4. Das Maximum des Inductionsstromes ist der Kraft des Magneten proportional.

5. Das Maximum des Inductionsstromes wächst mit dem Durchmesser des inducirten Drahtes.

6. Das Maximum wird um so kleiner, je weiter die innerste Windungsreihe bei gleichem Kern ist.

7. Das Maximum ist umso kleiner, je grösser die freien Verbindungsenden der Spirale sind.

8. Das Maximum wächst mit der Anzahl der Windungen, welche neben einander liegen.

§. 6.

Begriffsbestimmungen.

Diesen einleitenden Mittheilungen mögen noch einige Begriffsbestimmungen folgen, welche für die späteren Auseinandersetzungen von Wichtigkeit sind.

Nach der Theorie wird in einem Stabe mittelst der ihn umgebenden Drahtspirale dadurch der Magnetismus hervorgerufen, dass die Molekularströme oder Molekularmagnete alle so gerichtet werden, dass sie ihren Nordpol nach der einen und ihren Südpol nach der entgegengesetzten Seite wenden. Durch diese Wirkung der Spirale wird also ein jeder Querschnitt des Magneten senkrecht auf seine Längsaxe magnetisch polar, d. h. es wird in jedem Querschnitt Magnetismus hervorgerufen. Die Summe des in dieser Weise auf der ganzen Länge des Magneten hervorgerufenen Magnetismus wollen wir nach dem Vorgange von Lenz und Jakobi fernerhin „erregter Magnetismus“ nennen, wie das auch schon viele Physiker gethan haben. Der Magnetismus eines Querschnitts wird aber, wie wir das später noch genauer betrachten werden, von den ihm zunächst liegenden Querschnitten zum grossen Theile neutralisirt, indem dem Nordpol des einen Querschnitts der Südpol des folgenden zunächst liegt. Aus diesem Grunde kommt dieser Gesammtmagnetismus nicht in dem Masse als er erregt wird nach aussen zur Geltung, und man kann ihn also nicht als magnetische Wirkung beobachten. Den erregten Magnetismus zu messen, giebt uns ebenfalls die Theorie des Magnetismus ein Mittel an die Hand.

Wenn der galvanische Strom anfängt die Spirale zu durchfliessen, so richten sich die im Eisen vorhandenen Molekularströme dem in den Spiralwindungen thätigen Strome parallel, und es entsteht somit eine Bewegung der Molekularstrombahnen. Ein sich bewegender Strom ruft aber in einem in seiner Nähe befindlichen geschlossenen Leiter einen Inductionsstrom hervor, und dies ist das Mittel, den im Eisen erregten Magnetismus zu messen. Denn der durch die Bewegung der Strombahnen inducirte elektrische Strom wird um so stärker, je grösser diese Bewegung ist, und da die Grösse der Bewegung von der Intensität des Magnetismus abhängt, so muss der Inductionsstrom ein Mass des Magnetismus geben, sobald man das

Verhältniss dieses zu jenem kennt. Man misst daher den erregten Magnetismus in einem Stabe dadurch, dass man die Stärke des Stromes in einer Inductionsspirale misst, welche den Magneten, getrennt von der galvanischen, seiner Länge nach umgiebt.

Wie schon bemerkt, kann von dem in der ganzen Länge des Magneten erregten Magnetismus deshalb nur sehr wenig nach aussen zur Wirkung kommen, weil dem Pole eines jeden Molekules ein ihm entgegengesetzter zugekehrt ist, so dass sich beide gegenseitig zum grössten Theile in ihrer Wirkung auf einen entfernter liegenden Punkt aufheben müssen. Derjenige Theil nun des erregten Magnetismus, welcher nicht neutralisirt wird, wirkt magnetisirend nach aussen und wird freier Magnetismus genannt. Legt man einen Magneten senkrecht auf die Richtung des magnetischen Meridians und bringt dann in einiger Entfernung eine frei schwebende Magnetnadel in die Verlängerung seiner Längsaxe, so lenkt der freie Magnetismus des Magneten die Nadel aus ihrer Richtung ab, und zwar ist die Kraft, mit der dies geschieht, der Tangente des Ablenkungswinkels proportional. Man misst daher den freien Magnetismus eines Magneten mittelst einer solchen Magnetnadel, und nennt eben diese die Nadel ablenkende Kraft des Magneten den freien Magnetismus desselben.

Lassen wir einen Magneten statt auf einen fertigen Magneten, wie die Magnetnadel, auf weiches Eisen wirken, so ist der auf dasselbe geübte Einfluss ein doppelter. Der Stab aus weichem Eisen wird, wie der Magnet selbst, polar, und in Folge des in ihm erregten Magnetismus von dem Magneten angezogen. Da nun der in dem weichen Eisen erregte Magnetismus der Intensität des Magneten, selbst proportional wachsen muss, so wird die Kraft, mit der ein Magnet auf weiches Eisen wirkt, nicht der Kraft proportional sein, mit welcher er eine zur Sättigung magnetisirte Stahlnadel ablenkt, sondern es wird das quadratische Verhältniss jener Wirkung des freien Magnetismus auftreten. Wir nennen diese Kraftäusserung, mit der ein Magnet auf einen Anker wirkt, „Anziehung" im weiteren Sinne des Wortes.

Die Untersuchungen haben nun ergeben, dass diese Anziehung unter Umständen sich auf andere Weise äussert, wenn das weiche Eisen (der Anker) den Magneten unmittelbar berührt, als wenn sie auf den in einiger Entfernung vom Magneten gehaltenen Anker wirkt. Wir nennen daher zur Unterscheidung die Anziehung bei Berührung des Magnetpoles mit dem Ankerpole „Tragkraft," dagegen die Anziehung des Magneten auf den Anker bei Entfernung beider Polflächen von einander, kurz „Anziehung."

Somit sind also im Verlaufe der nachstehenden Auseinandersetzungen folgende vier Ausdrücke wohl von einander zu sondern.

1. Erregter Magnetismus. Gemessen durch den Inductionsstrom, welchen das Entstehen und Verschwinden des Magnetismus eines Eisenkernes in einer Spirale indicirt, die den Kern seiner ganzen Länge nach gleichmässig bedeckt.
2. Freier Magnetismus. Gemessen durch die Tangente des Ablenkungswinkels einer in der Längsaxe des Magneten frei schwebenden Magnetnadel.
3. Anziehung. Gemessen durch die Kraft, mit der ein Anker in Entfernung vom Magneten gehalten wird
4. Tragkraft. Gemessen durch die Kraft, mit welcher ein Anker bei unmittelbarer Berührung mit der Polfläche des Magneten gehalten wird.

Als Resultate dieses Abschnittes ergeben sich folgende Sätze:

1. Nach der Ampère'schen Theorie besteht das Eisen aus Molekülen, welche von elektrischen Strömen umkreist werden. Durch die Magnetisirung werden diese Moleküle mit ihren Strömen gerichtet und machen so die Eisenmasse magnetisch.

2. Nach Weber scheiden sich die Körper in zwei Abtheilungen, deren eine aus Körpern gebildet wird, deren Moleküle immerwährend von drehbaren Strömen umkreist werden, während die Körper der anderen Abtheilung aus Molekülen bestehen, in denen durch Annäherung einer magnetisirenden Kraft solche Ströme erregt werden, die aber nicht drehbar sind. (Magnetische und diamagnetische Körper.)

3. Unter Volta-Induction versteht man die Stromerregung in einem Leiter durch Beginnen oder Aufhören eines dem Leiter parallel laufenden galvanischen Stromes.

4. Extrastrom oder Gegenstrom wird der durch die Theile desselben Leiters in benachbarten Theilen, beim Entstehen oder Verschwinden des galvanischen Stromes erregte Inductionsstrom genannt.

5. Die beim Oeffnen und Schliessen einer galvanischen Kette durch die Einwirkung des Stromes auf sich selbst ent-

stehenden Inductionsströme sind der inducirenden Stromstärke proportional.

6. Die beim Oeffnen und Schliessen einer galvanischen Kette durch die Einwirkung des Stromes auf sich selbst entstehenden Inductionsströme sind gleich gross, wenn die inducirende Stromstärke in beiden Fällen die nämliche ist.

7. Der durch Entstehen und Verschwinden, sowie durch Annähern und Entfernen eines Magneten in einem benachbarten Leiter entstehende Strom heisst Magneto-Inductionsstrom.

8. Wenn ein metallischer, geschlossener Leiter und ein von Elektricität durchströmter Leiter einander genähert oder von einander entfernt werden, so entsteht in dem metallischen Leiter ein elektrischer Strom, welcher gerade die entgegengesetzte Richtung von demjenigen hat, der in dem metallischen Leiter schon hätte vorhanden sein müssen, um jene Annäherung oder Entfernung zu bewirken.

9. **Die elektromotorische Kraft**, welche ein Magnet in einer Inductionsspirale erregt, ist bei gleicher Grösse der Windungen, und bei gleicher Dicke und gleicher Substanz des Drahtes, direkt der Anzahl der Windungen proportional.

10. **Die elektromotorische Kraft**, welche der Magnetismus in der ihn umgebenden Spirale inducirt, ist bei **jeder** Grösse der Windungen dieselbe.

11. Der in verschiedenen Drahtringen durch den Magneten hervorgerufene **elektrische Strom** ist der Weite der Ringe umgekehrt proportional.

12. Der die Inductionsspiralen durchfliessende elektrische Strom ist dem Querschnitte der Drähte proportional.

13. Die elektromotorische Kraft, welche ein Magnet in Spiralen aus Drähten von verschiedenen Substanzen erregt, ist für alle diese Substanzen vollkommen gleich.

III. Abschnitt.

Ueber den magnetischen Sättigungszustand des weichen Eisens.

§. 1.

Die magnetische Sättigung.

Wir beginnen mit diesem Abschnitte die Mittheilung der Gesetze Hinsichts der Wirksamkeit der Elektromagnete, zu denen die Untersuchungen bis jetzt geführt haben. Wenngleich der Natur der Sache gemäss bei diesen Mittheilungen im Allgemeinen der historische Entwicklungsgang verfolgt werden soll, so sehen wir uns doch hier gleich Anfangs zu einer Abweichung von dem sonst inne zu haltenden Wege genöthigt. Die in den nachfolgenden Abschnitten dargelegten Gesetze über den Einfluss der einzelnen Theile des Elektromagneten auf die Kraft desselben erhalten nämlich sämmtlich eine Beschränkung durch die erst in neuester Zeit gemachte Beobachtung des magnetischen Sättigungszustandes des weichen Eisens. Um nun einerseits die später zu besprechenden Einflüsse des galvanischen Stromes, der magnetisirenden Spirale und der Dimensionen des Eisenkernes auf die Intensität des Magnetismus gehörig würdigen, andererseits aber um bei den Versuchen auftretende Abweichungen begründen zu können, welche in dem den damaligen Experimentatoren unbekannten Gesetze der magnetischen Sättigung ihren Grund haben; ist es nothwendig, diesen Sättigungszustand des weichen Eisens zunächst zu besprechen.

Nachdem Sturgeon die Construction eines Elektromagneten angegeben und man an vielen Versuchen die bedeutende Steigerung der Intensität des Magnetismus desselben bei Erhöhung der magnetisirenden Kraft beobachtet hatte, schloss man auf die Möglichkeit der Vergrösserung dieser Intensität bis ins Unendliche bei einer unendlich starken Magnetisirung. Freilich musste die Beobachtung der Wirkung sehr dünner Magnetkerne Zweifel gegen die Allgemeinheit dieses Satzes erregen, allein man fand es dessenungeachtet häufig ausgesprochen, dass man jedem Eisenstabe einen beliebig starken Magnetismus ertheilen könne.

In dieser Meinung bestärkten besonders die im Jahre 1839 von den petersburger Physikern Lenz und Jakobi veröffentlichten Versuche, welche als die ersten mit zuverlässigen Messinstrumenten angestellten es unzweifelhaft erscheinen liessen, dass der in einem Eisenkerne erregte Magnetismus für jede beliebige Kraft der erregenden Stromstärke proportional sei.[1])

Jaule erhob zuerst Zweifel gegen die unbedingte Allgemeinheit dieses Satzes. In einem Schreiben vom Jahre 1851 an die Herausgeber des Philosophical Magazine sagt er, bei Uebersendung von Versuchen, welche vom 27. März 1839 datirt sind: [2])

„Vor einigen Jahren habe ich einige Experimente über elektromagnetische Anziehung veröffentlicht, durch die ich das Gesetz von Lenz und Jakobi bestätigte, das zu derselben Zeit entdeckt war, dass nämlich der in einer weichen Eisenstange inducirte Magnetismus der elektromagnetischen Kraft der erregenden Windungen proportional ist. Ich wurde aber zu dem Schlusse geführt, dass das Gesetz nicht zutrifft, wenn sehr hohe Grade der Magnetisirung erreicht werden, und dass wirklich eine Gränze existirt, über die hinaus es unmöglich ist, die Intensität der magnetisirenden Kraft in einer Eisenstange zu erhöhen. Diese Thatsache, obwohl sie im Gegensatze zu den Ansichten Poisson's a priori, und den theoretischen Betrachtungen des Prof. Thomson gefunden worden ist, ist durch die wichtigen Untersuchungen v. Feilitzsch's, Gartenhauser's und besonders Müller's bestätigt worden, deren zahlreiche Experimente mit grosser Sorgfalt angestellt zu sein scheinen und alle Zweifel gehoben haben in Betreff der Existenz solcher Gränze."

Jaule führt an derselben Stelle[3]) Versuchsreihen mit 2 Paaren von Elektromagneten an, von deren erstem Paare jeder 30″ lang und 1″ im Quadrat, während das zweite Paar ebenfalls 30″ lang, dagegen 2″ breit und 1″ dick war. Die scharfen Ecken waren abgerundet. Jeder Magnet war mit 88 Yards besponnenem Kupferdraht von $^1/_{16}$″ Dicke bewickelt.

Um die Magnete von einander fern zu halten, wurden zwischen dieselben Kupferplatten gelegt. Die Anziehung ist in Unzen gemessen. Die Resultate sind folgende:

[1]) Siehe hinten Abschnitt IV. §. 3. [2]) Philos. mag. (4) II. p. 306.
[3]) Philos. mag. (4) II. p. 314.

			Stromstärke. 6	8	12	16	24	32
Erstes Paar.	Anziehung auf 1/8″	beob.	18	33	72	124	260	
		berech.	18	32	72	128	288	
	„ „ 1/4″	beob.	7	13	28	47	96	
		berech.	7	12,5	28	49,7	112	
	„ „ 1/2″	beob.	3	5,25	12	18	38	62
		berech.	3	5,33	12	21,3	48	85,3
Zweites Paar.	„ „ 1/8″	beob.	14	27	60	100	240	
		berech.	14	25	56	100	224	
	„ „ 1/4″	beob.	6,25	12	25	40	96	
		berech.	6,25	11,1	25	44,4	100	
	„ „ 1/2″	beob.	2,5	5	9,5	17,5	36	
		berech.	2,5	4,5	10	17,7	40	

Jaule sagt in Bezug auf diese Reihen: „Die Resultate waren ganz so, wie man sie nach der Theorie erwarten konnte, wenn man die verschiedenen Fehlerquellen in Anschlag bringt. Besonders sind die zum ersten Paare gehörigen zufriedenstellend, wenn wir mit Rücksicht auf die Werthe unter 16, 24 und 32 der Annäherung an die Sättigung des Eisens Zugeständnisse machen.“

§. 2.

Experimenteller Nachweis von J. Müller.

Zehn Jahre (1850) nach dieser von Jaule ausgesprochenen Meinung über die Abweichungen von dem von Lenz und Jakobi ausgesprochenen Gesetz hinsichts der Wirkungen des Stromes auf den Eisenkern der Elektromagnete stellten J. Müller und Gartenhauser Versuche an, deren alleiniger Zweck die Prüfung des magnetischen Sättigungszustandes des weichen Eisens war.

Ein galvanischer Strom, erregt durch eine Säule von sechs Bunsenschen Bechern, wurde hintereinander durch eine Tangentenbussole und den Draht zweier in einander geschobener Magnetisirungsspiralen geleitet, in welche 4 Eisenstäbe von 560^{mm} Länge und 9^{mm}, 12^{mm}, 15^{mm} und 44^{mm} Durchmesser eingeführt wurden. Die innere der oben genannten Spiralen war 532^{mm} lang und hatte 408 Windungen $3{,}1^{mm}$ dicken Kupferdrahtes, wogegen die äussere 432^{mm} Länge und 372 Windungen $2{,}7^{mm}$ dicken Kupferdrahtes hatte.

Der Elektromagnet stand mit seiner Längsaxe rechtwinklig auf dem magnetischen Meridian. In der Verlängerung dieser Axe des Magneten stand 88^{cm} vom nächsten Pole entfernt eine Bussole, bei spätern Versuchen durch ein Magnetometer ersetzt, mittelst welcher der Magnetismus gemessen wurde.

Der durch die Spirale geleitete Strom wurde von $3^0,3$ Ablenkung an der Tangentenbussole bis auf $41^0,6$ gesteigert. Das Produkt aus der Stromstärke und Windungszahl, welches die ganze magnetisirende Kraft darstellt, stieg somit von 1388 bis auf 27819, so dass das Maximum der angewandten magnetisirenden Kraft etwa das 20fache des Minimums war, welches zur Anwendung kam. Wir wollen hier die Resultate zusammenstellen, welche bei der grössten und kleinsten magnetisirenden Kraft mit jedem der vier Magnetkerne erhalten wurden.

	Magnetisirende Kraft $= k$.	Magnetismus $= m$.	$\frac{m}{k}$
	I. Magnetkern 9^{mm} Durchmesser.		
Minimum	1456	0,2597	4100
Maximum	27819	0,2864	1027
	II. Magnetkern 12^{mm} Durchmesser.		
Minimum	1388	0,0723	5209
Maximum	27638	0,5098	1844
	III. Magnetkern 15^{mm} Durchmesser.		
Minimum	2506	0,1176	4591
Maximum	27226	0,7335	2694
	IV. Magnetkern 44^{mm} Durchmesser.		
Minimum	2946	0,2487	8102
Maximum	16975	0,3631	8041

Die in der letzten $\frac{m}{k}$ überschriebenen Colonne aufgeführten Werthe geben das Verhältniss, in dem der erhaltene Magnetismus zu der angewandten magnetisirenden Kraft steht. Man ersieht aus derselben, dass das Verhältniss um so enger wird, je dünner die Magnete sind. Während bei dem 9^{mm}, also etwa $^1/_3''$ dicken Stabe dies Verhältniss von 4100 auf 1027 herabsinkt, sind die Verhältnisszahlen bei dem etwa $1^1/_2''$ dicken Stabe bei der stärksten und schwächsten Magnetisirung so ziemlich gleich. Das heisst also in Worten ausgedrückt: Während ein $1/3''$ dicker Stab durchaus nicht einen Magnetismus zeigt, welcher der magnetisirenden Kraft proportional ist, beobachtet man diese Proportionalität ziemlich genau bei ebenso weit gesteigerter Kraft an einem $1\frac{1}{2}''$ dicken Magneten von derselben Länge.

Ordnet man die in dem Originalaufsatze[1]) gegebenen Resultate nach der Intensität der magnetisirenden Kräfte, so beobachtet man, dass der Magnetismus bei geringer magnetisirender Kraft noch genau derselben proportional ist und bei Steigerung derselben immer mehr von dieser Proportionalität abweicht. Diese Abweichung tritt um so eher ein, je dünner der Kern ist.

In Folge dieser Versuche fand sich Müller veranlasst, den Satz auszusprechen, „dass für grössere Stromstärken der Stabmagnetismus weit geringer ausfällt, als man nach dem Gesetz der Proportionalität hätte erwarten sollen.“ Stellen wir die Ergebnisse der Müller'schen Versuche graphisch dar, so erhalten wir die nachstehenden Curven Fig. 44.

Fig. 44.

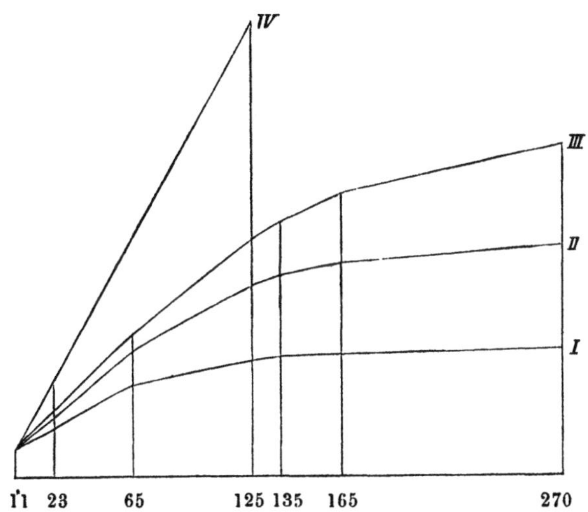

Wir sehen aus dieser Zeichnung, dass die Abweichung der Werthe mit dem Stabe Nr. IV. von der geraden Linie nicht bemerkbar ist, während die Werthe der dünneren Stäbe sich immer mehr und mehr mit der Abnahme des Kerndurchmessers der Abscissenaxe zuneigen, so dass wir hiernach sagen müssen:

[1]) Pogg. Ann. 79 p. 338.

Der freie Magnetismus eines Elektromagneten ist um so weniger der magnetisirenden Kraft proportional, je dünner der Eisenkern ist.

§. 3.

Versuche von Buff und Zamminer.

In Folge dieses von Müller aufgestellten Satzes veröffentlichten Buff und Zamminer[1]) mehrere Versuchsreihen, welche die genannte Sättigung nicht zeigen und durch welche sie sich daher zu dem Schlusse für berechtigt halten, dass das Gesetz von Lenz und Jakobi allgemeine Gültigkeit habe. Sie glauben, dass die von Müller erhaltenen Resultate ihren Grund in dem remanenten Magnetismus der von ihm angewandten Eisenstäbe haben; allein viele andere Beobachtungen bestätigen Müller's Satz und die Versuche von Buff und Zamminer beweisen nur, dass das von Lenz und Jakobi aufgestellte Gesetz doch innerhalb gewisser Gränzen gültig sei. Warum die Versuche der genannten Physiker bei Anwendung sehr verschiedener Stromstärken noch gar keine Abweichung von der Proportionalität derselben mit dem freien Magnetismus erkennen lassen, ist schwer zu bestimmen, doch glaubt Weber den Grund in der Dicke der Eisenstäbe, wie in der Länge derselben, im Vergleich mit den von Müller angewandten, besonders aber in der Länge der Spirale im Verhältniss zur Länge der Kerne, suchen zu müssen. Er sagt: [2])

„Es kommt daher bei der Vergleichung der von Müller mit den von Buff und Zamminer gemachten Versuchen wesentlich in Betracht, dass der dünnste von Müller gebrauchte Stab nur 6^{mm}, der dünnste von Buff und Zamminer gebrauchte Stab aber 9^{mm} dick war, und diese Verschiedenheit der Dicke wird durch ihr Verhältniss zur Länge noch einflussreicher, indem der dünnere Stab von Müller 330^{mm}, der dickere von Buff und Zamminer nur 200^{mm} lang war.“

„Als ein wesentlicher Umstand ist noch hervorzuheben, dass die von Müller, Buff und Zamminer gebrauchten Spiralen kürzer als die dadurch magnetisirten Eisenstäbe waren. Bei Müller war dieser Unterschied nur gering, indem die Eisenstäbe nur 15^{mm} zu beiden Seiten aus der Spirale hervorragten; bei Buff und Zamminer war er aber viel grösser, indem die Enden des längsten und dünnsten Stabes 45^{mm} zu beiden Seiten aus der

[1]) Wöhler und Liebig's Ann. 75. pag. 83.

[2]) Elektro-dynamische Maassbestimmungen pag. 566.

Spirale hervorragten. Ausserdem wurde der davon herrührende Einfluss bei Buff's und Zamminer's Versuchen verhältnissmässig dadurch noch verstärkt, dass die Länge des in der Spirale eingeschlossenen Theiles nur 110^{mm} betrug, bei Müller dagegen 300^{mm}. Dieser Umstand dürfte der Hauptgrund von der scheinbaren Differenz der Resultate sein, zu denen diese Beobachter gelangt sind; denn es leuchtet ein, dass die Wirkung der Spirale auf das Eisen in der Mitte der Spirale am stärksten ist, nach den Enden aber abnimmt, und dass diese Abnahme ausserhalb der Spirale ausserordentlich gross ist. Daraus folgt, dass, wenn auch bei wachsender Stromstärke die in dem mittleren Theile des Stabes hervorgerufene Wirkung einem Gränzwerthe sich näherte, eine solche Annäherung bei den ausserhalb der Spirale befindlichen Theilen noch keinesweges merklich sein konnte."

§. 4.

Versuch von W. Weber.

Weber theilt ebenfalls einen Versuch über den magnetischen Sättigungszustand mit. [1])

Er wählte zur Messung einen nur $3{,}6^{mm}$ dicken und $100{,}2^{mm}$ langen Eisenstab, welcher 8190^{mgr} Masse hatte. Bei einem so dünnen Stabe konnte die Wirkung auf ein kleines Spiegelmagnetometer nicht bedeutend sein, und es musste daher besondere Schwierigkeit gewähren, den im Verhältniss zur Stabwirkung bedeutenden Einfluss der Spirale von dem des Eisenstabes mit erforderlicher Genauigkeit zu trennen.

Weber überwindet diese Schwierigkeit in folgender, wohl zu beachtender Weise. Er windet das Ende des Drahtes der den Kern engumschliessenden Spirale noch zweimal in umgekehrter Richtung um die Mitte der Spirale in einem so weiten Kreise, dass der von diesen beiden Windungen begränzte Flächenraum der Summe der von allen Windungen der engen Spirale begränzten Flächenräume gleich war. Dadurch wird bewirkt, dass die Spirale für sich gar keinen Einfluss auf das Magnetometer übt,[2]) und somit die Wirkung des Eisenkernes unmittelbar beobachtet werden kann. Mit dem genannten Stabe ergaben sich so folgende Werthe des freien Magnetismus:

[1]) Elektro-dynamische Maasbestimmungen p. 570. [2]) Siehe Abschnitt I. §. 3.

Stromstärke.	Freier Magnetismus.
658,9	911,1
1381,5	1424,0
1792,0	1547,9
2151,0	1627,3
2432,8	1680,7
2757,0	1722,7
3090,6	1767,3
3186,0	1787,7
2645,6	1707,9
2232,1	1654,0
1918,7	1584,1
1551,2	1488,9
1131,1	1327,9
670,3	952,0

Fig. 45.

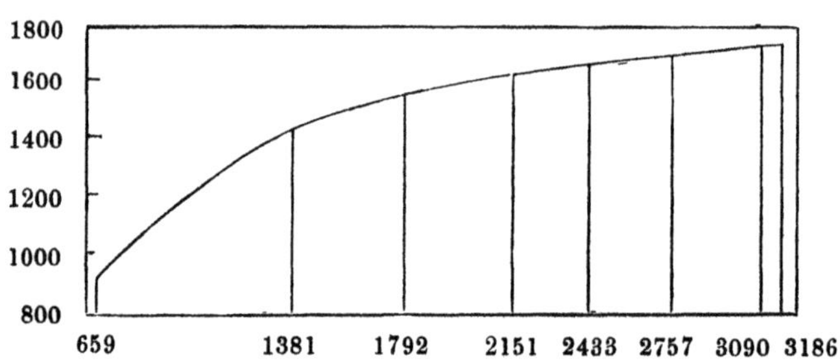

Die graphische Darstellung dieser Reihe, Fig. 45, zeigt, dass unmittelbar von der geringsten Stromstärke ab, sogleich eine Neigung der Curve vorhanden ist, dass somit bei einem so dünnen Stabe keine Proportionalität zwischen der wirkenden Stromstärke und dem freien Magnetismus des dadurch erregten Eisenkernes stattfindet. Da dieser Versuch von Weber mit aller Sorgfalt angestellt ist, so lässt er keinen Zweifel an der Zuverlässigkeit des Resultates zu, und es ist also auch hierdurch der von Müller gefundene Satz bestätigt.

§. 5.

Versuch von Koosen.

1. Einen anschaulichen Beweis für die in Eisenstäben auftretende magnetische Sättigung suchte Koosen[1]) in folgender Weise zu geben.

„Ich stelle," sagt er, „die Tangentenbussole, welche zur Messung der Stromstärke dienen soll, sehr nahe an die Spirale, welche den Eisenstab enthält, auf, so dass der Magnetismus des letzteren zugleich eine Ablenkung der Nadel in der Tangentenbussole bewirkt, leite jedoch den Strom in solcher Richtung durch die Tangentenbussole, dass die Ablenkung durch den Strom, der durch den Elektromagneten bewirkten entgegengesetzt gerichtet ist. Rücke ich nun die Spirale mit dem Eisen (versteht sich, immer senkrecht auf den magnetischen Meridian) näher der Tangentenbussole zu, oder von ihr ab, bis beide entgegengesetzte Ablenkungen einander vollkommen gleich sind, d. h. bis die Nadel genau wieder auf dem Nullpunkt steht, so muss, wenn der Magnetismus der Stromstärke wirklich proportional ist, die Nadel auch dann in der Gleichgewichtslage beharren, wenn der Strom geändert wird."

Mittelst dieser Methode fand Koosen keine Abweichung der Nadel bei Variation der Stromstärke von 10^0 bis 60^0 Ablenkung an der Tangentenbussole mit einem 1 Zoll dicken Eisenstabe, wohl aber bei schwächeren Stäben und namentlich bei einem Eisendraht von 1 Linie Durchmesser, welcher unter den obigen Stromesintensitäten Abweichungen von 10^0 bis 20^0 hervorbrachte. Bei stärkeren Strömen war diese Abweichung zu Gunsten des Stromes, dagegen bei schwächeren zu Gunsten des vorherrschenden Magnetismus.

2. Aehnliche Beobachtungen habe ich an Hufeisenmagneten gemacht, mit denen ich Versuche nach der Koosen'schen Methode anstellte.[2])

Ein Hufeisenmagnet, durch dessen Spirale der zugleich durch die Tangentenbussole geleitete Strom geht, ward mit seinen Polebenen in die Schwingungsebene der Nadel der Tangentenbussole gebracht, und zwar so, dass die Verbindungslinie beider Pole durch den Mittelpunkt der Nadel ging und senkrecht auf dem magnetischen Meridian stand. In dieser Richtung ward das Hufeisen, dessen nächster Pol die Nadel nach der entgegengesetzten Richtung wie der Strom ablenkte, so lange der Bussole genähert, bis die beiden auf die Nadel wirkenden Kräfte einander neutralisirten, d. h.

[1]) Pogg. Ann. 85 p. 159. [2]) Pogg. Ann. 90 p. 438.

bis die Nadel auf 0° stand. Ein Hufeisen von 1″ Dicke mit 6zölligen Schenkeln zeigte bei einer Steigerung des Stromes von 7° auf 26° keine Ablenkung der Nadel. Dagegen wurde diese bei Anwendung eines $^1/_2$″ dicken Hufeisens von übrigens gleicher Form unter denselben Bedingungen auf 3° abgelenkt, ein Beweis, dass in diesem Falle der Magnetismus nicht mehr der Stromstärke proportional wuchs.

3. Diese Versuche waren nicht zu dem Zwecke angestellt, um die Koosen'sche Beobachtung zu bestätigen, sondern ich beabsichtige von einem anderen Gesichtspunkt aus die magnetische Sättigung nachzuweisen.

Magnus hat nämlich gezeigt,[1]) dass der Magnetismus eines Hufeisen-Elektromagneten zunimmt, wenn ein Anker angelegt wird. Ein von ihm angewandter Magnet vermochte, wie das jetzt allgemein bekannt ist, an jedem einzelnen Pole nur äusserst geringe Eisenmassen zu tragen (1 bis 2 Pfund), wogegen er 140 Pfund trug, wenn ein Anker beide Pole verband. Hiernach muss ein Hufeisen, wenn es durch einen Anker geschlossen ist, in höherem Grade die Sättigung des Magneten zeigen, als ein ungeschlossener Magnet. Diess muss nun aus der hier angewandten Methode hervorgehen.

Legt man nämlich auf das Hufeisen einen Anker, so wird der vorher freie Magnetismus gebunden; allein eine gewisse Menge bleibt noch frei und diese wird sich in derselben Weise wie beim offenen Magneten auf die Nadel äussern. Wird nun durch den aufgelegten Anker eine grössere Menge Magnetismus entwickelt, so muss auch der freie Magnetismus in demselben Maasse zunehmen. Durch die Entwicklung einer grösseren magnetischen Intensität, muss aber auch früher Sättigung bemerkbar werden. Da nun aber nicht der freigebliebene Magnetismus noch proportional dem Strome sein kann, wenn in Bezug auf die ganze Menge des entwickelten Magnetismus schon Sättigung eingetreten ist, so muss ein geschlossenes Hufeisen früher eine Ablenkung an der Nadel zeigen als ein offenes.

Ein Versuch mit dem 1″ dicken, geschlossenen Hufeisen zeigte auch in diesem Falle keine Nadelablenkung. Ein zölliges Hufeisen ist also auch unter dieser Bedingung zu dick, um schon magnetische Sättigung bei der angewandten Stromesintensität merklich werden zu lassen. Als ich jedoch das $^1/_2$″ dicke Hufeisen jetzt mit dem Anker der Nadel bei einer Stromstärke von 7° so weit näherte, dass dieselbe auf 0° stand und nun den Strom bis auf 26° steigerte, wich die Nadel nicht wie früher auf 3°, sondern bis auf 10° ab.

[1]) Pogg. Ann. 38 p. 434, siehe hinten Abschnitt VII. §. 7.

4. Ein Versuch mit einem $^3/_4''$ dicken Hufeisen von derselben Form wie die beiden anderen zeigte folgende Erscheinungen. Wurde das Hufeisen durch einen Strom, der die Nadel auf 2^0 ablenkte, magnetisirt und dann der Bussole ungeschlossen mit dem erforderlichen Pole so lange genähert bis die Nadel auf 0^0 stand, so blieb dieselbe auf 0^0, wenn der Strom bis auf 32^0 erhöht wurde. Darauf ward bei 2^0 der Anker aufgelegt und durch Näherrücken die Nadel wieder auf Null gebracht. Als jetzt der Strom auf 32^0 erhöht wurde, wich die Nadel auf $7\,^1/_2{}^0$ nach der Seite hin ab, wohin sie durch den Strom getrieben wurde. Der Magnetismus war also in diesem Falle nicht mehr der Stromstärke proportional. Die Nadel kam erst wieder auf Null, als der Strom bis auf 16^0 erniedrigt war.

Alle diese Versuche setzen es ausser Zweifel, dass der Magnetismus in einem Eisenstabe nicht bis zu jeder beliebigen Höhe gesteigert werden kann, sondern dass er sich einem Gränzwerthe nähert.

§. 6.

Ueber das Gesetz, nach welchem die Sättigung erfolgt.

1. Aus diesem Sättigungszustande des weichen Eisens in Bezug auf den Magnetismus weist nun Weber die Unhaltbarkeit der Theorie des Magnetismus nach, in Folge welcher die äusseren Erscheinungen desselben durch momentane Scheidung zweier Fluida im Innern der Moleküle des Eisens hervorgerufen werden sollen.

Wir haben vorn gesehen,[1]) dass die Annahme magnetischer Fluida in den Körpern zwei Fälle bedingte, in denen die Erscheinungen des Magnetismus an der Oberfläche der Körper zu Stande kommen konnten.

1) Die innere Ursache magnetischer Wirkungen kann in der Existenz zweier magnetischer Fluida, welche unabhängig von den Molekülen beweglich sind, enthalten sein.

2) Sie kann in der Existenz zweier magnetischer Fluida enthalten sein, welche nur mit den Molekülen beweglich sind. (Drehbare Molekularmagnete.)

Ein Stab kann also magnetisch werden, entweder durch Scheidung der magnetischen Fluida in ruhenden Molekülen, oder durch Drehung der Moleküle, in denen die magnetischen Fluida constant geschieden sind.

[1]) Abschnitt II. §. 2.

Setzen wir den ersten Fall als Grund der Magnetisirung eines Eisenstabes, d. h. nehmen wir an, dass durch die magnetisirende Kraft die in den Molekülen vorhandenen magnetischen Fluida, welche bis dahin vereinigt waren, geschieden werden; so sind wieder mehrere Fälle möglich in Bezug auf die Art, in welcher man sich durch diese Scheidung die Steigerung der magnetischen Intensität hervorgebracht denken kann. Die magnetische Intensität kann man sich nämlich gesteigert denken

1) dadurch, dass die Fluida in jedem einzelnen Moleküle weiter von einander entfernt werden, oder

2) dadurch, dass eine grössere Menge der vereinigten Fluida geschieden wird.

Den ersten dieser Fälle zieht Weber nicht in Betracht, weil derselbe von keinem Physiker als möglich angenommen wird und also der Widerlegung nicht bedarf. Dass man aber eine solche Annahme nicht macht, hat seinen Grund darin, dass diese Theorie des Magnetismus, nach welcher Fluida geschieden werden sollen, nach Analogie mit der Elektricitätslehre gebildet ist, bei welcher man anzunehmen gezwungen ist, dass durch Steigerung der elektrisirenden Kraft immer grössere Mengen der beiden polaren Flüssigkeiten geschieden werden.

Findet nun die Steigerung der Magnetisirung dadurch statt, dass eine grössere Menge der magnetischen Fluida geschieden wird, so wird die hier zu behandelnde Frage eine andere Lösung erhalten, je nachdem man annimmt, die scheidbaren Mengen der magnetischen Fluida seien endlich oder unendlich gross. Nach der Analogie mit der Elektricitätslehre müssen wir unerschöpfliche Mengen von scheidbarem magnetischen Fluidum in jedem Moleküle voraussetzen. Ist aber dies der Fall, so folgt daraus, dass der Magnetismus mit der Grösse der scheidenden Kraft bis ins Unendliche wachsen müsse. Diese Annahme würde also Geltung haben, wenn die Behauptung von Buff und Zamminer begründet wäre, dass nämlich ein Sättigungszustand des Eisens nicht existirte.

Nehmen wir endlich unter der Voraussetzung von scheidbaren magnetischen Fluidis an, dass durch die Steigerung der magnetisirenden Kraft allmälig das ganze in den Molekülen vorhandene Fluidum geschieden würde, dass also die Menge desselben nicht unerschöpflich wäre; so müsste allerdings in diesem Falle eine Gränze der Magnetisirung vorhanden sein. Der Sättigungszustand müsste alsdann in der Weise auftreten, dass bei gesteigerter Kraft der Magnetismus regelmässig derselben proportional bis zu einer bestimmten Gränze wüchse, über welche hinaus dann keine weitere Zunahme stattfinden dürfte. Dies stimmt aber ebenfalls nicht mit der

Erfahrung überein, welche lehrt, dass ein allmäliges Abweichen des Magnetismus von der Proportionalität mit der magnetisirenden Kraft stattfindet.

Wir sehen mithin, dass der beim Eisen beobachtete Sättigungszustand in der Annahme scheidbarer magnetischer Fluida **nicht** seine Erklärung findet.

2. **Weber** untersuchte nun, welche Erscheinung sich aus der anderen Voraussetzung in Bezug auf das Vorhandensein magnetischer Fluida ergeben müsse. Nach der genannten Voraussetzung sind die Fluida in den Molekülen constant geschieden, und der Magnetismus wird durch Drehung derselben hervorgerufen, kurz, jeder Eisenstab besteht aus drehbaren Molekularmagneten.

Fig. 46.

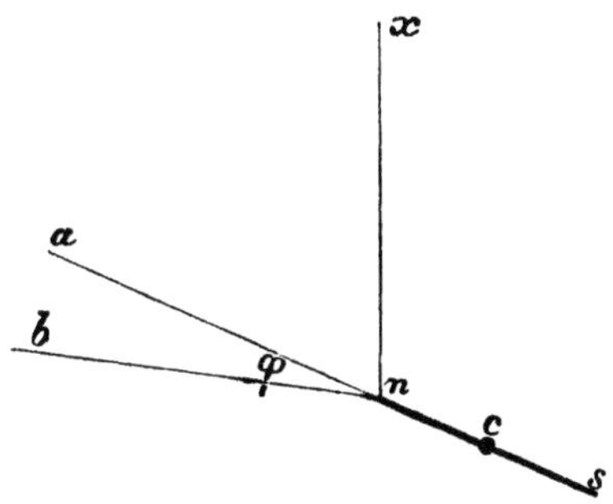

Angenommen *ns*, Fig. 46, wäre ein magnetisches Moleküle, welches sich um seinen Mittelpunkt *c* drehen kann, und *nb* die Richtung, in welcher dieses Moleküle sich befindet, wenn die auf dasselbe wirkende Kraft *nx* noch nicht in Thätigkeit ist. Durch die zur Thätigkeit kommende Kraft *nx* wird alsdann *ns* aus seiner Ruhelage, etwa um den Winkel φ nach *na* gedreht, und durch diese Drehung wird das Eisen magnetisch. Aus der Wahrnehmung, dass der durch die äussere Kraft zur Wirkung gekommene Magnetismus von selbst wieder verschwindet, sobald die Kraft zu wirken aufhört, geht hervor, dass der Molekularmagnet von selbst wieder in seine frühere Lage getrieben wird. Diese rückgängige Bewegung wird durch eine Kraft bewirkt, welche in der Wechselwirkung der Moleküle ihren Grund hat, und die mit der Grösse des Winkels φ wachsen muss. Man kann sie durch

$$D \sin \varphi$$

bezeichnen, wo D eine constante Grösse bedeutet, welche **Weber** die molekulare Direktionskraft nennt.

Auf diese Betrachtung gestützt, berechnet nun **Weber** die Abweichung des Magnetismus von der Proportionalität mit der Stromstärke, welche an dem vorn erwähnten Stabe stattfinden müsse,[1]) der so dünn war, dass gleich

[1]) Elektro-dynamische Maassbestimmungen p. 575.

von der schwächsten Stromstärke ab Sättigung auftrat. Die beim Versuch erhaltenen Resultate stimmen mit der angestellten Rechnung in dem Grade genau überein, dass man für den vorliegenden Fall in die Richtigkeit der Annahme keinen Zweifel setzen kann. „Es scheint hiernach," sagt Weber, „die Drehbarkeit der Eisenmoleküle ausser Zweifel gesetzt, und da man diese Eisenmoleküle nach Ampère als die Träger von Molekularströmen betrachten kann, so ist dadurch eine vollständige Uebereinstimmung aller magnetischen Erscheinungen mit der Theorie der Molekularströme bewiesen."

3. Wenn nun also einerseits die empirisch nachgewiesene Sättigung im weichen Eisen die Theorie bestätigt, dass die elektrischen Fluida in den Molekülen constant geschieden sind, und dass die Magnetisirung durch Drehung der Molekularmagnete oder der Molekularströme hervorgebracht werde; so kann man andererseits, wenn man die Theorie aus andern Daten als feststehend ansieht, aus dieser auch die Nothwendigkeit des Sättigungszustandes herleiten.

Obgleich nun aus allen diesen Darlegungen der Müller'sche Satz als unzweifelhaft folgt, so sind dessenungeachtet die Untersuchungen von Buff und Zamminer von grosser Wichtigkeit. Aus ihnen ersieht man, dass die von Lenz und Jakobi aufgestellten Gesetze durchaus nicht als werthlos betrachtet werden dürfen, sondern dass sie in den meisten zur Anwendung kommenden Fällen ihre volle Geltung behalten. Dies wird bestätigt durch die Beobachtung Koosen's, welcher bei Anwendung eines äusserst starken Stromes mit einem 1″ dicken Magneten noch keine Spur von Sättigung in demselben entdeckt hat. Er sagt:[1])

„Ich habe in dieser Beziehung einen aus sehr weichem Eisen geschmiedeten Stab von 1 Zoll Durchmesser untersucht und weder bei sehr starken Strömen, noch bei sehr schwachen, deren Werth an meiner Tangentenbussole von 10^0 bis 60^0 variirte, die geringste dauernde Abweichung der Nadel bemerken können."

Meine eigenen Beobachtungen haben, wie schon früher bemerkt, dasselbe gelehrt. Selbst die von mir angestellten Untersuchungen mit zolldicken Hufeisenmagneten, in denen doch eine noch viel grössere Quantität Magnetismus entwickelt wird, haben niemals Sättigung gezeigt; woraus denn hervorgeht, dass schon ganz besonders abnorme Verhältnisse vorhanden sein müssen, wenn das Lenz- und Jakobi'sche Gesetz an so starken Stäben getrübt werden soll.

[1]) Pogg. Ann. 85 p. 160.

4. Während Weber als Gesetz der Abweichung von der Proportionalität mit dem erregenden Strome einen ziemlich complicirten Ausdruck erhält,[1]) hatte Müller schon früher als annäherungsweisen Ausdruck desselben die empirische Formel:

$$p = ad^{3/2} \operatorname{tg} \frac{m}{bd^2}$$

gefunden,[2]) in welcher p die magnetisirende Kraft, m den Stabmagnetismus, d den Stabdurchmesser und a und b Constanten bedeuten.

Allein aus beiden Formeln ergeben sich Curven, welche doch gleich von Anfang der Messung bei Steigerung des Stromes eine merkliche Abweichung von der geraden Linie erkennen lassen müssten. Bei einem so dünnen Stabe, wie ihn Weber angewandt, findet sich dies allerdings bestätigt, allein es könnte hiernach, soviel ich sehe, nicht die Erscheinung auftreten, welche so vielfach an zolldicken Stäben beobachtet ist, dass nämlich bei sehr starken Strömen und einer bedeutenden Anzahl von Windungen noch gar keine Sättigung bemerkbar ist.

Diese Erscheinung hängt vielleicht mit der Beobachtung von Feilitzsch zusammen,[3]) dass der Magnetismus mit der Stärke des Stromes allmälig in das Innere des Eisens eindringt, so dass erst dann die Abweichung von der Proportionalität mit der Stromstärke hervortritt, wenn die Magnetisirung den ganzen Kern bereits durchdrungen hat. Freilich ist dies nur eine Vermuthung, die erst noch des experimentellen Beweises bedarf.

5. Dass unter Umständen eine gerade Linie, unter andern erst eine Krümmung hervortritt, nachdem eine Strecke weit sich die gerade Linie geltend gemacht hat, zeigen auch recht auffallend die Versuche von Müller, welche er als Erwiederung auf den Aufsatz von Buff und Zamminer veröffentlicht hat.[4]) Er wendet bei diesen Versuchen drei Spiralen an, deren erste $15{,}5^{cm}$, deren zweite 30^{cm} und deren dritte $53{,}2^{cm}$ Länge hat. Die erste zählt 310, die zweite 380 und die dritte 408 Windungen. In die Spirale Nr. 1 werden drei Kerne von $16{,}7^{cm}$ Länge und $12{,}1^{mm}$, 6^{mm} und $2{,}9^{mm}$ Durchmesser eingeführt und ihre Magnetisirung geprüft. Bei der Spirale Nr. 2 werden 4 Kerne angewandt, welche 33^{cm} Länge und $44{,}5^{mm}$, $22{,}8^{mm}$, 15^{mm} und 6^{mm} Durchmesser haben. Die Spirale Nr. 3 wird zu drei Kernen von $58{,}8^{cm}$ Länge und 12^{mm}, 9^{mm}, $7{,}1^{mm}$ Durchmesser verwandt.

[1]) Elektro-dynamische Maassbestimmungen pag. 572.

[2]) Pogg. Ann 82 p. 181. [3]) Ebendas. 80 p. 321. [4]) Ebendas. 82 p. 183.

Die Versuchsreihen ergeben folgende drei Curvensysteme für jede der benutzten Spiralen.

Fig. 47.

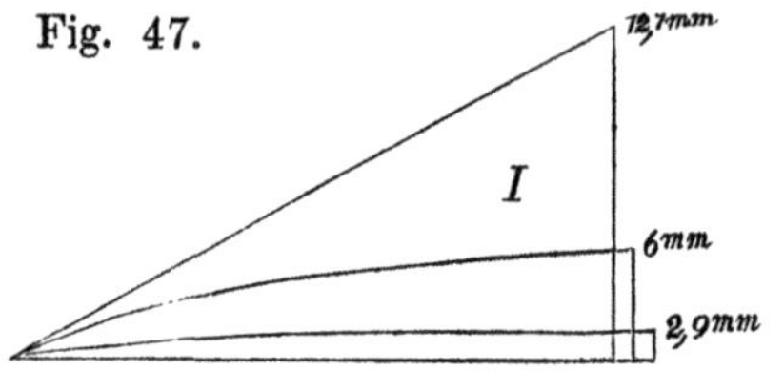

Fig. 49.

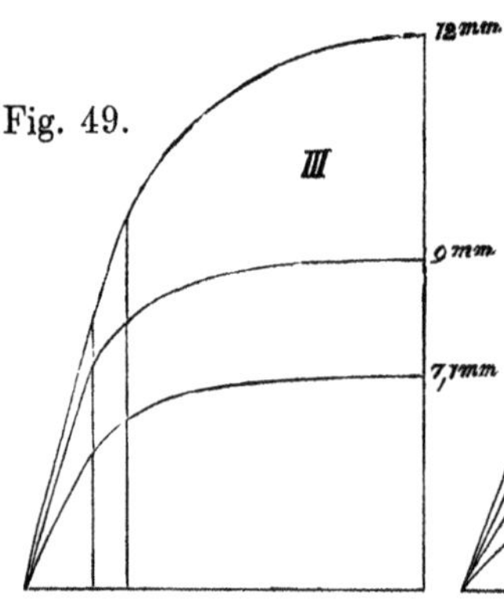

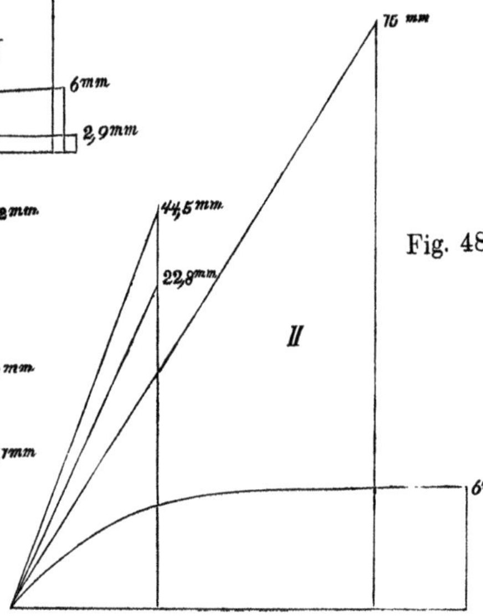

Fig. 48.

Bei der Spirale Nr. I. variirte der Strom zwischen den relativen Werthen von 19 bis circa 100. Also bei einer Steigerung des Stromes auf das Fünffache seiner anfänglichen Intensität stellen die Magnetismen des 12^{mm} dicken Stabes doch eine gerade Linie dar.

Die Stromstärke, welche die Spirale Nr. II. durchfloss, variirt zwischen 17 und 100, und zwar so, dass der gleich 100 gesetzte Strom die Nadel der Tangentenbussole auf circa 47^0 ablenkte. Trotz dieses starken Stromes bilden die Intensitätswerthe der drei stärksten Magnetkerne doch gerade Linien.

Die Zeichnung der mit der Spirale Nr. III. erhaltenen Werthe zeigt, wie dieselben Anfangs gerade Linien bilden und dann schnell zu fast Parallelen mit der Abscissenaxe werden.

Die bis jetzt in Bezug auf den magnetischen Sättigungszustand festgestellten Sätze sind folgende:

1. Der freie Magnetismus eines Elektromagneten ist um so weniger der magnetisirenden Kraft proportional, je grösser diese und je dünner der Eisenkern ist.

2. Weil in geschlossenen Hufeisen eine grössere Menge Magnetismus entwickelt wird als in offenen, so tritt in jenen, unter übrigens gleichen Umständen, eher Sättigung ein als in diesen.

3. Aus der magnetischen Sättigung folgt die Unhaltbarkeit der Theorie, nach welcher der Magnetismus durch momentane Scheidung zweier Fluida im Innern der Moleküle des Eisens hervorgerufen werden soll, und wird die Theorie bestätigt, dass die elektrischen Fluida in den Molekülen constant geschieden sind, und die Magnetisirung durch Drehung der Molekularmagnete oder der Molekularströme hervorgebracht wird.

IV. Abschnitt.

Einfluss der Stärke des galvanischen Stromes

auf die Magnetisirung

des Elektromagneten.

§. 1.

Das Ohm'sche Gesetz.

1. Bevor wir zur Besprechung des Einflusses der Stromesintensität auf den Magnetismus schreiten, möge kurz des Gesetzes Erwähnung geschehen, aus welchem sämmtliche Erscheinungen der galvanischen Säule erklärt werden.

Nach Volta's Erfindung wurden die weiteren Fortschritte auf diesem Gebiete dadurch gehemmt, dass man die verworrensten Vorstellungen von den Eigenschaften des Stromes hegte. Man setzte der Intensität des Stromes die Quantität desselben gegenüber, ohne eine Vorstellung davon zu haben, welcher Unterschied beide von einander trennte.

Das schon im Jahre 1827 von G. S. Ohm veröffentlichte Werk: „Die galvanische Kette, mathematisch bearbeitet," setzte nun zwar das Gesetz fest, nach welchem alle Wirkungen der Säule ins klarste Licht treten; allein leider findet man noch jetzt bei namhaften ausländischen Physikern vollständige Unkenntniss dieses Gesetzes, wodurch denn oft bereits gelöste Fragen aufs Neue in Dunkel gehüllt werden. Besonders sind die Gesetze des Elektromagnetismus durch falsche Angaben getrübt worden, welche aus der Unbekanntschaft mit dem Ohm'schen Gesetze hervorgingen.

2. Existirt an einer Stelle eines elektrischen geschlossenen Leiters eine grössere elektrische Spannung als an den übrigen Theilen desselben, so gleicht sich dieser Ueberschuss der Elektricität mittelst des Leiters aus, und dieses Ausgleichen nennen wir den galvanischen Strom. Den elektrischen Ueberschuss, welcher sich stets aufs Neue erzeugt, nennt man die elektromotorische Kraft der Kette. Die Menge der Elektricität, welche in einer gegebenen Zeit irgend einen Querschnitt des Leiters durch-

fliesst, nennt man die Intensität des Stromes. Da die Grösse dieser Intensität durch die Ablenkung der Magnetnadel gemessen wird, so kann man sich durch den Versuch überzeugen, dass diese Intensität in jedem Querschnitt des Leiters stets dieselbe ist. Ohm bestätigte nun durch Versuche, dass die Intensität des galvanischen Stromes der elektromotorischen Kraft der Säule proportional sei.

Aus der Beobachtung, dass verschiedene Leiter die Intensität des Stromes abändern, schloss Ohm auf einen Widerstand, den diese Leiter dem Strome entgegensetzen und stellte experimentell fest, dass der Widerstand der Intensität des Stromes umgekehrt proportional sei.

Hiernach ergiebt sich als Grundgesetz die einfache Formel

$$J = \frac{E}{W},$$

wenn J die Intensität, E die elektromotorische Kraft und W den Leitungswiderstand bedeutet, d. h.

„die Stromstärke ist gleich der elektromotorischen Kraft dividirt durch den Leitungswiderstand."

3. Der Leitungswiderstand der galvanischen Kette ist von drei Eigenschaften der in der Kette vorhandenen Leiter bedingt, nämlich der Leitungsfähigkeit, dem Querschnitt und der Länge des Leiters.

Da die Leitungsfähigkeit eines Stoffes durch die Menge der Elektricität bedingt ist, welche den Querschnitt eines Leiters in der Zeiteinheit durchströmt, so leuchtet ein, dass der Leitungswiderstand in einer galvanischen Kette um so geringer sein muss, je besser die in dem galvanischen Kreise befindlichen Stoffe den Strom leiten. Die Richtigkeit dieses Satzes ist durch Versuche nachgewiesen und somit festgestellt, dass der Leitungswiderstand einer galvanischen Säule dem Leitungsvermögen der angewandten Stoffe umgekehrt proportional ist. Andererseits ergeben die Versuche, dass der Widerstand ebenfalls dem Querschnitte des Leiters umgekehrt proportional ist, wogegen er im geraden Verhältniss der Länge desselben steht. Bedeutet daher $\varkappa$ das Leitungsvermögen des Leiters, ω dessen Querschnitt und λ dessen Länge, so ist

$$W = \frac{\lambda}{\varkappa\omega},$$

so dass also

$$J = \frac{E}{\frac{\lambda}{\varkappa\omega}} = \frac{\varkappa\omega E}{\lambda} \text{ ist,}$$

d. h. „die Stromstärke ist dem Querschnitt und der Leitungsfähigkeit des Leiters gerade, dagegen der Länge desselben umgekehrt proportional."

4. Der Leiter, mittelst dessen die elektrische Ausgleichung stattfindet, besteht aus zwei wesentlich verschiedenen Theilen, nämlich aus den Flüssigkeiten in der galvanischen Säule und aus der Verbindung der beiden Pole ausserhalb derselben. Nennen wir daher den Widerstand in der Säule W und den ausserhalb derselben w, so erhält die Ohm'sche Formel die Gestalt

$$J = \frac{E}{W + w}.$$

Aus dieser Formel lässt sich die Stromesintensität, welche man unter gegebenen Bedingungen erhält, genau bestimmen.

Ist z. B. eine bestimmte Anzahl von galvanischen Bechern, etwa 6, gegeben, so ändert sich nach der obigen Formel die Stromstärke je nach der Grösse des Widerstandes in dem Verbindungsdrahte. Denn nennen wir denselben x, so ergiebt sich

$$J = \frac{6E}{6W + x}.$$

Man sieht, dass J immer kleiner werden muss, je grösser x wird.

Andererseits geht aber auch aus der Formel hervor, dass in gleicher Weise die Stromstärke verringert werden muss, wenn man den Widerstand, statt in dem Verbindungsdrahte, in der Säule selbst erhöht. Hieraus leuchtet ein, dass man Verhältnisse herbeiführen kann, unter denen bei dem gleichzeitigen Wachsen des einen und der Abnahme des anderen Theiles die Stromstärke dieselbe bleibt.

Andere Verhältnisse stellen sich heraus, wenn die Form der wirkenden Säule geändert wird. Verbände man z. B. die genannten 6 Becher so untereinander, dass immer je zwei als einer angesehen werden müssen, so würde man alsdann wegen der doppelten Oberfläche jedes Elementes, den halben Widerstand in der Säule, und wegen der halben Anzahl der Elemente, ebenfalls den halben Widerstand erhalten, so dass sich dann statt der früheren Stromstärke jetzt ergeben müsste

$$J_1 = \frac{\frac{6}{2}E}{\frac{6W}{2.2} + x} = \frac{12E}{6W + 4x}.$$

Wäre nun z. B. in den beiden Fällen $x = 12$ und $W = 3$, so erhielt man

$$J = \frac{6E}{18+12} = {}^{6}/_{30}E.$$

$$J_1 = \frac{12E}{18+48} = {}^{6}/_{33}E.$$

Wir sehen, dass in diesem Falle die genannte Umänderung die Stromstärke verringert hat. Setzt man dagegen $x = 2$, so ergäbe sich

$$J = \frac{6E}{18+2} = {}^{6}/_{20}E.$$

$$J_1 = \frac{12E}{18+8} = {}^{6}/_{13}E.$$

In diesem Falle finden wir den entgegengesetzten Erfolg als vorher. Wählt man endlich $x = 9$, so findet man für beide Fälle die erhaltene Stromstärke gleich, denn es ergiebt sich

$$J = \frac{6E}{18+9} = {}^{2}/_{9}E.$$

$$J_1 = \frac{12E}{18+36} = {}^{2}/_{9}E.$$

Man sieht also, dass bei Umänderung der Widerstände beider Theile und constanter Oberfläche der Erregerplatten, sich bald vortheilhafte, bald nachtheilige Combinationen ergeben, je nach Verhältniss der Grösse der beiden Theile des Gesammtwiderstandes W und w.

5. Wie eine Umgestaltung der Säule bei gegebener Oberfläche, so führt auch die Umgestaltung der Drahtmassen bei gleichem Gewichte derselben unter Umständen[1]) zu dem genannten Resultat, und zu der Frage, unter welchen Bedingungen man für diese Fälle das Maximum der Stromstärke erhalte. In Bezug hierauf fand Jakobi:

„Das Maximum der Stromstärke wird bei einer gegebenen Oberfläche der zu einer Kette angewandten Erregerplatten erreicht, wenn man es so einrichtet, dass der Widerstand in der Säule gleich dem ausserhalb derselben ist."

Der Beweis hierfür ergiebt sich elementar in folgender Weise: [2])

Es sei der Quadratinhalt der Erregerplatten $= 1$ gegeben und man zerschneide diese in x gleiche Stücke, so dass man x galvanische Elemente

[1]) Siehe den folgenden Abschnitt §. 5.

[2]) Eisenlohr, Lehrbuch der Physik. 6. Auflage pag. 524.

erhält, so ist die Fläche eines jeden Elementes $= \frac{1}{x}$. Setzen wir nun den Widerstand aller Erregerplatten $= 1$, so ist der eines Elementes $= x$, und also der Widerstand in der Säule $= x^2$. Bezeichnen wir ferner den Widerstand in der Längeneinheit mit l und sind n solcher Einheiten vorhanden, so ist der Widerstand des Leiters ausserhalb der Säule $= nl$. Wir erhalten somit nach dem Ohm'schen Gesetz als Stromstärke

$$J = \frac{xE}{x^2 + nl} = \frac{E}{x + \frac{nl}{x}}.$$

Dieser Nenner $x + \frac{nl}{x}$ wird aber ein Minimum, wenn $x^2 = nl$ ist. Stellt nämlich nl ein Rechteck dar, dessen eine Seite $= n$ und dessen andere $= l$ ist, so ist $x + \frac{nl}{x}$ der halbe Umfang eines anderen Rechtecks, dessen Flächeninhalt gleich dem früheren ist, weil $x \, . \, \frac{nl}{x} = nl$ ist. Nun wird aber der Umfang eines Rechtecks von dem gegebenen Inhalt nl ein Minimum, wenn die beiden anliegenden Seiten einander gleich sind, d. h. wenn $x = \frac{nl}{x}$ oder $x^2 = nl$ ist. Wenn aber der Nenner eines Bruches ein Minimum ist, so ist der Bruch selbst ein Maximum. Es wird also die Stromstärke J ein Maximum, wenn der Widerstand in der Säule gleich dem ausserhalb der Säule ist.

§. 2.

Beobachtungen ohne genügende Messungen.

1. Die ersten Versuche, die Kraftäusserungen der Magnete graduell zu bestimmen, waren sehr mangelhaft. Der Grund davon liegt sehr nahe. Bei der Unkenntniss sämmtlicher Ursachen, welche in allen drei Haupttheilen des Elektromagneten die Erscheinungen abändern, mangelten zu gleicher Zeit fast alle Mittel, die Wirkung der einzelnen Theile zu messen. Kennt man weder den Einfluss der Spirale noch den des Eisenkernes auf die Anziehung bei Aenderung des Stromes, so ist es unmöglich, die Wirkung dieses letzteren richtig zu beurtheilen, um so mehr, wenn auch ein Apparat fehlt, welcher die Stromstärke genau misst.

Die ersten Anstrengungen, welche gemacht wurden, um den Einfluss der galvanischen Säule auf die Kraft des Magneten zu erproben, sind von Dal Negro in Padua.[1]) Er ändert, da er wahrscheinlich kein anderes Mittel für die Bestimmung der Stromstärke kennt, die Grösse der Erregerplatten und behauptet den eigenthümlichen Satz aus seinen Beobachtungen schliessen zu müssen, dass die Tragkraft des Magneten sich nicht nach der Grösse der Oberfläche des Elektrometers, sondern nach dessen Umfang richte. Nach dem Ohm'schen Gesetz ist leicht einzusehen, dass, wenngleich die ganze Oberfläche bei der Elektricitätserregung thätig ist, man doch nicht einen Strom erhalten kann, welcher dieser Oberfläche proportional wäre, weil ja der Widerstand ausser der Säule, die Spirale, als Summand im Nenner des Bruches constant bleibt. Jakobi hat die von Dal Negro gefundenen Werthe nach dem Ohm'schen Gesetz berechnet, und hierbei die Oberfläche der Erregerplatten als wirkend angenommen, und ist nichts desto weniger fast zu denselben Resultaten wie Dal Negro gelangt. Dal Negro's Versuchsreihe ist folgende:[2])

Oberfläche des Zinks.	Umkreis des Zinks.	Tragkraft beobachten.	Tragkraft von Jakobi berechn.
6□″	14″	13,85	12,22
12	16	18,25	18,89
18	18	22,8	23,08
24	20	24,6	25,97
30	22	25,8	28,07
36	24	30,3	29,68
42	26	29,6	30,94
48	28	32,8	32
54	30	33	32,8
60	32	35,6	33,5

2. Die vierte Colonne dieser Tabelle enthält die von Jakobi berechneten Werthe nach der Ohm'schen Formel $\frac{41{,}55 \,.\, x}{14{,}4 + x}$, wo x die Oberfläche der Erregerplatte bedeutet. Man sieht aus dieser Reihe, dass im Allgemeinen die berechneten Werthe, obgleich bei der Rechnung die Oberfläche benutzt ist, doch mit den Versuchen übereinstimmen, und dass also der Schluss von diesen Resultaten auf den Umfang der Erregerplatte nicht

[1]) Pogg. Ann. 28 pag. 470. Annali delle scienze del Regno Lombardo-Veneto. Baumgarten's Zeitschrift 1833 pag. 321. [2]) Dove, Repertorium I. pag. 268; Sur l'application de l'electromagnetisme pag. 26.

richtig ist. Denn wenn man in die obige Formel für x den Umfang setzen wollte, würde man nicht zu diesen Resultaten gelangen. Im Repertorium der Physik, erster Band pag. 269, heisst es nun in Bezug auf die Rechnung von Jakobi, es werde dadurch das von Fechner gefundene Resultat bestätigt, dass die Tragkraft der Intensität des Stromes proportional sei. Hierbei ist zu bemerken, dass diese Versuche von Dal Negro doch noch andere Fehler enthalten müssen, durch welche die Versuchsreihe die obige Gestalt erhalten hat, denn wie wir später sehen werden, ist die Tragkraft nicht dem Strome proportional.

Es sind bei der Untersuchung nicht die Dimensionen des angewandten Hufeisens angegeben, aus diesen würde man wohl ersehen, wie bei den späteren von Fechner, dass die magnetische Sättigung auf die erhaltenen Werthe Einfluss geübt hat.

Andere Resultate, welche Dal Negro mittelst Erregerplatten erhält, an denen er nur die Ränder oder ausgeschnittene Rahmen der Kupfer- und Zinkplatten wirken lässt, lassen wohl dasselbe gegen sich einwenden. Wenn eine quadratische Zinkplatte eine Tragkraft von 9,26 Kilogr. bewirkt, während eine rektanguläre von gleicher Oberfläche 17,18 Kilogr. hervorruft, so muss man vor Allem fragen, ob nicht die Verhältnisse in der Säule selbst einmal andere gewesen sind als das andere Mal, so dass der Strom aus anderem Grunde als den geänderten Umfang des Kupfers oder Zinks das zweite Mal grösser war als zuerst. Alle diese Versuche scheinen nur zu beweisen, dass ohne sorgfältige Messung des Stromes für sich keine zuverlässigen Messungen der Magnetkraft angestellt werden können.

3. Fechner hatte dies bereits erkannt. Seine Messungen der Tragkraft der Hufeisenmagnete im Jahre 1833 wurden so angestellt, dass er den Draht der Spirale des Elektromagneten mit einem Galvanometer in Verbindung brachte, welcher die Intensität des Stromes mass.[1])

Das von ihm zu den Versuchen angewandte Hufeisen war nur klein. Die Länge desselben betrug 14‴, der Durchmesser 2‴ und die Entfernung der Pole 6‴. Die Spirale bestand aus zwei Lagen sehr feinem versilberten Kupferdraht, von dem 1 Fuss unbesponnen 1,95 Gran wog. Der von dem Hufeisen gehaltene Anker wog 80¼ Gran, und seine obere Fläche bildete eine stumpfwinklige Kante, mittelst welcher er die ebenen Polflächen des Hufeisens berührte. Der Strom wurde in den meisten Fällen mittelst eines gewöhnlichen Multiplicators mit Doppelnadel gemessen, jedoch war dieser Multiplicator als Nebenschliessung des magnetisirenden Drahtes angewandt.

[1]) Schweigger's Jahrb. 9. pag. 274 u. 316. Dove, Rep d. Phys. I. pag. 246.

Diese Art der Verbindung hat, wie Fechner selbst bemerkt, den Nachtheil, dass man durch sie nicht direkt eine Anschauung von der Stromstärke erhält, welche das Hufeisen magnetisirt, sondern nur von einem proportionalen Theil derselben. Diese Proportionalität kann aber auch unter Umständen gestört werden. Denn wird z. B. der Draht des Hufeisens erwärmt, so ändert sich das Verhältniss der Elektricitätsmengen, welches die neben einander gehenden Drahtwindungen des Multiplicators und der magnetischen Spirale durchfliesst, weil durch die Erwärmung der Widerstand in der letzteren vergrössert wird. Es kann in diesem Falle sich der Gesammtstrom bedeutend erniedrigen und der Multiplicator doch noch dieselbe Ablenkung zeigen. Fechner schreibt dieser Ursache einige Abweichungen in seinen Versuchsreihen zu. Andere Versuchsreihen wurden so angestellt, dass, wie es viel vortheilhafter ist, ein aus einem einzigen Kupferbügel bestehendes Messinstrument mit Doppelnadel nicht als Nebenschliessung, sondern in Succession mit dem magnetisirenden Drahte, verbunden wurde. Die Einrichtung dieses Instruments wird in der Fig. 50 dargestellt.[1]) Fig. 50 zeigt den Durchschnitt, dagegen Fig. 51 die Ansicht des leitenden Kupferstreifens von oben gesehen. *h* und *h'* ist ein Einschnitt in dem oberen Theile des Streifens *a b c d*, bei *a* und *b* sind Näpfchen zur Aufnahme der Leitungs-

Fig. 50.

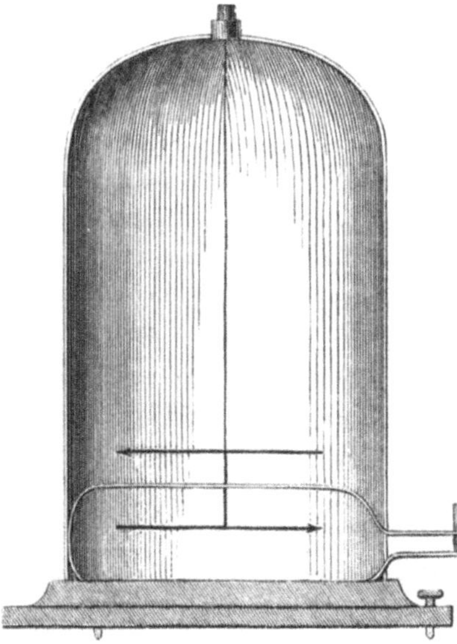

Fig. 51.

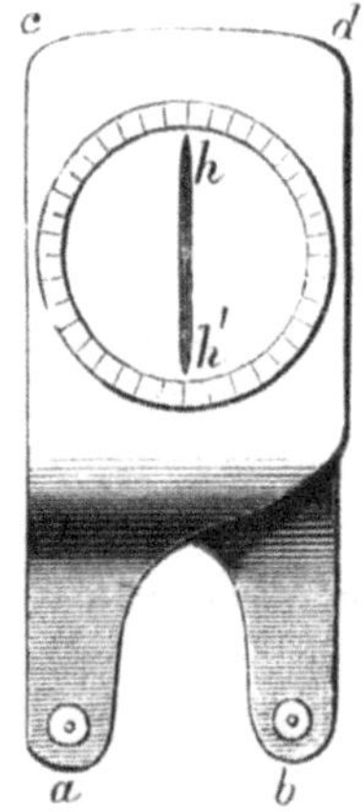

[1]) Fechner, Rep. d. Phys. I. pag. 482.

drähte, welche beide sich fast in gleichem Niveau befinden. Die Breite des Streifens *c* bis *d* beträgt $22^2/_3'''$, seine Dicke $1'''$, Entfernung der beiden Flächen des Streifens $4^2/_3'''$, Länge von *a* bis *c* $54'''$.

Dieses Messinstrument hat jedoch nicht ein so einfaches Gesetz wie die Tangentenbussole, nach welchem die Ablenkungen der Nadel zu beurtheilen sind. Denn nach dem was vorn über die Tangentenbussole gesagt ist, sind die Tangenten der Ablenkungswinkel einer einfachen Nadel den Stromstärken nur dann proportional, wenn der leitende Bügel einen weiten Kreis um dieselbe bildet. Fechner beurtheilte daher an dem eben beschriebenen Instrumente die Stromesintensität nicht aus der Ablenkung der Doppelnadel, sondern aus der Anzahl der Schwingungen, welche dieselbe in einer bestimmten Zeit machte, verglichen mit der Schwingungsdauer, welche diese Nadel unter der blossen Einwirkung des Erdmagnetismus hatte. Die Zahl der Zeittheile zu 6 Oscillationen unter dem blossen Einflusse des Erdmagnetismus war = 96.

·4. Wir führen zuerst eine Reihe an, welche nach dieser Methode erhalten wurde, und aus der Fechner schliesst, „dass die Tragkraft eines Hufeisens im geraden und einfachen Verhältniss mit der Grösse der magnetisirenden Stromkraft steht.“[1])

Zeit zu 6 Oscillationen.	Entsprechende Stromstärke.	Beobachtetes Gewicht.	Berechnetes Gewicht.
80,5	0,422	1448	1492 (1448)
77,5	0,535	1806	1892 (1836)
65	1,181	4097	4176 (4053)
64	1,250	4500	4420 (4290)
63	1,324	4812	4680 (4542)

Aus diesen Versuchen sieht man nun aber, dass die erhaltenen Gewichte doch nicht eben genau der Stromstärke proportional wachsen. Die in der Klammer dabei gesetzten Werthe der berechneten Tragkraft wachsen doch in viel geringerem Verhältniss als die durch den Versuch erhaltenen.

Aus dem, was vorn über den magnetischen Sättigungszustand des Eisens gesagt ist, folgt aber andererseits, dass die mit dem beschriebenen Hufeisen erhaltenen Werthe nicht in dem Verhältniss wachsen konnten, als dies bei einem dickeren Hufeisen der Fall gewesen sein würde.

Der Stab nämlich, welchen Weber[2]) zum Beweise der magnetischen Sättigung anwendet, hat 3,6^{mm} Durchmesser, während das von Fechner

[1]) Schweigger's neues Jahrb. IX. pag. 277.

[2]) Elektro-dynamische Maassbestimmungen pag. 567. Siehe Abschnitt III. §. 4

angewandte Hufeisen 2 pariser Linien = 4,52^{mm} Durchmesser hat. Die Dicke des Hufeisens übersteigt also nicht viel den Durchmesser eines Stabes, welcher gleich vom Anfang der Magnetisirung Sättigung zeigt, indem sein freier Magnetismus weit hinter der Proportionalität mit der Stromstärke zurückbleibt. Während aber Weber's Untersuchung einen geringeren Magnetismus als die Stromstärke herausstellt, übersteigt die von Fechner gemessene Tragkraft seines Hufeisens die Proportionalität mit dem Strome. Hieraus ergiebt sich zunächst der einfache Satz, welcher später noch ausführlicher besprochen werden wird, dass die Tragkraft einem anderen Gesetze folgt als der freie Magnetismus.

Bei dieser Versuchsreihe von Fechner war die grösste Stromstärke etwas grösser als das vierfache der schwächsten.

Andere Versuche, welche Fechner anstellt, und bei denen die Stromstärke in einem weiteren Umfange angewandt wird, zeigen noch weniger eine Proportionalität der Tragkraft mit jener. Wir führen hier noch diejenige derselben an, bei der die Stromesintensität bis auf das 14fache ihrer geringsten Stärke erhöht wird. Die Stärke wurde bei diesem Versuche gemessen durch einen Multiplicator, welcher als Nebenschliessung des Hufeisendrahtes eingeschaltet wurde. Auch an diesem beurtheilt Fechner die Intensität des Stromes nach den Oscillationen der Nadel, welche zu 16 Schwingungen unter dem blossen Einflusse des Erdmagnetismus 224 Zeiteinheiten gebraucht.

Zeit zu 16 Oscillationen.	Entsprechende Stromeskraft.	Getragenes Gewicht in Grammen.	Berechnetes Gewicht.
209	0,1656	544	267
201	0,2643	572	427
198	0,3028	627	489
189	0,4299	770	694
183	0,5252	929	848
174	0,6870	1029	1109
159	1,0203	1439	1647
146	1,3962	2164	2254
136	1,7615	2856	2843
128	2,1175	3646	3418
122	2,4317	3986	3925

In dieser Reihe zeigen sich die mit den stärkeren Strömen erhaltenen Werthe der Tragkraft annäherungsweise jenen proportional, und Fechner sucht den Grund der Abweichungen, welche sich bei den schwächeren

Strömen zeigen, in dem remanenten Magnetismus, den das Hufeisen dadurch erhalten hat, dass die Versuche mit dem stärksten Strome begonnen worden waren.

5. Nach dem was in neuster Zeit die Versuche in Bezug auf die magnetische Sättigung gelehrt haben, müssen wir es durchaus als zufällig und durch Nebenumstände herbeigeführt ansehen, dass die von Fechner angestellten Versuche mit einem so dünnen Hufeisen überhaupt noch bei irgend welchen Werthen Proportionalität der Tragkraft mit der Stromstärke erkennen lassen. Bei einer andern Versuchsreihe findet Fechner Proportionalität mit den schwachen Strömen, während die Tragkräfte bei den stärkern weit grösser sind, als die Proportionalität der Ströme erfordert. Die stärkeren Ströme haben hier ungefähr dieselbe Intensität, wie bei der eben angeführten Reihe, doch sucht Fechner bei dieser den Grund in der Erwärmung des zur Messung angewandten Multiplicatordrahtes. Hat eine Erwärmung in diesem Falle stattgefunden, so musste sie auch bei der obigen Reihe vorhanden gewesen sein, und es haben also dann bei diesen Versuchen schon, nach Fechner's eigener Angabe, zwei Umstände mitgewirkt, welche jeden Vergleich der Werthe unmöglich machen. Nehmen wir hierzu die alle Verhältnisse abändernde Sättigung des Eisens, so wird einleuchten, dass wir durch die hier aufgeführten Versuche kein Urtheil über das Verhältniss der Stromstärke zur Tragkraft eines Hufeisenelektromagneten erlangen können.

§. 3.

Verhältniss des in einem Stabe erregten Magnetismus zur Stromstärke.

Sechs Jahre nach Fechner (1839) unternahmen Lenz und Jakobi eine Untersuchung der Gesetze, nach denen der galvanische Strom, wie auch die Spirale auf das weiche Eisen wirken.

Die Intensität des galvanischen Stromes wurde mittelst der später beschriebenen, abgeänderten Becquerel'schen Waage[1]) gemessen. Zwanzig Fuss von dieser Waage entfernt befand sich der Elektromagnet. Der Eisenkern war in dem vorliegenden Falle mit zwei Spiralen umgeben, deren eine als magnetisirende Spirale von dem Strome der aus 24 Elementen bestehenden Wollaston'schen Batterie durchflossen wurde, während die zweite als Inductionsspirale diente. Wie nämlich schon vorn bei Besprechung des Begriffs von erregtem Magnetismus bemerkt ist,[2]) wird beim

[1]) Abschnitt V. §. 7. Nr. 4. [2]) Abschnitt II. §. 6.

Entstehen und Verschwinden des Magnetismus in einem Eisenstabe durch die Drehung der Molekularströme in demselben ein Inductionsstrom in einer den Kern umgebenden Spirale hervorgerufen, wenn diese einen in sich geschlossenen Leiter bildet. Zur Messung dieses Inductionsstromes war in dem Schliessungsdrahte dieser Inductionsspirale ein Multiplicator eingeschaltet. Wir haben bereits früher gezeigt,[1]) dass ein die Nadel des Multiplicators momentan ablenkender Strom dem Sinus des halben Ablenkungswinkels proportional ist, so dass der Strom F, wenn der Ablenkungswinkel α genannt wird, durch

$$F = p \sin \frac{\alpha}{2}$$

ausgedrückt werden kann, wo p ein für den bestimmten Multiplicator constanter Factor ist.

Lenz und Jakobi maassen mithin mittelst der Inductionsspirale den in der ganzen Länge des Magneten erregten Magnetismus, welcher, wie die Beobachtung in Uebereinstimmung mit der Theorie gelehrt hatte, dem in der Inductionsspirale erzeugten Strome proportional ist. Sie beobachteten jedes Mal den Strom, welchen der im Eisenkern verschwindende Magnetismus hervorrief. Da nun aber der in der magnetisirenden Spirale verschwindende Strom ebenfalls einen Inductionsstrom hervorruft, so musste ein zweiter Versuch ohne den Eisenkern angestellt werden. Der alsdann bei Unterbrechung des Stromes bewirkte Inductionsstrom gab die Wirkung der Spirale für sich. Die Differenz zwischen dem ersten und zweiten Inductionsstrome giebt dann den in dem Eisenstabe erregten Magnetismus.

Mittelst dieser Methode ergaben nun die Versuche mit 6 Eisencylindern von 8″ Länge und 1/2, 1, 1 1/2, 2, 2 1/2 und 3 Zoll Durchmesser den Satz: „Der im weichen Eisen durch galvanische Ströme erregte Magnetismus ist diesen Strömen genau proportional.“

Die Intensität des Stromes hatte bei diesen Versuchen zwischen 400 und 3300 Gewichtseinheiten an der Becquerel'schen Waage variirt, so dass der stärkste angewandte Strom etwa das Achtfache des schwächsten war. Bei allen diesen Stromstärken war auch selbst in dem dünnsten Eisenkerne noch keine Sättigung hervorgetreten, was wohl zum Theil seinen Grund darin hat, dass die Eisenkerne nur 8″ lang waren. Die Zahl der Windungen der galvanischen Spirale ist nicht angegeben. Da wir schon vorn bei Besprechung des Sättigungszustandes gesehen haben, dass dies

[1]) Abschn. I. §. 7, Nr. 7.

Gesetz von Lenz und Jakobi nicht für jede Stromesintensität gilt, so müssen wir sagen:

„Der im weichen Eisen durch galvanische Ströme erregte Magnetismus ist diesen Strömen genau proportional, so lange nicht Sättigung des Eisens dies Verhältniss ändert.“

§. 4.

Verhältniss des freien Magnetismus zur Stromstärke.

Bei der Magnetisirung wird in jedem einzelnen Querschnitt des Magnetkernes Magnetismus erregt. Das ganze Quantum des in allen einzelnen Querschnitten erregten Magnetismus übt einen Einfluss auf die den Kern umgebende Inductionsspirale, und diesen Einfluss haben eben Lenz und Jakobi bei ihrer Untersuchung gemessen.

Von diesem in jedem Querschnitt des Kernes erregten Magnetismus kommt aber nur derjenige Theil nach aussen zur Wirkung, welcher nicht durch den gegenseitigen Einfluss der neben einander befindlichen Schichten innerhalb des Kernes selbst neutralisirt wird. Derjenige Theil des Magnetismus, welcher nicht gebunden wird, und den wir eben deshalb den freien Magnetismus nennen, ist nun aber nicht nothwendigerweise dem erregten Magnetismus eines Stabes proportional, und es war daher erforderlich, auch dieses sein Verhältniss zur Stromstärke experimentell festzustellen. Lange fiel dies Niemandem ein, weil man den genannten Unterschied zwischen erregtem und freiem Magnetismus unbeachtet liess und den Einfluss auf die Inductionsspirale eben nur kurz Magnetismus nannte.

Die ersten Versuche, welche in dieser Beziehung angestellt wurden, sind die von v. Feilitzsch,[1]) welcher den später beschriebenen Apparat zu diesen Messungen anwendet.[2]) Man kann überhaupt den freien Magnetismus in der Weise messen, dass man die Grösse der Ablenkung einer in der Verlängerung der Magnetaxe frei schwebenden Magnetnadel beobachtet. Diese Methode ist von v. Feilitzsch dahin abgeändert, dass er nicht direkt die Ablenkung der Nadel, sondern die Entfernung misst, bis zu welcher er einen kleinen Stahlmagneten, von der entgegengesetzten Richtung her, der Nadel nähern muss, damit dieselbe wieder auf dem Nullpunkt stehe. Er sagt:[3]) „Bezeichnet nun r den Abstand der Mitte des Elektromagneten von der als verschwindend klein betrachteten Nadel, bezeichnet a

[1]) Pogg. Ann. 80 pag. 321. [2]) Abschn. V. §. 7, Nr. 5.

[3]) Karsten, Encyclopädie, §. 16. pag. 105.

den Abstand eines Poles von der Mitte desselben und J die Intensität der Wirkung eines Poles auf die Nadel in der Einheit der Entfernung, so wird der der Nadel zunächst liegende Pol mit einer Intensität $\frac{J}{(r-a)^2}$ auf dieselbe wirken, der entferntere, entgegengesetzte Pol aber mit einer Intensität $\frac{-J}{(r+a)^2}$. Beide wirken mit der Summe dieser Werthe. Bezeichnen ferner J_1, ϱ und α die entsprechenden Werthe für den compensirenden Magnetstab, so ist seine Wirkung $J_1\left(\frac{1}{(\varrho-\alpha)^2}-\frac{1}{(\varrho+\alpha)^2}\right)$. Ist aber durch die Wirkung beider, des Elektromagneten und des Stahlmagneten, die Nadel wieder in die Gleichgewichtslage gebracht, so sind jene beiden Werthe einander gleich. Und wird die Intensität der Wirkung des Stahlmagneten $J_1 = 1$ gesetzt, so ist

$$J\left(\frac{1}{(r-a)^2}-\frac{1}{(r+a)^2}\right)=\frac{1}{(\varrho-\alpha)^2}-\frac{1}{(\varrho+\alpha)^2}.$$

Fig. 52.

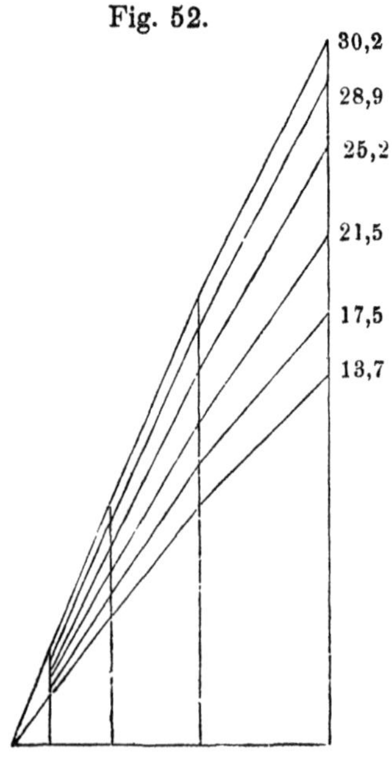

Für nicht zu geringe Abstände des galvanischen und des permanenten Magneten von der Nadel kann man ohne merklichen Fehler a und α den halben Längen derselben gleich setzen."

Mittelst dieser Methode findet nun v. Feilitzsch, dass auch der freie Magnetismus der Stromstärke proportional ist.

Er sagt über die erhaltenen Versuchsresultate, welche er in beistehender Weise, Fig. 52, graphisch darstellt, dass sich bei näherer Betrachtung alle und namentlich die durch die schwächeren Stäbe gewonnenen Resultate für die grösseren Stromstärken der Abscissenaxe zuneigen.

Nach der vorliegenden Zeichnung weichen sämmtliche Versuche von der Stromesintensität 4,96 an, von der geraden Linie ab, doch sind bei allen Dicken die Abweichungen unbedeutend.[1])

[1]) Pogg Ann. 80, Tafel V.

Aus einem Vergleich dieser Curven mit den von Müller erhaltenen[1]) muss ich jedoch schliessen, dass diese hier sich zeigenden Abweichungen nicht wie v. Feilitzsch sagt, durch den hervortretenden Sättigungszustand bewirkt sind. Wie schon vorn bemerkt, tritt die Sättigung bei dünneren Stäben viel früher hervor, als bei sehr starken. Hier müsste aber der fast $^5/_4{}''$ starke Eisenkern bei derselben Stromstärke die Sättigung merkbar werden lassen als der $^1/_2{}''$ starke. Dies ist nach allen Erfahrungen, besonders aber nach denen Koosen's, durchaus unmöglich. Koosen hat bei Anwendung einer Stromstärke von 60^0 Ablenkung an der Tangentenbussole an einem $1''$ dicken Stabe noch keine Sättigung beobachtet, und meine Versuche haben dies auch bestätigt. Nun kann aber die von v. Feilitzsch angewandte Stromstärke, welche er mit 4,96 bezeichnet, entschieden nicht 60^0 gewesen sein, weil alsdann bei der doppelt so grossen (8,5) sicherlich die Bespinnung seines Spiraldrahtes, welcher $1{,}75^{mm}$ Durchmesser hatte, heruntergebrannt wäre. Der bei meinen Versuchen angewandte mit Seide besponnene Kupferdraht ist nämlich ohne die Bespinnung $1{,}4^{mm}$ dick, und ich bemerke an demselben schon Erwärmung, wenn die Nadel der Tangentenbussole 45^0 zeigt, so dass ich kaum wage, den Strom bis auf 60^0 Ablenkung zu erhöhen.

Aus diesen Gründen halte ich es für wahrscheinlich, dass bei den obigen Versuchen noch an keinem der Stäbe Sättigung hervortritt, sondern dass eine constante Fehlerquelle die hier vorhandene gleichmässige, aber nur geringe Abweichung herbeigeführt habe.

Das Gesetz von Lenz und Jakobi würde viel weniger Werth haben, als es in der That hat, wenn die Sättigung bei so starken Stäben schon so früh bemerkbar wäre.

Bedenkt man in Bezug auf die durch die Sättigung herbeigeführte Beschränkung des Gesetzes, dass dieselbe bei einem über $^1/_2{}''$ starken Stabe unter den gewöhnlich zur Anwendung kommenden Fällen gar nicht hervortritt, so kann man entschieden das Gesetz festhalten:

„Der freie Magnetismus ist der Stromstärke proportional.“

§. 5.

Verhältniss der Anziehung zur Stromstärke.

A. Anziehung der geraden Stabelektromagnete.

1. Unter Anziehung verstehen wir die Kraft, mit welcher ein Magnet ein Stück weiches Eisen hält, wenn dasselbe die Polfläche des Magneten nicht

[1]) Pogg. Ann. 79 p. 338, und 82 p. 183; siehe Abschnitt III. §§. 2 und 6.

unmittelbar berührt, sondern in Entfernung von demselben, etwa durch einen zwischen die beiden Berührungsflächen gelegten, für den Magnetismus indifferenten Körper, gehalten wird.

Es ist nöthig diesen Fall der Kraftäusserung eines Magneten von demjenigen zu trennen, wenn unmittelbare Berührung zwischen beiden Flächen stattfindet; weil dieser zweite Fall, wo wir die Kraftäusserung Tragkraft nennen, anderen Gesetzen folgt als der erstere.

Bei der Prüfung des freien Magnetismus eines Elektromagneten stellt man dem Magnetpole eine Magnetnadel, d. h. einen unveränderlichen Stahlmagneten gegenüber. Durch die Einwirkung des Elektromagneten wird dieselbe aus ihrer Richtung abgelenkt, welche Ablenkung das Resultat der constanten magnetischen Intensitäten beider Magnete ist. Bringt man dagegen ein Stück weiches Eisen in die Nähe des Elektromagneten, so macht dieser jenes ebenfalls zum Magneten, indem die in ihm gerichteten Molekularströme die des weichen Eisens sich parallel richten, und es findet in Folge dieser Einwirkung Anziehung statt. Hält man nun das Stück weichen Eisens, den Anker, in einer bestimmten Entfernung von dem Magnetpole und erhöht die Stromstärke in dem den Eisenkern erregenden Spiraldrahte, so wird zunächst der Magnetismus des Eisenkernes diesem Strome proportional verstärkt und aus diesem Grunde der Anker mit grösserer Kraft angezogen. Der verstärkte Magnetismus des Elektromagneten erhöht nun aber auch, sich selber proportional, den Magnetismus des Ankers, aus welchem Grunde dann wieder die Anziehung dieser Verstärkung proportional wachsen muss. Hieraus folgt, dass die Anziehung dem Quadrate des Stromes proportional ist.

Eine einfache Betrachtung lehrt aus dem Vorhergehenden das Gesetz kennen, welches für zwei sich anziehende Magnete gilt. Nennen wir die Stromstärke, welche den einen Magneten magnetisirt, a, und den Magnetismus, den diese in beiden einander genäherten Eisenstäben erregt, α, nennen wir ferner die Stromstärke, die die Spiralen des andern Eisenstabes durchfliesst b, und den durch diese ebenfalls in beiden Stäben erregten Magnetismus β, so hat jedes Molekül eines jeden der beiden Stäbe die magnetische Intensität $\alpha + \beta$, und da nun ein jedes Moleküle des einen Magneten, ein jedes des anderen anzieht, so muss die Anziehung $(\alpha + \beta)^2$ sein. Da nun aber der erregte Magnetismus den erregenden Stromstärken proportional ist, so muss die Anziehung zweier Magnete dem Quadrat der Summe der Ströme in beiden Magneten proportional sein.

Es folgt aus diesem Satze, dass, wenn die Stromesintensitäten in beiden Magneten gleich sind, sich die Anziehung ebenfalls wie die Quadrate der magnetisirenden Ströme verhält, wie wenn nur einer der angewandten Stäbe magnetisirt wäre. Diesen letzten Satz, welcher nur ein specieller Fall des obigen ist, haben Lenz und Jakobi experimentell nachgewiesen, und schliessen daraus auf die Richtigkeit des von ihnen aufgestellten Satzes, dass nämlich die Anziehung zweier Elektromagnete dem Produkte aus den magnetisirenden Strömen proportional sei.[1]) Dass aber dies nicht richtig ist, geht sowohl aus der obigen Betrachtung, wie aus den Versuchen in Nr. 4. dieses Paragraphen hervor.

2. Nach ihren Untersuchungen Hinsichts des freien Magnetismus prüften Lenz und Jakobi die Anziehung der Elektromagnete in Bezug auf das Verhältniss zur Stromstärke. Sie maassen die Wirkung gerader cylindrischer Stäbe in der Weise,[2]) dass die Eisencylinder lothrecht unter dem Ende eines gewöhnlichen Waagebalkens befestigt wurden, an welchem nach Umständen ein Elektromagnet oder eine Stange weichen Eisens hing, die durch Gewichte am anderen Ende genau äquilibrirt war. Die Enden der den oberen Eisencylinder umgebenden Spirale, wenn derselbe eine solche trug, tauchten bei den Versuchen über die Anziehung zweier Elektromagnete in Quecksilbergefässe, und der Strom erhielt eine solche Richtung, dass er, beide Spiralen hinter einander durchlaufend, den gegenüberstehenden Polen ungleichnamige Magnetismen ertheilte. Die Anziehungskraft wurde durch Zulegen von Gewichten, bis der Anker abriss, gemessen, und von dem zuletzt zugelegten Gewichte nur die Hälfte in Rechnung gebracht. Während dieser Operation wurde die Stärke des Stromes an einer, nach Nervander's Angabe construirten Tangentenbussole beobachtet, welche vorn beschrieben ist.[3])

Mittelst dieser Methode wurden die folgenden Reihen erhalten. Um den Anker oder den zweiten Magneten nicht mit dem ersten in Berührung kommen zn lassen, wurde zwischen die Berührungsflächen eine Holzscheibe gebracht, welche an dem unteren Magneten befestigt war. Die Entfernung der Flächen betrug auf diese Weise etwa $1/_{10}$ Zoll. Die nebenstehenden, berechneten Gewichte sind nach der Formel 95,06 tg $^2\alpha$ berechnet, in der der Coëfficient nach der Methode der kleinsten Quadrate aus den Beobachtungen gefunden ist. Die Gewichtseinheit ist $1/_{96}$ eines russischen Pfundes.

[1]) Pogg. Ann. 47 p. 403. [2]) Ebendas. [3]) Abschnitt I. §. 5, Nr. 2.

I.

Anziehung eines 2″ langen, 1 ½″ dicken Ankers durch einen 8″ langen, 1½″ dicken Magneten.

Stromstärke.	Beobachtete Anziehung.	Berechnete Anziehung.
50° 48′	159,20	160,20
42° 26′	89,10	90,34
36° 27′	57,45	57,51
28° 48′	32,45	33,44
19° 4′	13,16	13,75

II.

Anziehung eines 5½″ langen, ½″ dicken Ankers durch einen Magneten von derselben Dimension.

Stromstärke.	Beobachtete Anziehung.	Berechnete Anziehung
15° 52′	1,46	1,64
28° 47′	5,65	6,11
37° 36′	11,32	12,01
46° 32′	21,32	22,55
52° 32′	33,32	34,49
55° 17′	42,62	42,20
58° 46′	55,30	55,08
60° 30′	63,49	63,28

Die Versuchsreihen zeigen eine Uebereinstimmung der beobachteten Werthe mit den berechneten, welche es ausser Zweifel setzen,

dass die Anziehung eines Elektromagneten und eines Ankers sich wie die Quadrate der magnetisirenden Ströme verhält.

3. Ausser diesen Versuchen wurden noch zwei andere mit je zwei Magneten angestellt. Die Stäbe waren in beiden Fällen einander gleich und durch dieselbe magnetisirende Kraft erregt.

III.

Anziehung zweier Magnete von 2″ Länge und 1½″ Dicke, jeder mit 108 Spiralwindungen.

Stromstärke.	Beob. Anziehung	Ber. Anziehung
14° 42′	4,18	4,13
17° 58′	6,49	6,77
24° 38′	13,	13,55

Stromstärke.	Beob. Anziehung.	Ber. Anziehung.
30^0 10′	21,32	21,76
34^0 58′	32,13	31,51
39^0 52′	44,81	44,93
43^0 22′	57,13	57,48
44^0 22′	62,3	61,64

IV.

Anziehung zweier Magnete mit gleicher Windungszahl von $5\frac{1}{2}''$ Länge und $\frac{1}{2}''$ Dicke.

Stromstärke.	Beob. Anziehung.	Ber. Anziehung.
14^0 10′	4,81	5,35
26^0 2′	19,16	20,05
33^0 4′	35,08	35,62
35^0 2′	40,97	41,30
43^0 52′	78,30	77,63
50^0 16′	121,56	121,62

Auch bei diesen beiden Reihen ist das Quadrat der Tangente des Ablenkungswinkels mit einem constanten Factor multiplicirt. Die so berechneten Werthe zeigen daher, dass für die Anziehung zweier gleich starker Elektromagnete dasselbe Gesetz gilt, wie für die eines Magneten mit seinem Anker, dass nämlich die Anziehung dem Quadrate des magnetisirenden Stromes proportional ist.

4. Wie schon vorn bemerkt, ist dieser Satz nur ein specieller Fall desjenigen, dass Tragkraft und Anziehung dem Quadrat der Summe der magnetisirenden Ströme proportional sind, sobald beide sich anziehenden Magnete nicht von demselben Strome durchflossen werden. Um dies zu zeigen, liess ich zwei Magnete einander anziehen, deren einer 12″ lang und 1″ dick, und deren anderer 6″ lang und 1″ dick war. Die sie magnetisirenden Ströme wurden durch zwei galvanische Säulen erregt und jeder für sich durch eine Tangentenbussole und einen Widerstandsmesser geleitet, so dass sie von einander unabhängig gemessen, und nach Belieben verstärkt werden konnten. Es ergaben sich folgende Resultate:

Strom des langen Magneten.	Strom des kurzen Magneten.	Summe der Tangenten des Ablenkungswinkels $= S$.	Tragkraft. $= T$.	Anziehung $= A$.	$\frac{T}{S^2}$	$\frac{A}{S^2}$
tg $5,^05 = 0,0875$	tg $12^0 = 0,2125$	0,3	2 ℔	0,7 ℔	22	7,7
tg $8^0 = 0,1406$	tg $13^0 = 0,2309$	0,3715	2,9 „	1 „	21,2	7,3
tg $11^025 = 0,1989$	tg $17^0 = 0,3057$	0,5046	5,4 „	1,9 „	21,2	7,4
tg $15^0 = 0,268$	tg $18^0,5 = 0,3346$	0,6026	7,6 „	2,9 „	20,9	7,9

Aus den in der letzten Reihe enthaltenen Quotienten geht die Richtigkeit des eben ausgesprochenen Satzes unzweifelhaft hervor,

„dass nämlich die Anziehung zweier Magnete dem Quadrate der Summe der magnetisirenden Ströme in beiden Magneten proportional ist.

Die sich zeigenden Abweichungen liegen nur innerhalb der Versuchsfehler, welche bei einem so complicirten Experiment, wo gleichzeitig zwei Tangentenbussolen abgelesen und zwei Ströme regulirt werden müssen, mannigfache Quellen haben.

Ich habe hier zugleich die bei der Tragkraft erhaltenen Resultate mit aufgeführt, muss jedoch in Bezug auf dieselben, welche hier wegen des geringen Umfanges der Ströme auch fast dem Quadrate derselben proportional erscheinen, auf den folgenden Paragraphen verweisen, in welchem gezeigt wird, dass für grössere Stromdifferenzen sich nicht genau das quadratische Verhältniss herausstellt, während für die Anziehung dasselbe unter jeder Bedingung besteht, wo nicht Sättigung vorhanden ist.

Gleichzeitig beweisen diese Versuche, dass der von Lenz und Jakobi aufgestellte Satz, die Anziehung verhalte sich wie die Produkte der magnetischen Intensitäten nicht richtig ist; denn diese Produkte steigen hier etwa in dem Verhältnisse 168, 322, 600 und 858, während die Anziehung in dem vorn berechneten Verhältnisse von 0,09: 0,137: 0,25 und 0,36 wächst. Der Irrthum jener Physiker ist unstreitig daraus hervorgegangen, dass in beiden Fällen das Verhältniss des Quadrats der Ströme eintritt, sobald die Intensitäten beider Magnete gleich sind, und sie nur für diesen Fall Versuche angestellt haben.

5. An diese Untersuchung, welche den allgemeinsten Satz der Anziehung feststellt, schliessen sich nun noch mehrere von mir angestellte Versuche, deren Aufzählung jedoch zum grossen Theile erst dann am Orte ist, wenn der Einfluss verschieden geformter Anker eine klarere Einsicht in die Sache, so weit sie bis jetzt gediehen ist, gegeben haben wird. Wir werden daher später auf die Anziehung zurückkommen müssen, ich kann aber nicht unterlassen, einiger Fälle Erwähnung zu thun, an die sich die hierher gehörigen Untersuchungen anderer Physiker knüpfen.

Ich habe die Kraft gemessen, mit der ein Anker von einem Magneten in verschiedener Entfernung festgehalten wird. Diese Kraft wechselt mit der Form und mit der Entfernung der Anker vom Magneten. Es werden in sehr grosser Nähe vom Magneten Anker mit kleinerer Berührungsfläche mit grösserer Kraft gehalten als die, welche eine grössere Berührungsfläche haben, wogegen in etwas grösserer Entfernung gerade das Umgekehrte stattfindet.

Zwei Versuchsreihen[1]) mit einem 12'' langen 1'' dicken Magneten und vier 6'' langen Ankern von 1'', 3/4'', 1/2'' und 3/8'' Durchmesser wurden so angestellt, dass bei der einen ein Strom von 20° Ablenkung an der Tangentenbussole und bei der anderen einer von 35° dieselbe Spirale des Magneten durchlief.

I.

Dicke der Anker.

Entfernung von der Polfläche.	1''	3/4''	1/2''	3/8''
1/180''	1,1 ℔	1,25 ℔	1,4 ℔	1,6 ℔
1/90''	0,9 „	0,9 „	0,92 „	0,95 „
1/60''	0,71 „	0,77 „	0,65 „	0,65 „
1/45''	0,6 „	0,65 „	0,48 „	0,45 „
2/45''	0,38 „	0,36 „	0,23 „	0,194 „
1/15''	0,27 „	0,23 „	0,15 „	0,11 „
4/45''	0,19 „	0,16 „	0,11 „	0,08 „
1/9''	0,15 „	0,12 „	0,084 „	0,062 „
2/15''	0,11 „	0,1 „	0,07 „	0,05 „
7/45''	0,095 „	0,08 „	0,062 „	0,044 „
8/45''	0,08 „	0,063 „	0,05 „	0,032 „
1/5''	0,07 „	0,055 „	0,04 „	

II.

Entfernung von der Polfläche.	1''	3/4''	1/2''	3/8''
1/180''	4,6 ℔	4,6 ℔	6,4 ℔	6,2 ℔
1/90''	3,5 „	3,1 „	3,8 „	3,4 „
1/60''	2,9 „	2,6 „	2,85 „	2,4 „
1/45''	2,6 „	2,15 „	2, „	1,7 „
2/45''	1,65 „	1,3 „	0,95 „	0,78 „
1/15''	1,05 „	0,92 „	0,65 „	0,5 „
1/9''	0,6 „	0,52 „	0,46 „	0,28 „
1/5''	0,27 „	0,26 „	0,174 „	0,136 „
1/3''	0,13 „	0,125 „	0,085 „	0,073 „

Diese Reihen zeigen das Charakteristische, dass die Anziehung in sehr grosser Nähe der Polfläche bei den dünneren Ankern grösser ist, als bei denen von grösserem Durchmesser. Bei grösserer Entfernung aber kommt der dickere Anker immermehr zur Geltung, so dass verschiedene Anker nicht in gleichem Verhältniss mit der Entfernung vom Pol an Anziehungskraft abnehmen. Während der 1'' dicke Anker in 1/180''

Entfernung von der Polfläche mit 4,6 ℔ und der $\frac{1}{2}''$ dicke bei derselben Entfernung mit 6,4 ℔ gehalten wird, beträgt die Anziehung in 60mal so grosser Entfernung, $\frac{1}{3}''$ vom Pol, bei dem 1'' dicken Anker 0,13 ℔, und bei dem $\frac{1}{2}''$ dicken nur 0,085 ℔. Dieser Unterschied der Anziehung bei den verschiedenen Ankern ist nicht etwa ein zufälliger in den beiden hier aufgeführten Reihen, sondern er zeigt sich stets bei Ankern von verschiedenem Durchmesser.

6. Ich hebe hier besonders diese Beobachtung hervor, weil sie beweist, dass ein von Tyndall aufgestellter Satz nicht allgemeine Geltung haben kann.

In einer Untersuchung in Bezug auf die Gesetze des Magnetismus[2]) prüft nämlich Tyndall die Kraft, welche nöthig ist, um eine an den Magneten als Anker angelegte Kugel aus weichem Eisen abzureissen, wenn nach und nach immer mehr Papier-Blättchen zwischen beide gelegt werden. Die Dicke des von ihm angewandten Papieres war $\frac{1}{1000}''$. Er prüft die Kraft bis zu 30 Papierdicken, also bis zu einer Entfernung zwischen Magnet und Kugel von $\frac{1}{33}$ Zoll. Er erhält folgende Reihe, in welcher d die Anzahl der Blätter und G das angewandte Gewicht in Grammen bedeutet.

d	G	$G.d$
2	150	300
3	110	330
4	87	348
5	75	375
7	56	392
8	50	400
10	40	400
14	$29\frac{1}{4}$	409
18	23	414
21	$19\frac{1}{4}$	406
25	$16\frac{1}{4}$	406
30	$13\frac{1}{2}$	405

Tyndall sagt: „Hieraus ersieht man, dass bei einer Entfernung der Kugel vom Magneten über $\frac{1}{125}$ Zoll hinaus das Produkt $G \times d$ constant ist. Wir kommen somit zu dem Gesetz, dass die anziehende Kraft der Entfernung umgekehrt proportional ist.“ Zur Bestätigung dieser Behauptung führt Tyndall die Versuchsreihe von mir an, welche ich hier unter Nr. I. wiedergegeben habe. Vergleichen wir nun aber die

[1]) Pogg. Ann. 80 pag 498. [2]) Pogg. Ann. 83 pag. 1.

dort erhaltenen Resultate mit den vier verschiedenen Ankern, so zeigt sich, dass sie gerade auf der Entfernung, von welcher ab Tyndall erst gezählt haben will, nämlich $^1/_{125}''$, also hier $^1/_{90}''$, alle vier genau dieselbe Anziehungskraft zeigen, dann aber der dünnste am schnellsten, der dickste am langsamsten abnimmt, so dass bei einer Entfernung von $^8/_{45}''$ des Ankers vom Magneten, der 1'' dicke Anker mit mehr als doppelt so grosser Kraft gehalten wird, als der $^3/_8''$ dicke. Da nun diese Erscheinung nicht einzeln steht, sondern sich bei allen von mir unter den verschiedensten Bedingungen angestellten Versuchen, deren nicht wenige sind, stets wiederholt, und, wie wir später sehen werden, in der Natur der Sache begründet ist; so folgt daraus, dass der von Tyndall ausgesprochene Satz keine Geltung haben kann. Da die Anziehung doch stets auf einen Anker ausgeübt wird, und die verschiedenen Anker in verschiedenem Verhältniss mit der Entfernung von der Polfläche an Anziehung abnehmen, so könnte doch der aufgestellte Satz nur für eine Art von Anker gültig sein. Tyndall vergleicht Versuche, welche innerhalb der Entfernung $^1/_{125}$ und $^1/_{33}$ Zoll liegen. Innerhalb dieser engen Gränzen macht die, die Resultate darstellende Curve eine Krümmung, welche die Abweichung von der geraden Linie nicht viel hervortreten lässt. Dies ist unzweifelhaft der Grund, welcher den Experimentator zu der Aufstellung des Satzes veranlasst hat.

B. Anziehung der Hufeisenelektromagnete.

7. Nach den Versuchen mit geraden Stäben prüften Lenz und Jakobi auch die Wirkung der Hufeisenelektromagnete. Sicherlich in der Voraussetzung, dass die Tragkraft, d. h. die Wirkung in unmittelbarer Berührung zwischen Anker und Magnet, dieselben Erscheinungen zeigen müsse, wie die Anziehung, bei der Anker und Magnet, oder beide Magnete, sich nicht berühren, maassen sie die Tragkraft der Hufeisenmagnete, erhielten aber hier Resulte, welche nicht mit den Anziehungsversuchen an geraden Stäben in Einklang gebracht werden konnten.

Der von ihnen angewandte Apparat Behufs der Messung der Tragkraft, den sie „elektromagnetischen Krafthebel" nennen, hatte folgende Einrichtung.[1])

ABCD (Fig. 53 p. 128) ist ein starkes, auf 4 Füssen ruhendes Brett, auf welchem das aus zwei starken Pfosten und einem Querbalken bestehende Gerüst *EFGH* befestigt ist. *F G* ist dazu bestimmt, eine mit Kupferdraht

[1]) Pogg. Ann. 54 p. 336.

Fig. 53.

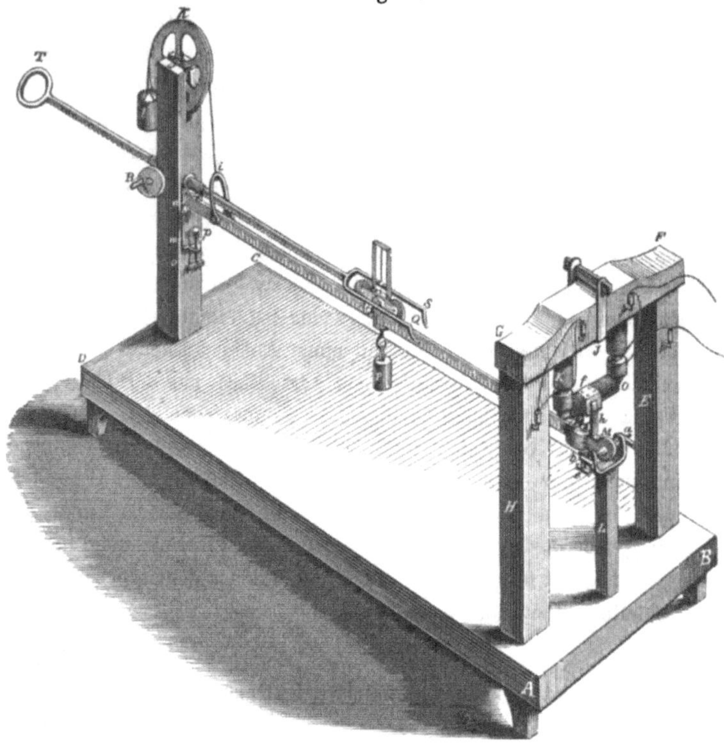

umwickelte hufeisenförmige Eisenstange JK zu tragen, deren starke unveränderliche Befestigung von grosser Wichtigkeit ist. L ist ein starker eiserner Ständer, der sich oben gabelförmig erweitert, um die stählernen Schrauben, deren Flügel in a und b sichtbar sind, aufzunehmen. Diese Schrauben sind zugespitzt, und zwischen ihnen bewegt sich mit geringer Reibung die Axe des $4\frac{1}{2}$ Fuss langen eisernen Hebels $M\ N$, dessen obere, genau geradlinig gearbeitete Seite abgeschrägt ist, so dass sie gewissermaassen einen dos d'âne bildet. Genau $2\frac{1}{2}''$ vom Centrum dieses Hebels ist derselbe verstärkt und senkrecht durchbohrt, um einen starken Zapfen aufzunehmen, welcher oben in eine Schraube ausläuft, mittelst welcher er durch eine Mutter befestigt wird. An dem als Schraubenmutter dienenden, starken, messingnen Stück $f\ g$, wird der mit Kupferdraht bewickelte Anker $O\ P$ stark befestigt, so jedoch, dass der Anker hoch und nieder geschraubt werden kann. Das Ende des Hebels trägt eine Schneide und einen Bügel i, woran eine Schnur befestigt ist, welche über die Leitrolle k hinweggeht und das Gewicht l trägt, wodurch der Hebel aequilibrirt werden kann. An dem Pfosten, welcher die Leitscheibe trägt, ist ein Bügel $m\ n$, der mit den Stellschrauben o und p zur Arretirung des Hebels dient. P ist ein Laufgewicht, das an einer Schneide hängt, die von dem mit zwei Rollen versehenen Wagen getragen wird, und durch eine gabelförmig sich endigende Stange $S\ T$, in welche das Getriebe R greift, sanft hin und her bewegt werden kann. Der Wagen trägt ein an einem Bügel befestigtes Bleiloth, das mit einer am Wagen befindlichen Spitze coiincidiren muss, um sich der horizontalen Lage des Hebels zu versichern. Die Entfernung vom Hypomochlium des Hebels bis zum Aufhängepunkte des Gegengewichts beträgt 50″. Die Pole des Hufeisens sowohl als die des Ankers sind cylindrisch abgerundet. Auf der einen Seitenfläche des Hebels befindet sich die Eintheilung in $\frac{1}{10}$″.

8. Die Messungen mittelst dieses Apparates führten Lenz und Jakobi zu dem Urtheil, „dass die Tragkraft zweier Elektromagnete oder eines Hufeisens und seines Ankers ein viel zu complicirtes Phänomen sei, als dass ein so einfaches Gesetz, wie das quadratische oder das einfache, demselben genügen sollte.“ Sie suchen den Grund der ungenügenden Resultate mit in der Art, wie das Abreissen des Ankers stattfindet. Sie sagen: „Schon der Umstand ist hier von grosser Bedeutung, dass beide Arme des beweglichen Hufeisens oder Ankers nie zu gleicher Zeit abgerissen werden, was um so auffallender stattfindet, je stärker der Strom und also die Anziehung ist.“

Nach meinen Erfahrungen ist das nichtgleichzeitige Abreissen des Ankers ein geringerer Uebelstand als die ungenaue Berührung zwischen Magnet und Anker überhaupt, auf die uns der weitere Verlauf der Untersuchungen noch zurückführen wird. Dass bei den vorliegenden Versuchen das ungleichzeitige Abreissen des Ankers störend wirkte, scheint darin seinen Grund gehabt zu haben, dass der Anker unbeweglich mit dem Abreiss-Hebel verbunden war.

9. Da nun die Versuche mit Hufeisen von Lenz und Jakobi unter anderen Bedingungen angestellt waren, als die mit geraden Elektromagneten, indem im letzten Falle die Anziehung, im ersten dagegen die Tragkraft gemessen worden, so war immer noch die Frage, ob nicht ein zwischen Anker und Hufeisen gelegtes Stück Papier oder Brettchen, dasselbe Gesetz wie bei den geraden Elektromagneten hervortreten lassen würde.

Ich habe diesen Versuch unternommen und mich dazu eines Apparates in Art einer römischen Wage bedient.[1]) An dem kurzen Hebelarme wurde

[1]) Pogg. Ann. 74 pag. 467.

der Anker aufgehängt, während auf dem langen sich ein Laufgewicht befand. Der angewandte Magnet ward mittelst Schrauben auf dem Tischchen befestigt, welches den Hebelarm trägt,[1]) und stand senkrecht in die Höhe, so dass ein gerader Stabmagnet mit dem aufgehängten Anker eine gerade Linie bildete, während bei einem Hufeisen der mittlere Querschnitt des Verbindungsstückes beider Schenkel sich senkrecht unter dem Aufhängepunkt des Ankers befand.

Die Stromstärke ward mittelst einer Tangentenbussole gemessen, deren Ringdurchmesser einen Fuss und deren Nadellänge einen Zoll betrug.

Fig. 54.

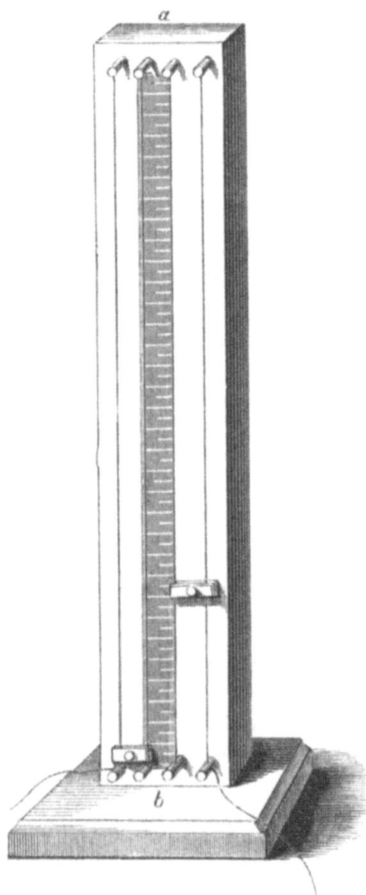

Zur Regulirung des Stromes diente ein Rheocord (Widerstandsmesser) von der einfachen Form, wie die Figur 54 zeigt. An dem Ständer *ab* von 3 Fuss Höhe und $4^1/_2{}''$ Breite sind zu beiden Seiten oben und unten vier Klemmschrauben befestigt, welche der Länge nach gespannte Neusilberdrähte halten. Die Klemmen oben am Ständer haben nur eine Durchbohrung von oben nach unten, mit vorn einer Schraube zum Befestigen des Drahtes, dagegen haben die unteren zwei Schrauben, deren eine zum Halten des Drahtes seitwärts steht, während eine zweite vorn in eine zweite Durchbohrung führt zur Aufnahme der nach dem Apparate geführten Leitungsdrähte. Je zwei der gespannten Drähte sind nun immer mit einer Klemme verbunden, welche aus zwei Kupferplatten besteht, die mittelst einer durch die Mitte derselben gehenden Schraube einander bis zur Berührung genähert werden können. Durch das Verstellen dieser Klemmen auf der Länge der Neusilberdrahtpaare, wird, wie man sieht, der Weg des Stromes verlängert oder verkürzt.

[1]) Siehe Abschnitt II. §. 1, Nr. 2.

Wenn nämlich die Klemmen unten bei *b* die Drähte mit einander verbinden, so befindet sich gar kein Neusilberdraht in dem galvanischen Kreise, die Stromstärke ist also dann am grössten, wogegen in den Kreis 24 Fuss Neusilberdraht eingeschaltet wird, wenn die vier Klemmen zu beiden Seiten des Ständers sich oben bei *a* befinden. Dieser Rheostat ist deshalb zur Regulirung des Stromes so bequem, weil er die Ein- oder Ausschaltung des Widerstandes schneller als jede andere Vorrichtung gestattet. Ueberdies ist er mit sehr geringen Mitteln herzustellen.

Als Anker der Hufeisen wandte ich bei einigen Vorversuchen einen flachen Eisenstab von $^1/_2''$ Dicke und $1''$ Breite an, fand aber bald, dass dieser Stab deshalb ungünstige Resultate lieferte, weil er vor dem Abreissen kippte, so dass sich nie die ganze Ebene, mit der der Anker die Polflächen des Hufeisens berührte, mit einem Male von demselben trennte. Er haftete vor dem vollständigen Abreissen immer noch mit einer Kante auf den beiden Flächen des Hufeisens und die Resultate mussten also variiren, je nachdem die nur an der Kante berührende Fläche des Ankers einen grösseren oder geringeren Winkel mit den Polflächen bildeten. Um diesen Uebelstand zu vermeiden, wählte ich sorgfältig abgedrehte Eisencylinder als Anker, welche dann stets in einer geraden Linie mit den Magnetpolflächen in Berührung, oder für den Fall der Anziehung, in der geringsten Entfernung von denselben waren.

In dem hier in Rede stehenden Falle, wo die Anziehung gemessen wurde, lag zwischen den Polflächen und dem cylindrischen Anker ein Stück glattes, aber sehr starkes Papier (Bristolpapier), welches den Anker in constanter Entfernung von den Polflächen hielt.

Die Messung mit vier Hufeisenelektromagneten von $1''$ Dicke und $12''$, $9''$, $6''$ und $4''$ langen Schenkeln, deren Axen $2^5/_8''$ von einander entfernt waren, ergab folgende Resultate, an denen zu bemerken ist, dass ihre Verschiedenheit bei derselben Stromstärke nicht etwa durch den Unterschied der Schenkellänge, sondern durch die verschiedene Windungszahl, welche diese bedeckte, bewirkt ist. Die Schenkel waren ihrer ganzen Länge nach mit Spiralwindungen bedeckt, so dass das Hufeisen mit $12''$ langen Schenkeln 648, das mit $9''$ langen 440, das mit $6''$ langen 312 und das mit $4''$ langen 208 Spiralwindungen trug.

Relative Stromstärke.	T	Schenkellänge. 12″	9″	6″	4″
1	4⁰	1,3 ℔	0,6 ℔	0,4 ℔	0,15 ℔
2	8⁰	5 „	2,6 „	1,4 „	0,65 „
3	12⁰	13 „	6 „	3,7 „	1,7 „
4	15⁰,5	20,5 „	9,6 „	6,8 „	2,9 „
5	19⁰	32 „	14,6 „	10,4 „	4,4 „
6	23⁰	45 „	22 „	16 „	7 „
7	26⁰		31,5 „	21 „	9 „
8	29⁰		40,2 „	26 „	12 „

Die mit T überschriebene Colonne giebt die Ablenkung der Nadel an der eingeschalteten Tangentenbussole. Die angewandten Ströme stehen in dem Verhältniss der Zahlen der natürlichen Zahlenreihe. Eine einfache Multiplication zeigt, dass die in preussischen Pfunden gegebenen Gewichte sich wie die Quadrate dieser Zahlen verhalten, welche die Stromstärke ausdrücken.

Ausser dieser Reihe wurde noch die Anziehung dreier Hufeisen gemessen, welche 6″ lange Schenkel von 2″, $1^1/_2$″ und $^1/_2$″ Dicke hatten. Eine Zusammenstellung des obigen Hufeisens von 6″ langen Schenkeln mit diesen dreien ergab folgende Reihen, aus denen man wie aus den vorigen dasselbe Gesetz erkennt. Abweichend von demselben sind die drei letzten Versuche mit dem $^1/_2$″ dicken Hufeisen, weil der nicht unbedeutende Strom hier schon eine merkbare Sättigung erzeugt hatte.

Relative Stromstärke.	T	Magnet 2″	1″,5	1″	0″,5 dick.
1	4⁰	0,8 ℔	0,72 ℔	0,4 ℔	0,18 ℔
2	8⁰	3,4 „	2,8 „	1,4 „	0,75 „
3	12⁰	8 „	6,4 „	3,7 „	1,7 „
4	15⁰,5	13,2 „	11,3 „	6,8 „	3 „
5	19⁰	20 „	17 „	10,4 „	4,3 „
6	23⁰	31 „	24 „	15 „	5,8 „
7	26⁰	41 „	34 „	20 „	6,4 „
8	29⁰	53 „	45 „	26 „	7,6 „

Aus diesen Versuchen folgt unzweifelhaft, dass die Hufeisen in Bezug auf die Anziehung demselben Gesetze folgen wie die geraden Stabelektromagnete, so dass wir also sagen müssen:

„Die Anziehung der geraden und Hufeisen-Elektromagnete ist dem Quadrate der erregenden Ströme proportional.“

§. 6.

Verhältniss der Tragkraft zur Stromstärke.

1. Nähert man einem Magneten in der Verlängerung seiner Axe einen Stab aus weichem Eisen, so richtet, nach der Ampère'schen Theorie, der in dem Magneten freie Magnetismus die Molekularströme des weichen Eisens, d. h. es wird diesem Magnetismus inducirt, und zwar ist, der Sache gemäss, dem Pole des Magneten der entgegengesetzte Pol im Eisenstabe zugewandt. Eine diesen beiden befreundeten Polen genäherte Magnetnadel dreht sich um 180°, sobald sie von einem dieser Pole zum anderen geführt wird. Diese Polarität macht sich so lange geltend, bis die Pole von Magnet und Anker einander berühren. Alsdann tritt eine solche Drehung der genäherten Magnetnadel nicht mehr ein, sondern Magnet und Anker üben auf dieselbe den Einfluss wie ein einziger Magnet. Während vor der Berührung beide Pole freien Magnetismus zeigten, ist derselbe bei der Berührung verschwunden. Lässt man zwei gleich lange Magnete einander berühren, so ist bei der Berührung an dieser Stelle der Magnetismus gleich Null, das ganze System verhält sich alsdann wie ein Magnet, dessen beide Pole verstärkt sind. Es ändert sich mithin die Vertheilung des Magnetismus in den Magneten durch ihre Berührung. Die Aenderung der Vertheilung wird aber, wie leicht einzusehen ist, nicht erst bei der unmittelbaren Berührung eintreten, sondern sie muss schon bei der Annäherung allmälig vor sich gehen.

Tyndall sucht in dieser Thatsache den Grund, weshalb die Tragkraft nicht demselben Gesetze folgt wie die Anziehung, er sagt: „Die Wirkung bei der Berührung reducirt sich daher (nämlich, weil sich die Nadel an der Berührungsstelle nicht umkehrt) auf die Anziehung, welche der Magnet auf sich selbst ausübt.“[1]) Während die folgenden Resultate zeigen, dass das von Tyndall angenommene Gesetz für die Berührung keine Gültigkeit hat, werden wir in einem späteren Abschnitte[2]) Gelegenheit haben, auf die wahrscheinlichen Gründe der Abweichung bei der Tragkraft von dem Gesetz für die Anziehung aufmerksam zu machen. Die Anziehung ist nämlich ganz unzweifelhaft dem Quadrate der Stromstärke proportional, dagegen zeigt die Tragkraft nicht ganz diese Proportionalität.

[1]) Pogg. Ann. 83 pag. 33. [2]) Abschnitt VIII. §. 5.

Lenz und Jakobi beobachteten die Abweichung von der genannten Proportionalität an Hufeisenmagneten und hielten sie für eine Eigenthümlichkeit derselben. Sie sagen: „Dass die Anziehungskräfte sich verhalten wie die Produkte aus den magnetischen Intensitäten (zweier auf einander wirkender magnetischer Stäbe) ist ein ganz allgemeines Gesetz, das bei allen magnetischen Intensitätsuntersuchungen zum Grunde gelegt wird. Dass bei der Anziehung hufeisenförmiger Magnete Modificationen eintreten, thut dem Gesetze an sich weiter keinen Eintrag u. s. w.“ [1]) Ich mache hier noch einmal darauf aufmerksam, dass das allgemeine Gesetz heisst: Die Anziehung ist dem Quadrate der Summe der magnetischen Intensitäten proportional, nicht den Produkten! —

Dass Lenz und Jakobi an Hufeisen nicht die Anziehung, sondern nur die Tragkraft messen, und hier nicht das Gesetz wie bei der an Stäben beobachteten Anziehung finden, veranlasst sie zu der Meinung, als folgten Hufeisen überhaupt einem anderen Gesetze als gerade Stabmagnete. Messungen, welche ich mit geraden elektromagnetischen Cylindern und eben solchen Ankern unternahm, zeigten den von Lenz und Jakobi vorausgesetzten Unterschied zwischen geraden Stäben und Hufeisen nicht. Die Tragkraft der Stabmagnete zeigte sich, wie die der Hufeisen, auch stets in geringerem Verhältniss als das Quadrat der Stromstärke, allein in viel grösserem als dem einfachen der Ströme.

A. Tragkraft der geraden Elektromagnete.

2. Noch bevor ich die folgenden Beobachtungen veröffentlicht hatte, erschien die vorn erwähnte Abhandlung von Tyndall,[2]) in welcher er den Satz ausspricht: „Die gegenseitige Anziehung zwischen Kugel (Anker) und Magnet, wenn beide in Berührung sind (d. i. Tragkraft), ist daher der Stärke des Magneten proportional.“ Die zum Beweise dieses Satzes angeführten Versuchsreihen bestätigen den Satz vollkommen, so dass ich Anfangs zu der Meinung geführt wurde, das Verhältniss müsse bei Kugeln ein anderes sein als bei cylindrischen Ankern, welche ebene Polflächen haben.

Nun erhält aber Tyndall in Bezug auf die Anziehung mit Kugeln dasselbe Resultat wie Lenz und Jakobi es schon früher ausgesprochen hatten, dass nämlich die Anziehung dem Quadrate der Ströme proportional sei, während von diesen Experimentatoren doch stabförmige Anker angewandt worden waren. Hält man diese beiden von Tyndall aufgestellten Gesetze zusammen, so ergiebt eine einfache Betrachtung, dass eines derselben unmöglich ist.

[1]) Pogg Ann. 47 pag. 418, auch pag. 403. [2]) Ebendas. 83 pag. 1.

Gesetzt die Tragkraft zeigte bei einer bestimmten Stromstärke das zehnfache Gewicht von dem, welches derselbe Anker ergäbe, sobald er durch ein Blättchen Papier von der Magnetpolfläche getrennt wäre; so würde, steigerte man nun den Strom bis auf das Zehnfache des ursprünglichen, nach dem Tyndall'schen Satze die Tragkraft gleich der Anziehung sein, da ja jene nur im einfachen, diese im quadratischen Verhältniss der Stromesintensität zunehmen soll. Eine über das Zehnfache hinaus gesteigerte Stromstärke würde die absolute Unmöglichkeit herbeiführen müssen, dass der Anker in einem Abstande von dem Magneten mit grösserer Kraft gehalten würde, als bei der Berührung mit demselben, d. h. dass die Anziehung grösser wäre als die Tragkraft.

Dass also die Tragkraft in grösserem Verhältniss wachsen muss als die Stromstärke, wenn die Anziehung im quadratischen Verhältniss derselben wächst, leuchtet aus dieser Betrachtung vollkommen ein. Um nun möglicher Weise das Gesetz selbst zu finden, nach welchem die Zunahme stattfindet, besonders aber um zu sehen, welcher Unterschied zwischen der Tragkraft einer Kugel und eines cylindrischen Eisenstabes stattfände, stellte ich nachstehende Versuche an.[1]) Ein cylindrischer Eisenstab von 12″ Länge und 1″ Durchmesser wurde als Eisenkern des Elektromagneten mit 336 Drahtwindungen seiner ganzen Länge nach bedeckt. Diesen liess ich auf zwei verschiedene Kugeln aus weichem Eisen wirken, deren eine $1\frac{1}{2}$″, und deren andere $\frac{3}{4}$″ Durchmesser hatte. Den Strom steigerte ich dabei von 4^0 bis 40^0 Ablenkung an der Tangentenbussole, welcher letztere Strom genau die zwölffache Kraft des ersten hat.

Relative Stromstärke.	Kugel $1\frac{1}{2}$″		Kugel $\frac{3}{4}$″	
	Tragkraft.	Anziehung.	Tragkraft.	Anziehung.
1	0,3 ℔	0,04 ℔	0,09 ℔	—
2	0,7 „	0,15 „	0,21 „	0,045 ℔
3	1,25 „	0,36 „	0,45 „	0,098 „
4	1,6 „	0,6 „	0,65 „	0,18 „
5	2,2 „	1,05 „	0,8 „	0,26 „
6	2,8 „	1,5 „	0,95 „	0,4 „
7	3,5 „	2,1 „	1,25 „	0,5 „
8	4,6 „	2,8 „	1,5 „	0,75 „
9	5,2 „	3,6 „	1,85 „	1 „
10	6 „	4,3 „	2,05 „	1,3 „
11	6,8 „	5 „	2,2 „	1,5 „
12	7,4 „	6 „	2,6 „	1,8 „

[1]) Pogg. Ann. 85 pag. 241.

Die beiden mit „Anziehung“ überschriebenen Colonnen, sind Messungen der Anziehung beider Kugeln, während zwischen ihnen und der Polfläche ein Blättchen Papier lag. Die in diesen Reihen erhaltenen Werthe sind im Ganzen dem Quadrate der magnetisirenden Ströme proportional. Ein Vergleich aber zeigt, dass die mit den grösseren Stromstärken erhaltenen Werthe das quadratische Verhältniss der Ströme noch etwas übersteigen. Dies hat seinen Grund darin, dass das zwischen gelegte Stück Papier, bei einer sehr schwach wirkenden Kraft, nicht so fest angedrückt wurde als bei den grösseren Kräften. Die unter allen früheren Bedingungen erhaltenen Resultate berechtigen um so mehr zu der Annahme, dass die hier bemerkbaren unbedeutenden Abweichungen von dem Gesetz auf Versuchsfehlern beruhen.

3. Sollte nun bei der Tragkraft das schon vorher als unmöglich erwiesene Gesetz Geltung haben, so würde die letzte Stromstärke bei der $1^1/_2$'' dicken Kugel etwa 3,6 Pfund und bei der $^3/_4$'' dicken 1,08 Pfund Tragkraft zeigen müssen, während sie 7,4 und 2,6 Pfund, also in beiden Fällen über das Doppelte giebt. Vergleicht man die Differenzen der angewandten Gewichte zwischen der Tragkraft und Anziehung, wie sie hier zusammengestellt sind,

Relative Stromstärke.	Differenz zwischen Tragkraft und Anziehung der Kugel $1^1/_2$''.	der Kugel $^3/_4$''.
1	0,27	0,079
2	0,55	0,165
3	0,89	0,302
4	1	0,47
5	1,15	0,54
6	1,3	0,55
7	1,4	0,75
8	1,8	0,75
9	1,6	0,85
10	1,8	0,75
11	1,8	0,7
12	1,4	0,8

so zeigt sich, dass dieselben allmälig immer weniger steigen, und endlich constant werden, dass also bei wachsendem Strome auch bei der Tragkraft das quadratische Verhältniss zu den Strömen immer mehr hervortreten muss.

Diese mit den Kugeln als Anker erhaltenen Resultate ergeben sich somit den früher schon von mir mit cylindrischen Ankern erhaltenen gleich.

Um diese Gleichheit noch mehr ins Licht zu stellen, unternahm ich noch eine Versuchsreihe mit demselben Elektromagneten bei denselben Strömen und einem cylindrischen Anker von 4'' Länge und $^1/_2$'' Durchmesser. Auch hier wurde bei der Anziehung ein Blatt Papier zwischen die beiden Polflächen gelegt. Es ergab sich die nachstehende Reihe:

Relative Stromstärke.	Tragkraft.	Anziehung.
1	—	—
2	0,75 ℔	0,3 ℔
3	1,85 „	0,68 „
4	3 „	1,2 „
5	4,2 „	2 „
6	6 „	2,9 „
7	7,2 „	4 „
8	8,6 „	5 „
9	11,1 „	6,6 „
10	12,6 „	8,4 „
11	14,5 „	10,2 „
12	16 „	12 „

Wir sehen aus diesen Versuchen, dass die Tragkraft der geraden Elektromagnete in einem Verhältniss zu den erregenden Strömen zunimmt, welches zwischen dem einfachen und quadratischen liegt, und dass bei wachsendem Strome die Tragkraft sich immer mehr dem Quadrate der Ströme nähert, indem eine constante Differenz zwischen der quadratisch wachsenden Anziehung in constanter Entfernung und der Tragkraft sich herausstellt.

B. Tragkraft der Hufeisenelektromagnete.

4. Die ersten Untersuchungen, welche man über die Kraft der Elektromagnete anstellte, wurden mit Hufeisen gemacht, und zwar prüfte man die Tragkraft derselben. Dass die Experimentatoren gerade zu Anfang der elektromagnetischen Untersuchungen sich mit diesem Theile derselben beschäftigten, lag in dem Streben, zu erforschen, wie Grosses man mit dieser Kraft zu erreichen im Stande wäre. Zu diesem Zwecke schien es ihnen nöthig, die Mittel zu suchen, vermöge deren man bei demselben Verbrauch die grösste Tragkraft erhalte. So liegt es nahe, dass man die Hufeisen und nicht gerade Elektromagnete wählte, denn es ist ja bekannt, und wir werden

später noch darauf zurückkommen,[1]) wie gering die Kraft, mit welcher ein Pol den Anker hält, gegen die der beiden Pole des nämlichen zu einem Hufeisen gebogenen Stabes ist.

Bei allen diesen frühsten Untersuchungen maass aber aus den schon angegebenen Gründen keiner der Experimentatoren die Stromstärke. Erst Fechner unternahm diese Messungen und führte die zu Anfang dieses Abschnittes gegebenen Versuchsreihen aus. Wir haben aber auch schon dort bemerkt, dass diese Messungen Fechner's nicht maassgebend sein können, weil er wegen des zu geringen Durchmessers seiner Magnetkerne Sättigung in denselben haben musste.

5. Lenz und Jakobi sind die Ersten, welche Messungen in Bezug auf das Verhältniss der Stromstärke zur Tragkraft der Hufeisenmagnete angestellt haben, bei denen nicht sogleich die fremdartigen Einflüsse in die Augen fallen, aus denen unbedingt die Unbrauchbarkeit der erhaltenen Resultate folgte. Sie finden zwischen je zwei von ihnen angestellten Versuchen folgende Verhältnisse: [2])

Verhältniss der Ströme	= 1,39;	der Tragkräfte	= 1,27
„ „ „	= 1,27;	„ „	= 1,46
„ „ „	= 1,49;	„ „	= 1,55
„ „ „	= 1,94;	„ „	= 2,31
„ „ „	= 5,13;	„ „	= 6,75.

Sie sagen selbst über diese Versuche: „Im Allgemeinen wachsen zwar die Tragkräfte in einem stärkeren Verhältnisse als die Ströme, indessen keinesweges im quadratischen.“

Von denselben Experimentatoren liegen nun noch andere Versuchsreihen vor, welche nicht das hier erhaltene Resultat zeigen, sondern bei denen die Tragkräfte oft noch hinter dem einfachen Verhältniss der Ströme zurückbleiben. In der Abänderung jedoch, welche sie mit dem Anker vornehmen, um die obigen Resultate zu erhalten, liegt zugleich der Grund, weshalb die anderen von diesen abweichen. Die ungenügenden Resultate wurden nämlich mit hufeisenförmigen Ankern mit ebener Polfläche erhalten und erst nachdem die Ankerflächen abgerundet waren, ergaben sich die obigen Werthe, welche mit den von mir an geraden Elektromagneten erhaltenen durchaus übereinstimmen. Schon vorn bei der Beschreibung des von Lenz und Jakobi angewandten Abreisshebels[3]) wurde bemerkt, dass die

[1]) Abschnitt IX. [2]) Pogg. Ann. 47 p. 415. [3]) Diesen Abschnitt pag. 128.

Messung dadurch schwierig werden müsse, dass der Anker fest mit dem Hebel verbunden sei. Man wird nun leicht einsehen, dass die Schwierigkeit noch viel grösser ist, wenn die Polflächen des unbeweglichen Ankers eben sind, als wenn abgerundete angewendet werden. Ich glaube sicher, dass dies der Grund der unbefriedigenden Resultate ist, wie ja auch Lenz und Jakobi selbst sagen, „dass die Anomalien in den Resultaten in der Natur des Abreissens begründet sein müssen.“ [1])

6. Die Art und Weise des Abreissens des Ankers von dem Magneten, wenn jener denselben unmittelbar berührt, hat lange meine Beobachtung in Anspruch genommen, und ich kann das Resultat derselben kurz dahin aussprechen: Ein Unterschied, wie er wohl aufgestellt ist, zwischen einem Abreissen des Ankers, wenn derselbe den Magneten mit der ganzen Fläche berührt oder wenn er ihn nur in einigen Punkten berührt, findet durchaus gar nicht statt, sondern der Anker berührt sowohl bei geraden als bei Hufeisenmagneten kurz vor dem Abreissen die Polflächen stets nur in wenigen Punkten.

Bringt man einen ebenen Anker mit der einen Polfläche eines geraden, oder mit den beiden Polflächen eines Hufeisenelektromagneten in Berührung und fängt nun an, den Anker mit Gewichten zu belasten, so kippt er, so dass dann nur noch ein Rand desselben mit der Polfläche in Berührung ist, reisst aber noch keinesweges ab, sondern man kann ihn dann noch viel mehr belasten, bis endlich die Berührung ganz unterbrochen wird.[2]) Bei den sehr vielen Abreissversuchen, welche ich zur Erforschung der elektromagnetischen Gesetze angestellt habe, ist mir nie der Fall vorgekommen, dass der Anker mit der ganzen Fläche zugleich abgerissen wäre. Versuche, welche dies durch Befestigen des Ankers an dem Hebelarm bezwecken sollten, missriethen so vollständig, dass sie immer ein viel ungenaueres Resultat ergaben, als wenn der Anker nur an einem Haken beweglich an dem Hebelarme hing. Ich glaube daher wohl behaupten zu können, dass ein gleichzeitiges Abreissen mit der ganzen Fläche des Ankers nur in der Idee, nicht aber in Wirklichkeit existirt, und muss daher Verwahrung gegen die Darstellungsweise einlegen, dass Versuchsresultate verschiedener Experimentatoren sich darin unterschieden, dass bei Einem die Messungen bei Berührung mit einer Ebene, bei Andern bei Berührung in nur wenigen Punkten stattgefunden habe. Dieser Unterschied wird in Karsten's Encyclopädie zwischen anderen Versuchen und den meinigen aufgestellt,[3]) weil

[1]) Pogg. Ann. 47 pag. 416. [2]) Ebendas. 86 pag. 546.
[3]) §. 20 Verhalten der Hufeisenmagnete pag. 182 und 183.

ich zu meinen Versuchen mich eines cylindrischen Ankers bedient hatte. Auch der ebene Anker berührt vor dem Abreissen immer nur in wenigen Punkten und wirkt dann noch ungünstiger als der cylindrische. Ein cylindrischer oder cylindrisch abgerundeter Anker berührt nämlich die beiden Polflächen des Hufeisens in einer geraden Linie, welche die Polebenen diametral durchschneidet, wogegen ein nur mit seiner Kante an den Ebenen haftender Anker doch nicht die Mitte derselben trifft. Gleitet er aber auch, was oft vorkommt, nach der Mitte, so ist leicht einzusehen, dass die cylindrische Fläche gegen die scharfe Kante des ebenflächigen Ankers im Vortheil ist. Hierzu kommt, dass bei der cylindrischen Abrundung immer dieselbe Berührung stattfindet, während man bei dem ebenflächigen Anker fast bei jedem Versuche eine andere, mehr oder weniger günstige Berührung hat. Daher die Ungenauigkeit der Resultate mit solchen Ankern! —

7. Nach den von Lenz und Jakobi im Jahre 1839 angestellten Versuchen[1]) ruhte die Sache, bis sie 11 Jahre später von Müller in Freiburg wieder aufgenommen wurde. Von ihm wird eine grosse Anzahl von Versuchen angestellt, durch die er zu dem Schlusse geführt wird, „dass die Tragkraft auch nicht entfernt dem Quadrate der magnetisirenden Kraft proportional ist.“[2]) Wir werden später sehen, dass diese von Müller veröffentlichten Versuche über einige Sätze Aufschluss geben, welche sich auf die Spirale des Elektromagneten beziehen; allein zur genauen Bestimmung des Verhältnisses zwischen Stromstärke und Tragkraft sind diese Versuche nicht geeignet. Dieselben sind nämlich angestellt mit 6 Hufeisen, deren 3 einen Eisenkern von 10^{mm}, und deren andere drei einen Kern von — wie Müller selbst sagt — nur $6{,}5^{mm}$ Durchmesser hatten, d. h. sie waren etwa $^2/_5''$ und $^1/_4''$ dick. Nach dem, was vorn über den Sättigungszustand des weichen Eisens gesagt ist, bieten Hufeisen von dieser Dicke keine Garantie mehr, dass die Versuchsresultate bei verschiedenen magnetisirenden Kräften nicht schon durch die auftretende Sättigung getrübt seien.

8. Die im Jahre 1852 von mir angestellten Versuche über die Tragkraft der Hufeisenmagnete zeigten Resultate, welche mit den von Lenz und Jakobi erhaltenen im Ganzen übereinstimmen. Um zu zeigen, dass Versuche mit einem ebenen Anker nicht ein anderes Gesetz ergeben als die später mit cylindrischen Ankern erhaltenen, führe ich eine Versuchsreihe auf, bei der die Tragkraft eines $1''$ dicken Hufeisens, mit $6''$ langen Schenkeln, mittelst eines flachen Ankers gemessen wurde.

[1]) Pogg. Ann. 47 pag. 411.

[2]) Bericht über die neuesten Fortschritte der Physik I. pag. 530.

Stromstärke $= v$.	Tragkraft $= p$.	$\frac{p}{\operatorname{tg} v}$.
3^0	11,4 ℔	217
4^0	14,5 „	207
6^0	24 „	240
8^0	34,3 „	243
10^0	53,6 „	298
12^0	68 „	320

Die dritte Colonne, welche das Verhältniss der Stromkräfte zu den Tragkräften giebt, lässt erkennen, dass die Tragkräfte im grössern Verhältniss als die Stromstärke wachsen, allein diese Colonne zeigt auch, dass die Versuche mit flachen Ankern schlechte Resultate geben, denn das Abnehmen im zweiten Verhältniss gegen das erste, sowie die sehr grosse Zunahme bei der Stromstärke von 6^0, muss sicher auf Versuchsfehlern beruhen, welche ihren Grund in dem früher besprochenen Kippen des Ankers vor dem Abreissen haben.

Trotz dieser Versuchsfehler ergeben sich doch die Versuche durchaus vergleichbar mit den Reihen, welche die Versuche der Tragkraft der geraden Stabelektromagnete zeigen. Wir haben vorn zwei Versuchsreihen der graden Stäbe, bei denen Kugeln als Anker benutzt wurden, und eine Reihe mit einem cylindrischen Anker mitgetheilt. Die drei ersten dort angewandten Stromstärken waren 4^0, 8^0, 12^0 Ablenkung an der Tangentenbussole. Berechnet man aus den dort gefundenen Tragkräften ebenfalls das Verhältniss $\frac{p}{tg\, v}$, so lassen diese Versuche einen Vergleich mit den hier durch Hufeisen erhaltenen Resultaten zu. Man erhält folgende Zusammenstellung der Quotienten:

	1.	2.	3.	4.
Strom.	Hufeisen.	Stab mit $1\frac{1}{2}''$ dickem Anker.	Stab mit $\frac{3}{4}''$ dickem Anker.	Stab mit cylindrischem Anker.
4^0	207	402	136	
8^0	243	500	149	536
12^0	320	588	211	870

Multiplicirt man diese Quotienten mit dem nöthigen Factor, um, der leichtern Vergleichung wegen, bei 4^0 dieselbe Zahl zu erhalten, so zeigen sich folgende Verhältnisse:

Strom.	Nr. 1.	Nr. 2.	Nr. 3.	Nr. 4.
4⁰	207	207	207	207
8⁰	243	246	237	243
12⁰	320	290	335	398

Diese Reihen zeigen, dass im Ganzen derselbe Gang der Zunahme der Quotienten vorhanden ist, welche sich durch die Verschiedenheit des angewandten Ankers modificirt. Es ist hierdurch ausser allem Zweifel, dass die Tragkraft der Hufeisen demselben Gesetze folgt als die Tragkraft der geraden Stabelektromagnete. Ein Gesetz, welches bis jetzt allerdings noch nicht erforscht ist.

9. Bei den Versuchen in Bezug auf die Anziehung mit dem $^1/_2''$ dicken Hufeisen-Elektromagneten[1]) hatte sich, bei Anwendung der höheren Grade der Stromstärke, schon ein Zurückbleiben hinter der gesetzmässigen Tragkraft gezeigt. War das Eintreten des Sättigungszustandes die Ursache hiervon, so musste diese Erscheinung in noch viel höherem Maasse auftreten, wenn die Tragkraft gemessen wurde, weil, wie vorn bemerkt, durch den Anker in Berührung eine viel grössere Menge Magnetismus entwickelt wird. Es ergab sich in diesem Falle folgende Reihe:

Strom.	Tragkraft.
4⁰	4,8 ℔
8⁰	9,6 „
12⁰	13,5 „
15½⁰	17 „
19⁰	21 „
23⁰	23,7 „
26⁰	26,8 „
29⁰	29 „
32⁰	30,2 „

Diese Reihe liefert einen deutlichen Beweis, dass bei diesen $^1/_2''$ dicken Magneten die Sättigung in bedeutendem Grade mitwirkt, sie bestätigt daher die vorn ausgesprochene Behauptung, dass die von Müller angewandten Magnetkerne von $^2/_5''$ und $^1/_4''$ Durchmesser zu dünn sind, um das Gesetz der Tragkraft ungetrübt erkennen zu lassen.

10. Die Sättigung ist denn auch der Grund, weshalb viele andere Experimentatoren behaupten, die Anziehung wachse in geringerem Grade als die Stromstärke. Poggendorf hat eine Versuchsreihe ver-

[1]) Siehe vorn pag. 132.

öffentlicht, nach welcher die Tragkraft weit hinter der einfachen Stromstärke zurückbleibt.[1]) Bei seinen Versuchen wächst die Tragkraft von 1 bis 3,149, während die Stromstärke von 1 bis 10,35 gesteigert wird. Wir werden später darüber noch ausführlicher zu sprechen haben, weshalb die Sättigung bei einem geschlossenen Hufeisen in viel höherem Grade hervortritt als bei einem geraden Stabe. Da nun Poggendorf geschlossene Hufeisen anwendet, so stimmen seine Versuche durchaus mit dem vorn über die Sättigung Gesagten überein. Die von ihm benutzten Hufeisen können die Dicke von $^1/_2$'' nicht überstiegen haben, sind aber wahrscheinlich noch dünner gewesen, was freilich nicht angegeben ist, wohl aber aus der in Nr. 9. gegebenen Versuchsreihe geschlossen werden kann.

Als Resultat aller dieser Versuche ergiebt sich mithin, dass die Hufeisen Hinsichts der Tragkraft so lange denselben Gesetzen folgen, wie die geraden Stäbe, als noch nicht Sättigung bemerkbar wird. Für diesen Fall wächst der Magnetismus in einem Verhältniss, welches zwischen dem einfachen und dem quadratischen der Stromstärke liegt.

Die Hufeisen unterscheiden sich aber dadurch von den geraden Magnetstäben, dass bei ihnen viel eher die Sättigung hervortritt, weil durch das Schliessen des Hufeisens eine viel grössere Menge von Magnetismus entwickelt wird.[2])

§. 7.

Abweichungen von dem gesetzmässigen Verhältniss zwischen Magnetismus und Stromstärke aus anderen Gründen als denen der Sättigung.

1. Zu dem Widerspruche gegen das aus den eben mitgetheilten Versuchen dieses Abschnitts erschlossene Gesetz, dass der Magnetismus der Stromstärke proportional wachse, ist ausser der Beobachtung des Sättigungszustandes in neuster Zeit noch ein anderer hinzugekommen, welcher diese Proportionalität, wie die Sättigung für sehr starke Ströme, für sehr schwache in der Weise bestreitet, dass in diesem Falle der Magnetismus in rascherem Verhältniss zunehme, als die magnetisirende Stromstärke Die darauf bezüglichen Beobachtungen sind folgende.

Die vorher besprochene Methode von Koosen[3]) schien vorzüglich geeignet, die genausten Versuche Hinsichts des Sättigungszustandes auszuführen, allein die Erfahrung hat gelehrt, dass mitwirkende Nebenumstände es bis jetzt unmöglich gemacht haben, irgend welche befriedigende Messungen

[1]) Pogg. Ann. 85 pag 147. [2]) Abschnitt III. §. 5, Nr. 3 u. 4. [3]) Abschnitt III. §. 5.

nach dieser Methode auszuführen. Die wenigen von Koosen angestellten Versuche, so wie auch die, welche ich mit Hufeisenmagneten gemacht habe, waren nur zu dem Zwecke unternommen, das Vorhandensein einer Sättigung für bestimmte Fälle überhaupt nachzuweisen; allein sie waren nicht mit einer Sorgfalt ausgeführt, wie sie für Messversuche erforderlich ist. Dass Koosen's Versuche nicht auf grosse Genauigkeit Ansprüche machen, scheint mir aus seiner Bemerkung geschlossen werden zu können, dass die von ihm angewandten Magnetkerne, welche keine Sättigung gezeigt hatten, nach der Magnetisirung keinen remanenten Magnetismus gehabt hätten. Der in den von mir angewandten Eisenkernen nach der Magnetisirung stets vorhandene Magnetismus ist allerdings nicht so intensiv, dass man eine merkliche Tragkraft beobachten könnte, allein er lenkt doch eine an einem Coconfaden aufgehängte Magnetnadel in den Entfernungen, wo die Kerne angewandt wurden, von $\frac{1}{2}^0$ bis $1\frac{1}{2}^0$ ab. Nach meinen Erfahrungen muss ich entschieden bezweifeln, dass überhaupt Eisen zu beschaffen sei, welches nicht schon vor der Magnetisirung, geschweige denn nach derselben, magnetische Polarität zeige, und ich muss daher annehmen, dass Koosen's Messungen, da sie ja eben nur vorläufige gewesen sind, nicht so sorgfältig waren, dass $\frac{1}{2}^0$ oder 1^0 dabei Berücksichtigung verdiente. Man kann eine solche Abweichung der Nadel leicht übersehen, wenn die Bussole nur provisorisch aufgestellt ist, so dass sie durch die Bewegung des Fussbodens beim Gehen ins Schwanken geräth. Sie kommt in diesem Falle nie ganz zur Ruhe und man glaubt oft, sie stehe auf Null, wenn noch eine Abweichung bis zu einem Grade vorhanden ist.

Ich habe mich von diesem Uebelstande gerade bei den Versuchen überzeugt, an die ich ging, um nach der Koosen'schen Methode den Strom für Kerne von verschiedenen Dimensionen aufzusuchen, bei welchem der Magnetismus aufhört der Stromstärke proportional zu sein. Ich gelangte bei einer nicht ganz soliden Aufstellung der Apparate zu keinem befriedigenden Resultat, und nachdem eine genügende Aufstellung zu Stande gebracht war, machte ich die Beobachtung, welche, wie ich darauf erfuhr, schon einige Jahre früher von Lenz veröffentlicht worden, der in derselben Absicht ebenfalls diese Methode angewandt hatte. Es heisst über das Resultat seiner Versuche in den Petersburger Berichten:

„M. Lenz a observé à cette occasion le fait suivant qu'il ne pouvait prévoir: quand les courants étaient faibles, le magnetisme croissait un peut plus rapidement que l'intensité du courant. Cette circonstance lui fît soupçonner qu'il existe une source d'erreurs dans la construction des instruments employés, et lui imposa le devoir de remettre la publication de ses experiences jusqu'au temps, où, par certaines modifications, il aurait fait disparaître ces inconvénients."

2. Nach der Anordnung und Construction meiner Instrumente konnte ich mich nicht überzeugen, dass das Missglücken der Versuche in den Apparaten liege, sondern mehrere Wiederholungen des Experiments führten mich darauf, den Grund in den angewandten Eisenstäben zu suchen.

Meine Versuche wurden in folgender Weise angestellt. Der Strom wurde hinter einander durch zwei Tangentenbussolen, die galvanische Spirale, den Rhostaten und einen Gyrotropen geleitet. Die Tangentenbussolen waren in gehöriger Entfernung von einander auf Consolen aufgestellt, welche an messingnen, in die Wand eingegipsten Haken befestigt waren, so dass das Auftreten auf den Fussboden keine Schwankungen derselben veranlasste. An einer der Tangentenbussolen wurde die Stromstärke beobachtet, während der anderen der Magnet seitwärts genähert wurde, so dass die Nadel durch diesen und den gleichzeitig auf sie in entgegengesetzter Richtung wirkenden Strom auf Null eingestellt werden konnte. Beide Bussolen hatten dieselbe Nadellänge von 1″ und dieselbe Weite des Ringes von 1 Fuss, so dass, wenn auf beide der Strom allein wirkte, sie denselben Grad der Ablenkung zeigten. Die aus 544 Windungen 2^{mm} dicken Kupferdrahtes bestehende galvanische Spirale von $2^1/_4$″ Weite und 1 Fuss Länge lag auf einem Schlitten, welcher sich genau in der Richtung senkrecht auf dem magnetischen Meridian hin und her bewegen liess. Der Gyrotrop war so in den galvanischen Kreis eingeschaltet, dass bei seinem Herumlegen der Strom gleichzeitig in der Spirale und der in ihrer Nähe befindlichen Tangentenbussole umgekehrt werden konnte, während die andere Tangentenbussole nicht davon influirt wurde.

Nach einigen Vorversuchen, durch welche ich kein befriedigendes Urtheil über die Erscheinungen erlangte, begann ich damit, einen schwachen Strom von etwa $1^1/_2{}^0$ um einen 12″ langen Eisenstab von $^1/_2$″ Durchmesser zu leiten. Der Magnet wurde bei dieser Stromesintensität so lange gerückt, bis die Nadel der Tangentenbussole, nach der einen Seite durch den Magneten, nach der andern Seite durch den Strom getrieben, auf Null einstand. Dabei war der Stab so in die Spirale eingeführt, dass der in ihm vor der Magnetisirung vorhandene remanente Magnetismus in demselben Sinne wie der erregte Magnetismus wirkte. Wurde nun, wenn die Nadeln beider Bussolen vollständig zur Ruhe gekommen waren, der Strom erhöht, so bemerkte ich, dass die Nadel nicht genau auf Null stehen blieb, sondern sich nach der Seite des Magneten hinwandte, was in um so höheren Maasse geschah, je mehr der Strom gesteigert wurde, bis sie bei fortgesetzter Verstärkung sich wieder nach Null zurückwandte.

Diese Erscheinung ist dieselbe, welcher Lenz in dem vorn Angeführten Erwähnung thut, indem er sagt, dass, wenn die Ströme schwach sind, der Magnetismus etwas schneller als die Stromstärke wachse. Er sucht den Grund in einer Fehlerquelle, welche durch die angewandten Apparate hervorgerufen wird.

3. Sollte diese Voraussetzung richtig sein, so musste sich dieselbe Erscheinung in einem Falle zeigen, wo sicher bei beiden Wirkungen auf die Nadel absolute Proportionalität vorhanden ist. Dies findet aber statt, wenn man die Nadel nicht durch den in der Nähe befindlichen Elektromagneten, sondern durch die ihn erregende galvanische Spirale allein auf Null bringt. Ich entfernte daher den Eisenkern und näherte die galvanische Spirale so lange der Nadel, bis sie auf Null stand. Wurde jetzt der Strom gesteigert, so wuchs derselbe natürlich in den Spiralwindungen durchaus der Ablenkung durch den Strom in dem Bussolenringe proportional. Hätte sich jetzt dieselbe Abweichung der Nadel, wie früher bei dem Eisenkerne gezeigt, so wäre der Grund in den fehlerhaften Instrumenten zu suchen; allein in diesem Falle blieb die Nadel absolut auf Null stehen, und daraus geht hervor, dass nur der Eisenkern die Ursache der unerwarteten Abnormität sein kann.

Ich wiederholte nun die Versuche mit verschiedenen Magnetkernen und fand in manchen Fällen eine Abweichung der Nadel nach der Seite, nach welcher der Magnet zog, in andern aber auch nach der entgegengesetzten Seite, je nachdem der Versuch modificirt wurde. Vor Allem stellte sich heraus, dass die Abweichung zu Gunsten des Magneten um so grösser war, mit je schwächerem Strome die Versuchsreihe begann. Wenn ich bemerke, dass bei einem Strome von 1^0, 2^0 oder 3^0 zu Anfang des Experimentes die Abweichung viel beträchtlicher war und wohl bis zu 7^0 oder 8^0 zu Gunsten des Magneten abwich, während, wenn mit $8^0 - 10^0$ begonnen wurde, sich vielleicht nur eine Abweichung von $\frac{1}{2}^0$ bis $1\frac{1}{2}^0$ in demselben Sinne zeigt; so liegt darin schon eine Erklärung, weshalb früher diese Erscheinung von Koosen nicht recht beobachtet wurde, weil ja von ihm, wie auch bei den wenigen von mir angestellten Versuchen, immer mit grösseren Stromstärken operirt ward.

4. Nach diesen Versuchen, sowie auch nach neuerdings von Wiedemann mitgetheilten Beobachtungen[1]) zeigt also ein Eisenstab bei schwachem

[1]) Verhandlungen der naturf. Ges. in Basel, II. Heft 2, 1859; siehe Abschnitt IX. §. 4, Nr. 3 u. f.

Strome eine etwas raschere Zunahme des Magnetismus, als welche der Proportionalität mit der erregenden Stromstärke entspräche. Es ist nun aber nicht recht wahrscheinlich, dass das Gesetz der Magnetisirung durch den galvanischen Strom den Verlauf hat, dass schwache Ströme in höherem Grade magnetisiren, als einfach dem Strome proportional, dass dann eine Zeit lang bei fortgesetzter Steigerung des Stromes diese Proportionalität innegehalten werde, und dass endlich die Zunahme noch geringer sei. Dass aber in der That unter den gewöhnlichen Bedingungen Proportionalität des Magnetismus mit der Stromstärke vorhanden ist, werden die Mittheilungen des folgenden Abschnitts zeigen, und es kommt daher jetzt darauf an, die Gründe zu finden, welche die eben angeführten Abweichungen hervorrufen. Einige von Wiedemann beobachtete Thatsachen, deren Besprechung in einem späteren Abschnitte folgt,[1]) führen vielleicht bei weiterem Verfolg der Sache näher auf den Grund, für jetzt können wir dieselbe nur als eine offene Frage hier mittheilen, deren Lösung neuen Forschungen vorbehalten ist. Jedenfalls lehrt die vorn angeführte Thatsache, nach welcher bei Anwendung der Koosen'schen Methode die Nadel absolut auf Null stehen bleibt, wenn kein Magnetkern sich in der Spirale befindet, dass der Grund der Abweichung der Nadel der Tangentenbussole zu Gunsten des Magneten nicht in Fehlern der angewandten Instrumente zu suchen sei.

Ein Rückblick auf die Reihe der Untersuchungen Hinsichts des Einflusses der Stromstärke bei der Magnetisirung führt leider zu dem Resultat, dass diese wichtige Frage, trotz der Bemühungen der Physiker noch durchaus nicht zum Abschluss gediehen ist.

Da jedoch die Beschränkungen der aufgestellten Gesetze nur unter nicht gewöhnlichen Umständen vorkommen, so lassen wir das bisher Gefundene als das herrschende Gesetz stehen, bis jenes der Beschränkungen ebenfalls definitiv festgestellt sein wird.

Der Inhalt dieses Abschnitts fasst sich demnach in folgende Sätze zusammen:

1. Die Stärke des galvanischen Stromes ist der elektromotorischen Kraft proportional.

2. Der Widerstand in allen Theilen des galvanischen Kreises ist der Stärke des Stromes umgekehrt proportional.

[1]) Abschnitt IX. §. 4.

3. Die Stromstärke ist dem Querschnitt und der Leitungsfähigkeit des Leiters gerade, dagegen der Länge desselben umgekehrt proportional.

4. Man erhält das Maximum der Wirkung einer galvanischen Säule von gegebener Becherzahl, wenn die Anordnung so getroffen wird, dass der Widerstand in der Säule gleich ist dem Widerstande ausserhalb derselben.

5. Der im weichen Eisen durch galvanische Ströme **erregte** Magnetismus ist diesen Strömen so lange proportional bis Sättigung eintritt.

6. Der **freie** Magnetismus der Endflächen eines Elektromagneten ist unter übrigens gleichen Umständen der Stromstärke proportional.

7. Die **Anziehung** der Elektromagnete, sowohl gerader Stäbe als Hufeisen, die sie auf weiches Eisen üben, ist dem Quadrate der magnetisirenden Ströme proportional.

8. Die **Anziehung** zweier Elektromagnete ist dem Quadrate der Summe der diese Magnete erregenden Ströme proportional.

9. Die **Tragkraft** wächst in einem Verhältniss, welches zwischen dem einfachen und dem quadratischen der Stromstärke liegt, doch sich mehr dem letzteren nähert.

V. Abschnitt.

Ueber den Einfluss der galvanischen Spirale

auf die Magnetisirung

des Elektromagneten.

§. 1.

Einfluss der Spirale auf den Strom, Substanz und Dicke der Drähte.

1. Die Frage nach dem Einfluss der galvanischen Spirale auf die Magnetisirung des Elektromagneten erfährt eine zweifache Lösung, je nachdem zur Bestimmung desselben die Intensität des Stromes oder die Zahl und Grösse der Elemente der galvanischen Säule gegeben sind.

Ist nur die Grösse der galvanischen Säule gegeben, so influirt die Spirale zunächst insofern auf den Magnetismus, als sie die Stromstärke bedingt. Sie ist ein Theil des Leiters der Säule, und nach dem Ohm'schen Gesetz ist die Stromstärke dem Querschnitt und der Leitungsfähigkeit des Leiters gerade, und der Länge desselben umgekehrt proportional. Da jedoch nach dem genannten Gesetz dieser Einfluss durch Bestimmung der Stromstärke festgestellt ist, so kann hier nicht von demselben die Rede sein. Allein nach demselben Gesetz bedingt der dort auftretende Quotient $\frac{\varkappa \omega}{\lambda}$, der den Einfluss des Leiters auf die Stromstärke ausdrückt, weder die Form des Drahtes noch die Form der aus demselben gebildeten Spirale; denn es können einerseits Leiter von ganz verschiedenem Leitungsvermögen und Querschnitt, sowie von verschiedener Länge denselben Quotienten ergeben, als auch andererseits aus demselben Drahte ganz verschiedene Spiralen hergestellt werden können.

Es ist daher der Einfluss der Spirale auf den Magnetismus des Kernes von der Stromstärke gesondert zu betrachten. Wir fragen hier nach dem Einflusse der Leitungsfähigkeit, der Dicke und Länge des Spiraldrahtes auf die Magnetisirung bei gleicher Stromstärke. Da aber von der Länge die Weite und die Anzahl der Windungen der Spirale abhängt, so sind Hinsichts des Einflusses der Spirale folgende vier Punkte zu erörtern:

Welchen Einfluss auf den Magnetismus des Kernes hat bei gleicher Stromstärke:

1. die Substanz des Drahtes,
2. die Dicke des Drahtes,
3. die Weite der Spiralwindungen,
4. die Anzahl der Spiralwindungen?

Die Substanz und Dicke des Spiraldrahtes.

2. Vor der Kenntniss des Ohm'schen Gesetzes und sicherer Messapparate für den Strom wurde häufig behauptet, dass Spiralen aus Silberdraht stärker als kupferne, und diese stärker als eiserne magnetisirten; allein es machte sich in diesem Falle der vorn besprochene Einfluss der verschiedenen Leiter auf die Stromstärke geltend. Später fand man bei genauer Messung des Stromes keinen Unterschied der Wirkung von Drähten aus verschiedenem Metall, wenn die Stromstärke dieselbe war.

In einem Berichte über Versuche von Dal Negro[1]) heisst es: „In Betreff des Metalles der Spiraldrähte zeigte sich, dass ein Eisendraht eine Tragkraft von 1,8 Kilogr. hervorrief unter gleichen Umständen, unter denen ein Kupferdraht eine Tragkraft von 5,9 Kilogr. erregte.“ Da jedoch Dal Negro bei seinen Versuchen die Stromstärke nicht maass, so kann man aus dieser Mittheilung nur schliessen, dass er wegen der verschiedenen Leitungsfähigkeit der Drähte beim Kupfer einen Strom gehabt haben musste, welcher sich zu dem bei dem angewandten Eisen wie die Quadratwurzeln der erhaltenen Tragkräfte verhielt. Wären bei diesen Versuchen die Dimensionen der benutzten Säule, sowie der Drähte angegeben, so würde eine Rechnung nach der Ohm'schen Formel dieses Faktum herausstellen. Alle bis jetzt gemachten Versuche ergeben einfach den Satz:

„Die Substanz des Spiraldrahtes ist bei gleicher Stromstärke ohne Einfluss auf die Magnetisirung des Elektromagneten.“

3. In Bezug auf die Frage über den Einfluss der Dicke der Drähte auf die Magnetisirung des Eisens, stellen Lenz und Jakobi einen sehr sinnreichen Versuch an, welcher aufs Anschaulichste die Wirkungslosigkeit verschiedener Drahtdicken zeigt.[2])

[1]) Pogg. Ann. 29 pag. 473. [2]) Ebendas. 47 pag. 244.

„Um einen Eisencylinder von $3^1/_2''$ Länge und $1''$ Dicke wurde eine Spirale A von wohlbesponnenem Drahte gewunden, dessen Durchmesser $0,''06$ engl. betrug; zwischen den Windungen desselben wurde ein zweiter Draht B gewickelt, dessen Durchmesser nur $0,''0075$ engl. war. Verband man zwei der gleichliegenden Enden mit einander und die beiden andern mit einer starken Batterie, so lief der Strom durch beide Spiralen in entgegengesetzter Richtung, und ertheilte daher dem Eisen entgegengesetzte Magnetismen. Beide Wirkungen mussten vollkommen gleich sein; denn das Eisen erhielt hierdurch nicht die geringste Spur von Magnetismus, während derselbe sehr stark war, wenn der Strom nur durch eine Spirale ging."

Ausser diesem Versuche stellten Lenz und Jakobi noch zwei andere an. Sie maassen erstens den durch zwei Spiralen von verschieden dickem Draht erregten Magnetismus mittelst einer Inductionsspirale, welche einen $8''$ langen, $1^1/_2''$ dicken Eisencylinder seiner ganzen Länge nach umgab. Sie wandten zwei Drähte von den oben genannten Durchmessern zu zwei Spiralen an, welche gleiche Windungszahl hatten, und erhielten als erregten Magnetismus bei der

Spirale von dickem Drahte: 11,65,
Spirale von dünnem Drahte: 11,60.

Bei dem zweiten Versuche wanden sie über die Mitte des obigen Eisencylinders, welcher seiner ganzen Länge nach mit einer Inductionsspirale umgeben war, einen Kupferstreifen von $19'$ Länge, $1''$ Breite und $^1/_{40}''$ Dicke, der auf beiden Seiten mit Band beklebt war, in 21 Windungen spiralförmig übereinander, und mit ihm zugleich einen dünnen Kupferdraht von $0''0075$ Durchmesser. Die Querschnitte des Drahtes und des Streifens verhielten sich also wie 1 : 625. Der erregte Magnetismus ergab:

mit der Spirale von dünnem Draht: 13,25,
mit der Spirale von Kupferblech: 13,225.

Die Abweichungen dieser Werthe von einander liegen so unbedingt innerhalb der Gränzen der Versuchsfehler, dass sie unzweifelhaft zu dem Schlusse berechtigen: Die grössere oder geringere Dicke der Drähte einer elektromagnetischen Spirale ist bei gleicher Stärke des Stromes und bei einer gleichen Anzahl von Windungen, in Bezug auf ihre Magnetisirungsfähigkeit völlig ohne Einfluss.

§. 2.

Die Weite der Windungen.

1. Die magnetisirende Wirkung, welche ein um einen Eisenstab geleiteter Strom auf denselben ausübt, findet nicht allein in der Ebene dieses Stromes statt, sondern verbreitet sich auch seitwärts. Lenz und Jakobi sagen in Bezug hierauf: [1]) „Einige besonders angestellte Versuche haben gezeigt, dass eine, in der Verlängerung einer elektromagnetischen Spirale oder eines elektromagnetischen Eisenkernes befindliche Inductionsspirale von jener zwar eine schwache, aber entschiedene Wirkung erfährt. Ferner ist es bekannt, dass eine elektromagnetische Spirale auf einen in ihrer Verlängerung befindlichen Eisenkern eine, wenn auch nur schwache, magnetische Wirkung ausübt. Es steht also fest, dass das Element eines Stromes nicht nur auf die in der Ebene der Windungen befindlichen Eisentheile, sondern auch auf die nebenliegenden wirkt. Indessen erstreckt sich dieser vertheilende Einfluss nicht weit, er verschwindet bei einer gewissen Grösse des Winkels. Es seien Fig 55 a und a' zwei Drahtwindungen im Durchschnitte

Fig. 55.

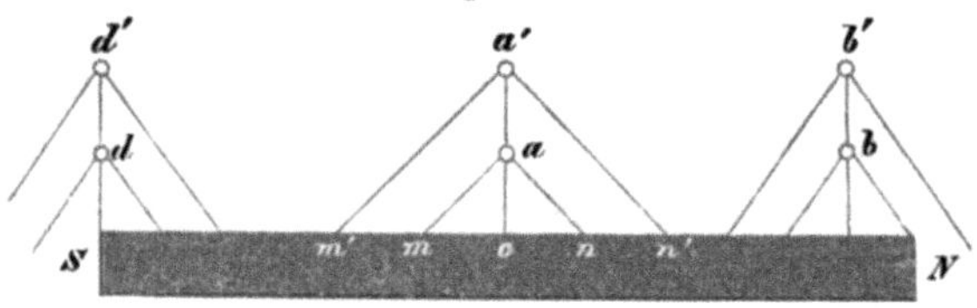

und $man = m'a'n'$ sei der Winkel, innerhalb dessen die Wirkung des Stromes noch merklich ist, so wird nach dem Biot'schen Gesetze: dass die Wirkung der Ströme sich umgekehrt verhält wie die Entfernung,[2]) der Einfluss von a' auf $m'n'$ gleich sein dem vertheilenden Einflusse von a auf mn, oder

$$\frac{M}{ac} mn = \frac{M}{a'c} m'n',$$

wo M die magnetisirende Kraft ausdrückt. Die weiteren Windungen werden auf den Eisenkern zwar schwächer, aber in demselben Verhältnisse auch auf mehr Elemente desselben wirken.

Was aber die Endwindungen betrifft, so geht, wie aus der Figur ersichtlich ist, bei den Windungen von grösserer Weite ein Theil verloren.

[1]) Pogg. Ann. 47 pag. 248. [2]) Abschnitt I. §. 2 und 3.

Ist der Eisenkern seiner ganzen Länge nach bewickelt, so wird bei der letzten Windung *d* und *d'* der engeren sowohl als der weiteren Spirale, die Seitenwirkung auf die Hälfte beschränkt, bei den Windungen *b* und *b'* aber, die mehr vom Ende abstehen, ist nur die weitere Windung im Nachtheile. Der Unterschied wird daher desto unmerklicher werden, je länger der ganze Eisenkern im Verhältnisse zum umwundenen Theile ist.“

2. Um diese Sätze experimentell zu bestätigen, prüften Lenz und Jakobi den Einfluss der Weite der Windungen mittelst sechs Spiralen von verschiedenem Durchmesser, welche in einander geschoben werden konnten. Jede Spirale hatte 79 Windungen desselben Drahtes. Ihr Durchmesser war:

Spirale	I.	II.	III.	IV.	V.	VI.
Durchmesser	2″	2″,3	2″,6	2″,9	3″,3	3″,7.

Eine siebente Spirale von derselben Windungszahl umgab den Eisenkern unmittelbar und diente als Inductionsspirale. Der Eisenkern war ein Cylinder von 8″ Länge und $1^1/_2$″ Durchmesser. Wie früher wurde auch hier, nachdem durch alle Spiralen derselbe Strom geleitet war, der Inductionsstrom beim Verschwinden, d. h. der erregte Magnetismus gemessen. Für diesen erregten Magnetismus zeigte sich:

Spirale.	α	$\sin \frac{\alpha}{2}$
I.	$15^0,32$	0,133
II.	$15^0,02$	0,131
III.	$14^0,82$	0,129
IV.	$14^0,35$	0,125
V.	$13^0,92$	0,121
VI.	14^0	0,122

Aus dieser Tabelle ergiebt sich, dass die im Eisenkerne erzeugten Magnetismen ein Wenig an Kraft abnehmen, je weiter die Spiralen sind. Die Abnahme bei einem Durchmesser der Spiralen von 2″ bis 3″,7 beträgt hiernach $^1/_{12}$ des erregten Magnetismus. Wir finden also die obige Betrachtung durch das Experiment bestätigt.

3. Einen sehr anschaulichen Beweis für den Unterschied der Wirkung verschieden weiter Spiralen lieferten Lenz und Jakobi durch folgenden Versuch. Um den 8″ langen Eisenkern wurde von den in einander geschobenen Spiralen durch II. und III. ein Strom geleitet und gleichzeitig durch V. und VI. derselbe Strom in entgegengesetzter Richtung. Wäre nun die Wirkung dieser Spiralen dieselbe, so müsste bei dieser Combination kein

Magnetismus entstehen; allein es zeigte sich ein Inductionsstrom beim Unterbrechen des primären, der die Nadel auf $2^0,8$ ablenkte, während die beiden Spiralen V. und VI., allein in Thätigkeit gesetzt, eine Ablenkung von $28^0,5$ bewirkten. Hiernach ergiebt sich als Verhältniss der Wirkung dieser weiten zu den engen Spiralen wie 1 : 1,04.

Bei Anwendung einer 3 Fuss langen Eisenstange statt der bisherigen 8'' langen, ergab sich eine viel geringere Differenz der Wirkung, obgleich sie immer noch merkbar war. Das Verhältniss der durch je zwei Spiralen ertheilten entgegengesetzten Magnetismen war etwa wie 1 : 1,006.

Aus diesen Versuchen folgt somit, dass im Allgemeinen die Weite der Windungen in Bezug auf den erregten Magnetismus ohne Einfluss ist, und dass dies Gesetz um so vollkommener erfüllt wird, je länger der Eisenkern im Verhältniss zur Länge der Spirale ist. Absolut gleich wäre der erregte Magnetismus bei beliebiger Weite der Spiralen freilich nur dann, wenn der Kern unendliche Länge hätte.

4. Für den freien Magnetismus wird der Verlust durch eine weitere Spirale noch bedeutender als der des erregten Magnetismus. Eine Versuchsreihe im §. 4 Nr. 9 dieses Abschnitts zeigt nämlich, dass der freie Magnetismus nicht unbedeutend zunimmt, wenn man die zuvor über den ganzen Eisenkern verbreitete magnetisirende Kraft in der Mitte des Kernes concentrirt. Denken wir uns um die Mitte des Kernes *cd*, Fig. 56, zwei Windungen, deren Querschnitt in *e* und *f* dargestellt sein mag, und von denen die eine nur halb so weit ist als die andere, und nehmen wir an, dass der Winkel, unter dem sie noch eine merkbare Wirkung auf den Kern ausüben, *ced* = *afb* sei; so wird in beiden Fällen nichts von der Seitenwirkung verloren gehen, und es müsste sonach der erregte Magnetismus für beide Fälle derselbe sein.

Fig. 56.

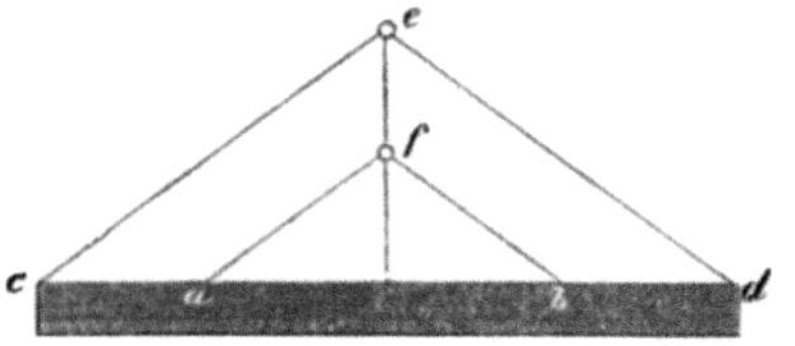

Nun leuchtet aber ein, dass die Wirkung der Windung *f* auf der Mitte des Kernes intensiver ist als die der Windung *e*, und es muss daher aus diesem Grunde auch der durch die enge Windung bewirkte freie Magnetismus der Endflächen bedeutender sein als der der weiten Windung, abgesehen von dem grösseren Verlust der Seitenwirkung. Für den Fall aber, dass die Seitenwirkung noch unter grösserem Winkel als der gezeichnete wirkt, was doch in geringem Maasse wirklich stattfindet, so ist dies noch mehr zum Nachtheile der weiteren Windung.

5. Noch anders als in den beiden genannten Fällen verhält sich die Wirkung bei der Anziehung und Tragkraft. Zwar ist auch hier die Wirkung der engeren Spirale grösser als die der weiten, allein bei der weiten Spirale geht nicht der Theil der Seitenwirkung der Endwindungen, welcher den Eisenkern nicht trifft, verloren, sondern diese Seitenwirkung trifft dann den auf den Pol gesetzten Anker und dieser wird ausser dem Einfluss durch den Magnetkern noch direkt durch die Spirale magnetisirt, so dass dadurch Anziehung und Tragkraft vergrössert werden. Am anschaulichsten wird diese Vergrösserung der Anziehung durch folgendes Experiment.

Wenn man einen geraden Elektromagneten anwendet, dessen Spirale den Kern nur theilweise bedeckt und die verschiedenen Anziehungskräfte prüft, von dem Falle anfangend, wo die Spirale sich am weitesten vom wirksamen Pole befindet; so beobachtet man eine regelmässige Zunahme der Anziehung oder Tragkraft, je näher man die Spirale dem berührenden Pole bringt. Diese Zunahme erreicht aber keineswegs ihr Maximum, wenn das Ende der Spirale in derselben Ebene mit der wirkenden Polebene sich befindet, sondern Anziehung und Tragkraft wachsen stetig fort, bis die einander berührenden Polflächen von Magnet und Anker in dem mittleren Querschnitt der Spirale liegen. Erst dann ist das Maximum erreicht. Der Grund liegt in der in einem Stabe vorhandenen Vertheilung des erregten Magnetismus, von welchem später die Rede sein wird.[1])

§. 3.

Die Anzahl der Spiralwindungen.

Der erregte und der freie Magnetismus.

1. Auch bei dieser Untersuchung Hinsichts der Windungszahl maassen Lenz und Jakobi den durch eine verschiedene Anzahl von Windungen erregten Magnetismus. Derselbe vorn beschriebene Apparat, mit den sieben in einander geschobenen Spiralen, deren engste den 8'' langen, $1^1/_2$'' dicken Kern eng umschloss und als Inductionsspirale mit dem Multiplicator verbunden war, wurde zur Untersuchung des in Frage stehenden Falles angewandt. Der Strom durchlief, immer in gleicher Stärke erhalten, zuerst eine, dann zwei u. s. w., endlich alle sechs Spiralen und gab so folgende Werthe des im Eisenkern erregten Magnetismus.

[1]) Abschnitt VII. §. 2.

Magnetisirende Spiralen.	Ablenkungen.
I	15°, 92
I + II	31°, 52
I + II + III	47°, 57
I + II + III + IV	63°, 47
I + II + III + IV + V	82°, 40
I + II + III + IV + V + VI	103°, 20

Aus diesen Versuchen geht hervor, dass der erregte Magnetismus der Anzahl der Windungen der galvanischen Spirale proportional ist, wobei nicht ausser Acht gelassen werden darf, was über die Weite der Windungen gesagt ist, so dass auch hier die geringen Modificationen eintreten, welche die um Vieles weiteren Spiralwindungen am Ende der Kerne bedingen.

Für die Wirkung verschiedener Anzahl von Windungen in Bezug auf den freien Magnetismus des Eisenkerns liegen keine unmittelbaren Versuche vor, allein wir werden später bei den Versuchen mit Spiralen, in deren Höhlung Eisenkerne hineingezogen werden, die Bestätigung für den Satz finden, dass auch der freie Magnetismus der Anzahl der Spiralwindungen proportional ist. Andererseits erlauben die Versuche über Anziehung und Tragkraft, welche ich in Hinsicht auf die Wirkung verschiedener Windungszahlen der Spirale in mannigfacher Weise angestellt habe, Rückschlüsse auf den freien Magnetismus der Elektromagnete in dieser Beziehung, und auch diese leiten zu dem Satze, dass sich in diesem Falle der freie Magnetismus wie der erregte verhält.

Anziehung und Tragkraft.

2. Wie schon im vorigen Abschnitt (§. 5.) bemerkt ist, muss die Anziehung und die Tragkraft das quadratische Verhältniss des im Magnetkerne erregten Magnetismus zeigen. Es bedarf daher nicht vieler Versuche, um dieses Verhältniss zu bestätigen. Ich führe hier nur zwei Reihen an, aus denen dies unzweifelhaft hervorgeht.[1])

Entfernung des Ankers.	Windungen 152.	Windungen 304.	Windungen 152.	Windungen 304.
0	0,44 ℔	1,5 ℔	1,15 ℔	3,8 ℔
1/180″	0,1 „	0,4 „	0,25 „	1 „
1/90″	0,06 „	0,25 „	0,17 „	0,7 „
1/60″	0,04 „	0,18 „	0,12 „	0,5 „
1/45″			0,09 „	0,39 „
2/45″			0,044 „	0,16 „

[1]) Pogg. Ann. 80, pag. 517.

Diese beiden Reihenpaare sind mit einem 12″ langen, 1″ dicken Magnetkerne und einem 6″ langen, $^3/_4$″ dicken Anker angestellt. Die angewandte Spirale war so gewickelt, dass zwei Drähte neben einander liefen, also der Strom durch die halbe und ganze Anzahl der Windungen gesandt werden konnte, und doch in beiden Fällen gleiche Entfernung der Windungen, sowohl vom Eisenkern überhaupt, als auch besonders von der Polfläche vorhanden war.

Bei dem ersten Reihenpaare gab der Strom eine Ablenkung von 19°, bei dem zweiten eine von 30° an der Tangentenbussole.

Aus diesen Versuchsresultaten folgt nicht allein, dass die Anziehung dem Quadrate der Anzahl der magnetisirenden Spiralwindungen proportional ist, sondern auch, dass die Tragkraft, wie bei der magnetisirenden Stromstärke, nicht genau das Quadrat der Windungszahl zeigt. Wir finden also den Einfluss der Windungszahl ganz analog dem der Stromstärke.

3. Die Gültigkeit der an geraden Magneten beobachteten Gesetze für die Hufeisen wird so häufig bezweifelt und auch bestritten, dass es nicht überflüssig erscheinen kann, wenn wir auch hier, wie bei der Untersuchung der Stromstärke durch besondre Versuche die vollständige Uebereinstimmung der Wirkung der Hufeisen mit der der geraden Elektromagnete nachweisen.

Zwei Hufeisen wurden angewandt, deren eines 6″ lange Schenkel von 1″ Durchmesser hatte, während die Schenkel des anderen 12″ lang und 2″ dick waren. Die Anker waren Cylinder von gleichem Durchmesser wie die Kerne. Die Schenkel der Hufeisen waren mit den schon bei den geraden Magneten beschriebenen Spiralen umgeben, so dass der Strom hinter einander durch beide Drähte oder nur durch einen derselben geleitet werden konnte.

	Hufeisen 6″; 1″		Hufeisen 12″; 2″	
Strom.	einfache,	doppelte Windungszahl.	einfache,	dopp. Windungszahl.
3	0,24 ℔	1 ℔		
4	0,5 „	2 „		
6	1,1 „	4,4 „	0,34 ℔	1,45 ℔
8	2,2 „	8,4 „		
12	4,6 „	18 „	1,4 „	6 „

Bei dem ersten dieser beiden Hufeisen war zwischen Anker und Magnetpolfläche ein Blatt Papier gelegt, während bei dem zweiten ein $\frac{1}{16}$″ dickes Brettchen angewandt wurde.

Diese Versuche zeigen genau dasselbe Gesetz wie die mit geraden Stabelektromagneten.

Hiernach lässt sich der Einfluss des galvanischen Stromes wie der der Spirale in folgende Sätze zusammenfassen, welche durch das Experiment festgestellt sind:

1. Der erregte wie der freie Magnetismus sind der Intensität des galvanischen Stromes und der Anzahl der Windungen der galvanischen Spirale proportional.

2. Die Anziehung ist dem Quadrate der Stromstärke und dem Quadrate der Windungszahl proportional.

4. Somit muss also die durch Aenderung beider Einflüsse bewirkte magnetische Intensität dem Produkte aus beiden, dagegen die dadurch hervorgerufene Anziehung dem Quadrate dieses Produktes proportional sein. Zur Bestätigung dieses Satzes, aus welchem dann alle vorhergehenden Sätze folgen, führe ich eine Versuchsreihe an, deren Uebereinstimmung mit dem Satze nicht vollkommener sein kann.[1])

Stromstärke.	Windungszahl.	Anziehung.
11^0	130	0,033 ℔
21^0	130	0,138 „
11^0	260	0,14 „
21^0	260	0,58 „

Die Tangente des Winkels von $11^0 = 0{,}19438$ ist ziemlich genau die Hälfte von der des Winkels von $21^0 = 0{,}38486$, und es muss daher die Anziehung der unter gleichen Verhältnissen erregten Magnete bei 21^0 das Vierfache von der bei 11^0 sein. In Gleichem muss die doppelte Windungszahl die vierfache Anziehung ergeben, so dass man also bei Verdopplung von Beiden die 16fache Wirkung erhalten muss. Wir finden, dass 0,58 ℔ ziemlich genau das 16fache von 0,033 ℔ ist. Dass das Resultat etwas zu gross ist, findet einfach seine Erklärung in der Zusammenpressbarkeit des zwischen Magnet und Anker gelegten Papiers. Der angewandte Magnet bestand nämlich in einem 12'' langen, $1^3/_4$'' starken Eisencylinder, während als Anker eine Kugel aus weichem Eisen von $1^1/_2$'' Durchmesser diente.

Aus den in den vorangehenden Versuchsreihen angeführten Resultaten, welche die Hufeisen mit verschiedenen Strömen und Windungszahlen der Spiralen zeigen, erhellt, dass auch für Hufeisen dasselbe Gesetz der Anziehung gilt, wie für gerade Stäbe. Eine darauf bezügliche Zusammenstellung der dortigen Versuche stellt dies klar heraus:

Einfache Windungszahl und einfacher Strom	0,24 ℔	0,5 ℔	1,1 ℔	0,34 ℔
Doppelte Windungszahl und doppelter Strom	4,4 „	8,4 „	18 „	6 „

[1]) Pogg. Ann. 85 pag. 239.

Wir finden, dass das Verhältniss von 1 : 16 in manchen Fällen noch überstiegen wird, was seinen Grund in dem schon vorn erwähnten Zusammenpressen der Zwischenlage zwischen Anker und Magnet hat. Diese Abweichung zeigt sich besonders in dem Falle, wo die Anziehung bei einfachem Strom und einfacher Windungszahl nur gering ist. Es bedarf dann in dem andern Falle, in welchem die 16fache Wirkung eintritt, nicht einmal eines Zusammenpressens der Zwischenlage, sondern ein in dem ersten Falle ganz geringes und absolut unmerkbares Federn derselben, welches durch die zweite Wirkung aufgehoben wird und dadurch den Anker um ein Minimum der Polfläche näher bringt, muss die Anziehung schon um etwas steigern. Dass bei den angeführten Versuchen etwas der Art stattgefunden hat, scheint schon daraus geschlossen werden zu müssen, dass die Werthe, welche unter den einfachen Verhältnissen auch nicht allzu klein sind, viel genauer in dem richtigen Verhältniss zu dem anderen stehen, als in dem anderen Falle.

So finden wir denn als Endresultat der Untersuchung in Bezug auf den magnetisirenden Einfluss der galvanischen Spirale:

„Der erregte und der freie Magnetismus sind dem Produkte aus Stromstärke und Windungszahl proportional."

„Die Anziehung ist dem Quadrate aus dem Produkt von Stromstärke und Windungszahl der Spirale proportional."

Bei allen diesen hier über die Anzahl der Spiralwindungen angeführten Sätzen ist jedoch das nicht ausser Acht zu lassen, was in dem folgenden Paragraphen über die Vertheilung der Spiralwindungen auf dem Magnetkerne gesagt ist, weil dadurch die hier genannten Sätze theilweise Beschränkungen erleiden.

§. 4.

Vertheilung der Spiralwindungen auf dem Magnetkerne.

1. Wenn wir eben gefunden haben, dass die Magnetisirung der Anzahl der Windungen proportional ist, so gilt dies für den Fall, wo eine neu hinzugekommene Anzahl von Windungen dieselbe Lage zu dem wirksamen Pole hat, als die schon vorhandenen Windungen. Jeden Falls muss sich aber das Verhältniss anders gestalten, wenn die zu den vorhandenen hinzukommenden neuen Windungen eine andere Lage zum Pol haben. Umgiebt z. B. eine Spirale den Magneten an seinem Ende nur theilweise, und man fügt dann eine neue Spirale, von derselben Windungszahl an die ersteren an, so dass die neuen Windungen ferner vom Pol liegen als die

ersten, so würde die Magnetisirung noch der Windungszahl proportional sein, wenn es gleichgültig wäre, an welcher Stelle des Magneten sich die Spirale befindet. Wir haben aber schon vorn besprochen, dass der freie Magnetismus nicht derselbe sein kann, an welcher Stelle des Kernes sich die Spirale befinden mag. Hieraus folgt denn, dass auch eine Vermehrung der Windungszahl in der Art, dass die Windungen hinter einander geordnet werden, für den freien Magnetismus nicht denselben Erfolg haben kann, wie wenn die Windungen in der früher besprochenen Weise vermehrt werden.

Für die Frage, ob ein Verschieben der Spirale auf dem Kerne den freien Magnetismus ändere, liegen in Bezug auf gerade Elektromagnete keine direkten Versuche vor, allein aus den obigen Schlüssen folgt, dass ein Versuch mit hinter einander geordneten Spiralwindungen auch über diese Frage Aufschluss geben muss.

Lenz und Jakobi haben zu einem ganz andern Zwecke folgenden Versuch angestellt, welcher als Antwort auf die vorliegende Frage dienen kann.[1]) Sie umgaben einen 3 Fuss langen Eisencylinder von $1^1/_2$" Durchmesser mit 6 Spiralen, deren jede 6" lang war. Die eine dieser Spiralen, am Ende des Eisenkernes, wurde als Inductionsspirale mit dem Multiplicator verbunden, während die fünf übrigen Spiralen nach und nach mit der galvanischen Säule in Verbindung gesetzt wurden, wobei der Strom so eingerichtet ward, dass er stets dieselbe Intensität behielt. Wird nun die der Inductionsspirale nächste galvanische Spirale allein in Thätigkeit gesetzt, so stellt das ganze System einen $2^1/_2$ Fuss langen Magneten dar, an dessen Pol eine 6" lange Spirale denselben magnetisirt, während der mit der Inductionsspirale umgebene Theil den Anker vertritt. Wird nun der durch das Eisen in der Inductionsspirale, den Anker, erregte Inductionsstrom gemessen, so kann man, wie wir später noch genauer sehen werden, den hier erregten Magnetismus dem freien Magnetismus an dem Pole des Magneten, d. h. an der Stelle, wo die Inductionsspirale mit der galvanischen Spirale zusammen kommt, proportional setzen, obgleich dies unter anderen Verhältnissen[2]) nicht statthaft ist.

Man wird nun einsehen, dass, wenn der jetzt mit der 6" langen galvanischen Spirale bedeckte Theil des Magneten mit einer eben so langen Spirale von doppelt so vielen Windungen umgeben würde, in dem Anker ein doppelt so starker Magnetismus, und mithin in der umgebenden Inductionsspirale ein doppelt so starker Strom erregt werden würde. Wird dieser Inductionsstrom nicht doppelt so stark, wenn die hinzu kommende

[1]) Pogg. Ann. 61 pag. 462. [2]) Siehe später Abschnitt VII. §. 2 und 3.

Windungszahl nicht dieselbe Stelle bedeckt, sondern so geordnet ist, dass sie hinter der ersten sich anreiht, d. h., dass also sich jetzt zwei Spiralen hintereinander auf dem Kerne befinden; so folgt daraus, dass das Aneinanderreihen der Spiralwindungen einen anderen Einfluss auf den Pol übt, als wenn diese den Kern an derselben Stelle umgeben. Lenz und Jakobi erhielten nun bei diesem Versuche, wo nach und nach fünf neben einander befindliche Spiralen in Wirksamkeit gesetzt wurden, folgende Resultate:

Anzahl der Spiralen $= n$.	Stärke des Inductionsstromes $= M$.	$\frac{M}{n}$
1	0,13290	13290
2	0,23980	11990
3	0,31544	10514
4	0,36285	9071
5	0,37278	7456

Die dritte Colonne giebt die Inductionsströme dividirt durch die Anzahl der Spiralen, woraus man ersieht, dass bei einer solchen Anordnung die magnetisirende Wirkung der vom Ende entfernter liegenden Windungen abnimmt.

2. Ich habe die Tragkraft und Anziehung eines 12′ langen, $^3/_4$″ dicken Magneten gemessen, wenn derselbe durch 1, 2, 3, 4 und 6 Spiralen magnetisirt wurde, deren jede 56 Windungen und $1^3/_4$″ Länge hatte. In jedem Falle wurde der Strom so geregelt, dass er eine Ablenkung von 20^0 an der Tangentenbussole zeigte, mochte derselbe eine oder alle sechs Spiralen durchlaufen. Die erste Spirale war $^3/_4$″ von dem Pole entfernt. Es zeigten sich nachstehende Werthe:

Entfernung.	1 Spir.	2 Spir.	3 Spir.	4 Spir.	6 Spir.
0″	0,25 ℔	1,4 ℔	1,85 ℔	3 ℔	3,4 ℔
$\frac{1}{180}$″	0,1 „	0,32 „	0,67 „	1 „	1,3 „
$\frac{1}{90}$″	0,07 „	0,22 „	0,46 „	0,72 „	0,97 „
$\frac{1}{45}$″	0,044 „	0,14 „	0,32 „	0,45 „	0,62 „

Mit Ausnahme des ersten Werthes der Tragkraft, der mir auf einem Versuchsfehler zu beruhen scheint, nehmen alle Werthe nicht im quadratischen Verhältniss der Anzahl der Windungen zu, was doch, wie vorn gezeigt ist, stattfinden würde, wenn die neu hinzugekommenen Windungen in derselben Entfernung von der Polfläche wären, als die vorher angewandten. Die Wurzeln der hier gefundenen Werthe müssen dem im Anker erregten Magnetismus proportional sein. Diese Wurzeln ergeben folgende Zahlen:

Anzahl der Spiralen $= n$.	Im Anker erregter Magnetismus $= M$.	$\frac{M}{n}$	Dasselbe Verhältniss.
1	0,3162	0,3162	13290
2	0,56568	0,28284	11879
3	0,81854	0,27284	11459
4	1	0,25	10500
6	1,14	0,19	7980

Die letzte Reihe zeigt, dass die Werthe in etwas geringerem Verhältniss als die von Lenz und Jakobi gefundenen abnehmen; allein es folgt aus diesen wie jenen Versuchen, dass sowohl der erregte Magnetismus als auch Anziehung und Tragkraft nicht in demselben Verhältniss zunehmen, wenn die Spiralen hinter einander geordnet werden, als wenn sie in gleicher Entfernung vom Pol sich befinden.

Das Gesetz, nach welchem die Abnahme des freien Magnetismus eines Magnetpoles stattfindet, je weiter man die wirksame Spirale vom Pole entfernt, wird erst dann festgestellt werden können, wenn man überhaupt die Wirkung eines Magnetkernes kennt, der nicht seiner ganzen Länge nach mit der galvanischen Spirale bedeckt ist. Dass das von mir gefundene Verhältniss des im Anker erregten Magnetismus, wie es die 4. Colonne der letzten Versuchsreihe zeigt, nicht mit dem von Jakobi erhaltenen vollkommen übereinstimmt, hat, wie ich vermuthe, darin seinen Grund, dass zwar der von mir angewandte Anker 6'' Länge hatte, wie der Jakobi'sche, mein Magnet aber nur 1 Fuss lang war, während der von Jakobi $2^1/_2$ Fuss Länge hatte. Wir werden nämlich später sehen,[1]) dass bei Magneten von verschiedener Länge die Länge des Ankers von Einfluss ist, und dass der freie Magnetismus verschieden langer Magnete nicht eine verschiedene Erregung des Ankers bedingt.

3. Wie alle übrigen Verhältnisse sich verwickeln, wenn der Kern nicht seiner ganzen Länge nach mit der galvanischen Spirale bedeckt ist, so ist es auch mit dem des freien zum erregten Magnetismus. Unter anderen Bedingungen ist oft der erregte Magnetismus dem freien proportional, in dem Falle jedoch, wo eine und dieselbe Spirale auf verschiedene Stellen des Kernes gebracht wird, muss der freie Magnetismus andere Verhältnisse zeigen, als der erregte. Der letztere gewinnt in jedem Falle, je mehr die Spirale nach der Mitte gebracht wird,[2]) weil dann die Wirkung derselben am besten benutzt wird, während am Ende ein Theil dieser Wirkung verloren geht. Der freie Magnetismus dagegen, welcher doch

[1]) Abschnitt VII. [2]) Abschnitt VII. §. 3.

immer nur an dem einen Ende des Kernes beobachtet wird, ist weit mehr davon abhängig, in welcher Entfernung von diesem wirksamen Ende sich die magnetisirende Kraft befindet. Der freie Magnetismus muss mit der Annäherung der Spirale an das wirkende Polende aus diesem Grunde zunehmen. Da nun aber der erregte Magnetismus in bedeutendem Grade wächst, wenn die Spirale nach der Mitte bewegt wird,[1]) so ist die Frage, welche der beiden Wirkungen bei Prüfung des freien Magnetismus überwiegt. Mit anderen Worten: Wie verhält sich der freie Magnetismus eines Magnetendes, wenn man die den Kern magnetisirende Spirale immer weiter von dem wirksamen Ende entfernt.

Um dies zu prüfen wurde ein 12″ langer, 1″ dicker Magnetkern mit einer $1^3/_4$ Zoll langen Spirale bedeckt, die ihn eng umschloss, und nun die Ablenkung einer frei schwebenden Magnetnadel beobachtet, wenn die Spirale immer weiter von dem Magnetende entfernt wurde, während die Längsaxe des Kernes senkrecht auf dem magnetischen Meridian und der Mittelpunkt der Nadel in der Verlängerung dieser Axe lag. Die erhaltenen Ablenkungen der Nadel waren bei constanter Stromstärke, nach Abzug der Wirkung des remanenten Magnetismus und der Spirale ohne den Kern, folgende:

Entfernung der Spirale vom wirksamen Magnetende.	Ablenkung der Magnetnadel.
$^1/_4$″	29°
2″	36° 15′
$3^3/_4$″	34° 15′
$5^1/_2$″	33° 30′
7″	29° 30′
$8^3/_4$″	19° 45′
$10^1/_4$″	12° 45′

Diese Reihe zeigt, dass der freie Magnetismus noch wächst, bei Entfernung der Spirale vom wirksamen Polende, dass also das Wachsen des erregten Magnetismus bis zu einer gewissen Gränze noch die Abnahme durch die Entfernung der Spirale vom Ende übertrifft. Denkt man sich jedoch die Spirale von der grössten Entfernung immer mehr dem wirksamen Pole genähert, so stellt sich die Erscheinung so dar, dass ein regelmässiges Wachsen bis zu einer bestimmten Gränze stattfindet, über welche hinaus dann die eben begründete Abnahme eintritt.

[1]) Abschnitt VII. §. 3.

4. Dieselbe Erscheinung beobachtet man auch bei der Anziehung und Tragkraft. Sie tritt auch noch für den Fall auf, wenn nicht dieselbe Spirale dem Pole immer mehr genähert wird, sondern wenn sämmtliche Spiralwindungen, die Anfangs den Kern seiner ganzen Länge nach bedeckten, immer mehr an dem wirkenden Pole zusammengehäuft werden.

Ich habe für diesen Fall die Anziehung und Tragkraft gemessen, und mich dazu eines 18″ langen, 1″ dicken Eisencylinders bedient, welcher mit 9 Spiralen umgeben wurde, deren jede $1^3/_4$″ lang war.[1])

Da nun der freie Magnetismus gleich ist dem Produkte aus der Stromstärke und Windungszahl der galvanischen Spirale,[2]) so muss jede beliebige Anzahl von Spiralen dieselbe magnetisirende Kraft üben, wenn man den Strom in dem Maasse erhöht, als die Anzahl der Windungen verringert wird. Lässt man also, nachdem zuerst alle neun Spiralen, welche so ziemlich den 18″ langen Kern ganz bedecken, in Thätigkeit gewesen, die von dem Pole am entferntesten liegende aus und erhöht dann den Strom in der Weise, dass wiederum das Produkt aus Stromstärke und Windungszahl dem früheren gleich ist, so hat man eine Spirale, welche so auf den Kern wirkt, wie wenn Strom und Windungen dieselben geblieben wären und man die Spirale nach dem Pole hin um $^1/_9$ zusammengeschoben hätte. In dieser Weise lässt sich also eine Wirkung hervorbringen, wie wenn bei jedem folgenden Versuche eine Spirale angewandt worden wäre, deren Windungen immer mehr an dem Pole zusammengehäuft waren.

Die bei dem folgenden Versuche angewandten Spiralen und Stromstärken waren folgende:

9	Spiralen	= 504	Windungen	mit	13° 38′	Stromstärke,
8	„	= 472	„	„	15° 16′	„
7	„	= 392	„	„	17° 19′	„
6	„	= 336	„	„	20°	„
5	„	= 280	„	„	23° 36′	„
4	„	= 224	„	„	28° 38′	„
3	„	= 168	„	„	36° 3′	„
2	„	= 112	„	„	47° 27′	„
1	„	= 56	„	„	65° 24′	„

Mittelst dieser Vertheilung der unter allen Fällen gleichen magnetisirenden Kraft erhielt ich folgende Resultate der Tragkraft und der Anziehung in verschiedenen Entfernungen:

[1]) Pogg. Ann. 81 pag. 48. [2]) Siehe §. 3.

Magnet 18″ lang 1″ dick; Anker 6″ lang 1″ dick.

	9 Spir.	8 Spir.	7 Spir.	6 Spir.	5 Spir.	4 Spir.	3 Spir	2 Spir.	1 Spir.
Tragkraft	3,6 ℔	4,2 ℔	4,8 ℔	5,2 ℔	5,7 ℔	6,3 ℔	6,9 ℔	7,6 ℔	6,6 ℔
$^1/_{180}$″ Entf.	1,12 „	1,45 „	1,6 „	1,7 „	2 „	2,5 „	2,75 „	3,1 „	2,4 „
$^1/_{90}$″ „	0,92 „	1,15 „	1,3 „	1,45 „	1,62 „	1,9 „	2,2 „	2,3 „	2 „
$^1/_{60}$″ „	0,8 „	1 „	1,1 „	1,15 „	1,4 „	1,6 „	1,75 „	1,82 „	1,75 „
$^1/_{45}$″ „	0,69 „	0,85 „	0,95 „	1,05 „	1,2 „	1,4 „	1,55 „	1,6 „	1,5 „
$^1/_{15}$″ „	0,31 „	0,34 „	0,39 „	0,44 „	0,52 „	0,6 „	0,65 „	0,72 „	0,65 „
$^1/_{9}$″ „	0,18 „	0,2 „	0,24 „	0,26 „	0,3 „	0,35 „	0,39 „	0,41 „	0,36 „
$^1/_{5}$″ „	0,9 „	0,1 „	0,12 „	0,13 „	0,15 „	0,18 „	0,19 „	0,2 „	0,17 „

Wir finden bei diesen Versuchen bis zu einer bestimmten Gränze eine regelmässige Zunahme der Tragkraft wie der Anziehung, je näher alle Spiralwindungen an der Berührungsfläche angehäuft sind. Diese Gränze findet ihre Erklärung in dem oben gegebenen Nachweise, dass der freie Magnetismus ebenfalls ein Maximum hat, wenn man eine Spirale von der Mitte des Kernes nach und nach immer mehr dem wirkenden Magnetende nähert. Beide Erscheinungen haben ihren Grund in der Beobachtung,[1] dass eine Vervielfachung des erregten Magnetismus stattfindet, wenn man die magnetisirende Spirale vom Ende nach der Mitte des Kernes hinbringt.

5. Diesem eben gefundenen Satze widerspricht in Bezug auf Hufeisenelektromagnete Müller in Freiburg. Er behauptet: „Wenn um ein Uförmig gebogenes Eisen ein galvanischer Strom in einer bestimmten Anzahl von Windungen herumgeführt wird, so erlangt es dieselbe Tragkraft, mögen nun diese Windungen die ganze Länge der Schenkel bedecken, oder nur über einen Theil der Schenkel in mehreren Lagen übereinander liegen."[2]

Allerdings ist die magnetische Wirkung bei einem Hufeisen eine andere als bei einem geraden Magneten. Bei einem Hufeisen wirken beide Pole gemeinsam und verstärken sich gegenseitig, so dass nicht a priori von den geraden Magneten auf die Hufeisen geschlossen werden kann. Wir werden später sehen, dass in der That Fälle vorkommen, in denen die Hufeisen andere Wirkung, und zwar ein einfacheres Gesetz zeigen, als die geraden Magnete. Allein die von Müller gemachten Schlüsse aus seinen Versuchen lassen doch nicht direkt den oben angeführten Satz erkennen, indem er mannigfache Abweichungen von diesem Satze als Versuchsfehler ansieht, wogegen andere Fälle, wo sich Gleichheit zeigt, wohl auf die Sättigung geschoben werden können. Betrachten wir zunächst die von ihm für gleich

[1]) Siehe Abschnitt VII. §. 3, und diesen §. Nr. 9.

[2]) Bericht über die neuesten Fortschritte der Physik von Müller, pag. 531.

gehaltenen Resultate. Müller erhält bei zweien Spiralen, deren eine 5'',4 und deren andere 2'',6 lang ist, bei ungefähr gleicher magnetisirender Kraft, d. h. bei gleichem Produkt aus Stromstärke und Windungszahl, folgende Tragkräfte:

mag. Kraft.	Spirale 5'',4 lang.	mag. Kraft.	Spirale 2'',6 lang.
22	7100	29	8300
87	9800	88	10500
117	10400	118	10700

In den hier aufgeführten Fällen war der Durchmesser des Hufeisens 0'',4, also noch nicht einmal einen halben Zoll, bei dem leicht beim Zusammenrücken der Spiralwindungen, Sättigung eintreten konnte. Nichtsdestoweniger bewirken doch die näher am Pol zusammengerückten Spiralen eine grössere Tragkraft als die weiter ausgebreiteten.

6. Ich habe mich daher veranlasst gefunden, Versuche anzustellen, bei denen die magnetisirende Kraft absolut gleich, dagegen die Länge der Spiralen verschieden war. Die Hufeisen, welche ich anwandte, hatten so grosse Durchmesser, dass die Sättigung das Resultat nicht trüben konnte. Es wurden folgende 4 Hufeisen benutzt.[1])

1.	Die Schenkel		6''	lang	1''	dick.
2.	„	„	6''	„	2''	„
3.	„	„	12''	„	1''	„
4.	„	„	12''	„	2''	„

Wie früher bei den Versuchen mit den geraden Magneten wurden auch hier nicht verschiedene Spiralen angewandt, sondern eine oder mehrere gleiche auf dem Kerne aneinander gereiht, und dann jedesmal die Stromstärke in dem Grade erniedrigt oder erhöht, als mehr oder weniger dieser Spiralen angewandt wurden. Da jede dieser Spiralen $1^3/_4$'' lang ist, so können deren 3 auf jedem 6'' langen Schenkel des Hufeisens angebracht werden, wogegen das Hufeisen, dessen Schenkel 12'' lang sind, auf jedem 6 solcher Spiralen fasst. Es waren mithin die Hufeisen mit 12'' langen Schenkeln mit 672 Windungen bedeckt, wogegen die mit 6'' langen Schenkeln halb so viele Windungen trugen. Die Entfernung der Schenkel betrug bei allen 4 Hufeisen $3^1/_2$'' von Mitte zu Mitte.

Zunächst wurde der Strom durch alle zwölf Spiralen der 12zölligen Schenkel gesandt und zwar mit einer Stärke, welche die Nadel auf 5^0 ab-

[1]) Pogg. Ann. 90 pag. 446.

lenkte. Dann wurden die drei der Biegung des Hufeisens zunächst befindlichen Spiralen ausgeschaltet und der Strom auf das Doppelte erhöht. Darauf wurden bei allen vier Hufeisen vier Spiralen (auf jedem Schenkel zwei) angewandt, und durch diese ein Strom geleitet, der die Nadel der Tangentenbussole auf 15° ablenkte. Endlich blieb auf jedem Schenkel nur die eine Spirale, welche der Polfläche am nächsten lag, und es wurde durch diese wieder ein Strom gesandt, welcher ziemlich genau das Doppelte des vorhergehenden war, von einer Intensität von 28° Ablenkung. Durch alle diese Combinationen wurde also stets dieselbe magnetisirende Kraft erhalten, sie ergaben folgende Resultate:

		Magnete.			
Wind. am Pol:	Strom:	1.	2.	3.	4.
672	5°			1,8 ℔	6,2 ℔
336	10°	2 ℔	6,2 ℔	2,2 „	6,4 „
224	15°	2,3 „	7,1 „	2,4 „	7,2 „
112	28°	2,7 „	7,8 „	2,7 „	8 „

Diese Versuchsresultate zeigen deutlich, dass die von *Müller* gefundenen Abweichungen nicht auf die Versuchsfehler zu rechnen seien, wie er geglaubt, sondern es folgt aus diesen Versuchen unzweifelhaft derselbe Satz, wie wir ihn bei geraden Stäben gefunden haben, und wir können mithin allgemein sagen:

„*Die Anziehung und die Tragkraft vergrössern sich sowohl bei geraden als bei Hufeisenmagneten, je mehr sämmtliche Spiralwindungen an dem Pole zusammengehäuft werden.*“

7. Von diesen Versuchen muss der Fall unterschieden werden, welchen *Lenz* und *Jakobi* zur Anwendung bringen. Sie bedecken nämlich zwei parallel nebeneinander befestigte Eisenstangen an ihren Enden mit Spiralen und schliessen jede der beiden Seiten mit einem Anker, so dass das ganze System ein Hufeisen darstellt, dessen Schenkel in der grössten und geringsten Entfernung vom Pol mit der galvanischen Spirale bedeckt sind. Da es nun keinem Zweifel unterliegt, dass der Magnetismus in demselben Maasse abnehmen muss, wenn man die Windungen fern vom Pol nach der Biegung des Hufeisens hin zusammenhäuft als er zunimmt, wenn man sie demselben nähert; so folgt daraus natürlich, dass ein Entfernen der einen Hälfte vom Pol und ein Annähern der anderen zu demselben sich gegenseitig aufheben muss, so dass also für diesen Fall die Wirkung sich gleich bleibt. Dasselbe Resultat muss sich ergeben, wenn man statt Hufeisen gerade Magnete nimmt und die Wirkung nur eines Poles prüft. *Lenz* und *Jakobi* haben diesen

letztgenannten Fall nicht untersucht, und die für den andern angestellten Versuche können hier nicht als unbedingt maassgebend aufgeführt werden, weil sie den Versuch so anstellen, dass sie die Spiralen dieselben sein lassen und die Länge der Schenkel variiren, ein Fall, dessen Besprechung erst bei der Form des Magnetkernes am Orte ist. Wir heben hier nur hervor, dass aus den obigen Untersuchungen schon der Satz folgt:

„Anziehung und Tragkraft sind bei einem geraden Stabe dieselben, ob der Magnetkern auf seiner ganzen Länge mit der galvanischen Spirale bedeckt ist, oder ob die Windungen an **beiden** Enden aufgehäuft werden. Hufeisen müssen dagegen dieselbe Tragkraft und Anziehung zeigen, ob die Spirale die Schenkel ganz bedeckt oder ob die Windungen zur Hälfte an beiden Polen und zur Hälfte in der grössten Entfernung von denselben zusammen gehäuft werden."

Auch hier darf, wie in allen früheren Fällen die Beschränkung nicht ausser Acht gelassen werden, dass dieser Satz nur so lange gilt, als nicht Sättigung eintritt. Es bleibt demnach immer vortheilhafter, die Windungen über den ganzen Kern zu verbreiten, weil dadurch bei beliebiger Steigerung des Stromes die Sättigung weiter hinausgeschoben wird.

8. Wenn nun unter den genannten Beschränkungen die Zusammenhäufung der Spiralwindungen am Pol günstig wirkt, so ist hiermit noch nicht die Frage unbedingt beantwortet, welche Wirkung die Verlegung der Spirale, welche den Kern nicht ganz bedeckt, auf die Wirkung der Pole des Hufeisens ausübt. Müller in Freiburg sagt in Bezug hierauf: „Auch ist es ziemlich gleichgültig, an welcher Stelle der Schenkel die Spiralen angebracht sind."[1]) Dass Müller die Wirkung ziemlich gleich findet, hat wohl, wie ich glaube seinen Grund darin, dass die Verschiedenheit der Lage der von ihm angewandten Spiralen nicht sehr gross war, oder dass die allerdings nicht sehr grosse Verschiedenheit in der Anziehung durch Versuchsfehler verdeckt wurde. Auch sagt er ja nur, die Wirkung sei ziemlich dieselbe. Ich habe in Bezug auf diese Frage sowohl die Tragkraft als Anziehung bei Hufeisen von verschiedener Länge und Dicke der Schenkel gemessen.

Zuerst wurden 1, 2 und 3 meiner $1^3/_4''$ langen Spiralen auf den 12zölligen Schenkeln des 1'' dicken Hufeisens von der grössten Entfernung vom Pol bis dicht an denselben herangeschoben. Es zeigten sich folgende Resultate der Anziehung, wenn der Anker durch ein zwischen ihn und die Pole gelegtes Brettchen von $^1/_{16}''$ Dicke entfernt gehalten wurde:

[1]) Bericht über die neuesten Fortschritte der Physik von Müller, pag. 531.

Entfernung der Spiralen von den Polen.	3 Spiralen.	2 Spiralen.	1 Spirale.
$6^{1}/_{2}''$	1,5 ℔	0,84 ℔	0,23 ℔
$4^{3}/_{4}''$	1,7 „	0,87 „	0,24 „
$3''$	1,85 „	1 „	0,27 „
$1^{1}/_{4}''$	2,1 „	1,08 „	0,34 „
$^{1}/_{2}''$	2,1 „	1,12 „	0,36 „

Mit den drei Spiralen, also mit 162 Windungen auf jedem Schenkel, wurden ausser dem eben benutzten Hufeisen von $1''$ Durchmesser noch ein $^{1}/_{2}''$ und ein $2''$ dickes angewandt. Auch hier lag zwischen Magnet und Anker ein Brettchen von $^{1}/_{16}''$ Dicke.

Entfernung der Spiralen von den Polen.	Magnet		
	$^{1}/_{2}''$ dick,	$1''$ dick,	$2''$ dick.
$6^{1}/_{2}''$	0,29 ℔	1,5 ℔	4,5 ℔
$4^{3}/_{4}''$	0,37 „	1,7 „	4,9 „
$3''$	0,48 „	1,9 „	5,2 „
$1^{1}/_{4}''$	0,7 „	2,1 „	5,8 „
$^{1}/_{2}''$	0,75 „	2,1 „	6 „

Ferner wurde die Anziehung zweier Hufeisen mit $6''$ langen Schenkeln geprüft, auf denen nur eine Spirale mit 56 Windungen verschoben ward. Sie zeigten folgende Wirkungen:

Entfernung der Spiralen von den Polen.	Hufeisen	
	$1^{1}/_{2}''$ dick,	$^{3}/_{4}''$ dick.
$4''$	3,3 ℔	0,67 ℔
$2^{1}/_{2}''$	3,4 „	0,7 „
$^{3}/_{4}''$	3,5 „	0,9 „

Diese beiden Reihen zeigen eine viel geringere Zunahme der Anziehung, woraus vielleicht die Meinung Müller's, dass gar keine Zunahme stattfände, erklärt werden kann, da die Länge der von ihm angewandten Hufeisen $6''$ nicht überstieg. Da ferner die Tragkraft, welche Müller nur gemessen hat, in geringerem Maasse zunimmt als die Anziehung, so war es möglich, dass diese geringe Zunahme noch durch Versuchsfehler mehr verdeckt werden konnte.

Ich habe diese Tragkraft an einem Hufeisen mit $12''$ langen Schenkeln von $2''$ Durchmesser gemessen, während jeder Schenkel mit zwei Spiralen oder 112 Windungen, bei einer Stromstärke von 6^0 bedeckt war.

Entfernung der Spiralen von den Polen.	Tragkraft.
10″	13 ℔
8″	13 „
6″	14 „
4″	14,5 „
2″	15 „
$^1/_2$″	16 „

Aus allen diesen Versuchen geht unzweifelhaft der Satz hervor:

„Die Anziehung und Tragkraft nimmt zu mit der Annäherung der Spirale an die Pole des Hufeisens.“

Vergleichen wir in Bezug auf Stromstärke und Windungszahl der galvanischen Spirale die bisher an geraden Elektromagneten gefundenen Resultate mit denen bei Hufeisen, so ergiebt sich, „dass beide Arten von Magneten genau denselben Gesetzen folgen.“ Die Erscheinungen bei beiden sind nur dadurch von einander unterschieden, dass wegen der Verbindung beider Pole durch einen Anker an Hufeisen der Magnetismus mit grösserer Intensität erregt wird, als an geraden Elektromagnetstäben, und dass deshalb in den ersteren die magnetische Sättigung eher hervortritt als bei letzteren.

Ueber den Grund des verschiedenen Einflusses der Vertheilung der Spiralwindungen auf die beiden Arten von Magneten geben die Betrachtungen in Abschnitt VII. §. 6 noch näheren Aufschluss.

9. An diese bisherigen Erörterungen des Einflusses der verschiedenen Vertheilung der Spiralwindungen auf dem Magnetkerne schliesst sich noch eine andere. Wir haben gesehen, dass der freie Magnetismus bis zu einer bestimmten Gränze sich vergrössert, sowohl wenn eine den Kern nicht ganz bedeckende Spirale dem wirkenden Polende genähert wird, als auch, wenn sämmtliche Spiralwindungen am Pole zusammengehäuft werden. Es ist hiermit noch nicht die Frage beantwortet, welchen Einfluss eine Zusammenhäufung der magnetisirenden Kraft an irgend welcher anderen Stelle des Magnetkernes habe.

Um den Einfluss der Concentrirung der magnetisirenden Kraft in der Mitte des Magnetkernes zu beobachten, habe ich folgenden Versuch angestellt. Ein 12″ langer Eisenkern von einem Zoll Durchmesser ward in der Schwingungsebene einer 1″ langen Magnetnadel, senkrecht auf den magnetischen Meridian, dieser Nadel so gegenüber gelegt, dass das nächste Ende des Kernes 14″ von derselben entfernt war. Sechs Spiralen, jede von 56 Windungen, bedeckten den Kern seiner ganzen Länge nach. Durch diese ward ein Strom geleitet, der die Nadel der Tangentenbussole auf 8⁰ ablenkte. Darauf ward eine der Spiralen entfernt und durch die übrigen 5 ein Strom geleitet, welcher die jetzt wirkende magnetisirende Kraft gleich der vorhergehenden machte. Dabei wurden die Spiralen so gerückt, dass auf beiden Seiten gleiche Stücke des Kernes hervorragten. Dann wurden nur 4 Spiralen angewandt und so fort, bis endlich sich nur eine in der Mitte des Magnetkernes befand. Der Kern blieb dabei immer in derselben Lage. Bei diesem Versuche zeigte die Magnetnadel folgende Ablenkungen:

6	Spiral.	8^0	Ablenkung	= 0,14055	Strom	0,4452	freier	Magnetismus.
5	„	$9^0\ 34''$	„	= 0,16866	„	0,4885	„	„
4	„	$11^0\ 54''$	„	= 0,21086	„	0,5317	„	„
3	„	$15^0\ 42''$	„	= 0,2811	„	0,5658	„	„
2	„	$22^0\ 52''$	„	= 0,4216	„	0,6032	„	„
1	„	$40^0\ 8''$	„	= 0,8432	„	0,6745	„	„

Die letzte Reihe giebt die Tangente der Ablenkungswinkel der Nadel durch den ihr zugekehrten Magnetpol nach Abzug des in dem Stabe vorhandenen remanenten Magnetismus, welcher in jedem Falle 3^0 betrug.

Dieser Versuch zeigt, dass der freie Magnetismus der Endflächen eines Magneten auch für den Fall wächst, dass die magnetisirende Kraft immer mehr und mehr in der Mitte des Kernes angehäuft wird.

Einige Versuche von Lenz und Jakobi, welche später bei der Besprechung der Kernlänge zur Sprache kommen, stehen mit diesen Erscheinungen im Zusammenhange.[1])

§. 5.

Die Anziehung zweier Elektromagnete.

1. Die Frage über die Wirkung zweier Magnete auf einander hängt unmittelbar mit der Frage über die Vertheilung der Spiralwindungen auf dem Eisenkerne zusammen.

Schon vorn ist bemerkt,[2]) dass, wenn die galvanische Spirale einen von zwei Stäben bedeckt, man eine geringere Tragkraft erhält, als wenn dieselbe so verschoben wird, dass ein Theil der Windungen noch mit auf den Anker hinaufreicht. Aus dem vorn gefundenen Satze, dass die

[1]) Abschnitt VII. §. 3. Nr. 3. [2]) Dieser Abschnitt §. 2.

Anziehung und Tragkraft zunehmen, wenn die Spiralwindungen an dem Pole zusammengehäuft werden, folgt, dass zwei gleiche Eisenstäbe das Maximum der Tragkraft geben müssen, wenn man eine gegebene Spirale so vertheilt, dass die Berührungsstelle beider Stäbe sich in der Mitte derselben befindet, denn in diesem Falle sind die Windungen möglichst nahe am Pol, während beide Stäbe zu Magneten werden und wechselweise auf einander wirken.

2. Eine andere Frage ist die: Welcher Unterschied findet statt, wenn man entweder einen oder beide Eisenstäbe mit der galvanischen Spirale ihrer ganzen Länge nach umgiebt?

Wir haben vorn bei der Untersuchung der Wirkung der Stromstärke ebensowohl auf zwei Magnete als auf einen Magneten und Anker gefunden, dass für beide Fälle „die Anziehung sich wie die Quadrate der Summe der magnetisirenden Ströme verhält."[1]) Sind nun in beiden Fällen die Ströme gleich, so fragt sich, in welchem Verhältniss dann die Anziehung des einen bewickelten Kernes auf seinen Anker zu der steht, wenn beide Kerne bewickelt sind. Lenz und Jakobi finden für den ersten Fall, wenn beide Stäbe gleich sind, als Anziehung 20,26 tg α, während in dem anderen Falle die Anziehung 84,05 tg α beträgt. Es ist also in dem zweiten Falle, wo doppelt so viele Windungen bei demselben Strome wirksam sind, die Anziehung ziemlich genau viermal so gross als in dem ersten. Daraus folgt, dass sich auch in diesem Falle die Anziehung wie das Quadrat der Windungszahl verhält. Und in der That, hat man zwei Magnete von derselben Wirkung, so muss jeder auf den anderen denselben Einfluss üben. Für einen jeden der Magnete ist der andere zugleich auch Anker, woraus denn hervorgeht, dass bei gleicher Beschaffenheit beider die Wirkung dem Quadrate aller Windungen proportional sein muss, d. h., dass die Anziehung dem Quadrat aus der Summe beider Windungszahlen proportional ist.

Denkt man nun die Windungszahl des einen Magneten noch auf der des andern ihrer ganzen Länge nach verbreitet, so dass also einer der Kerne die Summe der Windungszahlen beider trägt, so wird nach dem Früheren dieser Magnet den andern Kern als Anker ebenfalls mit dem Quadrat dieser Summe der Windungszahlen anziehen.

Wir sehen also, dass dasselbe Resultat erzielt wird, mögen beide oder nur einer der angewandten Stäbe mit einer gegebenen Anzahl von Windungen ihrer ganzen Länge nach bedeckt sein.

[1]) Pogg. Ann. 47 pag. 409

Dass die Anziehung sich genau, und die Tragkraft annäherungsweise wie das Quadrat der Anzahl der Windungen verhält, haben bereits frühere Versuche gelehrt,[1]) es kommt noch darauf an, nachzuweisen, dass die oben gemachten Schlüsse auch für zwei Magnete experimentelle Bestätigung finden.

3. Als Beweis für diesen Satz finden hier die Versuche Platz, welche ich mit drei Paaren von Magneten angestellt habe, deren eines aus zwei 6zölligen, ein zweites aus zwei 9zölligen und ein drittes aus zwei 12zölligen Magneten bestand.[2]) Es ergaben sich folgende Resultate der Anziehung und Tragkraft:

Länge der Magnete.	Tragkraft.	Anziehung.
6″	4,2 ℔	1,2 ℔
9″	6 „	1,8 „
12″	8 „	2,5 „

Aus diesen Versuchen folgt unzweifelhaft der Satz:

„Die Anziehung und die Tragkraft zweier Eisenstäbe ist dieselbe, mag die Windungszahl einen oder beide Stäbe **ihrer ganzen Länge nach** bedecken, sie ist dem Quadrat der Summe aller Windungen proportional."

In den vorliegenden Versuchen sind nur Paare von je zwei gleichen Magneten geprüft. Eine andere Frage ist die nach dem Verhältniss der Anziehung, wenn die auf einander wirkenden Stäbe nicht gleiche Länge haben; sie hängt zusammen mit der Frage nach der Wirkung der Länge der Magnete überhaupt, und wir finden in dem darauf bezüglichen Abschnitte die experimentellen Nachweise für den Satz, dass es im Ganzen gleichgültig ist, ob eine gegebene Windungszahl über einen oder beide Stäbe vertheilt ist.

§. 6.

Die Vertheilung des Stromes in den Spiralwindungen.

1. Wenn man mehrere den Kern neben oder über einander umgebende Spiralen anwendet, so können diese Spiralen auf mehrfache Art galvanisirt werden. Gewöhnlich leitet man den Strom hinter einander durch alle Spiralen; allein man kann auch den Strom theilen, und ihn direkt von der

[1]) Dieser Abschnitt §. 3. [2]) Pogg. Ann. 102 pag. 217.

Säule aus durch jede der Spiralen leiten. Man hat über die Wirkung dieser verschiedenen Anwendung des Stromes besonders vor Kenntniss des Ohm'schen Gesetzes unrichtige Vorstellungen gehabt. So heisst es in dem Repert. d. Physik v. Dove I. pag. 270: „Die Unbequemlichkeit, bei Zurichtung kräftiger Elektromagnete, eine sehr grosse Drahtlänge um das Hufeisen winden zu müssen, ist durch Henry's Erfahrung beseitigt worden, dass die Wirkung nicht nur nicht vermindert, sondern bedeutend verstärkt wird, wenn man das Eisen mit einzelnen kurzen Spiralen bedeckt.“ Henry und Ten Eyck umgaben nämlich einen quadratischen Eisenstab von 20″ Länge und nur 4□″ Querschnitt, zu einem Hufeisen gebogen, mit 60 Fuss langen Drähten (so dass also jeder etwa 72 Windungen bildete), deren jeder ein 1″ langes Stück des Hufeisens bedeckte. Die Drähte standen nicht in unmittelbarer Verbindung unter sich, sondern waren sämmtlich mit einem ihrer Enden an einen hohlen Kupfercylinder gelöthet, und mit dem andern an einen kleinen Zinkcylinder von $^2/_5$ Quadratfuss Oberfläche. Als diese Cylinder in einander gesteckt, in verdünnte Säure getaucht wurden, trug das Hufeisen mittelst eines Ankers eine Last von 650 ℔. Als die Drähte mit einander verbunden wurden, so dass sie eine 540 Fuss lange zusammenhängende Spirale bildeten, trug das Hufeisen nicht mehr als 145 ℔.[1])

Mit diesem Resultat hat es gewiss unter den obwaltenden Umständen seine Richtigkeit, allein es kann daraus noch keineswegs der Schluss gezogen werden, dass ein durch mehrere Spiralen vertheilter Strom stets eine grössere magnetische Wirkung hervorrufe, als wenn derselbe die Spiralen nach einander durchläuft. Ueber das Verhältniss der Wirkung bei verschiedener Anwendung einer gegebenen Oberfläche der galvanischen Säule, so wie einer gegebenen Drahtlänge für die galvanische Spirale giebt einfach das Ohm'sche Gesetz Aufschluss.

2. Das oben genannte Experiment kann entweder so aufgefasst werden, dass man alle Drahtenden an einen Kupfercylinder, oder dass man jedes an einen solchen gelöthet denkt. Im ersten Falle hätten beide Verbindungsarten dann dieselbe Tragkraft ergeben, wenn der Widerstand der Säule gleich dem einer der Spiralen gewesen wäre. War dagegen jede Spirale mit einem eigenen Element verbunden, so mussten neun galvanische Elemente vorhanden gewesen sein. Für diesen Fall sind aber verschiedene Arten möglich, wie diese neun Elemente mit der Spirale von 540 Fuss Draht in Verbindung gesetzt werden können.

[1]) Pogg. Ann. 24 pag. 638.

Nennen wir, wie früher, die elektromotorische Kraft E, den Widerstand in einem jeden Element der Säule W, den Widerstand einer der obigen Spiralen mit ihren Verbindungsdrähten r, die Anzahl der Spiralwindungen n, die Stromesintensität i und den erregten Magnetismus m, so erhalten wir folgende Formeln für die Intensität bei den verschiedenen Combinationen:

a. Für den ersten der von Henry und Ten Eyck angewandten Fälle war die Stromstärke in jeder der wirkenden Windungen aller 9 Spiralen nach dem Ohm'schen Gesetz

$$i = \frac{E}{w + r}.$$

In diesem Falle bildete ein jedes der 9 Elemente eine in sich abgeschlossene Säule, und der Magnetismus, welcher der Anzahl der Windungen proportional ist, muss also $i.n$, d. h.

$$m = \frac{E}{w + r} n$$

sein. Stellt man nun Verbindungen zwischen den Spiralen oder den gegebenen Elementen oder unter beiden her, so ist allerdings eine sehr grosse Zahl von Fällen nach der Zahl der vorhandenen Spiralen und Elemente möglich, unterscheiden wir jedoch nur in Vereinigtsein und Getrenntsein sämmtlicher Spiralen und Elemente, so ergeben sich ausser dem obigen Falle, wo sowohl Spiralen und Elemente getrennt sind, noch folgende vier andere Fälle. Vereinigt man die Elemente zu gemeinsamer Wirkung, so müssen natürlich auch die Spiralen so vereinigt werden, dass sie nur einen Ein- und Austritt des Stromes haben. Die Vereinigung der Elemente wie der Spiralen lassen aber unter der genannten Bedingung je zwei Arten zu, indem nämlich beide neben und hinter einander verbunden werden.

b. Denken wir uns zunächst die Spiralen so vereinigt, dass sie hinter einander verbunden werden, so dass also der ganze Strom die ganze Drahtlänge (in dem vorliegenden Falle 540 Fuss) zu durchlaufen hat, und denken wir ebenfalls die Elemente hinter einander (par cascade) verbunden, so ist der Strom, wenn wir die Anzahl der Spiralen x nennen:

$$i_{\text{I}} = \frac{xE}{xw + xr} = \frac{E}{w + r},$$

und der Magnetismus

$$m_{\text{I}} = \frac{E}{w + r} n.$$

Wir finden also, dass in diesem Falle sich dasselbe Resultat wie in dem ersten ergeben haben müsste.

c. Verbinden wir dagegen sämmtliche Spiralen neben einander, so dass der Strom gleichzeitig in jede der x Spiralen tritt, und lassen dabei die Säule wie vorher par cascade verbunden, so ist dies dasselbe, wie wenn der Strom durch einen x mal so starken Draht wie vorher ginge, d. h. das r des vorigen Ausdrucks wird $\frac{r}{x}$, und wir erhalten daher für diesen Fall als Ausdruck für die Stromstärke

$$\frac{xE}{xw + \frac{r}{x}},$$

welche auf die x Spiralen vertheilt ist, so dass die Intensität i_{II} in einem jeden der x Drähte

$$i_{II} = \frac{i}{x} = \frac{\frac{xE}{xw + \frac{r}{x}}}{x}$$

$$i_{II} = \frac{xE}{x^2 w + r}$$

wird, und sich nun als Magnetismus m_{II} ergiebt:

$$m_{II} = \frac{xE}{x^2\, w + r} . n.$$

d. Verbinden wir ferner die gegebenen x Elemente neben einander, oder wie man es nennt, zu einem Element, dagegen die Spiralen hinter einander, so wird der Widerstand in der Säule $\frac{1}{x}$ des vorhergehenden, wogegen der Widerstand in dem Drahte x mal so gross als zuvor, $= x\,r$ wird, so dass sich nun als Stromstärke i_{III} ergiebt,

$$i_{III} = \frac{E}{\frac{w}{x} + x\,r}$$

$$= \frac{xE}{w + x^2 r}$$

und mithin der Magnetismus

$$m_{III} = \frac{xE}{w + x^2 r} . n.$$

e. Werden endlich die Spiralen wie die Elemente neben einander verbunden, so erhalten wir ausserdem als Widerstand des Schliessungsbogens $\frac{r}{x}$, und daher als Stromstärke

$$i = \frac{E}{\frac{w}{x} + \frac{r}{x}}$$

$$= \frac{x\,E}{w + r}.$$

Da aber diese Stromesintensität in x Spiralen vertheilt ist, so kommt auf eine jede der Spiralen $\frac{i}{x}$, d. h.

$$i_{IV} = \frac{E}{w + r}$$

und der Magnetismus

$$m_{IV} = \frac{E}{w + r}\,n.$$

3. Vergleichen wir die fünf hier erhaltenen Werthe, so finden wir, dass drei derselben gleich werden, nämlich i, i_{I} und i_{IV}, wogegen sich die in c und d aufgeführten Werthe von diesen und untereinander unterscheiden. Das Ohm'sche Gesetz giebt also, da ja die in einer jeden Drahtwindung wirkende Stromstärke nur mit der Anzahl der Windungen multiplicirt zu werden braucht, um den Werth für den erregten Magnetismus zu geben, einen Ausdruck für die Intensität des Magnetismus in jedem einzelnen Falle dieser Art. Dieser Magnetismus ist unter den hier gegebenen Bedingungen entweder:

$$\frac{E}{w + r}\,n, \text{ oder } \frac{x\,E}{x^2\,w + r}\,.\,n, \text{ oder } \frac{x\,E}{w + x^2\,r}\,.n.$$

Formt man diese drei Werthe so um, dass ihre Verschiedenheit nur im Nenner liegt, nämlich

$$\frac{E}{w + r}\,n, \text{ oder } \frac{E}{x\,w + \frac{r}{x}}\,n, \text{ oder } \frac{E}{\frac{w}{x} + x\,r}\,.\,n,$$

so erkennt man daraus, in welchem Falle, nach dem früher bewiesenen Satze, **dass das Maximum der Wirkung erreicht wird, wenn der Widerstand in der Säule gleich dem des Leiters ist**, die eine oder die andere Combination vortheilhafter sein muss.

4. Unter den beiden hier erhaltenen, von dem ursprünglichen abweichenden Fällen, haben Henry und Ten Eyck den unter d ausgeführten Fall angewandt, denn das Ohm'sche Gesetz lehrt, dass es der noch mögliche unter b nicht gewesen sein kann, da durch ihn derselbe Magnetismus wie zuerst hervorgerufen worden wäre.

Die Beobachtung von Henry und Ten Eyck sagt also nichts anderes, als dass bei ihrem Versuch, wo die Anzahl der Spiralwindungen $r = 72$ angenommen werden mag, $x = 9$, also die Anzahl der Windungen $n = 648$ war, w und 72 weniger von einander differirten, als $\frac{w}{9}$ und 9.72. Da nun die Tragkraft fast dem Quadrat des freien oder erregten Magnetismus proportional ist, so muss der freie Magnetismus den Wurzeln der erhaltenen Tragkraft proportional sein, wir können also setzen:

$$\frac{E}{w+72}.648 = \sqrt{650}$$

$$\frac{E}{\frac{w}{9}+648}.648 = \sqrt{145}.$$

Hiernach ergiebt sich als freier oder erregter Magnetismus, wenn wir das Verhältniss etwas grösser nehmen als das der Wurzeln der Tragkräfte, 30 und 12, d. h.:

$$\frac{E}{w+72}.648 = 30$$

$$\frac{E}{\frac{w}{9}+648}.648 = 12.$$

Aus diesen beiden Gleichungen erhält man w ziemlich genau $= 196$, so dass also in dem ersten Falle der Magnetismus $\frac{648}{196+72}\,E = \frac{162}{67}\,E$, und im zweiten Falle $\frac{648}{\frac{196}{9}+648}\,E = \frac{1458}{1507}E$ sein musste.

5. Aus den beiden Nennern $196 + 72$, und $\frac{196}{9} + 648$ geht unter der Voraussetzung, dass jede Spirale 72 Windungen hatte, hervor, dass die Experimentatoren auch in dem ersten Falle, wo sie 650 ℔ Tragkraft erhielten, noch nicht das Maximum hatten, das unter den gegebenen Bedingungen zu erreichen gewesen wäre. Hätten sie z. B. die neun Elemente zu

einem verbunden und dabei diesen Strom durch je drei Spiralen zugleich geleitet, so wäre der Widerstand in der Säule $\frac{w}{9}$ und der in dem Leiter $\frac{r}{3}$ geworden. Die Stromstärke wäre alsdann ausgedrückt durch

$$i = \frac{E}{\frac{w}{9} + \frac{r}{3}}.$$

Da nun aber für diesen Fall der Strom gleichzeitig drei solcher je drei Spiralen durchfliessen musste, so wäre die Stromstärke in jeder Windung gewesen

$$i = \frac{\frac{E}{\frac{w}{9} + \frac{r}{3}}}{3} = \frac{E}{\frac{w}{3} + r},$$

und daher der Magnetismus

$$m = \frac{E}{\frac{w}{3} + r} \,.\, 648 = \frac{648}{65 + 72} E = \frac{162}{34} E,$$

also etwa doppelt so gross als zuvor.

In dieser Darlegung finden denn auch die Beobachtungen von Hare ihre Erklärung, welche ergeben, dass ein Zinkstreifen von 17 Fuss Länge und einem halben Zoll Breite wirksamer war als 80 Fuss umsponnener Kupferdraht.[1])

Es geht aus diesen Beispielen hervor, dass alle Fragen über die Wirkung einer verschieden vertheilten Menge von Kupferdraht Hinsichts der Magnetisirung der Spiralen ihre Lösung durch das Ohm'sche Gesetz finden.

§. 7.

Anziehung der Spirale.

1. Nach Ampère wird eine Magnetnadel durch einen galvanischen Strom stets so gerichtet, dass eine in und mit dem Strome schwimmende menschliche Figur, wenn sie das Gesicht der Nadel zuwendet, stets linker

[1]) Gehler's Wörterbuch VI. pag. 702.

Hand den Nordpol hat. Aus diesem Satze folgt das Gesetz, in welcher Weise ein Spiraldraht einen in seiner Axe befindlichen Eisenstab magnetisirt. Da wir nämlich die Moleküle eines Eisenstabes als drehbare Magnete betrachten, so werden dieselben gleich der Magnetnadel im Eisenstabe gedreht, so dass sie ihre Südpole nach der Seite richten, auf welcher der Strom in eine Spirale eintritt, sobald er durch dieselbe in der Richtung der Bewegung des Zeigers der Uhr vom Beobachter sich entfernend strömt.

Die Spirale zieht einen Stahlmagneten, sobald man ihn derselben in der Richtung ihrer Axe mit dem entsprechenden Pole nähert, in sich hinein. Nähert man ihr in gleicher Weise einen Stab aus weichem Eisen, so magnetisirt sie denselben in der oben angegebenen Weise und muss dann ebenfalls anziehend auf ihn wirken. Da jede einzelne Windung in gleicher Weise wirkt, so wird der Eisenstab so weit in die Spirale hineingezogen werden, bis die Abstossung des anderen Poles der Anziehung dieses das Gleichgewicht hält. Dies findet aber statt, wenn der mittlere Querschnitt des Stabes mit dem der Spirale zusammenfällt. In dieser Stellung hat der Eisenstab eine stabile Gleichgewichtslage. Die Kraft, mit der er in dieser Lage gehalten wird, ist gleich Null, sie wächst bei Entfernung aus derselben zu einem Maximum an, und wird bei fortgesetzter Entfernung wieder geringer. Die Stellung, in welcher der Stab von der Spirale das Maximum der Anziehung erfährt, richtet sich nach der Länge der Spirale im Verhältniss zur Länge des Stabes.

Die Kraft, mit welcher der Stab in jeder Stellung zur Spirale, ausser in der der Gleichgewichtslage gehalten wird, muss einerseits der magnetisirenden Kraft und andererseits dem Magnetismus des Stabes proportional sein. Da nun aber der Magnetismus des Stabes ebenfalls von der magnetisirenden Kraft abhängig, und, wie wir bereits wissen, dieser proportional ist, so muss die Anziehung der Spirale dem Quadrate der magnetisirenden Kraft proportional sein. Da ferner die magnetisirende Kraft gleich ist dem Produkt aus Stromstärke und Windungszahl der Spirale, so folgt daraus, dass bei gleicher Windungszahl der Spirale die Anziehung sich verhalten muss wie das Quadrat der Stromstärke, und bei gleicher Stromstärke wie das Quadrat der Windungszahl.

2. Behufs des Vergleichs der Wirkung einer galvanischen Spirale auf einen Stab aus weichem Eisen führen wir vor dem experimentellen Nachweis der oben gemachten Schlüsse die Versuche v. Feilitzsch mit einem Stahlmagneten an.[1])

[1]) Karsten, Encyclopädie. Ueber Elektromagnetismus, §. 12, Nr. V. pag. 81.

Ein kleiner cylindrischer Magnetstab, 101^{mm} lang, 20,3^{mm} im Umfang und 23,678 Gramme schwer, mit abgerundeten Polflächen, wurde mit senkrechter Axe und mit nach oben gewandtem Nordpol an einer empfindlichen Waage aufgehangen und tarirt. Unter dem Magneten stand eine senkrechte Spirale von 126 Windungen, 295^{mm} Länge und 129^{mm} Durchmesser. Die Stromstärke betrug 15^{0} Ablenkung an der Tangentenbussole. Wurde obiger Magnet immer tiefer in die Spirale gesenkt, so nahm die Anziehung zu, bis etwa die Mitte des Magneten in der Ebene der oberen Windung der Spirale lag; von da an nahm sie wieder ab und wurde Null, wenn die Mitten beider zusammenfielen. Die an den verschiedenen Punkten erhaltene Anziehung stellt folgende Tabelle dar:

Abstand der Mitte des Magneten von der Mitte der Spirale in Centimetern.	Anziehung in Milligrammen.
18,7	190
17,7	290
16,7	382
15,7	457
14,7	493
13,7	494
12,7	474
10,7	313
8,7	115
6,7	32
4,7	16
2,7	11
0,7	2

Bei 14,7 befindet sich die oberste Windung der feststehenden Spirale, bei welcher, wie schon bemerkt, das Maximum der Anziehung stattfindet.

3. Um die Stärke der Anziehung bei verschiedenen Strömen zu vergleichen, erhielt v. Feilitzsch den Magneten ungefähr in der Stellung, in welcher er das Maximum der Anziehung erfährt. Es zeigten sich folgende Kräfte:

Stromstärke $= s$.	Anziehung $= m$.	$\frac{m}{s}$	Berechnete Anziehung $= m'$.
0,1682	325	1,93	324
0,2698	525	1,95	529
0,3699	738	1,99	739
0,4589	927	2,02	931
0,5832	1220	2,09	1209
0,8098	1744	2,15	1743

Aus diesen Reihen erhellt, dass die Anziehung zwischen einem Stahlmagneten und einer Spirale fast den Stromstärken proportional ist. Das Wachsen des Verhältnisses in der Colonne $\frac{m}{s}$ wird dadurch hervorgerufen, dass der Stahlmagnet, wie Lenz und Jakobi nachgewiesen haben,[1]) immer noch Magnetismus annimmt, welche Zunahme dann dem Quadrate der Stromstärke proportional ist, so dass sich eine genügende Uebereinstimmung der Rechnung mit den gemessenen Gewichten herausstellt, wenn man annimmt, dass die Stromstärke zu den Gewichten in der Relation der Formel

$$as - bs^2 = m$$

steht, wo a und b Constanten bedeuten. v. Feilitzsch hat daher aus den Stromstärken die Gewichte nach der Formel

$$1{,}868\ s + 0{,}35\ s^2 = m^1$$

berechnet, und so die in der vierten Colonne gegebenen Werthe erhalten, welche die Richtigkeit der aufgestellten Behauptung darthun. Wir sehen mithin aus diesen Versuchen, dass die Anziehung zwischen Stahlmagnet und Spirale zwar zum grössten Theile der Stromstärke einfach, dass aber ein kleiner Theil dem Quadrate derselben proportional ist.

4. Auf dieses Prinzip der Anziehung eines Magneten durch eine galvanische Spirale ist die Becquerel'sche Waage gegründet,[2]) welche Lenz und Jakobi bei ihren Untersuchungen als Strommesser benutzten. Die Beschreibung derselben giebt der Erfinder selbst folgendermassen:

„Man nehme eine Probirwaage, die noch für ein Bruchtheil eines Milligrammes einen Ausschlag giebt, hänge an jedes Ende des Balkens mittelst einer senkrechten Stange eine Schale und einen Magnetstab, mit dem Nordpol nach unten, und befestige darunter, durch ein geeignetes Gestell, zwei Glasröhren von solcher Weite, dass die beiden Magnete hineintreten können, ohne die Wände zu berühren. Um jede dieser Röhren wickle man einen mit Seide besponnenen Kupferdraht, so dass zehntausend Windungen gebildet werden.“ Leitet man durch diese Windungen, sobald sich die Magnetstäbe in den Axen derselben befinden, einen Strom, so werden die Magnete in die Spiralen hineingezogen oder herausgestossen, je nach der Richtung des Stromes. Richtet man nun das eine Gewinde so ein, dass es den Magneten hineinzieht, während das andere den über sich

[1]) Pogg. Ann. 47 pag 237 u. ff. [2]) Ebendas. 42 pag. 307.

befindlichen abstösst, so müssen sich die Wirkungen auf beide Magnete addiren.

So beschreibt im Ganzen der Erfinder selbst seinen Apparat, allein es ist nicht recht erklärlich, wie er mit dem so eingerichteten Instrument genügende Messungen veranstalten konnte. Kommt nämlich beim Beginn des Stromes der Waagebalken aus dem Gleichgewicht, so muss sich die Anziehung des einen Magneten vergrössern und der Waagebalken sich immer mehr nach der Seite hinneigen, auf welcher die Anziehung stattfindet. Steht der Waagebalken, während der Strom thätig ist, horizontal, so findet nicht stabiles, sondern labiles Gleichgewicht statt.

Lenz und Jakobi, die bei ihren Untersuchungen sich zur Messung der Stromstärke der Becquerel'schen Waage bedienten, haben dieselbe in geeigneter und praktischer Weise abgeändert. Sie stellen in Folgendem das eben kurz bemerkte in ausführlicher Weise ins Licht, indem sie sagen:[1])

„Es ist leicht einzusehen, dass auf diese Weise (wenn nämlich beide Spiralen unter den aufgehängten Magneten stehen, und die eine anzieht und die andere abstösst) kein stabiles Gleichgewicht eintreten kann; denn Oscillationen des Waagebalkens sind nicht zu vermeiden, ja nothwendig; sobald nun diese nach der Seite der Anziehung hin gerichtet sind, nimmt die abstossende Kraft ab und die anziehende Summe wird wegen der eigenthümlichen Natur der magnetischen Action, die mit der Abnahme der Distanzen rasch wächst, grösser als das Gegengewicht, und der Waagebalken muss nach der Seite der Anziehung ausschlagen. Bei der Oscillation nach der Seite der Abstossung dagegen nimmt die Kraft zwar auch zu, aber in entgegengesetzter Richtung der Bewegung, wodurch das System in die Lage des Gleichgewichts wieder zurückgeführt wird. Ein Messen nach der Becquerel'schen Einrichtung ist daher nur ein Zufall, und allenfalls zu erklären, wenn die zu messenden Kräfte so gering sind, dass die Zunahme derselben, welche einem sehr kleinen Ausschlage des Waagebalkens entspricht, sich innerhalb der Gränze der stattfindenden Reibungen hält. Es müssen daher, um messen zu können, auf beide Enden des Waagebalkens abstossende Kräfte wirken und denselben nach gleicher Richtung sollicitiren, weshalb der eine Magnetstab sich über, der andere sich unter der elektromagnetischen Spirale befinden muss. Nur bei dieser Anordnung können die Oscillationen zu einem vollkommen stabilen Gleichgewicht führen, da die Kräfte immer in den den Amplituden entgegengesetzten Richtungen zunehmen."

[1]) Pogg. Ann 47 pag. 227.

Die Messungen werden nun nach dem Satze, dass die Magnete im Verhältniss der Stromesintensitäten abgestossen werden, in der Weise angestellt, dass auf die gehobene Waageschale so lange Gewichte aufgelegt werden, bis der Balken wieder horizontal hängt. Die zur Tarirung nöthigen Gewichte geben dann direkt das Verhältniss der angewandten Ströme.

Was früher in Bezug auf die verschiedenen Drähte beim Multiplicator gesagt ist, gilt auch für die Becquerel'sche Waage. Man bedarf für nicht eben schwache Ströme ganz anderer Drahtrollen als für starke, und nichtsdestoweniger hemmen dieselben immer noch den Strom. Nur bei Versuchen mit sehr starken Strömen, welche sehr grosse Magnete herstellen, dürfte die genannte Waage den Vorzug vor der Tangentenbussole haben, weil sie viel weniger von den in ihrer Nähe befindlichen starken Magneten afficirt wird, als die frei schwebende Nadel der Tangentenbussole. Bei meinen Versuchen mit 3' langen und 6 — 8'' dicken Magneten war ich z. B. nicht im Stande, bei einer 20' grossen Entfernung der Bussole von dem nächsten Magneten, den angewandten Strom mittelst der Tangentenbussole zu messen, wenn derselbe zugleich durch die Spirale der Magnete lief, weil diese immer noch stark auf die Nadel einwirkten.[1])

5. Nach einer ebenfalls auf der magnetischen Anziehung einer Spirale beruhenden Methode, welche von der der Becquerel'schen Waage abweicht, misst v. Feilitzsch die Intensität des galvanischen Stromes. Er sagt darüber selbst am Schlusse seiner Abhandlung:[2])

„Wenn nun die hier angegebene Methode, elektrische Ströme zu messen, auf einige Genauigkeit Anspruch machen darf, so hat sie nichts destoweniger die grossen Nachtheile der Unbequemlichkeit in der Beobachtung, der Weitläufigkeit der Rechnungen und des geringen Umfanges der messbaren Stromstärken.“ Die Methode besteht darin, dass auf einem Maassstabe, der in der Mitte den Nullpunkt trägt, über welchem eine Magnetnadel an einem Coconfaden hängt, auf der einen Seite eine galvanische Spirale und auf der andern ein Stahlmagnet sich befinden. Beide kehren denselben Pol der zwischen beiden befindlichen Magnetnadel zu und lenken sie mithin nach entgegengesetzten Seiten ab. Kennt man nun die Intensität des Stahlmagneten und verschiebt denselben so lange, bis die Nadel auf Null ihres Theilkreises steht, so lässt sich aus der Entfernung dieses von dem Mittelpunkt der Nadel auf die Intensität des Magnetismus der Spirale schliessen. Da nun der eine Spirale durchfliessende galvanische Strom dem Magnetismus derselben proportional ist, so ergiebt die Entfernung des

[1]) Pogg. Ann. 94 pag. 584 [2]) Ebendas. 80 pag. 34.

Stahlmagneten die angewandte Stromstärke. Bei der Berechnung dieses Werthes war erforderlich, dass v. Feilitzsch die Lage der Pole des Magneten kannte. Er gelangt dazu auf dem nachstehendem, von ihm selbst beschriebenem Wege:[1])

„Die grösste Schwierigkeit, welche sich bei Berechnung der beobachteten Werthe von r und ϱ (die Entfernungen der Mitte des Stahlmagneten wie der galvanischen Spirale von der Mitte der Magnetnadel) darbot, war die Bestimmung der Lage der Pole. Für die elektrische Spirale liegen die Pole nach der Ampère'schen Theorie an den Enden derselben, oder vielmehr in der Mitte der Ebene, welche durch die Axe des Drahtes der letzten Spiralwindung gelegt werden kann. — Die Pole des Stahlmagneten wurden durch folgende Proben bestimmt:

„Einmal stellte ich eine um ihren Schwerpunkt bloss in einer Ebene bewegliche Magnetnadel von 140 Millimeter Länge so auf, dass sie dem Einfluss des Erdmagnetismus entzogen war. Wurde ihr der Stabmagnet in der Ebene ihrer Bewegung angenähert, so zeigte ihre Achse den Nordpol des Stabes in einer Ebene, die von dem Ende 4 Millimeter entfernt ist, und den Südpol in einer Ebene, die von der anderen Endfläche 5^{mm} absteht. Ferner hing ich an möglichst dünne Seidenfäden zwei kleine nur 3^{mm} lange aus Nähnadelpartikeln gefertigte Magnetchen so auf, dass die Fäden in den Oehren der Nadeln befestigt waren, und diese somit, dem Einflusse des Erdmagnetismus ebenfalls entzogen, senkrecht herabhingen. Die entgegengesetzten Pole beider Stäbchen waren nach unten gekehrt. Hinter denselben war eine Tafel mit senkrechten Linien bezeichnet aufgestellt. Wurde nun der Stabmagnet unter diese Nadeln gelegt, so wurden dieselben und mit ihnen die Fäden aus der lothrechten Linie abgelenkt. Wurden aber die Aufhängepunkte dieser Fäden so lange verschoben, bis die Fäden sich genau auf zwei senkrechten Linien der hinteren Tafel projicirten, so zeigten die Nadeln ebenfalls nach denselben Ebenen, wie die im ersten Versuche erwähnte astatisch aufgehangene Magnetnadel. Hiernach glaubte ich mich gerechtfertigt, den Nordpol des Stabes in die Mitte einer Ebene, welche 4^{mm} und den Südpol in die Mitte einer Ebene zu verlegen, welche 5^{mm} von den resp. Endflächen abstehen."

6. Die ersten wissenschaftlichen Untersuchungen über die Anziehung, welche zwischen einer elektrischen Spirale und einem in ihrer Axe befindlichen Stabe aus weichem Eisen stattfindet, wurden erst in neuester Zeit von Hankel unternommen.[2]) Zwei Spiralen von 74^{mm} mittleren Durch-

[1]) Pogg. Ann. 78 pag. 29. [2]) Bericht der sächsischen Gesellschaft der Wissenschaften 1851, II. pag. 78.

messer und 91,2^{mm} Länge wurden theils einzeln, theils gleichzeitig über verschiedene Punkte eines vertikal stehenden Eisenkernes gestellt, so dass dieser sich in der Axe der Spiralen befand. Die Kraft, die beide Theile, die Spiralen und den Eisenkern, connaxial zu verschieben suchte, ward dadurch bestimmt, dass entweder eine oder auch beide Spiralen, oder endlich der Eisenkern selbst an einer Waage aufgehangen, und das Gewicht gesucht wurde, welches nöthig war, um dieser Kraft das Gleichgewicht zu halten. Wenn die Spiralen an der Waage hingen, so tauchten ihre Drahtenden in Queksilbergefässe, in welche der Strom geleitet war.

Hankel mass zunächst die Kraft, mit der eine der genannten an der Waage aufgehängten Spiralen auf einem vertical gestellten Eisencylinder von 815^{mm} Länge und 29,7^{mm} Durchmesser hinaufgezogen wurde, während die Spirale Ströme von verschiedener Intensität durchflossen. Es ergaben sich folgende Gewichte.

Logarithmen der Stromstärken.	Anziehung in Grammen.	Halbe Summe.	Halbe Differenz.
0,6127—1	97,05 91,75	94,4	2,65
0,3471—1	29,21 25,91	27,56	1,65
0,5535—2	0,85 0,40	0,62	0,22

Setzt man die Wirkung des stärksten Stromes = 1, so erhält man als Verhältniss der halben Summen zu den Stromstärken folgende Werthe.

Stromstärken	1,00	0,540	0,081
Wurzel der halben Summen	1,00	0,542	0,087.

Die zu jeder Stromstärke angegebenen doppelten Werthe sind durch Umkehrung des Stromes in der Spirale erhalten, so dass die unter der Rubrik „halbe Differenz" verzeichneten Gewichte der Wirkung der Spirale auf den durch den Erdmagnetismus hervorgerufenen Magnetismus des Eisenstabes entsprechen. Setzt man auch hier die Stromstärke und die Belastung bei dem ersten Versuche = 1, so werden die Verhältnisse

der Stromstärken	1,00	0,540	0,081
der halben Differenzen	1,00	0,621	0,083.

Wir sehen aus diesen Verhältnissen, dass die Kraft, mit der ein Eisenkern, dessen Axe mit der der Spirale zusammenfällt, in dieselbe hineingezogen wird, proportional ist dem Quadrat der magnetisirenden Stromstärke.

Dagegen zeigt die andere Reihe, dass die durch den Erdmagnetismus hervorgerufene Anziehung dem Strome einfach proportional ist.

Dieser letzte Satz ist dem früher bei Stahlmagneten gefundenen analog. In beiden Fällen tritt nämlich nicht die Art der Wechselwirkung ein, welche vorhanden ist, wenn die galvanische Spirale in Folge ihrer eigenen Wirkung auf den Kern angezogen wird. Erhält der Eisenstab durch irgend welchen anderen Einfluss einen constanten Magnetismus, so muss die anziehende Kraft diesem Magnetismus proportional sein, weil derselbe nicht verstärkend auf die Spirale wirkt, während in dem Falle, wo der Magnetismus durch die Spirale hervorgerufen wird, derselbe bei Verstärkung des Stromes nicht constant bleibt, sondern diesem proportional zunimmt. Die Anziehung wächst also dann sowohl durch den Kern als durch die Spirale, d. h. die Anziehung ist dem Quadrate des Stromes proportional.

7. Hankel änderte hiernach seine Versuche in der Weise ab, dass er ausser der bisher angewandten Spirale den Kern noch mit einer feststehenden Spirale umgab und diese auf der Länge des Kernes in verschiedene Lagen brachte. Der Strom durchlief jetzt beide Spiralen nach einander. Auch für diesen Fall erhielt er den obigen entsprechende Resultate. So dass hiernach der Satz bewiesen ist:

„Die Kraft, mit der ein Eisenkern in der Axe einer galvanischen Spirale von derselben angezogen wird, ist dem Quadrate des Stromes proportional, welcher die Spirale galvanisirt."

Nach diesen Versuchen war es ausser Zweifel, dass die Anziehung auch dem Quadrate der Anzahl der Windungen der galvanischen Spirale proportional sei. Ich habe diesen Satz experimentell geprüft und die Richtigkeit desselben gefunden, so dass hiernach sich ergiebt:

„Die auf einen Eisenkern geübte Anziehung verhält sich wie die Quadrate der magnetisirenden Ströme, multiplicirt mit dem Quadrate der Windungszahl der wirkenden Spiralen."

8. Hankel mass nun ferner die Kraft, mit welcher die Spirale in verschiedenen Entfernungen von der Mitte des Eisenkernes auf demselben gehalten wurde. Er erhielt die nachstehenden Resultate:

Entfernung der Mitte der Spiralen vom Ende des Kernes in Millimetern.	Logarithmen der Stromstärken.	Anziehung.	Reducirt auf die Stromstärke 1°.
— 31	0,1612—1	2,27	0,033
— 0	0,1654—1	7,14	0,101
+ 28	0,2273—1	15,5	0,166
51	0,6127—1	94,4	0,171
73	0,1919—1	11,98	0,151
91	0,1927—1	10,3	0,129
131	0,1951—1	8	0,099
211	0,1951—1	4,95	0,061
251	0,2389—1	4,45	0,045
291	0,1959—1	2,8	0,035
371	0,1967—1	0,96	0,012

Fig. 57.

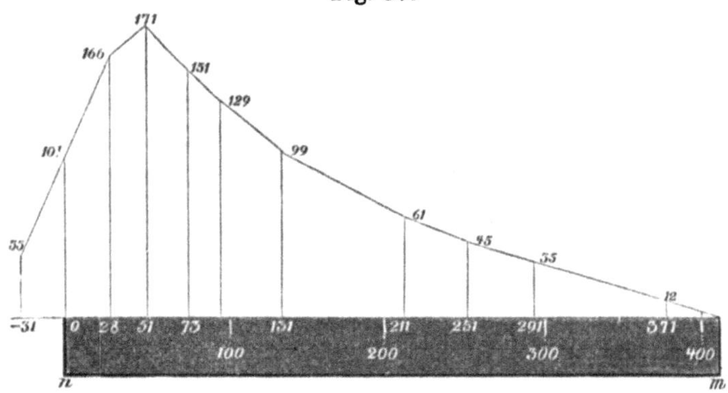

Stellt nm Fig. 57 die halbe Länge des Magnetkernes dar = 407,5^{mm} und betrachtet man diese Länge als Abscissenaxe, auf der die in den einzelnen Punkten erhaltenen Anziehungskräfte als Ordinaten aufgetragen sind, so erhält man obige Curve. Das Maximum der Anziehung zeigte sich, wenn die Mitte der Spirale 51^{mm} vom Ende des Magneten entfernt war, so dass also der obere Rand der Spirale, welche 91,2^{mm} lang ist, etwa in derselben Ebene mit dem Ende des Eisenkernes lag.

Die Lage des Maximums der Anziehung richtet sich in jedem Falle nach der Länge des Magnetkernes, wie nach der der Spirale. Während nämlich Hankel mit einem etwa $2^1/_2{}'$ langen Stabe das Maximum der Anziehung so weit auf dem Kerne hinauf findet, dass derselbe noch ganz durch die Spirale hindurch reicht, habe ich bei meinen Messungen, wo ich $^1/_2$ und 1 Fuss langė Magnete anwandte, das Maximum in einer Stellung der $1^3/_4''$ langen Spirale gefunden, bei welcher der Kern nur $^3/_4$ bis $^4/_5$ der ganzen Spirallänge in die Spirale hineinreichte.[1])

Dass das Verhältniss der Länge des Kernes zur Spirale von Einfluss auf die Stellung ist, in welcher die Spirale das Maximum der Anziehung zeigt, beweist ein zweiter Versuch Hankel's, bei welchem er eine doppelt so lange Spirale von doppelter Windungszahl anwendet. Er erhält in diesem Falle die folgende Versuchsreihe:

Entfernung der Mitte der Spiralen vom Ende des Kernes in Millimetern.	Logarithmen der Stromstärken.	Anziehung.	Reducirt auf die Stromstärke 1°.
— 29	0,0702—1	8,50	0,187
+ 9	0,0765—1	13,05	0,279
+ 72	0,1186—1	20,77	0,525
89	0,1205—1	30,80	0,539
103	0,1214—1	29,57	0,515
146	0,1195—1	23,35	0,411
263	0,1176—1	10,70	0,190

Die der Zeichnung Fig. 58 (s. pag. 192), beigefügte Curve der vorigen Versuchsreihe zeigt anschaulich, wie zwar bei doppelt so langer Spirale das Maximum der Anziehung der Mitte des Kernes näher liegt, dass jedoch diese Annäherung an die Mitte des Magneten keinesweges der Länge der wirkenden Spirale proportional ist. Denn während bei der kurzen Spirale der Kern noch $5{,}8^{mm}$ über den oberen Rand derselben hinausreicht, bleibt er in diesem Falle noch $2{,}2^{mm}$ unter demselben, so dass sich zwischen den beiden Maximumsstellungen der verschieden langen Spiralen eine Differenz von 8^{mm} herausstellt. Diese Versuche mit den von mir gemachten Beobachtungen zusammengehalten, führen zu dem Satze:

Bei dem Maximum der Anziehung zwischen einer galvanischen Spirale und einem Stabe aus weichem Eisen, reicht dieser letztere um so weiter in jene hinein, je länger er im Verhältniss zu derselben ist.

In dem später folgenden Abschnitte über die Form der Elektromagnete finden sich noch Messungen über die Wirkung einer vom galvanischen Strome durchflossenen Spirale, deren Resultate erst nach Besprechung der dabei angewandten Magnetform gegeben werden können.[2])

[1]) Pogg. Ann. 90 pag. 258. [2]) Abschnitt VIII. §. 2.

Fig. 58.

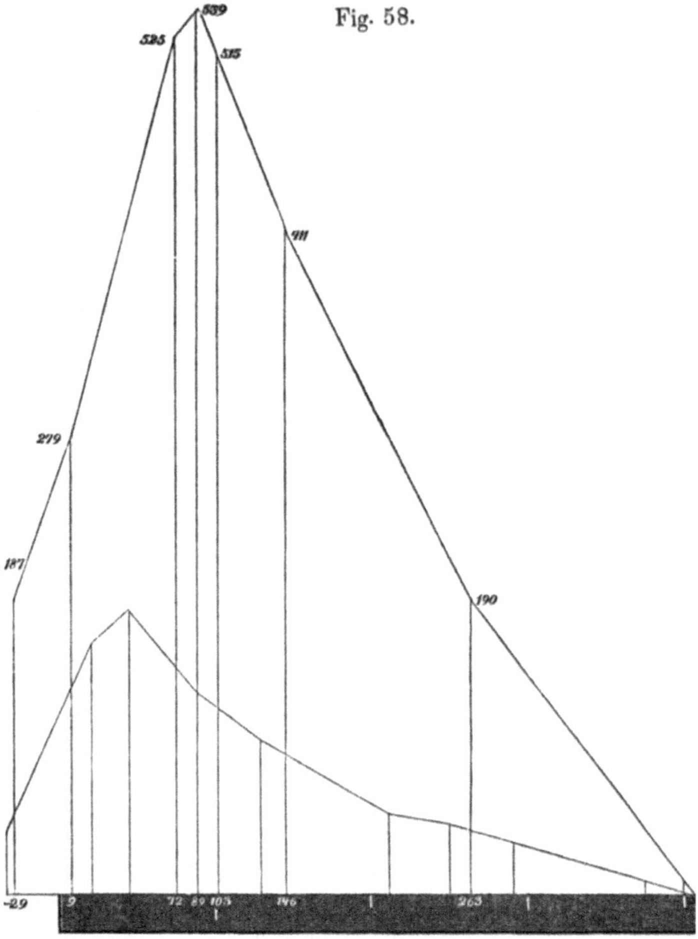

Als Resultat der Untersuchungen in Bezug auf die magnetisirende Wirkung der Spirale ergeben sich folgende Sätze:

1. Die Substanz und die Dicke des Spiraldrahtes ist bei gleicher Stromstärke ohne Einfluss auf den Magnetismus.

2. Die Menge des in einem genügend langen Stabe erregten Magnetismus ist von der Weite der Spiralwindungen unabhängig.

3. Der freie Magnetismus nimmt mit der Weite der Windungen etwas ab.

4. Der erregte wie der freie Magnetismus sind der Anzahl der Spiralwindungen proportional.

5. Die Anziehung ist dem Quadrate der Windungszahl proportional.

6. Die Tragkraft steht in etwas geringerem Verhältniss als das Quadrat der Windungszahl.

7. Der freie Magnetismus so wie Anziehung und Tragkraft nehmen mit der Annäherung einer constanten Spirale an den wirksamen Pol nur bis zu einer bestimmten Gränze zu. Der freie Magnetismus wird vermehrt, wenn die magnetisirende Kraft in der Mitte oder am wirksamen Ende des Kernes zusammengehäuft wird.

8. Anziehung und Tragkraft sind bei einem geraden Stabe dieselben, ob der Magnetkern auf seiner ganzen Länge mit der galvanischen Spirale bedeckt ist, oder ob die Windungen an **beiden Enden** aufgehäuft werden.

9. Anziehung und Tragkraft nehmen zu mit der Annäherung der Spiralen an beide Pole des Hufeisens.

10. Die Anziehung und Tragkraft zweier Eisenstäbe ist dieselbe, mag die Windungszahl einen oder beide Stäbe ihrer ganzen Länge nach bedecken; sie ist dem Quadrat der Summe der Spiralwindungen proportional.

11. Bei einer gegebenen Säule und einer gegebenen Drahtmasse erhält man das Maximum des Magnetismus, wenn man den Strom durch so viel Spiraldrähte gleichzeitig leitet, dass der Widerstand in der Säule gleich dem der Drahtleitung ist.

12. Die Kraft, mit der ein Stahlmagnet in eine Spirale hineingezogen wird, ist ziemlich genau der Stromstärke und der Windungszahl der galvanischen Spirale proportional.

13. Die Kraft, mit der ein weicher Eisenstab in der Axe einer galvanischen Spirale von derselben angezogen wird, ist dem Quadrate des Stromes, multiplicirt mit dem der Windungszahl der galvanischen Spirale, proportional.

VI. Abschnitt.

Ueber den Einfluss des Durchmessers des Eisenkernes

auf die Kraft

des Elektromagneten.

A. Der erregte und der freie Magnetismus.

§. 1.

Untersuchungen von Lenz und Jakobi.

1. Nachdem wir die Wirkung der magnetisirenden Kraft, nämlich des galvanischen Stromes und seines Trägers, der Spirale, kennen gelernt, wenden wir uns zu dem Einflusse, welchen die Dimensionen des erregten Eisenkernes auf die Intensität des Elektromagneten ausüben. Wir müssen in Bezug hierauf den Durchmesser des Kernes von der Länge desselben trennen, weil beide gesonderte Untersuchungen nöthig machen, und beginnen daher mit dem Durchmesser des Magnetkernes.

Die Versuche, welche in Bezug auf die Wirkung verschiedener Dimensionen des Eisenkernes vor der Kenntniss der Wirkung der Stromstärke und der Spirale angestellt waren, konnten zu keinem befriedigenden Erfolge führen, weil man stets so complicirte Erscheinungen erhielt, dass aus denselben durchaus keine Gesetzmässigkeit zu erkennen war, sondern die Resultate sich häufig ganz zu widersprechen schienen. Der Art sind die Resultate der Versuche von Dal Negro, Ritchie, Fechner und Anderen.

Lenz und Jakobi war es zuerst möglich, gründliche Resultate in Bezug auf die Wirkung des Kerndurchmessers zu erhalten, weil sie den oben genannten Einfluss der magnetisirenden Kraft zuvor festgestellt hatten. Sie bedienten sich bei ihren Untersuchungen Hinsichts des Durchmessers der Magnetkerne derselben Methode, welche früher beschrieben ist, indem sie den Einfluss des verschwindenden Magnetismus auf eine den Kern umgebende Inductionsspirale massen. Sie erhielten hierdurch den in Kernen von verschiedenem Durchmesser erregten Magnetismus. In Bezug auf die Schlüsse, welche sie von dem beobachteten erregten Magnetismus auf den freien der verschiedenen Kerne machen, sagen sie:

„Denken wir uns einen, entweder ganz oder nur zum Theil mit elektromagnetischen Spiralen bedeckten Eisenkern der Länge nach senkrecht auf die Axe in Schichten getheilt, so wird die totale Quantität des zerlegten magnetischen Fluidums der Summe der in den einzelnen Schichten zerlegten Magnetismen gleich sein. Es kommen also die derartigen Untersuchungen auf die Frage zurück über die wahre Vertheilung des Magnetismus in einem Elektromagneten, und auf die Quadratur der dem Gesetze dieser Vertheilung entsprechenden Curve. Es versteht sich, dass diese Untersuchung nicht zu verwechseln ist mit der von Coulomb zuerst unternommenen über die Vertheilung des freien Magnetismus in einem Magnetstabe. Bei diesen ist die Rede von der Wirkung des Magnetismus auf einen ausserhalb befindlichen Punkt, bei unsern Untersuchungen aber wollen wir den definitiven Zustand des Gleichgewichts, gewissermassen die Spannung kennen lernen, die durch die vertheilende Wirkung der magnetischen Partikel unter sich in jedem Querschnitt des Elektromagneten hervorgerufen wird. Es giebt, wie wir glauben, nur ein Mittel, diesen Zustand kennen zu lernen und wirklich zu messen, und dieses bietet nur unsere bisherige Anwendung der Inductionsströme dar, die wir erhalten, wenn wir das magnetische Gleichgewicht der Spannung aufheben und durch Unterbrechung des galvanischen Kreises den Magnetismus verschwinden lassen. Wir nehmen an, und unsere bisherigen Untersuchungen haben uns dazu berechtigt, „dass der gemessene Inductionsstrom proportional ist der ganzen Quantität des magnetischen Fluidums, welches an der unmittelbar unter der Inductionsspirale befindlichen Schicht zerlegt ist.“ [1])

Wenn nun diese Annahme zugegeben wird, so ist andererseits die Frage, ob denn nun der freie Magnetismus der Endflächen wieder diesem gemessenen Inductionsstrome proportional sei. Lenz und Jakobi sagen in Bezug darauf: [2])

„Da wir annehmen können, dass die totalen Quantitäten des entwickelten Magnetismus, die wir gemessen haben, auf die Oberfläche unserer Cylinder gleichartig verbreitet sind, so dass jedes Element der Oberfläche, das von der Grundfläche gleich weit entfernt ist, auch einen gleichen Magnetismus besitzt, so ist kein Grund vorhanden, warum nicht am Umfange dieser Grundflächen dasselbe stattfinden müsse. Wir können hierbei ganz von der

[1]) Pogg. Ann. 61 pag. 273. [2]) Ebendas. 61 pag. 263 und 264.

Art und Weise der Vertheilung abstrahiren, welche der Länge nach stattfindet, und da diese bei allen Cylindern gleich ist, auch annehmen, dass der freie Magnetismus der Ränder sich gleichfalls wie deren Durchmesser verhalten werde."

2. Später folgende Versuche werden zeigen, dass der von Lenz und Jakobi gemachte Schluss, der erregte Magnetismus, den der erhaltene Inductionsstrom angiebt, sei dem freien Magnetismus proportional, für den vorliegenden Fall (d. h. in Bezug auf den Durchmesser der Kerne) richtig ist.

Die experimentelle Prüfung des Verhältnisses des erregten Magnetismus zu dem Durchmesser der Magnetkerne unternahmen die Experimentatoren an 10 Eisenstäben von einem Fuss Länge und $^1/_6$'', $^1/_3$'', $^1/_2$'', $^2/_3$'', $^5/_6$'', 1'', $1^1/_2$'', 2'', $2^1/_2$'', 3'' Durchmesser,[1]) so dass also das Verhältniss der Durchmesser zu einander durch die Zahlen 1, 2, 3, 4, 5, 6, 9, 12, 15, 18 ausgedrückt ist.

Zur ersten Versuchsreihe, welche angestellt wurde, dienten zwei Drahtspiralen, die übereinander geschoben waren. Die unterste Spirale war auf den Eisencylinder von 3'' Durchmesser unmittelbar aufgeschoben; die Cylinder von geringerem Durchmesser waren von Holzhülsen umgeben, damit sie immer genau in der Axe der Spiralen erhalten würden. Die äussere Spirale wurde mit der Batterie, die innere mit dem Inductionsmultiplicator verbunden. Die Stärke des die Nadel ablenkenden und dem Magnetismus des Eisenkernes proportionalen magneto-elektrischen Stromes ist, wie man weiss, bei diesen Versuchen dem Sinus des halben Ablenkungswinkels proportional.

Die folgende Tabelle giebt die Resultate der so erhaltenen Messungen:

Kerndurchmesser in engl. Zollen.	Ablenkung am Multiplicator $= \alpha$.	Magnetismus $M = \sin \frac{\alpha}{2}$.
0	6^0 42'	0,05834
$^1/_6$	10 40,5	0,09302
$^1/_3$	16 45	0,14565
$^1/_2$	19 34,5	0,17000
$^2/_3$	23 10,5	0,20086
$^5/_6$	25 1,5	0,21665
1	26 58,5	0,23323
$1^1/_2$	35 24	0,30403
2	42 58,5	0,36630
$2^1/_2$	50 24	0,42577
3	60 45	0,50565

[1]) Pogg. Ann. 61 pag. 255.

Es ist vorn von Lenz und Jakobi der Nachweis geführt, dass bei weiten Windungen etwas von der Wirkung im Vergleich mit engen verloren gehe. Wenden wir dies auf die vorliegende Versuchsreihe an, so folgt für diese, dass die mit den dicken Stäben erhaltenen Resultate im Vergleich mit den bei dünneren Stäben sich ergebenden etwas zu gross ausfallen müssen. Die vorn angeführten Versuche zeigten, dass eine doppelt so weite Spirale bei der daselbst angewandten Länge der Kerne, etwa $^1/_{10}$ bis $^1/_{11}$ an ihrer Wirkung verliert.

Die erste Beobachtung mit dem Durchmesser $= 0$ wurde ohne Eisenkern angestellt und giebt die Induction, welche die galvanische Spirale für sich ausübt.

3. Eine zweite Beobachtungsreihe, deren Resultat die folgende Tabelle enthält, wurde mit den oben genannten Eisencylindern, aber so ausgeführt, dass die galvanischen Spiralen ihre respectiven Eisenkerne dicht umschlossen, und die mit dem Multiplicator verbundenen Inductionsspiralen unmittelbar darüber gewunden waren. Da aber letztere von verschiedener Länge waren, so hätte ihr Leitungswiderstand besonders ermittelt und auf die bekannte Weise in Rechnung gebracht werden müssen. Lenz und Jakobi zogen es aber vor, alle 10 Inductionsspiralen hintereinander zu einer fortlaufenden Kette zu verbinden, welche immer im magneto-elektrischen Kreise blieb, und so zusammen mit dem Multiplicator einen unveränderlichen Leitungswiderstand darbot. Die galvanischen Spiralen wurden aber eine nach der anderen mit der Batterie verbunden, und da sich nicht eine gleiche Anzahl Windungen auf allen Spiralen befand, so wurden die Effecte auf eine gleiche Zahl reducirt nach dem Satze, dass die Induction bei gleichen Strömen der Anzahl der Windungen proportional ist. Ist also die Windungszahl der Inductionsspirale $= m$, die der galvanischen $= n$, so ist $\frac{M}{m \,.\, n}$ die mittlere Wirkung von einer Windung der galvanischen und einer Windung der Inductionsspirale. Die vierte Colonne der folgenden Tabelle, welche nach der Formel $\alpha = 2\, arc \sin \frac{\alpha}{2} \cdot \frac{10000}{m\, n}$ berechnet ist, enthält daher die auf dieselbe Einheit gebrachten Ablenkungen, die man erhalten würde, wenn jede galvanische und jede Inductionsspirale gerade aus 100 Windungen bestanden hätte. Die fünfte Colonne enthält also nicht den unmittelbar beobachteten, sondern den auf die gleiche Anzahl Windungen reducirten Magnetismus der Eisenkerne.

Durchmesser der Kerne.	$m \cdot n$	beobachtet α.	corrigirt α'.	Magnetismus $M = \sin \frac{\alpha'}{2}$
$^1/_6$	8556	6^0 7',5	7^0 8'	0,06244
$^1/_3$	7482	11 40,5	15 38'	0,13603
$^1/_2$	7140	13 43,5	19 16'	0,16735
$^2/_3$	7482	17 45	23 48'	0,20620
$^5/_6$	6320	16 36	26 24'	0,22841
1	6806	19 31,5	28 52'	0,24914
$1^1/_2$	7140	26 15	37 6'	0,31803
2	6970	33 10,5	48 20'	0,40946
$2^1/_2$	6480	37 7,5	58 54'	0,49127
3	7482	49 7,5	67 30'	0,55558

Aus diesen Versuchsreihen ziehen Lenz und Jakobi den nicht begründeten Schluss, dass bei massiven Eisencylindern von gleicher Länge und von mehr als $^1/_3$'' Durchmesser, die durch galvanische Ströme von gleicher Stärke und durch Spiralen von einer gleichen Anzahl Windungen ertheilten Magnetismen den Durchmessern dieser Cylinder proportional seien. Unter Magnetismus ist hier, wie wir wissen, der erregte Magnetismus verstanden, welcher dem freien Magnetismus proportional ist.

§. 2.

Untersuchungen anderer Physiker.

1. Bei der Besprechung des Sättigungszustandes des Magnetismus im weichen Eisen haben wir der Formel Müller's erwähnt,

$$p = a\, d^{3/2} \operatorname{tg} \frac{m}{b\, d^2},$$

in welcher p die magnetisirende Kraft, m den Magnetismus, d den Durchmesser der Magnetkerne und a und b zwei Constanten bedeuten, welche aus den Versuchsresultaten sich ergeben. Aus dieser Formel folgt, dass, so lange $\operatorname{tg} \frac{m}{b\, d^2}$ nur einen kleinen Winkelwerth hat, p und m ziemlich nahe proportional sind, und man ohne merklichen Fehler

$$p = a\, d^{3/2} \frac{m}{d^2}$$

setzen kann, woraus denn folgen würde

$$m = \frac{p\sqrt{d}}{a},$$

d. h. so weit man den Stabmagnetismus der Stromstärke proportional setzen kann, ist der durch gleiche Ströme in verschiedenen Eisenstäben erzeugte Magnetismus der Quadratwurzel aus dem Stabdurchmesser proportional.

Unter erzeugtem Magnetismus versteht Müller den freien Magnetismus der Stäbe.

Dieser Satz steht, wie wir sehen, mit dem von Lenz und Jakobi aufgestellten in Widerspruch. Obgleich die späteren Versuche denselben als richtig herausstellen, so haben doch die von Müller aufgeführten noch keine beweisende Kraft, weil das $d^{3/2}$ seiner Formel nur angenommen und nicht experimentell nachgewiesen ist.[1])

2. In Uebereinstimmung mit Lenz und Jakobi behauptet v. Feilitzsch bei seinen Untersuchungen „über das Eindringen des Elektromagnetismus in weiches Eisen" den Satz bestätigt gefunden zu haben, dass die Magnetismen den Umfängen der Eisenkerne proportional seien.[2])

Die Untersuchungen von Feilitzsch sind in folgender Weise angestellt. Um den freien Magnetismus der Magnetkerne zu prüfen, nähert er der durch dieselben abgelenkten Magnetnadel von der entgegengesetzten Seite her einen Stahlmagneten so lange, bis die Nadel wieder auf Null steht, und schliesst dann aus der Entfernung, bis zu welcher er in jedem einzelnen Falle den Magneten nähern muss, auf die Intensität des Elektromagneten. Er prüft 6 Magnetkerne, deren Umfänge von $42{,}9^{mm}$ bis $94{,}9^{mm}$ wachsen, bei 6 verschiedenen Stromstärken, die von 0,11 bis 8,499 zunehmen.

Hierdurch erhält er die folgende Tabelle:

Umfang der Eisenkerne.	Magnetismus bei nachstehenden Stromstärken.					
	0,110	0,269	1,070	2,811	4,956	8,499
$42{,}9^{mm}$	0,150	0,383	1,555	4,138	7,429	12,194
54,9	0,182	0,465	1,806	4,848	8,715	14,470
67,6	0,216	0,540	2,129	5,656	10,226	16,891
79,2	0,247	0,618	2,397	6,424	11,585	18,850
90,7	0,276	0,690	2,693	7,339	13,003	21,259
94,8	0,285	0,717	2,792	7,471	13,399	21,956

Später (1851) veröffentlichte Hankel[3]) die schon vorn genannten Untersuchungen über die Kraft, mit der Eisenkerne in eine Spirale hinein-

[1]) Pogg. Ann. 79 pag. 340. [2]) Ebendas. 80 pag. 327.

[3]) Bericht der Gesellsch. d. Wissenschaften zu Leipzig, 1851, pag. 96 u. ff.

gezogen werden, aus denen hervorgeht, dass der freie Magnetismus den Wurzeln der Durchmesser der Eisencylinder proportional ist. Diese einander widersprechenden Sätze, so wie einige von mir gemachten Beobachtungen, veranlassten mich, ebenfalls Versuche in Bezug auf diese Frage anzustellen.[1])

§. 3.

Vergleich der vorangehenden Versuche mit anderen.

1. Ich unternahm die Prüfung des freien Magnetismus der geraden Elektromagnete mittelst zweier Methoden. Erstens wurde die Magnetnadel angewandt, welche durch die Tangente ihres Ablenkungswinkels direkt die Stärke des freien Magnetismus von Stäben misst, welche von Westen nach Osten, senkrecht auf den magnetischen Meridian so gelegt werden, dass der Mittelpunkt der Nadel in der Verlängerung der Längsaxe des Magnetkernes liegt.

Zweitens wurde der freie Magnetismus nach der von Hankel angewandten Methode gemessen, nach welcher der freie Magnetismus proportional der Kraft ist, mit der ein Kern in eine Spirale hineingezogen wird.

I. In welchem Verhältniss steht die Ablenkung einer Magnetnadel zum Stabdurchmesser?

Der Behufs dieser Messungen angewandte Apparat bestand in Folgendem.

Der Strom durchlief, von der Grove'schen Säule ausgehend, die Spirale des Magneten, die Tangentenbussole und den Widerstandsmesser. Der Magnet lag in der oben angegebenen Weise einer 1″ langen Magnetnadel gegenüber, welche auf einem kupfernen Zeiger von 6″ Länge an einem 1′ langen Coconfaden hängend sich über einem sorgfältig getheilten Kreise bewegte. Der Coconfaden hing in einem Glasrohr, welches auf einer Glasscheibe aufgekittet war, die den getheilten Kreis bedeckte. Die Tangentenbussole befand sich in einer solchen Entfernung vom Magneten, dass derselbe keine Aenderung in dem Stande ihrer Nadel hervorrief. Vor jeder Versuchsreihe ward der Einfluss der Spirale auf die Nadel ohne den Kern beobachtet. Die Weite der angewandten Spiralen variirte zwischen 1″ und $^1/_2$′, während Magnetkerne von $^1/_2$, 1 und 3 Fuss Länge und von $^1/_2$″ bis 6″ Durchmesser angewandt wurden.

Zunächst sind zwei Versuchsreihen unternommen mit einer 2″ weiten Spirale, in welche Kerne von 6″ und 12″ Länge eingeführt wurden.

[1]) Pogg. Ann. 90 pag. 248.

Stromstärke 19°, Kernlänge 6'', Entfernung des Magnetpoles von der Bussole 20''.

d	b	tg b	tg s	tg b — tg s	$\sqrt{d}$	$\frac{\text{tg } b - \text{tg } s}{\sqrt{d}}$
½''	7°	0,1227	0,0265	0,0962	1,414	68
¾''	8	0,1405		0,114	1,732	66
1''	10	0,1753		0,15	2	72
1½''	13	0,231		0,2	2,45	81
2''	16½	0,2962		0,27	2,828	95

Kernlänge 12'', Stromstärke 15°, Entfernung von der Bussole 20''.

d	b	tg b	tg s	tg b — s	$\sqrt{d}$	$\frac{\text{tg } b - \text{tg } s}{\sqrt{d}}$
½''	20°	0,364	0,035	0,33	1,414	24
¾''	24°	0,445		0,41	1,732	24
1''	27½	0,520		0,49	2	24,5
1½''	33½	0,661		0,63	2,45	26
2''	39	0,809		0,77	2,828	27

In diesen beiden Reihen bedeutet d den Kerndurchmesser, b die durch denselben erhaltene Nadelablenkung und s die Ablenkung der Nadel, welche durch die Spirale ohne Kern hervorgebracht wird. Die letzte Colonne giebt also das Verhältniss der Wirkungen der einzelnen Kerne zu den Wurzeln der Kerndurchmesser. Wir sehen, dass die Zunahme des Magnetismus mit wachsendem Kerne in beiden Reihen in grösserem Verhältniss als dem der Wurzeln der Kerndurchmesser stattfindet; allein man sieht auch, dass die Zunahme der Quotienten der letzten Colonne bei den 6'' langen Kernen bedeutender ist als bei den 12'' langen.

2. Wir haben bereits erwähnt, dass die Weite der Windungen von Einfluss auf die Magnetisirung des Kernes ist. Der Grund dieses Einflusses liegt in den Endwindungen der Spirale, welche um so weniger zur Wirkung kommen, je geringer der Kerndurchmesser im Verhältniss zu dem der Spirale ist. Man wird einsehen, dass diese Endwindungen um so mehr ins Gewicht fallen, je kürzer Spirale und Kern sind, dass mithin die Abweichungen bei den 6'' langen Kernen in höherem Grade als bei den 12'' langen hervortreten müssen.

Ist nun die den Kern nicht eng umschliessende Spirale der einzige Grund von der oben vorhandenen Abweichung, so muss dieselbe in zweien Fällen verschwinden. Einmal, wenn die Spirale den Kern eng umschliesst und zweitens, wenn der Kern und die Spirale so lang werden, dass der nicht zur Wirkung kommende Theil der Endwindungen gegen die übrigen verschwindet. Für den ersten Fall führe ich zunächst einen Versuch mit zweien Spiralen von 1" und 2" Weite an,[1]) in welche Kerne von denselben Durchmessern eingeführt waren.

Stromstärke 21°, Kernlänge 12", Entfernung von der Bussole 23".

d	b	tg b	tg s	tg b — tg s	$\sqrt{d}$	$\frac{\text{tg}\, b - \text{tg}\, s}{\sqrt{d}}$
1"	$34\frac{1}{2}°$	0,6873	0,018	0,6693	1,414	473
2"	45°	1	0,04366	0,9535	2	478

Diese Versuche zeigen das Verhältniss zwischen dem freien Magnetismus und den Wurzeln der Kerndurchmesser durchaus mit wünschenswerther Gleichheit.

3. Hieran schliessen sich später von mir angestellte Versuche mit einer 6" weiten, aber 3' langen Spirale.[2]) Diese wurden unternommen, um zu zeigen, dass dies Verhältniss auch bei viel dickeren Kernen dasselbe bleibe. Die angewandten Kerne waren 3' lang und variirten zwischen 1" und 6" Durchmesser. Die messende Bussole befand sich bei diesen Versuchen in 6' Entfernung von dem nächsten Pole des Magnetkernes, damit nicht bei so starker Wirkung eine zu grosse Ablenkung der Nadel hervorgebracht würde.

d	tg b	tg s	tg b — tg s	$\sqrt{d}$	$\frac{\text{tg}\, b - \text{tg}\, s}{\sqrt{d}}$
1"	0,35424	0,3202	0,03404	1	0,03404
2"	0,36408		0,04388	1,414	0,03102
4"	0,3944		0,0742	2	0,0371
6"	0,4092		0,089	2,45	0,0363

Aus den Zahlen der letzten Colonne ergiebt sich, dass auch bei Kernen bis zu 6" Durchmesser der freie Magnetismus den Wurzeln dieser Durchmesser proportional ist. Der 2" dicke Kern zeigt deshalb eine etwas kleinere Zahl, weil das zu demselben verwandte Eisen etwas härter war, als das der übrigen, so dass er überhaupt weniger Magnetismus annehmen konnte.

[1]) Pogg. Ann. 90 p. 254. [2]) Pogg. Ann. 94 p 580.

2. In welchem Verhältniss steht die Anziehungskraft einer Spirale zum Durchmesser des angezogenen Stabes.

4. Wir haben im vorigen Abschnitt gesehen, dass eine Spirale dieselben Erscheinungen bietet, wie ein Magnet, dass man einen in die Spirale hineingezogenen Eisenkern wie den Anker dieses Magneten ansehen kann, dass also diese Anziehung dem Quadrate des die Spirale durchfliessenden Stromes, so wie dem Quadrate der Windungszahl der Spirale proportional ist. Anders verhält es sich jedoch mit dem Durchmesser des hineingezogenen Eisenkernes.

Während in jeder anderen Hinsicht zwischen Spirale und Kern eine Wechselwirkung stattfindet, so dass die Anziehung im quadratischen Verhältniss zur Krafterhöhung steht, findet dies bei Vergrösserung des Kerndurchmessers nicht statt. Während nämlich bei Vergrösserung der Stromstärke und der Windungszahl der Spirale zugleich die Kraft in dem angezogenen Stabe erhöht wird, ist dies nicht der Fall bei Vergrösserung des Kerndurchmessers. Mit der Zunahme dieses wächst die Anziehung, ohne dass dabei zugleich die Kraft in der Spirale erhöht würde, es giebt also diese Anziehung bei gleichbleibender Thätigkeit der Spirale die einfache Wirkung des Stabdurchmessers und bietet uns also ein Mittel, diese Wirkung durch Anziehung direkt zu messen.

Hankel selbst hat bei seinen vorn genannten Untersuchungen auch Messungen in dieser Hinsicht angestellt.[1]) Er lässt eine Spirale auf einen Kern hinaufgezogen werden, während in derselben Entfernung von dem anderen Ende des Kernes sich noch eine gleiche Spirale fest auf dem Kerne befindet, die von demselben Strome wie die bewegliche durchflossen wird. Bei zweien Stäben, deren Durchmesser sich wie 1 : 0,498, d. h. etwa wie 2 : 1 verhalten, findet er als Verhältnisse der Anziehung der Spirale

1 : 0,66,
1 : 0,74 oder
1 : 0,78,

je nachdem dieselbe in grösserer oder geringerer Entfernung von der zweiten festen Spirale sich befindet.

Zwei andere Stäbe, deren Durchmesser sich zu einander wie 1 : 0,56 verhielten, ergaben als Anziehungskraft bei verschiedener Stellung der Spiralen

1 : 0,72
1 : 0,77.

[1]) Bericht der Ges. d. Wissensch. zu Leipzig, 1851, pag. 95.

Das Verhältniss der Wurzeln der Kerndurchmesser beider Paare von Kernen ist aber

$$1:0{,}7057,$$
$$1:0{,}748.$$

Wir sehen aus diesen Zahlen, dass die erhaltenen Verhältnisse der Anziehung durchaus den Verhältnissen der Wurzeln der Durchmesser entsprechen. Die vorhandenen Abweichungen sind theils auf die verloren gegangene Seitenwirkung bei den dünneren Kernen, theils auf die Wechselwirkung der Spiralen auf einander zu rechnen. Alle von Hankel erhaltenen Resultate geben Anziehungskräfte, welche den Wurzeln der Durchmesser näher stehen, als diesen Durchmessern selbst.

5. Ausser diesen Versuchen habe ich selbst solche angestellt, bei denen eine feststehende Spirale Kerne in sich hineinzog, die an einem Waagebalken aufgehängt und äquilibrirt waren. Die zunächst angewandte Spirale war $1\,^3/_4''$ lang und hatte ebenso grossen Durchmesser. Die hineingezogenen Kerne variirten zwischen $^1/_2''$ und $1\,^1/_2''$ Durchmesser und waren 6″ und 12″ lang.

Anziehung 6″ langer Stäbe bei einer Stromstärke von 22° Ablenkung an der Tangentenbussole.

d	p	$\sqrt{d}$	$\frac{p}{\sqrt{d}}$
$^1/_2''$	3 Gr.	1,414	2,12
$^3/_4''$	4,4 „	1,732	2,54
1″	5 „	2	2,5
$1\,^1/_2''$	7 „	2,45	2,85

Anziehung 6″ langer Stäbe bei einer Stromstärke von 32°.

d	p	$\sqrt{d}$	$\frac{p}{\sqrt{d}}$
$^1/_2''$	9 Gr.	1,414	6,3
$^3/_4''$	11,9 „	1,732	6,8
1″	13 „	2	6,5
$1\,^1/_2''$	18 „	2,45	7,3

Anziehung 12″ langer Stäbe bei einer Stromstärke von 32°.

d	p	$\sqrt{d}$	$\frac{p}{\sqrt{d}}$
$^1/_2''$	11,5 Gr.	1,414	8,012
$^3/_4''$	14 „	1,732	8,092
1″	16 „	2	8
$1\,^1/_2''$	21,5 „	2,45	8,7

In diesen Reihen bedeutet d den Durchmesser der Kerne und p die Gewichte in Grammen, welche auf die Waagschale gelegt werden mussten, um die Kerne im Gleichgewicht zu erhalten. Auch hier finden wir die durch Division der Wurzeln der Durchmesser in die Gewichte erhaltenen Quotienten zwar nicht gleich, allein doch nicht um mehr von einander abweichend, als auf den Einfluss der verschiedenen Weite der Spirale im Verhältniss zu den Kerndurchmessern zu rechnen ist.

Wir müssen nach allen diesen Versuchen dem schon von Müller ausgesprochenen Satze beistimmen:

„Der Magnetismus massiver Eisencylinder von gleicher Länge, die durch galvanische Ströme von gleicher Stärke und durch Spiralen von gleicher Anzahl den Kern eng umschliessender Spiralwindungen magnetisirt sind, ist den **Wurzeln** der Durchmesser dieser Cylinder proportional."

§. 4.

Grund der Differenz der erhaltenen Resultate.

Nachdem nun die Untersuchungen Hankel's und die Rechnung Müller's, so wie die von mir angestellten Versuche mittelst zweier Methoden, das Verhältniss des freien Magnetismus zu den Wurzeln des Durchmessers der angewandten Eisenkerne ergeben hatten, war es fraglich, warum denn Lenz und Jakobi und auch v. Feilitzsch zu einem anderen Resultate gelangt seien. Hierüber giebt eine nähere Betrachtung der Versuche dieser Experimentatoren Aufschluss.

1. Die Versuche von Lenz und Jakobi sind nach einer von den übrigen ganz verschiedenen Methode angestellt und man könnte zunächst zweifeln, ob nach dieser auch dasselbe Resultat folgen müsse. Lenz und Jakobi messen den in den Stäben erregten Magnetismus, während durch die anderen Methoden der freie Magnetismus beobachtet wird. Wenn aber einerseits theoretisch kein Grund vorhanden ist, weshalb dem in einem Stabe erregten Magnetismus der freie Magnetismus nicht proportional sein sollte, da dies doch in Bezug auf die Wirkung der Stromstärke und der Windungszahl der galvanischen Spirale der Fall ist; so hat andererseits v. Feilitzsch ebenfalls den freien Magnetismus gemessen und findet diesen in Uebereinstimmung mit den Versuchsresultaten von Lenz und Jakobi.

Diese Physiker führen zur Feststellung des fraglichen Punktes die beiden vorn genannten Versuchsreihen an, bei deren erster die Kerne von verschiedenem Durchmesser sämmtlich in eine Spirale eingeführt werden, welche über 3″ innere Weite hat, während der Durchmesser der Kerne nur bis 3″ steigt. Diese Spirale bleibt also bei allen Versuchen dieselbe und daher ist auch ihr Einfluss auf die unter ihr befindliche Inductionsspirale constant. Lenz und Jakobi berechnen daher die bei den Messungen erhaltenen Werthe nach der Gleichung der geraden Linie

$$M = y + b\,x,$$

in welcher dann die Constante y eben dem genannten Einflusse der galvanischen Spirale allein auf die Inductionsspirale entsprechen würde. Eine Berechnung der Versuchsreihe nach der Formel

$$M = 0{,}10196 + 0{,}13264\,.\,b$$

und die aus derselben hergeleiteten Werthe für den Winkel α' nach der Formel

$$\alpha' = 2 \text{ arc sin } M,$$

welche von dem gefundenen Winkel α nur wenig abweichen, führt die Experimentatoren zu dem Schlusse, dass die Magnetismen den Durchmessern der Kerne proportional seien.

Bei dieser Berechnung ist jedoch der Punkt ausser Acht gelassen, auf den Lenz und Jakobi schon früher aufmerksam gemacht haben,[1]) dass nämlich durch den weiteren Abstand der Spiralwindungen von dem Eisenkerne ein Theil der Wirkung verloren geht. Sie finden dort unter den obwaltenden Verhältnissen, dass dieser Verlust bei einer Erweiterung der Spirale von 2″ auf 3″,7 etwa $^1/_{12}$ des erregten Magnetismus beträgt. Hieraus folgt, dass, wenn statt der Anfangs den Kern eng umschliessenden Spirale darauf eine von doppelter Weite genommen wird, der Verlust unter den vorhandenen Bedingungen etwas über $^1/_{11}$ des Magnetismus betragen muss. Dies Verhältniss wird sich natürlich mit dem Verhältniss der Länge der Spirale zu der des Kernes ändern; allein da die Experimentatoren sich bei diesen Versuchen derselben Eisenstäbe wie früher bedienten, so lässt sich annehmen, dass die angewandten Spiralen auch dieselbe Länge wie früher hatten, obgleich das nicht direkt gesagt ist. Ist dies der Fall, so muss auch hier eine solche Abnahme des Magnetismus eintreten. Es wird daher in dem vorliegenden Falle bei jedem doppelt so dicken Kerne $^1/_{11}$ seines Magnetismus abzuziehen sein, um die Werthe im Verhältniss des Magnetismus zu erhalten, der sich ergeben müsste, wenn jedes Mal die Spirale den Kern eng umschlösse. Berechnen wir hiernach die Magnetismen der Kerne aus den von Lenz und Jakobi erhaltenen Werthen, so ergiebt sich folgende Reihe, wenn der Magnetismus des $^1/_3$″ dicken Kernes als Einheit genommen wird.

[1]) Pogg. Ann. 47 pag. 248.

Kerndurchmesser.	Verhältniss des Durchmessers $= a$.	$\sqrt{d}$	Beobachteter Magn. $= M - S$.	M nach Abzug des Ueberschusses.	$\frac{M}{\sqrt{d}}$
$^1/_3$″	2	1,414	0,08731	0,08731	0,0617
$^1/_2$″	3	1,732	0,11166	0,10658	0,0615
$^2/_3$″	4	2	0,14152	0,12775	0,0638
$^5/_6$″	5	2,236	0,15831	0,14082	0,0627
1″	6	2,45	0,17489	0,15104	0,0616
$1^1/_2$″	9	3	0,24569	0,19544	0,0651
2″	12	3,464	0,30796	0,22407	0,0646
$2^1/_2$″	15	3,87	0,36743	0,24157	0,0624
3″	18	4,242	0,44731	0,26432	0,0623

Die vierte Colonne dieser Tafel giebt den von Lenz und Jakobi beobachteten Magnetismus nach Abzug der Wirkung S, welche die Spirale allein auf die Inductionsspirale ausübt. Die fünfte dagegen giebt den aus diesen Werthen berechneten Magnetismus, wenn man annimmt, dass der doppelt so dicke Kern immer um $^1/_{11}$ schwächeren Magnetismus haben würde, wenn die Spiralen jeden Kern eng umschlössen. Werden diese so erhaltenen Werthe durch die Wurzeln der Durchmesser dividirt, so ergeben sich die Quotienten der sechsten Colonne, welche eine Gleichheit zeigen, wie man sie unter den obwaltenden Umständen nur erwarten kann.

Hiernach spricht also die erste von Lenz und Jakobi angestellte Versuchsreihe ebenfalls mit Sicherheit dafür, dass der in verschieden dicken Stäben erregte Magnetismus den Wurzeln ihrer Durchmesser proportional ist.

2. Die Versuche der zweiten Reihe von Lenz und Jakobi sind in anderer Weise als die der eben besprochenen angestellt. Bei dieser umschliesst jeden der angewandten Kerne die ihm zugehörige Spirale eng, so dass also hier kein Verlust bei den dünneren Kernen eintritt. Auch diesen Werthen passen Lenz und Jakobi die oben genannte Gleichung der geraden Linie

$$M = y + b\,x$$

an, indem sie die Werthe nach der Formel

$$M = 0{,}08664 + 0{,}1588\,.\,b$$

berechnen.

Bei der ersten Reihe bedeutete die Constante y, welche zu jedem der Magnetismen zugezählt werden musste, den Einfluss, welchen die galvanische Spirale ohne Kern auf die Inductionsspirale ausübt. Es fragt sich nun, welche Bedeutung man derselben in dem vorliegenden Falle geben soll. Die Constante y fordert, dass für den vorliegenden Fall zu den Werthen des Einflusses des Kernes auf die Inductionsspirale ein constanter Werth addirt werden soll. Allein, wenn die Inductionsspirale mit der galvanischen Spirale an Weite zunimmt, so ist der auf die Inductionsspirale ausgeübte Einfluss kein constanter.

Lenz hat nämlich nachgewiesen:[1])

„Die elektromotorische Kraft, welche der Magnetismus in den ihn umgebenden Spiralen erregt, ist bei jeder Grösse der Windungen dieselbe.“

Dieser Satz gilt für eine sich gleichbleibende Dicke des erregenden Magneten. Hiernach würde nun die in einem Inductionsdrahte erregte elektromotorische Kraft ebenfalls dieselbe bleiben, wenn die galvanische Spirale denselben Durchmesser behielte. Wächst nun aber die Weite der galvanischen Spirale mit der Inductionsspirale bei gleicher Stromstärke in der ersteren, so sind mit dem zunehmenden Umfange derselben mehr Elemente vorhanden, welche inducirend wirken, und es muss mithin die in der Inductionsspirale erregte elektromotorische Kraft der Weite der galvanischen Spirale proportional sein. Hieraus folgt, dass der Inductionsstrom ebenfalls der Weite der galvanischen Spirale proportional sein würde, wenn keine Leitungsdrähte vorhanden wären. Durch diese Leitungsdrähte wird das Verhältniss wieder herabgedrückt, und man begeht daher keinen erheblichen Fehler, wenn man, im Falle die Wirkung der Dicke der Kerne den Wurzeln derselben proportional ist, auch die Wirkung der galvanischen Spiralen diesen Wurzeln proportional setzt. Freilich ist diese Rechnung nicht genau, aber der Fehler ist sicher geringer, als wenn die Wirkung der verschiedenen Spiralen constant angenommen wird. Eigentlich hätte der Einfluss jeder Spirale besonders gemessen, und von dem Einflusse des Magneten mit der Spirale abgezogen werden müssen.

Nehmen wir nun an, dass die Wirkung der Spiralen etwa den Wurzeln ihrer Durchmesser proportional wäre, so dass also beide Einwirkungen in demselben Verhältnisse wachsen, so müsste wieder die Division der von Lenz und Jakobi erhaltenen Messungen durch die Wurzeln der Kerndurchmesser gleiche Quotienten ergeben. Wir stellen hier zugleich die Quotienten aus dem Magnetismus durch die Durchmesser selbst mit her und finden folgende Werthe.

[1]) Pogg. Ann. 34 pag. 400.

Durchmesser der Kerne = d	Erregter Magnetismus = m.	$\frac{m}{d}$	$\frac{m}{\sqrt{d}}$
$^1/_6''$	6,244	6,244	6,244
$^2/_6''$	13,603	6,802	9,596
$^3/_6''$	16,735	5,578	9,662
$^4/_6''$	20,620	5,168	10,310
$^5/_6''$	22,841	4,568	10,214
$^6/_6''$	24,914	4,152	9,492
$^9/_6''$	31,803	3,534	10,001
$^{12}/_6''$	40,946	3,412	11,820
$^{15}/_6''$	49,127	3,275	12,684
$^{18}/_6''$	55,558	3,087	13,092

Wir finden, dass hier keine der beiden letzten Reihen constante Werthe giebt, allein ein Blick zeigt, dass das Verhältniss sich mehr den Wurzeln der Durchmesser als den Durchmessern selbst nähert. Mit Uebergehung des Magnetismus des $^1/_6''$ dicken Kernes, welchen Lenz und Jakobi selbst auch aus der Rechnung ausschliessen, weil hier sicher Sättigung eingetreten war, sind die Werthe von $^1/_3''$ bis $1^1/_2''$ Kerndurchmesser wenig von einander verschieden, erst die drei dicksten Kerne zeigen grössere Abweichung. Wenn aber hier eine Zunahme mit den dickeren Kernen auftritt, so findet diese ihre Erklärung in der oben besprochenen Wirkung der Spirale allein, welche wohl in grösserem Verhältniss als die Wurzeln der Durchmesser stehen kann. Allein auch abgesehen davon sind die Abweichungen von den Wurzeln noch nicht so gross, als diese sich nach der anderen Seite hin bei dem Verhältnisse zu den Kerndurchmessern selbst ergeben.

Da nun die Versuche von Hankel[1]) wie auch die meinigen[2]) zeigen, dass sowohl der mittelst der Ablenkung der Magnetnadel als auch der durch die Anziehung einer Spirale gemessene freie Magnetismus den Wurzeln der Kerndurchmesser proportional ist, so muss hiernach der erregte Magnetismus dem freien proportional sein. Diesen Satz haben Lenz und Jakobi schon längst als richtig angenommen, allein der von ihnen aus ihren Versuchen entnommene Satz, dass der erregte Magnetismus sich wie die Durchmesser der Magnetkerne verhalte, steht im Widerspruch mit dieser Annahme. Sie sagen nämlich:[3]) „Wir können ganz von der Art und Weise der Vertheilung abstrahiren, welche der Länge nach stattfindet,

[1]) Bericht d. Ges. d. Wissensch. zu Leipzig, 1851, pag. 96.

[2]) Pogg. Ann. 90 pag. 259. [3]) Pogg. Ann. 61 pag. 264.

und da diese bei allen Cylindern gleich ist, annehmen, dass der freie Magnetismus der Ränder sich gleichfalls wie deren Durchmesser verhalten werden, so dass also z. B. die Tragkräfte dieser Cylinder, wenn man einen Anker an ihre Grundflächen anlegt, sich ebenfalls wie die Durchmesser verhalten werden."

Aus dem obigen Nachweise geht hervor, dass die Annahme über die Gleichheit des Verhältnisses zwischen freiem und erregtem Magnetismus richtig ist, allein es folgt nicht daraus der fernere Schluss, dass auch die Tragkräfte diesem freien Magnetismus proportional seien. Alle Beobachtungen lehren, dass die Anziehung wie die Tragkraft im quadratischen Verhältniss zu dem freien Magnetismus stehen, wie wir das später auch für den vorliegenden Fall sehen werden. Da nun aber Tragkraft und Anziehung sich ganz entschieden wie die Durchmesser verhalten, so muss auch daraus schon zurück auf das Verhältniss der Wurzeln der Kerndurchmesser zu dem entsprechenden freien Magnetismus geschlossen werden.

3. Aus demselben Grunde wie die Versuche von Lenz und Jakobi über den erregten Magnetismus zeigen auch die Resultate der Messungen des freien Magnetismus von v. Feilitzsch Abweichungen von dem oben genannten Verhältniss. Auch v. Feilitzsch stellt seine Messungen mit Eisenkernen von verschiedenen Durchmessern an, welche alle in eine Spirale eingeführt werden, deren Durchmesser grösser als der stärkste von ihm angewandte Eisenkern ist.

Lassen wir die daraus hervorgehende Verminderung des Magnetismus bei Zunahme des Kerndurchmessers zunächst ausser Acht, so zeigen die Versuchsresultate v. Feilitzsch's ein Verhältniss, welches etwa in der Mitte zwischen dem einfachen und dem der Wurzeln der Durchmesser steht.

Dividirt man die vorn §. 2 gegebenen freien Magnetismen mit den in der ersten Colonne verzeichneten Kerndurchmessern, so finden sich die nachstehenden Quotienten.

Verhältniss des Magnetismus zu den Durchmessern der Eisenkerne bei den verschiedenen Stromstärken.

Verhältniss d. Durchmesser.	Stromstärken. 0,110	0,269	1,070	2,811	4,956	8,499
42,9	3496	8928	3625	9646	1732	2842
54,9	3315	8470	3290	8836	1587	2636
67,6	3195	7988	3149	8367	1513	2499
79,2	3119	7803	3027	8111	1463	2380
90,7	3043	7670	2969	7981	1434	2344
94,9	3003	7555	2942	7878	1442	2314

Wir sehen in jeder Reihe eine Abnahme, d. h. der freie Magnetismus wächst in geringerem Verhältniss als die Durchmesser.

Dividirt man dagegen mit den Wurzeln der Durchmesser, so findet ein Steigen des Verhältnisses statt, wie die folgenden Zahlen zeigen.

Verhältniss des Magnetismus zu den Quadratwurzeln der Kerndurchmesser bei verschiedenen Stromstärken.

Verhältniss d. Durchmesser.	Stromstärken. 0,110	0,269	1,070	2,811	4,956	8,499
42,9	2290	5847	2374	6318	1134	1862
54,9	2456	6276	2437	6543	1176	1954
67,6	2627	6568	2590	6879	1243	2054
79,2	2776	6944	2694	7218	1302	2118
90,7	2898	7245	2828	7601	1365	2232
94,9	2926	7360	2859	7669	1375	2254

Das Steigen des Verhältnisses in diesem Falle findet ungefähr in demselben Maasse statt als das Fallen in jenen Reihen. Wenn daher v. Feilitzsch meint, diese Abweichungen von dem Verhältniss zu den Kerndurchmessern vernachlässigen zu dürfen, so könnte man dasselbe Recht für die letzten Zahlen in Anspruch nehmen und also in derselben Weise behaupten, dass die beobachteten Magnetismen sich wie die Wurzeln der Kerndurchmesser verhalten. Allein da bei diesen beobachteten Grössen der vorn bemerkte Umstand ausser Acht gelassen ist, dass die Weite der Spirale von Einfluss auf die Intensität des Magnetismus ist, so muss die Beachtung desselben andere Verhältnisse herausstellen.

Bei den Versuchen von Lenz und Jakobi in Bezug auf das Elftel der Kraft, welches verloren geht, wenn die Spirale doppelte Weite hat, ist nicht angegeben, wie weit die Kerne aus den Spiralen hervorstanden. Da jedoch die von v. Feilitzsch angewandten Kerne nur sehr wenig, nämlich 4^{mm} auf jeder Seite über die Spiralen hervorragten, so werden wir nicht zu viel rechnen, wenn wir auch hier den Verlust durch die Windungen von doppelter Weite auf $^1/_{11}$ annehmen. Hiernach stellen sich aber dann folgende Quotienten heraus, wenn wir darnach den freien Magnetismus berechnen.

Bei der Stromstärke 0,11.

Umfang.	Verlust.	M	$M-W$	$\sqrt{d}$	$\frac{M}{\sqrt{d}}$	$\frac{M}{d}$
43mm	0	0,150	0,150	6,557	229	349
55 „	$^{13}/_{484}$	0,182	0,177	7,416	238	322
68 „	$^{13}/_{242}$	0,216	0,205	8,246	248	301
79 „	$^{37}/_{484}$	0,247	0,228	8,888	256	288
91 „	$^{49}/_{484}$	0,276	0,248	9,539	249	272
95 „	$^{53}/_{484}$	0,285	0,254	9,747	260	260

Die beiden letzten Colonnen zeigen, dass der Magnetismus viel näher dem Verhältniss der Wurzeln der Durchmesser als dem Verhältniss der Durchmesser selbst steht. Bei einer sehr geringen Vermehrung der Abnahme durch die Weite der Windungen nämlich wird dies Verhältniss, welches bei den vier untersten Eisenkernen schon gleich genannt werden kann, gewiss constant, während das Verhältniss des Magnetismus zu den Durchmessern, respective Umfängen der Kerne, entschieden abnimmt mit der Zunahme dieser.

Die Berechnung der Magnetismen bei den übrigen von v. Feilitzsch angewandten Stromstärken ergiebt im Ganzen dieselben Resultate. So zeigt z. B. die grösste Stromstärke von 8,499 mit den beiden Kernen von 43mm und 95mm Umfang die Verhältnisse 1862 und 2005 mit den Wurzeln der Durchmesser, während die zu den Durchmessern selbst 2836 und 2311, also viel mehr verschieden sind als jene.

Es liegt hiernach nicht fern, dass die nur geringen Abweichungen, welche die Versuche von Lenz und Jakobi, so wie die v. Feilitzsch's, von denen von Hankel und mir beobachteten zeigen, in Versuchsfehlern beruhen, welche zu erforschen freilich unmöglich ist. Niemand wird jedoch nach dieser Darlegung mehr den Satz bezweifeln:

„Der in massiven Eisencylindern von gleicher Länge erregte Magnetismus, so wie der freie Magnetismus der Endflächen derselben, ist den **Wurzeln der Durchmesser** dieser Cylinder proportional."

§. 5.

Vertheilung des Magnetismus im Querschnitt des Elektromagneten.

1. Mit der Frage über den Einfluss des Durchmessers des Eisenkernes eines Elektromagneten auf die Intensität des Magnetismus steht die über

die Vertheilung des Magnetismus in dem Querschnitte des Magneten in unmittelbarer Verbindung. Ueber diesen Gegenstand liegen Untersuchungen von v. Feilitzsch und v. Kolke vor.

Die Beobachtung hatte längst gezeigt, dass der Magnetismus am Rande der Polfläche des Eisenkernes viel stärker sei als in der Mitte. Um die Art der Vertheilung des Magnetismus in dem Eisenkerne des Elektromagneten von aussen nach innen zu studiren, wandte v. Feilitzsch[1]) zusammengelöthete Eisenhülsen an. Sie waren aus ziemlich gleich starkem, $^1/_2$ Millimeter dickem Eisenblech so gefertigt, dass sie mit geringen Zwischenräumen in einander passten.

Zunächst prüfte v. Feilitzsch, ob ein Unterschied zwischen dem freien Magnetismus eines hohlen Eisencylinders, wenn derselbe an den Enden offen oder mit einer eisernen Platte bedeckt wäre, vorhanden sei. Der Versuch zeigte keinen Unterschied, und es wurden daher die folgenden Versuche mit offenen Eisenröhren angestellt. Der Experimentator wandte 7 Eisencylinder an, welche folgende Dimensionen hatten:

Nr.	Umfang.	Blechdicke.
1	97^{mm}	$0{,}52^{mm}$
2	$91{,}4^{mm}$	0,53 „
3	85,9 „	0,51 „
4	79,5 „	0,54 „
5	73,9 „	0,52 „
6	67,8 „	0,53 „
7	61,2 „	0,53 „

Alle diese Cylinder waren 110^{mm} lang und wurden Behufs der Prüfung des freien Magnetismus wie bei den früheren Untersuchungen[2]) einer kleinen Deklinationsnadel gegenüber gestellt. Umkreiste diese Blechhülsen ein constanter Strom, so wurde der dadurch abgelenkten Nadel in der Richtung senkrecht auf den magnetischen Meridian ein Stahlmagnet so lange genähert, bis die Nadel wieder in ihre natürliche Lage zurückgekehrt war. Aus den Entfernungen des Elektromagneten und des Stahlmagneten von dem Mittelpunkte der Nadel wurde dann die Intensität des ersteren bestimmt.

2. Nachdem zuvor die Wirkung der Spirale ohne eingeführten Kern bei den verschiedenen Stromstärken untersucht war, wurden die Eisenhülsen in die Spirale eingeführt und der freie Magnetismus sowohl der einzelnen Hülsen als der Combination aus mehreren in einander geschobenen bestimmt.

[1]) Pogg. Ann. 80 pag. 328. [2]) Siehe §. 4 dieses Abschnitts.

Zur Elimination des remanenten Magnetismus wurde jede Beobachtung doppelt gemacht, während der galvanische Strom die Spirale das zweite Mal in der dem ersten entgegengesetzten Richtung durchlief. Das Moment der Spirale diente als Maass für die Stromstärke. In dieser Weise ergaben die Messungen bei elf verschiedenen Stromstärken die folgende Tabelle:

S	Nr.	M	Nr.	m
0,187	1	0,313		
	1 . 2	0,348		
	1 . 2 . 3	0,365		
0,270	1	0,518		
	1 . 2	0,563		
	1 . 2 . 3	0,577		
0,449	1	0,968		
	1 . 2	1,016		
	1 . 2 . 3	1,044		
0,790	1	1,748		
	1 . 2	1,874		
	1 . 2 . 3	1,913		
1,212	1	2,639	1	2,639
	1 . 2	2,911	2	0,272
	1 . 2 . 3	2,971	3	0,060
1,826	1	3,592	1	3,592
	1 . 2	4,198	2	0,605
	1 . 2 . 3	4,329	3	0,132
	1 . 2 . 3 . 4	4,358	4	0,029
2,975	1	4,742	1	4,742
	1 . 2	6,604	2	1,961
	1 . 2 . 3	7,024	3	0,420
	1 . 2 . 3 . 4	7,199	4	0,175
5,150	1	5,690	1	5,690
	1 . 2	9,613	2	3,923
	1 . 2 . 3	11,823	3	2,210
	1 4	12,432	4	0,609
	1 5	12,751	5	0,319
6,783	1	6,059	1	6,059
	1 . 2	10,710	2	4,651
	1 . 2 . 3	14,129	3	3,419

S	Nr.	M	Nr.	m
	1 4	15,942	4	1,813
	1 5	16,577	5	0,635
	1 6	16,860	6	0,283
	1 7	17,011	7	0,151
8,510	1	6,347	1	6,347
	1 . 2	11,413	2	5,066
	1 . 2 . 3	15,500	3	4,087
	1 4	18,453	4	2,935
	1 5	20,019	5	1,566
	1 6	20,800	6	0,781
	1 7	21,135	7	0,335

In dieser Tafel bedeutet S die Stromstärke, M den Gesammtmagnetismus sämmtlicher in einander geschachtelter Magnete, und m den Magnetismus der einzelnen Hülsen.

Fig. 59.

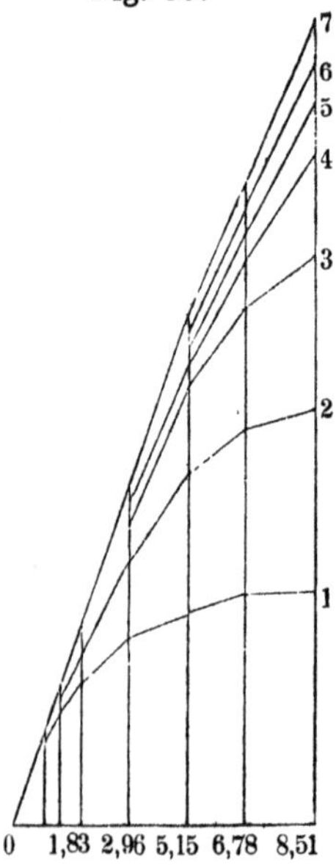

3. Die erhaltenen Resultate in den S und m überschriebenen Colonnen sind in Fig. 59 graphisch dargestellt. Die Abscissen entsprechen den Werthen unter S, d. h. den Stromstärken, wogegen die Werthe unter m die Ordinaten bilden. Es stellt also die Curve 01 den mit der Stromstärke zunehmenden Magnetismus in dem äussersten Cylinder Nr. 1 dar, dagegen die Curve 02 den Magnetismus der beiden ineinander geschobenen Cylinder Nr. 1 und 2 und so fort, so dass 07 für die Wirkung aller Cylinder gilt.

Man sieht aus dieser Tabelle, dass der Magnetismus in dem äussersten Cylinder sich sehr bald dem Sättigungspunkte nähert, und dass überdies der Magnetismus um so ferner von einem Sättigungspunkte bleibt, je mehr Hülsen in einander stecken.

Obgleich nun die in einander befindlichen Hülsen nicht innig mit einander verbunden sind, so sehen wir doch eine Magnetisirung der inneren, welche zu dem Schlusse berechtigt:

„**Der Magnetismus dringt in das Innere des weichen Eisens ein, und zwar um so tiefer, je stärker der erregende galvanische Strom ist.**"

Aus dem Sättigungszustand der äusseren Schicht eines Eisenstabes folgt die Sättigung der Elektromagnete überhaupt. Diese muss dann eintreten, wenn alle einzelnen Schichten wie die äussern gesättigt sind.

4. Vergleichen wir nun die Beobachtungen v. Kolke's mit denen v. Feilitzsch so muss es auffallen, dass v. Kolke bei einer in Bezug auf den grossen Magneten geringen Magnetisirung nicht so bedeutende Unterschiede zwischen der Mitte und dem Rande des Poles erhält, wie sie doch nach v. Feilitzsch's Messungen hätten sein müssen. Bei der stärksten von v. Feilitzsch angewandten Magnetisirung, wo doch der Unterschied zwischen dem Rande und der Mitte am geringsten sein soll, verhält sich die Intensität der äussersten Schicht zu der der innersten ungefähr wie 20 : 1, während v. Kolke bei verhältnissmässig nur schwacher Magnetisirung, die bei einem so starken Magneten noch nicht im Entferntesten an Sättigung des ganzen Kernes denken lässt, folgende Intensitäten vom Rande nach der Mitte hin erhält:[1])

1.	61,1 Gr.	1.	51,6 Gr.
2.	52,7 „	2.	45,1 „
3.	46,6 „	3.	39,8 „
4.	42,1 „	4.	37,3 „
5.	39,7 „	5.	36,2 „
6.	38,4 „	6.	35,1 „
7.	37,6 „	7.	33,7 „
8.	36,2 „	8.	34 „

Mitte 9. 35 Gr.

Die hier aufgeführte Reihe giebt in der Colonne links die Messungen von dem Punkte der Polfläche, welcher dem anderen Schenkel des Hufeisens am nächsten steht, während die Colonne rechts auf dem diametral entgegengesetzten Punkte des Polrandes beginnt. Bei diesem Versuche ist das Minimum der Intensität noch nicht halb so klein als das Maximum.

Wenngleich nicht verlangt werden kann, dass die Polfläche an jedem Punkte genau nur die Intensität haben soll, welche v. Feilitzsch in den einzelnen Schichten des Querschnitts beobachtet hat, so ist doch diese grosse Abweichung ohne Zweifel in der Methode zu suchen, welche v. Kolke bei seinen Messungen anwandte. Er bediente sich nämlich eines zugespitzten

[1]) Pogg Ann. 81 pag. 328.

Stäbchens von 16^{mm} Länge und 4,5^{mm} Durchmesser, und mass die Kraft, mit der dasselbe an den verschiedenen Stellen der Polfläche gehalten wurde. Nun habe ich aber bei der Besprechung der Anker darauf hingewiesen, dass einerseits verhältnissmässig dünne Anker schnell ein Maximum ihrer Tragkraft zeigen, andererseits aber die Grösse der Berührungsfläche von bedeutendem Einflusse auf die Tragkraft ist. Nimmt man nun gar ein zugespitztes Stäbchen als Anker, so wird die Differenz verschiedener Intensitäten des Magnetismus im Kerne wegen der sehr kleinen Berührungsfläche bald sehr gering. Wenn daher v. Kolke's Messungen zwar angeben, dass ein Unterschied zwischen der Intensität des Randes und der Mitte der Polfläche stattfindet, so lassen sie doch keinesweges ein Urtheil über das absolute Verhältniss beider Theile zu einander zu. v. Kolke ist aus diesem Grunde auch im Irrthume, wenn er seine Methode zur Feststellung der elektro-magnetischen Gesetze geeignet hält.

B. Anziehung und Tragkraft.

§. 6.

Einfluss der Berührungsfläche.

1. Bei der Messung des erregten Magnetismus nach der Methode von Lenz und Jakobi mittelst der Inductionsspirale, sowie bei der Messung des freien Magnetismus durch die Deklinationsnadel findet keine Wechselwirkung zwischen dem Magnetkerne und dem Messapparate statt. Der Kern afficirt die Spirale wie die Nadel, aber diese wirkt nicht auf jenen zurück. Anders verhält es sich, wie wir schon früher auseinander gesetzt, bei der Anziehung und der Tragkraft. Diese äussern sich auf einen Stab aus weichem Eisen, welcher durch den Magneten inducirt, selbst zu einem Magneten wird, und nun diesen wiederum anzieht. Hieraus würde folgen, dass auch in diesem Falle wie bei der Wirkung der Stromstärke, die Anziehung im quadratischen Verhältniss zu dem freien Magnetismus stehen müsse.

Die Beobachtung zeigt nun aber in den meisten Fällen nicht dieses Resultat.

Eine vorläufige Betrachtung lehrt zunächst, dass, wenn bei Kernen von verschiedenem Durchmesser die Anziehung im quadratischen Verhältniss zu dem freien Magnetismus derselben stehen soll, der Anker in demselben

Maasse an Durchmesser zunehmen müsse als der Kern selbst. Allein auch wenn diese Bedingung erfüllt wird, zeigt weder die Anziehung aus geringer Entfernung noch die Tragkraft dieses Verhältniss. Es zeigt sich im Gegentheil bei zunehmender Dicke von Magnet und Anker eine Abnahme der Tragkraft.

Ein Versuch mit dreien Systemen von Magnet und Anker, welche 1/2'', 1'' und 2'' Durchmesser hatten, ergab bei gleicher Stromstärke und derselben Spirale folgende Tragkräfte: [1])

	Magnet und Anker.		
	1/2'' dick,	1'' dick,	2'' dick.
Tragkraft	4,7 ℔.	3,27 ℔.	2,9 ℔.

Wir finden hier die auffallende Erscheinung, dass die Tragkraft abnimmt mit der Zunahme des Durchmessers der Systeme. Ich habe früher gezeigt, und die folgende Betrachtung der Wirkung verschiedener Anker wird dies noch ausführlicher darthun, dass die Grösse der Berührungsfläche zwischen Magnet und Anker von bedeutendem Einflusse auf die Tragkraft ist.[2]) Meine Untersuchungen zeigten allgemein die Erscheinung, dass mit zunehmender Grösse der Berührungsfläche die Tragkraft, wie auch die Anziehung in geringer Entfernung, abnimmt.

2. Den Grund dieser Erscheinung sucht v. Feilitzsch in einer abstossenden Wirkung der Endflächen der Magnete.[3]) Er hat nämlich im 92. Bande von Pogg. Ann. pag. 539 folgende Beobachtung veröffentlicht:

„Von zwei genau gleich grossen Platten aus gewöhnlichem Eisenblech wurde die eine horizontal an einem Waagebalken aufgehängt und tarirt. Diese Platte zu magnetisiren, diente eine flache Spirale von übersponnenem Kupferdraht, bestehend aus nur wenigen (40 bis 60) Windungen, 20^{mm} hoch und 79^{mm} im Durchmesser, die durch ein Platinzinkelement in Thätigkeit gesetzt wurde. Näherte ich die Spirale von unten conaxial und parallel zur Platte derselben an, so wurde die letztere angezogen und diese Anziehung fand bei fortgesetzter Annäherung statt bis die Entfernung der Platte von der Mitte der Spirale 13^{mm} betrug. Von hier an hatte die Platte bei noch grösserer Annäherung das Bestreben, vor der Spirale zurückzuweichen, und bei grösseren Stromstärken sich an die Innenwände der Spirale anzulehnen. Sie wich aber auch dann normal zur Ebene der Spirale zurück, wenn sie so

[1]) Pogg. Ann. 105 pag. 55. [2]) Pogg. Ann. 74 pag. 493.
[3]) Karsten's Encyclopädie der Physik. Lief. III. §. 20 pag. 171 etc a. a. O.

lange mit Gewichten beschwert wurde, bis das Ausweichen in horizontaler Richtung verhindert werden konnte. Wurde die Spirale noch mehr angenähert, bis sie die Platte umgab, so erwies sich in der Mitte der Spirale eine Stelle labilen Gleichgewichts für die Platte, denn bei weiterer geringer Hebung der Spirale wich die Platte nun nach unten aus und beharrte in diesem Bestreben, bis sie sich in einem Abstand gleich 12^{mm} unterhalb der Mitte der Spirale befand. Von hier aus wurde bei noch grösserer Hebung der letzteren die Platte wieder gegen dieselbe, also nach oben gezogen. Befand sich nun die Platte in der untersten der beiden stabilen Gleichgewichtslagen und wurde ihr von unten her die andere Eisenplatte conaxial und parallel genähert, so wich die obere Platte (bei immer festgehaltener Spirale) in das Innere und über die Spirale hinaus zurück, so weit es die Bewegung des Waagebalkens nur immer erlaubte."

„Der Versuch gelingt schon dann, wenn man zwei gleich grosse Eisenplatten in eine flache Spirale hält, das Ganze auf die hohe Kante stellt und mit den Fingern die Eisenplatten leicht gegeneinander drückt. Sobald ein galvanischer Strom durch die Spirale gesandt wird, springen die Eisenplatten auseinander."

Aus dieser Erscheinung der Abstossung zweier Eisenplatten innerhalb eines conaxialen galvanischen Schraubengewindes schliesst v. Feilitzsch auf die Wirkung zwischen Magnet und Anker. Er betrachtet die beiden Berührungsflächen des Systems als zwei solche Platten, welche einander abstossen, so dass „die Anziehungskraft von Magnet und Anker beeinträchtigt wird durch die Abstossung, welche namentlich von den sich zunächst berührenden Flächen ausgeht." [1]) Nach seiner Meinung sind also in zwei magnetisirten Eisenstäben eine Abstossung und eine Anziehung vereinigt, und die eine überwiegt die andere, je nach der Länge im Verhältniss zum Durchmesser der Stäbe. Wenn also die vorn angeführten drei Stäbe von $^1/_2$", 1" und 2" Durchmesser der Reihe nach die Tragkraft 4,7 ℔, 3,27 ℔ und 2,9 ℔ zeigen, so soll nach v. Feilitzsch's Erklärung diese Abnahme der Kraft durch die Abstossung der Berührungsflächen von verschiedener Grösse bewirkt werden.

Nun wissen wir aber, dass der in Eisenstäben caeteris peribus erregte, wie auch der freie Magnetismus, der Wurzel der Durchmesser proportional ist, woraus denn folgt, dass Anziehung und Tragkraft sich wie die Durchmesser selbst verhalten müssen. Hiernach müsste aber für den vorliegenden Fall die Tragkraft des 1" starken Magneten 9,4 ℔ statt 3,27 ℔, und die

[1]) Karsten's Encyclopädie der Physik. III Lief. §. 19 pag. 149.

des 2" starken 18,8 ℔ statt 2,9 ℔ sein. Nach v. Feilitzsch's Erklärung müsste also die gegenseitige Abstossung der Berührungsflächen bei dem 1" starken Magneten über 6 ℔ und bei dem 2" starken sogar über 16 ℔ betragen; denn diese Kräfte sind ja darnach nur die Differenzen zwischen der Abstossung der $^1/_2$", 1" und 2" grossen Flächen, da ja bei der $^1/_2$" grossen die erhaltenen 4,7 ℔ auch erst das Resultat der beiden sich gegenseitig beeinträchtigenden Kräfte sind.

3. Um mich nun von der Intensität der zwischen zwei Platten wirkenden Kraft zu überzeugen, habe ich das Experiment von v. Feilitzsch wiederholt. Es wurde eine flache Spirale von 13^{mm} Höhe und 82^{mm} inneren Durchmesser angewandt, welche 40 Windungen mit Seide besponnenen Kupferdrahts von $1{,}5^{mm}$ Durchmesser trug. Eine 1^{mm} dicke Eisenplatte von 78^{mm} Durchmesser wurde conaxial und parallel mit den Windungen der Spirale an einem Waagebalken mittelst dreier Seidenfäden aufgehängt und tarirt.

Als ich darauf durch die Spirale den Strom eines Platinzinkelementes gehen liess, der die Nadel der Tangentenbussole auf 25^0 ablenkte, bemerkte ich in einer Entfernung der Eisenplatte von $^1/_2$" über der Spirale keine Spur einer Wirkung, weder Anziehung noch Abstossung. Auch als ich die Spirale bis dicht an die Platte heranbrachte, war nicht mit Entschiedenheit ein Ausschlag der Waage zu beobachten, obgleich eine geringe Anziehung vorhanden zu sein schien. Bei grösserer Empfindlichkeit der Waage wäre wohl der Ausschlag deutlicher hervorgetreten, allein die Waage war etwas träge durch das auf beiden Seiten aufgelegte Gewicht, welches nöthig war, einerseits um die grosse Beweglichkeit der Eisenplatte zu hindern, andererseits um mittelst desselben die Platte möglichst genau parallel zu stellen. Es standen nämlich auf der Eisenplatte zwei Gewichtstücke von drei Loth, durch deren Verrückung auf der Platte ich dieselbe nach jeder beliebigen Seite senken konnte, indem die etwas elastischen Seidenfäden sich um so mehr dehnten, je näher ihnen eines der Gewichte stand. Ungeachtet dieser Belastung der Waage gab ein aufgelegtes Schrotkorn, deren 140 auf ein Loth gingen, doch einen bedeutenden Ausschlag. Mit der unter diesen Bedingungen vorhandenen Wirkung der Spirale war also keine Beobachtung möglich.

Ich nahm darauf zwei Grove'sche Elemente, so dass die Ablenkung der Bussolennadel 41^0 betrug und sich in dem ziemlich dicken Drahte Erwärmung bemerkbar machte. Bei diesem Strome fand ich bei einer Entfernung der Platte von 3^{mm} bis 4^{mm} vor der Endwindung der Spirale entschiedene Anziehung. Die Platte bewegte sich in die Spirale hinein bis zur nächsten Windung und legte sich an die Wand derselben.

Stellte ich nun die Spirale so, dass die Eisenplatte möglichst genau in der Ebene des mittleren Querschnitts der Spirale hing und leitete dann den Strom durch dieselbe, so wurde die Platte gehoben oder gesenkt, je nachdem sie etwas über oder unter diesem Querschnitt gehangen hatte. Die Platte zeigte also immer das Bestreben, sich nach dem nächsten Ende der Spirale zu begeben, ging aber nie über die Windungen hinaus.

Darauf wurde unter die Spirale eine zweite, der ersten gleiche, Platte gelegt, und die hängende so gestellt, dass sie in geringer Entfernung von der zweiten ihr parallel und conaxial war. Als jetzt der galvanische Kreis geschlossen wurde, wich die hängende Platte vor der festen zurück, und zwar bei Hebung der festen Platte so lange, bis diese selbst über der Spirale sich befand. Alsdann bewegte die hängende sich der festen zu. Dies konnte durch die Anziehung der letzteren oder der Spiralwindungen bewirkt werden, oder vielmehr, es konnte die Summe oder die Differenz beider Wirkungen sein, für den Fall, dass die Kraft der festen Platte schwächer war als die Anziehung der Spiralwindungen. Als ich nun die feste Platte ebenso weit unter die Spirale legte, als sie bei dem letzten Versuche über derselben sich befunden hatte, und nun die andere dicht über sie hängte, wich dieselbe wieder in die Spirale zurück wie früher, als keine zweite Platte vorhanden gewesen. Aus der Kraft, mit der dies geschah, glaube ich jedoch schliessen zu dürfen, dass die feste Platte hier ebenfalls abstossend gewirkt habe, dass mithin die Erscheinung über der Spirale die Differenz beider Wirkungen gewesen.

Ich habe also unter keiner Bedingung Anziehung der beiden Platten beobachtet; dagegen stiessen sie sich entschieden ab, wenn sie einander innerhalb des Gewindes nahe waren.

Alle diese Erscheinungen gingen jedoch mit so geringer Energie von statten, dass, obgleich der Strom sehr stark war, der Ausschlag an der Nadel der Waage nur wenig bemerkt werden konnte, und ein auf die entsprechende Seite gelegtes Schrotkorn denselben vollkommen compensirte. v. Feilitzsch konnte keine Messungen wegen des Anlehnens der Platte an die Spiralwand ausführen. Bei meinen Versuchen war dieses Hinderniss nicht in dem Grade vorhanden, wahrscheinlich, weil meine Platte mehr belastet war; allein bei geringeren Gewichtsdifferenzen als $^1/_{140}$ Loth waren keine bemerkbaren Unterschiede zu verlangen.

Woran es gelegen, dass v. Feilitzsch, der doch nur ein galvanisches Element angewandt hat, noch ein Auseinanderspringen der mit den Fingern zusammengehaltenen Platten bemerkt, kann ich nicht erklären, wenn nicht die geringere Ebenheit der Platten die Ursache gewesen ist. Ich habe davon nichts wahrnehmen können und sah schon vor dem Versuch die Unmöglichkeit des Gelingens voraus, da die Adhäsion viel stärker wirken musste, als sich die Abstossung vorher gezeigt hatte.

Wenn nun zwar die von v. Feilitzsch angestellten Versuche im Allgemeinen sich bestätigen, so habe ich doch nicht den Punkt bestätigt gefunden, der gerade die in Frage stehenden Erscheinungen erklären soll und den v. Feilitzsch aus seiner Theorie schliesst, ohne ihn experimentell zu erweisen. Er sagt: [1])

„Eine unmittelbare Folgerung aus der Theorie ist es nämlich, dass ein eisenmagnetischer Querschnitt vor **einem Magneten** oder einem anderen ihm gleichen Querschnitt zurückweichen muss, wenn beide einander die befreundeten Pole zukehren.“

Um zu sehen, ob ein magnetischer Querschnitt ebenso von einem Magneten wie von einem anderen Querschnitt abgestossen würde, nahm ich einen 2″ dicken, 6″ langen Eisenkern und brachte seine Polfläche in alle Lagen zu dem beweglichen Querschnitt, in denen sich vorher der zweite Querschnitt befunden hatte. Mit diesem Eisenkern habe ich aber in allen möglichen Stellungen zur magnetisirenden Spirale Anziehung erhalten, und zwar war dieselbe so bedeutend, dass sie ungefähr das 200fache der vorn beobachteten Abstossung betrug. Es zeigte sich hier wie bei den Versuchen mit jedem anderen Anker, dass die Anziehung in Bezug auf ihre Intensität sich nach der Stellung des Kernes zur Spirale richtete. Sie war stärker, wenn der Kern in die Spirale hineinreichte, als wenn er sich unter derselben befand. Unter der günstigsten Bedingung wurde die Platte mit einer Kraft von 2 Loth gehalten.

Aus dem Gesagten wird klar sein, dass die Abstossung zweier Eisenplatten nicht zur Erklärung der Grösse der Tragkraft verschieden dicker Elektromagnete dienen kann. Denn geben wir selbst zu, dass die beiden Endflächen zweier Magnete einander wie zwei Platten abstossen, so kann doch diese Abstossung nicht grösser sein als die der Platten allein. Während aber zwei Magnetkerne bei der angewandten magnetisirenden Kraft mehrere Pfunde Tragkraft äussern, betrug die Abstossung zweier Platten etwa $^1/_{200}$ der Kraft, mit der ein 6″ langer Eisenkern die eine Platte hielt. Es würde also, wenn selbst die Endflächen einander abstiessen, diese Kraft gegen die Anziehung der

[1]) Pogg. Ann. 92 pag. 538.

Stäbe verschwindend klein sein, so dass diese Wirkung noch lange nicht die Grösse der Versuchsfehler erreichte.

4. Bevor ich nun zur Darlegung der Gründe schreite, welche nach meiner Meinung das fragliche Phänomen hat, muss ich bemerken, dass wegen der vielen Bedingungen, von denen die Erscheinung abhängig ist, besonders aber wegen der bis jetzt noch nicht festgestellten Gesetzmässigkeit einiger dieser Bedingungen, es nicht möglich ist, ein Gesetz aufzustellen, nach welchem jede einzelne in diesen Kreis fallende Beobachtung sich im Voraus genau bestimmen liesse.

Unter den Gründen, welche die durch verschiedene Berührungsflächen bewirkten Abweichungen zwischen Tragkraft und Anziehung der Elektromagnete haben, steht der oben an, dass der Anker den Magneten niemals vollkommen berührt, sondern dass vor dem Abreissen die Ankerebene mit der Magnetebene stets einen Winkel bildet.

Setzen wir der Einfachheit wegen zunächst voraus, dass, sobald der Anker kippt und also nur noch in einem Punkte den Magneten unmittelbar berührt, die Vertheilung des Magnetismus auf der ganzen Polfläche nicht geändert werde, so ergiebt sich daraus folgende Tragkraft zweier magnetischer Systeme, deren Durchmesser d und nd sein mögen.

Der im Magneten und Anker freie Magnetismus ist der Wurzel der Durchmesser proportional, es muss also die Tragkraft sich wie die Durchmesser, d. h. wie $1:n$ verhalten, wenn Anker und Magnet sich in allen Punkten vollständig berührten. Da nun aber, wie oben bemerkt, die Berührung nur in einem Punkte vorhanden ist, und die entfernter liegenden Punkte im Vergleich mit dem berührenden nur schwach wirken, so wird die Grösse der Tragkraft besonders von dem in dem Berührungspunkte freien Magnetismus abhängen. Nun kann aber der in einem Punkte vorhandene Magnetismus nur um so geringer sein, je grösser die Polflächen sind. Da sich nämlich die Tragkraft der ganzen Flächen wie $1:n$, die Zahl der magnetischen Theile dieser Flächen aber wie $1:n^2$, und daher die Tragkraft aus diesem Grunde in jedem Punkte umgekehrt wie die Anzahl der Punkte verhält; so muss die Tragkraft in jedem einzelnen Punkte sich wie $1:\frac{n}{n^2}$ d. h. wie $1:\frac{1}{n}$ verhalten. Also:

„Unter der Annahme, dass durch die Berührung in **einem Punkte** sich die ursprüngliche Vertheilung des Magnetismus an der Polfläche nicht änderte, würde sich die Tragkraft zweier gleich langer Systeme umgekehrt wie ihre Durchmesser verhalten.“

Die für den betrachteten Fall obwaltenden Gründe fallen weg, sobald man die ganze Ankerpolfläche in bestimmter Entfernung von der Magnetpolfläche hält. Wenngleich auch in diesem Falle die beiden Flächen nicht genau parallel liegen, so verschwindet doch die Abweichung von dem absoluten Parallelismus der Flächen gegen die Entfernung aller Theile von einander und mit ihr der Coëfficient $\frac{1}{n^2}$ in dem obigen Verhältnisse. Daher verhält sich die **Anziehung** gerade wie die Durchmesser der Systeme, was die Erfahrung lehrt. Diese allgemeine Betrachtung ist die Basis der Erklärung aller auf diesem Gebiete sich zeigenden Erscheinungen, obgleich das für die Tragkraft aus ihr hervorgehende Resultat, wegen der vielen zusammenwirkenden Umstände, durchaus nicht zur allgemeinen Geltung kommt. Es zeigt aber, dass eine Abnahme der Tragkraft mit der Zunahme des Durchmessers der Polfläche durchaus in der Natur der Sache begründet ist.

Dass nun aber die Tragkraft nicht absolut das umgekehrte Verhältniss der Durchmesser der Magnete, sondern ein engeres zeigt, hat darin seinen Grund, dass durch die Berührung von Anker und Magnet in einem Punkte sich die Vertheilung des Magnetismus in der Polebene ändern muss. Andererseits leuchtet ein, dass diese gleichmässige Vertheilung in dem Grade mehr gestört wird, als der Winkel zwischen Magnet- und Ankerfläche wächst, weil durch die Entfernung der Theile von einander immer weniger Magnetismus in den übrigen Punkten gebunden wird. Der Magnetismus muss sich also bei Vergrösserung des Winkels immer mehr in der Kante des Ankers und dem Berührungspunkte der Polfläche concentriren, und da die Anziehung in Berührung die auf geringe Entfernung so bedeutend überwiegt, so muss der zunehmende Winkel die Tragkraft weniger vermindern, als die Concentrirung sie erhöht. Daher die bedeutende Abweichung von dem ausgesprochenen Verhältniss. Ich habe aus diesem Grunde in vielen Fällen die Beobachtung gemacht, dass ein Anker mit um so grösserer Kraft gehalten wurde, je grösser der Winkel war, den seine Polfläche mit der des Magneten bildete. Dieser Fall trat immer dann ein, wenn der freie Magnetismus des Magnetpoles nicht sehr bedeutend war, so dass in der in einem Punkte berührenden Kante des Ankers nicht Sättigung merklich werden konnte.[1])

[1]) Pogg. Ann. 102 pag. 215.

§. 7.

Anziehung und Tragkraft der geraden Stab-Elektromagnete.

1. Aus dem bisher Gesagten geht hervor, dass die Anziehung und Tragkraft nur unter gewissen Bedingungen gleich dem Quadrat des freien Magnetismus verschieden starker Magnetkerne sein kann.

Meine Untersuchungen haben gelehrt, dass sich Anziehung und Tragkraft wie das Quadrat des freien Magnetismus verschiedener Magnetkerne, d. h. wie der Durchmesser derselben verhalten, wenn statt gerader Stäbe als Anker Kugeln genommen werden, deren Durchmesser gleich dem Durchmesser der Magnetkerne ist.

Die angewandten Magnetkerne waren 12'' lang und auf ihrer ganzen Länge mit 312 Windungen der galvanischen Spirale bedeckt, welche ein Strom durchfloss, der die Nadel der Tangentenbussole auf 26° ablenkte. Die erhaltenen Resultate sind folgende:

Anziehung und Tragkraft mit Kugeln von demselben Durchmesser wie die Eisenkerne.

Durchmesser der Magnete.	Anziehung.	Tragkraft.
3/4''	0,3 ℔	1,48 ℔
1''	0,48 „	2,2 „
1 1/2''	0,67 „	2,98 „
2''	0,96 „	4,2 „

Wir finden, dass in diesem Falle sowohl Anziehung als Tragkraft sich wie die Durchmesser der Magnetkerne verhalten.

2. Nach den Auseinandersetzungen des §. 6 ist bei Magnetkernen von verschiedenem Durchmesser die Tragkraft und auch zum Theil die Anziehung eine Funktion des Durchmessers, so wie der Grösse der Berührungsfläche. Nach der Beobachtung jedoch, dass auch der Winkel, den die Flächen von Anker und Magnet mit einander bilden, von Einfluss auf die Anziehung ist, ist klar, dass auch die Form der Polfläche einen Einfluss üben müsse. Anstatt, dass in den obigen Versuchen die Polfläche des Ankers gekrümmt gewesen, hätte in gleicher Weise die Magnetpolfläche gekrümmt sein können. Die Tragkraft würde sich dann etwas geringer haben herausstellen müssen, weil der durch die Krümmung wegfallende

Theil des Kernes Veranlassung zu einem grösseren Ausfall Hinsichts der Endwindungen der Spirale geben muss.

Die angewandten Kugeln als Anker sind nun in Bezug auf die Form der Endfläche gerade der günstigste Fall dafür, dass die Tragkraft den Durchmessern proportional werde; denn durch die Vergrösserung des Kugeldurchmessers wird die Form der berührenden Fläche in einer Weise abgeändert, welche gerade der durch den zunehmenden Kerndurchmesser wachsenden magnetischen Intensität entspricht. Während sich nämlich bei einem $n$fachen Durchmesser der Magnetismus auf eine n^2 mal so grosse Fläche vertheilt, sind auch n^2 mal so viel Theile des Ankers in derselben Entfernung von dieser Fläche als vorher.

Es würde also aus den vorn angestellten Versuchen folgen, dass statt der Kugeln auch cylindrische Anker angewandt werden könnten, deren Polflächen sphärisch abgerundet wären, doch müssten dann die Radien der Kugelflächen proportional den Durchmessern der Cylinder wachsen.

Wir sehen also, dass, soweit die Berührungsflächen nicht hindernd wirken, die Tragkraft und Anziehung den Durchmessern der Magnetkerne proportional ist.

In diesem Satze finden wir wiederum eine Bestätigung dessen, dass der freie Magnetismus den Wurzeln der Kerndurchmesser proportional ist. Wäre der freie Magnetismus den Durchmessern selbst proportional, so müssten sich doch Fälle finden, in denen sich bei der Tragkraft und Anziehung das Quadrat dieses Verhältnisses zeigte. Mir ist aber dergleichen nie vorgekommen. Ich habe nie eine Anziehung beobachtet, welche nur über das Verhältniss der Durchmesser selbst hinausgegangen wäre.

§. 8.

Die Hufeisenelektromagnete.

1. Wenngleich der freie Magnetismus der Hufeisenelektromagnete nicht wohl einem anderen Gesetze als dem der geraden Stäbe folgen kann, da ja die Krümmung des Stabes wesentlich nichts in dem Magnetismus ändert; so machten doch einige von mir selbst angestellten Versuche in Bezug auf die Tragkraft und Anziehung der Hufeisen,[1]) welche sich später als fehlerhaft herausstellten, eine möglichst ausführliche Prüfung jener Kräfte wünschenswerth. Ich mass zunächst den freien Magnetismus der Hufeisen, weil eine Uebereinstimmung der hier erhaltenen Resultate mit

[1]) Pogg. Ann. 86 pag. 560.

denen an geraden Stäben, das andererseits in Zweifel gezogene Gesetz fester begründen musste.

Die Hufeisen wurden einer Deklinationsnadel so gegenüber gestellt, dass die Verlängerung der Verbindungslinie der Mittelpunkte beider Polflächen in der Horizontalebene senkrecht auf den magnetischen Meridian den Mittelpunkt der Nadel traf. In dieser Weise zeigten Hufeisen von verschiedenem Durchmesser bei gleichem Abstande und gleicher Länge der Schenkel nachstehenden freien Magnetismus:

Freier Magnetismus von Hufeisen mit 6″ langen Schenkeln bei gleicher magnetisirender Kraft.

Durchmesser der Kerne $= d$	Ablenkung der Nadel $= v$	tg v	$\sqrt{d}$	$\frac{\text{tg } v}{\sqrt{d}}$
$^3/_4$″	27°	0,5095	1,732	295
1″	31°	0,60086	2	300
$1^1/_2$″	37°	0,75355	2,45	308
2″	41°	0,8693	2,828	307

Die in der letzten Colonne verzeichneten Quotienten sind so nahezu gleich, dass diese Versuche wie die mit geraden Stäben, den Satz bestätigen, dass der freie Magnetismus der Hufeisen sich wie die Wurzeln der Kerndurchmesser verhält.

2. Vor diesen Versuchen hatte ich bei der Prüfung der Tragkraft der Hufeisen eine Reihe erhalten,[1]) welche dafür zu sprechen schien, dass diese Tragkraft dem Quadrate des Kerndurchmessers proportional sei. Da nun die obige Reihe mit einem solchen Resultat in Widerspruch stand, unternahm ich einen Versuch, welcher über die Ursache der dort gemachten Beobachtung Aufschluss geben musste.

Die Versuche, welche ein von dem Gesetz abweichendes Resultat gegeben hatten, waren mit zweien Magneten angestellt, deren einer 1″ und deren anderer $^1/_2$″ Durchmesser hatte. Die Werthe der Tragkraft, welche diese beiden Magnete ergaben, verhielten sich annäherungsweise wie die Quadrate der Durchmesser, doch war dies bei hohen Stromstärken in grösserem Maasse der Fall als bei niedrigen. Dies führte zu der Frage, ob nicht eingetretene Sättigung den $^1/_2$″ starken Magneten hinter dem eigentlichen Verhältniss seiner Kraft zu dem 1″ starken zurückgelassen hätte.

[1]) Pogg. Ann. 86 pag. 560.

Wenn nun aber der freie Magnetismus diese Sättigung nicht zeigt, so konnte dieselbe nur durch das Auflegen des Ankers hervorgerufen worden sein. Es war mithin zu prüfen, ob die Sättigung bei dem Auflegen des Ankers eher eintrete, als wenn das Hufeisen ungeschlossen bliebe. Nach den Versuchen von Magnus,[1]) welche darthun, dass durch das Auflegen des Ankers mehr Magnetismus erregt wird, als bei ungeschlossenen Magneten, ist dies ausser Zweifel. Um mich hiervon zu überzeugen, brachte ich die in der Horizontalebene liegenden Polflächen des $^1/_2$'' starken Hufeisens in der Richtung senkrecht auf den magnetischen Meridian, nach der Methode Koosen's, in solche Nähe der Nadel der Tangentenbussole, dass die Wirkung des sie durchfliessenden Stromes aufgehoben und sie wieder auf Null gestellt wurde.[2]) Dies geschah bei einer Stromstärke, welche die Nadel auf 7^0 geführt hatte. Ward nun der Strom bis auf 26^0 erhöht, so stand bei derselben Entfernung des Hufeisens die Nadel nicht mehr auf Null, sondern wich um 3^0 ab, wenn das Hufeisen ungeschlossen war. Darauf wiederholte ich dasselbe Experiment mit geschlossenem Hufeisen. Verbindet man nämlich die Pole durch den Anker, so wird zwar der vorher freie Magnetismus zum Theil gebunden, allein eine gewisse Menge bleibt noch frei, und diese muss sich wie früher auf die Nadel äussern. Dieser Theil des freien Magnetismus muss bei Steigerung des Stromes diesem selbst proportional sein, und es muss daher die mittelst des geschlossenen Hufeisens auf Null gebrachte Nadel ebenso wie früher auf Null stehen bleiben, so lange der Magnetismus überhaupt dem Strome proportional wächst. Der Versuch mit dem offenen Hufeisen zeigte schon eine Abweichung der Nadel um 3^0 bei Steigerung des Stromes von 7^0 auf 26^0, also schon vorhandene Sättigung. Als dagegen die Nadel mittelst des geschlossenen Hufeisens bei 7^0 auf Null gebracht war, wich dieselbe nach Erhöhung der Stromstärke auf 26^0 um 10^0 von dem Nullpunkte ab. Dieser Versuch liefert den Beweis, dass in dem Falle, wo das Hufeisen geschlossen ist, Sättigung eher oder in viel höherem Maasse auftritt, als wenn es ungeschlossen bleibt. Da endlich ein Versuch mit dem 1'' dicken Hufeisen diese Erscheinung nicht zeigte, so ist daraus klar, dass die früher von mir erhaltene Versuchsreihe mit dem 1'' und $^1/_2$'' dicken Hufeisen, bei der dort angewandten Stromstärke, nicht das Gesetz Hinsichts der Wirkung verschiedener Kerndurchmesser zeigen konnte. In noch höherem Maasse haben Beobachtungen von Poggendorff,[3]) welcher noch schwächere Hufeisen

[1]) Pogg. Ann. 38 pag. 434. [2]) Ebendas. 90 pag. 440. [3]) Ebendas. 85 pag. 147.

anwendet, diesen Grund, wenn er findet, dass bei einer Zunahme des Stromes von 1 bis 10 der Magnetismus nur von 1 bis 3 wächst.

3. Hiernach musste bei so schwachen Magnetkernen ein schwächerer Strom angewandt werden, wenn der Einfluss des Durchmessers der Kerne ungetrübt hervortreten sollte. Zwei Versuchsreihen bei einer Stromstärke von 10^0 und von 14^0 zeigten folgende Anziehung der ½", 1", 1½" und 2" dicken Magnetkerne, wenn zwischen Anker und Magnet ein starkes Papier gelegt wurde, welches die Flächen etwa in $^1/_{16}$ Zoll Entfernung von einander hielt:

Anziehung der Hufeisen mit 6" langen Schenkeln.

Durchmesser der Kerne.	Stromstärke $= 10^0$.	Stromstärke $= 14^0$.
½"	0,45 ℔	0,9 ℔
1"	0,7 „	1,4 „
1½"	1,1 „	2 „
2"	1,6 „	3 „

Das zwischen Anker und Magnet gelegte Papier musste bei grösserer Kraft um ein Weniges mehr zusammengedrückt werden, und dadurch mussten die Anker bei den stärkeren Magneten den Polflächen um ein Minimum näher gebracht werden als bei den schwächeren. Beachten wir diesen Umstand, welcher ein ganz geringes Wachsen der Anziehung bewirken musste, so werden die Versuche es ausser Zweifel setzen, d a s s a u c h h i e r w i e b e i d e n g e r a d e n S t a b m a g n e t e n d i e A n z i e h u n g d e m D u r c h m e s s e r d e r M a g n e t k e r n e g e n a u p r o p o r t i o n a l i s t.

4. Ein Versuch ohne zwischengelegtes Papier mit den 1 und 2" dicken Hufeisen, deren Schenkel 12" lang waren, gab folgende Tragkraft:

Magnet 1" dick,	Magnet 2" dick.
4,6 ℔	8,4 ℔

Diese Versuche zeigen, dass auch die Tragkraft ziemlich genau dem Durchmesser der Kerne proportional ist. —

Es führen somit die in Bezug auf die Hufeisenmagnete angestellten Versuche zu dem Satze:

„A n z i e h u n g u n d T r a g k r a f t d e r H u f e i s e n e l e k t r o m a g n e t e s i n d d e m D u r c h m e s s e r d e r s e l b e n p r o p o r t i o n a l."

§. 9.

Nicht massive Magnetkerne.

1. Die vorn mitgetheilten Untersuchungen von v. Feilitzsch[1]) mit Eisenhülsen geben Aufschluss über verschiedene Erscheinungen, welche sich bei hohlen Eisenkernen zeigen. Man sieht aus diesen Versuchen, dass die Erscheinungen sich wesentlich modificiren nach der Intensität des galvanischen Stromes, welcher die hohlen Magnetkerne erregt. Während nämlich bei einem schwachen Strome eine Eisenhülse von geringer Wanddicke ziemlich gleich starken freien Magnetismus zeigt mit einer von viel grösserer Stärke, bleibt die erstere bei zunehmendem Strome immer weiter hinter der letzteren zurück, weil um so eher Sättigung eintritt, je dünner die angewandte Hülse ist.

Die ersten Versuche mit hohlen Elektromagneten sind wohl von Pfaff in Kiel angestellt.[2]) Veranlasst durch eine Mittheilung Baumgartner's, dass ein hohler Stahlmagnet bedeutend grössere Tragkraft geäussert haben solle als ein massiver von derselben Form, aber viel grösserer Masse, prüfte Pfaff zwei Elektromagnete von ganz gleicher Form und mit einer gleichen Menge von Kupferdraht auf die möglichst gleichförmige Weise umwickelt, deren einer hohl, der andere massiv war. Das Gewicht des massiven mit dem Kupferdraht betrug $46\,{}^1/_2$, das des hohlen 24 Unzen. Bei gleichem galvanischen Strome trug der solide 20 ℔, während der hohle nur 10 ℔ hielt. Pfaff sagt nun, dass also ihre Kraft ungefähr ihren Massen proportional war. Nach den obigen Auseinandersetzungen lässt sich dieser Schluss auf die Massen nicht machen, da ja die Gränze der Sättigung nicht bestimmt ist. Dass ein in den hohlen Cylinder eingeführter Bolzen keine Erhöhung der Tragkraft hat bemerken lassen, kann wohl nur an der mangelhaften Maassmethode gelegen haben, da die Versuche v. Feilitzsch's dieser Wahrnehmung widersprechen.

2. Eine andere Frage ist die, ob nicht ein Drahtbündel bei denselben Dimensionen wie ein massiver Kern eine günstigere Kraftäusserung als dieser letztere zeige. Munke prüfte eine solche Combination in Hufeisenform.[3]) Joule liess ferner ein Bündel runder Eisendrähte als Magnetkern in einer elektromagnetischen Maschine wirken.[4]) Beide fanden, dass die Drähte geringere Kraft äusserten als massive Eisenkerne von gleichen Dimensionen.

[1]) Dieser Abschnitt §. 5. [2]) Pogg. Ann. 50 pag. 636.
[3]) Gehler, Physik.-W. Registerband pag. 143. [4]) Philos. mag. (4) II. pag. 306 ff.

Dieselbe Beobachtung habe ich an einem Eisenkerne gemacht, welcher aus etlichen 40 Drähten von 6″ Länge bestehend, in eine magnetisirende Spirale hineingezogen wurde. Diese Drähte waren etwa 1‴ dick und wurden durch 2 Messingringe fest zusammengehalten, so dass sie die Dimensionen eines cylindrischen Eisenkernes von 1″ Durchmesser hatten. Die Kraft, mit welcher dieser Drahtkern in die Spirale hineingezogen wurde, stand ungefähr wie bei dem Versuche von Pfaff, im Verhältniss der Masse dieses zu der Masse des massiven Kernes von denselben Dimensionen.

3. Im Widerspruche hiermit findet Joule die Kraft eines Magnetkerns von viereckigen Drähten in einer elektromagnetischen Maschine grösser als die eines massiven. Er construirte zwei Magnete, deren einer aus 16 Stücken viereckigen Eisendrahtes, jeder $^1/_{11}$″ im Quadrat bestand und 7″ Länge hatte. Diese 16 Stäbe wurden zu einem Stücke, dessen Querschnitt alsdann $^4/_{11}$″ Quadrat war, zusammengebunden, und mit 16 Fuss Kupferdraht von $^1/_{16}$″ Durchmesser umwickelt. Der zweite Magnetkern war aus solidem Eisen von derselben Form wie der erste. Die Wirkung derselben an einer Maschine zeigte im Mittel aus mehreren Versuchen unter übrigens gleichen Umständen mit dem Drahtmagneten 162 Umdrehungen, wenn der massive Stab nur 130 ergab. Hiernach wäre es vortheilhaft unter solchen Umständen, wo eine schnelle Aufeinanderfolge der Impulse erwünscht ist, Drahtkerne statt der massiven zu wählen.

4. Auch die Kraft eines hohlen Eisencylinders verglich Joule mit 6 Stücken Rundeisen von verschiedenen Dimensionen, welche in Hufeisenform gebogen waren. Der hohle Cylinder hatte $^1/_2$″ Durchmesser und $^1/_{13}$″ Eisendicke, der Abstand der Schenkel betrug $^1/_2$″. Jeder Magnet war mit 10′ besponnenem Kupferdraht von $^1/_{40}$″ Durchmesser umwunden. Die Anziehung wurde durch einen geraden Stahlmagneten von $1^1/_2$″ Länge bestimmt, welcher horizontal an einem Waagebalken aufgehängt war, und zur Prüfung der Anziehung durch ein auf die darunter gebrachten Magnetpole gelegtes Brettchen $^1/_2$″ von denselben entfernt gehalten wurde.

Mit diesen Magneten ergaben sich folgende Anziehungskräfte, unter denen die in Nr. 1 die mit dem hohlen Cylinder erhaltenen sind:

	Nr. 1.	2.	3.	4.	5.	6.	7.
Länge in Zollen	6	$5^1/_2$	$2^2/_2$	$5^1/_4$	$2^1/_2$	$5^1/_4$	$2^1/_2$
Durchmesser in Zollen	$^1/_2$	$^1/_2$	$^1/_2$	$^3/_8$	$^3/_8$	$^1/_4$	$^1/_4$
Tragkraft in Unzen	36	52	92	36	52	20	28
Anziehung in Gran	7,5	6,3	5,1	5	4,1	4,8	3,6

Ich habe hier die ganze Tabelle wie sie Joule giebt, aufgeführt, obgleich wenig aus den verschiedenen Dimensionen der Kerne geschlossen werden kann. Wie es scheint, war der Kupferdraht um jeden der Kerne eng gewickelt, so dass also die verschiedenen Durchmesser auch eine verschiedene Windungszahl getragen haben. Da es aber nicht auf die Länge des verwandten Drahtes, sondern bei gleichem Strome auf die Anzahl der Windungen der Spirale ankommt, so kann es nicht Wunder nehmen, wenn bei so verschiedenartiger Bewicklung scheinbar ganz gesetzlose Kraftäusserungen hervortreten. Für den vorliegenden Fall sind jedoch nur die beiden ersten Reihen von Wichtigkeit. Sie enthalten die Resultate bei Anwendung zweier Kerne von ziemlich gleichen Dimensionen, deren erster hohl, und deren anderer massiv war.

Nach diesem Versuche wäre also die Tragkraft des massiven Kernes grösser als die des hohlen, während die Anziehung das umgekehrte Verhältniss zeigt.

5. Nach den bisher über unmassive Kerne angestellten Versuchen, deren Zahl jedoch vielleicht noch nicht genügend ist, scheint sich mit Rücksicht auf die von mir selbst gemachten Beobachtungen folgendes Resultat herauszustellen.

Man hat bei der Wirkung des Kernes den Fall, in welchem der galvanische Strom dauernd ist, von dem zu unterscheiden, in welchem schnell auf einander folgende Impulse ein Entstehen und Verschwinden des Magnetismus und somit eine alternirende Wirkung des Kernes veranlassen.

Für den ersten Fall stimmen alle Beobachtungen, mit Ausnahme der einen von Joule, darin überein, dass unsolide Kerne eine geringere Wirkung, sowohl in Bezug auf den freien Magnetismus als auf die Anziehung und Tragkraft äussern, als solide. Joule findet im Widerspruch hiermit die Anziehung eines hohlen Cylinders grösser als die eines massiven. Allein es ist hiermit nur ein einzelner Versuch angestellt, während die zahlreichen Versuche von v. Feilitzsch[1]) für das Gegentheil sprechen. Obgleich v. Feilitzsch nicht die Anziehung misst, so ist doch nicht leicht zu erwarten, dass freier Magnetismus und Tragkraft der einen Regel folgen werden, während die Anziehung das Umgekehrte ergiebt.

In Bezug auf die zweite Art der Wirkung sind mehrere Gründe vorhanden, welche von einem Drahtkerne ein günstigeres Resultat erwarten lassen, als von einem massiven Eisenkerne. Es kommen nämlich bei der Thätigkeit eines Magnetkernes in einer elektromagnetischen Maschine noch

[1]) Pogg. Ann. 80 pag. 328.

andere Kraftäusserungen zur Geltung, welche die Anziehung desselben in dem einen Falle mehr schwächen als in dem anderen. Wir können jedoch die Begründung dieser dabei wirksamen Erscheinungen erst später geben, und erwähnen daher hier nur, dass zwei Gründe vorhanden sind, welche eine alternirende Wirkung schwächen müssen. Dies ist 1) die zur Erregung des Magnetismus in einem Kerne nöthige Zeit und 2) der durch die Unterbrechung des Stromes in dem Kerne selbst hervorgerufene Magnetismus, der durch die sogenannten peripherischen Ströme wie durch andere secundäre Wirkungen erzeugt wird.[1])

Von diesen störenden Einflüssen kommen bei einem massiven Kerne unter Umständen alle in höherem Maasse vor als bei einem Drahtkerne, und deshalb wird letzterer in diesen Fällen in einer Maschine mit Vortheil angewandt. Ein hohler Eisenkern steht jedoch in dieser Hinsicht einem massiven gleich, und kann daher so wenig in einer Maschine wie unter anderen Umständen eine vortheilhaftere Wirkung als der massive Eisenkern hervorbringen.

Der Einfluss des Stabdurchmessers auf den Magnetismus der Elektromagnete fasst sich nach den bisherigen Untersuchungen in folgende Sätze zusammen:

1. Der erregte und freie Magnetismus massiver Eisencylinder von gleicher Länge ist caeteris paribus **den Wurzeln** der Durchmesser dieser Cylinder proportional.

2. Der Magnetismus dringt in das Innere des weichen Eisens ein und zwar um so tiefer, je stärker der erregende galvanische Strom ist.

3. Soweit die Berührungsflächen nicht hindernd wirken, ist die Tragkraft und Anziehung den Durchmessern der Magnetkerne proportional.

4. Hohle Magnetkerne zeigen geringere Wirkung als massive. Der Unterschied wird um so bedeutender, je grösser die magnetisirende Kraft ist, weil bei nicht massiven Kernen eher Sättigung eintritt.

5. Auch Drahtkerne haben geringeren Magnetismus als massive, wenn sie durch einen constanten Strom erregt werden. Bei schnell aufeinander folgenden Stromunterbrechungen zeigen sie jedoch stärkeren Magnetismus als massive Kerne.

[1]) Abschnitt X. §. 4.

VII. Abschnitt.

Ueber den Einfluss der Länge der Elektromagnete auf die Kraft derselben.

I.

Der erregte Magnetismus.

a) In Kernen, über die ihrer ganzen Länge nach die galvanische Spirale gleichmässig verbreitet ist.

---

§. 1.

Theoretische Entwicklung in Bezug auf die Vertheilung des Magnetismus.

1. Die Untersuchungen in Bezug auf die Länge der Elektromagnete sind bereits in viel höherem Grade zum Abschluss gediehen als die in Bezug der Durchmesser derselben. Der Grund liegt in der geringeren Schwierigkeit, welche diese Untersuchungen im Vergleich mit den vorigen bieten. Die Mittel, welche man zur Prüfung der Vertheilung des erregten Magnetismus auf der Längsrichtung des Kernes angewandt hat, haben zu durchaus genügenden Resultaten geführt, während man zur Prüfung dieser Vertheilung in dem Querschnitte des Kernes bis jetzt gar kein Mittel besitzt. Diese Kenntniss des in der Längsrichtung des Magneten erregten Magnetismus dient aber, bei ihrer Analogie mit den Wirkungen des Magneten nach aussen, als sicherer Prüfstein für die Zuverlässigkeit der gefundenen Gesetze.

Das Mittel zur Bestimmung des in einem Magnetkerne erregten Magnetismus ist die Inductionsspirale, in welcher durch das Entstehen und Verschwinden des Magnetismus im Kerne ein elektrischer Strom erregt wird, der, wie wir schon früher gesehen haben, dem erregenden Magnetismus proportional ist.

2. Bevor wir zur Aufführung der auf diesem Wege von Lenz und Jakobi erhaltenen Versuchsresultate schreiten, müssen wir der Betrachtung erwähnen, welche van Rees[1]) Hinsichts der Vertheilung des Magnetismus anstellt.

Wir haben früher gesehen, dass man sich einen Magneten aus Molekularmagneten bestehend denken kann, durch deren Wechselwirkung unter einander der nach aussen zur Erscheinung kommende Zustand eines Magneten herbeigeführt wird. Denkt man sich nun einen Magnetstab durch Ebenen senkrecht auf seine Längsaxe in parallele Schichten getheilt, deren Dicke gleich der Länge eines Molekules ist, so besteht eine jede dieser Schichten aus nebeneinander gereihten Molekularmagneten, deren Nordpole alle nach der einen, und deren Südpole alle nach der andern Seite stehen. Eine jede dieser Schichten stellt also einen Magneten dar, dessen eine Seite, abgesehen von der Vertheilung der magnetischen Intensität in der Fläche der Scheibe, freien Nord- und dessen andere Seite freien Südmagnetismus hat.

Dieser freie Magnetismus auf jeder Seite der Scheibe wird entweder ganz oder zum Theil neutralisirt, je nachdem die folgende Schicht eine der benachbarten gleiche oder verschiedene Menge von freiem Magnetismus besitzt. Diese Neutralisation des freien Magnetismus der neben einander liegenden Schichten findet aber nicht statt bei den nach aussen gekehrten Seiten der beiden Endschichten, sondern der freie Magnetismus dieser wirkt mit seiner ganzen Kraft nach aussen und verstärkt die Gesammtwirkung.

Hinsichts der Intensität des freien Magnetismus der auf der ganzen Länge des Stabes aneinander gereihten Schichten sind nun drei Fälle denkbar, aus deren jedem ein verschiedener Zustand des Magneten in Bezug auf den freien Magnetismus desselben hervorgeht.

Diese drei denkbaren Fälle sind folgende:

1. Der freie Magnetismus einer jeden der nebeneinander befindlichen Schichten ist von der Mitte bis zum Ende hin gleich gross.

2. Der freie Magnetismus nimmt von der Mitte bis zum Ende hin in den aufeinander folgenden Schichten zu.

3. Der freie Magnetismus nimmt in den aufeinander folgenden Schichten von der Mitte zum Ende hin ab.

[1]) Pogg. Ann. 70 pag. 1.

3. Nehmen wir nach dem ersten Falle an, dass die magnetische Intensität jeder Schicht durch die ganze Länge des Magneten dieselbe wäre, so würden sich die Wirkungen aller Schichten gegenseitig aufheben, und es würde an jeder Endfläche der Magnetismus der äusseren Pole der Endschicht frei bleiben, d. h. der Magnet würde nach aussen dieselbe Wirkung zeigen, wie wenn seine Endflächen allein magnetisch wären, und zwar die eine nord-, die andere südmagnetisch. Wollten wir nach dieser Annahme das Verhältniss der Vertheilung des erregten Magnetismus im Eisenkern graphisch darstellen, so ergäbe sich Fig. 60.

Fig. 60.

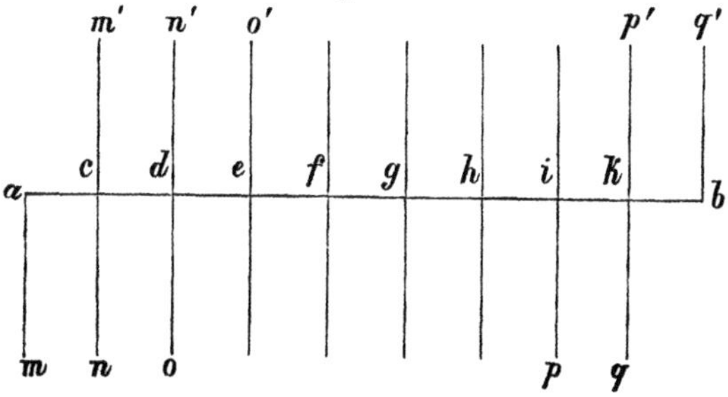

Bedeuten nämlich ac, cd, de etc. die einzelnen Schichten in dem Stabe ab, und bezeichnete am die Intensität der Schicht ac an dem einen Pole, so würde $cm' = am$ die Intensität des anderen Poles der Schicht ac darstellen. Da nun die Schicht cd dieselbe magnetische Intensität haben soll wie ac, so ist cn sein Magnetismus an dem einen und dn' an dem anderen Pole, welche beide gleich den vorhergehenden sind. Alle diese Kräfte heben sich in allen Punkten auf, ausser am und bq', so dass sich als Darstellung des freien Magnetismus Fig. 61 ergeben müsste.

Fig. 61.

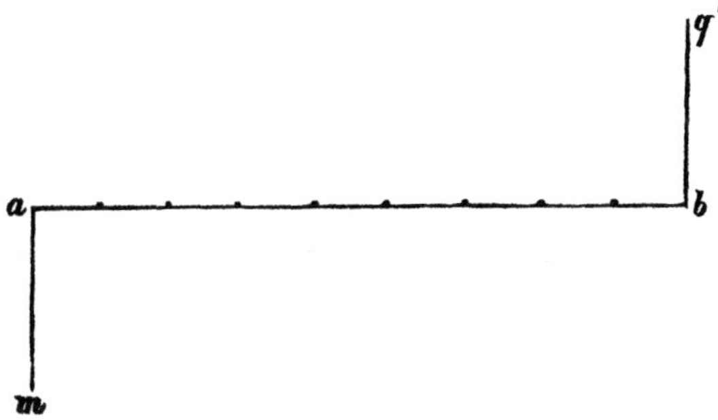

Nun lehren aber die Untersuchungen von Coulomb, welcher eine kleine Magnetnadel den einzelnen Querschnitten eines Magnetstabes gegenüber schwingen liess, dass zwar der Einfluss des Magnetstabes Null ist, wenn derselbe, wie in Fig. 62 mit seiner Mitte der Nadel gegenübersteht, dass aber dieser Einfluss um so wirksamer hervortritt, je mehr die Nadel dem einen oder anderen Pole des Stabes genähert wird. Das Verhältniss der Zunahme des Magnetismus nach den Enden des Stabes hin stellt sich ungefähr in der Curve dar, welche in Fig. 63 mit *a m* bezeichnet ist, wo *m* die Mitte des Magneten *b n* bezeichnen soll.

Fig. 62.

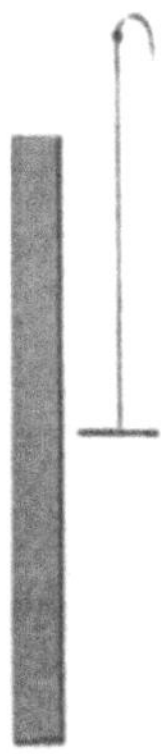

Fig. 63.

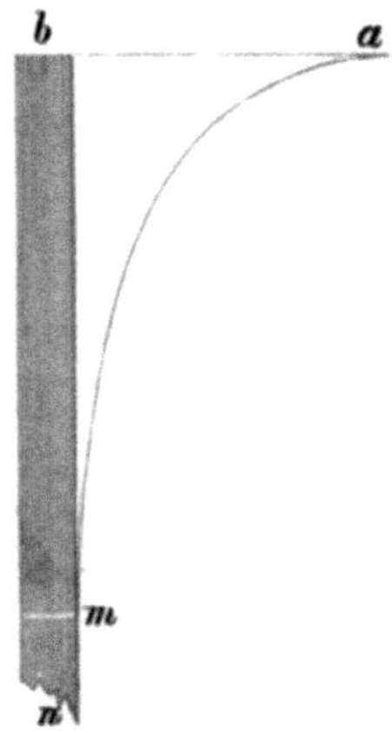

Dieser Versuch, wie auch der vielfach bei Magnetisirung von Stahlstäben angestellte, dass man mehrere in gerader Linie an einander gelegte Stäbe gleichzeitig magnetisirt und dann die in der Mitte befindlich gewesenen am stärksten findet, beweist, dass eine solche Gleichheit der magnetischen Intensität sämmtlicher, in einer Längsrichtung des Magneten befindlichen Moleküle nicht angenommen werden darf.

Ebenso wenig erklärt die zweite Annahme, dass der Magnetismus der in der Mitte befindlichen Moleküle am schwächsten wäre und nach den Polen hin stetig zunähme, die Erscheinungen des freien Magnetismus an einem Stabmagneten. Man wird einsehen, dass zwar auch für diesen Fall der freie Magnetismus in der Mitte gleich Null sein würde; allein es müsste dann eine Vertheilung des Magnetismus der einzelnen Theile stattfinden, wie sie in Fig. 64 gezeichnet ist, wo *a b* die Längsrichtung des Magneten, dagegen die auf derselben senkrecht stehenden Linien die magnetische

Fig. 64.

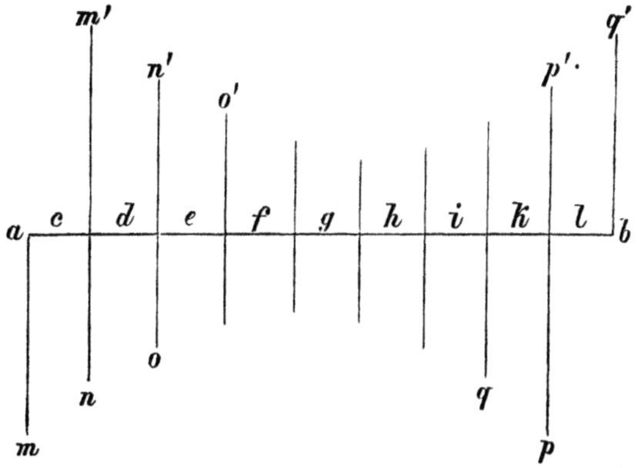

Intensität der einzelnen Moleküle c, d, e etc. darstellte, so dass die Linie $m = m'$, $n = n'$ etc. wäre. Denken wir uns hier die in jedem einzelnen Theile wirkenden entgegengesetzten Magnetismen im Verhältniss ihrer Intensität aufgehoben, so würde sich die in Fig. 65 dargestellte Zeichnung des freien Magnetismus in diesem Stabe ergeben, d. h. in der Hälfte des

Fig. 65.

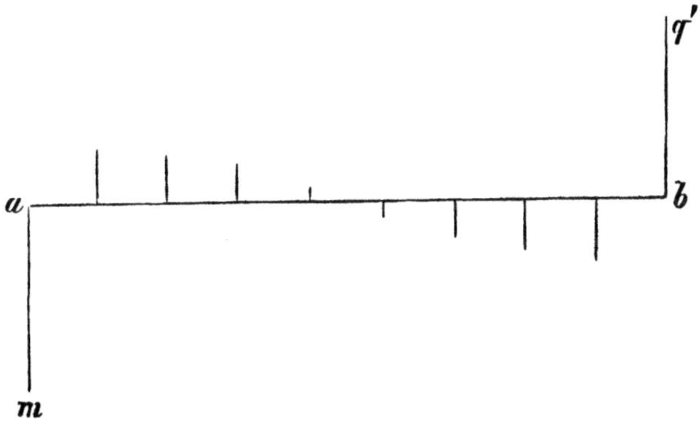

Magneten, welche dem Nordpol zugewandt wäre, würde bis an die äusserste Gränze hin der freie Magnetismus südpolar sein, während diese Gränze selbst den Nordpol hätte und ebenso würde die andere Hälfte freien Nordmagnetismus zeigen müssen, während ihre äusserste Gränze den Südpol trüge. Van Rees sagt: „Da man noch bei keinem Magneten eine so sonderbare Vertheilung des freien Magnetismus beobachtet hat, scheint man folgern zu dürfen, dass der Magnetismus der Theilchen eines Magneten niemals von der Mitte nach den Enden hin stetig zunehmen könne."

Es bleibt daher Nichts übrig, als dass wir annehmen, der Magnetismus der Theilchen nehme in dem Stabe von der Mitte nach den Enden hin ab, so dass wir durch eine in voriger Weise versinnlichte Darstellung die Fig. 66

Fig. 66.

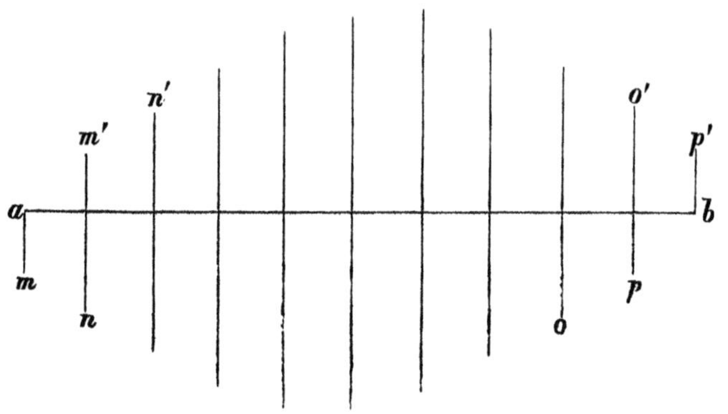

erhalten, in welcher $m = m' = p = p'$, ferner $n = n' = o = o'$ etc. ist. In der Nähe des Maximums sind die Aenderungen am kleinsten, der freie Magnetismus wird also in der Mitte schwach sein und nach den Enden hin zunehmen, und wir erhalten mithin bei einer Darstellung des in einem solchen Stabe vertheilten freien Magnetismus die Fig. 67, welche der von Coulomb gezeichneten Curve seiner Beobachtungen Fig. 63, wie wir später sehen werden, wenigstens annäherungsweise entspricht.

Fig. 67.

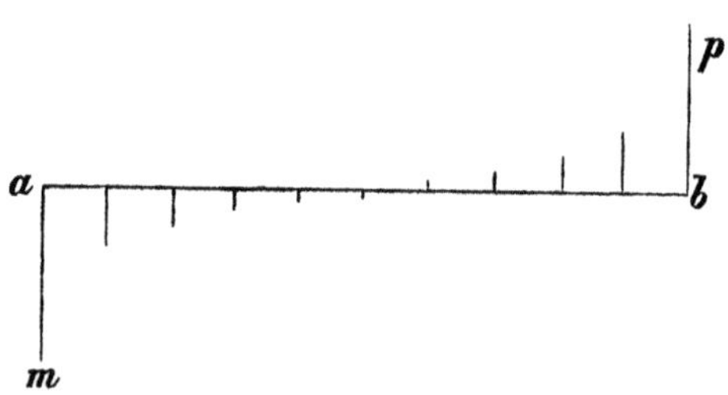

§. 2.

Versuche von Lenz und Jakobi und Folgerungen aus denselben.

1. Dass nun in den Magneten eine Vertheilung des erregten Magnetismus in der oben genannten Weise vorhanden ist, zeigen die Experimentaluntersuchungen von Lenz und Jakobi. Diese Physiker umgaben sieben verschiedene Eisenstäbe von $1^3/_4''$ Durchmesser und 1 bis 4' Länge ihrer ganzen Länge nach mit der galvanischen Spirale, so dass die Zahl der Windungen derselben mit der Länge zunahm, bewegten dann eine 1'' lange Inductionsspirale von 123 Windungen von Zoll zu Zoll über diesen Magneten fort und massen den an jeder Stelle in dieser Spirale erregten Inductionsstrom, welcher durch das Verschwinden des Magnetismus nach Unterbrechung des galvanischen Stromes hervorgerufen wurde. Sie sagen in Bezug auf diese Methode:[1])

„Denken wir uns einen, entweder ganz oder nur zum Theil mit elektromagnetischen Spiralen bedeckten Eisenkern der Länge nach, senkrecht auf die Axe, in Schichten getheilt, so wird die totale Quantität des zerlegten magnetischen Fluidums der Summe der in den einzelnen Schichten zerlegten Magnetismen gleich sein. Es kommen also die derartigen Untersuchungen auf die Frage zurück über die wahre Vertheilung des Magnetismus in einem Elektromagneten, und auf die Quadratur der dem Gesetze dieser Vertheilung entsprechenden Curve. Es versteht sich, dass diese Untersuchung nicht zu verwechseln ist mit der von Coulomb zuerst unternommenen, über die Vertheilung des freien Magnetismus in einem Magnetstabe. Bei diesen ist die Rede von der Wirkung des Magnetismus auf einen ausserhalb befindlichen Punkt, bei unsern Untersuchungen aber wollen wir den definitiven Zustand des Gleichgewichts, gewissermassen die Spannung kennen lernen, die durch die vertheilende Wirkung der magnetischen Partikel unter sich in jedem Querschnitt des Elektromagneten hervorgerufen wird. Es giebt, wie wir glauben, nur ein Mittel, diesen Zustand kennen zu lernen und wirklich zu messen, und dieses bietet uns unsere bisherige Anwendung der Inductionsströme dar, die wir erhalten, wenn wir das magnetische Gleichgewicht der Spannung aufheben und durch Unterbrechung des galvanischen Kreises den Magnetismus verschwinden lassen. Wir nehmen an, und unsere bisherigen Versuche haben uns dazu berechtigt, dass der gemessene Inductionsstrom proportional ist der ganzen Quantität des magnetischen

[1]) Pogg. Ann. 61 pag. 273.

Fluidums, welches an dieser, unmittelbar unter der Inductionsspirale befindlichen Schicht zerlegt ist."

„Wir können aber nicht mit Stillschweigen übergehen, dass wir uns auch davon überzeugt haben, wie der Einfluss, den die benachbarten Schichten auf die Inductionsspirale ausüben, zwar existirt, aber, da die Erregung bei geringer Dicke der Umwicklung nur unter einem sehr spitzen Winkel stattfindet, so gering ist, dass er bei unseren Untersuchungen vorläufig ausser Acht gelassen werden durfte. Von den verschiedenen hierüber angestellten Versuchen wollen wir nur anführen, dass, als wir eine mit 88 Windungen bedeckte Inductionsspirale in die Verlängerung einer $2\frac{1}{2}'$ langen, äusserst stark magnetisirten Eisenstange dicht an den Pol derselben anlegten, wir nur Spuren eines Inductionsstromes und etwa $0^{0},6$ Ablenkung am Inductionsmultiplicator erhielten."

Die zu den Versuchen von Lenz und Jakobi benutzten Eisenstäbe von $1\frac{3}{4}''$ Durchmesser waren $4'$, $3\frac{1}{2}'$, $3'$, $2\frac{1}{2}'$, $2'$, $1\frac{1}{2}'$, $1'$ lang, gut abgedreht und konnten nach und nach in eine $4'$ lange Messingröhre geschoben werden, auf welche ein etwa $\frac{3}{4}'''$ dicker, mit Seide besponnener Kupferdraht in 696 Windungen gewickelt war. Bei Anwendung des $4'$ langen Eisencylinders befand sich diese ganze Spirale im galvanischen Kreise, wurden aber die Cylinder von geringerer Länge gebraucht, so durfte nur ein verhältnissmässiger Theil der Spirale galvanisirt werden. Man bewirkte dies dadurch, dass ein mit dem galvanischen Leitungsdrahte verbundener Stift, der an einem verschiebbaren Arme befestigt war, durch eine Schraube gegen eine von ihrer Umwicklung entblösste Stelle der Spirale gepresst werden konnte. Die auf einer $1''$ langen Messingröhre aufgewickelte Inductionsspirale von 123 Windungen war weit genug, um mit Bequemlichkeit auf der elektromagnetischen Spirale verschoben werden zu können.

Zur Erregung des galvanischen Stromes bedienten sich die Experimentatoren einer Grove'schen Batterie von 3 Elementen, deren jedes $\frac{1}{2}$ Quadratfuss Platinoberfläche darbot.

Die in der folgenden Tabelle zusammengestellten Werthe sind die Sinus der an dem Inductionsmultiplicator beobachteten Ablenkungswinkel, welche, wie früher gezeigt ist, dem in der Inductionsspirale erregten Strome und also auch dem erregten Magnetismus proportional sind.

Der in verschiedenen Querschnitten eines Elektromagneten erregte Magnetismus.

Entf. d. Mitte d. Inductionsspirale von der Endfläche des Magneten in halben Zollen = E.	Länge der Elektromagnete.						
	1′	1½′	2′	2½′	3′	3½′	4′
1	0,02530	0,03621	0,04557	0,05524	0,06192	0,06163	0,06888
3	0,04416	0,06354	0,07997				
5	0,05528	0,08301	0,10559	0,12798	0,14637	0,15730	0,17078
7	0,06322	0,09888	0,12717				
9	0,06867	0,11081	0,14706	0,17909	0,20820	0,22098	0,24756
11		0,12001					
12	0,07171						
13		0,12771	0,17470	0,21899	0,25685	0,27480	0,30902
15		0,13213					
17			0,19412	0,24813	0,29626	0,31979	0,36108
18		0,13485					
21			0,20608	0,26836	0,32804	0,35375	0,40275
24			0,20811				
25				0,28150	0,34966	0,38322	0,43968
29					0,36081	0,40620	0,46793
30				0,28736			
31						0,42130	
33					0,36677		0,49014
36					0,36785		
37						0,42999	0,50503
41							0,52051
42						0,43471	
45							0,52596
48							0,52690

2. Diese hier erhaltenen Werthe haben Lenz und Jakobi graphisch verzeichnet, indem sie die Entfernungen der Mitte der Inductionsspirale von der Mitte der Magnetkerne als Abscissen, und die an diesen Stellen erhaltenen Werthe des erregten Magnetismus als Ordinaten abtrugen. Sie sagen nun, dass schon die blosse Anschauung dieser Curven eine grosse Aehnlichkeit derselben mit einem Kegelschnitte und besonders mit einer Parabel erkennen lasse, und dass sie deshalb versucht haben, ihre Beobachtungen nach dieser Curve zu berechnen, welche, wenn sie auf ihre Axensehne bezogen wird, die Form: $z = a - by^2$ erhält, wo z die Ordinate, y die Abscisse und a, b

die aus den Beobachtungen nach der Methode der kleinsten Quadrate berechneten Constanten sind.

Lenz und Jakobi nehmen also an, dass die in den verschiedenen Querschnitten des Magneten erhaltenen Werthe eine Parabel darstellen, deren Scheitel *c* über der Mitte der als Abscissenaxe aufgetragenen Länge des Magnetkernes *a b* liegt, so dass also die Curven sich in der beistehenden Fig. 68 darstellen. Allein sie finden bei der Berechnung nach dieser

Fig. 68.

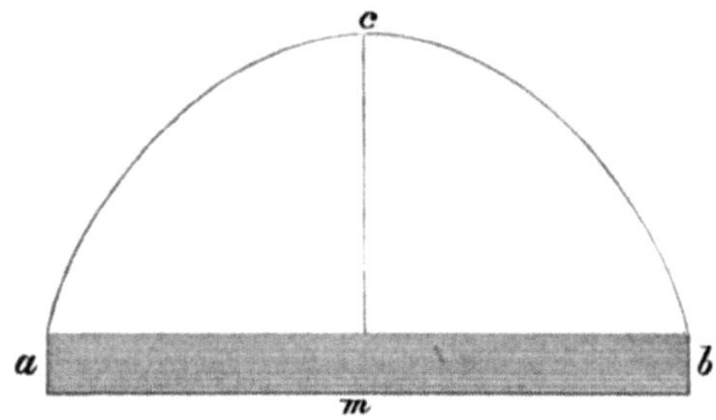

Annahme, dass die Werthe am Ende der Kerne viel zu gross ausfallen, oder mit anderen Worten, dass die beobachteten Werthe nach den Enden hin viel schneller abnehmen, als es nach dieser Annahme sein dürfte. Diese Differenzen zwischen den berechneten und beobachteten Werthen nehmen zu mit der Anzahl der in den einzelnen Reihen gegebenen Beobachtungen, d. h. mit der Länge der Kerne. So stimmen z. B. die beobachteten mit den berechneten Werthen des 1′ langen Kernes ziemlich gut überein, weil bei ihm überhaupt nur 6 Werthe für die Berechnung vorliegen, je mehr aber diese Zahl der Werthe wächst, um so grösser wird die Differenz. So zeigt die Inductionsspirale bei dem 3′ langen Kerne am Ende eine Ablenkung von 3° 33′, während die Berechnung 5° 22′ ergiebt, so dass hier die Differenz 1° 49′, also der berechnete Winkel ziemlich genau um die Hälfte grösser als der beobachtete ist. Bei dem $3\frac{1}{2}$′ langen giebt die Beobachtung am Ende 3° 22′ und die Berechnung 6° 11′, und endlich bei dem 4′ langen ist die berechnete Ablenkung fast doppelt so gross, indem die Beobachtung 3° 57′ zeigt, während die Berechnung 7° 4′ ergiebt. Selbst bei einer Entfernung der Mitte der Spirale um $1\frac{1}{2}$″ vom Ende ist bei dem 4′ langen Kerne die Differenz zwischen dem beobachteten und berechneten Winkel noch grösser als ein Grad, nämlich 1° 6′.

Eine Zusammenstellung der Differenzen zwischen den berechneten und beobachteten Werthen bei den verschiedenen Kernen zeigt übrigens noch eine andere regelmässige Verschiedenheit dieser beiden Arten von Werthen:

1'	1½'	2'	2½'	3'	3½'	4'
−0',25	+ 2'	−3',3	− 6'	−23'	− 8'	−14'
0	− 1'	−1',4	− 5'	−20'	− 7'	−11'
0	0'	−2',4	− 1'	− 8'	+ 1'	− 3'
+0',125	0'	+1',7	+ 6'	+12'	+ 9'	−12'
+0',9	+ 3'	+9',4	+10'	+20'	+12'	+ 5'
−18	+ 4'	+4',4	+ 5'	+18'	+13'	+17'
	+ 2'	+0',7	−11'	+15'	+19'	+26'
	− 4'	−7',8	−1° 16'	+ 5'	+ 9'	+25'
	+29'	−40'		−24'	− 9'	+29'
				−1° 49'	−40'	+16'
					−2° 39'	− 9'
						−1° 6'
						−3° 7'

Wir finden, dass die Differenzen durchgängig bei den Werthen nach der Mitte des Magneten negativ, dann positiv und am Ende wieder negativ sind.

3. Ein von mir gefundener Satz, dass sich nämlich die Anziehung und Tragkraft in den verschiedenen Querschnitten wie die Entfernung derselben von der Endfläche des Kernes verhalten, dessen Nachweis später geliefert werden wird, führte mich nun zu der Ansicht, dass, da sich doch in allen anderen Verhältnissen der erregte Magnetismus wie die Quadratwurzeln der Anziehung verhält, auch hier dieses Verhältniss stattfinden werde. Hiernach wäre dann der in den einzelnen Querschnitten beobachtete erregte Magnetismus der Quadratwurzel aus der Entfernung des Querschnittes vom Ende des Magneten proportional, so dass, wenn man die genannten Entfernungen als Abscissen auftrüge, die zugehörigen Ordinaten dem Quadrate derselben proportional sein müssten.

Bevor wir zur Prüfung dieses Satzes schreiten, müssen wir zunächst auf die aus der Methode des Versuchs nothwendig hervorgehenden Fehler aufmerksam machen, um im Voraus zu wissen, in welcher Weise sich Abweichungen der Beobachtungen von der Berechnung herausstellen müssen.

Indem Lenz und Jakobi die Entfernung der einen Zoll langen Inductionsspirale von der Mitte des Magneten in der Weise bestimmen, dass sie den Abstand der Mitte des Magneten von der Mitte der Spirale messen, und nun den erregten Magnetismus als dem Querschnitt des Eisenkernes zugehörig ansehen, über welchem die Mitte der Inductionsspirale sich befunden, setzen sie voraus, dass man sämmtliche in der Inductionsspirale erregten Ströme als einen Strom in dem mittleren Querschnitt derselben betrachten könne, welcher die Resultante aller übrigen ist. Nun leuchtet aber ein, dass die Resultante aller Ströme nur dann in dem mittleren Querschnitt der Spirale liegen kann, wenn die Wirkungen zu beiden Seiten gleich sind. Da aber der erregte Magnetismus von dem Ende nach der Mitte des Magneten stetig zunimmt, so ist klar, dass die Intensität des Inductionsstromes nicht genau das Verhältniss des erregten Magnetismus in dem Querschnitte des Magneten angeben wird, welcher die Inductionsspirale in der Mitte theilt. Der dieser gemessenen Intensität entsprechende Querschnitt wird, da auf der Seite nach der Mitte des Magneten hin die Wirkung grösser ist, auch dieser Mitte des Magneten näher liegen. Man wird also, wenn man bei der Annahme beharrt, der die Resultante aller Wirkungen auf die Inductionsspirale darstellende Querschnitt liege in der Mitte der Inductionsspirale, etwas zu grosse Werthe für den in diesem Querschnitt erregten Magnetismus erhalten. Dieser Fehler wird sich am grössten da zeigen, wo die Ordinaten der Curve am meisten wachsen, weil an diesen Stellen die Differenz der Wirkungen zu beiden Seiten des mittleren Querschnitts der Spirale am grössten ist. Nur für eine Stellung der Inductionsspirale findet diese Betrachtung keine Anwendung. Dies ist die Stellung über der Mitte des Magneten, weil hier die Wirkungen zu beiden Seiten des mittleren Querschnitts absolut gleich sind. Für diese Stellung wird also auch der gemessene Inductionsstrom nicht grösser als der diesem Verhältniss entsprechende Werth des erregten Magnetismus.

Zu diesen Abweichungen, welche durch die unmittelbar unter der Inductionsspirale wirkenden Kräfte zu beiden Seiten des mittleren Querschnitts der Spirale hervorgerufen werden, kommen noch die seitlichen Wirkungen ausserhalb der Spirale, welche allerdings nicht so grosse Intensität wie die senkrechten Wirkungen haben, aber dafür von einander mehr abweichen als jene. Sie vergrössern also einerseits den Fehler, wogegen sie andererseits bewirken, dass der Inductionsstrom am Ende des Kernes verhältnissmässig kleiner wird als die übrigen, weil hier die Wirkung von der einen Seite her ganz fehlt.

Aus diesen Betrachtungen geht nun hervor, welche Fehler sich in einer Untersuchung über das Verhältniss des erregten Magnetismus zu der Wurzel der Entfernung der Mitte der Inductionsspirale vom Ende des Magneten zeigen müssen. Die so gefundenen Verhältnisszahlen können nur in der Mitte des Magneten genau sein, sie müssen dann nach den Seiten hin grösser werden und aus dem eben genannten Grunde am Ende wieder abnehmen.

Um nun zu prüfen, ob die von mir gemachte Voraussetzung über die Proportionalität des erregten Magnetismus mit den Wurzeln der Entfernung des fraglichen Querschnitts vom Ende des Magneten richtig sei, so wie, ob auch die als nothwendig nachgewiesenen Fehler in der Beobachtung ihre Bestätigung fänden habe ich die von Lenz und Jakobi erhaltenen Intensitäten des erregten Magnetismus in den einzelnen Querschnitten bei dem 1, 2, $3\frac{1}{2}$ und 4′ langen Magnetkerne mit der Wurzel aus der Entfernung des Querschnitts vom Ende des Magneten $= \sqrt{E}$ dividirt und dabei folgende Resultate erhalten:

Verhältniss des erregten Magnetismus in einzelnen Querschnitten des 1′ langen Magneten zu der Entfernung dieser Querschnitte vom Ende des Magneten.

Entf. d. Mitte d. Inductions-Spirale vom Pol in halben Zollen $= E$	Erregter Magnetismus $= M$	$\frac{M}{\sqrt{E}}$
1	0,02530	0,025300
3	0,04416	0,025496
5	0,05528	0,024722
7	0,06322	0,023840
9	0,06868	0,023426
12	0,07171	0,020700
	2′ langer Magnet.	
1	0,04557	0,045570
5	0,10559	0,047004
9	0,14706	0,049020
13	0,17470	0,048456
17	0,19412	0,047085
21	0,20608	0,044960
24	0,20811	0,042450
	$3\frac{1}{2}$′ langer Magnet.	
1	0,06163	0,061630
5	0,15730	0,070347
9	0,22098	0,073660
13	0,27480	0,076216
17	0,31979	0,077560
21	0,35375	0,077195
25	0,38322	0,076644

Entf. d. Mitte d. Inductions-Spirale vom Pol in halben Zollen $= E$	Erregter Magnetismus $= M$	$\frac{M}{\sqrt{E}}$
	$3\,^1/_2{}'$ langer Magnet.	
29	0,40620	0,075930
33	0,42130	0,073340
37	0,42999	0,070690
42	0,43471	0,067077
	4′ langer Magnet.	
1	0,06888	0,06888
5	0,17078	0,076374
9	0,24756	0,082518
13	0,30902	0,085705
17	0,36108	0,087575
21	0,40275	0,087685
25	0,43968	0,087939
29	0,46793	0,086873
32	0,49014	0,085322
37	0,50503	0,083026
41	0,52052	0,081292
45	0,52596	0,078405
48	0,52690	0,077595

Die Resultate zeigen sowohl die Richtigkeit der gemachten Annahme als auch die als nothwendig aus der Methode hervorgehenden Fehler. In allen vier Reihen giebt die Messung in der Mitte des Magneten eine kleinere Verhältnisszahl als die mehr nach den Enden hin, wogegen dann wieder die am Ende selbst mit Ausnahme des 1 Fuss langen Kernes kleiner als die übrigen ist.

Wenngleich nun die nach dem hieraus zu folgernden Gesetz in der $\frac{M}{\sqrt{E}}$ überschriebenen Colonne aufgeführten Werthe, welche gleich sein sollten, auch Abweichungen zeigen, so sind dieselben trotz ihrer theilweisen Nothwendigkeit doch nur gering, wenn wir berechnen, wie gross der Unterschied zwischen der hier gemessenen Entfernung der Resultante vom Ende des Magneten und der Entfernung ist, in welcher sie nach dem Mittel aus allen anderen Werthen liegen müsste. Sollten nämlich alle in der letzten Colonne aufgeführten Werthe einander gleich sein, so würde bei dem 4 Fuss langen Kerne der am meisten abweichende Werth dem Mittel der andern gleich sein, wenn die Resultante $^1/_{10}$ Zoll der Mitte näher gerückt würde. Bei dem $3^1/_2$ Fuss langen Kerne beträgt diese Abweichung nur $^1/_{16}$ Zoll und bei den 2 Fuss langen nur $^1/_{60}$ Zoll. —

Hiernach folgt also aus den Versuchen von Lenz und Jakobi der Satz:

„Der in jedem Querschnitte eines seiner ganzen Länge nach mit der galvanischen Spirale bedeckten Eisencylinders erregte Magnetismus ist der Quadratwurzel aus der Entfernung dieses Querschnitts vom nächsten Ende des Magneten proportional."

Aus diesem Satze folgt direkt die Parabel als Curve, welche die Intensität des erregten Magnetismus in jedem einzelnen Querschnitt des Elektromagneten angiebt. Diese Parabel hat aber nicht die Lage, welche ihr Lenz und Jakobi geben. Wenn vielmehr die Länge des Magneten *ab*, Fig. 69,

Fig. 69.

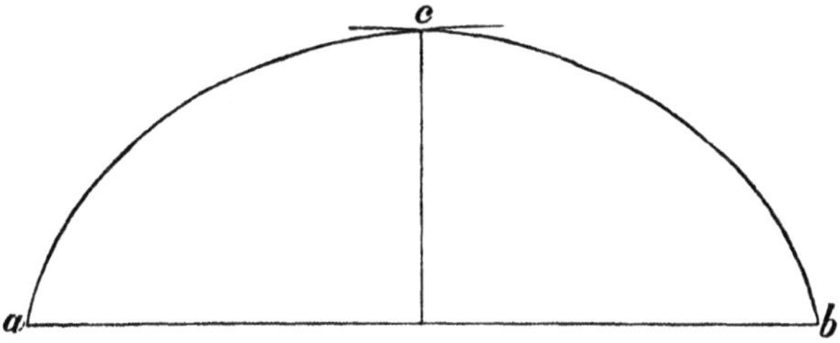

die Abscissenaxe darstellt, so sind die auf derselben als Ordinaten aufgetragenen Intensitätswerthe des an jedem Punkte des Magneten beobachteten erregten Magnetismus die Ordinaten zweier gleicher Parabeln, deren Scheitel in den beiden Enden *a* und *b* der Abscissenaxe liegen, und die sich in der Mitte *c* über derselben schneiden, wo das Maximum des erregten Magnetismus liegt.

4. Wenn nach dem obigen Satze der erregte Magnetismus in jedem Querschnitte bis zur Mitte des Magneten der Quadratwurzel der Entfernung vom Ende proportional ist, so folgt daraus für Magnete von verschiedener Länge, dass, unter übrigens gleichen Bedingungen, der erregte Magnetismus in der Mitte der Stäbe den Wurzeln dieser Längen proportional sein muss. Diese gleichen Bedingungen bestehen besonders darin, dass dieselbe magnetisirende Kraft (gleiche Windungszahl und gleiche Stromstärke oder gleiches Produkt aus Windungszahl und Stromstärke), über die ganze Länge des Kernes ausgebreitet ist.

Bei den von Lenz und Jakobi angestellten Messungen tragen bekanntlich nicht alle Kerne dieselbe Anzahl von Spiralwindungen. Da sie jedoch ihrer ganzen Länge nach mit der Spirale bedeckt sind, und die Zahl der Windungen der Länge proportional wächst, so muss eine Division der Werthe, welche die Intensität des erregten Magnetismus in der Mitte der Kerne angiebt, durch die Länge der Stäbe, den erregten Magnetismus feststellen, den mit gleicher Windungszahl bedeckte Stäbe von verschiedener Länge in ihrer Mitte zeigen werden.

Der in der Mitte von verschieden langen Stäben erregte Magnetismus.

Länge der Stäbe $= l$.	Erregter Magnetismus $= M$.	$\frac{M}{l}$	$\frac{M}{l\sqrt{l}}$
1'	0,07171	0,07171	0,07171
$1\frac{1}{2}$'	0,13485	0,08990	0,07340
2'	0,20811	0,10405	0,07357
$2\frac{1}{2}$'	0,28736	0,11494	0,07267
3'	0,36785	0,12261	0,07079
$3\frac{1}{2}$'	0,43471	0,12420	0,06639
4'	0,52690	0,13172	0,06586

Die zweite Colonne dieser Tabelle giebt die Werthe, welche in den Versuchsreihen Seite 14 zu Ende einer jeden Colonne stehen. Es sind die Werthe, welche die Stäbe in der Mitte zeigen. Die dritte Colonne giebt das Verhältniss der Magnetismen, wenn alle Stäbe mit derselben Windungszahl bedeckt wären, wogegen die vierte das Verhältniss zu den Wurzeln der Länge der Magnete angiebt. Die hier auftretenden Zahlen zeigen nur eine geringe Verschiedenheit und wir können dieselben auch ohne Rücksicht auf andere, später folgende Bestätigungen, wohl als gleich ansehen. Die Abweichungen sind nicht so gross, dass sie nicht bei so bedeutender Längenverschiedenheit der Kerne auf die Versuchsfehler gerechnet werden könnten. Geben wir zu, dass diese Werthe als gleich zu betrachten sind, so folgt daraus der Satz:

„Der in der Mitte eines Stabes erregte Magnetismus ist der Quadratwurzel aus der Länge des Stabes proportional."

5. Die vorn in der Tafel Nr. 1 dieses §. aufgeführten Versuche geben den erregten Magnetismus von Zoll zu Zoll in einem jeden Magneten Es wird daher die Summe aller einzelnen Werthe in jeder Reihe die Summe des erregten Magnetismus in dem ganzen Stabe angeben. Lenz und Jakobi haben diese Summen bei jedem einzelnen Stabe berechnet, und es

findet sich eine Zusammenstellung derselben auf Seite 454 in Pogg. Ann. Band 61. Mit den in dieser Weise erhaltenen Summen, die freilich aus den berechneten Werthen gezogen sind, ist eine Versuchsreihe zusammengestellt, welche den erregten Magnetismus der ganzen Stäbe angiebt. Die Experimentatoren sagen: [1])

„Wenn die zu jedem Eisencylinder gehörige elektromagnetische Spirale ihrer ganzen Länge nach mit einer Inductionsspirale bedeckt wird, so erhält man einen Inductionsstrom, welcher der in dem ganzen Eisencylinder zerlegten Quantität des magnetischen Fluidums proportional ist. Zugleich muss dieser Inductionsstrom der Summe der an den successiven Schichten beobachteten Ströme oder dem Flächeninhalte der ganzen Curve gleich sein.“ —

Um den in den ganzen Stäben erregten Magnetismus zu messen, ward jeder Stab seiner ganzen Länge nach mit der galvanischen und einer gleich langen Inductionsspirale umgeben. Die so angestellten Messungen wurden dann noch wegen des Vergleichs untereinander in der Weise corrigirt, dass die erhaltenen Werthe auf die reducirt wurden, welche einer genau der Länge proportionalen Anzahl von Windungen entsprächen. Es wurden die erhaltenen Werthe der einzelnen Stäbe multiplicirt respective mit

$$\frac{150}{153} \quad \frac{225}{228} \quad \frac{300}{303} \quad \frac{375}{377} \quad \frac{450}{450} \quad \frac{525}{524} \quad \frac{600}{596}$$

weil der einen Fuss lange Eisencylinder nicht mit der seiner Länge entsprechenden Windungszahl 150, sondern 153 bewickelt gewesen, etc.

Nach dieser Reduction ergab sich nun als

erregter Magnetismus in Stäben von verschiedener Länge.

Länge der Stäbe.	Erregter Magnetis. $= M$ bei steigender Windungszahl beider Spiralen.	$\frac{M}{l^2}$	$\frac{M}{l^2\sqrt{l}}$
1′	0,63932	0,63932	0,6393
$1\frac{1}{2}$′	1,82234	0,81192	0,6132
2′	3,65812	0,91452	0,6464
$2\frac{1}{2}$′	6,20218	0,99220	0,6276
3′	9,58518	1,06500	0,6149
$3\frac{1}{2}$′	12,98939	1,06036	0,5667
4′	17,41820	1,08864	0,5443

Aus den in der zweiten Colonne aufgeführten Werthen des erregten Magnetismus erhält man, wie Lenz und Jakobi es nennen, „die specifische

[1]) Pogg. Ann. 61 pag. 451.

Wirkung der Länge des Eisens," wenn man diese Werthe mit der Windungszahl der der galvanischen und Inductions-Spirale, d. h., da beide der Länge proportional sind, mit dem Quadrat der Länge dividirt. Die auf diesem Wege erhaltenen Werthe finden sich in der dritten Colonne, während dann die vierte noch die Quotienten aus diesen erregten Magnetismen durch die Wurzeln der Länge giebt. Ein Vergleich der Werthe der dritten Colonne zeigt klar, dass bei dem $3\frac{1}{2}$ Fuss langen Magneten sicher ein Versuchsfehler vorgekommen, oder vielleicht das Eisen dieses und auch des 4 Fuss langen Stabes einer gleichen Entwicklung des Magnetismus wie in anderen Stäben hinderlich gewesen ist; denn der erregte Magnetismus dieses Stabes ist geringer als der des $\frac{1}{2}$ Fuss kürzeren. Abgesehen von dieser offenbar fehlerhaften Abweichung zeigen die Quotienten der vierten Colonne durchaus eine wünschenswerthe Gleichheit und es folgt daraus der Satz:

„Der erregte Magnetismus verschieden langer Eisencylinder, die auf ihrer ganzen Länge mit derselben Kraft magnetisirt sind, ist den Wurzeln der Länge dieser Cylinder proportional."

Die Annahme, dass die Verschiedenheit des Eisens bei den beiden letzten Stäben die Unterschiede hervorgerufen habe, findet auch nähere Bestätigung in der Tabelle in Nr. 4, welche den in der Mitte des Stabes erregten Magnetismus angiebt, wo ebenfalls gerade die Resultate dieser beiden Stäbe von den mit den übrigen erhaltenen Resultaten etwas abweichen. Somit begründet der hier klar hervortretende Fehler um so sicherer auch den dort aus den Versuchen geschlossenen Satz über den in der Mitte des Stabes erregten Magnetismus.

Es folgt aus diesem Satz natürlich, dass der erregte Magnetismus in verschieden langen cylindrischen Eisenkernen, die ihrer ganzen Länge nach mit galvanischen Spiralen gleichmässig bedeckt sind, so dass also die Windungszahl derselben der Länge proportional wächst, der in ihnen erregte Magnetismus der $\frac{3}{2}$ten Potenz der Länge proportional ist.

Ich kann nicht unterlassen, diesen Satz hervorzuheben, weil derselbe wohl nur durch ein Versehen in Karsten's Encyclopädie von v. Feilitzsch anders ausgesprochen ist.[1]) Es wird daselbst dieser Magnetismus als die $\frac{5}{2}$ Potenz dargestellt, was darin seinen Grund hat, dass ausser Acht gelassen ist, dass bei den von Lenz und Jakobi angestellten Messungen nicht allein die Windungszahl der galvanischen, sondern auch die der Inductionsspirale, der Länge der Kerne proportional wächst. Man hat also die dort erhaltenen

[1]) Karsten's Encyclopädie der Physik. III. Lief. §. 16 pag. 117.

Werthe unbedingt noch mit der Länge (l) zu dividiren, um die Wirkung der galvanischen Spirale auf die Kerne zu erhalten.

Dieselbe Rücksicht ist bei dem weiter hinten Seite 121 der Encyclopädie ausgesprochenen Satze in Bezug auf die Polaritäten und magnetischen Momente zu nehmen, auf die wir später noch zurückkommen. Die in der Tabelle der pag. 121 vorhergehenden Seite unter $\frac{Mp}{l^{3/2}}$ so schön übereinstimmende Reihe beweist, dass der freie Magnetismus den Wurzeln der Längen proportional ist, weil in dem Divisor $l^{3/2}$ auf die Länge der Inductionsspirale $l^{2/2}$ zu rechnen ist, so dass für den Einfluss der Kernlänge $l^{1/2}$ übrig bleibt.

6. Aus dem vorn gefundenen Satze, dass der erregte Magnetismus der Quadratwurzel der Entfernung des gemessenen Querschnitts vom nächsten Ende des Magneten proportional ist, folgt ein anderer, für die Anziehung und Tragkraft verschieden langer Kerne sehr wichtiger Satz, dass nämlich der erregte Magnetismus in den verschieden langen Kernen in denjenigen Querschnitten derselbe sein muss, welche gleich weit vom Ende der Kerne entfernt sind.

Um diesen Satz an den Versuchen von Lenz und Jakobi zu prüfen, haben wir die entsprechenden Resultate mit der Windungszahl zu dividiren, da alle Magnete mit einer ihrer Länge proportionalen Anzahl von Spiralwindungen bedeckt sind, und müssen dann gleiche Werthe erhalten. Die Zahl der Windungen verhält sich bei den 7 angewandten Magneten von 1′, $1^1/_2$′ .... 4′ Länge, ohne Rücksicht auf die vorn besprochene Correction, wie 2 : 3 : 4 : 5 : 6 : 7 : 8. In der folgenden Tabelle sind nun die Quotienten dieser mit den Verhältnisszahlen dividirten Werthe des erregten Magnetismus in verschiedenen Entfernungen vom Ende eines jeden Magneten zusammengestellt:

Länge der Magnete.	Entfernung des Querschnitts vom Ende eines jeden Magneten. 4,5″	6,5″	8,5″	12,5″	16,5″	20,5″
1′	0,03433					
1,5′	0,03693	0,04404	0,04506			
2′	0,03676	0,04368	0,04852			
2,5′	0,03581	0,04380	0,04962	0,05630		
3′	0,03470	0,04281	0,04771	0,05828	0,06113	
3,5′	0,03150	0,03926	0,04568	0,05475	0,06017	0,06210
4′	0,03094	0,03863	0,04513	0,05496	0,06127	0,06506

Wegen der in den einzelnen Querschnitten verschiedenen Lage der Resultante sämmtlicher Wirkungen der Inductionsspirale können die hier aufgeführten Werthe nicht absolut gleich sein; allein sie sind in den einzelnen Colonnen so wenig von einander verschieden, dass wir ihre Gleichheit unter anderen Verhältnissen durchaus nicht bezweifeln können; sie beweisen mithin unzweifelhaft den Satz:

„Bei **verschieden** langen Elektromagneten, die auf ihrer ganzen Länge mit gleicher Kraft magnetisirt sind, ist der in den gleich weit von ihren nächsten Enden befindlichen Querschnitten erregte Magnetismus gleich stark."

b) Erregter Magnetismus in Kernen, die nicht ihrer ganzen Länge nach mit galvanischen Spiralen bedeckt sind.

§. 3.

1. Das Gesetz über die Vertheilung des erregten Magnetismus in Kernen, die nur zum Theil mit der magnetisirenden Spirale bedeckt sind, ist eine Aufgabe, welche bis jetzt noch nicht ihre Lösung gefunden hat. Die in diesem Falle auftretenden Erscheinungen sind viel verwickelterer Art als die bisherigen, weil bei ihnen ausser den schon bekannten Gesetzen noch andere gleichzeitig mitwirken.

Die zunächst zu beantwortende Frage ist die: Nach welchem Gesetz findet die Vertheilung des erregten Magnetismus auf der ganzen Ausdehnung eines Eisenstabes statt, welcher in seiner Mitte von einer galvanischen Spirale erregt wird, deren Länge gegen die des Stabes verschwindend klein ist? Die Beantwortung dieser Frage scheint mir möglich ohne Kenntniss der bei den übrigen Fällen für die Lage der Spirale zur Geltung kommenden Gesetze, während sie in allen anderen Fällen von Einfluss sind. Lenz und Jakobi, welche allein auf diesem Felde Untersuchungen angestellt haben,[1]) liefern in Bezug auf diesen Fall Versuche, aus denen allerdings ein Gesetz hervorleuchtet, doch ist die Zahl der Versuche in manchen Fällen zu gering, als dass man ein Gesetz daraus erschliessen könnte, wogegen in anderen Fällen die Resultate wegen der darin enthaltenen Fehler nicht zuverlässig genug sind.

Der Versuch über die Wirkung der Spirale in der Mitte des Kernes wurde mit einer $13^1/_2{}'$ langen, $1^1/_2{}''$ dicken Eisenstange unternommen, in

[1]) Pogg. Ann. 61 pag. 459.

deren Mitte sich eine 2″ lange galvanische Spirale von 105 Windungen befand. Eine Inductionsspirale, die ebenfalls 2″ lang war und 179 Windungen hatte, wurde nach und nach verschoben, und so die Intensität des an jeder Stelle erregten Magnetismus gemessen. Diese Werthe sind in der folgenden Tabelle zusammengestellt:

Entfernung der Inductionsspirale von der Mitte der Stange.	Stärke des Inductionsstromes.
0″	0,88417
2″	0,80386
4″	0,70947
6″	0,64177
8″	0,59078
10″	0,54884
12″	0,50076
14″	0,46523
18″	0,40753
22″	0,33381
30″	0,23387
38″	0,16352
50″	0,09170
66″	0,03380
80″	0,00589

Die graphische Darstellung dieser Beobachtungen, wie sie Fig. 70 giebt, lässt auf eine logarithmische Linie schliessen. Eine Berechnung nach der Formel:

Fig. 70.

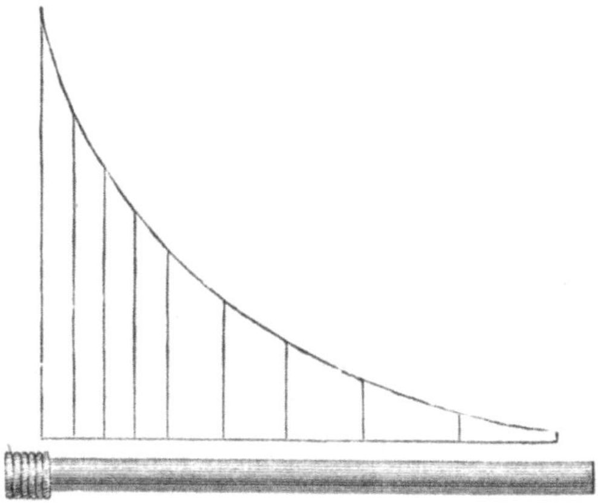

$$\log \sin \frac{\alpha'}{2} = 9{,}93844 - x\,(0{,}01951),$$

zeigt eine ziemliche Uebereinstimmung mit den erhaltenen Werthen, obgleich doch einige bedeutende Abweichungen vorkommen, die, wenn das Gesetz richtig ist, bedeutende Versuchsfehler erkennen lassen.

2. Hiernach wäre der complicirtere Fall zu untersuchen, welche Veränderung das obige Gesetz dadurch erleidet, dass die galvanische Spirale, statt in der Mitte, an das Ende des Kernes gebracht würde. Auch in Bezug hierauf liegt eine Versuchsreihe von Lenz und Jakobi mit einer 3′ langen, $1\frac{1}{2}''$ dicken Stange vor. Dadurch, dass die Experimentatoren statt sehr kurzer Spiralen eine 6″ lange Inductionsspirale und eine ebenso lange galvanische anwenden, wird das Phänomen complicirter als es im anderen Falle gewesen wäre, und dies ist vielleicht mit der Grund, weshalb die hier gegebenen Resultate kein Gesetz erkennen lassen. Es zeigen sich nachstehende Werthe für den Inductionsstrom, während die messende Spirale von der galvanischen entfernt wird:

Entfernung der Mitte der Inductionsspirale vom Ende der Stange.	Stärke des Inductionsstromes
3″	0,24434
9″	0,20834
15″	0,13009
21″	0,08063
27″	0,04600
33″	0,01896

Bei dem ersten Versuche befand sich die Inductionsspirale über der galvanischen, und es ist daher die Wirkung der letzteren auf die erstere in Abrechnung gebracht. Eine Division mit der Entfernung von dem entgegengesetzten Ende des Stabes in die erhaltenen Werthe zeigt, dass der Magnetismus an den verschiedenen Stellen des Kernes der Entfernung von der galvanischen Spirale annäherungsweise umgekehrt proportional ist.

3. Einige andere Versuche lassen zwar ein Gesetz erkennen, doch sind die Abweichungen von demselben vielleicht wegen der Versuchsfehler sehr bedeutend. Unter diesen ist besonders der wichtig, bei welchem der ganze 3′ lange Kern mit einer Inductionsspirale bedeckt ist, über der sich acht $4\frac{1}{2}''$ lange galvanische Spiralen befinden, welche einzeln oder in beliebiger Verknüpfung mit der Batterie verbunden werden konnten, die einen constant erhaltenen Strom lieferte. Die Nummern der Spiralen sind vom Ende des Cylinders an gerechnet.

Nummer der Spiralen.	Stärke des Inductionsstromes.	Berechneter Inductionsstrom.
1	0,10517	
2	0,17966	
3	0,22877	
4	0,26387	
5	0,25671	
6	0,24213	
7	0,17988	
8	0,09237	
1+2	0,29758	0,28483
1+2+3	0,55194	0,51360
1+2+3+4	0,83652	0,77747

Die 8 ersten Versuchsresultate sind eine Bestätigung der in Nr. 1 dieses Paragraphen mitgetheilten Beobachtung. Abgesehen von der Form der Curve, welche die Abnahme des erregten Magnetismus von der Spirale an darstellt, muss, da überhaupt der Magnetismus abnimmt, um so mehr von der erregenden Kraft der Spirale verloren gehen, je näher dieselbe sich am Ende des Eisenkernes befindet, und der erregte Magnetismus muss ein Minimum sein, wenn sie unmittelbar am Ende ist, weil dann die eine ganze Seite derselben ohne Einfluss bleibt. Der Versuch zeigt, dass man das Maximum des in einem Stabe erregten Magnetismus erhält, sobald sich die erregende Spirale auf der Mitte des Kernes befindet. In dem vorliegenden Falle giebt die in der Mitte des Kernes zunächst liegende Spirale etwa das $2\frac{1}{2}$fache von der am Ende befindlichen. Eine Versuchsreihe mit einer 1″ langen Spirale würde, wie ich glaube, näheren Aufschluss über das Verhältniss des in dem ganzen Stabe erregten Magnetismus geben, wenn man deren Wirkung von Zoll zu Zoll prüfte.

Die drei letzten Versuche geben nun die Summe der Wirkungen mehrerer gleichzeitig wirkenden Spiralen. Die Beobachtung zeigt hier grössere Werthe als die aus den einzelnen Summen berechneten Intensitäten in der dritten Colonne. Lenz und Jakobi finden diese Erscheinung einer früher von ihnen gemachten Beobachtung gemäss, wo sich ein stärkerer Magnetismus zeigt, wenn der Eisenkern verlängert wird.[1]) Ich glaube, dass die beiden Fälle in dieser Hinsicht nicht mit einander verglichen werden können. Wir haben vorher gesehen, dass ein verlängerter Eisenkern einen stärkern Magnetismus zeigt als der, welcher die Spirale gerade ausfüllt, weil

[1]) Pogg. Ann. 61 pag. 460 und 273.

der erregte Magnetismus den Wurzeln der Kernlängen proportional ist; allein man kann daraus nicht schliessen, dass zwei gleichzeitig wirkende Spiralen in ein und demselben Kerne einen stärkeren Magnetismus erregen müssen, als die Summe der beiden für sich allein wirkenden ergeben würde. Alle übrigen Erfahrungen leiten vielmehr darauf hin, dass diese beiden Resultate gleich ausfallen müssen. Ich muss daher annehmen, dass die vorhandenen Versuchsfehler die hier auftretende Differenz bewirkt haben. Diese Versuchsfehler sind in dem vorliegenden Falle nicht unbedeutend, was man aus dem Versuch mit den Spiralen 1 und 8, besonders aber 3 und 6 ersehen kann. Während diese Resultate einander gleich sein sollten, zeigt Nr. 1 als erregten Magnetismus 0,10517 und Nr. 8: 0,09237; Nr. 3 ist 0,22877 und Nr. 6: 0,24213. Diese so bedeutenden Differenzen der Einzelwerthe werden von denen der Summe verhältnissmässig kaum übertroffen.

Die hier erhaltenen Resultate des erregten Magnetismus geben noch Aufschluss über die vorn[1]) mitgetheilte Beobachtung, dass der freie Magnetismus sich vergrössert, sobald sämmtliche Spiralwindungen in der Mitte des Kernes zusammengehäuft werden. Wenn der erregte Magnetismus durch dieselbe magnetisirende Kraft, bei gleicher Spirale, sich von 0,10517 auf 0,26387, also ungefähr auf das $2\frac{1}{2}$fache steigert, so lässt sich erklären, warum dieselbe magnetisirende Kraft, wenn sie auf die Mitte des Kernes gebracht wird, auch einen grösseren freien Magnetismus giebt, als wenn sie über die ganze Länge des Kernes ausgedehnt ist.

4. Eine auf den Fäll in Nr. 2 bezügliche Versuchsreihe führen Lenz und Jakobi noch in der Weise aus, dass das eine Ende des 3füssigen Eisencylinders mit einer 6″ langen Inductionsspirale, der übrige Theil desselben mit fünf galyanischen Spiralen, jede von 6″ Länge bedeckt wird. Sie erhalten die nachstehende Tabelle, in der die Zahlen der ersten Colonne die jedesmalige Anzahl der elektromagnetischen Spiralen angeben, und zwar von der Inductionsspirale an gerechnet. Die dritte Colonne giebt die Inductionsströme dividirt durch die Anzahl der Spiralen.

Anzahl der galv. Spiralen $= n$,	Inductionsstrom. $= M$.	$\frac{M}{n}$
1	0,13290	13290
2	0,23980	11990
3	0,31544	10514
4	0,36285	9071
5	0,37278	7456

[1]) Abschnitt V. §. 4, Nr. 9.

Die dritte Colonne zeigt, wie die frühere Versuchsreihe, dass mit der Entfernung von der Inductionsspirale die Windungen in ihrer Wirkung abnehmen. Lenz und Jakobi sagen:[1]) Man ersieht, dass bei einer solchen Anordnung die magnetische Wirkung der vom Ende entfernter liegenden Windungen abnimmt und nicht compensirt wird durch die früher erwähnte gegenseitige Verstärkung. Eine solche gegenseitige Verstärkung ist aber nicht vorhanden, sie würde dem Satze widersprechen, dass die Magnetisirung der Anzahl der Windungen proportional ist, sobald dieselben in gleicher Entfernung von der messenden Inductionsspirale, d. h. über einander, sich befinden. Wenn sich in diesem Falle die Windungen in ihrer Wirkung nicht verstärken, wie sollte es denn bei den neben einander befindlichen stattfinden? Ich verweise auf die vorn von mir angestellten Versuche, bei denen die Spiralen so gewickelt sind, dass der Strom sowohl in einem als in zweien neben einander liegenden Drähten wirken kann. In diesem Falle ist ebenfalls die Wirkung Hinsichts des freien Magnetismus bei einem Drahte genau die Hälfte von der mit beiden.

II.

Der freie Magnetismus verschieden langer Elektromagnete.

§. 4.

Der freie Magnetismus der Endflächen.

1. An die soeben aufgeführten Versuche knüpft sich noch eine Versuchsreihe von Lenz und Jakobi,[2]) bei welcher sie fünf verschiedene Eisencylinder von 1′, 1½′, 2′, 2½′ und 3′ Länge ganz mit 6″ langen Spiralen bedecken, deren eine sich als Inductionsspirale an dem einen Ende des Kernes befindet, während die übrigen in dem anderen Theile des Kernes den Magnetismus erregen. Die Zahlen der vierten Colonne geben den Inductionsstrom dividirt durch die Anzahl der galvanischen Spiralen.

[1]) Pogg. Ann. 61 pag. 264. [2]) Pogg. Ann. 61 pag. 463.

Länge der Eisencylinder.	Anzahl der galv. Spiralen = n.	Inductionsstrom = M.	$\frac{M}{n}$
1′	1	0,07432	7432
$1^1/_2$′	2	0,15858	7929
2′	3	0,23556	7852
$2^1/_2$′	4	0,28522	7105
3′	5	0,40471	8005

Die Experimentatoren sagen in Bezug auf diesen Versuch: „das 6″ lange, mit einer Inductionsspirale bedeckte Stück der Eisencylinder kann man aber als einen Anker betrachten, der in der innigsten Berührung mit dem Elektromagneten steht, weil er mit demselben Eins bildet. Auch hier zeigen die Zahlen der vierten Colonne keine ganz vollkommene Uebereinstimmung, aber auch keinen specifischen, die oft erwähnten Fehlerquellen überwiegenden Einfluss der Länge, so dass auch für diesen Fall die Stärke des Magnetismus nicht durch die Länge der Eisenstangen an sich, sondern allein durch die Anzahl der elektromagnetischen Spiralwindungen bedingt ist.“

Wir werden später wieder darauf zurückkommen, dass Lenz und Jakobi aus ihren Untersuchungen den Schluss ziehen, die Länge der Eisenkerne habe keinen Einfluss auf den freien Magnetismus oder die Anziehung und Tragkraft der Elektromagnete. Wenn nun aber, wie vorher nachgewiesen ist,[1]) die Intensität des erregten Magnetismus den Wurzeln der Länge der Magnete bei gleicher Windungszahl proportional ist, so lässt sich nicht einsehen, wie der freie Magnetismus derselben Magnete unverändert sein soll. Der hier vorliegende Fall der Untersuchungen von Lenz und Jakobi ist nur eine Bestätigung des vorn aufgestellten Gesetzes, dass der erregte Magnetismus bei verschieden langen Elektromagneten in gleicher Entfernung vom Ende derselben gleich ist. Obgleich also hier verschieden lange Magnete thätig sind, so wird doch bei allen der erregte Magnetismus eines Stückes von gleicher Länge gemessen, und in diesem muss allerdings der Magnetismus derselbe sein, ohne dass die Summe des Magnetismus aller Querschnitte gleich zu sein braucht, von welcher doch der freie Magnetismus abhängt.

2. Aus dem oben erwähnten Satze über das Verhältniss des erregten Magnetismus zur Länge folgt nun für den freien Magnetismus verschieden langer Magnetkerne, dass derselbe ebenfalls den Wurzeln der Länge proportional sein werde. Es folgt dies aus der vorn von van Rees angegebenen

[1]) Dieser Abschnitt §. 2, Nr. 5.

Ableitung des freien Magnetismus aus dem erregten, als auch nach der Analogie mit allen übrigen Erscheinungen, wo stets der erregte Magnetismus dem freien proportional ist.

Bevor wir zu den von mir in Bezug auf diesen Fall angestellten Untersuchungen übergehen, ist noch herhorzuheben, dass, wenn von der Länge der Elektromagnete die Rede ist, man unterscheiden muss, ob der Kern, bei gleich bleibender Spirale, allein an Länge zunimmt, oder ob auch die Spirale zugleich verlängert wird. In dem letzteren Falle kann einerseits das Wachsen der Spirale darin bestehen, dass auf dem verlängerten Kern die Windungszahl vermehrt wird, bis der Kern ganz bedeckt ist, oder andererseits darin, dass die vorhandene Windungszahl über die vergrösserte Länge des Kernes ausgebreitet wird, so dass sie diesen wiederum ganz bedeckt.

3. Verlängerung der Kerne allein.

Wie bei den Versuchen über die Wirkung der Kerndurchmesser wurde der freie Magnetismus mittelst der Bussole gemessen.[1]) Zunächst wurden in eine 6″ lange Spirale mit 156 Windungen Eisenkerne von verschiedener Länge und 1″ Durchmesser in der Weise eingeführt, dass sie auf der der Bussole zugekehrten Seite nicht hervorstanden. Die Entfernung der nächsten Polfläche von der Mitte der Nadel betrug 21″. Der angewandte Strom lenkte die Nadel der Tangentenbussole auf 20° ab.

Magnet	6″	lang.	$9\frac{1}{2}^0$ = tg 0,16
„	9″	„	$14\frac{1}{2}^0$ = tg 0,25
„	12″	„	20^0 = tg 0,36
„	15″	„	$21\frac{1}{2}^0$ = tg 0,39
„	18″	„	23^0 = tg 0,42
„	21″	„	$25\frac{1}{2}^0$ = tg 0,48
„	24″	„	$26\frac{1}{2}^0$ = tg 0,50

Ein Versuch mit einer 12″ langen Spirale von doppelter Windungszahl als die vorige ergab bei derselben Stromstärke folgende Reihe:

Magnet	12″	lang.	$27\frac{1}{2}^0$ = tg 0,52
„	15″	„	$33\frac{1}{2}^0$ = tg 0,66
„	18″	„	$38\frac{1}{2}^0$ = tg 0,79
„	21″	„	$41\frac{1}{2}^0$ = tg 0,88
„	24″	„	$42\frac{3}{4}^0$ = tg 0,92

[1]) Pogg. Ann. 102 pag. 199.

Man sieht aus diesen beiden Reihen, dass caeteris paribus der freie Magnetismus zunimmt mit der Länge der Eisenkerne. Diese Zunahme ist geringer als die Länge der Kerne selbst, aber grösser als die Wurzeln derselben. Analog den Versuchen Hinsichts des erregten Magnetismus bei Entfernung der galvanischen Spirale von der messenden Inductionsspirale, wird auch hier die Zunahme an freiem Magnetismus immer geringer mit der Zunahme der Kernlänge, was aus den Differenzen der auf einander folgenden Werthe der Tangenten zu ersehen ist.

4. Verlängerung des ganzen Elektromagneten.

Hiernach wurden Versuche mit verschiedenen Kernen angestellt, auf deren ganze Länge stets dieselbe magnetisirende Kraft ausgebreitet ward. Auf diese Weise ergab sich folgende Reihe:

Magnet	6″	lang.	19^0	= tg 0,43
„	9″	„	$26\frac{1}{2}^0$	= tg 0,50
„	12″	„	$31\frac{1}{4}^0$	= tg 0,61
„	15″	„	$34\frac{1}{4}^0$	= tg 0,68
„	18″	„	39^0	= tg 0,81
„	21″	„	40^0	= tg 0,83
„	24″	„	$41\frac{1}{2}^0$	= tg 0,88

Bei den angegebenen Graden der Nadelablenkung ist die durch die Spirale allein bewirkte Ablenkung abgezogen.

Auch diese Versuche lassen kein einfaches Verhältniss zwischen der Länge der Magnete und dem freien Magnetismus derselben erkennen.

Das Verhältniss des freien Magnetismus liegt ebenfalls zwischen dem der Länge und den Wurzeln derselben.

Vergleichen wir nun die vorliegenden Erscheinungen mit denen bei Kernen von verschiedenem Durchmesser. In beiden Fällen nimmt unter übrigens gleichen Umständen die Masse des Eisens in gleichem Verhältniss zu, und ich schloss daraus, dass auch deshalb in beiden Fällen gleich viel Magnetismus erregt werden würde. Der Unterschied beider Fälle liegt darin, dass bei den Kernen von verschiedenem Durchmesser und gleicher Länge in jeder Schicht des Kernes um so mehr Magnetismus erregt wird, je dicker derselbe ist, während in verschieden langen Kernen in um so mehr Schichten Magnetismus erregt werden muss. Dass nun in beiden Fällen der erregte Magnetismus in gleichem Maasse wächst, haben die Versuche bereits erwiesen, und es ist daher die Frage, ob in beiden Fällen dieser in gleichem Maasse erregte Magnetismus sich auch in demselben

Grade auf die Nadel äussern. Dies ist aber nur unter übrigens gleichen Bedingungen möglich. Nun besteht aber in dem vorliegenden Falle noch ein Einfluss, welcher bei den Kernen von verschiedenem Durchmesser nicht vorhanden war, nämlich der verschiedene Polabstand. Ist also unter den vorliegenden Verhältnissen der erregte Magnetismus gleich dem bei Kernen von verschiedenem Durchmesser, so konnte er bei der jetzt angewandten Methode sich nicht als freier Magnetismus dem andern gleich erweisen, sondern dieser musste in grösserem Verhältniss als in jenem Falle auftreten.

Sollten für beide Fälle die Umstände dieselben sein, so musste der freie Magnetismus verschieden langer Kerne unter der Bedingung geprüft werden, dass der verschiedene Polabstand derselben keinen Einfluss auf die Magnetnadel üben konnte. Um dies zu bewirken, wählte ich Hufeisenmagnete von verschiedener Länge, deren Schenkel in gleichem Abstande von einander blieben, so dass bei jedem beliebigen Abstande der Pole innerhalb des Magnetstabes selbst, die Entfernung derselben von einander in Bezug auf einen ausserhalb des Magneten liegenden Punkt dieselbe blieb. Wurden diese Hufeisen ohne aufgelegten Anker so der Nadel gegenüber gestellt, dass die Verbindungslinie ihrer Pole in der Horizontalebene senkrecht auf dem magnetischen Meridian stand, und die Verlängerung derselben den Mittelpunkt der Nadel traf, so mussten sie nun die Wirkung der Länge äussern, ohne die Ablenkung der Nadel durch den verschiedenen Polabstand zu afficiren.

Noch ist zu bemerken, dass zwar durch die Hufeisenform ein Einfluss der Pole auf einander bewirkt wurde; allein dieser Einfluss kann deshalb die Erscheinungen in dem vorliegenden Falle nicht ändern, weil wir es hier nur mit Verhältnisszahlen zu thun haben und die Wirkung der Pole auf einander ja ebenfalls im Verhältniss des gesteigerten Magnetismus wachsen muss.

Die Messung wurde zunächst mit 1″ dicken Hufeisen angestellt, deren Schenkelaxen constant 5″ von einander entfernt waren. Die Magnete standen senkrecht mit den Polen nach unten. Wurde ein Hufeisen gewählt, dessen Schenkel 4″ Länge hatte, so bildete dies mit dem 5″ langen Verbindungsstück einen 13″ langen Stab. Ich liess die Länge der Schenkel von 4″ bis 24″ wachsen, so dass die Länge der angewandten Stäbe zwischen 13″ und 53″ variirte. Mit diesen Stäben erhielt ich folgende Resultate, wenn sie auf ihrer ganzen Länge mit gleicher Kraft magnetisirt wurden:

l	$\sqrt{l}$	m	tg m	$\frac{\text{tg}\, m}{\sqrt{l}}$
13″	3,605	$19\frac{1}{2}^0$	0,3541	0,0982
17″	4,123	$22\frac{1}{4}^0$	0,4091	0,0991
23″	4,796	25^0	0,4663	0,0972
29″	5,385	28^0	0,5317	0,0987
53″	7,348	$35\frac{1}{2}^0$	0,7134	0,0971

Die erste mit l überschriebene Colonne giebt die Länge der Magnete, die zweite ($\sqrt{l}$) die Wurzeln dieser Länge, die dritte (m) die erhaltene Ablenkung der Nadel bei einer Entfernung des nächsten Poles von 21″; die vierte (tg m) enthält, die Tangenten dieser Ablenkungswinkel und die letzte die Quotienten der Werthe der vierten Reihe durch die der zweiten.

Ausser diesen Versuchen wurden ähnliche mit $\frac{1}{2}$″ und 2″ dicken Hufeisen angestellt; sie ergaben Folgendes:

Länge und Dicke der Magnete.		$\sqrt{l}$	m	tg m	$\frac{\text{tg}\, m}{\sqrt{l}}$
17″	$\frac{1}{2}$″	4,123	$14\frac{3}{4}^0$	0,25397	0,0616
23″	$\frac{1}{2}$″	4,796	$16\frac{1}{2}^0$	0,29622	0,0617
29″	$\frac{1}{2}$″	5,385	$18\frac{1}{2}^0$	0,3346	0,0621
17″	2″	4,123	$28\frac{1}{2}^0$	0,53732	0,13
29″	2″	5,385	$37\frac{3}{4}^0$	0,77427	0,145

Die Werthe der Quotienten der fünften Colonne zeigen mit irgend wünschenswerther Genauigkeit den Satz:

„Der freie Magnetismus verschieden langer Eisencylinder, auf deren ganzer Länge eine gleiche magnetisirende Kraft ausgebreitet ist, verhält sich, bei gleichem Abstande ihrer Pole, wie die Wurzeln der Länge derselben.“

§. 5.

Freier Magnetismus auf der ganzen Länge des Magneten.

1. Der freie Magnetismus der Endflächen eines Magneten ist das Resultat der Wirkung der Differenzen, der in jedem Querschnitt von der Mitte bis zum Ende erregten Magnetismen, wie dies die vorn angegebenen Auseinandersetzungen von van Rees darthun. Aus diesen ergiebt sich nun zwar, dass der freie Magnetismus in der Mitte gleich Null und an den

Enden ein Maximum sein müsse, allein es ist nicht möglich, aus ihnen die auf der Länge des Kernes in jedem einzelnen Querschnitte vorhandene Menge des freien Magnetismus zu bestimmen.

Ueber diese Intensität des freien Magnetismus an verschiedenen Stellen des Magneten sind in früher Zeit in Bezug auf Stahlmagnete Veruche von Coulomb angestellt. Schon vor ihm ward im Jahre 1760 von Tobias Mayer hierüber eine Behauptung ausgesprochen, die jedoch der Begründung entbehrt, und von deren Unhaltbarkeit man sich bei dem ersten Versuche überzeugt. Er sagt nämlich: „Jedes einzelne Theilchen des Magneten hat eine Kraft, auf jeden Theil eines anderen ähnlichen Magneten zu wirken, und diese Kraft ist desto grösser, je weiter die gedachten Theile beider Magnete von ihrem Mittelpunkte sind; sie verhält sich genau wie die Weite jedes Theilchens von dem Mittelpunkte des Magneten, zu welchem es gehört.“

Die ersten Untersuchungen, welche über diesen Gegenstand bekannt sind, wurden 1785 von Coulomb angestellt.[1]) Er bediente sich dabei der Methode der Schwingungen einer horizontalen Magnetnadel. Die von ihm benutzte Magnetnadel hatte 6''' Länge und 3''' Dicke und wurde in 8''' Entfernung von dem zu prüfenden Punkte des in der Ebene des magnetischen Meridians senkrecht gehaltenen Stabes gebracht. Bei einem Versuche dieser Art wird man finden, dass die Nadel nur in dem Falle horizontal schwingt, wenn sie in der Horizontalebene sich befindet, in welcher der magnetische Pol des Stabes liegt. In jeder anderen Stellung richtet die Nadel ihren Pol nach jenem hin, und bildet also mit der Horizontalebene einen mehr oder weniger grossen Winkel. Ich halte es aus diesem Grunde für unmöglich, auf diesem Wege den in jedem einzelnen Querschnitt des Magneten auf seiner Oberfläche freien Magnetismus mit einiger Sicherheit zu bestimmen.

Coulomb giebt folgende Reihe als Versuchsresultat an einem 27'' langen Stabe.

Abstand vom Ende des Stabes.	Freier Magnetismus.
0''	165
1''	90
2''	48
3''	23
4'',5	9
6''	6

[1]) Hist. de l'Acad. d. Sc. de Paris, Ann. 1789, p. 468. Gehler VI, S. 789.

Für diese Versuchsresultate stellte später Biot eine Formel auf, mittelst deren man die Intensitäten des freien Magnetismus an jedem Punkte des Magnets bestimmen kann.[1]) Ist nämlich y die Intensität des freien Magnetismus in der Entfernung x vom Ende des Magneten und $2\,l$ die Länge des Magneten, so soll

$$y = A\,(\mu^x - \mu^{2\,l - x})$$

sein, in der A und μ zwei durch das Experiment zu bestimmende Constanten sind. Becquerel hat diese Formel mit den von ihm an sehr dünnen Stahldrähten nach der Coulomb'schen Methode gemachten Beobachtungen in Uebereinstimmung gefunden.

2. Das hier folgende einfache Gesetz, dem die Vertheilung des freien Magnetismus folgt, zeigt, dass die von Coulomb angegebenen Werthe nicht auf sehr grosse Genauigkeit Anspruch machen können. Wenn nun die Becquerel'schen Versuche mit der Formel, welche Biot den Versuchen Coulomb's angepasst hat, übereinstimmen, so folgt daraus noch nicht, dass diese Formel der wirkliche Ausdruck für die Vertheilung des freien Magnetismus ist, sondern eine solche Uebereinstimmung ist auch möglich, wenn die angewandte Methode constante Fehlerquellen bietet, was nach dem vorn Bemerkten höchst wahrscheinlich ist.

In neuster Zeit habe ich Versuche über diesen Gegenstand angestellt. Die von mir angewandte Methode zur Erforschung des freien Magnetismus beruht auf dem Satze, dass der freie Magnetismus der Quadratwurzel aus der Anziehung proportional ist. Die an verschiedenen Stellen auf der Länge der Magneten geprüfte Anziehung muss also das Quadrat des an dieser Stelle freien Magnetismus, und die Wurzel aus dieser Anziehung den freien Magnetismus selbst geben.

Um nun die Anziehung mit Sicherheit messen zu können, wurde an einem 2′ langen cylindrischen Eisenstabe von 1″ Durchmesser der Länge nach eine 4‴ breite Ebene angeschliffen, so dass der Anker bequem aufgesetzt werden konnte. Der zu diesem Zwecke angewandte Anker ist cylindrisch, 2″ lang, hat ½″ Durchmesser und ist von 1″ vom Ende ab conisch zugespitzt, so dass die Endfläche nur ¼″ Durchmesser hat. Diese Endfläche ist nicht eben, sondern sphärisch abgerundet, so dass die Berührung stets nur in einem Punkte stattfindet. Damit aber in dieser Kugelfläche nicht so leicht in dem Berührungspunkte Sättigung entstehe, hat die Abrundungsfläche einen sehr grossen Radius.[2]) Ich kann hier sogleich bemerken, dass der Anker bei den von mir angestellten Versuchen

[1]) Traité de phys. III, pag. 70. [2]) Pogg. Ann. Bd. 105, S. 64.

keine Sättigung gezeigt hat. Ich habe nämlich Versuche an verschiedenen Magneten gemacht. Die stärkste Anziehung, welche ich in der Nähe der Polfläche gemessen habe, war 86 Lth., dagegen war in einem anderen Falle dieselbe am Pol nur 7 Lth. Wäre nun bei der starken Anziehung zugleich Sättigung wirksam gewesen, die bei der schwachen nicht vorhanden sein konnte, so hätten die beiden Reihen, deren Maxima in dem einen Falle 86 Lth., in dem andern 7 Lth. waren, nicht demselben Gesetz der Zunahme folgen können. Da nun dies aber stattfindet, so ist es ein Beweis dafür, dass keine Sättigung vorhanden gewesen.

Der Eisenkern war mit $1^3/_4''$ langen galvanischen Spiralen bedeckt, die neben einander gereiht stets zwischen sich einen Raum von etwa $4'''$ Länge vom Eisenkern frei liessen, an welchen Stellen dann der Anker aufgesetzt wurde. Jede der Spiralen, deren 11 auf dem Eisenkern waren, hatte 56 Windungen, so dass der ganze Kern mit 216 Spiralwindungen auf seiner ganzen Länge bedeckt war.

3. Nach meinen früheren Untersuchnngen war der erregte Magnetismus in einem jeden Querschnitt des Elektromagneten der Wurzel der Entfernung dieses Querschnitts vom nächsten Ende des Magneten proportional,[1]) so dass also die Curve, deren Ordinaten die Intensitäten des erregten Magnetismus darstellen, eine Parabel bildet, die ihren Anfangspunkt in den beiden Enden des Magneten hat, wenn man dessen Länge als die Abscissenaxe betrachtet.

Die Curve nun, welche den freien Magnetismus auf der Länge des Magneten darstellt, hat den umgekehrten Gang. Die Werthe des Magnetismus in jedem einzelnen Querschnitt des Magneten als Ordinaten auf der Länge des Kernes aufgetragen, sind in der Mitte Null, wo der erregte Magnetismus ein Maximum hat und haben an den Enden ihr Maximum, wo der erregte Magnetismus Null ist. Es kam mir nun darauf an zu untersuchen, in welcher Beziehung der an jedem Punkte erregte Magnetismus zu dem freien an derselben Stelle stehe, und ich prüfte daher, ob vielleicht die Summen dieser beiden Werthe in jedem Querschnitte dieselben wären.

Zu diesem Zwecke stellte ich zunächst mit der von Coulomb gegebenen Reihe die Prüfung an, indem ich nach dem früher gefundenen Gesetze die Intensität des erregten Magnetismus für die Stellen berechnete, an denen Coulomb den freien Magnetismus gemessen hatte. Sollten in der That die Summen aus erregtem und freien Magnetismus für jeden Querschnitt gleich sein, so mussten die Wurzeln aus der Entfernung des Querschnitts

[1]) Pogg. Ann. Bd. 104, S. 262.

von den Enden des Magneten, welche ja nur das Verhältniss des erregten Magnetismus angeben, natürlich mit einer Constanten multiplicirt werden, die sich für jeden besonderen Fall aus dem Experiment ergiebt und durch die Gleichung bestimmt ist:

$$C\sqrt{E} + M = C\sqrt{E_{\prime}} + M_{\prime}$$

wo C die Constante, E die Entfernung des Querschnitts, in welchem der freie Magnetismus gemessen ist, vom nächsten Ende des Magneten, und M den freien Magnetismus selbst bedeutet. $\sqrt{E}$ stellt dann das Verhältniss des erregten Magnetismus dar. Aus den beiden ersten Versuchen Coulomb's, nach denen der freie Magnetismus am Ende = 165 und in einem Zoll Entfernung vom Ende = 90 ist, ergiebt sich die Constante mit der $\sqrt{E}$ zu multipliciren ist als 75. Die genannten Summen aus dem freien und erregten Magnetismus werden hiernach folgende:

E	$\sqrt{E}$	M	$C\sqrt{E}+M$
0''	0	165	165
1''	1	90	165
2''	1,414	48	154
3''	1,73	23	151
4'',5	2,12	9	168
6''	2,45	6	192

Die hier in der Colonne $C\sqrt{E} + M$ erhaltenen Werthe lassen eben kein Gesetz erkennen, wenigstens ist ihnen Gleichheit, die ich vermuthete, nicht zuzusprechen.

4. Ich untersuchte darauf die Tragkraft mittelst des vorher angegebenen Magneten und Ankers, die sich an verschiedenen Stellen des Kernes zeigen würde. Sollte die Anziehung, welche bekanntlich dem Quadrat des freien Magnetismus proportional ist, Werthe geben, die der von mir gehegten Vermuthung entsprächen, so waren mittelst der Tragkraft auch keine befriedigenden Resultate zu erwarten, weil ja die Tragkraft nicht genau im quadratischen Verhältniss des freien Magnetismus steht, und doch die Werthe des freien Magnetismus nur durch Wurzelausziehung dargestellt werden konnten. Ich übergehe dessenungeachtet diese zuerst gemachten Versuche nicht, weil sie zu gleicher Zeit eine klarere Anschauung von dem Verhältniss der Sache geben. Die bei dem folgenden Versuch wirksame Stromstärke lenkte die Nadel der Tangentenbussole auf 12° ab.

Entf. v. Ende des Magneten.	Tragkraft.
0,125''	64 Lth.
2,25''	34 „
4,5''	22 „
6,75''	9,5 „
9	2,625 „
11,125''	0,188 „

In dieser Reihe geben nun die Wurzeln aus den angegebenen Entfernungen vom Ende des Magneten das Verhältniss des an den einzelnen Stellen erregten Magnetismus, während die Wurzeln aus den erhaltenen Tragkräften annäherungsweise den freien Magnetismus ausdrücken. Sollte die Summe aus beiden Werthen eine constante Zahl geben, so mussten sich in diesem Falle Abweichungen im anderen Sinne wie bei den Coulomb'schen Versuchen zeigen. Da nämlich die Tragkraft in etwas geringerem Verhältniss als dem quadratischen des freien Magnetismus steht, so musste hier die Abweichung am stärksten da hervortreten, wo überhaupt die stärkste Tragkraft vorhanden ist, d. h. am Ende des Magneten. Es mussten also die Werthe der Summen am Ende des Magneten kleiner werden, als der nach der Mitte hin. Die Berechnung gab folgende Reihe:

E	$\sqrt{E}$	G	$\sqrt{G}$	$C\sqrt{E}+\sqrt{G}$
0,125''	0,3536	64 Lth.	8	10,3144
2,25''	1,5	34 „	5,6568	11,6568
4,5''	2,1213	22 „	4,6905	13,1751
6,75	2,5981	9,5 „	3,0822	13,1746
9	3	2,625 „	1,6202	13,6202
11,125	3,3362	0,188 „	0,1371	13,4819
12	3,4651	0,0 „	0,0	13,7564

Wir sehen, dass dies Resultat ganz den Erwartungen entspricht. Die Werthe werden nach dem Ende des Magneten hin kleiner, weil die Tragkraft geringere Werthe als das Quadrat des freien Magnetismus giebt. Hiernach schritt ich zur Untersuchung der Anziehung.

5. Um nun Behufs der Anziehungsmessungen eine constante Entfernung zwichen den Berührungsflächen von Anker und Magnet zu erhalten, klebte ich auf die abgerundete Polfläche des Ankers ein Blättchen Postpapier, welches sich durch das Befeuchten selbst soviel höhlte, dass es in allen Punkten gut an die Ankerfläche anlag, so dass ich jetzt so bequem wie vorher die Messungen ausführen konnte.

Dieselben wurden in drei Fällen angestellt. Der 2′ lange, 1″ dicke Eisenstab wurde einmal durch einen Strom magnetisirt, welcher die Nadel der Tangentenbussole auf 7° ablenkte, dann wurden die Messungen unter denselben Verhältnissen wiederholt, aber die Ablenkung der Bussolennadel betrug 20°, und endlich wurde der 2′ lange Eisenkern durch einen $15\frac{3}{4}$″ langen ersetzt, der nur $\frac{1}{2}$″ Durchmesser hatte. Ich erhielt auf die Weise folgende drei Reihen:

Freier Magnetismus auf der Länge eines 2′ langen und 1″ dicken Magnetkernes bei 7° Stromstärke.

E	$\sqrt{E}$	G	$\sqrt{G}$	$C\sqrt{E}+\sqrt{G}$
0,125″	0,3536	160	12,649	14,06
2,25	1,5	64	8	14
4,5	2,1213	30	5,3526	13,75
6,75	2,598	11	3,3166	13,7
9	3	3	1,732	13,7
11,125	3,336	0,3	0,5477	13,89
12	3,464	0,0	0,0	13,86

Die aus dem zweiten und fünften Versuche berechnete Constante betrug in dem obigen Falle 4,18. Die über den Colonnen stehenden Buchstaben E und G bedeuten die Entfernung vom Ende des Magneten und die Anziehung.

Stromstärke 20°.

E	$\sqrt{E}$	G	$\sqrt{G}$	$C\sqrt{E}+\sqrt{G}$
0,215″	0,3536	86 Lth.	9,274	10,335
2,25	1,5	34 „	5,831	10,331
4,5	2,1213	16 „	4	40,364
6,75	2,598	7,5 „	2,7386	10,533
9	3	2,06 „	1,435	10,435
11,125	3,3362	0,25 „	0,5	10,5
12	3,464	0,0 „	0,0	10,4

Noch ist zu bemerken, dass die in der Reihe bei 7° Stromstärke unter G befindlichen Zahlen $\frac{1}{15}$ Loth bedeuten, während die hier aufgeführten Werthe ganze Lothe sind.

Jeder der Reihen ist zuletzt noch unter $\sqrt{E}$ die Wurzel aus der halben Länge des Magneten hinzugefügt, welche, mit der Constanten multiplicirt, das Maximum des erregten Magnetismus darstellt. Wir sehen, dass dieser Werth den übrigen in der letzten Colonne gleich ist.

Freier Magnetismus auf der Länge eines $^1/_2$'' dicken $15^3/_4$'' langen Eisenkerns bei einer Stromstärke von 14°.

E	$\sqrt{E}$	G	$\sqrt{G}$	$C\sqrt{E}+\sqrt{G}$
0,125''	0,3536	13 Lth.	3,6055	4,136
2,25	1,5	3,5 „	1,87	4,12
4,5	2,1213	0,9 „	0,9485	4,13
6,75	2,598	0,07 „	0,2646	4,162
7,86	2,8	0,0 „	0,0	4,2

Die in diesen drei Versuchsreihen auftretenden Abweichungen von einem constanten Werthe unter der Rubrik $C\sqrt{E}+\sqrt{G}$ sind so unbedeutend, dass sie durchaus auf die Versuchsfehler gerechnet werden müssen. Obgleich ich nämlich auf's Eifrigste bemüht gewesen bin, den Anker immer genau in der gegebenen Entfernung vom Ende des Magneten aufzusetzen, so waren kleine Abweichungen doch nicht zu vermeiden, durch welche dann nicht allein kleine Fehler in die Rechnung, sondern auch in die beobachteten Gewichte kommen.

6. Nehmen wir nun die erhaltenen Werthe in den einzelnen Versuchsreihen als constant an, so ergiebt sich daraus folgendes Gesetz für die Vertheilung des freien Magnetismus auf der Länge eines Magneten.

Fig. 71.

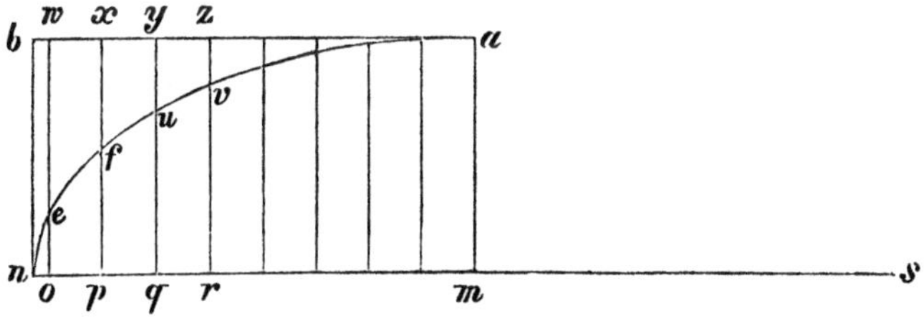

In Fig. 71 stellt $n\,s$ die Länge des Magneten dar, und sehen wir dieselbe als Abscissenaxe an, auf welcher die in den einzelnen Punkten o, p, q, r.... vorhandenen Intensitäten des erregten Magnetismus als Ordinaten aufgetragen sind; so ist, wie früher gezeigt ist,[1]) die Curve $n\,e\,f\,u\,v\,a$ eine Parabel, welche ihren Anfangspunkt in n hat. Es verhält sich also der in

[1]) Diese Ann. Bd. 104, S. 262.

jedem Querschnitt des Magneten erregte Magnetismus wie die Quadratwurzel der Entfernung dieses Querschnitts vom nächsten Ende des Magneten. Da nun der in jedem Querschnitt freie Magnetismus zu den genannten Quadratwurzeln addirt stets dieselbe Zahl giebt, welche gleich dem Maximum des erregten Magnetismus, d. h. $= a\,m$ ist; so wird der freie Magnetismus durch die Differenzen zwischen diesem Maximum und den erregten Magnetismen jedes Querschnitts, hier durch $n\,b$, $e\,w$, $t\,x$ etc. ausgedrückt, d. h.:

„Der freie Magnetismus eines jeden Querschnitts auf der Länge eines Magneten ist proportional der Differenz zwischen dem erregten Magnetismus dieses Querschnitts und dem Maximum desselben in der Mitte des Magnetstabes."

Um mich zu überzeugen, ob dasselbe Gesetz auch bei den Stahlmagneten gelte, prüfte ich von Zoll zu Zoll, so weit der geringe Magnetismus es erlaubte, die Anziehung eines 21" langen, $1^1/_2$" breiten, $^3/_8$" dicken Stahlmagneten auf den vorher angewandten Anker, indem ich diesen in der Mitte der Breitendimension des Magneten aufsetzte und erhielt folgende Reihe.

E	$\sqrt{E}$	G	$\sqrt{G}$	$C\sqrt{E}+\sqrt{G}$
$^1/_8$"	0,125	3,3 Lth.	1,82	1,89
1"	1	1,8 „	1,34	1,8
2"	1,414	1,1 „	1,05	1,9
3"	1,73	0,65 „	0,806	1,84
4"	2	0,45 „	0,6708	1,87
5"	2,236	0,25 „	0,5	1,84
6"	2,449	0,16 „	0,4	1,87
7"	2,646	0,06 „	0,2449	1,83
10,5"	3,24	0,0 „	0,0	1,94

Vergleicht man die Differenzen der erhaltenen Werthe mit der gemessenen Anziehung unter G, so wird man finden, dass auch bei dieser Versuchsreihe jene Differenzen nicht über die Grenzen der Versuchsfehler hinaus liegen. Wir müssen mithin den oben für die Elektromagnete gefundenen Satz auch als für Stahlmagnete gültig anerkennen.

Da nun das Maximum des erregten Magnetismus der Quadratwurzel aus der halben Länge des Magneten und der in jedem Querschnitt eines Stabes erregte Magnetismus der Wurzel der Länge des Stabtheiles von dem Querschnitt bis zum nächsten Ende des Stabes proportional ist, so ergiebt sich folgendes Gesetz für die Vertheilung des freien Magnetismus an der Oberfläche eines Magneten:

„Der freie Magnetismus sowohl eines Stahl- als Elektromagneten in jedem Querschnitt auf der Länge desselben ist der Differenz zwischen der Quadratwurzel aus der halben Länge und der Quadratwurzel aus dem Stück vom Querschnitt bis zum nächsten Ende des Magneten proportional."

Daraus, dass dieser Satz auch für Stahlmagnete gilt, lässt sich umgekehrt schliessen, dass die Vertheilung der in Stahlmagneten erregten Magnetismus demselben Gesetze wie der in Elektromagneten folgen wird. Hieraus müssen sich dann noch viele andere Analogien in Bezug auf Anziehung und Tragkraft zwischen diesen beiden Arten von Magneten ergeben.

III.

Anziehung und Tragkraft der Elektromagnete von verschiedener Länge.

§. 6.

Anziehung und Tragkraft gerader Elektromagnete.

1. Ausser den Sätzen, welche Lenz und Jakobi in Bezug auf die Länge der geraden Stäbe aussprechen, während sie, wie wir später ausführlicher sehen werden, aus Untersuchungen mit Hufeisenmagneten erschlossen sind, ist mir Nichts bekannt, was sich ausser den von mir angestellten Versuchen auf diesen Fall der elektromagnetischen Wirkung bezöge.

Soll man nach den so eben mitgetheilten Beobachtungen über den freien Magnetismus verschieden langer Elektromagnete von diesem, der Analogie mit den früheren Erscheinungen gemäss, auf die Anziehung und Tragkraft schliessen, so müssten hiernach diese ebenfalls das quadratische Verhältniss des freien Magnetismus zeigen, d. h. Anziehung und Tragkraft müssten der Länge der Elektomagnete proportional sein.

Eine der bisher besprochenen Beobachtungen macht es jedoch zweifelhaft, ob dieses Resultat für alle Fälle eintreten könne. Diese eine Thatsache ist die, dass an der Berührungsstelle zwischen Anker und Magnet, sobald dieselben in Berührung sind, sich der freie Magnetismus nicht mehr in der Weise wie vorher zeigt, sondern dass durch das Anlegen der Anker als ein Continuum mit dem Magneten erscheint.[1]) Während sich, wenn ein Eisenstab dem Pole des Magneten genähert ist, eine Magnetnadel umkehrt, sobald man sie von dem Magnetpole zum Pole des Ankers führt, kehrt sie, nach Anlegen des Ankers, von der Mitte des Magneten bis zum Ende des Ankers dem Stabe immer denselben Pol zu. Der freie Magnetismus des ganzen Stabes von Magnet und Anker äussert sich alsdann am Ende des Ankers und nicht an der Berührungsstelle zwischen beiden. Ist aber in diesem Querschnitt nicht der freie Magnetismus des Magneten bemerkbar, so kann man wohl zu dem Gedanken geführt werden, dass die an der Berührungsstelle vorhandene Menge des erregten Magnetismus die Tragkraft und Anziehung bedinge. Hiernach würde alsdann die Kraft des Nordmagnetismus der einen und des Südmagnetismus der angrenzenden Schicht wirksam sein, und sich mithin die Anziehung dem Quadrate des in dem betreffenden Querschnitte erregten Magnetismus proportional erweisen müssen.

Da nun aber nach dem Früheren der erregte Magnetismus in jedem Kerne von beliebiger Länge in gleichem Abstande vom nächsten Ende desselben gleich ist, so müsste hiernach auch die Anziehung und Tragkraft beliebig langer Magnete bei demselben Anker gleich sein.

Die Messung wurde zunächst mit Kernen von 6″ bis 24″ Länge und 1″ Durchmesser, und Eisenkugeln von demselben Durchmesser unternommen. Sie gab folgende Reihe:[2])

	Tragkraft.	Anziehung.
Magnet 6″ lang.	1,9 ℔	0,93 ℔
„ 9″ „	1,95 „	0,95 „
„ 12″ „	1,95 „	0,9 „
„ 18″ „	1,8 „	0,8 „
„ 21″ „	1,85 „	0,86 „
„ 24″ „	1,8 „	0,8 „

Ich hatte bei dieser Versuchsreihe Kugeln als Anker gewählt, um nicht das Resultat durch etwa eintretende Aenderung in der Berührung bei den auf einander folgenden Versuchen zu trüben. Wir müssen wohl die hier auftretenden Abweichungen von der Gleichheit der Resultate als durch

[1]) Abschnitt IV. §. 6. [2]) Pogg. Ann. 102 pag. 210.

Nebenumstände herbeigeführt ansehen. Hiernächst mass ich die Tragkraft und Anziehung derselben Magnete mit einem cylindrischen Anker von 6'' Länge und 1'' Durchmesser mit ebener Polfläche und erhielt folgendes Resultat:

	Tragkraft.	Anziehung.
Magnet 6'' lang.	4,2 ℔	1,4 ℔
„ 9'' „	4,6 „	1,3 „
„ 12'' „	4,5 „	1,4 „
„ 15'' „	4,2 „	1,3 „
„ 18'' „	4,5 „	1,35 „
„ 24'' „	4,4 „	1,4 „

Die mit „Anziehung" in den beiden Tabellen überschriebene Colonne wurde nach Zwischenlegen eines Blättchens Papier zwischen Magnet und Anker erhalten. Wir sehen, dass auch hier die erhaltenen Gewichte gleich sind, und finden die Resultate in Uebereinstimmung mit den vorn entwickelten Schlüssen.

2. Diese Versuche entsprechen der schon aufgeführten von Lenz und Jakobi angestellten Untersuchung, bei welcher sie verschieden lange Eisenkerne ihrer ganzen Länge nach mit Spiralen bedecken, und eine 6'' lange Spirale am Ende eines jeden Kernes als Inductionsspirale benutzen, während die übrigen Windungen als galvanische Spirale dienen.[1]) Sie sehen diese Versuche als eine Bestätigung des früher von ihnen aufgestellten Satzes an: dass der Magnetismus der Endflächen bei Elektromagneten, die ihrer ganzen Länge nach mit elektromagnetischen Spiralen bedeckt sind, von der Länge dieser Stangen unabhängig sei."[2])

Lenz und Jakobi betrachten also das hier erhaltene Resultat als ein Ergebniss des Magnetismus der Endflächen, d. h. des freien Magnetismus der verschieden langen Kerne. Dass aber diese Anschauungsweise nicht stichhaltig ist, beweisen die obigen Versuche in Bezug auf den freien Magnetismus verschiedener Elektromagnete. Eine einen Theil des Magnetkernes umgebende Inductionsspirale giebt nicht den freien Magnetismus der Berührungsstelle zwischen dem einen Theile und dem übrigen Magneten, sondern sie zeigt nur, wie wir früher gesehen haben, den in dem bewickelten Theile des Kernes erregten Magnetismus an, welcher allerdings der Länge dieses Theiles proportional ist.

[1]) Pogg. Ann. 61 pag. 463. [2]) Ebendaselbst pag. 268.

3. Nach den obigen Resultaten der Tragkraft und Anziehung war die Frage, ob denn nun unter allen Verhältnissen diese Kräfte in Magneten von verschiedener Länge gleich wären, da doch der freie Magnetismus sich den Wurzeln der Länge proportional gezeigt hatte.

Nach der vorn ausgesprochenen Ansicht über die Wirkung des erregten Magnetismus an der Berührungsstelle zwischen Magnet und Anker, wenn man beide als einen Stab betrachtet, müsste nun die Anziehung der Länge der Magnete proportional sein, wenn auch der Anker in gleichem Verhältniss an Länge zunähme. Eine Analogie der Anziehung der Magnete von verschiedenem Durchmesser mit dem vorliegenden Falle führt zu demselben Schluss. Bei jenen Versuchen hatte sich Proportionalität der Anziehung mit den Durchmessern der Kerne ergeben, wenn der Anker in gleichem Verhältniss an Durchmesser zunahm. Diese Proportionalität wäre also in diesem Falle für die Länge der Theile erforderlich.

Die beiden folgenden Versuchsreihen sind daher mit Ankern angestellt, die in dem ersten Falle gleiche Länge mit dem Magnetkerne, im zweiten die halbe Länge haben.[1])

a. Anziehung und Tragkraft bei gleicher Länge und Dicke von Magnet und Anker.

Magnet und Anker.	Tragkraft.	Anziehung.
6″ lang.	4,2 ℔	1,25 ℔
9″ „	6 „	1,8 „
12″ „	8,2 „	2,55 „
18″ „	11,6 „	3,7 „
24″ „	15,5 „	5,6 „

.b Anziehung und Tragkraft verschiedener Systeme von Magneten und Ankern, welche gleiche Durchmesser und deren Anker die halbe Länge des Magneten haben.

Länge der Magnete.	Tragkraft.	Anziehung.
6″	2 ℔	0,7 ℔
12″	4 „	1,55 „
18″	6,8 „	2,2 „
24″	8,2 „	3,1 „

Aus diesen Versuchen folgt mit ziemlicher Genauigkeit eine Proportionalität der angewandten Längen mit der Tragkraft und Anziehung, wobei

[1]) Pogg. Ann. 102 pag. 213.

nicht ausser Acht zu lassen ist, dass in allen Fällen die Magnete mit gleicher Kraft magnetisirt waren, und dass diese Kraft sich jedes Mal über die ganze Länge der Kerne ausbreitete.

Wir finden also auch in diesem Falle die Ableitung der Anziehung aus dem auf der ganzen Länge von Magnet und Anker verbreiteten erregten Magnetismus mit der Beobachtung in Uebereinstimmung.

4. Sehen wir also für die Folge Anker und Magnet als einen Stab an, und nennen wir diese Vereinigung ein magnetisches System, so ist zu beachten, dass ein solches System sich von den früher beobachteten Kernen von verschiedener Länge dadurch unterscheidet, dass diese ihrer ganzen Ausdehnung nach mit der gleichmässig vertheilten Spirale bedeckt sind, während jenes nur auf einem Theile seiner Länge, welcher nämlich den Magneten bildet, mit Spiralwindungen umgeben ist.

Bei einer ganz strengen Folgerung aus der oben gemachten Annahme müsste man also hier nicht Systeme von Magnet und Anker, sondern solche von je zweien Magneten betrachten. Es würde sich also dann die Frage so stellen: „Wie verhält sich die Tragkraft und Anziehung zweier Magnete, welche man erhält, wenn man einen Elektromagneten an verschiedenen Stellen vom Ende bis zu seiner Mitte hin quer durchschneidet?"

Der früher besprochene Satz, dass das Resultat der Anziehung dasselbe sei, ob die zum Magneten verwandte Windungszahl auf einen oder auf beide Kerne verbreitet ist,[1]) macht jedoch eine ausführliche Untersuchung dieser Frage unnütz. Ich habe schon dort die Versuche angeführt, welche nächst den Beobachtungen von Lenz und Jakobi beweisen, dass in der Mitte durchschnitten gedachte Elektromagnete, d. h. Elektromagnete von gleicher Länge, eine Anziehung und Tragkraft zeigen, welche der Länge dieser Magnetpaare proportional ist. Die von mir aufgeführte Versuchsreihe war mittelst dreier Magnetpaare von je 6'', 9'' und 12'' Länge erhalten worden. Sie ergaben folgende Kräfte:

Länge der Magnete.	Tragkraft.	Anziehung.
6''	4,2 ℔	1,2 ℔
9''	6 „	1,8 „
12''	8 „	2,5 „

Vergleichen wir die Kräfte auf der vorigen Seite unter a mit der eben angeführten Versuchsreihe, wo Magnete von der hier angewandten Länge gleich lange Anker anziehen, und bei denen die magnetisirende Kraft, welche hier auf

[1]) Abschnitt V. §. 5. Pogg. Ann. 102 pag. 217.

beide Magnete ausgebreitet ist, auf den einen Magneten wirkt, so finden wir genau dieselben Werthe, woraus denn der Satz folgt:

„Die Tragkraft und Anziehung zweier gleicher Stäbe ist dieselbe, mag die magnetisirende Kraft über die ganze Länge eines oder beider Stäbe ausgebreitet sein.“

5. Nachdem die gleichen Stäbe als zwei Magnete oder als Magnet und Anker benutzt, so absolut gleiche Resultate ergeben hatten, und auch den übrigen Beobachtungen analog sich Magnete von verschiedener Länge mit einer Kraft anziehen mussten, welche der bei der Uebertragung der ganzen magnetisirenden Kraft auf den einen Stab gleich ist; so konnte man die Untersuchung der Wirkung zweier Magnete zunächst aufgeben und statt dessen die viel zuverlässigere, weil mit weniger Fehlerquellen behaftete, Untersuchung der Systeme von Magnet und Anker fortsetzen, in der Voraussetzung, dass die durch sie erhaltenen Resultate denen aus der anderen Combination gleich sein werden.

Denken wir uns daher Stäbe von gleicher Länge und durchschneiden diese an verschiedenen Stellen, so entstehen verschiedene Systeme von gleicher Länge. Ich habe drei Gruppen solcher verschiedener Systeme angewandt, welche 24, 36 und 48″ Länge hatten. Die Systeme bestanden aus Anker und Magnet, welche man sich entstanden denken kann durch Durchschneiden eines Stabes senkrecht auf seine Längsaxe, so dass der kürzere Theil als Anker an Länge bis auf einen Zoll abnahm.

a. Systeme von 24″ Länge.

		Tragkraft.	Anziehung.
Magnet 12″	Anker 12″	7,8 ℔	2,55 ℔
„ 15″	„ 9″	5,4 „	2 „
„ 18″	„ 6″	4,1 „	1,2 „
„ 21″	„ 3″	2 „	0,64 „
„ 22″	„ 2″	1,4 „	0,42 „
„ 23″	„ 1″	0,75 „	0,2 „

b. Systeme von 36″ Länge.

Magnet 18″	Anker 18″	11,6 ℔	3,7 ℔
„ 24″	„ 12″	8,2 „	2,6 „
„ 30″	„ 6″	4,3 „	1,3 „
„ 33″	„ 3″	2 „	0,65 „
„ 34″	„ 2″	1,35 „	0,36 „
„ 35″	„ 1″	0,6 „	0,2 „

c. Systeme von 48″ Länge.

		Tragkraft.	Anziehung.
Magnet 24″	Anker 24″	16 ℔	5,6 ℔
„ 30″	„ 18″	10,9 „	4,2 „
„ 36″	„ 12″	8 „	2,5 „
„ 42″	„ 6″	4 „	1,2 „

Nach dem schon vorn gefundenen Satze müssen stets die Kräfte, welche mit gleichem Anker geprüft waren, gleich sein, welche Länge auch das ganze System haben mag. Diesen Satz finden wir zunächst hier bestätigt und aus diesem Grunde sind auch die etwas schwerfälligen Versuche mit dem 4′ langen System nicht weiter fortgesetzt, weil es ganz unzweifelhaft ist, dass die Resultate mit den kürzeren Ankern gleich den der beiden vorhergehenden Systeme ausgefallen wären.

Aus diesen Reihen folgt nun der den vorn gemachten Schlüssen entsprechende Satz, dass die Anziehung in einem jeden Querschnitte des Systems gleich ist dem Quadrate des in diesem Querschnitte erregten Magnetismus, d. h.:

„Die Anziehung und Tragkraft nimmt proportional dem Abschnitte eines elektromagnetischen Stabes von der Mitte aus ab.“

Die hier aufgeführten Versuchsresultate mit den Ankern, welche kürzer sind alz 6″, wurden nicht in der Weise wie die mit den längern erhalten. Alle bisherigen Versuche waren so angestellt, dass in den Anker ein Messinghaken eingeschraubt war, an welchem er aufgehängt wurde. Geschah dies auch bei den 3″ langen und kürzeren Ankern, so kippten dieselben vor dem Abreissen so bedeutend, dass z. B. der 1″ lange Anker fast einen halben rechten Winkel mit der Magnetfläche bildete und änderten dadurch das Resultat, welches grösser ausfiel. Um nun zu bewirken, dass die kürzeren Anker keine andere Stellung zur Polfläche einnehmen könnten als die längeren, wurde in die kürzeren ein Messingstab eingeschraubt, so dass sie mit diesem zusammen einen längeren Stab bildeten. Mittelst dieser Einrichtung wurden die obigen Resultate erhalten.

6. Setzen wir die Schlüsse aus dem erregten Magnetismus auf die Anziehung und Tragkraft eines Systems weiter fort, so führen sie uns zunächst auf den Satz, dass das Maximum der Anziehung wie das des erregten Magnetismus in der Mitte des Stabes liege, dass also Anziehung und Tragkraft in demselben Verhältniss abnehmen werden, wenn man den

Anker über die Hälfte des Systems hinaus wachsen lässt. Dieser Satz wird auch bestätigt durch einen früher von mir gefundenen Satz,[1]) nach welchem „die Anziehung dieselbe bleibt, welchen Eisencylinder desselben Systems man zum Magneten nimmt.“

Allein trotz dieser Beobachtungen wird man einsehen, dass dieser Satz, bis ins Extrem getrieben, keine Gültigkeit haben kann. Die Vertheilung des Magnetismus in einem als Anker benutzten Stabe hat ihre Gränzen und es liegt nahe, dass man bei einem sehr kurzen Magneten sehr bald zu einer Länge des Ankers gelangen wird, über die hinaus man wenig mehr von magnetischer Polarität wird bemerken können, obgleich diese Vertheilung gleichmässig sein müsste, wenn die magnetisirende Kraft über die ganze Länge ausgebreitet wäre. Während also das Gesetz, analog dem erregten Magnetismus, bei einer Vertheilung der wirkenden Kraft über das ganze System durchaus für alle Fälle Gültigkeit haben, während in diesem Falle die Kraft einer ganz dünnen von dem Stabe abgeschnittenen Platte sich auf ein Minimum reduciren müsste, ist das Eintreten dieses Minimums bei einer Anhäufung der magnetisirenden Kraft auf einen einzigen Querschnitt am Ende des Systems schon wegen der immer mehr zunehmenden Seitenwirkung der Spirale nicht zu erwarten. Ein in Bezug hierauf angestellter Versuch zeigte folgendes Ergebniss:

Anker 18″ lang 1″ dick.

Magnet 1″ dick.	Tragkraft.	Anziehung.
18″ lang	11,5 ℔	4,8 ℔
12″ „	8 „	3,7 „
9″ „	6 „	2,8 „
6″ „	4,7 „	2.5 „
4″ „	3,4 „	2,2 „

Wir finden hier bei den grösseren Dimensionen des Magneten noch ziemlich genau ein Abnehmen der Kraft, das der Länge proportional ist, wogegen die kürzeren Magnete, bei denen die magnetisirende Kraft sich immer mehr auf einen Punkt zusammenhäuft, eine stärkere Anziehung und Tragkraft zeigen, als nach dem sich ergebenden Gesetze der Fall sein müsste. Der Natur der Sache gemäss ist die Kraft einer Spirale am grössten, wenn sie, bei gegebener Länge, die beiden anziehenden Kerne so bedeckt, dass ihre Berührungsstellen im mittleren Querschnitt derselben liegen. An diesen Fall findet in um so höheren Maasse eine Annäherung statt, je kürzer der Magnet bei gleicher magnetisirender Kraft ist. Die stets

[1]) Pogg. Ann. 81 pag. 68.

zunehmende Seitenwirkung der Spirale wirkt etwa so, wie wenn man einen Theil der Windungen über die Berührungsstelle übergreifen liesse, wodurch die Anziehung vergrössert werden muss. Dass in der That die grössere magnetisirende Kraft die Abweichung vom Gesetz erhöht, zeigt ein Versuch mit denselben Stäben, bei welchem der Strom fast nur halb so stark als vorher war:

	Tragkraft.	Anziehung.
Magnet 18″ lang	3,5 ℔	1,7 ℔
„ 15″ „	3 „	1,5 „
„ 12″ „	2,8 „	1,3 „
„ 9″ „	1,9 „	0,9 „
„ 6″ „	1,2 „	0,6 „
„ 4″ „	1,1 „	0,5 „

In diesem Falle zeigt sich bei denselben Dimensionen der Kerne das Gesetz noch in vollkommenerem Grade als vorher.

Abgesehen von dieser Abweichung in extremen Fällen folgt aus diesen Versuchen der Satz, welcher ohne jede Beschränkung richtig ist, wenn das ganze System mit der Spirale bedeckt ist:

„Anziehung und Tragkraft sind dem kürzeren Theile des elektromagnetischen Systems proportional.“

7. Aus diesem Satze, verbunden mit dem vorn in Nr. 4 gefundenen, dass die Anziehung im Maximum der Länge des Systems proportional ist, folgt unmittelbar der Satz:

„Die Tragkraft und Anziehung ist der Länge verschiedener Systeme proportional, wenn diese proportional getheilt sind.“

Den experimentellen Nachweis der Richtigkeit dieses Satzes müssen die früheren Versuchsreihen liefern. Eine Zusammenstellung der nöthigen Data ergiebt folgende Reihe:

6zölliger	Anker	des	24zölligen	Systems	4,1	℔
9 „	„	„	36 „	„	6,24	„
12 „	„	„	48 „	„	8	„
12 „	„	„	24 „	„	7,8	„
18 „	„	„	36 „	„	11,6	„
24 „	„	„	48 „	„	16	„

Wir sehen, dass die hier vorkommenden Abweichungen keineswegs über die Gränzen der Versuchsfehler hinausgehen und um so mehr als solche

Fehler angesehen werden müssen, da Abweichungen nach beiden Seiten hin stattfinden.

Aus diesen Sätzen ergiebt sich denn der Satz, welcher auch aus der Proportionalität mit dem Quadrat des erregten Magnetismus folgt:

„Die Tragkraft und Anziehung verschiedener Systeme ist bei gleicher magnetisirender Kraft dieselbe, wenn bei beliebiger Länge des ganzen Systems der kürzere Theil dieselbe Länge hat.“

Auch dieser Satz findet in den bereits mitgetheilten Versuchen seine Bestätigung. So zeigt z. B. der 12″ lange Anker:

	Tragkraft.	Anziehung.
mit dem 12″ langen Magneten:	7,8 ℔	2,55 ℔
„ „ 18″ „ „	8,2 „	2,6 „
„ „ 24″ „ „	8 „	2,5 „
ferner der 6″ lange Anker		
mit dem 18″ langen Magneten:	4,1 ℔	1,2 ℔
„ „ 30″ „ „	4,3 „	1,3 „
„ „ 42″ „ „	4 „	1,2 „

Andererseits zeigt ein kurzer Magnet mit Ankern von beliebiger Länge, wenn sie nur länger sind als der Magnet, stets dieselbe Tragkraft und Anziehung, wie sich aus der folgenden Versuchsreihe ergiebt.

Tragkraft und Anziehung eines 6″ langen Magneten.

	Tragkraft.	Anziehung.
Anker 6″ lang	4,5 ℔	1,9 ℔
„ 9″ „	5,1 „	2,2 „
„ 12″ „	5 „	2 „
„ 15″ „	4,9 „	2,2 „
„ 18″ „	4,7 „	2,3 „
„ 24″ „	5 „	2,2 „

Es unterliegt keinem Zweifel, dass die hier vorhandenen Ungleichheiten der Kräfte als Versuchsfehler angesehen werden müssen, da durchaus kein Ueberwiegen der Kraft zu Gunsten der längeren Anker bemerkbar ist. Diese Reihe beweist jedoch, wenn man sie mit der vorn bei einem 6″ langen Anker erhaltenen vergleicht, wieder die bereits bemerkte Abweichung von dem Gesetz, dass man den Magneten wie den Anker beliebig verkürzen könne. Die mit dem 6″ langen Anker unter Nr. 1 dieses Paragraphen erhaltenen Werthe sind kleiner als die mit dem 6″ langen Magneten.

8. Durch die vorliegenden Versuche ist nun erwiesen, dass die Anziehung das Quadrat des in einem jeden Querschnitte eines elektromagnetischen Stabes vorhandenen erregten Magnetismus ist, sobald der Stab an dieser Stelle durchschnitten wird. Ferner zeigen die Versuche, mit Berücksichtigung der eben genannten Beschränkung, dass dasselbe Gesetz gilt, wenn nur einer der Theile des elektromagnetischen Systems mit der magnetisirenden Spirale seiner ganzen Länge nach bedeckt ist.

Lenz und Jakobi gelangen bei den von ihnen angestellten Versuchen nicht zu diesen Resultaten, was sich aus der von ihnen angewandten Methode, wie aus den Fällen erklärt, die sie bei ihren Versuchen zur Anwendung bringen. Ausser den Versuchen mit geraden Elektromagneten,[1]) deren schon oft Erwähnung geschehen, stellen diese Physiker ihre Versuche so an,[2]) dass sie mittelst der Inductionsspirale den in Ankern erregten Magnetismus messen, welcher durch das Abreissen dieser Anker von den beiden Enden zweier einander parallel befestigter Elektromagnete in jenen erregt wird. Dass in diesem Falle der erhaltene Inductionsstrom stets derselbe ist, da die Anker kürzer sind als alle angewandten Magnete, folgt aus den bereits entwickelten Sätzen; allein selbst wenn dies nicht der Fall wäre, müssten die Experimentatoren doch wegen der Art des Versuchs zu demselben Resultate gelangt sein, weil nach der eben genannten Methode von ihnen Hufeisenmagnete angewandt werden, die, wie wir nachher sehen werden, der Natur der Sache gemäss, anderen Gesetzen folgen als die geraden Magnete. Für diese letzteren ziehen Lenz und Jakobi aus den erhaltenen Resultaten den Schluss, dass die Länge der Magnete den Magnetismus nicht bedinge, sondern dass dieser nur von der Anzahl der Windungen der galvanischen Spirale abhängig sei. Nach den obigen Gesetzen hat diese Behauptung nur für den Fall Gültigkeit, wo der Anker kürzer ist als der Magnet. Dass im anderen Falle dies nicht zutrifft, habe ich noch speciell für die Bedingung nachgewiesen,[3]) unter welche Lenz und Jakobi alle ihre Versuche angestellt haben, dass nämlich bei gleichem Strome mit der Länge der Kerne auch die Zahl der Spiralwindungen wächst.

Bei Ankern, die länger sind als der Magnet, wächst nämlich nach dem von mir gefundenen Gesetz, die Anziehung caeteris paribus dieser Länge proportional. Da sie nun ausserdem auch dem Quadrate der Windungszahl proportional zunimmt, so muss darnach in diesem Falle die Anziehung dem Produkt aus dem Quadrate der Windungszahl multiplicirt

[1]) Pogg. Ann. 61 pag. 463. [2]) Ebendas. 61 pag. 265.
[3]) Pogg. Ann. 102 pag. 224.

mit der Stablänge proportional sein. Ein doppelt so langer Magnet muss also, wenn er zugleich doppelte Windungszahl trägt, hiernach achtfache Anziehung zeigen, während nach Lenz und Jakobi die Anziehung nur die vierfache sein müsste.

Ein Versuch mit zwei verschiedenen Anker- und Magnetpaaren ergab folgendes Resultat:

		Windungszahl.	Tragkraft.	Anziehung.
Anker 6″,	Magnet 6″	156	1 ℔	0,3 ℔
„ 6″,	„ 12″	312	4,1 „	1,2 „
„ 12″,	„ 6″	156	1,1 „	0,35 „
„ 12″,	„ 12″	312	7,8 „	2,5 „

In dem ersten und zweiten Falle gilt noch der von Lenz und Jakobi aufgestellte Satz, weil der Anker nicht länger ist als der Magnet. Bei dem dritten und vierten Versuche ist nun nichts geändert als die Länge des Ankers, und doch giebt in diesem Falle Tragkraft und Anziehung das Doppelte des ersteren. Anziehung und Tragkraft ist das Achtfache, während sie vorher nur das Vierfache ist.

§. 7.

Anziehung und Tragkraft der Hufeisen.

1. Es leuchtet ein, dass sich der freie wie der erregte Magnetismus eines Hufeisens, welches nicht mit dem Anker geschlossen ist, in keiner Weise von dem eines geraden Stabes unterscheidet. Zwar üben die sich gegenüberstehenden Schenkel Einfluss auf einander, allein dieser Einfluss ist einerseits der Intensität proportional, und kann deshalb das Gesetz der Vertheilung nicht beeinträchtigen, andererseits ist er so gering, dass er füglich unberücksichtigt bleiben kann. Als Wirkung auf die Magnetnadel ändert sich der Magnetismus eines Hufeisens im Gegensatze zu einem geraden Stabe, wie wir gesehen haben, allerdings wegen der Verschiedenheit der Polabstände, allein dies ist, weil es die Vertheilung in dem Magneten selbst unberührt lässt, für die Anziehung und Tragkraft unwesentlich.

Durchaus anders verhalten sich jedoch die Zustände in einem geschlossenen Hufeisen.

2. Denken wir uns verschieden lange Stäbe, die ihrer ganzen Länge nach mit der galvanischen Spirale von gleicher magnetisirender Kraft

bedeckt sind, nach beiden Seiten ins Unendliche verlängert, so wird die Summe des erregten Magnetismus dieser unendlich langen Stäbe mit der Länge des bewickelten Theiles wachsen, weil die Summe des erregten Magnetismus in dem bewickelten Theile mit der Länge wächst. Dagegen müssen wir aus der Beobachtung, dass die endlichen Ansatzstücke stets gleichen erregten Magnetismus bei beliebiger Länge der Magnete haben, schliessen, dass der in den unendlichen Ansätzen vorhandene Magnetismus unter allen Umständen derselbe sei.

Wir wissen nun, dass, wenn der Kern keine Ansatzstücke hat, die Curve, die den erregten Magnetismus in jedem Querschnitt darstellt, durch zwei gleiche Parabeln gebildet wird, die ihre Anfangspunkte in den Endpunkten der als Abscissenaxe gezeichneten Magnetlänge hat, so dass wir alsdann die folgende Fig. 72 für die in dem Kerne vorhandene Menge des erregten Magnetismus erhalten. Diese Mengen sind, wie wir vorn gesehen haben, bei verschiedenen Kernen den Wurzeln der Kernlängen proportional.

Fig. 72.

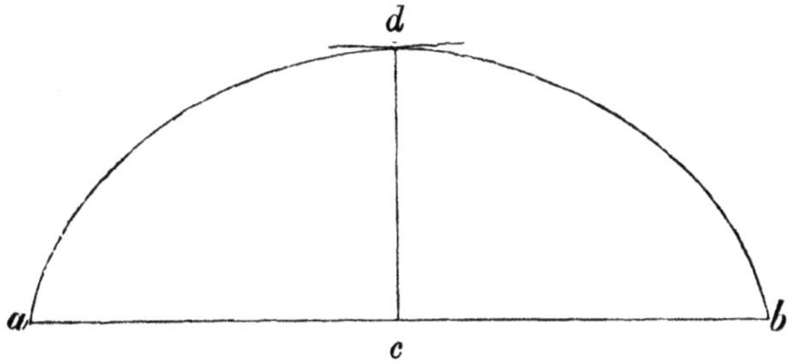

Setzt man nun an diese Längen unendliche Stücke an, so wird natürlich der erregte Magnetismus in dem bewickelten Theile modicifirt werden; denn obgleich in *c d* immer das Maximum sein wird, wird doch jetzt nicht wie zuvor in *a* und *b* Null sein. Wir wissen nun zwar nicht, wie stark der erregte Magnetismus in den besagten Punkten ist, allein aus dem Versuche in Nr. 1 des vorigen Paragraphen, wo ein $13^1/_2{}'$ langer Stab in seiner Mitte mit einer 2″ langen galvanischen Spirale bedeckt ist, haben wir annähernd die Form der Curve kennen gelernt, welche die Abnahme des Magnetismus auf dem unbewickelten Theile des Stabes zeigt. Diese Curve krümmt sich nach der entgegengesetzten Seite wie die über dem bewickelten Theile, so dass, wenn etwa die Linie *a b*, Fig. 73 (pag. 290), die unendlichen Schenkel darstellt, und das Stück *d e* den bewickelten Theil derselben, etwa *f g h* die Intensitätscurve über diesem bewickelten Theile, und *f a* und *h b* die der unbewickelten sein würde.

Fig. 73.

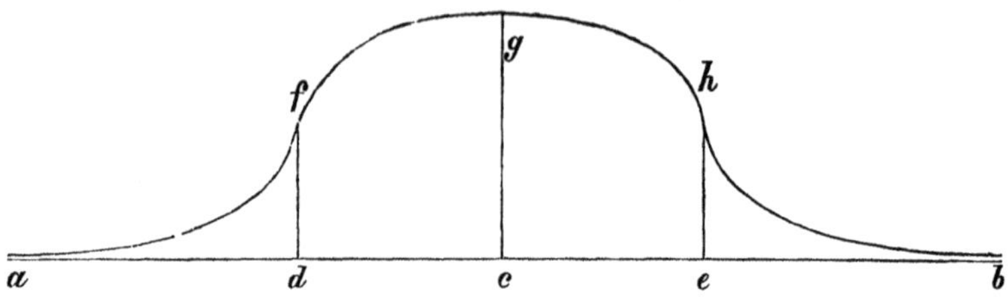

Aus der schnellen Abnahme des erregten Magnetismus in dem $13\frac{1}{2}'$ langen Stabe, welcher in Entfernung von 38″ von seiner Mitte $\frac{1}{5}$ der Intensität dieser Mitte und in der doppelten Entfernung (80″) nur noch $\frac{1}{150}$ derselben hat, sieht man, dass ein solcher unendlicher Stab nicht unendlich starken Magnetismus zeigen wird, sondern, da der Grad der magnetischen Leitungsfähigkeit, wie Faraday es nennt, eine Verbreitung ins Unendliche verhindert, sehr bald ein Maximum des Magnetismus erreicht.

Die Form der beiden Curven fgh und hb mit fa lässt die Möglichkeit offen, dass beide solche Gestalt hätten, dass ihre Flächen sich im entgegengesetzten Sinne an einander gelegt, zu einem Rechteck ergänzten.

3. Nun kann man in Bezug hierauf wirklich den Versuch anstellen. Anstatt den mit der Spirale bedeckten Stab auf beiden Seiten mit unendlichen Ansatzstücken zu versehen, kann man ihn zu einem kreisrunden Ringe so zusammenbiegen, dass seine Endflächen sich vollkommen berühren, d. h. man kann einen massiven Ring auf seiner ganzen Ausdehnung mit einer galvanischen Spirale bewickeln. Ist dies geschehen, so stellt ein solcher Ring genau das oben gezeichnete System von einem unendlichen Stabe dar, welcher auf der Länge des Ringumfanges mit einer galvanischen Spirale bedeckt ist. Ein solcher Eisenring hat an der Stelle des Anfanges S der Spirale und des Endes N derselben nicht seine Enden, sondern er setzt sich nach jeder Seite hin in die andere Seite fort und wirkt auf diese wie auf eine unbewickelte Verlängerung. Dass die für das Ende S als unbewickelt gedachte Fortsetzung des Stabes wegen der anderen Seite N bewickelt ist, ist für die Wirkung von S gleichgültig. Sie summirt sich zu der Wirkung der Spirale auf der Seite N, und wir haben hiermit den vorn besprochenen Fall, dass die Flächen der Curven fa und hb zu der der Curve fgh gelegt sind.

Wir können nun prüfen, welchen Erfolg dies hat.

Dove sagt über einen solchen Ring: [1])

„Die bei einer geradlinigen cylindrischen Spirale schwache Wirkung nach Aussen verschwindet vollkommen, wenn sie in einen Ring zusammengebogen wird. Fände hier eine Wirkung statt, so würde dieser Apparat einen sehr einfachen Rotationsapparat abgeben. Er ist aber wie ein ringförmiger Magnet ganz ohne Wirkung, nach Versuchen, die Poggendorff, Nervander und ich angestellt haben, und welche auch Roget gemacht haben muss, da er sagt, dass ein solcher Ring „both from theory and experiment" weder auf einen galvanischen Draht noch Magnet wirke, in welcher Entfernung und welcher Lage er sich auch befände." Die Versuche, welche Dove hier anführt, sind mit ringförmigen Drahtspiralen gemacht, doch weiss ich aus mündlicher Mittheilung, dass auch mit elektromagnetischen Ringen experimentirt worden ist. Die hierauf bezüglichen Versuchsresultate sind aus dem einfachen Grunde nicht veröffentlicht, weil sie alle das eine Resultat lieferten, dass die Ringe keine Wirkung zeigten.

4.. Ein solcher elektromagnetischer Ring hat also keinen freien Magnetismus. Der freie Magnetismus der Enden eines Stabes geht also vollständig verloren, wenn die beiden Enden einander berühren. Es ist aber kein freier Magnetismus nur in dem Falle möglich, wenn der erregte Magnetismus in einem jeden Querschnitte derselbe ist, wie sich dies aus den in §. 1, Nr. 3 dieses Abschnitts gezeichneten Figuren 60 und 61 ergiebt.

So sehen wir also, dass durch die gegenseitige Ergänzung der besprochenen Curvenflächen wirklich ein Rechteck entsteht, was eben nichts anderes heisst, als dass der erregte Magnetismus in einem jeden Querschnitt des Ringes gleich ist. Hierbei ist wohl zu beachten, dass deshalb nicht etwa die Curve der unbewickelten Fortsetzung dieselbe Form von der des bewickelten Theiles im umgekehrten Sinne haben müsse, denn die Wirkungen von beiden Seiten her greifen weit über einander, da die Vertheilung in den Verlängerungen sich wenigstens in den gewöhnlich vorkommenden Fällen auf viel weitere Strecken ausdehnt, als auf die halbe Länge des bewickelten Theiles, oder den halben Umfang des Ringes.

Ueber diese Vertheilung des erregten Magnetismus in den unendlichen Ansatzstücken, für die man Behufs der Untersuchung sehr lange nehmen könnte, liegen nun zwar für den Fall, dass verschieden lange Theile des Kernes bewickelt sind, keine Versuche vor; allein die Beobachtungen über die Anziehung bei verschiedenen geraden Magneten und Ankern, lassen

[1]) Rep. d. Phys. I. pag. 263.

einige Schlüsse über das Verhältniss dieser Vertheilung zu. Es steht nämlich fest, dass die Anziehung dem kürzeren Theile des magnetischen Systems proportional, und dass der in dem Berührungsquerschnitte erregte Magnetismus gleich ist, wenn der kürzere Theil des Systems derselbe bleibt. Diese Gleichheit zeigte sich besonders unter allen Verhältnissen, wenn dieser kürzere Theil der Anker war.

Denkt man sich nun einen nach einer Seite hin unendlichen Stab an seinem Ende mit einer Spirale bewickelt, so ist der auf dieses Ende aufgesetzte unendlich lange Anker ebenfalls als der kürzere Theil des ganzen Systems anzusehen, und es muss also der in demselben erregte Magnetismus unter allen Umständen gleich sein, weil der in dem Querschnitt der Berührungsfläche erregte Magnetismus derselbe ist. Bei einer grösseren Ausdehnung der Spirale auf dem unendlich langen Stabe kann daher nur der Magnetismus in dem bewickelten Theile wachsen, und zwar so, dass er in der Mitte den Wurzeln der Länge der Bewicklung proportional ist. Bei dem Ineinandergreifen beider Wirkungen an einem Ringe ist nun der resultirende Magnetismus eines jeden Querschnitts die Summe beider. Diese Summe ist aber in dem Querschnitte am Ende der Spirale das Doppelte des erregten Magnetismus eines geraden Stabes, weil hier die Wirkungen von beiden Seiten her gleich sind. Da nun in einem Ringe der Magnetismus in allen Querschnitten derselbe ist, so muss er in allen das Doppelte des Querschnitts am Ende sein, und da diese Summe nach dem Vorhergehenden bei jeder beliebigen Länge gleich ist, so muss auch der erregte Magnetismus der Querschnitte verschieden weiter Ringe gleich sein.

Ob nun dies hier durch Folgerungen aus den bereits gemachten Beobachtungen erhaltene Resultat richtig ist, das lässt sich nach zwei Methoden prüfen. Nach der einen misst man direkt den erregten Magnetismus mittelst der Inductionsspirale; allein diese Messungen sind, wie schon gesagt, nicht angestellt und auch jetzt durch die Anwendung der anderen Methode überflüssig geworden. Diese andere Methode besteht in der Prüfung der Anziehung, welche verschiedene Querschnitte verschieden weiter Ringe aufeinander üben.

Wir haben nämlich bereits den Satz als richtig anerkannt, dass die Anziehung und Tragkraft dem Quadrate des in der Berührungsfläche zwischen zwei Magneten, oder Magnet und Anker erregten Magnetismus proportional ist.[1]) Durchschneidet man daher einen elektromagnetischen Ring an zwei Stellen, so dass dadurch zwei

[1]) Siehe §. 6, Nr. 1 dieses Abschnitts.

Magnete entstehen, und misst die Anziehung derselben, so muss diese Anziehung für je zwei beliebige Schnittflächen gleich sein, wenn der erregte Magnetismus in einem jeden Querschnitt derselbe ist. Nun stellt ein geschlossener Hufeisenmagnet ebenfalls einen elektromagnetischen Ring dar, und es muss daher die Anziehung und Tragkraft einerseits dieselbe sein, bei Hufeisen von verschiedenem Verhältniss zwischen der Länge von Magnet und Anker, wenn nur die Länge des ganzen Systems gleich ist, andererseits würde eine Gleichheit der Anziehung von Hufeisen, die verschieden lange Schenkel oder eine verschiedene Entfernung derselben haben, die Gleichheit des erregten Magnetismus in einem jeden Querschnitt verschieden weiter Ringe beweisen. In der That beobachtet man an Hufeisen eine solche Gleichheit der Tragkraft und Anziehung, wie die Folge lehren wird.

Da nun ein unendlich langer Stab jedenfalls das Maximum des erregten Magnetismus geben wird, welches mit einer gegebenen Spirale zu erreichen ist, so würde aus der Richtigkeit des obigen Satzes noch ferner folgen, dass ein geschlossenes Hufeisen ebenfalls das Maximum der Anziehung geben muss, welches mit einer gegebenen magnetisirenden Kraft überhaupt zu erreichen ist. Dieses Maximum würde bei gleichem Durchmesser des Kernes für jede Grösse des Hufeisens gleich sein, wenn dieses seiner ganzen Länge nach mit der galvanischen Spirale bedeckt ist, während andererseits die Summe des in dem ganzen Hufeisen erregten Magnetismus der Weite des ganzen Ringes proportional wäre.

Die gewöhnlich angewandten Hufeisen weichen nun in sofern von dem bisher betrachteten elektromagnetischen Ringe ab, dass sie nicht auf ihrer ganzen Ausdehnung mit der galvanischen Spirale bedeckt sind. Man lässt gewöhnlich den Anker unbewickelt, allein nach den früheren Beobachtungen, dass die Anziehung innerhalb weiter Gränzen dieselbe ist, ob ein oder beide Theile des Systems bewickelt sind, lässt sich schliessen, dass dies bei der Einrichtung eines Hufeisens in noch höherem Grade stattfinden werde.

Hiernach müssen denn Hufeisen von verschieden langen Schenkeln und auch solche, deren Schenkel verschiedene Entfernung von einander haben, gleiche Anziehung und Tragkraft ergeben.

Die Länge der Schenkel.

5. Alle Versuche, welche mir in Bezug auf die Wirkung verschieden langer Schenkel bekannt sind, zeigen, dass die Länge der Schenkel ohne Einfluss auf die Anziehung ist. Zuerst müssen hier die von Lenz und Jakobi gemachten Untersuchungen genannt werden,[1]) obgleich jene

[1]) Pogg. Ann. 61 pag. 266.

Physiker sie nicht als dem vorliegenden Fall entsprechend ansehen. Zwei einander parallel befestigte, cylindrische, $1\frac{1}{2}''$ dicke Stäbe von $0'',075$ dickem, besponnenem Kupferdraht umgeben, wurden im entgegengesetzten Sinne magnetisirt.

An diese Stäbe ward auf jeder Seite ein Anker gelegt, so dass nun das ganze System ein Hufeisen bildete. Die Anker waren mit Inductionsspiralen bedeckt und man beobachtete den in ihnen entstehenden Strom, wenn sie beide gleichzeitig von den Magnetkernen abgerissen wurden. Dieser Strom ist, wie wir wissen, dem in den Kernen erregten Magnetismus proportional. Durch ihn ergab sich mit sechs Paar Eisenstangen von $\frac{1}{2}'$, $1'$, $1\frac{1}{2}'$, $2'$, $2\frac{1}{2}'$ und $3'$ Länge folgender Magnetismus:

Länge der Stangen.	Anzahl der Spiralwindungen $= n$.	Ablenkungswinkel α.	$M = \sin \frac{1}{2}\alpha$.	$\frac{1000\ M}{n}$
$\frac{1}{2}'$	163	18° 58′	0,16476	1,011
$1'$	315	37° 33′	0,32185	1,022
$1\frac{1}{2}'$	474	58° 12′	0,48633	1,026
$2'$	634	75° 20′	0,61106	0,964
$2\frac{1}{2}'$	789	91° 51′	0,71823	0,910
$3'$	946	129° 12′	0,90333	0,955

Ueber diese Resultate sagen die Experimentatoren: „Die Zahlen in der letzten Colonne müssten nun gleich sein, wenn die Länge des Eisens keinen specifischen Einfluss ausübte, oder wenn der Magnetismus der Endflächen allein abhängig wäre von der Anzahl der auf der ganzen Länge verbreiteten Windungen. Dieses scheint nun in der That der Fall zu sein, obgleich die Differenzen der Zahlen unter sich die Grösse der Beobachtungsfehler weit überschreiten, denn es ist in diesen Zahlen durchaus nichts erkennbar von einem Einflusse, den die Dimensionen des Eisens haben könnten. Die offenbar stattfindende Vertheilung in zwei Gruppen, so dass die Zahlen für die drei längeren Stangen und diejenige für die drei kürzeren, eine genügende Uebereinstimmung unter sich gewähren, während die Differenzen von einer Gruppe zur anderen grösser erscheinen, weist unzweideutig auf eine Verschiedenheit des Eisens oder andere zufällige Umstände bei den Versuchen hin. Erwägt man noch, dass, wenn wirklich der Magnetismus der Endflächen von der Länge des Eisens auf irgend eine Weise abhängig wäre, dieser Einfluss nur gering sein könnte, da er durch die anderweitigen Fehlerquellen verhüllt ist, so kann man aus den vorstehenden Beobachtungen mit hinreichender Wahrscheinlichkeit das Gesetz folgern, „„dass der Magnetismus der Endflächen, bei Elektromagneten, die ihrer ganzen Länge nach mit elektromagnetischen Spiralen bedeckt sind, von der Länge dieser Stangen unabhängig ist, und bei gleichen Strömen nur bedingt wird durch die Anzahl der darauf befindlichen Windungen.““

Es wird Niemand Anstand nehmen, mit den Experimentatoren die erhaltenen Werthe für gleich zu erklären, allein nach dem bisher Entwickelten können wir den aus dieser Gleichheit gezogenen Folgerungen nicht beitreten. Einerseits giebt der erhaltene Inductionsstrom nicht den freien Magnetismus der Endflächen der angewandten Stangen, sondern den in dem Anker erregten Magnetismus, welcher, wie wir früher gesehen, in diesem Falle nicht dem freien Magnetismus der Endflächen proportional ist. Andererseits aber repräsentiren diese Versuche nicht solche mit geraden Stabelektromagneten, sondern durch die Verbindung der beiden Magnete durch Anker an beiden Enden wird das Ganze ein geschlossenes Hufeisen, und stellt also einen magnetischen Kreis dar, wie wir ihn vorher betrachtet haben. Ob dieser gleichzeitig an einer oder an zwei Stellen geöffnet wird, kann natürlich auf den erregten Magnetismus keinen Einfluss üben. Die gemachten Beobachtungen liefern also keinen Beweis für die Unabhängigkeit des Magnetismus von der Länge gerader Eisenstangen, sondern sie beweisen die Richtigkeit der entwickelten Schlüsse für geschlossene Hufeisen, und zeigen also, dass die Länge der Schenkel verschiedener Hufeisen ohne Einfluss auf die Menge des in einem Anker von constanter Länge erregten Magnetismus ist.

6. Da nun die Anziehung und Tragkraft von der Menge des in dem Querschnitt der Berührungsfläche erregten Magnetismus abhängt, so lässt sich aus diesen Versuchen der Schluss ziehen, dass auch Anziehung und Tragkraft der Hufeisen von der Länge der Schenkel unabhängig sind. Diesen Satz stellt zuerst Müller auf.[1]) Die aus seinen Versuchen für denselben sprechenden Resultate sind hier theilweise zusammengestellt.

Länge der Schenkel.

6″		3″ 3		2″	
m	*k*	*m*	*k*	*m*	*k*
29	8300	28	7400	26	8400
48	9300	50	9100		
118	10700	120	10400		
26	3000	30	3200	33	3700
109	5300	109	5400		

[1]) Bericht über d. Fortschr. d. Phys. I. pag. 528.

Unter *m* ist die magnetisirende Kraft und unter *k* die Tragkraft zu verstehen. Die Versuche der ersten drei Linien sind mit 0'',4 dicken Kernen angestellt, während die der beiden letzten mit Kernen von 0'',25 Durchmesser erhalten sind. Die Gleichheit dieser Werthe in jeder Horizontalreihe ist bei derselben magnetisirenden Kraft nicht eben sehr gross, auch sind die Versuche besonders deshalb wenig zuverlässig, weil sie bedeutende Abweichungen von dem Gesetz enthalten, dass der Magnetismus der magnetisirenden Kraft proportional ist. Da in geschlossenen Magneten das Maximum des Magnetismus erzeugt wird, so ist es klar, dass in diesem Falle die Sättigung viel eher eintritt, als bei geraden Stäben. Wir haben früher gesehen, dass keine bedeutende Kraft dazu gehört, in einem $^1/_2$'' dicken Hufeisen Sättigung zu erzeugen,[1]) um so eher muss dies in dünneren Hufeisen geschehen. Darin muss unzweifelhaft der Grund gesucht werden, weshalb z. B. bei dem Hufeisen mit 6'' langen Schenkeln bei einer magnetisirenden Kraft von 118 nur 10700 als Tragkraft erhalten wird, während die bei 29 schon 8300 beträgt. Eine vierfache Kraft giebt hier etwa $^1/_4$ mehr, während sie das 16fache geben müsste. Diese Hufeisen waren sogar schon der absoluten Sättigung nahe. Aehnliches zeigt sich bei allen übrigen Versuchen. Dass dessen ungeachtet noch der vorhandene Grad der Gleichheit der correspondirenden Resultate erhalten wird, erklärt sich ebenfalls aus der vorhergehenden Auseinandersetzung, dass nämlich bei gleicher magnetisirender Kraft gleich starke Sättigung in den verschiedenen Hufeisen entstanden war.

7. Um nun über den von Müller aus den Versuchen erschlossenen Satz, „die Tragkraft sei von der Schenkellänge unabhängig," Gewissheit zu erhalten, unternahm ich die Prüfung an 1'' und 2'' dicken Hufeisen, deren Schenkellänge zwischen 4'' und 12'' variirte.[2]) Bei allen Magneten war die magnetisirende Kraft dieselbe.

	Magnete 1'' dick.	Magnete 2'' dick.
Länge der Schenkel	Anziehung.	Anziehung.
4''	2,2 ℔	
6''	2,1 „	5,8 ℔
9''	2,2 „	
12''	2,1 „	5,6 „

Die fast absolute Gleichheit der Resultate, wie auch Untersuchungen von Nicklès,[3]) welche dasselbe nachweisen, setzen es ausser allem Zweifel:

[1]) Abschnitt IV. §. 6, Nr. 9. [2]) Pogg. Ann. 90 pag. 453.

[3]) Institut vom 8. Dezbr. 1852.

„Die Länge der Schenkel eines Hufeisens hat keinen Einfluss auf die Anziehung desselben, wenn die Windungen der Spirale es seiner ganzen Länge nach umgeben.“

Es ist mit diesen Hufeisen nicht die Tragkraft gemessen, weil sie so sehr bedeutend war, dass ich meinen Apparat für zu schwach hielt und ein Zerbrechen desselben vor dem Abreissen des Ankers fürchtete. Uebrigens liegen andere Versuche, wie auch die entwickelten Gründe vor, nach denen derselbe Satz auch für die Tragkraft gilt.

Die Entfernung der Schenkel.

8. Zur Prüfung des zweiten Theils der Frage Hinsichts der Wirkungslosigkeit der Weite des magnetischen Ringes wurden sehr verschiedenartige Hufeisen angewandt.[1]) Die meisten der verwandten Hufeisen bestanden aus drei Theilen, nämlich den beiden cylindrischen Schenkeln und einem viereckigen ebengeschliffenen Verbindungsstück, welches mehrere Löcher hatte, durch die die Schenkel in verschiedenen Entfernungen von einander festgeschraubt werden konnten. In den hier folgenden Nummern der Tabelle hatten die Hufeisen folgende Einrichtung:

Nr. 1. Ein Hufeisen mit 2'' dicken, 6'' langen Schenkeln und einem Querstück von 2'' im Quadrat und 8'' Länge. Den Anker bildete ein 8'' langer, sorgfältig abgedrehter Eisencylinder von 2'' Durchmesser, in den in der Mitte seiner Längenausdehnung ein Haken eingeschraubt war. Zwischen Anker und Magnet lag beim Versuche ein $^1/_8$'' dickes Brettchen.

Nr. 2 enthält Messungen mit demselben Magneten, nur war der 2zöllige Anker mit einem $^3/_4$'' dicken Eisencylinder vertauscht.

Nr. 3. Dieselben 2'' dicken Schenkel sind auf ein dünneres Verbindungsstück geschraubt, dessen Dicke nur $^5/_8$'' ist.

Nr. 4. Auf das Verbindungsstück in Nr. 3 wurden statt der 2'' dicken Schenkel $^3/_4$'' dicke aufgesetzt. Der Anker wurde jetzt in $^1/_{16}$'' Entfernung gehalten.

Nr. 5. Statt der $^3/_4$'' dicken Sckenkel wurden 2'' dicke von 12'' Länge angewandt. Der Anker war $^1/_8$'' vom Pol entfernt.

Nr. 6. Dieselbe Combination, nur wurde das erste Verbindungsstück angewandt.

Nr. 7. Versuch der Tragkraft mit 12'' langen, 1'' dicken Schenkeln, aber schwachem Strome, so dass, während bei den 6'' langen Schenkeln die magnetisirende Kraft 336 . tg 20^0 betrug, diese jetzt 672 . tg 4^0 war.

[1]) Pogg. Ann. 90 pag. 450.

Entfernung der Schenkel.

	$5\frac{1}{4}''$	$4\frac{1}{2}''$	$4''$	$3\frac{1}{2}''$	$3''$	$2\frac{1}{2}$
Nr. 1.	2,8 ℔	2,7 ℔	2,7 ℔	2,75 ℔	2,75 ℔	2,7 ℔
„ 2.	1,97 „	1,95 „	1,95 „	1,95 „	1,9 „	1,95 „
„ 3.	1,8 „	1,8 „	1,8 „	1,8	1,8 „	1,85 „
„ 4.	1,55 „		1,55 „		1,5 „	1,5 „
„ 5.	1,8 „			1,75		1,7 „
„ 6.	4,5 „		4,4 „			4,4 „
„ 7.	13 „		13,5 „			13 „

Der letzte Versuch liefert zugleich einen Beweis, in wie grossem Maasse die Tragkraft gegen die Anziehung in so geringer Entfernung wie $\frac{1}{16}''$ vom Magneten zunimmt. Bei dem Versuche mit demselben Magneten der vorhergehenden Versuchsreihe war die magnetisirende Kraft $336 \,.\, \text{tg}\, 20^0 = 1233$, während sie in Nr. 7 dieser Reihe $672 \,.\, \text{tg}\, 4^0 = 470{,}4$ war. Da nun die Tragkraft fast im Verhältniss des Quadrats der magnetisirenden Kraft zunimmt, so müsste bei derselben magnetisirenden Kraft die Tragkraft etwa das Siebenfache der hier beobachteten 13 Pfd. d. h. etwa 90 Pfd. sein, während sie bei $\frac{1}{16}''$ Entfernung 2 Pfd. beträgt.

Aus diesen Versuchen folgt mit grosser Sicherheit der Satz:

„Die Entfernung der Schenkel eines Hufeisens ist ohne Einfluss auf die Anziehung und Tragkraft."

So sehen wir also die oben gemachten Schlüsse durch das Experiment bestätigt, und können also die dort aufgestellten Sätze ebenfalls als bewiesen ansehen. Wir können also behaupten:

1. „Der in einem geschlossenen Hufeisen erregte Magnetismus ist in einem jeden Querschnitt derselbe und nur abhängig von der magnetisirenden Kraft, wenn diese die Schenkel ihrer ganzen Länge nach bedeckt."

2. „Dieser erregte Magnetismus jedes Querschnittes ist das Maximum, welches in einem Stabe von gegebenem Durchmesser und bei der gegebenen magnetisirenden Kraft erzeugt werden kann."

Wie verschieden dieses durch das Schliessen des Hufeisens erzeugte Maximum des Magnetismus von der Kraft ist, welche der endliche Stab, d. h. das offene Hufeisen hat, beweist der schon früher erwähnte Versuch von Magnus,[1]) nach welchem ein von ihm angewandtes Hufeisen den

[1]) Pogg. Ann. 38 pag. 437.

Anker an einem Schenkel mit 2 Pfd. trug, während derselbe Anker, wenn er das Hufeisen schloss, mit 140 Pfd. gehalten ward.

Die Vertheilung der Spirale.

9. Diese eben festgestellten Sätze gelten in vollkommenem Grade nur dann, wenn der ganze magnetische Ring mit der galvanischen Spirale bedeckt ist. Lässt man einen Theil des Ringes unbedeckt und verdichtet dafür die Windungen auf dem übrigen Theile desselben, so wird dasselbe Resultat, genau genommen, nicht eintreten können, weil alsdann der unbedeckte Theil durch Induction magnetisch werden muss, während er im andern Falle direkt magnetisirt wird. Da nämlich die Fortpflanzung des Magnetismus im Eisen durch den Widerstand der Moleküle gehemmt wird, so muss es eine Grenze geben, über die hinaus man ein Zurückbleiben des Magnetismus bei nicht ganz vertheilter Spirale gegen den Fall bemerkt, in welchem dieselbe gleichmässig vertheilt ist. Dieser Fall wird um so später eintreten, je besser das magnetische Leitungsvermögen des Eisens ist. Die obigen Versuche zeigen, dass in den untersuchten Fällen, wo doch der Anker nicht mit der Spirale bedeckt ist, sich das Leitungsvermögen noch als vollkommen genügend erweist; denn trotz einer Entfernung der Schenkel von $5\,{}^1/_2{}''$, während diese nur $6''$ lang sind, also trotz einer Beschränkung der Umwicklung auf die Hälfte des Ringes, zeigen sich die Erscheinungen noch durchaus so, als ob die ganze Länge mit der magnetisirenden Spirale bedeckt wäre.

Es kommt nun darauf an, zu prüfen, wie weit man die Schenkel des Hufeisens auseinander rücken kann, ehe man eine Abnahme der Wirkung verspürt. Diese Frage ist aber annäherungsweise gleichbedeutend mit der: Wie weit kann man die Spirale auf dem Kerne zusammenschieben, bis die Wirkung des Hufeisens nicht mehr dieselbe bleibt?

Die erste Frage hat Nicklès in Erwägung gezogen.[1]) Er stellte Versuche mit einem Hufeisenmagneten an, dessen einer Schenkel an dem beide verbindenden Querstück verschiebbar war. Die Schenkelenden, an denen sich die Pole bildeten, waren so gekrümmt, dass sie einander trotz der sie umgebenden Spirale berühren konnten, sobald sie hinreichend genähert wurden. Die Länge der Schenkel betrug 90^{mm} und ihre Dicke 15^{mm}. Das Resultat der Versuche war folgendes:

[1]) Compt. rend. XXXIX. pag. 635; Inst. 1854 pag. 341. Cosmos V. 415.

Anziehung in Kilogrammen.

Entfernung der Pole.	Strom *a*.	Strom *b*.	Strom *c*.	Strom *d*.
Eine Papierdicke.	5	10	17	45
$0{,}0005^m$	8	14,5	22	52
$0{,}025^m$	10	16	23	55
$0{,}045^m$	10	18	25,5	58,5
$0{,}120^m$	9	18	27	65
$0{,}220^m$	7	18	27	66
$0{,}280^m$	5	15	27	66

Diese Versuche zeigen bei schwachen Strömen eine Abnahme nach beiden Extremen hin, während bei stärkeren nur bei grosser Nähe der Schenkel etwas geringere Tragkraft beobachtet wird. Die sich ergebenden Werthe für grosse Entfernung stimmen durchaus mit den Erwartungen überein. Bei zunehmender Entfernung der Schenkel muss nämlich ein Zurückbleiben der Wirkung um so eher eintreten, je schwächer der angewandte Strom ist. Denn wenn die magnetische Leitungsfähigkeit des Eisens der Verbreitung einen Widerstand entgegensetzt, so muss dieser doch in einem gewissen Verhältniss zum Strome stehen, der Widerstand muss unter übrigens gleichen Bedingungen um so eher merklich werden, je geringer der sich verbreitende Magnetismus ist.

Was dagegen die Abnahme der Kraft bei sehr grosser Nähe der Schenkel betrifft, so ist diese anderen Ursachen zuzuschreiben. Biegt man die Schenkel so an einander, dass sie bei genügender Annäherung einander berühren können, und lässt sie dann nur eine Papierdicke oder $0{,}5^{mm}$ von einander entfernt, so müssen dieselben einander schon selbst neutralisiren. Es bildet für diesen Fall der Anker nicht mehr die alleinige Verbindung der Pole, sondern diese ist schon zuvor theilweise bewirkt. Sicherlich würde doch die Anziehung noch geringer sein, wenn die Pole sich schon ganz berührten, bevor der Anker aufgelegt würde. Die Entfernung einer Papierdicke ist aber sehr wenig von der vollständigen Berührung verschieden. Wie aber bei der grossen Entfernung der Schenkel eine Abnahme bei starkem Strome später eintritt, so muss für denselben Fall bei grosser Nähe auch die Wirkung der unverbundenen Pole später aufhören.

Hiermit erklären sich die auftretenden Erscheinungen, welche zugleich erkennen lassen, dass für die unter gewöhnlichen Verhältnissen vorkommenden Fälle durchaus der Satz nicht erschüttert wird, dass die Entfernung der Schenkel ohne Einfluss auf die Anziehung und Tragkraft ist.

10. Anstatt dass hier die Spirale dadurch auf einen kleineren Theil des magnetischen Kreises beschränkt wurde, dass der Kreis vergrössert ward, kann man umgekehrt bei gleichem Kreise die Ausdehnung der Spirale verringern. In diesem Falle werden also die Spiralwindungen an einer Stelle angehäuft und es entsteht dann die fernere Frage, ob der Ort dieser Anhäufung gleichgültig sei.

Bei den auch schon früher angeführten Versuchen, welche ich anstellte, um die Wirkung einer Anhäufung der Spiralwindungen an den beiden Polen des Hufeisens zu prüfen, war die Einrichtung so getroffen, dass dieselbe magnetisirende Kraft dadurch auf einen immer kleineren Raum zusammengedrängt wurde, dass mit der Abnahme der Zahl der Spiralwindungen die Stromstärke in demselben Verhältniss vergrössert ward, so dass in allen Fällen die magnetisirende Kraft gleich war.[1]) Es wurden folgende vier Hufeisen angewandt:

1.	Die Schenkel		6″	lang	1″	dick.
2.	„	„	6″	„	2″	„
3.	„	„	12″	„	1″	„
4.	„	„	12″	„	2″	„

Diese Hufeisen gaben folgende Anziehung, als zwischen Anker und Magnet ein Stück Bristolpapier gelegt war:

	Magnet Nr. 1.	Nr. 2.	Nr. 3.	Nr. 4.
Spirale 12″ lang			1,8 ℔	6,2 ℔
„ 6″ „	2 ℔	6,2 ℔	2,2 „	6,4 „
„ 4″ „	2,3 „	7,1 „	2,4 „	7,2 „
„ 2″ „	2,7 „	7,8 „	2,7 „	8 „

Die einzelnen Colonnen zeigen eine Zunahme der Anziehung, je näher die magnetisirende Kraft nach den Polen hin zusammengerückt ist, ganz wie sich dies bei den geraden Elektromagneten herausstellt, nur ist aus den vorher angegebenen Gründen hier die Zunahme nicht so bedeutend wie dort. Eine ähnliche Zunahme zeigt die Tragkraft, welche an einem Magneten mit 12″ langen Schenkeln geprüft wurde.

12″	lange	Spiralen	7 ℔
6″	„	„	8,8 „
4″	„	„	10,2 „
2″	„	„	14 „

[1]) Pogg. Ann. 90. pag. 445. Abschnitt V. §. 4.

Es giebt also eine Verkürzung der Spirale auf $\frac{1}{6}$ der Länge, während dieselbe immer an den Polen bleibt, die doppelte Anziehung. Diese Versuche beweisen, „dass die Anziehung wie die Tragkraft zunehmen bei Anhäufung der magnetisirenden Kraft an den Polen des Magneten.“

Obgleich nun hiernach eine solche Anhäufung vortheilhaft scheinen mag, so ist sie doch nicht rathsam, wenn man den Strom nach Belieben zu steigern beabsichtigt, weil man nämlich bei einer Zusammenhäufung an dem Pole viel eher Sättigung erhalten würde.

11. Schliesslich wurde eine kurze Spirale an verschiedene Stellen der Schenkel von Hufeisen gebracht, und sowohl die Anziehung als die Tragkraft gemessen.

A. Anziehung eines Hufeisens mit 12″ langen, 1″ dicken Schenkeln.

Entfernung der Spirale vom Pol.	Spirale $5\frac{1}{2}''$ lang.	$3\frac{3}{4}''$ lang.	$1\frac{3}{4}''$ lang.
$6\frac{1}{2}''$	1,5 ℔	0,84 ℔	0,23 ℔
$4\frac{3}{4}''$	1,7 „	0,87 „	0,24 „
3″	1,85 „	1	0,27 „
$1\frac{1}{4}''$	2,1 „	1,08 „	0,34 „
$\frac{1}{2}''$	2,1 „	1,12 „	0,36 „

B. Anziehung von Hufeisen mit 12″ langen Schenkeln und einer $5\frac{1}{2}''$ langen Spirale.

Entfernung der Spirale vom Pol.	Magnet		
	$\frac{1}{2}''$ dick.	1″ dick.	2″ dick.
$6\frac{1}{2}''$	0,29 ℔	1,5 ℔	4,5 ℔
$4\frac{3}{4}''$	0,37 „	1,7 „	4,9 „
3″	0,48 „	1,9 „	5,2 „
$1\frac{1}{4}''$	0,7 „	2,1 „	5,8 „
$\frac{1}{2}''$	0,75 „	2,1 „	6 „

C. Anziehung von Hufeisen mit 6″ langen Schenkeln und einer $1\frac{3}{4}''$ langen Spirale.

Entfernung der Spirale vom Pol.	Magnet	
	$1\frac{1}{2}''$ dick.	$\frac{3}{4}''$ dick.
4″	3,3 ℔	0,67 ℔
$2\frac{1}{2}''$	3,4 „	0,7 „
$\frac{3}{4}''$	3,5 „	0,9 „

D. Tragkraft eines 2'' dicken Hufeisens mit 12'' langen Schenkeln und einer $3\,^3/_4$'' langen Spirale von 112 Windungen und schwachem Strom.

Entfernung vom Pol.	Tragkraft.
10''	13 ℔
8''	13 „
6''	14 „
4''	14,5 „
2''	15 „
$^1/_2$''	16 „

Alle hier aufgeführten Versuche zeigen eine Zunahme der Anziehung und Tragkraft bei Annäherung sämmtlicher Windungen an die Pole des Hufeisens, doch ist nicht ausser Acht zu lassen, dass die Hinsichts der Tragkraft angestellte Versuchsreihe eine viel geringere Zunahme bemerken lässt, als die in Bezug auf die Anziehung, woraus sich der von Müller aufgestellte Satz erklärt, dass es ziemlich gleichgültig sei, an welcher Stelle sich die Spiralen befänden.

§. 8.

Frühere Versuche mit Hufeisen.

An diese Versuche, welche ich hier im Zusammenhange zum Beweise der theoretischen Entwicklung aufgeführt habe, schliessen sich die schon im Jahre 1836 von G. Magnus gemachten Beobachtungen,[1]) welche ebenfalls aus den gefundenen Sätzen folgen, und somit zur Begründung derselben beitragen.

„Dass der grösste Theil der Tragkraft des Hufeisens," sagt Magnus, „erst durch das Anlegen des Ankers erzeugt wird, brachte mich auf den Gedanken, dass die Tragkraft der mit einem Anker versehenen Elektromagnete besonders davon abhänge, dass das Eisen eine in sich geschlossene Masse bilde."

„Um dies zu untersuchen, wurden zwei Elektromagnete in Hufeisenform von ganz gleichen Eisenmassen und mit ganz gleichem Draht umwunden so aufgestellt, dass ihre vier Pole ein Quadrat bildeten. Die Drähte derselben wurden so mit einander verbunden, dass der galvanische Strom durch beide nach einander ging, und die Pole so lagen, dass immer zwei ungleichnamige einander zunächst waren. Jeder der beiden Elektromagnete trug, wenn seine Pole durch einen Anker verbunden wurden, mehr als 50 Pfd.

[1]) Pogg. Ann. 38 pag. 436.

Wenn aber zwei zu den verschiedenen Elektromagneten gehörige ungleichnamige Pole mit einander verbunden wurden, so waren sie kaum im Stande, den Anker allein zu tragen."

„Man könnte glauben, dass die Pole beider Elektromagnete vielleicht nicht vollkommen in einer Ebene lagen, so dass der Anker bei der Verbindung der zu verschiedenen Elektromagneten gehörenden Pole diese nicht vollständig berühren konnte, und dass hierdurch dieser auffallende Unterschied herbeigeführt worden sei, allein dies wurde dadurch ganz widerlegt, dass, sobald die beiden anderen Pole der beiden Elektromagnete ebenfalls durch einen Anker verbunden wurden, die Tragkraft sich sogleich bedeutend vermehrte, und wenn sie auch nicht ebenso gross wurde, als die der beiden zu einem Magneten gehörigen Pole, so näherte sie sich doch derselben."

Nach der vorn gegebenen Erklärung hätten die beiden Hufeisen das Vierfache eines jeden einzelnen tragen müssen, sobald sie zu einem Ringe, also an beiden Polpaaren, verbunden waren. Sie hätten das vierfache Gewicht tragen müssen, nicht weil der Kreis doppelt so gross war, sondern weil bei der Verbindung beider eine doppelte Windungszahl der angewandten Spirale bei gleichem Strome in Thätigkeit gesetzt wurde. Die Richtigkeit dieser Behauptung ist sowohl nach den von Lenz und Jakobi, sowie den von mir angestellten Versuchen ausser Zweifel, allein man bedenke, welche sorgfältige Vorrichtung nöthig gewesen wäre, um die entsprechenden Polpaare genau in einer Ebene zu halten. Eine kleine Abweichung von derselben musste, wie Magnus später selbst sagt, sehr schwächend wirken, weil dadurch zugleich an 4 Stellen des Kreises die genaue Verbindung der Theile gestört werden musste. Endlich kann auch Sättigung vorhanden gewesen sein. Der Durchmesser der Magnete ist nicht angegeben, jedoch lässt sich aus dem folgenden Versuche schliessen, dass auch diese Magnete etwa 0'',8 Durchmesser hatten.

Um jedem Einwand zu begegnen, dass die bedeutend vermehrte Kraft durch die Verbindung zweier Stäbe zu einem Kreise erzeugt werde, wählt Magnus die Combination, deren sich später Lenz und Jakobi bei ihren Versuchen bedienten.

„Es wurden, sagt er, zwei runde Stäbe aus weichem Eisen, 7'' lang, 0'',8 im Durchmesser angewendet, die an beiden Enden vollkommen abgeschliffen waren. Sie wurden in einer Entfernung von 2½'' von einander befestigt und jeder mit einem spiralförmig gewundenen Drahte von 50' Länge umgeben. Wurden die beiden nach unten gewandten Pole durch einen Anker verbunden, so vermochten sie kaum diesen, der etwa 3 Pfd. wog, allein zu tragen; wurden aber gleichzeitig auch die beiden nach oben gewandten Pole durch einen Anker verbunden, so haftete der untere Anker so fest, dass er bis zu 40 Pfd. zu tragen vermochte.

„Wurden statt dieser Stäbe zwei andere, gleichfalls von 7" Länge, aber 1",6 Durchmesser angewandt, und wurden diese entweder mit dem 1400füssigen oder mit dem 3''' dicken und nur 9' langen Draht umgeben, so vermochten auch diese, selbst bei Anwendung eines sehr starken Stromes, kaum den Anker allein zu tragen. Wurden aber ihre nach oben gewandten Pole durch ein flaches, wohl aufgeschliffenes Stück Eisen verbunden, so haftete der Anker mit solcher Kraft, dass er noch etwa 140 Pfd. zu tragen vermochte."

„Dieser Versuch zeigt, dass eine Vermehrung der Tragkraft eines Elektromagneten dadurch bewirkt wird, dass das Eisen desselben eine in in sich geschlossene Masse bildet. Ich habe mich überzeugt, dass diese Vermehrung vorzüglich auf eine vollständige Berührung des verbindenden Eisens beruht."

Einen Beweis für die vorn gemachte Bemerkung, dass ein cylindrischer Anker viel weniger wirken kann, als ein flacher, liefert Magnus dadurch, dass er die beiden nach oben gewandten Pole der Stäbe durch ein Eisen verband, das sie nur in einer Kante berührte. In diesem Falle wurde die Tragkraft der beiden anderen Pole kaum merkbar vermehrt, wogegen sie sogleich wieder stieg, wenn das Eisen flach aufgelegt wurde.

Hinsichts der Wirkung der Länge der Magnetstäbe auf den Magnetismus derselben, ergeben sich nach den bisherigen Untersuchungen folgende Resultate:

1. Der in jedem Querschnitte eines seiner ganzen Länge nach mit der galvanischen Spirale bedeckten Eisencylinders erregte Magnetismus ist der Quadratwurzel aus der Entfernung dieses Querschnitts vom nächsten Ende des Magneten proportional.

2. Der in der Mitte eines Stabes erregte Magnetismus ist der Quadratwurzel aus der Länge des Stabes proportional.

3. Der erregte Magnetismus verschieden langer Eisencylinder, die auf ihrer ganzen Länge mit derselben Kraft magnetisirt sind, ist den Wurzeln der Länge dieser Cylinder proportional.

4. Bei verschieden langen Elektromagneten, die auf ihrer ganzen Länge mit gleicher Kraft magnetisirt sind, ist

der in den gleich weit von ihren nächsten Enden befindlichen Querschnitten erregte Magnetismus gleich stark.

5. Der erregte Magnetismus in einem Stabe, der nur in der Mitte mittelst einer kurzen Spirale magnetisirt ist, zeigt, als Curve dargestellt, von der Mitte nach beiden Enden hin, die Form einer logarithmischen Linie.

6. Der erregte Magnetismus in einem Stabe, der an einem Ende mittelst der galvanischen Spirale magnetisirt ist, ist an den verschiedenen Punkten annäherungsweise der Entfernung von der Spirale umgekehrt proportional.

7. Man erhält das Maximum des erregten Magnetismus eines Stabes, wenn die erregende Spirale sich in der Mitte desselben befindet.

8. Der freie Magnetismus eines Poles eines geraden Stabelektromagneten wächst mit der Verlängerung des Kernes auf dem entgegengesetzten Ende im grösseren Verhältniss als die Wurzeln der Längen und in geringerem als die Kernlängen selbst.

9. Der freie Magnetismus verschieden langer, gerader Elektromagnete, die auf ihrer ganzen Länge mit einer gleichen Windungszahl bedeckt sind, wächst ebenfalls in einem Verhältniss, welches zwischen dem der Wurzeln der Längen und dem der Längen selbst liegt.

10. Der freie Magnetismus ungeschlossener Hufeisen, auf deren ganzer Länge eine gleiche magnetisirende Kraft ausgebreitet ist, ist den Wurzeln ihrer Länge proportional.

11. Der freie Magnetismus eines jeden Querschnitts auf der Länge eines Magneten ist proportional der Differenz zwischen dem erregten Magnetismus dieses Querschnitts und dem Maximum des erregten Magnetismus in der Mitte des Magnetstabes.

12. Der freie Magnetismus sowohl eines Stahl- als Elektromagneten in jedem Querschnitt auf der Länge desselben ist der Differenz zwischen der Quadratwurzel aus der halben Länge und der Quadratwurzel aus dem Stück vom Querschnitt bis zum nächsten Ende des Magneten proportional.

13. Die Anziehung und die Tragkraft nimmt proportional dem Abschnitte eines elektromagnetischen Stabes von der Mitte aus ab.

14. Anziehung und Tragkraft sind dem kürzeren Theile eines elektromagnetischen Systems proportional.

15. Anziehung und Tragkraft sind im Maximum (bei gleicher Länge von Magnet und Anker) der Länge des Systems proportional.

16. Anziehung und Tragkraft sind der Länge verschiedener Systeme proportional, wenn diese proportional getheilt sind.

17. Anziehung und Tragkraft sind bei gleicher magnetisirender Kraft verschiedener Systeme dieselben, wenn bei beliebiger Länge des ganzen Systems der kürzere Theil dieselbe Länge hat.

18. Die Länge der Schenkel eines Hufeisens hat keinen Einfluss auf die Anziehung oder Tragkraft desselben, wenn die Windungen der Spirale es seiner Länge nach umgeben.

19. Die Entfernung der Schenkel eines Hufeisens ist ohne Einfluss auf die Anziehung und Tragkraft.

20. Der in einem geschlossenen Hufeisen erregte Magnetismus ist in einem jeden Querschnitt derselbe und nur abhängig von der magnetisirenden Kraft, wenn diese die Schenkel ihrer ganzen Länge nach bedeckt.

21. Der in einem jeden Querschnitt eines Hufeisens erregte Magnetismus ist das Maximum, welches in einem Stabe von gegebenem Durchmesser und der gegebenen magnetisirenden Kraft erzeugt werden kann.

22. Anziehung und Tragkraft nehmen zu mit der Anhäufung der magnetisirenden Kraft an den Polen eines Hufeisens.

§. 9.

Resultat aus den vier vorhergehenden Abschnitten.

Ein Rückblick auf die Gesetze, denen der Elektromagnetismus in Bezug auf Stromstärke, Windungszahl der galvanischen Spirale, Länge und Durchmesser des Kernes folgt, lehrt also, dass die Kraft der Eisencylinder, welche auf ihrer ganzen Länge gleichen Durchmesser haben und mit den Spiralwindungen auf ihrer ganzen Länge gleichmässig bedeckt sind, durch die folgenden Formeln ausgedrückt werden kann, so lange nicht Sättigung eintritt. Bedeutet E den in jedem Querschnitte erregten, F den freien Magnetismus der Endflächen, A die Anziehung eines geraden elektromagnetischen Systems und H die eines Hufeisens; ferner s die Stromstärke, w die Windungszahl der Spirale, d den Durchmesser und l die Länge des Kernes, so hat man

$$1.\quad E = s \,.\, w \sqrt{d \,.\, l}.$$

Derselbe Ausdruck ergiebt sich bis auf einen constanten Factor für den freien Magnetismus F der Endflächen der Elektromagnete.

Bedeutet ferner k den kürzeren Theil des geraden elektromagnetischen Systems, so ist der in einem jeden Querschnitte erregte Magnetismus

$$2.\quad E = s \,.\, w \sqrt{d \,.\, k}.$$

Bezeichnen wir mit $F_{,}$ den freien Magnetismus an verschiedenen Stellen auf der Längsrichtung des Magneten, so erhält man

$$3.\quad F_{,} = s \,.\, w \,.\, \sqrt{d}\,(\sqrt{l} - \sqrt{k}).$$

Aus Nr. 2 ergiebt sich als Anziehung eines geraden elektromagnetischen Systems

$$4.\quad A = s^2 \,.\, w^2 \,.\, d \,.\, k.$$

Verstehen wir unter $A_{,}$ die Anziehung eines Ankers, wenn er auf verschiedene Stellen der Länge der Elektromagneten gesetzt wird, so erhalten wir

$$5.\quad A_{,} = s^2 \,.\, w^2 \,.\, d\,(l - 2\sqrt{l\,k} + k).$$

Endlich ergiebt sich als Anziehung der Hufeisen

$$6.\quad H = s^2 \,.\, w^2 \,.\, d.$$

Diese Formeln gewähren ein Urtheil über einen von Thomson aufgestellten und von Joule acceptirten Satz, den der letztere Physiker unter mehreren anderen zu Anfang seiner Abhandlung über den remanenten Magnetismus mittheilt.[1]) Er sagt daselbst:

[1]) Proc. of Roy. Soc. VIII. 488 — 490; Phil. Mag. (4). XI. 77 — 79.

„Lenz und Jakobi wurden vor einigen Jahren durch ihre Untersuchungen dazu geführt, als Gesetz aufzustellen, dass, wenn zwei Eisenstangen von verschiedenem Durchmesser, aber gleicher Länge, von gleich langen Drahtgewinden (muss heissen: „gleicher Windungszahl“) umgeben, und von demselben Strom durchflossen, der in den Eisenstangen entwickelte Magnetismus ihrem Durchmesser proportional ist. Versuche, die ich zu derselben Zeit anstellte, erregten in mir Zweifel an der allgemeinen Richtigkeit obigen Satzes, denn ich fand, dass der Magnetismus, der in geraden Stäben von Durchmessern, die von $1/3''$ bis $1''$, und Längen von $7''$ bis 1 Yard verschieden waren, ungefähr der Länge des Drahtes und der Intensität des geleiteten Stromes, ohne Rücksicht auf Gestalt und Grösse der Stangen, proportional war. Die werthvollen Untersuchungen, welche neuerdings von Weber, Robinson, Müller, Dub u. A. angestellt sind, beziehen sich hauptsächlich auf die Anziehung des Ankers und sind nicht geeignet, einen der obigen Sätze zu bestätigen oder zu widerlegen; und die richtige Ansicht ist wahrscheinlich die des Hrn. Prof. Thomson, der sie beide nur als untergeordnete Sätze des allgemeinen Gesetzes ansieht, dass ähnliche Stangen von verschiedenen Dimensionen, auf ähnliche Weise mit Drahtgewinden umwickelt, deren Längen den Quadraten ihrer linearen Dimensionen proportional sind, von gleichen Strömen durchflossen, eine gleiche Kraft auf ähnlich liegende Punkte hervorbringen.“

Wenn Joule mit Magneten von verschiedenen Durchmessern und Längen Magnetismus erhalten hat, der ohne Rücksicht auf diese Dimensionen der Drahtlänge und dem Strome proportional war, so ist dies in vollkommener Uebereinstimmung mit den eben gegebenen Formeln. Es kommt nämlich bei dem in einem Stabe erregten Magnetismus durchaus nicht auf die Länge des zur Spirale verwandten Drahtes an, was Joule häufig annimmt, sondern, wie mannigfach gezeigt ist, hängt der Magnetismus von der Anzahl der Spiralwindungen ab. Verfertigt nun Joule mehrere Magnete von verschiedenem Durchmesser und verschiedener Länge, und wickelt auf alle eine gleiche Länge Draht, so muss der erregte wie der freie Magnetismus dem Produkte aus $s \,.\, w \sqrt{d \,.\, l}$ proportional sein. Die Anzahl der Windungen, die aus derselben Drahtlänge hergestellt wird, ist aber dem Durchmesser derselben umgekehrt proportional, so dass sich unter der Bedingung gleicher Drahtlänge als Magnetismus herausstellen muss;

$$\Sigma E = \alpha F = \frac{s \,.\, w \,.\, \sqrt{d \,.\, l}}{d},$$

wo Σ die Summe der Werthe des erregten Magnetismus aller Querschnitte und α einen constanten Factor bedeutet.

Aus dieser Formel folgt, dass der Magnetismus bei verschiedenen Dimensionen derselbe bleiben muss, wenn Durchmesser und Länge einander proportional wachsen, sobald bei gleicher Länge des Spiraldrahtes dieser den Kern eng umschliesst, und dass unter diesen Verhältnissen auch bei verschiedenen Drahtlängen der Magnetismus diesen Längen proportional ist.

So, denke ich, geben also doch die Untersuchungen Aufschluss über die Zweifel Joule's und widerlegen gleichzeitig den von Thomson ausgesprochenen Satz. Denn nach allen vorn angeführten Untersuchungen wird nicht in ähnlich liegenden Punkten gleiche Kraft erregt. In ähnlich liegenden Punkten ist bei gleichem Strome die Kraft der Windungszahl der Spirale und der Wurzel aus Länge und Durchmesser des Magneten proportional. Ist dagegen bei verschiedenen Dimensionen des Kernes die Drahtlänge so gewählt, dass die Windungszahl dieselbe bleibt, so ist der in ähnlich liegenden Punkten erregte Magnetismus dem Produkte $\sqrt{d.l}$ proportional.

Wendet man daher zu ähnlichen Stäben Spiralen an, deren Drahtlängen sich wie die Quadrate der linearen Stabdimensionen verhalten, so wird die Windungszahl diesen Dimensionen proportional vermehrt, welche schon unter übrigens gleichen Bedingungen eine verhältnissmässige Verstärkung des Magnetismus bewirkt.

Die endliche Consequenz, welche man aus dem Thomson'schen Satze ziehen müsste, wäre die: Wenn ähnlich liegende Punkte, also z. B. auch die Endflächen der Kerne, unter den angegebenen Bedingungen dieselbe Kraft äussern, so muss jeder Magnet von beliebiger Grösse, mit jeder beliebigen Windungszahl umgeben, bei gleichem Strome denselben freien Magnetismus äussern, d. h. der Magnetismus ist nur von der Stromstärke abhängig. Diesen Satz wird wohl Joule selbst nicht zugeben.

VIII. Abschnitt.

Die Form der Elektromagnete

und

der Anker.

I.

Die Magnete.

§. 1.

Verschiedene Magnete von Joule.

1. In den beiden vorhergehenden Abschnitten haben wir die Untersuchungen mitgetheilt, welche in Bezug auf den Durchmesser und die Länge der Magnetkerne angestellt worden sind, wenn diese die einfachste Form, nämlich die eines Cylinders hatten. Wir können die Untersuchungen in dieser Hinsicht als abgeschlossen betrachten, wenigstens gewähren sie eine Einsicht in die wichtigsten Gesetze, welchen die Kraftäusserung der Magnete von dieser Form folgt, während umfassende Versuche mit anders geformten Magneten noch fast gänzlich fehlen. Die bisher auf diesem Felde gemachten Untersuchungen beschränken sich auf die Herstellung der verschiedenartigsten Gestalten, und legen Zeugniss von dem Phantasiereichthum der Physiker ab, geben aber keinen Aufschluss über das Verhältniss der Wirkung dieser Magnete zu der der obigen.

Der Grund, weshalb man andere Magnetformen noch nicht gründlicher geprüft hat, liegt zum Theil in der gemachten Beobachtung, dass dieselben fast alle in der Entfernung mit geringerer Kraft wirken als die cylindrischen Kerne. Die bisher erfundenen elektromagnetischen Combinationen wurden nämlich meist Behufs der Anwendung derselben für praktische Zwecke geprüft. Eine solche Anwendung wird aber nur dadurch möglich, dass die Kraft des Elektromagneten zeitweise aufgehoben wird, besonders aber, dass diese Unterbrechung plötzlich eintritt. Dieses momentane Aufhören der Wirkung ist aber bei einer unmittelbaren Berührung weder zwischen Anker und Magnet, noch zwischen zweien Magneten möglich. Man kann daher irgend welche elektromagnetische Einrichtung nur dadurch brauchbar machen, dass man die aufeinanderwirkenden Pole zwar in grosse Nähe, aber nicht zur Berührung kommen lässt, kurz, dass man die Anziehung und nicht die Tragkraft zu einer alternirenden Bewegung benutzt. Zu einer solchen Anwendung zeigen sich aber die meisten der folgenden Formen weniger brauchbar als einfache Cylinder, daher hat man eine ausführlichere Untersuchung ihrer Wirkung unterlassen, nachdem man sich von diesem Factum überzeugt hatte.

Eine zweite Ursache, welche die bisherige Vernachlässigung dieses Theiles der Untersuchungen veranlasst hat, ist ohne Zweifel die Kostspieligkeit derselben. Während Elektromagnetkerne von einfacher cylindrischer Form ohne grossen Kostenaufwand herzustellen sind, würde die Herstellung einer hiervon abweichenden Gestalt, in den verschiedenen Uebergängen, die Experimente sehr theuer machen.

In Folgendem ist das bis jetzt über diesen Gegenstand Vorhandene in der Hauptsache wiedergegeben.

2. Mehrere von der gewöhnlichen Form abweichende Elektromagnete sind von Joule in Manchester erfunden.

Vor allen verdient eine Form eines Hufeisenelektromagneten Erwähnung,[1]) deren Beschreibung Mohr in Pogg. Ann. 51 p. 376 giebt. Dieser Magnet hatte die Form, welche entsteht, wenn man einen hohlen Eisencylinder von dem Querschnitte *a d b c*, Fig. 74, an der Stelle der Linie *a b* seiner Längsaxe parallel durchschneidet und nun das Stück *a c b* als ein Hufeisen, dagegen *a d b* als Anker betrachtet. In seiner Längsrichtung bietet dieser Magnet die Ansicht in Fig. 75 dar. Jedes der beiden Stücke ist mit drei

Fig. 74.

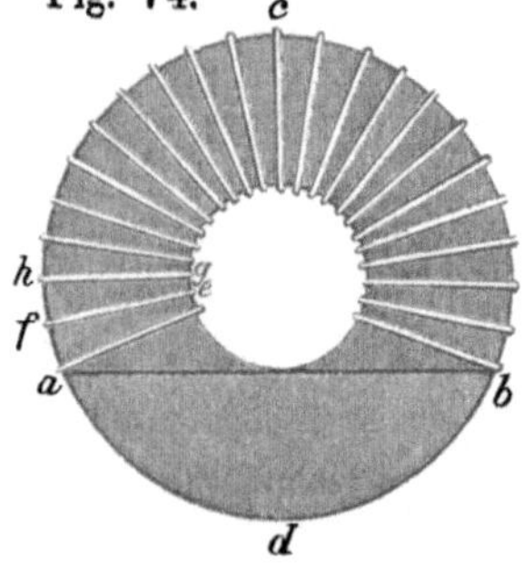

Fig. 75.

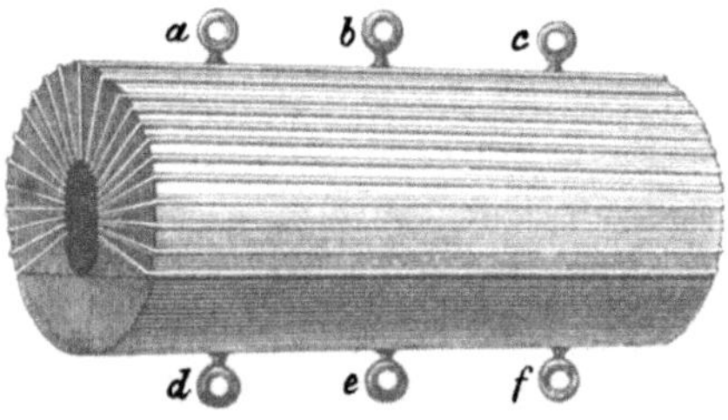

[1]) Sturgeon Ann. of El. 6, 431.

eingeschraubten Haken *a b c* und *d e f* versehen, mittelst deren man diesen Elektromagneten horizontal aufhängen, und an dem Anker einen horizontalen Zug hervorbringen kann. Ein solcher Hufeisenmagnet, aus einem 8″ langen Rohre gefertigt, dessen innerer Durchmesser 1″ und dessen äusserer $2^1/_2$″ betrug, und der in der Weise wie die Linien *f e*, *h g* etc. in Fig. 74 andeuten, mit 23 Windungen eines 2‴ dicken Kupferdrahtes umwunden war, zeigte mit einer Zinkeisensäule von 8 Paaren, deren Eisencylinder 10″ Höhe und 3″ Durchmesser hatten, eine Tragkraft von 20 Ctrn. Freilich musste bei so geringem Widerstande ausserhalb der Säule die Stromesintensität sehr bedeutend sein.

Fig. 76.

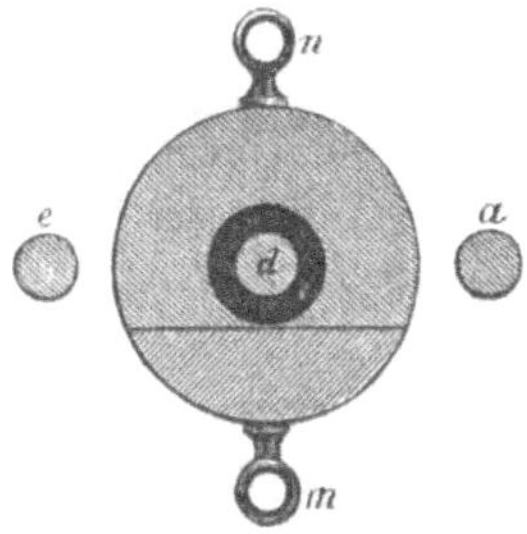

Fig. 77.

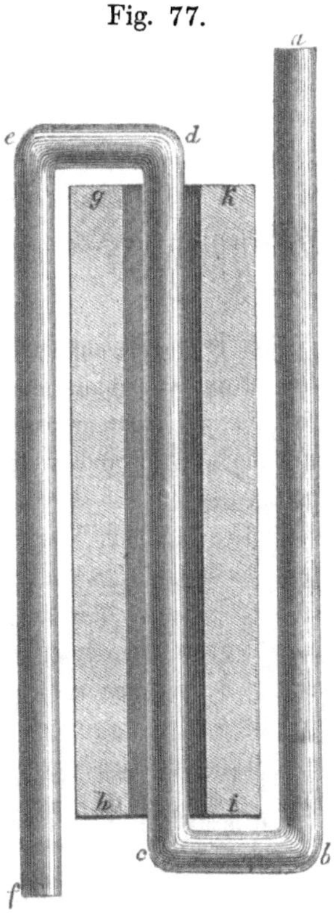

Ein anderer nach demselben Princip construirter Magnet von 2′ Länge wurde mit einer einzigen 5‴ dicken Drahtwindung magnetisirt. Diesen Magneten stellt im Querschnitt die Fig. 76 und in seiner Längsrichtung ohne Anker von oben gesehen die Fig. 77 dar. Der eine Draht *a b c d e f* geht ausserhalb des Cylinders in *a b* entlang, dann durch diesen als *c d* hindurch und in *e f* wieder ausserhalb an der anderen Seite zurück, so dass *a*, *d* und *e* die Querschnitte des Drahtes in Fig. 76 darstellen. Das Gewicht dieses Magneten ohne den Kupferdraht betrug 7 Pfd., das des Ankers $3^1/_2$ Pfd., die Berührungsfläche zwischen Magnet und Anker war $10^1/_2$□″ gross. Dieselbe Säule, deren Widerstand ausserhalb durch den 5‴ dicken Draht jetzt fast auf Null reducirt war, bewirkte mit dieser einen Windung eine Tragkraft von 12 Ctrn.

Eine dritte Magnetform, welche Joule construirte, ist eine Zusammensetzung vieler kleiner Magnete der eben beschriebenen Art.[1])

[1]) Sturgeon Ann. of El. V., 5 pag. 187.

24 Eisenstücke in der Form des eben beschriebenen Magnetkernes, etwa wie sie die Fig 78 zeigt, waren auf einem Messingringe aufgeschraubt, während ein zweiter Messingring von derselben Grösse parallelopipedische Eisenstücke von der Länge und Breite des in Fig. 78 gezeichneten, aber ohne Rinne, trug. Die auf dem ersten Ringe befestigten Magnete waren in einem Abstande gleich der Grösse der Rinne jedes Eisenstückes von einander, und durch diese Rinnen und Zwischenräume zwischen einem jeden Magneten waren feine zu einem starken Drahte vereinigte Eisendrähte schlangenförmig gewunden, so dass dieser zusammengesetzte Magnet die Ansicht der Fig. 79

Fig. 78.

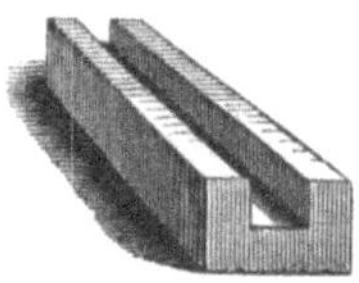

Fig. 79.

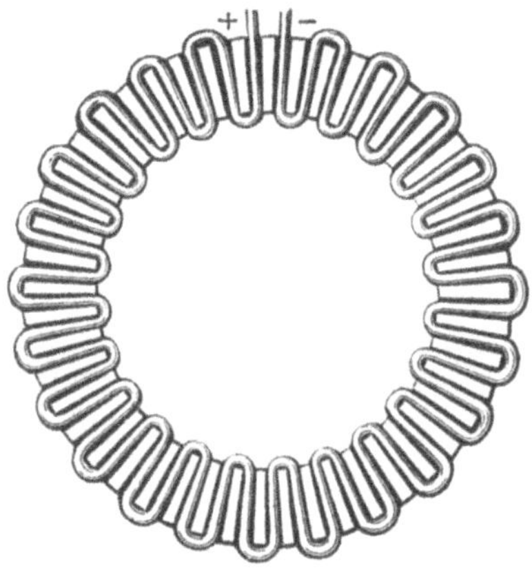

darstellte. Mittelst dieser Einrichtung liess sich die Tragkraft auf 2458 Pfd. steigern. Ungeachtet dieser grossen Tragkraft ist die Anziehung aller dieser Magnete auf nur geringe Entfernung schon sehr unbedeutend, was sich einfach daraus erklärt, dass die Wirkung eines jeden Poles durch die des daneben befindlichen entgegengesetzten geschwächt wird.

In neuerer Zeit construirte Joule einen Hufeisenmagneten, dessen Eisenkern aus einer 1″ dicken, 22″ langen und in der Mitte 12″ breiten Eisenplatte besteht, welche nach beiden Enden fast spitz zuläuft, von einer Form, wie sie Fig. 80 (pag. 317) zeigt.[1] Diese Platte ist zu einem Hufeisen gekrümmt, so dass ihre beiden Enden N und S 12″ von einander stehen. Dieser Eisenkern ist mit 204′ Kupferdraht, welcher 100 Pfd. wiegt, bewickelt. Mit diesem Magneten, Fig. 81 (pag. 319), stellt Joule verschiedene Versuche an, welche theils bekannte Sätze bestätigen und unter

[1]) Philos. mag. 1852, III. (4) pag. 32. Berl. Ber. 1852, pag. 548. Karsten's Encyclop. 3. Lieferung. Ueber Elektrom. pag. 96.

anderem Resultate der geprüften Tragkraft ergeben, aus denen Joule sich zu dem Schlusse berechtigt glaubte, dass die grösstmöglichste Anziehung, welche ein Quadratzoll seiner Polflächen gegen einen Quadratzoll des Ankers ausüben, 175 Pfd. sei.

Fig. 80.

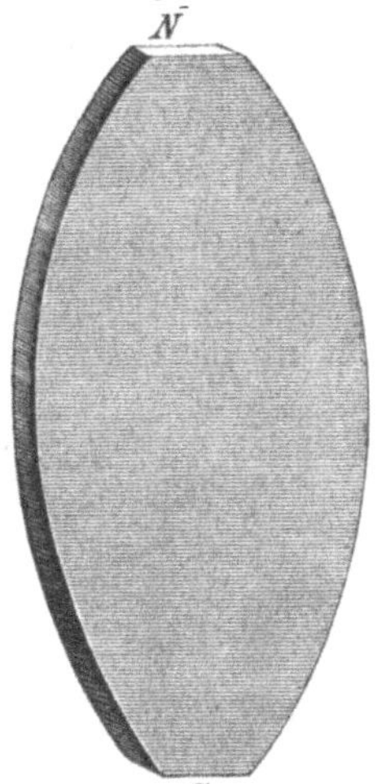

Fig. 81.

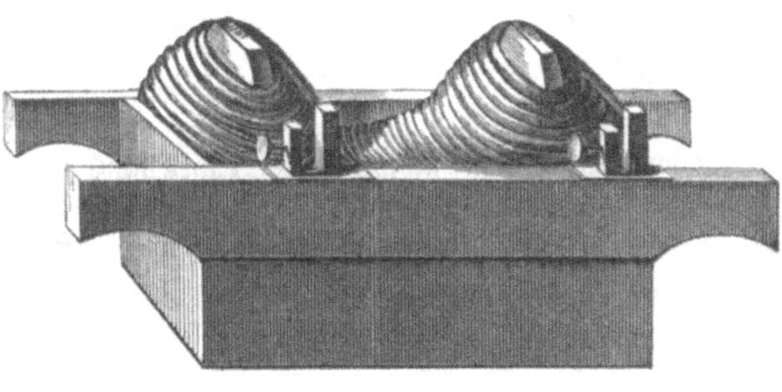

§. 2.

Andere Magnetformen.

1. Einen dem Joule'schen in Fig. 79 ähnlichen Magneten construirte Roberts.[1]) Er versah eine Eisenplatte mit tiefen Einschnitten und wand Windungen von Kupferdraht schlangenartig zwischen diese hindurch, wie

[1]) Sturgeon Ann. of El. 6 pag. 166.

die Fig. 82 zeigt. *b* stellt den Anker dar, welcher auf die hervorstehenden Theile von *a* aufgeschliffen ist. Mit einem dieser Magnete, dessen Platten 165^{mm} Seite hatten, erhielt Roberts eine Tragkraft von 2676 Pfd.

2. Radford versah eine starke, kreisrunde Eisenplatte von 229^{mm} Durchmesser mit einer schneckenförmig gewundenen Rinne, und versenkte in dieselbe einen besponnenen Kupferdraht. Die auf diesen Magneten aufgeschliffene eiserne, als Anker dienende Platte trug, wenn durch den Draht der Strom einer Batterie von 12 Trögen ging, 2268 Pfd.

3. Nicklè's schneidet eine Eisenstange der Länge nach bis über die Hälfte auf, und biegt die erhaltenen beiden Theile des Stabes so herum, dass er einen Dreizack erhält, wie ihn Fig. 83 zeigt.[2]) Der um den mittleren

Fig. 82.

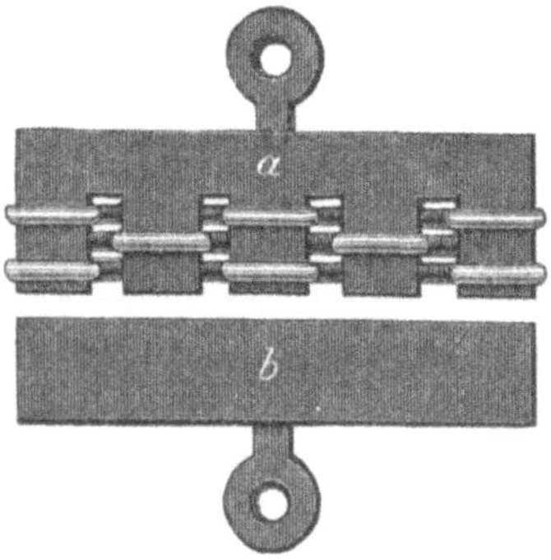

Fig. 83.

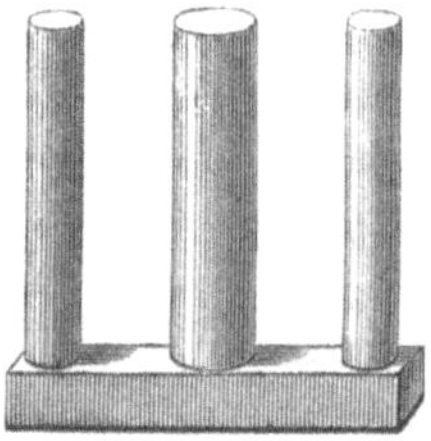

Schenkel gewundene Draht bewirkt mit dieser Einrichtung eine grössere Tragkraft, als wenn der mittlere Schenkel allein angewandt wird. Ich habe diese Combination ebenfalls geprüft und gefunden, dass nicht allein die Tragkraft, sondern auch die Anziehung, welche auf eine Spirale ausgeübt wird, einerseits grösser ist als die des einfachen Kernes, und andererseits auch grösser, als wenn der Kern nicht aufgeschnitten mit seiner vollen Länge angewandt wird. Aus dieser letzten Beobachtung folgt, dass die beiden emporgebogenen Kerne nicht einfach als Verlängerungen des mittleren wirken, sondern dass auch die den mittleren Kern umgebende Spirale nach aussen hin auf die Stäbe Einfluss üben muss.

Diese Beobachtung führt zu dem Schluss, dass die Wirkung des Kernes verstärkt werden muss, wenn man statt zweier nach aussen herumgebogener Schenkel eine Einrichtung trifft, bei welcher der von der Spirale

[1]) Sturgeon Ann. of El. 6 pag. 431. [2]) Inst. 1852 pag. 396. Berl. Ber. p. 547.

umgebene Kern in eine Eisenhülle eingeschlossen wird, welche mit dem inneren Kerne durch eine Eisenplatte verbunden ist. Romershausen verfertigte einen solchen Magneten,[1]) welcher einen über den Rand der Eisenhülle und den innern Kern gelegten Anker in Form einer kreisrunden Platte mit sehr bedeutender Kraft trägt. Fig. 84 ist die Zeichnung eines solchen Magneten, wie ihn Romershausen selbst giebt,[2]) in der Hälfte seiner wirklichen Grösse. Um seine Einrichtung zu veranschaulichen, ist er so gezeichnet, als ob ein Quadrant des Ganzen herausgeschnitten wäre. *c c* ist die Wand der äusseren Hülse, *a a* ist der innere Kern der hier in seiner halben Dicke zu sehen ist. Die zwischen beiden befindlichen Kreise *b* stellen die Querschnitte der Drähte der galvanischen Spirale dar, welche durch die Ränder *o o* der Holzhülse gehalten wird. *m* und *m* sind die beiden Enden der Drahtrolle, durch welche die Verbindung mit der Säule hergestellt wird.

Fig. 84.

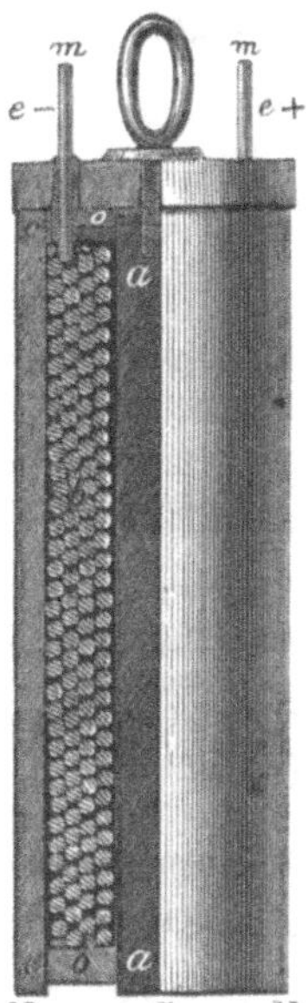

Fig. 85 stellt den bei N S anzulegenden Anker dar, welcher durch ein kleines Bunsen'sches Element an dem Magneten mit einer Kraft von 60 Pfd. gehalten wird.

4. Lässt man nach der Weise Hankel's, wie in dem Abschnitt über die Wirkung der Spirale besprochen ist, eine vom Strome durchflossene Spirale durch die vorliegende Form des Magnetkernes zwischen den inneren Kern und die äussere Eisenhülle hineinziehen, so muss die Wirkung der magnetisirenden Spirale gegen die auf einen einfachen Kern vergrössert werden.

Fig. 85.

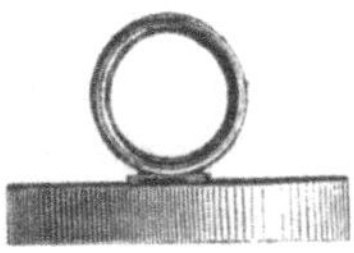

Die elektrische Wirkung eines Leitungsdrahtes geht nämlich nach allen Seiten in dem senkrechten Querschnitt desselben. Umgiebt nun eine Spirale einen Eisenkern, so magnetisirt jede einzelne Windung denselben in einem Umfange, wie die Fig. 86 (pag. 320) andeutet. Stellt N S den Magnetkern dar und w den Querschnitt einer Windung, und bezeichnen die Strahlen w u, w r,

[1]) Dingler's polyt. Journ CXX. p. 358. [2]) Zeitsch. d. Telegraph.-Vereins 1858.

w v etc. die radialen Wirkungen dieser Windung, so magnetisiren dieselben den Kern mit allen Strahlen von *w u* bis *w v*, obgleich in der Richtung *w r* die Hauptwirkung stattfindet. Die Wirkung der Strahlen *w o* etc. bis *w u* geht aber bei dieser einfachen Einrichtung verloren, also auch die zweite Hauptwirkung in der Richtung *w n*. Trifft man dagegen eine Einrichtung wie bei dem Romershausen'schen Magneten, bei welchem die magnetisirende Spirale fast ganz von Eisen umgeben ist, so trifft jeder elektrische Strahl auf magnetisirbares Eisen, wie Fig. 87 zeigt, und es wird also nicht nur die Kraft in den beiden Hauptrichtungen *w r* und *w n* benutzt, sondern

Fig. 86.

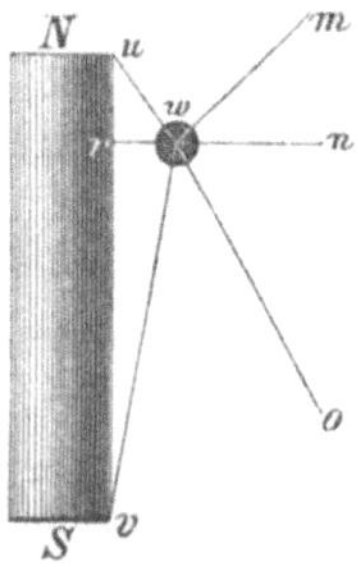

Fig. 87.

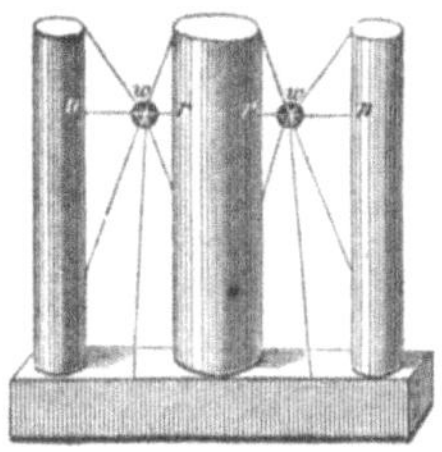

auch fast alle übrigen früher wirkungslosen Strahlen treffen jetzt auf magnetisirbare Eisentheile, die sich dann noch gegenseitig verstärken.

5. Scheinbar steht mit dieser Darstellung die schon lange gemachte Erfahrung im Widerspruch, dass eine im Innern eines hohlen Cylinders angebrachte galvanische Spirale wenig oder gar keinen Magnetismus in demselben hervorruft. Moser sucht den Grund hiervon in dem Kleinerwerden der Windungen bei Vermehrung derselben. Er sagt darüber:[1]) „Nach den Versuchen von Lenz ist es in Bezug auf Induction gleichgültig, ob der Draht einen vollen cylindrischen Anker in engen oder weiten Kreisen umgiebt; die elektromotorische Kraft bleibt dieselbe, weil in der weiten Spirale auch mehr erregbare Theilchen vorhanden sind;[2]) nur wegen der verringerten Leitungsfähigkeit bei längeren Drähten liefert die weite Spirale einen weniger intensiven Strom. Bringt man aber eine Spirale im Inneren an, so ist das nicht der Fall, denn je kleiner die Windungen, je weniger also der erregbaren Theilchen, um so entfernter sind sie dann noch ausserdem, und der Einfluss des Ankers auf die Spirale im Inneren wird wie die Quadrate der Entfernung abnehmen, während derselbe auf eine äussere Spirale

[1]) Dove's Rep. I. pag. 274 u. ff. [2]) Siehe Abschnitt II. §. 5, Nr. 5.

von der Entfernung ganz unabhängig ist. Hier ist also ein sehr wesentlicher Unterschied zwischen beiden Spiralen, und derselbe wird sich auch bei der Magnetisirung durch den galvanischen Strom geltend machen, und wegen der Unmöglichkeit, eine Spirale zu guter Umschliessung im Innern zu bringen, werden diese letzteren dann sehr wenig magnetisiren. Ausserdem sind überhaupt dünne Eisenmassen nicht so vortheilhaft als dickere.“

Aus den hier angegebenen Gründen würde zwar ein in einen hohlen Cylinder gebrachter Schraubendraht etwas weniger wirken als ein ausserhalb befindlicher bei gleicher Stromstärke, allein dass er so viel weniger wirkt, wie die Beobachtung lehrt, ist damit nicht erklärt.

Der Beweis hierfür lässt sich mittelst folgender Hülfssätze führen:

1. Schneidet eine gerade Linie einen Cylindermantel, und legt man durch die beiden Durchschnittspunkte Ebenen senkrecht gegen die Axe des Cylinders, so dass sie den Cylindermantel in zwei Kreislinien schneiden, so macht die Gerade mit den an die Kreislinie in den beiden Durchschnittspunkten angelegten Tangenten gleiche spitze Winkel.

Wenn $a\,b$ Fig. 88 pag. 322 den Cylindermantel in b und c schneidet, so wird ihre Projection $e\,b$ auf die durch b gehende Kreisebene diesen Kreis in b, und in der Projection d von c auf die Ebene schneiden. Der Winkel von $a\,c$ mit der Tangente $c\,i$ ist also gleich dem Winkel der mit $a\,c$ Parallelen $h\,d$ mit der Tangente $d\,g$. Nun ist aber $e\,d\,g$ gleich dem Winkel, den $e\,b$ mit der Tangente $b\,f$ macht, und da $d\,h$ parallel $b\,a$ ist, so folgt aus dem Satze, dass Linien in einer Ebene, welche mit der Projection einer auf der Ebene schief stehenden Linie mit diesen Ebenen gleiche Winkel machen, auch mit der schiefen Linie gleiche Winkel bilden, dass $a\,b\,f = h\,d\,g = a\,c\,i$ ist.

2. Die spitzen Winkel, welche eine gerade, einen Cylinder schneidende Linie mit den in den beiden Durchschnittspunkten mit dem Cylindermantel an diesen gelegten Tangentialebenen, oder die spitzen Winkel, welche sie mit den Normalen auf diese Ebenen macht, sind einander gleich.

Es sei $b\,k$ Fig. 88 normal auf $b\,f$, und $d\,l$ normal auf $d\,g$, ferner $c\,m$ parallel mit $d\,l$; so ist $b\,k$ normal auf der in b, und $c\,m$ normal auf der in c an den Cylinder gelegten Tangentialebene.

Da $b\,f$ und $d\,g$ mit $b\,e$ gleiche Winkel bilden, so ist auch $e\,b\,k = e\,d\,l$, folglich $a\,b\,k = h\,d\,l = a\,c\,m$.

3. Wenn ein sehr spitzer Kegel von einem Cylindermantel geschnitten wird, so sind die unendlich kleinen Durchschnittsflächen proportional den Quadraten ihrer Entfernungen von der Spitze des Kegels.

Es sei a, Fig. 88, die Spitze des Kegels und n und o seien die beiden Durchschnittsflächen des Cylindermantels. Man denke sich durch einen Punkt der unendlich kleinen Fläche n eine Ebene senkrecht gegen die Richtung der als parallel anzusehenden Seiten des Kegels gelegt. Der Inhalt von n ist dann gleich dem dadurch entstandenen senkrechten Querschnitt des Kegels, dividirt durch den Cosinus des spitzen Winkels, den die Normale auf n mit der Richtung der Seiten des Kegels macht. Ebenso ist o gleich dem durch einen Punkt von o gelegten senkrechten Querschnitt des Kegels, dividirt durch den Cosinus des spitzen Winkels, den eine Normale auf o mit der Richtung der Seiten des Kegels macht.

Fig. 88.

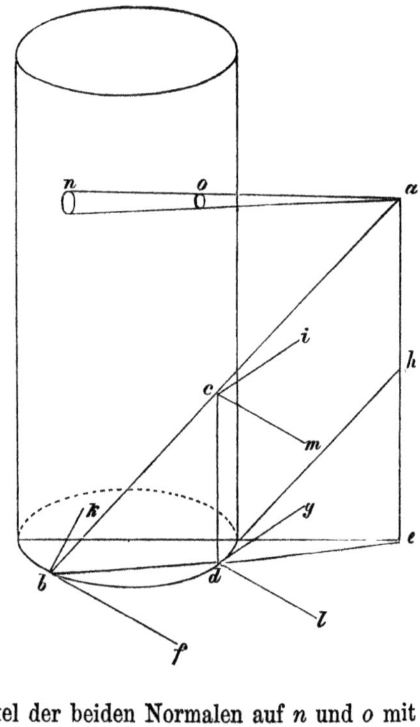

Da die Winkel der beiden Normalen auf n und o mit der Richtung der Seiten des Kegels einander gleich sind, die senkrechten Querschnitte sich aber wie die Quadrate ihrer Entfernungen von a verhalten, so verhalten sich auch n und o wie die Quadrate ihrer Entfernungen von a.

4. Man sieht leicht, dass die Ebenen $a\,b\,f$ und $a\,c\,i$ zwar verschieden sind, aber ihre Normalen mit der Axe des Cylinders gleiche Winkel machen.

Denkt man sich nun durch die Axe des Drahtes einer Spirale von nur einer Lage von Windungen eine Cylinderfläche gelegt, so wird man annehmen können, dass der Strom, anstatt den Querschnitt oder die Oberfläche des Drahtes zu durchlaufen, sich auf dem Cylindermantel den Durchschnitten der Drähte oder den Axen derselben entlang sich bewege; auch wird es gestattet sein, anstatt der spiralförmigen Windungen die entsprechenden Kreisumfänge auf der Axe des Cylinders senkrechte Querschnitte anzunehmen.

Betrachten wir nun die Wirkungen zweier Stücke, wie *n* und *o*, Fig. 88, der galvanischen, die Cylinderfläche umkreisenden Ströme auf das magnetische Molekül *a*. Die beiden in *a* entstehenden magnetischen Kräfte sind, die eine nach unten, die andere nach oben senkrecht gegen die beiden Ebenen gerichtet, welche durch die Richtung der Seiten des Kegels und durch die beiden Stromrichtungen in *n* und *o* gehen, bilden also, die eine mit der Richtung der Axe nach einer, die andere mit der Richtung der Axe nach der entgegengesetzten Seite gleiche Winkel. Sie sind proportional den durch *n* und *o* strömenden Elektricitätsmengen, also proportional *n* und *o*; ferner proportional den Sinus der Winkel, welche die Richtungen der Ströme in *n* und *o* mit der Richtung der Seiten des Kegels machen, und die einander gleich sind; endlich umgekehrt proportional den Quadraten der Entfernungen der Elemente *n* und *o* von *a*. Da sich nun *n* und *o* ebenfalls umgekehrt wie die Quadrate ihrer Entfernungen von *a* verhalten, so sind die beiden magnetischen Kräfte einander gleich, ohne jedoch einander entgegengesetzt zu sein. Zerlegt man aber jede von diesen in eine parallel der Axe gerichtete und eine darauf senkrechte Kraft, so heben sich die beiden ersteren, da die Winkel mit der Axe dieselben sind, auf, und die letzteren setzen sich zu einer Kraft zusammen, welche senkrecht steht auf der durch *a* und die Cylinderaxe gelegten Ebene. Combinirt man nun diese Wirkung mit der Wirkung zweier anderen, auf der anderen Seite des Cylinders *n* und *o* symmetrisch gegenüberliegender Elemente, so wird auch die gegen die genannte Ebene senkrechte Resultante aufgehoben, und die Wirkung der Elemente ist Null.

Es folgt daraus, dass die Wirkungen aller Elemente von *b d f c*, Fig. 89 (pag. 324), auf *a* einander aufheben, und nur die Wirkung der beiden Theile *b d e* und *c f g* übrig bleibt, welche den Punkt *a* parallel der Axe des Cylinders in entgegengesetzter Richtung magnetisiren, als er von der Spirale magnetisirt wurde, wenn er innerhalb derselben läge. Hieraus erhellt der geringe magnetisirende Einfluss einer im Innern eines eisernen Hohlcylinders befindlichen galvanischen Spirale.

Diese Gründe für die auf ein Minimum beschränkte Wirkung einer im Innern eines Holzcylinders befindlichen galvanischen Spirale werden aber sofort aufgehoben, sobald ein in die Spirale eingeführter Eisenkern die entgegengesetzte Wirkung des ferner liegenden Theiles der Windungen auf einen jeden Punkt des Hohlcylinders verhindert, indem er selbst die Kraft verbraucht. Stellt wiederum *a n b c*, Fig. 90, den Querschnitt des Hohlcylinders, *d m e* eine Windung der galvanischen Spirale, und *k* einen innerhalb derselben befindlichen Magnetkern dar, so kann jetzt der Theil *d m e* der Spirale nicht oder doch nur in geringem Grade entmagnetisirend

Fig. 89.

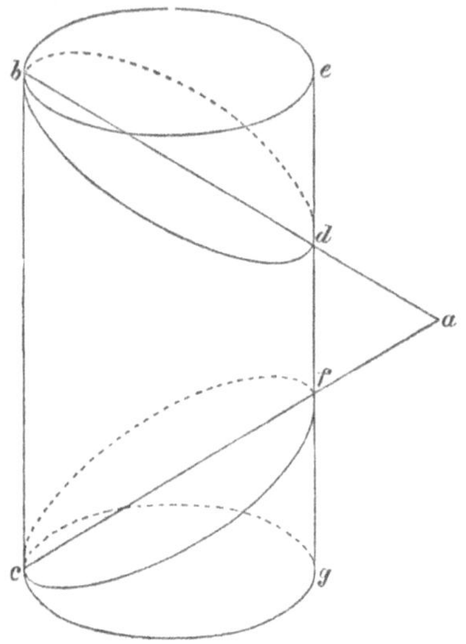

Fig. 90.

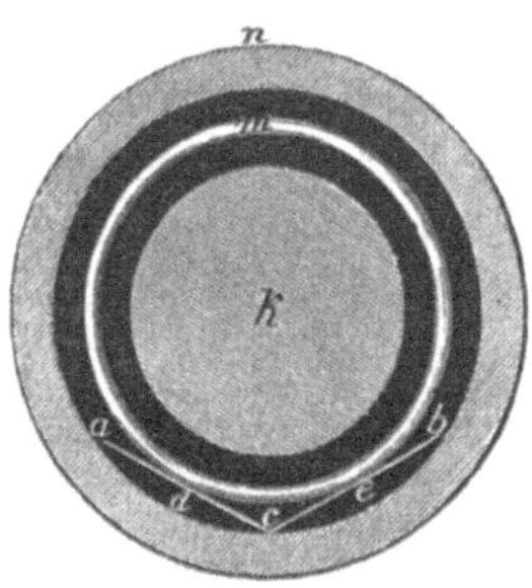

auf den Punkt *c* wirken. Die innerhalb der Spirale liegenden Eisentheile werden im entgegengesetzten Sinne magnetisirt wie die des umgebenden Hohlcylinders, und man hat, wenn dieses System auf dem einen Ende durch einen eisernen Boden geschlossen wird, einen Hufeisen-Magneten, dessen beide Schenkel durch eine und dieselbe Spirale magnetisirt werden, und dessen einer Schenkel den andern umschliesst.

6. Während Romershausen die Kraftäusserung der eben genannten Combination prüfte, indem er über den mit dem inneren Kerne in einer Ebene liegenden Rand des Hohlcylinders eine Eisenplatte legte und also die beiden Pole des Hufeisens durch einen Anker verband, unternahm ich, ohne Kenntniss von diesen Versuchen zu haben, die Prüfung der Kraft, mit welcher diese Magnetform auf eine galvanisirte Spirale wirke, wenn dieselhe schwebend aufgehängt in den Raum zwischen dem Kerne und die Wände

des Hohlcylinders hineingezogen wurde.[1]) Der Magnet bestand aus einem $^1/_8$'' dicken Hohlcylinder, 4'' weit und 6'' hoch, auf der einen Seite durch einen Boden von $^1/_8$'' Dicke geschlossen. Dieser Boden ist in der Mitte durchbohrt und hält so mittelst einer Schraube einen Eisencylinder von 1'' Durchmesser und 6'' Länge. Die hineinzuziehende Spirale hatte 160 Windungen, $1^3/_4$'' innere und $3^1/_2$'' äussere Weite und war $1^3/_4$'' lang. Ging der Strom ausser durch die bewegliche Spirale noch durch eine Spirale von 156 Windungen, welche den inneren Kern eng umschloss, so zeigte sich folgende Anziehung der Spirale mit dem umgebenden Becher und ohne denselben:

	Ohne Becher.	Mit Becher.
1 Stromstärke 45°	65 Gr.	190 Gr.
2 „ 22°	21 „	62 „

Wir finden unter den gegebenen Verhältnissen etwa die dreifache Wirkung bei Anwendung des Bechers gegen die ohne Becher.

Ausser dem bei dem obigen Versuche angewandten Becher wurden noch zwei andere geprüft, deren einer aus etwa $^1/_4$''' dickem Eisenblech bestand, während der andere $^1/_4$'' dick, also doppelt so stark als der erste war. Der dünne Becher zeigte um $^1/_3$ geringere Kraft, während der starke nur wenig mehr als der erste gab.

Behufs des Vergleichs der Wirkung eines Bechers mit anderen Magnetformen, besonders mit dem vorn besprochenen Dreizackmagneten, wurden noch folgende Versuche angesellt, bei denen auch die Dicke und Länge der angewandten Schenkel variirte:

Länge der Schenkel	6''	12''
Einfacher Kern 6'' lang $^3/_4$'' dick	16 Gr.	20 Gr.
„ „ 6'' „ 1'' „	20 „	24 „
„ „ 6'' „ $1^1/_2$'' „	29 „	34 „
Hufeisen, Schenkellänge 6'', Dicke 1'', Entfernung der Schenkel $2^1/_2$''	33 „	50 „
Dreizackhufeisen	33 „	57 „
Becher mit $^3/_4$'' dickem Kern in der Mitte	35 „	40 „
„ „ 1'' „ „ „ „ „	48 „	53 „
„ „ $1^1/_2$'' „ „ „ „ „	69 „	79 „

Bei diesen Zusammenstellungen war nur die bewegliche Spirale, durch die der Strom ging, wirksam. Es wurde nun auch der Kern, auf den diese

[1]) Pogg. Ann. 102 pag. 199.

hinaufgezogen wurde, mit einer festen Spirale umgeben, und der Strom derselben Säule hintereinander durch die bewegliche und die feste Spirale geleitet. Für diesen Fall ergaben sich folgende Anziehungskräfte. Ich nenne den Schenkel der Hufeisen, über den die Spirale gezogen und der mit der festen Spirale umgeben ward, inneren Schenkel.

Länge der Schenkel	6''	12''
Hufeisen, innerer Schenkel 1'', äusserer 2'' dick	34 Gr.	50 Gr.
Dreizackhufeisen mit 2'' dicken, äusseren Schenkeln	46 „	

Diese Versuche zeigen, dass bei Anwendung derselben Säule die Kraft nicht vergrössert wird, wenn man den Strom dadurch schwächt, dass man ihn durch eine grössere Windungszahl leitet, deren einer Theil den Kern fest umgiebt. Dagegen ist es vortheilhaft, bei Anwendung des Bechers den inneren Kern möglichst stark zu nehmen, so dass er die Spirale möglichst vollständig ausfüllt. Dies bestätigen die folgenden Versuche, welche sowohl mit 6'' langen Kernen und einem ebenso hohen Becher, als auch mit 3' langen Kernen unternommen wurden, deren Becher 21'' innere Weite hatte und aus $^1/_2$'' dickem Schmiedeeisen bestand.

Anziehung einer Spirale von 160 Windungen und 6'' langer Eisenkerne bei 33° Stromstärke.

Durchmesser der Kerne.	Ohne Becher.	Mit Becher.
$^{11}/_{16}$''	$26^1/_2$ Gr.	55 Gr.
1''	33 „	74 „
$1^1/_2$''	52 „	123 „

Die hier folgenden Versuche, welche d'Heureuse und ich gemeinsam im grossen Maassstabe anstellten, ergeben den bisherigen entsprechende Resultate.

Anziehung zwischen einer Spirale von 900 Windungen 2''' dicken Drahtes und einem Bechermagneten von 3' Höhe und 2' Weite.

Durchmesser der Kerne.	Anziehung.
4''	65 ℔
6''	98 „
8''	125 „

Bei diesem Versuche konnte die Stromstärke wegen der weithin wirkenden Magnetkraft nicht genau mittelst der Tangentenbussole gemessen werden. Die einmal aufgehängte, 242 Pfd. schwere Spirale konnte nicht aus dem etwa 7 Ctrn. schweren Bechermagneten entfernt werden. Bei der grössten Entfernung, welche wir der Tangentenbussole von dem Magneten geben konnten, bemerkten wir immer noch eine Einwirkung auf die Nadel, doch war die Ablenkung etwa 60°. Der Strom war hervorgerufen durch eine Grove'sche Säule von 24 Elementen, deren jedes 40 Quadratzoll wirksame Platinfläche hatte. Jede Thonzelle fasste 1 Pfd. Salpetersäure.

Ich habe früher gefunden, dass die Anziehung zwischen einer Spirale und einem eingeführten Eisenkerne den Wurzeln der Kerndurchmesser proportional war, wogegen wir in der obigen Versuchsreihe ein Verhältniss finden, welches ziemlich genau dem Durchmesser der angewandten Eisenkerne proportional ist. Um dies sicherer festzustellen, wurden mit dem grossen Bechermagneten noch Versuche in der Weise angestellt, dass um den 4″ dicken Magnetkern 2, 4 und 6 Eisenstäbe herumgebunden wurden, deren Querschnitt 4 Quadratzoll betrug. Bei Anwendung von 16 der eben beschriebenen Grove'schen Elemente zeigte sich folgende Anziehung:

4″ dicker Stab mit Becher		3,15 ℔
4″ „ „ „ „	und 2 Stäben	45,5 „
4″ „ „ „ „	„ 4 „	52 „
4″ „ „ „ „	„ 6 „	55,5 „

Es betrug hiernach der Querschnitt der bei jedem Versuch angewandten Stäbe der Reihe nach:

Querschnitt des Kernes	D	$\sqrt{D}$	Anziehung.
12,5□″	3,5355	1,88	31,5 ℔
20,5 „	4,5277	2,093	45,5 „
28,5 „	5,3386	2,31	52 „
36,5 „	6,0415	2,458	55,5 „

Die mit D überschriebene Colonne giebt den dem Querschnitt entsprechenden Durchmesser und die folgende die Wurzeln dieser Durchmesser. Wir sehen, dass auch hier die Anziehung fast den Durchmessern der Kerne proportional ist. Es war nun die Frage, ob diese Abweichung dadurch herbeigeführt war, dass in allen Fällen dieselbe Spirale angewandt wurde, oder ob sie eine Wirkung des Bechers war. Um dies zu prüfen, stellte ich noch einige Versuche im Kleinen an, bei denen die Spiralen die verschieden dicken Kerne eng umschlossen. Für diesen Fall zeigte sich die Anziehung wie bei den Versuchen ohne Becher wieder den Wurzeln der angewandten Kerne proportional.

7. Lässt man einen Kern in eine Spirale hineinziehen, so bewegt sich derselbe, wenn seine eigene Schwere tarirt ist, bis zu seiner Mitte in dieselbe hinein, weil daselbst der freie Magnetismus Null ist. Wenngleich nun bei einer Bewickelung des ganzen Kernes mit der Spirale der freie Magnetismus doppelt so gross ist bei doppelter Länge des Kernes, so ist dies doch keineswegs der Fall bei einer Spirale von verhältnissmässig geringer Länge. Die magnetisirende Wirkung vertheilt sich alsdann nicht gleichmässig über den ganzen Kern, wie dies die vorn gegebenen Versuchsresultate mit 6″ und 12″ langen Kernen beweisen. Anders ist das Verhältniss, wenn der Kern mit einem Becher umgeben ist. Er bildet alsdann den einen Schenkel eines Hufeisens, dessen anderer ebenfalls durch dieselbe Spirale magnetisirt wird. Der Nullpunkt dieses Systems liegt alsdann in dem Boden des Bechers und während die Anziehung im Maximum verdreifacht ist, erniedrigt sich dieselbe, wenn die Spirale sich über den ganzen Kern bewegt, doch nicht auf Null. Wenn neben der beweglichen Spirale zugleich eine feste den 6″ langen Kern seiner ganzen Länge nach bedeckte, ergaben sich folgende Anziehungskräfte in den verschiedenen Entfernungen der beweglichen Spirale vom Boden des Bechers:

In der Maximumstellung	120 Gr.
Ende der beweglichen Spirale $2^1/_2$″ vom Boden .	100 „
„ „ „ „ 1″ „ „ . .	79 „
„ „ „ „ auf dem Boden des Bechers	53 „

In der Maximumstellung der Spirale ragte dieselbe etwa ein Viertel ihrer Länge aus dem Becher heraus, so dass in diesem Falle das Ende derselben etwa $4^3/_4$″ vom Boden entfernt war. Wir sehen, dass bei dieser Einrichtung die Anziehung in der Minimumstellung wenig unter der Hälfte von der im Maximum ist. Noch günstiger gestaltet sich das Verhältniss für den Fall, wo die bewegliche Spirale die einzige magnetisirende Kraft ist. In Bezug hierauf will ich bemerken, dass ein Versuch bei Anwendung des grossen 8″ dicken, 3′ langen Eisenkernes mit dem oben beschriebenen Becher bei der stärksten Wirkung der Säule von 24 Grove'schen Elementen, in der Maximumstellung der Spirale von 900 Windungen eine Anziehung von 125 Pfd. ergab, während die Anziehung derselben Spirale 2′ tiefer, d. h. 4″ vom Boden des Bechers, 75 Pfd., also noch mehr als die Hälfte der Anziehung im Maximum betrug.

8. Marianini wandte das hier waltende Prinzip in anderer Weise an. Er liess einen an einer Waage aufgehängten Eisenstab in eine zu demselben conaxial gestellte Spirale hineinziehen, wenn diese mit einem Eisen-

cylinder umgeben war.[1]) Seine Messungen mit und ohne umgebenden Hohlcylinder ergaben:

ohne Gehäuse 10,8 Gr., mit Gehäuse 36 Gr.
„ „ 114,5 „ „ „ 253,1 „

Der erste dieser Versuche giebt ungefähr das Verhältniss zwischen der Wirkung mit und ohne den Hohlcylinder, wie ich es bei der festen Verbindung des Bechers mit dem Kerne beobachtet habe. Da eine derartige Combination für praktische Anwendbarkeit jedenfalls vortheilhafter wäre, als die von mir geprüfte, so wäre eine Untersuchung über das Verhältniss der Kraftäusserungen beider zu einander, besonders in den verschiedenen Stellungen des Kernes zur Spirale wünschenswerth. Einige von mir angestellten Versuche mit den gerade vorliegenden Apparaten zeigten nach der Marianini'schen Einrichtung viel geringere Kraft als nach der vorn angegebenen, doch ist die Frage, ob nicht andere Verhältnisse zwischen der Länge des Kernes und des Hohlcylinders günstigere Resultate geben.

Dies sind die mir bekannten Versuche mit diesem wichtigen Magneten. Sie lassen noch alle Fragen Hinsichts der Anwendung offen, welche Romershausen von demselben macht. Besonders wäre es wichtig zu untersuchen, ob sich auch an diesem Hufeisen die vorn mit den anderen gefundenen Gesetze bestätigen; ob also die Länge des Systems, so wie die Weite des Bechers bei gleichmässiger Vertheilung der Spirale innerhalb desselben und gleicher magnetisirender Kraft ohne Einfluss auf die Tragkraft sei; wie ferner die Wirkung auf Entfernung sich zu dieser Tragkraft verhalte. Wahrscheinlich ist dieses letztere Verhältniss ungünstig wegen der Lage der Pole und wegen der Form des dabei verwandten Ankers. Endlich ist die Tragkraft und Anziehung des mittleren Kernes für sich, so wie die Länge des zu verwendenden Ankers zu prüfen.

§. 3.

Die Enden der Magnetkerne.

1. An die Betrachtung der Form der Elektromagnete im Ganzen schliesst sich die Untersuchung der Wirkung verschieden geformter Enden der Kerne bei übrigens gleicher Form dieser Kerne.

Es sind, so viel mir bekannt ist, keine Untersuchungen über diese Frage veröffentlicht und man hört deshalb die verschiedensten Meinungen über die Wirkung bestimmter Formen der Magnetenden. Dies hat beson-

[1]) Cosmos I. pag. 213; Dingler 125 pag. 465; Berl. Ber. 1852 pag. 551.

ders darin seinen Grund, dass ein und dieselbe Form sich unter verschiedenen Bedingungen nicht gleich vortheilhaft zeigt. Nach meinen Untersuchungen ist die Art der Wirkung eines Magnetendes, wenn vorzugsweise die Polfläche zur Geltung kommt, von der zu unterscheiden, wo das ganze Magnetende wirkt.

Die Art in der Abänderung des Endes des Elektromagneten, wenn derselbe nicht einfach durch eine zur Längsaxe senkrechte Ebene geschlossen ist, welche einem jeden seiner Querschnitte auf der ganzen Länge gleich ist, kann entweder darin bestehen, dass das Ende des Kernes an Volumen und mit diesem auch die Endfläche vergrössert oder verkleinert wird.

A. Verkleinerung der Endfläche des Magneten.

2. Die einfachste Kleinerung der Berührungsfläche besteht darin, dass das Ende des Kernes verjüngt wird, so dass die Endfläche des Magneten zu einer Ebene von geringerem Durchmesser als der Querschnitt des übrigen Theiles des Kernes wird, den wir hier überhaupt immer cylindrisch voraussetzen, weil dies die vortheilhafteste Form ist.

Meine Erfahrungen haben gelehrt, dass eine in der genannten Weise erhaltene kleinere Berührungsfläche zwischen Magnet und Anker bis zu einer bestimmten Gränze die Tragkraft vermehrt. Diese Gränze ist abhängig von der wirkenden magnetischen Intensität, und zwar so, dass das Maximum der Tragkraft eine um so grössere Berührungsfläche zwischen Magnet und Anker verlangt, je grösser die magnetisirende Kraft ist. Da es hierbei gleichgültig ist, ob die Grösse der Berührungsfläche durch die Form des Magnet- oder des Ankerendes herbeigeführt wird, und ich an den Ankern besonders diese Untersuchungen angestellt habe, so muss ich in dieser Hinsicht auf die darauf bezüglichen Untersuchungen in dem folgenden Paragraphen verweisen.

3. Anders als bei der Tragkraft zeigen sich die Erscheinungen bei der Anziehung. Eine Versuchsreihe mit zwei 6″ langen Magneten, deren einer so zugespitzt war, dass die Berührungsfläche nur $1/2$″ Durchmesser hatte, gab folgende Resultate der Tragkraft und Anziehung mit einem 12″ langen Anker von 1″ Durchmesser, der nicht zugespitzt war, so dass also seine Berührungsfläche ebenfalls 1″ Durchmesser hatte:

Entfernung vom Pol.	Magnet nicht zugespitzt.	Magnet zugespitzt.
0″	3,3 ℔	5,2 ℔
$1/180$″	1,1 „	1,8 „
$1/90$″	0,9 „	0,75 „

Entfernung vom Pol.	Magnet nicht zugespitzt.	Magnet zugespitzt.
$^1/_{60}$''	0,71 ℔	0,5 ℔
$^1/_{45}$''	0,6 „	0,42 „
$^2/_{45}$''	0,38 „	0,2 „
$^1/_{15}$''	0,27 „	0,12 „
$^4/_{45}$''	0,19 „	0,09 „
$^1/_9$''	0,15 „	
$^1/_5$''	0,07 „	

Wir sehen, dass schon bei einer Entfernung des Ankers von $^1/_{90}$'' von der Polfläche der zugespitzte Kern weniger wirkt, als der cylindrische, während doch in Berührung dieser von jenem um Vieles übertroffen wird. Aehnliche Beobachtungen gewährt eine sphärisch abgerundete Polfläche.

Ausser bei der Verjüngung der Polflächen beobachtet man auch unter gewissen Umständen eine grössere Kraftäusserung bei cylindrisch abgerundeten Polflächen, allein dies gilt nur für die Tragkraft und hat seinen Grund darin, dass ein ebener Anker eine ebene Polfläche des Magneten nur in einem Punkte, höchstens in einigen wenigen berührt, und vor dem vollständigen Abreissen erst eine Lage erhält, in der die Zahl der Berührungspunkte noch geringer wird, als zuvor. Rundet man nun den Pol in der Weise ab, dass die ebene Ankerpolfläche in einer geraden Linie mit dem Magnetpole in Berührung kommt, so ist das erwähnte Kippen des Ankers nicht so nachtheilig; bei einer Neigung des Ankers bleibt dieser entweder immer noch in einer Linie mit dem Pole in Berührung, oder er reisst sogleich vollständig ab. Ist der Anker aber mit einer Linie in Berührung, so sind die übrigen, in der Nähe dieser Linie befindlichen Theile der gekrümmten Polfläche der Ankerebene noch näher, als wenn jene eben wäre und ein Kippen des Ankers stattfände. Diese Gründe gelten aber nicht mehr für die Anziehung, und daher ist für diesen Fall eine solche cylindrische Polfläche nicht vortheilhaft.

4. Sollen die Pole eines Magneten auf grössere Entfernungen wirken, und soll diese Wirkung sich nur auf ein kleines Feld erstrecken, wie solches bei den diamagnetischen Untersuchungen von Faraday bei Anwendung seines grossen Magneten verlangt wird, so ist es ebenfalls vortheilhaft, die grossen Polflächen mit Ansatzstücken zu versehen, welche, wie der grosse Magnet im II. Abschnitt pag. 59 zeigt, sich vorn verjüngen, und dabei in horizontaler Richtung verstellbar sind, so dass das Feld zwischen ihnen vergrössert und verkleinert werden kann. Am bequemsten lässt man diese,

von Faraday Halbanker genannten Ansatzstücke sich wie in Fig. 91 in cubischen Aufsätzen auf die Magnetpole bewegen, in welche die conischen Cylinder eingeschliffen sind.

Fig. 91.

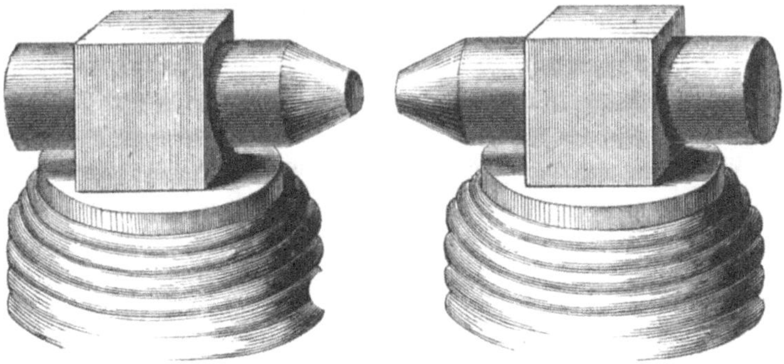

Um die Verbindungslinie beider Pole eines so grossen Magneten in senkrechte Richtung zu bringen, bediente sich Müller in Freiburg eines Ansatzstückes auf einem der horizontal stehenden Pole, wie es die beistehende Fig. 92 zeigt.[1]) Ein eiserner Bügel ist mittelst Holzschrauben an dem Brettchen *t* befestigt, und endigt über der Mitte des anderen Poles in einem Eisencylinder *c*, durch den ein eisernes Rohr *n* führt, welches auf- und abgeführt und mittelst der Schraube *s* in beliebiger Höhe festgestellt werden kann. Das Rohr dient dazu, in dieser Weise den Nörremberg'schen Apparat zur Beobachtung eines Diamagneticums zwischen den Polen des Magneten anwenden zu können.

Fig. 92.

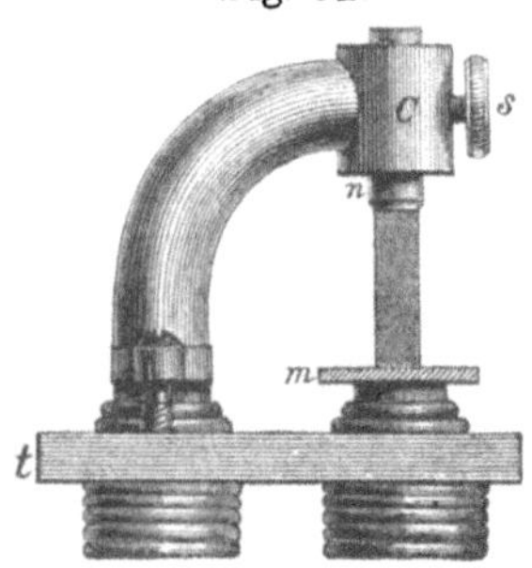

Wie in diesen Fällen bei Anwendung des freien Magnetismus eine Concentrirung des Magnetismus durch Zuspitzung des Kernes begünstigt wird, so findet andererseits in einigen Fällen eine Verstärkung der Wirkung des freien Magnetismus statt, wenn die Magnetenden durch Ansatzstücke vergrössert werden, deren Querschnitt grösser ist als der Querschnitt des Magnetkernes.

[1]) Neuste Fortschritte d. Physik von Müller I. pag. 722.

B. Vergrösserung des Volumens des Magnetendes.

5. Es ist besonders bei Praktikern eine ziemlich allgemein verbreitete Ansicht, dass man in jedem Falle einen Elektromagneten verstärke, wenn man seine Enden durch Ansatzstücke vergrössert, weil dadurch dem Magnetismus ein grösseres Feld seiner Wirksamkeit geboten wird. Ich habe die Wirkung solcher Abänderung des Magnetkernes sowohl Hinsichts der Tragkraft und Anziehung als des freien Magnetismus geprüft.

An das Ende eines cylindrischen, 12'' langen, 1'' dicken Magnetkernes wurden sechs cylindrische Eisenklötze von folgenden Dimensionen angeschraubt:

Nr.	1.	2'' Durchmesser,	1''	hoch
„	2.	$1^3/_4$'' „	$1^1/_4$''	„
„	3.	$1^3/_8$'' „	2''	„
„	4.	2'' „	$^1/_2$''	„
„	5.	$1^1/_2$'' „	1''	„
„	6.	1'' „	2''	„

Von diesen Cylindern haben Nr. 1, 2 und 3 etwa gleiches Gewicht, während Nr. 4, 5 und 6 halb so schwer sind.

Die Kraft wurde mittelst eines 6'' langen, 1'' dicken cylindrischen Ankers gemessen, den ich sowohl mit als ohne Ansatzstücke anziehen liess. In allen Fällen wirkte eine constante Stromstärke, welche die Nadel der Tangentenbussole auf 21° ablenkte.

		Tragkraft.	Anziehung.
1.	Anker ohne Ansatzstück, am Magnet kein Ansatz:	4,8 ℔	2,2 ℔
2.	„ „ „ „ „ Nr. 4.	3 „	1 „
3.	„ „ „ „ „ „ 5.	3,2 „	1,15 „
4.	„ „ „ „ „ „ 3.	3,5 „	1,35 „
5.	Am Anker Nr. 1. „ „ „ 4.	2 „	0,75 „
6.	„ „ „ 2. Magnet ohne Ansatz:	5 „	2,5 „
7.	„ „ „ 3. „ „ „	5 „	2,5 „
8.	„ „ „ 4. „ „ „	4,3 „	1,8 „

Die folgenden Figuren 93 bis 98, pag. 334, stellen die in Nr. 1 bis 6 zur Anwendung gebrachten Combinationen dar, die Nr. 7 und 8 sind die Umkehrung von Nr. 2 und 4.

Die Berührungsflächen waren sorgfältig geschliffen und das Ansatzstück wurde mittelst einer Schraube fest an den Kern angezogen. Die hier erhaltenen Resultate 1 bis 5 sind eine Bestätigung der Beobachtungen, die wir früher bei der Wirkung der Magnetkerne von verschiedenem Durch-

Fig. 93.

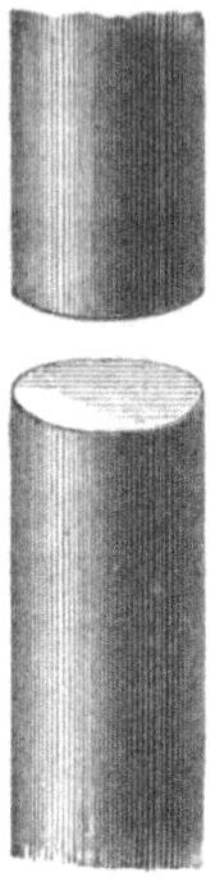

Fig. 94.

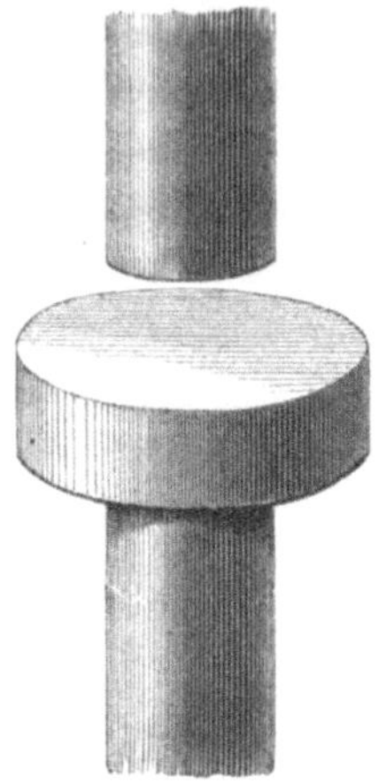

Fig. 95.

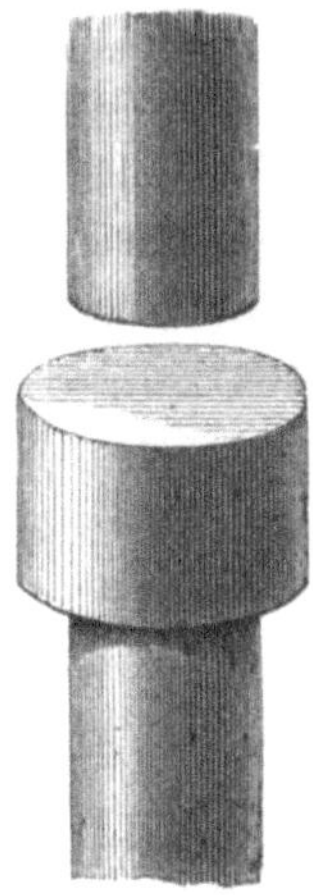

Fig. 96.

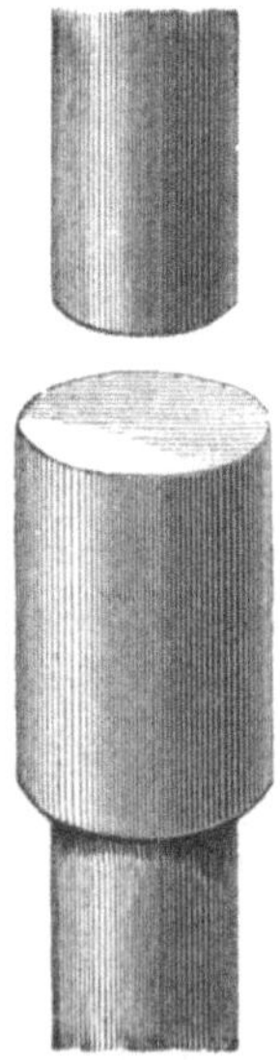

Fig. 97.

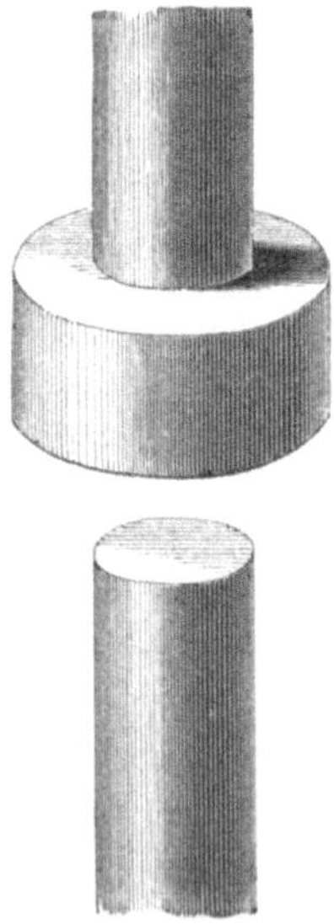

Fig. 98.

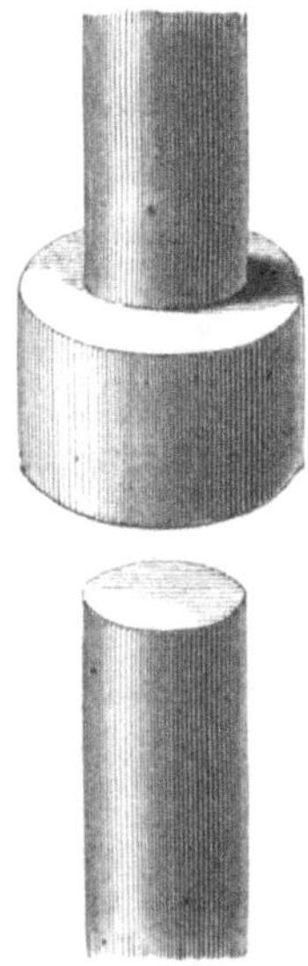

messer gemacht haben,[1]) dass nämlich die Anziehung, besonders aber die Tragkraft durch eine grössere Berührungsfläche verringert wird.

Erstens zeigen die Stäbe ohne Ansatzstücke das Maximum der Wirkung, zweitens ist die Wirkung um so geringer, je breiter das Ansatzstück bei gleicher Masse ist, was wohl darin seinen Grund hat, dass die grösste magnetische Intensität sich am Rande anhäuft; endlich aber geht aus dem fünften Versuche hervor, dass eine gleichzeitige Vergrösserung des Ankerendes entschieden die unvortheilhafteste Combination ist, sie wirkt nicht halb so stark als die einfachen Stabenden bei dem ersten Versuche.

Scheinbar günstiger zeigt sich eine Vergrösserung des Ankerendes ohne Vergrösserung des Magnetkernes, weil in diesem Falle die Berührungsfläche nicht vergrössert wird. Der Versuch 8 zeigt jedoch, dass auch in diesem Falle eine Verminderung der Wirkung eintreten kann.

Aus allen diesen Versuchen geht hervor, dass bei der Benutzung von Ansatzstücken mehrere Momente zur Geltung kommen, welche mit einander im Widerstreit sind. Diese Momente sind: Vergrösserung der Masse, Vergrösserung der Polfläche und Entfernung der Spiralwindungen vom wirkenden Pole. Während das Erste der Grund zur Erhöhung der Kraft ist, tragen die beiden andern zur Verminderung derselben bei. Je nachdem nun das Eine oder Andere überwiegt, zeigt ein Ansatzstück günstige oder ungünstige Wirkung. Wir können in den bisher aufgeführten Versuchen den Erfolg durchaus ungünstig nennen, denn dass in den Versuchen 6 und 7 die Tragkraft 0,2 Pfund grösser ist, als bei dem Versuch ohne Ansatzstücke, hat einfach seinen Grund in der Verlängerung des Ankers. Nun wissen wir aber, dass die Tragkraft der Länge des kürzeren Theiles proportional ist,[2]) dieselbe hätte sich also bei einer Verlängerung des Ankers in Versuch 6 von 6″ auf $7^3/_4$″, auch von 4,8 Pfd. auf 6,2 Pfd. steigern müssen. Wir sehen also, dass auch in diesem Falle, obgleich eine Vergrösserung der Wirkung eintritt, die Zusammenstellung ungünstig ist, dass man bei einer einfachen Verlängerung ein viel vortheilhafteres Resultat erzielt haben würde. Dass statt der 6,2 Pfd. nur 5 Pfd. Tragkraft sich ergiebt, wird hier einfach durch den stets nachtheiligen Einfluss der vergrösserten Berührungsfläche bewirkt, bei der sich der Magnetismus am stärksten in den Rändern zeigt, die in dem vorliegenden Falle gar nicht zur Berührung kommen.

6. Anders als bei der Wirkung in Berührung und in grosser Nähe zeigen sich die Resultate, wenn der Magnet auf eine kleine Magnetnadel

[1]) Abschnitt VII. §. 6. [2]) Abschnitt VII. §. 6.

in grösserer Entfernung wirkt. Die Erscheinungen sind hier dem schon früher von mir beobachteten Einflusse verschieden weiter Spiralen analog, welche von demselben Strome durchflossen werden.[1]) Ich habe nämlich beobachtet, dass weite Spiralen die Nadel caeteris paribus viel mehr ablenken, als enge. Wie ich glaube, hat dies einerseits seinen Grund in der Stellung der Spiralwindungen zu den Polen der Nadel, andererseits in der Menge der wirkenden Stromtheile, welche sich mit der Weite der Windungen vermehrt. Aehnlichen Einfluss scheinen die grösseren Ränder der Ansatzstücke zu üben.

Die eben angewandten Magnete wurden einer Bussole, deren Nadel 1'' lang war, auf eine Entfernung von 22'' in der Richtung senkrecht auf den magnetischen Meridian gegenüber gelegt. Die mit den verschiedenen Ansatzstücken versehenen Magnete zeigten folgende Ablenkungen der Nadel:

Der 12'' lange Magnet	ohne Ansatz	34°,5
„ „ „ „	mit Nr. 1.	42°
„ „ „ „	„ „ 2.	41°,5
„ „ „ „	„ „ 3.	40°,5
„ „ „ „	„ „ 4.	41°
„ „ „ „	„ „ 5.	39°
„ „ „ „	„ „ 6.	38°

Die Versuche zeigen, dass in diesem Falle die Ansatzstücke vortheilhaft wirken, und lassen überdies zugleich erkennen, dass hier sowohl die Grösse des Durchmessers, wie die der Masse von Einfluss ist. Bei den Versuchen mit den Ansätzen Nr. 1 bis Nr. 3 nimmt die Wirkung mit der Grösse des Umfanges ab, Nr. 4 hat wieder denselben Umfang als Nr. 1, aber nur halbe Masse. Von Nr. 4 bis 6 ist wieder dieselbe Abnahme mit dem Umfange zu bemerken, während jedoch diese drei Werthe im Ganzen kleiner sind als die ersten.

7. Es war nun die Frage, ob ein günstiger Einfluss der Ansatzstücke auf grössere Entfernung auch dann bemerkbar sein würde, wenn der Magnet auf einen anderen von ähnlicher Dimension, wie er selbst, wirke. Ich hängte Behufs dieser Probe einen 12'' langen cylindrischen Stahlmagneten von 1'' Durchmesser bifilar in der Richtung des magnetischen Meridians auf, und stellte den Elektromagneten senkrecht, seitwärts von dem Stahlmagneten, so dass der wirkende Pol in derselben Horizontalebene wie der

[1]) Pogg. Ann. 90 pag. 252.

Stahlmagnet, und seine Längsaxe in der Verlängerung der Polebene des Stahlmagneten sich befand. Bei dieser Stellung wurde der Stahlmagnet in folgender Weise vom Nullpunkte abgelenkt:

Elektromagnet	ohne Ansatz:	$8^0,5$
„	mit Nr. 1.	$9^0,2$
„	„ „ 2.	$9^0,5$
„	„ „ 3.	10^0
„	„ „ 4.	$8^0,8$
„	„ „ 5.	$9^0,4$
„	„ „ 6.	$9^0,8$

Wurden nun die Ansatzstücke an das dem wirkenden Pole entgegengesetzte Ende des Elektromagneten gelegt, so dass der wirkende Pol stets unverändert blieb, so zeigten sich folgende Ablenkungen:

Mit dem Ansatzstücke Nr. 1:	10^0
„ „ „ „ 2:	$10^0,3$
„ „ „ „ 3:	$10^0,3$
„ „ „ „ 6:	$10^0,1$

Aus dieser Reihe geht hervor, dass es auch Hinsichts des freien Magnetismus vortheilhaft ist, eine Vergrösserung der Masse des Kernes an der dem wirkenden Pole entgegengesetzten Seite anzubringen, wenn man die Wirkung möglichst steigern will.

II.

Die Anker.

§. 4.

Anziehung bei verschieden geformten Ankern.

1. Da die Anziehung eines Magneten nicht ohne Anker geprüft werden kann, so musste natürlich bei den bisherigen Untersuchungen schon theilweise die Form der Anker besprochen werden. Wir haben bereits gesehen, dass in vielen Fällen die Grösse der Kraft, mit der ein Anker gehalten wird, von der Form dieses letzteren abhängig ist.

Aus den im VII. Abschnitte dargelegten Untersuchungen über die Länge der Elektromagnete haben wir den Einfluss der Anker auf die Anziehung und Tragkraft für den Fall kennen gelernt, in welchem sie als Stäbe denselben Durchmesser wie der gerade Stabelektromagnet, und ihre Polflächen ebenfalls gleichen Durchmesser mit denen des Kernes haben. Findet dies statt, so ist die Anziehung genau der Länge des Ankers proportional, so lange dieser kürzer ist, als der Magnet. Diese Beobachtung hatte schon früher zwei Physiker veranlasst, ein Gesetz über die Wirkung der Anker aufzustellen, das jedoch zu allgemein gefasst ist. So sagt nämlich Dal Negro:[1]) „Die Anziehung nimmt zu mit dem Gewicht der Anker.“ Wir sehen, dass dies nach dem obigen Satze wahr ist, wenn man hinzufügt, dass hier nur von geraden Stabmagneten die Rede ist, die auf ihrer ganzen Länge mit der galvanischen Spirale bedeckt sind, dass ferner der stabförmige Anker denselben Durchmesser haben muss wie der Eisenkern des Elektromagneten, und dass endlich dies nur gilt, bis der Anker die Länge des Magneten erreicht hat. In neuerer Zeit hat Barral in Paris behauptet: „das Maximum der Anziehung findet statt, wenn der Anker gleiche Schwere hat, wie der Magnet.“[2]) Hier sind ebenfalls die oben angeführten Beschränkungen hinzuzufügen.

Die von mir früher über diesen Gegenstand angestellten Untersuchungen sind ebenfalls zu vervollständigen, weil dabei Punkte ausser Acht gelassen sind, deren Wichtigkeit damals weder mir noch irgend Jemand bekannt war. So zeigt sich in den Ankern ebenso wie in den Magneten eine Sättigung, von der man zur Zeit jener Versuche noch nichts wusste. Ferner war bei den Versuchen nicht der Umstand genügend berücksichtigt, dass es nicht gleichgültig ist, ob der Kern seiner ganzen Länge nach mit der galvanischen Spirale bedeckt ist oder nicht. Diesen Unterschied haben aber erst die später angestellten Untersuchungen über die Vertheilung der Spirale auf dem Magnetkerne als wesentlich herausgestellt.

2. Die folgenden Versuche werden lehren, dass in Bezug auf die Form der Anker die Erscheinungen der Anziehung durchaus von denen der Tragkraft verschieden sind, weshalb beide von einander gesondert betrachtet werden müssen. Wir lassen daher zunächst die hier mit der Anziehung zusammen aufgeführten Resultate der Tragkraft unberücksichtigt.

Für die Anziehung eines 12″ langen, 1″ dicken Magneten ergaben

[1]) Annali delle scienze del Regno Lombardo Veneto; Pogg. Ann. 29 pag. 472.

[2]) Comptes rendus T. 25 pag. 757.

sich mit 6'' langen Ankern von verschiedenem Durchmesser, die jedoch den des Magnetkernes nicht überstiegen, folgende Werthe:[1])

Abstand v. d. Polfläche.	Durchmesser der Anker. 1''	3/4''	1/2''	3/8''
0''	9 ℔	10,5 ℔	16,2 ℔	15 ℔
1/180''	4,6 „	4,6 „	6,4 „	6,2 „
1/90''	3,5 „	3,1 „	3,8 „	3,4 „
1/60''	2,9 „	2,6 „	2,85 „	2,4 „
1/45''	2,6 „	2,15 „	2 „	1,7 „
1/9''	0,6 „	0,5 „	0,46 „	0,28 „
1/3''	0,13 „	0,125 „	0,085 „	0,073 „

Bei einer Entfernung des Ankers vom Magneten von 1/60'' ab zeigt der dickste Anker die grösste Anziehung, und dies Verhältniss ändert sich allmälig immer mehr zu Gunsten der stärkeren Anker, je weiter vom Pole entfernt sie gehalten werden.

Aehnliche Resultate geben Magnete von grösserem und geringerem Durchmesser.

Magnet 1 3/4'' dick, 12'' lang.

Abstand v. d. Polfläche.	Durchmesser der Anker. 1''	3/4''	1/2''	3/8''
0''	1,15 ℔	1,65 ℔	1,85 ℔	2,15 ℔
1/180''	0,36 „	0,39 „	0,44 „	0,46 „
1/90''	0,3 „	0,27 „	0,25 „	0,24 „
1/60''	0,26 „	0,22 „	0,19 „	0,17 „
1/45''	0,21 „	0,16 „	0,14 „	0,13 „
1/9''	0,07 „	0,04 „		

Magnet 1/2'' dick, 12'' lang.

Abstand v. d. Polfläche.	Durchmesser der Anker. 1''	3/4''	1/2''	3/8''
0''	5,4 ℔	4,9 ℔	4,4 ℔	4,7 ℔
1/180''	1,6 „	1,4 „	1,3 „	1,3 „
1/90''	0,96 „	0,7 „	0,9 „	0,75 „
1/60''	0,67 „	0,6 „	0,67 „	0,51 „
1/45''	0,54 „	0,44 „	0,48 „	0,4 „
1/9''	0,088 „	0,08 „	0,072 „	0,062 „

[1]) Pogg. Ann. 80 pag. 499.

Auch diese, wie noch viele andere von mir[1]) angestellte Versuche zeigen, dass von einem geringen Abstande zwischen Magnet und Anker ab die Anziehung mit dem Durchmesser des Ankers abnimmt. Da nun erst dann das Verhältniss der Abnahme den Durchmessern selbst gleich ist, wenn der Durchmesser des ganzen Systems gleichmässig sich verringert, so kann in den vorliegenden Fällen die Abnahme der Anziehung nicht den Durchmessern der Anker proportional sein, sondern die Abnahme muss in geringerem Maasse als die der Durchmesser der Anker selbst stattfinden, was auch die vorliegenden Versuche zeigen.

3. Dass nun der eben ausgesprochene Satz Hinsichts des Verhältnisses der Abnahme der Anziehung zum Durchmesser des ganzen Systems in der That richtig ist, das beweisen die nachfolgenden Versuche mit den beiden Systemen von 1" und ½" Durchmesser, wie auch die früheren Versuche, die in Bezug auf den Durchmesser der Magnetkerne angestellt wurden.

Abstand des Ankers von der Magnetfläche.	System von 1" Durchmesser.	System von ½" Durchmesser.
0"	3,3 ℔	4,4 ℔
1/180"	1,1 „	1,3 „
1/90"	0,9 „	0,9 „
1/60"	0,7 „	0,67 „
1/45"	0,6 „	0,48 „
2/45"	0,38 „	0,23 „
1/15"	0,27 „	0,14 „
4/45"	0,19 „	0,097 „
1/9"	0,15 „	0,072 „
2/15"	0,11 „	0,056 „
1/4"	0,07 „	0,033 „

Bei beiden Systemen waren die Magnete 12", die Anker 6" lange Cylinder. Wir finden, dass von einer Entfernung von 1/15" des Ankers vom Magneten ab die Anziehung ziemlich genau den Durchmessern proportional ist, während bei der Berührung fast das umgekehrte Verhältniss auftritt. Wir finden also hier den mit andern Versuchen im Einklange stehenden Satz:

„*Die Anziehung nimmt mit den Durchmessern der Anker ab und ist diesen proportional, wenn der Magnetkern in demselben Verhältniss abnimmt.*"

[1]) Pogg. Ann. 80 pag. 494 u. f.

4. In gleicher Weise wie die Anker von geringerem Durchmesser im Gegensatze zu den dickeren an Anziehungskraft abnehmen, wenn sie in Entfernung vom Pol gehalten werden, so zeigen auch die zugespitzten Anker unter denselben Bedingungen geringere Anziehung als die geraden von demselben Durchmesser, obgleich in Berührung das Gegentheil stattfindet. Hierfür liefern die folgenden Versuchsreihen den Beweis. Es ist die Tragkraft und Anziehung von drei 6'' langen Ankern zusammengestellt, welche ausgeübt wird durch den 12'' langen, 1'' dicken Magneten. Der Anker, welcher konisch genannt wird, besteht aus einem 1'' dicken Cylinder, der von 1'' vom Ende ab konisch zugespitzt ist, so dass seine ebene Berührungsfläche nur $^1/_2$'' Durchmesser hat. Die angewandte Stromesintensität war hier, wie in allen vorhergehenden Fällen so stark, dass sie die Nadel der messenden Tangentenbussole auf 20° ablenkte.

Abstand des Ankers von der Polfläche.	Anker 1'' Durchmesser.	Konischer Anker.	Anker $^1/_2$'' Durchmesser.
0''	3,3 ℔	7 ℔	4,76 ℔
$^1/_{180}$''	1,1 „	2 „	1,4 „
$^1/_{90}$''	0,9 „	1,35 „	0,92 „
$^1/_{60}$''	0,7 „	0,93 „	0,65 „
$^1/_{45}$''	0,6 „	0,7 „	0,48 „
$^2/_{45}$''	0,38 „	0,3 „	0,23 „
$^1/_{15}$''	0,27 „	0,2 „	0,15 „
$^1/_9$''	0,15 „	0,1 „	0,084 „

Wir sehen, dass bei einiger Entfernung der beiden wirksamen Polflächen die Wirkung des zugespitzten Ankers in der Mitte steht, zwischen der Wirkung des 1'' und des $^1/_2$'' dicken. Es ist mithin eine Zuspitzung der Anker in Bezug auf die Anziehung unvortheilhaft.

In gleicher Weise wirken Anker, deren Polflächen eine cylindrische oder sphärische Form haben. Sie zeigen geringere Anziehung als eine ebene Berührungsfläche, so dass alle Versuche für den Fall, dass der Anker nicht länger ist, als der Magnet, zu dem Satze führen:

„Die Anziehung wächst mit der Masse des Ankers, ohne gerade derselben proportional zu sein; sie ist am grössten, wenn die Polfläche eben und von demselben Durchmesser wie der Anker ist."

„Die Anziehung ist der Masse, dem Produkt aus Länge und Durchmesser des Ankers proportional, wenn der Anker denselben Durchmesser hat wie der Magnet, und diesen nicht an Länge übertrifft.

5. Aus dem bisher Gefundenen lässt sich noch kein sicherer Schluss auf die Wirkung von Ankern von verschiedener Form aber gleicher Masse machen. Um hierüber ein Urtheil zu erlangen, habe ich nachstehende Versuche angestellt. Acht Anker von gleichem Gewicht und cylindrischer Form nahmen in der Weise an Durchmesser ab, dass ihre Länge 1″, 2″, 4″, 5¼″, 7⅑″, 8½″, 12⅔″ und 16″ betrug. Der 1″ lange Anker hat 2″ Durchmesser, so dass also der cubische Inhalt jedes Cylinders 3,14□″ betrug und mithin der 4″ lange, 1″ Durchmesser, der 16″ lange aber ½″ Durchmesser hatte. Mit diesen Ankern ergaben sich, wenn sie von einem Magneten angezogen wurden, welcher 12″ lang und 1″ dick war, folgende Resultate bei der Stromstärke 20° und der etwa doppelt so starken 35°.

Stromstärke 20°.

Entfern. von der Polfläche.	Länge der Anker. 1″	2″	4″	5¼″	7⅑″	8½″	12⅔″	16″
0″	0,83 ℔	1,15 ℔	2,5 ℔	3 ℔	4 ℔	5 ℔	6,6 ℔	7,8 ℔
1/180″	0,61 „	0,52 „	0,82 „	0,9 „	1,4 „	1,7 „	2,1 „	2,7 „
1/90″	0,5 „	0,47 „	0,66 „	0,75 „	1 „	1,3 „	1,15 „	1,7 „
1/60″	0,4 „	0,4 „	0,56 „	0,6 „	0,7 „	0,97 „	1 „	1,3 „
1/45″	0,36 „	0,38 „	0,48 „	0,51 „	0,6 „	0,73 „	0,7 „	0,66 „
2/45″	0,22 „	0,24 „	0,3 „	0,32 „	0,4 „	0,4 „	0,38 „	0,41 „
1/15″	0,17 „	0,15 „	0,19 „	0,23 „	0,26 „	0,26 „	0,24 „	0,26 „
4/45″	0,12 „	0,12 „	0,16 „	0,17 „	0,18 „	0,18 „	0,16 „	0,17 „
1/9″	0,095 „	0,105 „	0,12 „	0,14 „	0,14 „	0,14 „	0,13 „	0,13 „
1/5″	0,05 „	0,056 „	0,063 „	0,07 „	0,07 „	0,06 „	0,066 „	0,06 „

Stromstärke 35°

Entfernung von der Polfläche.	Länge der Anker. 4″	5¼″	7⅑″	8½″	12⅔″	16
0″	8 ℔	10 ℔	13,5 ℔	16,5 ℔	27,5 ℔	21,5 ℔
1/180″	3 „	3,3 „	5,5 „	7 „	10,5 „	11,5 „
1/90″	2,65 „	2,95 „	4,7 „	5,7 „	6,8 „	6,4 „
1/60″	2,3 „	2,6 „	3,7 „	4,05 „	4,8 „	4,2 „
1/45″	1,97 „	2 „	3 „	3,2 „	3,5 „	3,4 „
2/45″	1,25 „	1,3 „	1,7 „	1,7 „	1,65 „	1,55 „
1/15″	0,89 „	0,98 „	1,15 „	1,15 „	1 „	0,95 „
1/9″	0,52 „	0,6 „	0,65 „	0,63 „	0,54 „	0,51 „
1/5″	0,21 „	0,27 „	0,3 „	0,31 „	0,27 „	0,26 „
1/3″	0,106 „	0,12 „	0,14 „	0,15 „	0,14 „	0,14 „

Diese beiden Versuchsreihen zeigen, dass die Anziehung annäherungsweise dieselbe ist, bei einiger Entfernung des Ankers vom Magneten, sobald die Anker gleiches Gewicht haben. Dass die noch vorhandenen Abweichungen von dem Durchmesser des Magnetkernes, respective der Polfläche desselben, herrühren, beweist die folgende Versuchsreihe, bei der ein Magnet angewendet wurde, dessen Kerndurchmesser nur $^1/_2''$ betrug. In diesem Falle finden wir genau gleiche Anziehung, denn die daselbst noch vorhandenen Abweichungen sind unbedingt auf die Versuchsfehler zu rechnen.

Magnet 12'' lang, $^1/_2''$ Durchmesser; Stromstärke 20°.

Entfernung von der Polfläche.	Länge der Anker.					
	4''	$5^1/_4''$	$7^1/_9''$	$8^1/_2''$	$12^3/_4''$	16''
0''	4,4 ℔	4,6 ℔	4,7 ℔	5,4 ℔	6,4 ℔	6,6 ℔
$^1/_{180}''$	1,5 „	1,35 „	1,45 „	1,6 „	1,8 „	1,8 „
$^1/_{90}''$	0,98 „	0,88 „	0,82 „	1,05 „	1,15 „	1 „
$^1/_{60}''$	0,72 „	0,7 „	0,7 „	0,8 „	0,88 „	0,78 „
$^1/_{45}''$	0,57 „	0,52 „	0,5 „	0,6 „	0,68 „	0,58 „
$^2/_{45}''$	0,28 „	0,26 „	0,24 „	0,3 „	0,33 „	0,34 „
$^4/_{45}''$	0,12 „	0,12 „	0,12 „	0,13 „	0,13 „	0,125 „
$^2/_{15}''$	0,075 „	0,075 „	0,075 „	0,07 „	0,078 „	0,075 „
$^8/_{45}''$	0,05 „	0,046 „	0,044 „	0,044 „	0,047 „	0,047 „

Diese Versuchsresultate beweisen, dass die bei den beiden vorhergehenden Reihen vorhandenen Abweichungen von der Gleichheit aller Beobachtungen durch die Grösse der Magnetpolfläche bedingt werden. Es geht aus denselben hervor, dass von einiger Entfernung (hier von $^1/_{11}''$) ab Anker von gleicher Masse gleiche Anziehung zeigen, wenn die Grösse der Berührungsfläche dieselbe bleibt. Alle Anker bis zu dem 16'' langen haben einen grösseren Durchmesser als $^1/_2''$, wogegen die Polfläche des Magneten nur $^1/_2''$ Durchmesser hat, es wird also allen Ankern nur eine Berührungsfläche von $^1/_2''$ Durchmesser geboten. Ist dies nicht der Fall, wie in den vorhergehenden Versuchsreihen, so finden sich Abweichungen von dieser absoluten Gleichheit, die jedoch nur unbedeutend sind.

§. 5.

Die Tragkraft bei verschieden geformten Ankern.

1. Wir sehen aus den letzten hier aufgeführten Versuchsreihen, dass auch bei der Anziehung die Grösse der Polflächen von einigem Einfluss ist. Dieser Einfluss wird viel bedeutender bei unmittelbarer Berührung von Anker und Magnet, er ist in diesem Falle sogar so gross, dass die bisher aufgestellten Sätze in vielen Fällen ganz umgekehrt werden, dass eine Zunahme der Tragkraft stattfindet unter Verhältnissen, bei denen die Anziehung abnimmt. Hierzu liefern die in den bisher gegebenen Versuchsresultaten mit aufgeführten ersten Querreihen, in denen die Entfernung vom Magnetpole mit 0″ bezeichnet ist, die Beispiele, welche hier in anderer Reihenfolge zusammengestellt werden mögen.

Den eigenthümlichen Einfluss des Durchmessers gleich langer Anker auf die Tragkraft zeigt eine Versuchsreihe, bei der ein 12″ langer, 1″ dicker cylindrischer Magnetkern auf 6″ lange Anker wirkt, deren Durchmesser zwischen 2″ und $^1/_{16}$″ variirt.

Durchmesser der Anker.	Tragkraft.
2″	4,4 ℔
$1^1/_2$″	3,7 „
1″	3,3 „
$^3/_4$″	3,9 „
$^9/_{16}$″	4,4 „
$^1/_2$″	4,8 „
$^3/_8$″	5,1 „
$^5/_{16}$″	4,9 „
$^3/_{16}$″	2,7 „
$^1/_8$″	2,2 „
$^1/_{16}$″	0,36 „

Wir sehen in dieser Versuchsreihe durchaus kein einfaches Verhältniss zwischen der Tragkraft und dem Durchmesser der angewandten Anker. Bei den beiden Ankern, welche stärker sind, als der Magnetkern, ist die Tragkraft grösser, als bei dem 1″ dicken, dann aber nimmt die Tragkraft mit der Abnahme des Ankerdurchmessers wieder zu bis zu dem Anker von $^3/_8$″ Durchmesser, von welchem ab sie dann schnell fällt. Eine grosse Anzahl von Versuchsreihen, bei denen sowohl die angewandte Stromstärke als die Länge der Anker variirte,[1]) zeigte stets das Resultat, dass das Maximum der Tragkraft bei einem bestimmten Durchmesser auftrat, welcher mit der Steigerung der Stromstärke, wie die Länge der Anker zunahm. Als Beispiel diene die Zusammenstellung der Tragkräfte mit 6″ und 12″ langen Ankern bei verschiedenen Stromstärken, welche den 12″ langen, 1″ dicken Magnetkern magnetisirten:

Anziehung der Anker von 6″ Länge.

Strom-stärke.	Durchmesser der Anker.											
	2″	1 1/2″	1″	12/16″	11/16″	9/16″	8/16″	6/16″	5/16″	3/16″	2/16″	1/16″
20°	4,4	3,7	3,27	3,9	4,2	4,41	4,76	5,1	4,91	2,7	2,17	0,36
25°			4,83	5,53	6,22	6,44	7,14	7,3	6,09	3,4	2,2	0,35
31°			6,8	8,08	9,08	9,7	10,36	10	8,24	3,82	2,4	0,39
35°			8,88	10,29	11,22	11,73	12,54	11,88	9,2	4,1	2,86	0,37
39°			9,9	12,86	13,86	15,20	16,20	14,9	9,81	3,86	2,85	0,39
45°	20	16,95	13,32	16,2	18,5	21,3	20	17,25	10,14	3,76	2,78	0,46

Anziehung der Anker von 12″ Länge.

Stromstärke.	Durchmesser der Anker.						
	12/16″	10/16″	8/16″	6/16″	5/16″	3/16″	2/16″
20°	4,69	5,8	6,82	7,24	6,52	3,28	2,02
25°	8,6	9,33	10,83	10,26	8,54	3,75	2,5
31°	12	14,76	16,15	13,8	9,84	4,3	2,65
35°	18,3	19,2	19,6	15,65	10,8	4,36	2,81
39°	19,75	22,8	24,8	17,02	10,77	4,54	2,65
45°	28,87	33,41	27,5	18,65	11,73	4,84	2,94

Die Versuche mit den 6″ langen Ankern zeigen bei einer Stromstärke, welche die Nadel der Tangentenbussole auf 20° ablenkte, das Maximum der Tragkraft bei dem 3/8″ dicken Anker, nämlich 5,1 Pfd. Dasselbe findet statt bei einer Stromstärke von 25°, allein man sieht aus den beiden zunächst liegenden Werthen, dass dasselbe sich mehr nach dem dickern Anker wendet. Während nämlich bei 20° der 5/16″ dicke Anker grössere Tragkraft (4,91 Pfd.) hat, als der 1/2″ dicke (4,76 Pfd.) zeigt bei 25° der 1/2″ dicke, um mehr als 1 Pfd. grössere (7,14 Pfd.) als der 5/16″ dicke. Bei 31° Stromstärke zeigt der 1/2″ dicke Anker das Maximum, welches zwar bei 35° und 39° bei dieser Dicke bleibt, allein wie früher sich immer mehr zu dem noch dickern hinneigt, bis es bei 45° der 9/16″ dicke Anker zeigt.

[1]) Pogg. Ann 74 pag. 480 u. f.

Bei den 12″ langen Ankern hat schon bei 20° Stromstärke der $^1/_2$″ dicke Anker das Maximum der Tragkraft und dies geht dann bis 45° zu dem $^5/_8$″ dicken.

2. Ganz anders stellt sich das Verhältniss, wenn man dieselben Anker durch einen Magnetkern von anderem Durchmesser tragen lässt. Dies lehrt eine Zusammenstellung der Kraftäusserung des 1″ dicken Magneten mit der eines $1^3/_4$″, $^1/_2$″ und $^5/_{16}$″ dicken Magnetkernes.

	Dicke der Magnetkerne.			
Dicke der Anker.	$1^3/_4$″	1″	$^1/_2$″	$^5/_{16}$″
2″	3,53 ℔	4,4 ℔		
$1^1/_2$″	3,8 „	3,7 „		
1″	4,56 „	3,27 „	5,42 ℔	4,88 ℔
$^3/_4$″	5,5 „	3,9 „	4,76 „	4,08 „
$^{11}/_{16}$″	6,34 „	4,2 „	4,98 „	
$^5/_8$″				4,3 „
$^9/_{16}$″	7,24 „	4,4 „	4,85 „	
$^1/_2$″	7,32 „	4,76 „	4,74 „	4,02 „
$^3/_8$″	7,82 „	5,1 „	4,8 „	3,81 „
$^5/_{16}$″	5,6 „	4,91 „	4,5 „	3,58 „
$^3/_{16}$″	3,18 „	2,7 „	2,9 „	2,78 „
$^1/_8$″	2,1 „	2,17 „	2,22 „	2,07 „
$^1/_{16}$″	0,4 „	0,36 „		

Für diese Reihe ist noch zu bemerken, dass der Strom bei dem $1^3/_4$″ dicken Magneten 25° stark war, während er bei den drei anderen Magneten die Nadel auf 20° ablenkte. Wir können also die erste Colonne nicht nach ihren absoluten Werthen mit den anderen vergleichen.

Diese Versuche zeigen, dass die Werthe der Tragkraft derselben Anker in ganz anderem Verhältniss zu einander stehen je nach Verschiedenheit der Durchmesser der angewandten Magnetkerne. Die Tragkraft des $1^3/_4$″ dicken Magneten wächst von dem dicksten Anker ab bis zu dem $^3/_8$″ dicken, während die Intensitätscurve des 1″ dicken Magneten an der Stelle, wo Anker und Magnet gleichen Durchmesser haben, eine Einbiegung hat, von welcher aus die Kraft nach beiden Seiten hin zunimmt, so dass der 2″ dicke Anker dieselbe Kraft zeigt, wie der $^9/_{16}$″ dicke. Das Maximum ist aber auch in diesem Falle bei dem $^3/_8$″ starken Anker. Anders ist es bei dem $^1/_2$″ und $^5/_{16}$″ starken Magnetkerne. In beiden Fällen zeigt der stärkste Anker das Maximum der Tragkraft, und wir werden später sehen, dass bei Anwendung noch stärkerer Anker, diese auch noch grössere Tragkraft ergeben haben würden.

3. Noch viel abweichender unter einander als die bisher aufgeführten Resultate sind die mit Ankern von gleichem Gewicht. Während die Anziehung derselben sich im Ganzen als gleich herausstellte, ist die Tragkraft mehr verschieden als in jedem anderen Falle. Die Versuche mit Magnetkernen von 12″ Länge und 1″, 1/2″ und 5/16″ Durchmesser, welche durch dieselbe Kraft, 25° Stromstärke, magnetisirt wurden, ergaben folgende Resultate:

Anker.		Durchmesser der Magnetkerne.		
Dicke.	Länge.	1″	1/2″	5/16″
2″	1″	1,8 ℔	3 ℔	3,2 ℔
1 1/2″	1 1/5″	1,7 „	3,4 „	3,5 „
1 2/5″	2″	2,1 „	4,7 „	4 „
1 1/5″	3″	2,7 „	6,2 „	4,9 „
1″	4″	3,35 „	6,7 „	5,3 „
7/8″	5 1/4″	4,5 „	7 „	4,7 „
3/4″	7 1/9″	6,2 „	8 „	5,4 „
11/16″	8 1/2″	7,4 „	7,4 „	5,7 „
9/16″	12 2/3″	9,7 „	9,1 „	6,2 „
1/2″	16″	10,3 „	10 „	6 „

Wir sehen aus diesen Reihen, dass die Anziehung um so mehr verschieden ist, bei verschiedenem Durchmesser der Anker, je grösser der Durchmesser des Magnetkernes ist.

4. Da nun die Kraft der Magnetkerne doch mit dem Durchmesser wächst, und dessen ungeachtet bei dicken Ankern die umgekehrte Erscheinung auftritt, da sich ferner bei dünnen Ankern wieder das den übrigen Erfahrungen entsprechende Resultat zeigt, so leitete dies zu der Frage, ob die Grösse der Berührungsfläche allein diese Erscheinung hervorrufe. Um dies zu prüfen, wurden die schon vorn angeführten Versuche mit dem zugespitzten Anker unternommen. Der 1″ dicke Anker, dessen Berührungsfläche durch Zuspitzung auf 1/2″ Durchmesser verkleinert war, gab folgende Tragkraft, welche mit der der 1″ und 1/2″ dicken cylindrischen Anker zusammengestellt ist, bei einem Magnetkerne von 12″ Länge und 1″ Durchmesser und einer Stromstärke, welche die Nadel der Tangentenbussole auf 20° ablenkte, während 336 Windungen den Kern umgaben:

konischer Anker,	Anker 1″ dick,	Anker $^1/_2$″ dick.
7 ℔	3,3 ℔	4,76 ℔

Dieser Versuch zeigt den grossen Einfluss der Berührungsfläche. Während der erste Anker dieselbe Länge von 6″ wie der zweite, und auch ziemlich genau dieselbe Masse hat, giebt er über die doppelte Tragkraft, wegen der kleineren Berührungsfläche, er giebt aber wegen der viermal so grossen Masse auch viel grössere Tragkraft als der $^1/_2$″ dicke Anker.

Nehmen wir zu den hier gegebenen Zusammenstellungen den früher gefundenen Satz, dass die Tragkraft der Länge der Anker unter übrigens gleichen Bedingungen so lange proportional ist, bis sie die Länge des Magneten erreicht, so folgt aus denselben, dass die Tragkraft abhängig ist von der Länge, dem Durchmesser und der Grösse der Berührungsfläche der Anker.

5. Der Einfluss der Grösse der Berührungsfläche des Ankers macht sich in folgender Weise geltend. Denken wir uns zunächst bei geraden Stabelektromagneten ursprünglich die Polfläche von demselben Durchmesser wie der Eisenkern und Anker selbst, so kann eine Aenderung der Tragkraft sowohl durch Verkleinerung der Polfläche des Magneten, als auch der des Ankers hervorgerufen werden. Beides hat im Ganzen dasselbe Resultat, dass nämlich bei einer solchen Verkleinerung der Berührungsfläche die Tragkraft bis zu einer bestimmten Gränze zunimmt. Ueber diese Gränze hinaus nimmt alsdann die Tragkraft sehr schnell ab.

Die Verkleinerung der Berührungsfläche kann entweder dadurch bewirkt werden, dass der ursprüngliche Anker zugespitzt oder dass er seiner ganzen Länge nach von geringerem Durchmesser genommen wird. In dem ersten Falle ist wegen der nur wenig verringerten Masse die Zunahme der Tragkraft viel bedeutender als im zweiten, obschon auch hier noch eine Steigerung sich zeigt, wenn nicht etwa schon Sättigung hervortritt.

Müller in Freiburg sucht den Grund dieser Erscheinung in der weniger innigen Berührung zwischen Magnet und Anker, wenn die Berührungsfläche grösser ist;[1]) allein der Umstand, dass die Tragkraft nur bis zu einer bestimmten Gränze mit der Verkleinerung der Berührungsfläche wächst, steht damit nicht recht im Einklange, besonders aber ist die schon früher erwähnte Thatsache damit im Widerspruche, dass niemals vor dem Abreissen der Anker den Kern mit seiner ganzen Fläche, sondern genau genommen, immer nur mit einem, oder doch nur mit einigen Punkten berührt.

[1]) Bericht über die Fortschritte der Physik von Müller, I. pag. 494.

Nehmen wir diese Thatsache, von der ein Jeder sich durch den Versuch überzeugen kann, als feststehend an, so ergiebt sich aus derselben die Erklärung für die Erscheinungen, welche die verschiedene Berührungsfläche der Anker zeigt.

6. Behufs dieser Erklärung muss ich vor Allem hervorheben, dass die Anziehung im Gegensatze zur Tragkraft mit dem Durchmesser der Anker abnimmt. Da jedoch nach dem Früheren diese Abnahme erst dann den Durchmessern der Anker proportional ist, wenn mit ihnen zugleich die Durchmesser der Magnetkerne in demselben Verhältniss abnehmen, so findet für den Fall, wenn der Magnet derselbe bleibt, die Abnahme der Anziehung in geringerem Verhältniss als die der Ankerdurchmesser statt. Diese Abnahme der Anziehung ist von der Abnahme des in dem Anker erregten Magnetismus abhängig, sie muss also auch stattfinden bei unmittelbarer Berührung, denn dieselbe Kraft erregt in einer geringeren Eisenmasse auch weniger Magnetismus. Es muss also aus diesem Grunde die Tragkraft mit der Abnahme des Ankerdurchmessers geringer werden. Diese Verringerung ist verschieden je nach dem Verhältniss des Durchmessers des Magneten zu dem des Ankers. In den von mir beobachteten Fällen wechselt die Anziehung zwischen den Verhältnissen 3 : 2 und 4 : 3 bei dem Verhältnisse der Ankerdurchmesser von 2 : 1.

Gesetzt nun das Verhältniss der Anziehung wäre bei zwei Ankern von 1″ und $1/2$″ Durchmesser, welche ein 1″ dicker Magnet anzieht, wie 3 : 2, so ist der in jedem Querschnitt des Ankers erregte Magnetismus wie $\sqrt{3} : \sqrt{2} = 17 : 14$. Da nun aber bei dem 1″ starken Anker der Magnetismus $\sqrt{3}$ in jedem Querschnitt, also auch in der Polebene, auf eine 4mal so grosse Fläche vertheilt ist als bei dem $1/2$″ dicken Anker, so wird hiernach die Intensität eines jeden Theilchens der Polfläche des $1/2$″ dicken Ankers sich zu der des 1″ dicken umgekehrt wie $\sqrt{3} : 4\sqrt{2}$ verhalten. Unter der vorn vorausgesetzten Bedingung, dass beide Anker den Magneten nur in einem Punkte berühren, wäre also hiernach die Tragkraft des 1″ dicken zu dem $1/2$″ dicken Anker etwa 17 : 56. Dieser, unter den einfachen Bedingungen angenommene Fall, wird nun noch ausser den vorn angegebenen Punkten dadurch modificirt, dass, während der 1″ dicke Anker den Magneten von 1″ Durchmesser am Rande berührt, wo der stärkste Magnetismus ist, die Berührung bei einem dünneren Anker mehr nach der Mitte hin stattfindet. Aus diesem Grunde wird dann das Verhältniss wieder herabgedrückt, so dass die von mir gefundenen Tragkräfte z. B. bei 6″

langen Ankern sich wie 3,3 : 4,7, oder bei andern magnetischen Intensitäten wie 4,8 : 7, wie 6,8 : 10,4, wie 8,9 : 12,5 etc. verhalten.[1])

Nach dem bisher Entwickelten müsste nun die Tragkraft mit der Abnahme des Durchmessers des Ankers und seiner Polebene regelmässig zunehmen. Nach der Lehre des magnetischen Sättigungszustandes, kann dies aber nur so lange geschehen, bis die Sättigung mit dünner werdendem Anker in dem Masse auftritt, dass sie alle anderen Wirkungen neutralisirt. Von dieser Gränze an muss dann eine schnelle Abnahme der Tragkraft sich zeigen. Hieraus erhellt, warum das Maximum der Tragkraft bei um so dickeren Ankern eintritt, je grösser die Intensität des Magneten ist, weil ja die Sättigung bei um so dickeren Stäben bemerkbar wird, je grössere magnetisirende Kraft man anwendet.

7. Aus dem bis jetzt Entwickelten wird es leicht, alle übrigen auf diesen Punkt bezüglichen Erscheinungen zu erklären.

Vor Allem wird daraus klar, weshalb ein Anker, dessen Berührungsfläche verkleinert wird, während sein Durchmesser derselbe bleibt, d. h. ein zugespitzter Anker, bis zu einer bestimmten Gränze noch grössere Tragkraft zeigen muss als ein anderer, dessen ganze Masse mit der Berührungsfläche selbst verringert wird. Bei jenem wirkt nämlich ausser der für diesen Fall geeigneten Grösse der Fläche noch die grössere Masse, welche immer, caeteris paribus, grössere Anziehung bewirken muss. Es ist also hiermit erklärt, weshalb die drei eben aufgeführten Anker Tragkräfte in dem Verhältniss von 3,3 : 4,8 : 7 Pfd. zeigen.

Zu den bis jetzt angegebenen Gründen für die Wirkung der Berührungsfläche kommt noch die magnetische Sättigung des Eisens, welche die Ursache ist, dass die Tragkraft nicht mit jeder beliebigen Verkleinerung der Berührungsfläche zunimmt.

Diese unvollkommene Berührung ist dann auch wahrscheinlich der Grund, weshalb die Tragkraft nicht genau dem Quadrat der Stromstärke proportional ist, während doch die Anziehung diesem Gesetze folgt; allein es bedarf noch hierauf eingehender Untersuchungen um diese Wahrscheinlichkeit zur Gewissheit zu erheben.

Schliesslich mag noch darauf hingewiesen werden, dass die mangelhafte Berührung ebenfalls von Einfluss auf die Erscheinungen ist, welche wir vorn bei verschiedener Vergrösserung der Enden von Magnet und Anker beobachtet haben.

[1]) Pogg. Ann. 74 pag. 482.

Die Untersuchungen über die Form der Magnete und Anker haben bis jetzt zu folgenden Resultaten geführt:

1. Die Wirkung der verschiedenen Magnetformen, welche man bis jetzt untersucht hat, stehen im Ganzen den einfachen Stäben oder Hufeisen nur Hinsichts der Tragkraft voran, wogegen eine Anwendung derselben für Wirkungen auf einige Entfernung sich unvortheilhaft zeigt.

2. Ebenso ist eine Abweichung der Magnetenden von der einfachen cylindrischen Fortsetzung des ganzen Kernes meist nur bei der Tragkraft von Einfluss.

3. Eine Zuspitzung sehr kräftiger Magnetkerne zeigt sich auch dann günstig, wenn man eine möglichst intensive Wirkung des freien Magnetismus auf einen kleinen Raum concentriren will, obgleich auch für diesen Fall die gesammte Kraftäusserung der eines nicht zugespitzten Magnetendes nachsteht.

4. Die Anziehung wächst mit der Länge der Anker, so lange diese kürzer sind als der Magnet.

5. Die Anziehung nimmt mit dem Durchmesser der Anker ab und ist diesem proportional, wenn der Magnetkern in demselben Verhältniss abnimmt.

6. Die Anziehung wächst mit der Masse des Ankers, ohne gerade derselben proportional zu sein; sie ist am grössten, wenn die Polfläche eben und von demselben Durchmesser wie der Anker ist.

7. Die Anziehung wächst mit der Masse des Ankers, wenn dieser gleichen Durchmesser mit dem Magnetkerne hat und die Länge des letzteren nicht übersteigt.

8. Die Anziehung ist im Ganzen dieselbe bei gleicher Masse des Ankers.

9. Für eine jede magnetische Intensität tritt das Maximum der Tragkraft bei einer bestimmten Grösse der Berührungsfläche ein, welche Erscheinung in der, stets in gleicher Weise vorhandenen, mangelhaften Berührung ihren Grund hat. Durch diese Erscheinung werden die bei der Anziehung beobachteten Gesetze abgeändert.

IX. Abschnitt.

Ueber den remanenten Magnetismus.

§. 1.

Grad der Magnetisirung verschiedener Eisensorten.

1. Wenn man einen Eisenstab durch den galvanischen Strom magnetisirt hat, so bleibt nach der Unterbrechung des Stromes ein Theil des Magnetismus in demselben zurück, so dass ein einmal magnetisirter Eisenstab seinen Magnetismus nie ganz verliert, wenn nicht eine neue entgegengesetzte Kraft angewandt wird.

Diesen in dem Eisen verbleibenden magnetischen Rückstand hat man zurückbleibenden, remanenten Magnetismus genannt. Mit Hülfe der Ampère'schen Theorie lässt sich der remanente Magnetismus so erklären, dass entweder ein Theil der Moleküle mit den sie umkreisenden Strömen, oder dass alle Moleküle zum Theil die Richtung beibehalten, in welche sie durch den Strom gebracht worden sind.

Damit die Moleküle in ihrer neuen Lage gehalten werden, bedarf es einer Kraft, welche man die Coërcitivkraft nennt. Diese Coërcitivkraft ist am schwächsten im weichsten Eisen und am stärksten im glasharten Stahl; allein Eisen und Stahl sind in dieser Beziehung nicht der Art nach, sondern nur graduell verschieden, der remanente Magnetismus in dem weichen Eisenkerne des Elektromagneten hat keinen anderen Grund als der Magnetismus im harten Stahl, der letztere zeigt denselben nur in grösserem Maasse als das weiche Eisen. W. Weber sagt daher: „Genau genommen findet nun zwar in der Wirklichkeit kein strenger Gegensatz zwischen beharrlichen und veränderlichen Magneten statt, denn alle Magnete, auch die beharrlichsten, zeigen sich unter der Einwirkung sehr grosser Kräfte veränderlich, und ebenso zeigen sich alle Magnete, auch vom weichsten Eisen, unter der Einwirkung sehr kleiner Kräfte beharrlich."[1])

Aus diesem Grunde ist denn auch die Unterscheidung von remanentem und permanentem Magnetismus, wie sie wohl gemacht wird, keine absolute. Man versteht bei derselben unter remanentem Magnetismus den nach der Magnetisirung in einem Stabe aus weichem Eisen zurückbleibenden, während permanenter der in einem Stahlmagneten vorhandene Magnetismus ist. Man kann den letzteren aber eigentlich nicht mit Recht permanent nennen, weil es ja nur auf die Grösse der Kraft ankommt, um auch den stärksten Magnetismus eines gehärteten Stahlmagneten zu vernichten. Wir werden daher im Laufe dieser Betrachtungen unter remanentem Magnetismus jedes Residuum verstehen, welches in einem Stabe, sei er aus weichem Eisen oder aus hartem Stahl, nach der Magnetisirung zurückbleibt.

2. Wenn der remanente Magnetismus darin seinen Grund hat, dass die Moleküle eines magnetisirten Stabes, welche aus ihrer Ruhelage gebracht worden sind, nicht vollkommen wieder in dieselbe zurückkehren, so muss in der Weise eine Wechselwirkung zwischen der Magnetisirbarkeit und dem remanenten Magnetismus stattfinden, dass diejenige Eisensorte den meisten remanenten Magnetismus zeigt, welche am wenigsten magnetisirungsfähig ist. Denn es liegt gewiss nahe, dass diejenigen Moleküle eines Eisenstabes, welche schwer wieder in ihre Ruhelage zurückkehren, auch in gleichem Maasse schwer aus derselben herauszubringen sind. Ja man könnte sogar sagen, dass es noch schwerer sein muss, die Ruhelage der Moleküle zu stören, als sie später wieder in dieselbe zurückzuführen. Wir werden später noch einmal auf diese Anschauungsweise zurückkommen.

Dass der eben gemachte Schluss von dem remanenten Magnetismus auf die Magnetisirungsfähigkeit eines Eisenstabes richtig ist, beweist die Erfahrung, und wir müssen daher, um die Beobachtungen des remanenten Magnetismus in Zusammenhang mit der magnetischen Erregbarkeit zu bringen, zunächst einige schon längst gemachte Beobachtungen über den Grad der Magnetisirbarkeit verschiedener Eisensorten anführen.

3. Man kennt zwei Ursachen, welche die Magnetisirbarkeit des Eisens bedingen, nämlich den chemischen Zustand und die Härte desselben. Wäre man im Stande, chemisch reines Eisen darzustellen, d. h. Eisen, dem kein Kohlenstoff beigemengt ist, so würde man höchst wahrscheinlich absolut veränderliche Magnete erhalten. Der Kohlenstoff ist es, welcher das

[1]) Elektro-dynamische Maassbestimmungen, pag. 539.

Eisen hindert, das Maximum von Magnetismus anzunehmen, sobald es einem magnetisirenden Einflusse ausgesetzt wird. Stahl und Roheisen (Gusseisen) sind die Eisensorten, welche Kohle in namhafter Menge enthalten. Nach Mushet's Untersuchungen[1]) enthalten die verschiedenen Sorten von Stahl und Roheisen folgende Mengen von Kohle:

geschmeidiger Gussstahl	$\frac{1}{120}$	Kohlenstoff,
gewöhnlicher Gussstahl	$\frac{1}{100}$	„
härterer Stahl	$\frac{1}{90}$	„
brüchiger Stahl	$\frac{1}{50}$	„
weisses Roheisen	$\frac{1}{25}$	„
fleckiges Roheisen	$\frac{1}{20}$	„
schwarzes Roheisen	$\frac{1}{15}$	„

Wir sehen, dass 1% Kohlenstoff dem Eisen beigemengt, dasselbe in Stahl verwandelt und mithin seine Magnetisirbarkeit bedeutend schwächt. Noch mehr aber als durch den Kohlengehalt wird das Eisen durch seine Härte unfähig, Magnetismus anzunehmen.

4. Das weichste Eisen, welches also, wenn nicht keinen, so doch nur ein Minimum von Kohlenstoff enthält, wird durch schnelles Abkühlen, wenn es glühend gewesen, hart und dadurch unfähig, dieselbe Menge Magnetismus anzunehmen als vor dem Erhitzen. Ueber die Fähigkeit verschiedener Eisensorten für die Aufnahme des Magnetismus hat in früherer Zeit Barlow Versuche angestellt. Er prüfte den Grad von Magnetismus, welcher verschiedenen Stäben durch den Erdmagnetismus ertheilt wurde, den „Magnetismus der Lage". Vier Stäbe von 24'' Länge, 1'' Breite und $^1/_4$'' Dicke, wurden in der Richtung der magnetischen Neigung so befestigt, dass das untere Ende der Stange in derselben Horizontalebene mit einer empfindlichen Magnetnadel sich befand, welche das eine Mal östlich, das andere Mal ebensoweit westlich vom Ende des Stabes gehalten ward. Er erhielt so folgende magnetische Intensitäten, welche durch die von ihrem Nullpunkte abweichende Magnetnadel ausgedrückt sind.[2])

	α	tg α
Schmiedeeisen	15° 54'	0,28485
weicher Stahl	10° 50'	0,19136
harter Stahl	8° 37'	0,15153
Gusseisen	7° 48'	0,13698

[1]) Berzelius Chemie III. pag. 389. [2]) Gehler's Wörterbuch VI. pag. 682.

Da die Intensität des Magnetismus der Tangente des Ablenkungswinkels der Nadel proportional ist, so giebt die unter tg α stehende Reihe die Intensität des Magnetismus an, den die Stäbe durch den Erdmagnetismus erhalten hatten. Wir sehen, dass harter Stahl fast nur die Hälfte von dem des weichen Eisens annimmt, wogegen das Gusseisen noch hinter der Hälfte zurückbleibt. In gleicher Weise wie mit obigen Stäben wurden noch Versuche mit deutschem (Scheer-)Stahl und mit Gussstahl angestellt. Eine Zusammenstellung aller drei Versuchsreihen giebt folgende Uebersicht über die Menge des aufgenommenen Magnetismus, wenn man sie auf dasselbe Verhältniss reducirt:

Schmiedeeisen	1000
weicher Gussstahl	743
gewöhnlicher weicher Stahl	673
weicher Scheerstahl	655
gewöhnlicher harter Stahl	532
harter Scheerstahl	530
harter Gussstahl	486
Gusseisen	479

5. In neuester Zeit hat Müller in Freiburg untersucht, wie gross die Kraft ist, welche verschiedenen Eisensorten durch eine galvanische Spirale ertheilt wird, durch die ein durch 6 Bunsen'sche Becher erregter Strom ging.[1]) Er erhielt mit runden Stäben von circa 10'' Länge und $1/3$'' Durchmesser folgende magnetische Intensitäten:

geschmiedetes Eisen	0,490
gewalztes Eisen	0,474
geglühter Stahl	0,404
angelassener Stahl	0,393
harter Stahl	0,259
Gusseisen	0,220

Wir beobachten in dem Verhältniss des Magnetismus bei diesen Versuchen einen nicht so bedeutenden Unterschied wie bei den von Barlow angestellten. Dies hat seinen Grund darin, dass der von Müller angewandte Strom so stark war, dass durch eine Verdoppelung der Säule, welche die Stromstärke um 40% erhöhte, die magnetische Intensität des geschmiedeten Eisens nur von 0,490 auf 0,499 verstärkt wurde. Das Eisen war

[1]) Pogg. Ann. 85 pag. 157.

also in diesem Falle seinem magnetischen Maximum schon sehr nahe. Nichtsdestoweniger ist es noch immer stärker magnetisch als alle übrigen Eisensorten, wodurch sich denn die vorn gemachte Bemerkung bestätigt, dass der Sättigungspunkt kohlenhaltiger Eisensorten unter dem des weichen Eisens liegt.

Als der galvanische Strom unterbrochen war, blieb dem harten Stahlstabe noch soviel Magnetismus, dass er die Nadel um $8^0,75$ ablenkte, während die Ablenkung unter der Stromeswirkung $14^0,5$ betragen hatte. Wurde dieser Stab nachher an einem kräftigen Elektromagneten gestrichen, so vermehrte sich seine Wirkung auf die Bussole nur um einen Viertelgrad. Er war also vorher auch schon bis zum Maximum magnetisirt; und es waren ihm von dem durch die Spirale ertheilten Magnetismus etwa 55% geblieben.

Die Mengen von remanentem Magnetismus, welche sich in den einzelnen Stäben zeigten, waren folgende:

harter Stahl	9^0
angelassener Stahl	7^0
ausgeglühter Stahl	$3^0,5$
Gusseisen	1^0
Schmiedeeisen	0^0

Hierbei ist nur zu bemerken, dass, wenn Müller sagt, die Stäbe aus Schmiedeeisen hätten ihren Magnetismus nach Unterbrechung des Stromes vollständig verloren, dies nur soviel heissen kann, als die durch sie bewirkte Abweichung der Nadel sei so unbedeutend gewesen, dass man sie vernachlässigen konnte, oder die Entfernung sei zu gross gewesen, als dass man die Ablenkung hätte bemerken können. Denn nach meinen Erfahrungen giebt es keinen Eisenstab, welcher nicht nach der Magnetisirung remanenten Magnetismus zeigt.

Das bisher Gesagte wird hinreichen, um zu zeigen, in welcher Stufenfolge die verschiedenen Eisensorten Hinsichts der Magnetisirbarkeit zu einander stehen; aber auch zugleich, um erkennen zu lassen, dass ein Gesetz über den Grad der in verschiedenen Eisen- und Stahlsorten erregbaren Kraft nicht so leicht aufgestellt werden kann.

6. Mit der Natur des remanenten Magnetismus, im Gegensatze zu dem nur temporär erregten, hängt eine Erscheinung zusammen, der man gewöhnlich viel allgemeinere Gültigkeit beilegt, als sie in der That hat.

Rainey sprach den von Ritchie bestrittenen Satz aus,[1]) dass ein

[1]) Philos. mag. Vol. IX. pag. 72.

Elektromagnet als Hufeisen nur schwach wirke, wenn der Anker ihn nicht unmittelbar berühre, sondern in einer Entfernung von demselben gehalten werde. Dies ist durchaus richtig, wird jedoch deutlicher, wenn man sagt, die Tragkraft eines elektromagnetischen Hufeisens sei um vieles grösser als die eines Stahlmagneten, wenn die Anziehung beider dieselbe ist. In neuerer Zeit hat man jedoch diesen Satz in der Weise verallgemeinert, dass man sagte, die Wirkung des Elektromagneten nehme auf Entfernung in schnellerem Verhältnisse ab, als die eines Stahlmagneten.

Ich habe diese Umstände näher untersucht und bin zu Resultaten gelangt, welche nur eine Bestätigung der Ampère'schen Theorie von der Drehung der Molekularströme geben.

Um mich zunächst zu überzeugen, ob die Abnahme der Wirkung auf verschiedene Entfernungen bei einem Elektromagneten in der That eine andere sei als bei einem Stahlmagneten, brachte ich einen cylindrischen Stahlmagneten von 1' Länge und 1'' Durchmesser in verschiedene Entfernungen von einer 1'' langen, an einem Coconfaden hängenden Magnetnadel in die Richtung senkrecht auf den magnetischen Meridian, so dass der Mittelpunkt der Nadel sich in der Verlängerung der Längsaxe des Magneten befand. Die Entfernungen, auf welche die Nadelablenkungen gemessen wurden, lagen zwischen 14 und 30'' des nächsten Poles des Magneten von derselben. Es ergaben sich folgende Intensitäten:

Entfernung des Magneten.	Ablenkung der Magnetnadel $= \alpha$.	Magnetismus $= \operatorname{tg} \alpha$.
14''	$13^0,5$	0,240
21''	5^0	0,0875
25''	$3^0,5$	0,0612
30''	$2^0,25$	0,0391

Nach dieser Messung ward der Stahlmagnet durch einen Elektromagneten ersetzt, dessen Eisenkern dieselben Dimensionen wie jener hatte, und es zeigte sich noch Elimination der Wirkung durch die Spirale für sich, nachdem bei der Entfernung von 14'' dem Kerne mittelst des Stromes die Intensität des Stahlmagneten ertheilt war, genau dieselbe Ablenkung wie die eben angeführte bei gleicher Entfernung von der Nadel. Hieraus geht denn hervor,

„dass die Wirkung eines Elektromagneten in verschiedenen Abständen genau dieselbe ist wie die eines Stahlmagneten von gleicher Form.“

Dies kann auch nach Ampere's Theorie nicht anders sein, da ja nach dieser kein Unterschied in dem Wesen des Magnetismus der beiden verschiedenen Magnete vorhanden ist. Soll nun aber dessenungeachtet bei gleichem freien Magnetismus zweier Magnete ein Unterschied in der Tragkraft existiren, so liegt der Gedanke nahe, dass dieser Unterschied durch den Anker hervorgerufen werde. Dass nun aber wirklich der Anker eine solche Verschiedenheit bedingt, lässt sich ebenfalls nach Ampère aus dem Unterschiede zwischen remanentem und temporärem Magnetismus herleiten. Wenn nämlich, was doch allgemein angenommen wird, der durch irgend welche Kraft in einem harten Stabe inducirte Magnetismus deshalb in demselben remanirt, weil der freien Beweglichkeit der Molekularmagnete oder Ströme ein Widerstand entgegengesetzt wird, während dies im weichen Eisen nicht der Fall ist, so wird aus demselben Grunde in dem letzteren wieder eine Menge Magnetismus erregt werden, wenn demselben ein Anker genähert wird, indem hier eine Wechselwirkung zwischen beiden Theilen stattfindet. Diese Verstärkung des Magnetismus muss am grössten an Hufeisen stattfinden, wo der an beide Pole gelegte Anker für jeden der Pole ein neuer Magnet ist, welcher durch seine Kraft neue Molekularmagnete des weichen Eisenkernes richtet und somit jenen verstärkt. Anders verhält es sich beim Stahlmagneten. In ihm wird dem Richten der Molekulermagnete eine Kraft, die Coërcitivkraft, entgegengesetzt, und es kann daher durch das Anlegen des Ankers kein, oder doch verhältnissmässig nur sehr wenig neuer Magnetismus erregt werden. Es muss daher **die Tragkraft** zweier Hufeisen eines aus hartem Stahl und eines elektromagnetischen, eine ganz verschiedene sein, wenn **der freie Magnetismus** beider absolut derselbe ist.

In dem vorn genannten Aufsatz weist Magnus nach,[1]) dass die magnetische Intensität eines Elektromagneten um Vieles wächst, wenn der Anker auf beide Pole gelegt wird, während dies bei einem Stahlmagneten nicht in dem Grade stattfindet. Ein Stahlmagnet, der 10 Pfd. trug, wenn der Anker beide Pole verband, trug an jedem einzelnen Pole mehr als ein Elektromagnet, obschon dieser letztere den über beide Pole gelegten Anker mit 140 Pfd. hielt. Dies beweist, dass vor der Verbindung der Pole mittelst des Ankers der in dem Stahlmagneten erregte Magnetismus grösser war als in dem Elektromagneten, während nachher das Umgekehrte in hohem Grade stattfand.

[1]) Pogg. Ann. 38 pag. 434.

7. Da, wie wir gesehen, auch die Form der Polenden und des Ankers von bedeutendem Einfluss auf die Tragkraft sind, so lässt sich nicht leicht ein Gesetz über das Verhältniss dieses Unterschiedes zwischen diesen beiden Arten von Magneten aufstellen. Um dies Verhältniss wenigstens in einigen Fällen zu veranschaulichen, habe ich mit den mir zu Gebot stehenden Stahlmagneten einige Versuche angestellt.

Ich habe die Tragkraft und Anziehung in verschiedenen Entfernungen von zwei hufeisenförmigen Stahlmagneten gemessen, deren kleinerer aus einer 11″ langen, 7/8″ breiten und 1/2″ dicken Lamelle bestand, während die des grösseren 20″ lang, 1 1/2″ breit und 5/8″ dick war. Die Entfernung betrug bei dem kleineren von Mitte zu Mitte 3″, dagegen bei dem grösseren 5″. Mit diesen habe ich die Anziehung eines elektromagnetischen Hufeisens verglichen, wenn die Tragkraft durch Regulirung des Stromes beiden einzeln gleich gemacht war. Es ergaben sich folgende Resultate:

	Kleiner Stahlmagnet.	Elektromagnet.
Tragkraft	3,7 ℔	3,7 ℔
Entf. eine Papierdicke	1 „	0,75 „
„ zwei Papierdicken	0,44 „	0,36 „

	Grosser Stahlmagnet.	Elektromagnet.
Tragkraft	18 ℔	18 ℔
Entf. zwei Papierdicken	3,55 „	3,23 „
„ vier „	1,95 „	1,3 „
„ 1/8″	0,25 „	0,088 „

Das angewandte Hufeisen des Elektromagneten bestand in beiden Fällen aus einem 17″ langen Eisencylinder von 1″ Durchmesser, dessen Pole 5″ von einander entfernt waren. Für den Elektromagneten wie für beide Stahlmagnete diente derselbe Anker, ein Eisencylinder von 1″ Durchmesser.

Diese Versuche zeigen, dass die Differenz zwischen der Anziehung beider Magnete um so grösser wird, je weiter der Anker von den Polen entfernt ist. Es tritt dies deutlicher bei dem starken Magneten hervor, weil hier die Differenzen in den Abständen des Ankers bedeutender sind und die Unterschiede nicht so leicht durch etwa vorhandene Versuchsfehler verdeckt werden können. Die Anziehung zeigt bei 1/8″ Entfernung des Ankers vom Pole sich genau 3mal so gross als bei dem Elektromagneten, der doch gleiche Tragkraft mit ihm hat.

§. 2.

Die Magnetisirungsmethoden.

1. Der remanente wie der temporäre Magnetismus haben ihr Maximum, allein das erstere wird früher erreicht, als das des letzteren. Während der im weichen Eisen durch verschiedene Stromstärken gesteigerte Magnetismus bei einem einigermassen dicken Stabe lange Zeit dem erregenden Strome proportional wächst, ohne dass man eine Sättigung bemerken kann, zeigt der remanente Magnetismus gleich vom Anfange nicht diese Proportionalität, sondern er wächst sogleich in geringerem Verhältniss als der erregende Strom, oder eine andere angewandte magnetisirende Kraft, und während man beim Elektromagnetismus nur bei sehr dünnen Stäben einen Zustand hat erreichen können, welcher der absoluten Sättigung so nahe liegt, dass man ihn dafür nehmen kann, wird dieser Zustand beim Stahlmagneten so früh erreicht, dass man immer von der absoluten Sättigung eines solchen Magneten spricht. Hier ist jedoch wohl zu beachten, dass von der Sättigung des Elektromagneten nur während der Dauer der magnetisirenden Kraft die Rede ist, während beim Stahlmagneten die Sättigung nach Aufhören des magnetisirenden Einflusses gemeint wird. Unter dem Einflusse der magnetisirenden Kraft hat auch der Stahlmagnet grössere Kraft als nach demselben; allein wegen seiner grösseren Coërcitivkraft hält er in demselben Maasse mehr Magnetismus fest, als er während der Magnetisirung weniger aufnimmt, als der Elektromagnet.

Wir haben schon vorn bemerkt, dass der remanente Magnetismus in um so höherem Maasse vorhanden sein muss, je grösser die magnetisirende Kraft ist, da ja nach den jetzt herrschenden Ansichten durch das Magnetisiren die durch die Coërcitivkraft in ihrer Ruhe gehaltenen Moleküle um so mehr aus derselben gebracht werden müssen, je stärker die angewandte Kraft ist.

Alle Magnetisirungsmethoden haben also den Zweck, die Coërcitivkraft zu überwinden, indem die Moleküle gerichtet werden.

2. Man kann sämmtliche Magnetisirungsmethoden in zwei Arten scheiden, nämlich in solche, nach welchen die Moleküle einfach gerichtet werden und in solche, nach welchen vor dem Richten der Moleküle dieselben nach der entgegengesetzten Richtung gekehrt worden. Die letzteren sind die Methoden des Streichens, die ersteren alle übrigen. Als eine dritte Art muss man dann die Vereinigung beider ansehen.

Bringt man einen gehärteten Stahlstab zwischen die Pole eines Hufeisenmagneten, so erhält er selbst remanenten Magnetismus, er wird dauernd magnetisch. In diesem Falle hat die Magnetisirung durch einfaches Richten der Moleküle oder der Molekularströme stattgefunden. Setzt man dagegen den einen Pol eines Magneten in die Mitte oder auf das eine Ende des Stahlstabes und bewegt ihn dann bis zum anderen Ende, so werden beim Beginn des Verfahrens sämmtliche Moleküle mit ihrem ungleichnamigen Pole dem Pole des Magneten zugekehrt und werden dann beim Fortbewegen desselben nach der entgegengesetzten Seite gerichtet. Es herrscht noch Meinungsverschiedenheit darüber, ob diese Methode der ersteren vorzuziehen sei, weil ja nach dem letztgenannten Verfahren die Moleküle zuerst in entgegengesetzte Richtung von der gebracht werden, in welcher sie nachher magnetisch wirken. Eine Methode, nach welcher eine solche Umkehrung der Moleküle nicht stattfindet, ist die, dass man den zu magnetisirenden Stab dem Einflusse einer galvanischen Spirale aussetzt. Doch auch diese Methode ist von Elias[1]) für den Fall am kräftigsten wirkend gefunden worden, dass man den Stab nicht ruhend in der Spirale lässt, sondern ihn hin und her bewegt, in welchem Falle dann doch wieder das Hin- und Herkehren der Molekularmagnete eintritt.

Sehr vortheilhaft und erfolgreich ist mir die Methode erschienen, bei welcher man den Magneten auf die Pole eines kräftigen Elektromagneten setzt und ihn dann durch Kippen auf die eine und andere Kante seiner Pole hin und her bewegt. Die Ursache des Erfolges dieser Operation liegt ohne Zweifel darin, dass der Magnet, während die erregenden Pole seine Theile zu richten streben, erschüttert wird, und dass durch diese Erschütterung die Theile aus ihrer Ruhelage gebracht werden, ohne zuvor umgekehrt worden zu sein.

3. Moser hat Versuche angestellt, mittelst welcher der verschiedenen Methoden die grösste magnetische Intensität erlangt wird, und hat durch folgendes Verfahren den günstigsten Erfolg erzielt.[2])

Die zu magnetisirenden Stäbe waren gehärtet und dann strohgelb angelassen, ihre Gestalt war parallelopipedisch, 11″,5 lang, 5‴,75 breit und 2‴,4 dick. Das Gewicht jedes Stabes betrug etwa 12 Loth. Die magnetische Intensität wurde durch die Schwingungsdauer der Stäbe bestimmt.

Diese Stäbe wurden einzeln auf zwei Eisenstücke und diese auf die Pole eines Elektromagneten gelegt, welcher 150 Pfd. trug; dann ward 20mal nach der Methode des Doppelstrichs, in Folge welcher zwei Magnete mit ihren entgegengesetzten Polen auf die Mitte des Stabes gesetzt und über

[1]) Pogg. Ann. 62 pag. 249. [2]) Dove's Rep. II. pag. 141.

die ganze Länge desselben hingeführt werden, mit zweien Stabmagneten von geringer Intensität gestrichen. Darnach ward der Stab so entfernt, dass die beiden Eisenstücke von ihm fort nach aussen geschoben wurden, während die Kette immer geschlossen blieb. Nach dieser Operation machten die so behandelten magnetischen Stäbe in acht Sekunden eine Schwingung, während sie durch die früheren Methoden nur dahin gebracht werden konnte, dass eine Schwingung 8,7 Sekunden währte. Moser sagt über dieses Resultat:

„Dies ist die stärkste Kraft, welche überhaupt erreicht worden ist, und sie ist allerdings sehr beträchtlich. Denn obgleich der Stab nur 12 Loth wog, so trug doch einer seiner Pole, selbst nach oftmaligem Abreissen, ein Eisenstück von 16 Loth; und als neben diesen Stab ein anderer ganz gleicher gelegt wurde, trug der Anker, welcher ihre beiden Pole schloss, mehr als 4 Pfd.“

„Die angegebene Art, den Elektromagnetismus zu benutzen, ist also von den untersuchten Methoden die vortheilhafteste. Zugleich ist sie die einfachste; denn bei anderen ganz ähnlichen Nadeln (welche vorher nicht nach einer anderen Methode behandelt worden waren) reichten schon 20 Doppelstriche auf jeder Seite aus, um ihnen das Maximum der Intensität zu ertheilen.“ Moser ertheilte auch stählernen Hufeisen nach dieser Methode eine sehr starke Kraft und bemerkt dabei, dass, wenn es anderen Experimentatoren nicht gelungen ist, mittelst eines Elektromagneten stärkere Magnete zu erhalten, dies wahrscheinlich zum Theil in der ungünstigen Art lag, wie der Magnet von dem Elektromagneten abgehoben wurde, theils aber auch vielleicht darin, dass man sich über die Kraft der Elektromagnete häufig täuscht, weil sie, wie vorn gezeigt ist, eine viel geringere Kraft besitzen, sobald ihre Pole durch ein stählernes Hufeisen verbunden werden, als wenn ein kurzer eiserner Anker die Verbindung herstellt.

4. Alle diese Magnetisirungsmethoden zeigen, dass erst dadurch im gehärteten Stahle ein bedeutender Magnetismus hervorgerufen wird, dass die magnetischen Moleküle entweder durch Streichen oder Erschüttern unter dem Einflusse einer starken magnetisirenden Kraft in Bewegung gebracht werden. Dass nicht die Richtkraft der streichenden Magnete den Magnetismus herrorruft, geht aus Moser's Versuchen am schlagendsten hervor. Er sagt:[1] „Man mag die Pole der streichenden Magnete nach der einen Richtung oder nach der umgekehrten aufsetzen und mit ihnen streichen, immer wird die Polarität vom Elektromagneten (auf dessen Pole

[1]) Dove's Repertorium II. pag. 144.

der Stab aufgelegt ist) bestimmt. Ja selbst die Intensität leidet verhältnissmässig nicht stark, wenn entgegengesetzt gestrichen wird.“ Ein deutlicher Beweis für den Einfluss einer Erschütterung auf den Magnetismus ist besonders aber der, dass ein Stahlmagnet einen grossen Theil seines Magnetismus verliert, wenn er vom Tisch auf den Fussboden fällt.

In gleicher Weise, wie aus einem gehärteten Stahlmagneten, kann man auch aus dem weichen Eisen durch Stossen desselben den remanenten Magnetismus entfernen. Ein von mir angewandter Stab aus weichem Eisen von 1' Länge und 1'' Durchmesser hatte durch Magnetisiren mit der galvanischen Spirale so viel remanenten Magnetismus erhalten, dass er die 1'' lange Nadel der Tangentenbussole, wenn sein nächster Pol 1'' von der Nadel entfernt war, bis auf 24° ablenkte, was übrigens bei einer so grossen Nähe nicht eben bedeutend ist. Ich ertheilte ihm darauf, indem ich ihn senkrecht zum magnetischen Meridian hielt, mit einem Hammer etwa 200 Schläge in der Richtung seiner Längsachse. Darauf lenkte er, in dieselbe Lage zur Nadel gebracht, diese nur auf 14° ab. Nach fortgesetztem Schlagen brachte ich den remanenten Magnetismus so weit herab, dass er die Nadel in dieser grossen Nähe nur noch auf $1\frac{1}{2}°$ nach beiden Seiten hin ablenkte, je nachdem ihr der eine oder andere Pol des Stabes zugekehrt ward. Eine geringere Ablenkung konnte ich nicht erreichen.

5. In neuerer Zeit hat noch Frick vergleichende Versuche angestellt,[1]) ob die von Elias vorgeschlagene Magnetisirungsmethode mittelst einer galvanischen Spirale oder die mittelst eines Elektromagneten die vortheilhaftere sei. Es ergiebt sich aus seinen Versuchen, wie aus denen von Moser, dass es vortheilhaft ist, die gleiche Stromstärke und gleiche Drahtmenge auf einen Elektromagneten zu verwenden, anstatt auf eine Elias'sche Spirale. Er findet nämlich:

1) dass man, wo nicht sehr starke Ströme angewendet werden, bei gleicher Stromstärke durch den Magnet mehr erreicht als durch die Spirale, und dass dieser Unterschied bei harten Stäben grösser ist als bei angelassenen;

2) dass es bei geringen Stromstärken nicht möglich ist, den vorhandenen Magnetismus harter Stäbe durch die Spirale umzukehren, und dass selbst bei stärkeren Strömen oder angelassenen Stäben, wo die Umkehrung möglich ist, die umgekehrten Pole immer sehr schwach bleiben und selbst beim Wiederumkehren nicht mehr die vorige Stärke erreichen, während

[1]) Pogg. Ann. 77 pag. 537.

das Streichen mit dem Elektromagneten viel leichter die Pole umzukehren vermag;

3) dass aber der Unterschied zwischen beiden Verfahrungsarten mit der Zunahme des Stromes allmälig verschwindet, die Sättigung aber durch den Strich schon bei geringerer Stromstärke erreichbar ist, als durch die Spirale;

4) dass bei schwächeren Strömen das Streichen durch den Magneten noch dadurch in Vortheil kommt, dass man den Doppelstrich anwenden kann, dessen grössere Wirksamkeit hier viel auffallender ist als bei Stahlmagneten.

§. 3.

Gleichzeitige Wirkung von remanentem und temporärem Magnetismus in einem Eisenstabe.

1. Jeder Eisenstab, auch ein gesättigter Stahlmagnet, um den man einen galvanischen Strom leitet, erhält durch diesen Strom eine grössere magnetische Intensität, die er jedoch nach Unterbrechung des Stromes wieder verliert. Man kann sich diesen temporären Magnetismus, wie schon bemerkt, so erklären, dass der Stab ausser den Molekülen, welche zur Bewahrung des remanenten Magnetismus geeignet sind, noch solche enthält, welche Elektromagnetismus aufnehmen; oder mit Ampère zu reden, dass in dem Stabe ausser den Molekülen, welche nach der einmal durch Magnetisirung erhaltenen Drehung nicht wieder in ihre Ruhelage zurückkehren, auch noch solche vorhanden sind, welche ihre Ruhelage wieder annehmen.

Dieses Factum wurde zuerst durch eine von Lenz und Jakobi gemachte Beobachtung bewiesen. Sie bemerkten bei ihren Stromesmessungen mittelst der Becquerel'schen Waage, bei welcher ein Stahlmagnet in eine galvanische Spirale gezogen wird, dass die nöthigen Gewichte nicht genau der Stromstärke proportional waren, sondern etwas zu gross ausfielen. Sie wurden durch diese Beobachtung auf den Gedanken geführt, dass wohl durch den angewandten Strom noch Magnetismus in den Stäben erregt werden könne. Der auf diese Weise in den Stäben erregte Magnetismus wächst aber dem Strome selbst proportional, so dass die Anziehung für diesen Theil des Magnetismus einerseits dem Strome und andererseits dem Magnetismus selbst, d. h. dass sie dem Quadrate der Stromstärke proportional wachsen muss. War diese Annahme richtig, so mussten die

[1]) Pogg. Ann. 47 pag 238.

gemessenen Gewichte G die Summe einer Kraft sein, welche aus zwei Theilen bestand, dem einen, welcher durch den beharrlichen Stahlmagnetismus m und dem andern, der durch den veränderlichen Elektromagnetismus m' hervorgebracht wurde. Der erste Theil m ist, da er selbst sich nicht ändert, dem in der Spirale wirkenden Strome proportional, während der zweite m' aus dem obigen Grunde dem Quadrate dieses Stromes proportional sein muss. Das jedesmal angewandte Gewicht lässt sich daher durch den Ausdruck geben

$$a\,m + b\,m'^2 = G,$$

in welchem a und b constante Grössen sind, die von dem angewandten Stahl- oder Eisenstabe abhängen.

Als Lenz und Jakobi diesen Ausdruck für den Vergleich der Stromstärke mit den an der Waage nöthigen Gewichten anwandten, fanden sie völlige Uebereinstimmung der Werthe mit den entsprechenden Strömen. Sie waren hiernach zu einem Rückschlusse auf die Richtigkeit der oben gegebenen Deduction berechtigt.

2. Eine ähnliche Erscheinung liefert das vorn von Müller gegebene Resultat der Magnetisirung eines gehärteten Stahlstabes durch den galvanischen Strom. Dieser Stab liefert unter dem Einflusse des Stromes eine Ablenkung der Bussolennadel von 15°, während er nach der Unterbrechung des Stromes die Nadel nur auf 8°,75 ablenkt. Freilich war in diesem Falle der Stab nicht bis zur Sättigung magnetisirt, allein nachdem dies an einem kräftigen Elektromagneten geschehen war, hatte sich der Magnet nur so weit verstärkt, dass er die Nadel auf 9° ablenkte. Es waren mithin dem harten Stahlstabe nur ungefähr 55% von dem Magnetismus geblieben, welchen der kräftige Strom der Spirale in ihm hervorbringen konnte. Die übrigen 45% entsprechen dem in der obigen Formel durch $b\,m'^2$ dargestellten Gliede.

Der in einem Stahlmagneten erregbare Elektromagnetismus kann sowohl in der dem remanenten Magnetismus entgegengesetzten Richtung, wie in der ihm gleichen erregt werden, in welchem Falle dann, abgesehen von dem schwächenden Einflusse auf den remanenten Magnetismus, dieses Glied als negativ in der Formel auftritt. Aus dieser Wahrnehmung folgt eine grössere Wahrscheinlichkeit für die Ansicht, dass der remanente Magnetismus in anderen Molekülen seinen Grund habe, als der veränderliche, und dass nicht die Abnahme des Magnetismus in einem theilweisen Zurückkehren aller Moleküle in ihre Ruhelage bestehe.

Wie die durch den Strom in einem Stahlmagneten hervorgerufene Vermehrung des Magnetismus die Erscheinungen an der Becquerel'schen

Waage abändert, so bringt sie auch an anderen Messinstrumenten, bei denen ein Magnet thätig ist, sehr beachtenswerthe Aenderungen hervor. So hat Poggendorf an einem Multiplicator beobachtet, dass die astatische Nadel desselben bedeutend abgelenkt wird, wenn durch dessen Windungen ein elektrischer Strom von schnell wechselnder Richtung geführt wird, und die Nadel vor Beginn dieses Stromes schon eine Neigung von etwa 10^0 gegen die Richtung der Windungen hatte. Poggendorf nennt diese Erscheinung die der doppelsinnigen Ablenkung und findet ihre Ursache ebenfalls in der genannten Magnetisirung der Multiplicatornadeln durch den Strom.[1])

Hatte nämlich die Nadel vor Beginn eines durch die Multiplicatorwindungen gesandten alternirenden Stromes die genannte Neigung von etwa 10^0 gegen dieselben, so wich sie bis auf 90^0 ab, sobald der Anker eines magneto-elektrischen Rotationsapparates in Bewegung gesetzt wurde. War die Bewegung dieses Ankers so schnell, dass die Anzahl der Umdrehungen etwa 14 in der Sekunde überstieg, so hörten auch vorher noch vorhandene kleine Schwankungen der Nadel auf, die Nadel blieb ruhig auf 90^0 abgelenkt. Hierbei war es gleichgültig, nach welcher Richtung der Anker gedreht wurde, d. h. in welcher Aufeinanderfolge die alternirenden Ströme eintraten, die Nadel wich immer nach der Seite ab, nach der die ursprüngliche Abweichung vorhanden war; jedoch zeigte sich keine Ablenkung, sobald die Nadel beim Beginn der Ströme auf 0^0, d. h. parallel mit den Windungen des Multiplicatordrahtes stand.

Nach den vorn angeführten Beobachtungen ruft ein Strom, welcher einen Stahlmagneten umkreist, temporären Magnetismus in demselben hervor, er muss dies also auch in dem Nadelpaare des Multiplicators thun, jedoch muss dasselbe schon vor dem Strome eine Neigung gegen die Windungen haben, da ja sonst die Wirkung nach beiden Seiten hin gleichwerthig ist. Dieser temporäre Magnetismus verstärkt und schwächt aber die Kraft der Nadeln in dem Sinne, dass sie von dem jedesmaligen Strome auf der Seite gehalten werden, nach der sie bei der ersten Ablenkung geführt wurden. Dass aber diese erste Ablenkung von der ursprünglichen Stellung abhängig ist, davon, sagt Poggendorff, kann man sich durch einen einfachen Versuch auf eine recht schlagende Weise überzeugen:[2])

„Man nehme eine etwas kräftige einfache Volta'sche Kette und leite deren Strom durch einen Multiplicator. Die Nadel wird um 90^0 abgelenkt werden, z. B. ihr oberer Nordpol nach der Rechten. Nun suche man,

[1]) Pogg. Ann. 45 pag. 353. [2]) Pogg. Ann 45 pag. 365.

während die Kette geschlossen bleibt, die Nadel durch einen Stift langsam in den Meridian zurückzuführen; sie wird dabei einen beträchtlichen und stets wachsenden Widerstand leisten. Auch jenseits des Meridians wird man diesen Widerstand verspüren, aber so, wie man die Nadel weiter schiebt, wird er schwächer; endlich verschwindet er ganz, und nun löst sich die Nadel vom Stifte ab und springt auf 90°, diametral ihrer früheren Lage entgegengesetzt. Auf dieser linken Seite, wohin der Nordpol, da er vom Strome nach der Rechten geführt wurde, nur durch eine äusserliche Gewalt gebracht werden kann, wirkt die magnetisirende Kraft des Stromes der ablenkenden entgegen. Bei kleinen Winkeln hat noch letztere das Uebergewicht; mit Vergrösserung des Winkels wächst aber die erstere immer mehr, immer mehr schwächt sie den Nordpol durch Hervorrufen eines Südpoles, endlich wird dieser stärker als ersterer, und nun kehrt die ablenkende Kraft die Richtung ihrer Wirkung um und vereint ihren Effekt mit den der magnetisirenden Kraft."

„Diese der Nadel durch den Strom eingeprägte magnetische Polarität ist indess nur temporär. So wie man die Kette öffnet, kehrt die Nadel, wenn sie nicht ganz astatisch ist, vermöge ihrer permanenten Polarität, die unter diesen Umständen der temporären entgegengesetzt ist, in den Meridian zurück. Meistens ist die permanente Polarität zwar etwas geschwächt; allein man kann es durch ein schickliches Verhältniss der Intensität des Stromes zur Masse und Magnetisirbarkeit der Nadel so einrichten, dass die Schwächung nur unbedeutend ist. Höchst selten wird auch diese Polarität ganz zerstört sein, und so liefert der Versuch, selbst ohne besondere Sorgfalt angestellt, den augenscheinlichen Beweis, dass beide Magnetisirungen, die permanente (die des remanenten Magnetismus) und die temporäre, gleichzeitig und in entgegengesetzter Richtung neben einander im Stahl bestehen können."

4. Dass nun diese Ablenkung der Nadel die Folge der temporären Magnetisirung derselben ist, wird dadurch bewiesen, dass ein in der Nähe der Nadel in derselben Horizontalebene mit ihr, und in der Richtung senkrecht zum magnetischen Meridian der Nadel befindlicher, rotirender Magnet dieselben Erscheinungen an der Nadel hervorbringt, wie die vorher genannte Alternation der Ströme. Die astatische Nadel bleibt in dem magnetischen Meridian, wenn sie sich vor dem Einflusse des Magnetstabes in demselben befunden, und sie bleibt um 90° nach rechts oder links abgelenkt, sobald die ursprüngliche Ablenkung diese Richtung hatte.

Aus den hier dargelegten Erscheinungen, welche aus der Wirkung der gleichzeitigen Magnetisirung eines Stabes durch remanenten und vorübergehenden Magnetismus folgen, geht hervor, wie wichtig die Beachtung derselben bei elektrischen und magnetischen Messinstrumenten ist, an denen eine magnetisirte Stahlnadel das Maass der Intensität abgiebt. Das sicherste Mittel, sich gegen die hier genannten Einflüsse bei etwanigen Messungen zu schützen, ist, die Umstände so zu wählen, dass die bei der Messung entstehenden Ausschläge der Nadel möglichst gering bleiben.

5. In wie hohem Grade der remanente Magnetismus in manchen Elektromagneten wirksam ist, und wie sehr er die Erscheinung bei Modificirung des Experimentes abändern kann, das beweist folgender Versuch Joule's.[1]) Joule magnetisirt einen Hufeisenmagneten so, dass er mit einem schwachen Strome beginnt, diesen steigert und dann allmählig wieder schwächer werden lässt. Hierdurch erhält er folgende Tabelle.

Relative Stromstärke.	Tragkraft bei der Steigerung.	Tragkraft bei der Abnahme.
90	560	—
31	45	294
21	23	210
14,5	10	112
6,2	2,6	63
4,1	1,1	56

Während die in der zweiten Colonne verzeichneten Zahlen den angewandten Strömen entsprechen, ergiebt die dritte Colonne eine so bedeutende Abweichung. Wir sehen daraus, dass in den meisten Fällen die Resultate der Anziehung und besonders der Tragkraft andere werden müssen, wenn man von einem schwachen Strome zu einem starken ansteigt, als wenn man den umgekehrten Weg einschlägt. Dies muss natürlich in höherem Grade bei einem geschlossenen Hufeisen, als bei geraden Elektromagneten hervortreten.

§. 4.

Vergleich des remanenten mit dem temporären Magnetismus und mit der Stromstärke.

1. Das Gesetz, welchem die Intensität des remanenten Magnetismus bei Anwendung verschiedener magnetisirender Kräfte folgt, ist bis jetzt

[1]) Sturgeon Ann of Electr. V. pag. 187 und pag. 471.

noch nicht erforscht. Joule hat in neuster Zeit eine Arbeit veröffentlicht,[1]) aus welcher er sich zu dem Schlusse berechtigt glaubt, dass der in verschiedenen Elektromagneten nach der Magnetisirung vorhandene remanente Magnetismus nicht in einem einfachen Verhältniss zur magnetisirenden Kraft stehe. Joule vergleicht nach seinen Untersuchungen besonders die Differenz der remanenten Magnetismen, nachdem er den Strom in beiden entgegengesetzten Richtungen durch die Spirale hat gehen lassen. Er nennt diese Differenz „den magnetischen Satz". Dieser magnetische Satz ist aber sehr von der Natur des Eisens abhängig, denn es giebt Eisenstäbe, welche mit der Umkehrung des Stromes auch ihren remanenten Magnetismus bei einer Stromesintensität umkehren, bei der andere Magnetkerne dies noch nicht thun. Ueberhaupt aber kann der remanente Magnetismus in einem jeden Stabe umgekehrt werden, wenn die angewandte magnetisirende Kraft nur stark genug ist. Da nun, wie wir bereits gesehen haben, der remanente Magnetismus viel eher zur Sättigung gelangt, als der temporäre, so muss in einem jeden Stabe, noch vor der magnetischen Sättigung, während der Stromwirkung ein Zustand eintreten, bei welchem der remanente Magnetismus durch Umkehrung des Stromes gänzlich vernichtet wird. Ob Joule bis zu diesem Punkte bei seinen Untersuchungen gelangt ist oder denselben wohl gar überschritten hat, ist nicht gesagt. Die Stäbe, welche ich zu ähnlichen Versuchen anwandte, zeigten, besonders wenn sie nicht dick waren, sehr bald eine Umkehrung des remanenten Magnetismus nach vorangegangener Umkehrung des Stromes.

Bei seinen Versuchen verfährt Joule in der Weise, dass er misst:

1) den Magnetismus der Stange unter dem Einfluss des Stromes,

2) den remanenten Magnetismus,

3) den Magnetismus, wenn der Strom umgekehrt wurde, und

4) den remanenten Magnetismus nach Unterbrechung des umgekehrten Stromes.

In den von ihm gegebenen Tabellen findet sich nun 1) die Differenz zwischen der Beobachtung in Nr. 1 und der in Nr. 3, welche Joule die Totaländerung des aus der Umkehrung hervorgegangenen Magnetismus nennt und 2) die Differenz zwischen Nr. 2 und Nr. 4, welche, wie schon bemerkt, „der magnetische Satz" genannt wird.

2. Ausser dem bereits erwähnten, in der Eigenschaft des Eisens begründeten Bedenken, ob die gelieferten Resultate über den fraglichen Punkt entscheiden können, ist nun noch ein Einwand gegen die Methode

[1]) Proc. of Roy. Soc. VIII. 488 — 490; Phil. Mag. (4) XI. 77 — 79; Jahresbericht der phys. Ges. zu Berlin 1858 pag. 504.

vorhanden, aus welchem hervorgeht, dass mehrere aus den Versuchsresultaten gezogenen Schlüsse durchaus nicht begründet sind.

Es ist schon vorn erwähnt, dass Joule voraussetzt, er habe dieselbe magnetisirende Kraft, wenn er verschieden dicke Magnetkerne mit derselben Drahtlänge eng umwickelt. So sagt er in dem vorliegenden Falle:

„Ich nahm vier ellenlange Eisenstangen von $1/6''$, $1/4''$, $1/2''$ und $1''$ Durchmesser und dem Gewicht 1736, 3802, 14560 und 55060 Gr. Jede Stange war mit $1/4'''$ dickem mit Seide besponnenem Kupferdraht umwickelt, und die Zahl der Windungen war resp. 1020, 712, 388 und 207."

Wenn nun Joule durch alle diese Spiralen denselben Strom sendet und nachher sagt: „Man wird bemerken, dass der magnetische Satz bei den $1/6''$ und $1/4''$ starken Stangen ungefähr im Verhältniss des Quadrats der Ströme zunimmt, dass aber bei den dickeren Stangen das Verhältniss sich verringert, so dass, obwohl der magnetische Satz bei den Stangen von geringerem Durchmesser grösser ist, als der bei den dicken, wenn ein starker Strom hindurchgeht, das Umgekehrte stattfindet, wenn ein schwacher Strom angewandt wird;" so involvirt dies doch die Meinung, als habe er hier Kräfte zur Anwendung gebracht, welche sich nur durch die Stromstärke unterscheiden, und als sei, wenn er in allen Fällen schwache Ströme anwendet, auch die wirkende Kraft dieselbe. Da nun aber die magnetisirende Kraft nicht allein von der Stromstärke, sondern auch von der Windungszahl der Spirale abhängt, so ist Joule gar nicht berechtigt, die mit den verschieden dicken Stäben erhaltenen Resultate unter einander zu vergleichen, weil sie nicht gleichwerthig sind. Wenn die dicken Stangen mit geringerer Kraft magnetisirt werden, weil sie mit weniger Spiralwindungen umgeben sind, so kann auch der magnetische Satz nicht entsprechende Werthe zeigen.

Joule sagt darauf: „Aus der siebenten Colonne kann man schliessen, dass der durch einen gleichen Strom erregte Magnetismus, während er zuerst ungefähr mit dem Durchschnitt der Stangen zunimmt, zuletzt fast ganz unabhängig wird von ihrer Dicke; da die Anziehung der halbzölligen und zölligen Stangen fast ganz einander gleich sind."

Die siebente Colonne aber giebt die Differenz von Nr. 1 und 3 weniger den magnetischen Satz dividirt durch die Stromstärke. Wenn nun schon der remanente Magnetismus der verschieden starken Stäbe aus den obigen Gründen nicht vergleichbar ist, wenn ferner dasselbe für den magnetischen Satz gilt: so wird klar sein, dass man aus diesen Zahlen weder auf die magnetische Kraft der Stäbe von verschiedenem Durchmesser, noch auf den remanenten Magnetismus derselben, noch auf die daraus gezogenen Differenzen schliessen kann. Erst eine Reduction der ursprünglichen Messungen, welche Joule leider nicht angiebt, auf eine gleiche Windungszahl bei allen Stäben würde ein Urtheil über den in denselben vorhandenen remanenten Magnetismus annäherungsweise zulassen, obgleich auch ein solches Resultat noch nicht unzweifelhaft wäre, weil ja der remanente Magnetismus nicht der magnetisirenden Kraft proportional wächst. Nur unter übrigens ganz gleichen Bedingungen kann man zu einem Urtheil über den fraglichen Punkt gelangen.

Untersuchungen von Wiedemann.

3. Die neusten Untersuchungen auf diesem Gebiete sind von Wiedemann angestellt, welcher ebenfalls Unterschiede zwischen dem remanenten und temporären Magnetismus im Verhältniss zur wirkenden Stromstärke findet. Diese Versuche gestatten leichter einen Vergleich, weil Wiedemann direkt die Beobachtungen und nicht wie Joule die Differenzen zweier entgegengesetzter Wirkungen mittheilt. Folgende Mittheilungen sind einem Berichte entnommen, welchen Wiedemann später als die Veröffentlichung in Pogg. Ann. pag. 235 über seine Untersuchungen gegeben hat.[1]) Wiedemann wendet zu seinen Untersuchungen Eisenstäbe, so wie weiche und harte Stahlstäbe von $8\frac{1}{2}''$ Länge und $\frac{1}{2}''$ Dicke an. Die weichen Stäbe wurden vor jeder Versuchsreihe zwischen Kohlen ausgeglüht und unter Bedeckung des Feuers abgekühlt. Auf diesem Wege ergab ein Stahlstab bei der Stromesintensität J als temporären Magnetismus M und als remanenten Magnetismus R folgende Werthe, während die Colonne $-J_{,}$ die zur Vernichtung des remanenten Magnetismus nöthige Stromstärke angiebt:

J	M	R	$-J_{,}$	T
13	36	6	7,9	30
20,2	55,8	9,3	11,1	46,5
26,5	75,3	12	12,7	63,3
34	99,1	15,1	15,1	84
51	151,1	19,9	18	131,2
79	237	25,9	20,3	211,1
98	282,2	28	21	254,2
120	325	29,8	21,1	295,2
142,7	364,3	30	21,5	334,3
154,5	377,5	30,6	22	346,9

[1]) Verhandlungen der naturf. Ges. in Basel II, 1859 pag. 169.

Etwas anders als in dieser Reihe zeigt sich der remanente Magnetismus als derselbe Stab, nachdem er zuletzt unmagnetisch gemacht war, noch einmal in gleichem Sinne, wie vorher magnetisirt wurde, ohne jedoch jedes Mal entmagnetisirt zu werden:

J	14	20,4	28,2	36,4	45,6	70,4	91,5	115	159
M	41,5	61,3	86	112,7	142	216,5	269,5	318	385
R	11,2	15,2	19	22,4	24,6	28,2	29,1	30,1	31
T	30,3	46,1	67	80,3	117,4	188,3	240,4	288,9	354

Aus der den beiden Reihen beigefügten Colonne T, welche die Differenz zwischen M und R, also den temporären Magnetismus giebt, folgt, dass in dem zweiten Falle der remanente Magnetismus Anfangs grösser, dagegen der temporäre in beiden Fällen ziemlich genau derselbe ist bei gleichem Strome.

4. Ein harter Stahlstab wurde, nachdem er zuvor durch denselben Strom von der Intensität 111,8 achtmal hinter einander magnetisirt und durch den Strom —62,2 entmagnetisirt war, durch folgende Stromstärken magnetisirt und zeigte nun die Magnetismen M und R wie folgt:[1])

J	14	26,8	37	51,8	62,7	77,5	92,1
M	28,5	53,2	69,9	99,2	122	155	186,1
R	13,9	22	28,5	38,6	47,5	57,1	65,7

Wir finden, dass hier die Magnetismen M, d. h. die Summen des temporären und remanenten Magnetismus fast ganz genau den Stromstärken proportional wachsen, während die remanenten Magnetismen hinter den Stromstärken weit zurückbleiben. Es wächst also bei diesem harten Stahlstabe der temporäre Magnetismus in grösserem Verhältniss als die Stromstärke.

5. Das Hauptresultat, welches Wiedemann aus seinen Untersuchungen zieht, ist das, dass der in Stäben erregte temporäre Magnetismus nicht den Stromstärken genau proportional ist. Diese Abweichung von der Proportionalität findet im höchsten Grade bei harten Stahlstäben statt, während das weiche Eisen dieselbe nur in geringem Grade zeigt.

Zu dieser Beobachtung fügt Wiedemann noch die Beschränkung hinzu, dass die temporären Magnetismen besonders dann etwas schneller als die Ströme wachsen, wenn die Stäbe zum ersten Male magnetisirt

[1]) Verhandlungen der naturf. Ges. in Basel II, 2. 1859 pag. 198 u. f.

werden, wogegen bei Wiederholung sich die Proportionalität immer mehr einstellt. Die von mir gemachten Beobachtungen sind den eben mitgetheilten ganz ähnlich, und ich glaube aus dem Vergleich des weichen Eisens mit dem harten Stahle schliessen zu müssen, dass die ganze Abweichung von der Proportionalität mit den Strömen einzig und allein durch den stets variirenden remanenten Magnetismus erzeugt wird, welcher auch in dem weichen Eisen vorhanden ist. Es ist mir bis jetzt nicht gelungen, irgend eine Gesetzmässigkeit in dem Verhalten desselben zu entdecken, ebenso wie auch die von Wiedemann angeführten Reihen keine Gesetzmässigkeit zeigen, obwohl im Ganzen dieser remanente Magnetismus eine geringere Zunahme beobachten lässt, als dem Verhältniss der wachsenden Ströme entspricht.

Allein diese geringere Zunahme tritt erst bei stärkerer Steigerung des Stromes ein, während bei allmälig aufsteigenden Strömen und bei der ersten Magnetisirung der remanente Magnetismus ungleich schneller wächst als die magnetisirenden Kräfte. Als frappantes Beispiel für diesen Satz gelten die remanenten Magnetismen, welche Wiedemann an dreien Stäben beobachtete, die dreimal hinter einander durch denselben Strom magnetisirt wurden. Der erste dieser Stäbe bestand aus weichem Eisen, der zweite aus weichem Stahl, der dritte aus hartem Stahl.

Strom-stärke.	Weiches Eisen. I.	II.	III.	Weicher Stahl. I.	II.	III.	Harter Stahl. I.	II.	III.
7,4	1,3	3,9	4,1	1,1	5,5	6,6	2,3	3,6	7,5
13,8	3,1	5,9	6,5	3,7	10,6	11,6	4,4	7,2	10,9
20,8	4,5	7	7,4	7,2	15,4	16,3	7,4	11,3	15
29,9	5,7	8,4	8,5	12,1	20,7	21,7	12,1	17,1	20,6
52,3	7	9,2	9,4	23,2	30,2	31,2	27,5	32,3	35,5
72,8	8,2	9,3	9,5	31,1	35,9	36,6	44,2	49,2	52,3
99,1	8,7	9,4	9,6	37,5	40,1	40,7	64,9	67,2	69,3
130	10,1	9,8	9,7	43,9	43,9	43,9	88	83,2	82,6

Aus diesen Reihen sieht man, dass die mit I., II. und III. bezeichneten Colonnen jedesmal andere Werthe geben, und zwar dem vorn Besprochenen analog, während die zuletzt erlangten Werthe immer in allen drei Nummern ziemlich gleich sind. Bei dem schwächsten Strome giebt der weiche Eisenstab bei der dritten Magnetisirung das 3fache, der weiche Stahlstab sogar das 6fache und der harte Stab das 3,26fache von dem durch die erste Magnetisirung erhaltenen remanenten Magnetismus.

In diesen hier aufgeführten Erscheinungen glaube ich den Grund suchen zu müssen, aus welchem die im vierten Abschnitte §. 7 angestellten Untersuchungen nach der Koosen'schen Methode bis jetzt nicht das erwartete Resultat gegeben haben. Da in dem Eisenkerne der temporäre Magnetismus stets mit dem remanenten zusammen auftritt, und der letztere sich bei jeder wiederholten Magnetisirung ändert, so folgt daraus eine, wenngleich unbedeutende Aenderung in dem molekularen Zustande des Eisens, welche dann ebensowohl den temporären wie den remanenten Magnetismus modificiren kann. Ich muss diesen bis jetzt unerklärten Thatsachen noch die hinzufügen, dass es mir bis jetzt ebenso wenig gelungen ist, die nach der Koosen'schen Methode beobachteten Abweichungen des Magnetismus von der Proportionalität mit der Stromstärke bei wiederholtem Versuche gleich den früheren zu erhalten, als ich im Stande gewesen bin, eine Analogie in den Abweichungen verschiedener Stäbe zu entdecken. Hoffentlich werden umfangreichere Versuche näheren Aufschluss geben.

6. Als fernere Schlüsse aus seinen Untersuchungen führt Wiedemann noch folgende an:

„Wird dem magnetisirten Stabe durch entgegengesetzte Ströme der remanente Magnetismus entzogen, so nimmt derselbe schneller ab, als die Intensitäten jener Ströme zunehmen. Zur vollständigen Entmagnetisirung ist ein schwächerer Strom erforderlich als zur Magnetisirung.“

Dieses Resultat scheint doch unzweifelhaft eine Folge der Einwirkung des temporären Magnetismus auf den remanenten zu sein. Der in dem Stabe entstehende entgegengesetzte temporäre Magnetismus trägt mit zur Vernichtung des früheren remanenten bei.

„Bei wiederholtem Magnetisiren und Entmagnetisiren,“ fährt Wiedemann fort, „durch Ströme von derselben Intensität wie vorher, werden die durch dieselbe magnetisirende Kraft erhaltenen remanenten Magnetismen etwas grösser als vorher; sie wachsen Anfangs immer noch schneller als die magnetisirenden Kräfte, aber weniger schnell als zuvor. Dabei tritt der Wendepunkt, von dem an die Magnetismen langsamer zunehmen, schon bei einer schwächeren Intensität wie vorher ein. Endlich wird die durch den stärksten angewandten Strom erreichbare Magnetisirung allmälig ein wenig kleiner. Beim Entmagnetisiren fallen gleichfalls die Magnetismen etwas langsamer ab als vorher. Der bei dem ersten Mal zum Entmagnetisiren genügende Gegenstrom lässt dabei dem Stabe ein bei Wiederholung der Operation immer grösser werdendes Residium. Erst nach mehrfacher Hin- und Hermagnetisirung eines Stabes erlangt er einen constanten Zustand, wo er sich bei ferneren Magnetisirungen stets gleich verhält.“

„Indem bei wiederholter Anwendung der entgegengesetzten Ströme von gegebener Intensität das Maximum der Magnetisirung allmälig auf eine bestimmte Grösse sinkt, das Minimum aber um ein Bestimmtes steigt, sind die durch die angewandten Ströme erreichbaren Magnetisirungen in engere Gränzen eingeschlossen als vorher.“

„Ausserdem geht aus den Versuchen das schon bekannte Resultat hervor, dass nach wiederholter Magnetisirung und bei stärkeren Strömen die temporären Magnetismen im harten Stahl weniger schnell zunehmen als im weichen Stahl, und in diesem weniger als im Eisen, dass aber die remanenten Magnetismen das entgegengesetzte Verhalten zeigen.“

7. Weitere Versuche zeigten ferner:

„Hat man durch Einwirkung eines Stromes einen durch Ausglühen unmagnetisch gemachten Stab magnetisirt und ihn sodann durch einen Gegenstrom entmagnetisirt, so vermag weder dieser Gegenstrom, noch einmal angewandt, noch ein schwächerer Strom in gleichem Sinn wie derselbe, dem Stab Magnetismus in der der ursprünglichen Magnetisirung entgegengesetzten Richtung zu ertheilen. Wohl aber magnetisiren Ströme von gleicher Intensität wie die Gegenströme, aber in der Richtung des ursprünglichen magnetisirenden Stromes angewandt, den Stab schwächer oder stärker. Es ist demnach für die Untersuchung der Einwirkung galvanischer Ströme auf einen unmagnetischen Stahlstab durchaus nicht gleichgültig, ob der Stab durch Ausglühen völlig entmagnetisirt worden ist, oder ob man ihn nur durch die Einwirkung nach einander folgender entgegengesetzt gerichteter Ströme scheinbar unmagnetisch gemacht hat.“

Zu demselben Resultate führen Marianini seine Versuche über die Magnetisirung von Eisenstäben mittelst eines magnetischen Magazins.[1]) Er nennt den in einem Stabe vorhandenen magnetischen Zustand, in welchen der Stab durch entgegengesetztes Magnetisiren versetzt ist, so dass er keinen Einfluss nach aussen übt, „dissimulirten“ Magnetismus.

In Bezug auf diesen dissimulirten oder gebundenen Magnetismus findet Marianini überhaupt folgende Sätze:

1) Es kann in einem Eisen Magnetismus vorhanden sein, der sich durch die gewöhnlichen Mittel der Untersuchung nicht nachweisen lässt, weil er sich gebunden im Eisen vorfindet. Solcher gebundener Magnetismus ist im Eisen vorhanden, wenn dasselbe durch Streichen oder Hämmern etc. auf den unmagnetischen Zustand zurückgeführt wurde.

[1]) Raccolta fis. chim. I. 1; Mem. d. soc. ital. in Modena XXIII. 217; Berliner Berichte über die Fortschritte der Phys. 1847 pag. 488.

2) Der gebundene Magnetismus kann im Eisen, wenn dasselbe Polarität zeigt oder nicht, verschiedene Eigenthümlichkeiten bezüglich seines magnetischen Verhaltens bewirken, die sich durch die verschiedenen Grade der Sättigung, durch Umkehrung der Polarität etc. wahrnehmbar machen.

3) Durch wiederholtes Entmagnetisiren und Magnetisiren wird der Magnetismus in einem Stabe bedeutend erhöht. —

In einem andern Falle als den oben angeführten brachte Wiedemann einen durch Ausglühen völlig entmagnetisirten Stab auf einen Magnetismus A, und durch einen Gegenstrom von der Intensität J_b zurück auf den Magnetismus B. Durch einen dem ersten gleichgerichteten, aber schwächeren Strom erhielt sodann der Stab eine neue Magnetisirung C. Um ihn nun von der Magnetisirung C auf B zu bringen, war wieder ein Gegenstrom von der Intensität J_b erforderlich. Hierbei konnte B positiv, Null oder negativ sein. Folgende Beobachtungsreihe liefert hierzu ein Beispiel. Sie wurde mit vier Stäben angestellt, welche frisch ausgeglüht waren.

	I.	II.	III.	IV.
Ursprünglicher Magnetismus A	34	34	136	134
Intensität des Gegenstromes J_b	—25	—25	—104	—104
Magnetismus B	0	0	— 2,5	— 6
Magnetismus C	9	18,5	66,5	24,5
Strom zum Zurückführen auf B	—25	—25	—104	—104

An diese Beobachtungen schliessen sich noch ähnliche Resultate, welche durch Erschütterung eines Stabes erhalten wurden.

Wurde ein Stahlstab unter dem Einfluss des magnetisirenden Stromes durch Stösse oder Schläge erschüttert, so wuchs dadurch das nach Unterbrechung des Stromes in dem Stabe zurückbleibende Residuum. Erschütterte man dagegen den Stab, nachdem der magnetisirende Strom aufgehört hatte, so verminderte sich der remanente Magnetismus. —

Hatte man einen Magnetstab durch einen dem magnetisirenden Strome entgegengesetzt gerichteten Strom seinen Magnetismus zum Theil oder völlig entzogen, oder sogar seinen Magnetismus umgekehrt, so nahm er beim Erschüttern einen Theil seines früheren Magnetismus wieder an. Es ist also auf diese Weise möglich, einen ganz unmagnetischen Stab herzustellen, der durch Erschütterungen magnetisch wird. Dies geschieht natürlich, wenn der Stab senkrecht gegen den magnetischen Meridian gestellt, und also dem Einflusse des Erdmagnetismus entzogen ist.

Um diese Erscheinungen in der Vorstellungsweise der Ampère'schen Theorie auszudrücken, müsste man sagen: die Molekularmagnete und die zu ihnen gehörigen Ströme, welche den remanenten Magnetismus eines Stabes bewirken, werden, wenn sie einmal gerichtet gewesen und dann wieder in ihre Ruhelage gebracht worden sind, wieder in die frühere Richtung getrieben. Nach anderen Physikern existiren in einem Stahlstabe zwei Systeme von Molekularmagneten, deren eines den Nord- und deren anderes den Südmagnetismus hervorruft. Der Grad des Magnetismus in dem Stabe rührt alsdann her von der Menge der gerichteten Moleküle eines jeden Systems, oder von dem Grade, in welchem diese Systeme gerichtet sind. Eine Magnetisirung oder Erschütterung stört dieses Verhältniss und ändert also den magnetischen Zustand.

In die Reihe dieser Beobachtungen gehören die von du Moncel,[1]) in Folge deren ein Elektromagnet nicht wieder seine erste Tragkraft erlangt, wenn derselbe zuerst durch einen schwachen, dann durch einen starken und dann wieder durch den ersten Strom erregt wird. Er schliesst aus seinen Versuchen, dass diese Schwächung mit der Natur des Eisens variirt, und dass sie nicht proportional ist der Vermehrung der elektrischen Kraft, sondern in einem unregelmässigen Verhältniss im umgekehrten Sinne des normalen Wachsens der Kraft abnimmt. — Die hier auftretenden Differenzen müssen nur sehr gering oder durch individuelle Umstände bedingt sein, da ich bei meinen Untersuchungen dergleichen bei einmaligem Versuche nicht bemerkt habe, für häufig in längerer Zeit wiederholte Wirkungen aber eher das Gegentheil behaupten kann.

§. 5.

Ueber den Einfluss der Temperatur auf die Kraft der Magnete.

1. Es ist eine längst bekannte Thatsache, dass die Temperatur von Einfluss auf die magnetische Intensität eines Stahlstabes ist. Saussure und Canton machten zuerst darauf aufmerksam. Coulomb suchte diesen Einfluss numerisch zu bestimmen, jedoch haben seine Resultate keine allgemeine Gültigkeit.

Später war Christie bemüht, den täglichen Beobachtungen der magnetischen Intensität eine Correction für den verschiedenen Thermometerstand zu geben. Er fand, dass bis zu etwa 80° F. die schwächende Veränderung für einen Grad der Farenheit'schen Skale 1—0,000564 sei.[2])

[1]) Compt. rend. 36 pag. 387; Berl. Ber. 1852 pag. 572.

[2]) Pogg. Ann. 17 pag. 404.

Hansteen, dessen Versuche nicht die Temperatur des siedenden Wassers überschritten, hat für die Schwächung das Gesetz aufgestellt

$$T = T' \, [1 - 0{,}000394 \, (t' - t)],$$

wo T' und T die Oscillationsdauer bei den Temperaturen t' und t bedeutet. Moser und Riess ziehen in Zweifel, ob diese Formel eine Gültigkeit für höhere Temperaturen habe,[1]) da nach Christie die Abnahme der magnetischen Intensität nur bis etwa 21° R. der Temperatur proportional stattfindet und dann in grösserem Verhältniss wächst.

Auch Kupffer hat Versuche über diesen Gegenstand angestellt, deren Resultate ebenso sehr untereinander als von den oben genannten abweichen. Moser und Riess stellten darnach umfassendere Versuche an, aus denen man erkennt, wie grosse Schwierigkeiten sich der Aufstellung eines allgemeinen Gesetzes Hinsichts der Wirkung der Wärme auf die magnetische Intensität entgegenstellen. Sie schicken ihren Versuchen, welche wie alle früheren den Zweck hatten, die Correction für die tägliche wie jährliche Variation der magnetischen Intensität auf der Erde zu bestimmen, die Bemerkung voraus, dass man eine Correction für verfehlt erklären muss, sobald sie als ein Factor jeder beliebigen Intensität in jeder beliebigen Nadel gelten soll. Auf eine solche Weise liesse sich wohl die ausdehnende Kraft der Wärme auf die Volumina der Körper darstellen, aber nicht die Wirkung der Wärme auf den Magnetismus.

2. Die Wirkung der Wärme auf die Magnetnadel ist theils eine momentane, theils eine bleibende Schwächung. Um die bleibende Wirkung der Wärme zu beobachten, tauchten die Experimentatoren eine 2'' lange, weiche Stahlnadel von 0''',67 im Durchmesser, zu wiederholten Malen in siedendes Wasser. Die Nadel, welche vorher 30 Oscillationen in 243'',2 gemacht hatte, machte nach

dem 1sten	Eintauchen	dieselben	in	255'',6
„ 2ten	„	„	„	257'',8
„ 3 „	„	„	„	258'',8
„ 4 „	„	„	„	259'',6
„ 5 „	„	„	„	260'',2
„ 6 „	„	„	„	260'',8

Nach weiterem Eintauchen änderte sich die Schwingungszeit nicht mehr. Ein Vergleich der Zahlen 243'',2 und 260'',8 giebt den Factor für den Verlust durch die Wärme = 1—0,130415. Dieser Verlust ist viel grösser als alle früheren an harten Stahlnadeln gefundenen, und die Expe-

[1]) Pogg. Ann. 17 pag. 404.

rimentatoren überzeugten sich durch mannigfache Modification des Versuchs, dass diese Erscheinung nicht durch äussere Umstände herbeigeführt war, sondern dass wirklich die Wärme auf weichen Stahl in anderer Weise als auf harten wirke.

Gleichzeitig zeigten diese Versuche, was auch mit dem Früheren im Einklange steht, dass sich der weiche Stahl dadurch wesentlich vom harten unterscheide, dass die weichen Nadeln erwärmt, eine geringere Intensität haben als nach dem Erkalten. Uebrigens erscheint die Wirkung der Wärme instantan, denn selbst ein Stunden lang erhaltener Siedepunkt war nicht im Stande, den Magnetismus stärker zu afficiren als ein kurzes Eintauchen.

3. Hiernach wurden Nadeln von verschiedenem Durchmesser geprüft, welche folgende Reihe ergaben.

Verlust der Nadeln aus weichem Stahl von verschiedenem Durchmesser durch eine Temperatur von 80° R.

d. Durchmesser $= d.$	Verhältniss von $d.$	Dauer einer gleichen Anzahl von Oscillationen. vorher.	nachher	Intensität oder $1-a.$	$\frac{a}{d}$
0''',66	20	269'',4	286''	1—0,1127	0,1708
0,73	22	320	342,6	1—0,1276	0,1747
0,86	26	332	360	1—0,1495	0,1738
1,1	33	338	374,8	1—0,1867	0,1697
1,16	35	348	388,2	1—0,1964	0,1693
1,77	53	320,4	368,6	1—0,2443	0,1381

Man ersieht aus dieser Reihe, dass die Abnahme der Intensität abgesehen von der letzten Nadel dem Durchmesser derselben ziemlich genau proportional ist; allein man sieht andererseits auch wieder aus den Beobachtungen der letztern Nadel, dass dieses Gesetz keine allgemeine Gültigkeit hat. Die Experimentatoren untersuchten daher hohle Nadeln im Vergleich mit massiven. Es wurden zwei Nadeln von gleichen Dimensionen angewandt, deren eine durchbohrt war. Diese letztere ergab den Factor für den Wärmeverlust 1—0,29843, während die massive 1—0,15286 zeigte. Noch ähnliche, dahin zielende Versuche führten zu dem Satze, dass der durch die Wärme erzeugte Verlust der magnetischen Intensität der Oberfläche der angewandten Nadeln proportional sei,

4. Hiernach wurde die Wirkung der Länge von Stahlnadeln geprüft, und es zeigte sich, dass doppelt so lange Nadeln etwa in dem Verhältniss von 3 : 4 weniger durch die Temperaturerhöhung verloren, als die bisher

angewandten. Als Nachweis, dass diese Verschiedenheit nicht durch die Stahlsorte bewirkt werde, wurden darauf die angewandten Nadeln auf die Länge der früheren verkürzt und es zeigten sich nun wieder Werthe von a, welche den an den früheren Nadeln gefundenen entsprachen.

Durchaus verschieden von dem an weichem Stahle beobachteten Verlust durch die Wärme ist der des gehärteten. Auch diese Erscheinung erklärt sich wie schon mehrere früher angeführten, aus der Annahme, dass durch die Magnetisirung die Moleküle wirklich gerichtet werden. Wenn nämlich durch das Härten die Coercitivkraft gesteigert wird, so muss durch die Erwärmung jene auch wieder schwächer werden, es muss also im gehärteten Stahle der Verlust an Magnetismus durch die Wärme grösser werden als im ungehärteten. Wir haben gesehen, dass der Kohlengehalt und die Härtung des Eisens die Grösse des remanenten Magnetismus bedingen, d. h. bewirken, dass mehr Moleküle nach dem magnetisirenden Einflusse gerichtet bleiben. Ein Magnet muss also bei dem Vorhandensein beider Ursachen des Magnetismus mehr polarisirte Moleküle enthalten, als wenn eine derselben fehlt, und es müssen also auch mehr in ihre Ruhelage zurückkehren, sobald derselbe Einfluss auf beide Ursachen wirkt. Von diesen beiden Ursachen lässt gerade die Härtung am einfachsten die Erklärung zu, dass, wenn in Folge derselben mehr Moleküle gerichtet bleiben als ohne sie, auch dieses Gerichtetsein theilweise mit dem Aufheben der Ursache aufhören wird.

Mit dieser Deduction in Uebereinstimmung, zeigten die gehärteten Nadeln einen viel grösseren Verlust an Magnetismus durch die Wärme als die weichen. Die am meisten gehärtete Nadel ergab $a = 0{,}51523$, während eine weniger harte, die freilich grösseren Durchmesser hatte, $a = 0{,}39954$ zeigte.

5. Allein nicht nur dieser quantitative Unterschied, sondern auch qualitative Unterschiede zeigten sich zwischen Nadeln von verschiedener Härte. Während erstens die weichen Nadeln in der Wärme geringere Intensität zeigten als nach dem Erkalten, war es bei den gehärteten umgekehrt, ihr Verlust nahm mit dem Erkalten zu. Ferner unterscheiden sich beide Arten von Nadeln in ihrem Verhalten bei wiederholter Magnetisirung. So oft auch eine weiche Stahlnadel zum stabilen Zustand gegen den bleibenden Einfluss eines gewissen Wärmegrades gebracht worden ist, so wird doch der Werth von a nach einer neuen Magnetisirung sich stets den früheren gleich ergeben. In gehärteten Nadeln ist dies nicht der Fall; der Verlust nach einem zweiten Streichen ist um Vieles geringer als der erste, und sinkt so nach und nach bis zu einer verschwindenden Grösse herab. So zeigte

eine Nadel, nachdem sie durch 45maliges Eintauchen in Wasser von 80° auf den stabilen Zustand gebracht war, $a = 0{,}44103$. Nach der zweiten Magnetisirung wurde sie weniger magnetisch als sie ursprünglich gewesen, und das dann erhaltene a war nur $= 0{,}06057$. Nach dem dritten Streichen war $a = 0{,}04395$ und ward endlich $= 0$.

Diese Versuche waren mit unpolirten Nadeln angestellt und der Versuch lehrte, dass polirte Nadeln nicht diese letztgenannten bedeutenden Aenderungen zeigten, weil die Wärme, der sie durch das Poliren ausgesetzt werden, sie für eine weitere Wirkung derselben unempfindlicher macht.

Am Eisen bemerkten Moser und Riess keine Aenderungen der Art durch Erwärmen bis zum Siedepunkt des Wassers. Einer Röhre, in welcher durch Reduction des Eisenoxyds mittelst Wasserstoffs reines Eisen eingeschlossen war, konnten sie keinen wahrnehmbaren Grad von Magnetismus mittheilen, und ebenso wenig zeigte sich dasselbe für die tellurische Polarität empfänglich.

Bei abwechselndem Erwärmen und Erkalten verschiedener Nadeln zeigte sich:

1) dass der weiche Stahl beim Erkalten an magnetischer Kraft gewinne, wogegen der gehärtete noch mehr verliere;

2) dass sämmtliche angelassenen Nadeln, sie mochten zuvor gehärtet sein oder nicht, sich wie weiche Stahlnadeln verhielten;

3) dass alle angelassenen Nadeln beim Erkalten an magnetischer Kraft zunehmen.

6. Aus der eben genannten Erscheinung, dass ein weicher Stahlstab, wenn er durch Erwärmen an Magnetismus verloren hat, wieder eine grössere Intensität erhält, wenn er sich abkühlt, schloss Dufor,[1]) dass die Intensität sich auch erhöhen werde, sobald sich die Temperatur erniedrige. Um dies zu prüfen, schloss er die zum Versuch angewandten Magnete in einen kupfernen Kasten und erniedrigte die Temperatur derselben durch Kältemischungen. Die Magnetstäbe befanden sich unter einer horizontalen, an einem Coconfaden aufgehängten Magnetnadel, aus deren Oscillationsdauer die magnetische Intensität der Stäbe bestimmt wurde. Diese Stäbe hatten 20^{cm} Länge und wogen 212 Grm.

Mit dem Stabe A erhielt er folgende Intensitäten bei Erniedrigung der Temperatur:

[1]) Pogg. Ann. 99 pag. 476.

Temperatur.	Intensität.
55°	6,39
30°	6,12
13°	5,06
5°	5,05

Der Stab *B* zeigte folgendes Resultat:

Temperatur.	Intensität.
60°	1,71
42°	1,63
23°	1,53
3°	1,35

Diese, wie noch andere Versuche zeigten, dass die Temperaturerniedrigung ebenso wie die Erhöhung derselben den Magnetismus schwäche.

„Die magnetische Intensität, sagt Dufour, hängt also in sehr inniger Weise von dem Molekularzustande des Magneten ab, und jede Veränderung in diesem Molekularzustande, jedes Aus- oder Zueinanderbringen der Moleküle zieht einen Verlust der Magnetkraft nach sich."

Ausser dieser Beobachtung hebt Dufour aber auch noch die schon von Moser und Riess gemachte hervor, dass der weiche Stahlstab seinen Magnetismus, den er durch Temperaturerhöhung verloren hatte, bei dem Erkalten zum Theil wiedergewinnt. Er sagt:

„Es ist bemerkenswerth, dass die Menge des Magnetismus, die ein Stahlstab aufnehmen kann, von der Temperatur bei der Magnetisirung abhängt. Je niedriger diese Temperatur, desto grösser ist die Menge des Magnetismus; allein mag der Stahl bei irgend einer Temperatur eine gewisse Magnetkraft erlangt haben, so verliert er einen Theil derselben, so wie der Molekularzustand, der dieser Temperatur angehört, verändert wird. Die Erkaltung bewirkt eine Verringerung der Kraft, sobald der Körper sich beim Erkalten von der Magnetisirungstemperatur entfernt. Wenn dagegen der zuvor erwärmte Magnet sich beim nachherigen Erkalten dem Zustand, bei welchem die Magnetisirung geschah, nähert, so ist diese Erkaltung von einer Verstärkung der Kraft begleitet."

Nach einer neueren Untersuchung[1]) Dufour's soll ein Stab, welcher bei einer hohen Temperatur (50°) magnetisirt wird, wenn er zu wiederholten Malen auf 0° erkaltet und wieder auf 50° erwärmt wird, nach etwa 10 Temperaturwechseln gegen dieselbe nahezu unempfindlich werden.

[1]) Archive de Genève T. XXXIII. pag. 50.

7. Mit diesen Resultaten sind nicht ganz die von Wiedemann in neuster Zeit angestellten Versuche im Einklange.

Ein bei 16° C. magnetisirter Stab wurde hinter einander zweimal auf 100° erwärmt und wieder auf 16° abgekühlt. Es ergaben sich folgende Reihen:

Temperatur.						
16°	100°	16°	100°	16°	Quotient I.	Quotient II.
Magnetismus.						
16,6	11,5	12,5	11	12	0,247	0,04
33	23,7	25,9	21	25,1	0,212	0,034
52	35,5	39,7	33,5	38,5	0,246	0,03
71,5	49	55,5	46	53,8	0,223	0,03
93	—	72	60,2	69,6	0,225	0,033

Aus diesen Versuchen ergiebt sich folgender Satz:

„Magnetisirt man einen Stab bei einer bestimmten Temperatur und erwärmt ihn dann, so verliert er einen Theil seines Magnetismus, und dieser Verlust ist fast dem ersten Magnetismus proportional.“ Die in der „Quotient I.“ überschriebenen Colonne erhaltenen Zahlen zeigen diese Proportionalität. Sie sind erhalten durch Division der ursprünglichen Intensität in die Differenz zwischen dieser und der in der zweiten mit 16° überschriebenen Colonne verzeichneten. Dasselbe Gesetz wiederholt sich bei der zweiten Erwärmung und Erkaltung, wie der Quotient II. zeigt, nur dass dieser etwa nur $^1/_8$ des ersten ist.

Hiernach magnetisirte Wiedemann einen Stab bei 18° C. und wechselte dann seine Temperatur durch Einlegen in kochendes Wasser und schmelzendes Eis wiederholt zwischen 100° und 0°. Es ergab sich folgender Magnetismus:

18°	100°	0°	100°	0°	100°	0°	100°	0°
118	75,6	96,5	70,8	92,5	69,5	92	69,3	92

Noch nach zehnmaligem Wechsel hatte der Magnetismus sich fast nicht mehr und nach fernerem zwanzigmaligen gar nicht mehr geändert. Ein anderer Stab ward bei 100° magnetisirt und dann auf 0° erkaltet, wieder erwärmt etc. Seine Magnetismen waren in diesem Falle:

100°	0°	100°	0°
122	103	89	85,3

Nach fortgesetztem Erwärmen und Abkühlen ward der Magnetismus bei 0° constant 84 und bei 100° 79.

Diese Erscheinung weicht von dem von Dufour aufgestellten Satze ab, dass ein Stab nach einiger Zeit gegen Temperaturveränderungen unempfindlich würde.

Drei Stäbe abwechselnd auf 100° und 0° erwärmt, zeigten folgende magnetische Intensität:

	m_{100}	m_0	m_{100}	m_0	m_{100}	m_0
I.	85	70,5	59,4	64,2		
II.	88,6	84,6	67,8	81,3	65,6	79,6
III.	192	154	128,5	142		

Aus diesen Versuchen geht endlich hervor, dass ein bei höherer Temperatur magnetisirter Stab, abgesehen von seinem Verhalten bei der ersten Erkaltung, sich verhält wie ein bei gewöhnlicher Temperatur magnetisirter, er verliert beim Erhitzen an Magnetismus und gewinnt ihn zum Theil beim Erkalten wieder.

Bei Wiederholung des Temperaturwechsels wird der Magnetismus für beide angewandten Temperaturen constant, aber nicht gleich.

8. Wiedemann untersuchte ferner den Einfluss,[1]) den wiederholte Temperaturveränderungen auf den Magnetismus der Stahlstäbe ausüben, welche zuerst bis zu einem bestimmten Grade magnetisirt waren, denen sodann durch einen dem magnetisirenden entgegengesetzten Strom ein Theil ihres Magnetismus entzogen war. Die Stäbe hatten eine Länge von 237^{mm} und einen Durchmesser von 13,2^{mm}. In den die Resultate enthaltenden folgenden Tabellen bedeutet M den ursprünglichen Magnetismus des Stabes, m den nach Einwirkung des entmagnetisirenden Stromes zurückgebliebenen Magnetismus. Die bei dem Werth m stehenden Zahlen 0 und 100 geben die Temperatur an, der der Stab bei jedem Versuche ausgesetzt war.

I. Weicher Stahlstab,
magnetisirt und entmagnetisirt bei 0°.

	M	m	m_{100}	m_0	m_{100}	m_0
1.	70,5	70,5	42,2	54,5	—	—
2.	72	40,1	27	40,5	—	—
3.	70	25	18	39,5	—	—
4.	72	2	2	9	—	—
5.	75	0	0	9,5	0	9,5

[1]) Pogg. Ann. 103 pag. 563.

II. Weicher Stahlstab,
magnetisirt und entmagnetisirt bei 100°.

	M_{100}	m_{100}	m_0	m_{100}'	m_0'	m_{100}'
1.	56	56	53,5	40	51	38
2.	56	47,5	51	38	49	—
3.	56	19,5	31	20,5	—	—
4.	56	0	14,5	5,5	—	—

III. Harter Stahlstab,
magnetisirt und entmagnetisirt bei 8°.

	M	m	m_{100}	m_0'	m_{100}'	m_0'
1.	23,1	23,1	14	14,2	16,6	13
2.	47,2	23	18,5	20,5	17	19
3.	70,8	21,8	18,7	23,9	18,5	22,6
4.	90,5	24	20	27	19,2	26,5

Die hier aufgeführten Beobachtungen stehen im Zusammenhange mit den früher über den remanenten Magnetismus mitgetheilten Thatsachen, nach denen dieser Magnetismus unter demselben Einflusse verschiedene Intensität zeigt, je nachdem seinem augenblicklichen magnetischen Zustande ein verschiedener vorangegangen war. Wie dort eine neue Magnetisirung oder eine Erschütterung aus dem genannten Grunde verschiedene Erfolge hatte, so zeigt hier eine Temperaturdifferenz ein ähnliches Resultat.

Nach den früheren Versuchen, sagt Wiedemann, erleidet ein Stab, dem nach einander stärkere Magnetismen ertheilt werden, bei wiederholter Erwärmung und Erkaltung innerhalb derselben Temperaturgränzen nach einander Verluste an Magnetismus, welche jedesmal dem ursprünglichen Magnetismus direct proportional sind. Aus diesem Ergebniss folgt unmittelbar das Resultat, dass ein oftmals erwärmter und erkalteter Magnet zuletzt jedesmal den gleichen procentischen Antheil seines ersten Magnetismus behält. Ganz anders verhält sich ein Stab, dem ein Theil seines Magnetismus entzogen ist.

Nach der Tabelle I. verliert ein Stab, der bei 0° auf den Magnetismus 70,5 gebracht ist, beim einmaligen Erwärmen und Erkalten den Magnetismus 16. Hiernach sollte der Magnetismus desselben Stabes, wenn er auf 40,1 oder 25 reducirt worden ist, bei gleicher Behandlung sich um 9,1 und 5,7 vermindern. Die Versuche zeigen aber, dass der auf 40,1 reducirte Stab, nachdem er erwärmt war, beim Erkalten seinen früheren Magnetismus wieder erhält, und der Magnetismus des auf 25 reducirten

Stabes im Gegentheil sich dabei noch vermehrt. Noch deutlicher zeigt sich dies an demselben Stabe, wenn ihm sein ganzer Magnetismus entzogen ist, wie in der 5. Reihe. Beim Erwärmen erhält er dann zwar keinen Magnetismus, beim Abkühlen aber zeigt sich der ursprüngliche Magnetismus wieder.

Wir sehen also hier wie in den vorn erwähnten Fällen, dass unter Umständen ein unmagnetischer Stab, welcher, wie Marianini sagt, dissimulirten Magnetismus hat, beim einmaligen Erwärmen und Erkalten magnetisch werden kann.

Die Tabelle III. zeigt, dass der Verlust an Magnetismus bei einmaligem Erwärmen und Erkalten um so schwächer ist, je grösser der Magnetismus vor der Reduction war, und dass bei sehr grossem ursprünglichen Magnetismus der Stab an Magnetismus gewinnt.

Endlich zeigt die Tabelle II., dass ein bei 100° magnetisirter und auf schwächeren Magnetismus reducirter Stab je nach der Menge des bei der Reduction verlorenen Magnetismus beim Erkalten entweder von seinem Magnetismus verliert, oder unverändert bleibt oder auch mehr Magnetismus erhält.

Alle diese Eigenthümlichkeiten treten indess nur bei dem ersten Erkalten eines bei 100° oder bei der ersten Erwärmung und Erkaltung eines bei 0° magnetisirten Stabes ein. Bei weiterem Temperaturwechsel verhalten sich die Stäbe wie gewöhnlich magnetisirte.

§. 6.

Ueber den Einfluss der Torsion auf den Magnetismus und der Magnetisirung auf die Torsion von Stahl- und Eisenstäben.

A. Einfluss der Torsion auf den Magnetismus.

1. Das neueste Feld, welches der wissenschaftlichen Erforschung des Wesens des Magnetismus geöffnet worden ist, ist der von Wertheim zur Sprache gebrachte Einfluss der mechanischen Verschiebung der Moleküle eines Stabes auf den Magnetismus desselben.

Wertheim beginnt seine Mittheilung der hierauf bezüglichen Beobachtungen mit dem Bemerken, dass die längst bekannte Thatsache, dass sich ein andauernd gedrehter Eisendraht unter der Einwirkung des Erdmagnetismus dauernd magnetisire, nicht aus den bisher angenommenen

Theorieen des Magnetismus erklären lasse.[1]) Wiedemann dagegen, der in neuster Zeit ausführlichere Untersuchungen darüber angestellt hat, hält die Annahme drehbarer Molekularmagnete, wie sie nach der Ampère'schen Theorie in dem Eisen wirksam sind, zur Erklärung der bei der Torsion auftretenden Erscheinungen für ausreichend, und leitet am Schlusse seiner Mittheilungen die beobachteten Erscheinungen daraus ab. Diese Erscheinungen sind sehr complicirter Natur, zeigen aber durchweg eine merkwürdige Uebereinstimmung mit den bei der Erwärmung wahrgenommenen.

Wertheim theilt die durch die Torsion hervorgerufenen magnetischen Effecte in temporäre und permanente, je nachdem die Torsion temporär oder permanent ist.[2]) Befindet sich, sagt Wertheim, ein Eisenstab im magnetischen Gleichgewichtszustand, d. h. hat er allen Magnetismus angenommen, den er unter der Wirkung eines gegebenen Stromes erlangen kann; so demagnetisirt sich derselbe im Moment, wo er eine temporäre Torsion erleidet, und remagnetisirt sich im Momente der Detorsion.

Der Versuch wurde in der Weise unternommen, dass ein weicher Eisenstab von 1^{m} Länge und 15^{mm} Durchmesser von einer galvanischen und einer Inductionsspirale umgeben war, in welcher letzteren bei der Torsion sich ein Strom zeigte, sobald der Stab magnetisirt war.

2. Wiedemann stellt hierauf bezügliche Versuche mit Stahlstäben an, in welchen er die Aenderung des Magnetismus direkt misst. Die Stahlstäbe wurden durch eine sie umgebende galvanische Spirale verschieden stark magnetisirt, und dann ward mittelst eines Stahlspiegels, der in der Richtung des magnetischen Meridians vor dem Ende des Stabes stand, der Magnetismus gemessen, den die Stäbe bei verschiedenen Graden der Drehung zeigten.

Wurden die Stahlstäbe etwa 60^{0} bis 70^{0} aus ihrer Gleichgewichtslage gedreht, und dann die drehende Kraft aufgehoben, so kehrten sie nicht völlig in ihre frühere Lage zurück, sondern behielten eine dauernde Torsion von etwa 2^{0}. Diese letztere ist bei den folgenden Tabellen nicht besonders erwähnt.

Die angewandten Stahlstäbe waren flach, 227^{mm} lang, 2^{mm} dick und $7{,}2^{mm}$ breit. Es ergab sich folgende Abnahme des Magnetismus bei der Drehung um verschiedene Grade:

[1]) Pogg. Ann. 96 pag. 171 Compt. rend. T. XL. pag. 1234.
[2]) Pogg. Ann. 88 pag 331.

Stahlstab Nr. 1.

Drehung.	Magnetismus.	Magnetismus.	Magnetismus.	Magnetismus.
0°	75,2	116,5	158	200,5
20°	50	81,2	116,5	154
40°	35,5	60,5	91	126
60°	30	51	79,5	111
0°	29	48,7	75	105
—20°	26	42,3	65	91
—40°	21,2	36,2	56	80
—60°	18,5	32	50,5	73
—0°	18,5	34	53	76

Stahlstab Nr. 2.

0°	42,2	56	95,2	156,8
20°	39	51,5	88,6	150
40°	36	48,5	84,8	143,2
60°	33,8	46	81,2	138,5
0°	33,2	45,5	80,3	136,5
—60°	29	41,3	74	126,5
0°	29	42	75	128,5

Wurde dieser letzte Stab wiederholt auf +60° und —60° gedreht, so zeigte er folgenden Magnetismus:

Drehung	0°	+60°	0°	—60°	0°	+60°	0°
Magnetismus	128	123,6	123,8	120,2	122	120,5	121

Bei anderen Versuchen ertheilte Wiedemann einem Stahlstabe den remanenten Magnetismus 496,4. Dieser verminderte sich durch eine Anzahl von Hin- und Herdrillungen um 30° nach rechts und links wie folgt:

Zahl der Drillungen	0	10	30	50	80	120
Magnetismus	496,4	68,2	59	57,5	55,9	54,5

Der Magnetismus änderte sich also nach der ersten Drillung nur noch sehr wenig. Wurde jetzt der Stab je um 30° nach rechts und links gedreht, so ergab sich als Magnetismus in diesen beiden Lagen (*r*, *l*) und der Gleichgewichtslage (*O*); die er ohne tordirende Kraft annahm:

Drehung	*r*	*o*	*l*	*o*	*r*	*o*	*l*	*o*	*r*	*o*
Magnetismus	59,4	57	53	54,4	59,4	57,2	53	54,5	59,4	57,1

Andere Stäbe ergaben ähnliche Resultate, aus denen dann folgt:

a. Die Magnetismen der Stahlstäbe nehmen bei der Drehung ab, und zwar in einem mit wachsender Drehung abnehmenden Verhältniss. Die Abnahmen des Magnetismus sind bei gleicher Drehung den ursprünglichen Magnetismen der Stahlstäbe nahe proportional, indess bei den stärker magnetisirten Stäben etwas geringer, als dieses Gesetz verlangt. Wird ein gedrehter Stab wieder in seine Gleichgewichtslage zurückgeführt, so erleidet er noch einen ferneren Verlust an Magnetismus.

b. Eine wiederholte Drehung nach derselben Seite vermindert den Magnetismus des Stabes noch ganz allmälig. Wird dagegen der Stab nach der entgegengesetzten Seite gedreht, so tritt von Neuem eine starke Verminderung des Magnetismus ein, die indess nicht in gleichem Verhältniss mit der wachsenden Drehung fortschreitet.

c. Wird ein magnetisirter Stahlstab so oft hin- und hergedreht, dass sich sein remanenter Magnetismus nicht mehr verändert, wenn der Stab jedesmal in seine Gleichgewichtslage zurückgekehrt ist, so bewirkt jede Torsion nach der einen Seite eine Zunahme, jede Torsion nach der anderen Seite eine Abnahme des Magnetismus.

d. Statt der wiederholten Torsion kann man auch Erschütterungen anwenden, um den Stab dem constanten Zustande zuzuführen. Dieselben müssen indess äusserst kräftig und anhaltend gewesen sein, wenn der Stab nicht noch dauernd bei jeder Torsion nach beiden Seiten hin Magnetismus verlieren soll.

e. Wie Wertheim bei einem Eisenstabe beobachtete, so erreicht also auch ein magnetisirter Stahlstab bei wiederholten Torsionen ein magnetisches Gleichgewicht, bei welchem er in jeder Lage einen bestimmten, von seiner jedesmaligen Torsion abhängigen Magnetismus annimmt.

3. Abweichend von dem bisher besprochenen Verhalten ist das von Stahlstäben, die zuerst eine starke Magnetisirung erhalten haben, und dann durch einen entgegengesetzten Strom zum Theil oder ganz entmagnetisirt sind. Die dabei auftretenden Erscheinungen zeigen die folgenden Tabellen, in denen unter M der ursprüngliche Magnetismus, unter m der Magnetismus nach der Entmagnetisirung, und unter 10^0, 20^0 etc. die Magnetismen bei den entsprechenden Drillungen des Stabes angegeben sind.

Harter Stahlstab.

M	m	10°	20°	30°	40°	50°	60°
162	153	150	146,5	143,2	141	138,5	
168	137,5	137,5	137	135,7	134	132,6	132,2
174	115	116	116,1	116	115,9	115,2	114,8
172	96,5	97,3	98,2	98,3	98,6	98,5	98,3
161	10,2	12,3	14,1	15,6			

Ungehärteter Stahlstab.

M	m	10°	20°	30°	40°	60°
205	174	154	137	126	118	109
209	91	92,5	98,7	84,3	80,2	76
190	51,5	57	59,5	58	57,5	56,5
185	29	34,5	39,5	42	42,6	43,5
180	5	14,5	20,8	23,2	25,6	29
180,5	1	1,8	14	18	21,6	—

Aus diesen Reihen geht hervor, dass ein Stab durch die Torsion an Magnetismus verliert, wenn ihm durch entgegengesetzte Magnetisirung wenig von seinem früheren Magnetismus entzogen war, wogegen er durch Torsion gewinnt, wenn diese Entziehung bedeutend war. Die in diesem Falle auftretende Zunahme erreicht ein Maximum, von welchem ab dann auch wieder Abnahme bei fortgesetzter Drehung eintritt. Je grösser die Menge des entzogenen Magnetismus ist, desto bedeutender muss die Drehung sein, bei der das Maximum der Zunahme erreicht ist.

4. Wiedemann stellte ferner Versuche mit gedrehten Stäben bei Abänderung der Temperatur an.

Der Magnetismus eines bei 0° magnetisirten Stahlstabes wurde durch Drehen von 177 auf 59 vermindert. Erwärmte er dann den Stab auf 100° C., so änderte sich der Magnetismus auf 56,5, stieg aber nach Abkühlung bis auf 0° wieder auf 59. Aehnliches Verhalten zeigten mehrere Stäbe, so dass sich daraus der Satz ergiebt:

Entzieht man einem magnetisirten Stabe durch Torsion mehr Magnetismus, als er durch wiederholte Temperaturverändernng innerhalb gewisser Gränzen verliert, so behält der Stab, wenn er nach einer Erwärmung auf die frühere Temperatur zurückgeführt ist, seinen ganzen Magnetismus bei.

Noch andere Versuche bestätigen die Thatsache, dass der Magnetismus eines Stahlstabes, welcher gedreht wird, während er unter dem Einfluss des magnetisirenden Stromes steht, bei schwacher Torsion zuerst wächst, bei stärkerer wieder abnimmt.

B. Einfluss der Magnetisirung auf die Torsion der Eisen- und Stahlstäbe.

5. Bei den Versuchen, ob Magnetisirung einen Einfluss auf die Torsion eines Eisen- oder Stahlstabes habe, ergab sich zunächst, dass ein zuvor nicht absichtlich tordirter Stab keinen merklichen Einfluss erleide. Wurden dagegen Drähte vor der Magnetisirung gedreht, so bewirkte die Magnetisirung durch den galvanischen Strom eine Detorsion, und es war dabei gleichgültig, in welcher Richtung die Magnetisirung stattfand. Versuche mit verschieden starken Stäben bei verschieden starken Torsionen und galvanischen Strömen ergaben folgende Resultate:

a. Die Detorsion der Drähte nimmt mit dem Wachsen der Intensität der magnetisirenden Ströme im abnehmenden Verhältniss zu und erreicht bald ein Maximum. Sie ist bei geringen Torsionen und gleichen Stromesintensitäten nahezu dieselbe bei verschieden dicken Drähten. Bei stärkeren Torsionen nimmt sie indess, namentlich bei dünneren Drähten, allmälig ab. Der Grund hiervon ist wahrscheinlich der, dass bei stärkerer Drehung die Zähigkeit der Drähte sich vermindert Deshalb ist auch bei Stahldrähten die Detorsion kleiner als bei Eisendrähten.

b. Lässt man auf einen gedrehten Draht einen schwachen Strom wirken, der ihn theilweise aufdreht, so wird bei wiederholter Einwirkung desselben Stromes die Detorsion nicht vermehrt. Ein Strom von derselben Intensität, aber entgegengesetzter Richtung tedordirt den Draht weiter. Ist durch den zuletzt angewandten Strom der Draht so weit entdrillt, als dies durch Magnetisirung geschehen kann, so bewirkt jetzt ein diesem entgegengesetzter Strom wieder eine Zurückdrehung, ein darauf folgender gleich gerichteter eine Aufdrehung.

c. Magnetisirt man einen Eisendraht, der eine bestimmte permanente Torsion erhalten hat, so vermindert sich seine Torsion.

d. Hat man einem gedrehten Eisendraht durch entgegengesetzte Drehung einen kleinen Theil seiner Torsion genommen, so bewirkt die Magnetisirung eine schwächere Verminderung der Torsion als vorher.

e. Wird ein Draht magnetisirt während noch die denselben tordirende Kraft in Thätigkeit ist, so wird er bei schwacher Magnetisirung dadurch stärker tordirt und behält nach Unterbrechung des Stromes diese Torsion. Bei stärkerer Magnetisirung detordirt er sich jedoch wieder und kehrt nach Aufheben der Magnetisirung in seine frühere Gleichgewichtslage zurück.

6. Wiedemann schliesst an diese Versuchsresultate die Erklärung derselben aus den bekannten theoretischen Ansichten über den Magnetismus, welche auch vorn im II. Abschnitt mitgetheilt sind. Er bedarf besonders des Satzes, dass das Eisen aus drehbaren Molekularmagneten bestehe, wobei es zunächst gleichgültig ist, ob man die unveränderliche Polarität der Molekularmagnete einer constanten Vertheilung von magnetischen Fluidis, oder den Schwingungen der Moleküle und ihrer Aetherhüllen, oder Molekularströmen zuschreibt.

Ausser der von Weber angenommenen molekularen Direktionskraft, nach welcher die Moleküle in Folge ihrer Wechselwirkung auf einander in ihre frühere Gleichgewichtslage zurückkehren, sobald die magnetisirende Kraft aufgehoben wird,[1]) nimmt Wiedemann noch einen Widerstand an, den die Moleküle erfahren, und der sowohl auftritt, wenn die Magnetisirung die Moleküle drehen will, als wenn die zwischen denselben stattfindenden Molekularkräfte nach Aufhebung der magnetisirenden Kräfte dieselben wieder in ihre erste Gleichgewichtslage zurückführen. Diesen Widerstand kann man als der Coërcitivkraft gleichbedeutend ansehen.

7. Dass sich aus diesen Sätzen die Erscheinungen der Magnetisirung ergeben, ist schon früher dargethan. Hinsichts der Torsion ist noch zu beachten, dass bei der Verschiebung der Theilchen der Körper an einander durch die Torsion ähnliche Bewegungswiderstände zu überwinden sind, wie bei der Drehung derselben um ihren Schwerpunkt, und es muss daher, wenn die tordirenden und magnetisirenden Kräfte stets in gleicher Weise wirken, auch die Abhängigkeit der Torsion und des Magnetismus von diesen Kräften analogen Gesetzen folgen.

In dem Widerstande, welchen die Moleküle erfahren, sucht Wiedemann den Grund, weshalb sich ein im Verhältniss zu den wirkenden Kräften schnelleres Aufsteigen der permanenten und temporären Magnetismen und Torsionen zeigt. Bei wiederholten Torsionen und Magnetisirungen innerhalb gewisser Gränzen werden dagegen die Theile des Eisens immer leichter beweglich, und daher nähern sich allmälig die Drehungswinkel immer mehr der Proportionalität mit den drehenden Kräften. In Bezug auf diese Ansicht muss ich bemerken, dass die von mir gemachten Beobachtungen sich nicht ganz dem anschliessen, doch will ich gern zugeben, dass die Zahl derselben noch zu gering ist, um ein festes Urtheil darüber zu geben.

[1]) Abschnitt III. §. 6, Nr. 2.

Erschütterungen setzen die Theilchen der Körper in Bewegung, und daher werden diese Theilchen dadurch in den Stand gesetzt, den auf sie wirkenden Kräften folgen zu können. Erschütterungen müssen also eine Zunahme der temporären und eine Abnahme der permanenten Magnetisirung oder Torsion bewirken.

Temperaturveränderungen, denen die tordirten und magnetisirten Körper unterworfen werden, scheinen eine doppelte Wirkung zu üben. Einmal werden dadurch die Theilchen der Körper in Bewegung versetzt und folgen dann wie bei den mechanischen Erschütterungen mehr den gerade wirksamen Kräften. Deshalb bewirkt zuerst jede Temperaturveränderung eine dauernde Abnahme der permanenten Magnetisirung und Torsion. Ist schon durch mechanische Erschütterungen die dauernde Abnahme erfolgt, so fällt diese Wirkung der Temperaturveränderung weg. Deshalb verliert ein bei 100° tordirter oder bei derselben Temperatur magnetisirter Stab, wenn er erschüttert worden, beim Abkühlen nicht mehr an Torsion oder Magnetismus; und deshalb verliert auch ein magnetisirter Stab, der durch öfteres Hin- und Herdrehen einen dauernden Verlust an Magnetismus erlitten hat, durch wiederholte Temperaturveränderungen nicht mehr an Magnetismus.

Zu dieser dauernden Wirkung der Temperaturveränderungen tritt noch eine vorübergehende. Jede Erwärmung lockert nämlich die Theile der Körper und vermindert die Spannung, in welche dieselben durch die Wirkung der äusseren Kräfte versetzt worden sind. Deshalb kehren sie hierbei ein wenig in ihre erste Gleichgewichtslage zurück, in der sie vor jener Einwirkung durch die zwischen ihnen wirksamen Kräfte erhalten wurden. Die Erwärmung vermindert daher vorübergehend die Torsion und den Magnetismus. Bei der Erkaltung kehren die Moleküle in ihre frühere Stellung zurück; der Verlust an Torsion und Magnetismus ersetzt sich wieder.

Wie diese hier erklärten einfachen Fälle, so lassen sich auch alle übrigen aus den bereits bekannten Annahmen über den Zustand und die wirkenden Ursachen in magnetisirbaren Körpern herleiten, so dass die bis jetzt von Wertheim und Wiedemann beobachteten Erscheinungen durchaus in den bisherigen Theorien ihre Begründung finden.

Als wichtigste Sätze der bis jetzt noch wenig behandelten Frage über die Erscheinungen des remanenten Magnetismus können wir nach dem Vorstehenden folgende anführen:

1. Der freie Magnetismus eines Elektromagneten ist in verschiedenen Abständen genau derselbe wie der eines Stahlmagneten von derselben Form.

2. Dagegen ist die Tragkraft und die Anziehung eines Elektromagneten bedeutend grösser als die eines Stahlmagneten, wenn der freie Magnetismus beider derselbe ist.

3. Die Sättigung eines gehärteteu Stahlmagneten tritt früher ein als die Sättigung eines Elektromagneten.

4. Die Magnetisirung eines harten Stahlmagneten wird am stärksten, wenn man die magnetischen Moleküle durch Streichen oder Erschüttern in Bewegung bringt, und es stellt sich durch dieselbe Ursache ein Theil des Magnetismus wieder her, wenn derselbe dem Magneten durch entgegengesetztes Magnetisiren entzogen war.

5. Unter übrigens gleichen Bedingungen ist das Magnetisiren mittelst eines Elektromagneten wirksamer als mittelst der den Magneten erregenden Spirale allein.

6. Setzt man einen gehärteten Stahlstab einem magnetisirenden Einflusse aus, so wird neben dem dauernden Magnetismus auch temporärer in demselben hervorgerufen, welcher mit der magnetisirenden Kraft wieder verschwindet.

7. Der remanente Magnetismus wächst bei allmälig aufsteigenden Strömen viel schneller als die magnetisirenden Kräfte, lässt jedoch bald in diesem schnelleren Wachsen nach.

8. Wird dem magnetisirten Stabe durch entgegengesetzte Ströme der remanente Magnetismus entzogen, so nimmt derselbe schneller ab, als die Intensitäten jener Ströme zunehmen.

9. Hat man durch Einwirkung eines Stromes einen durch Ausglühen unmagnetisch gemachten Stab magnetisirt, und ihn alsdann durch einen Gegenstrom entmagnetisirt, so vermag weder dieser Gegenstrom, noch ein schwächerer Strom im gleichen Sinne wie derselbe, dem Stabe Magnetismus in der der ursprünglichen Magnetisirung entgegengesetzten Richtung zu ertheilen.

10. Die Temperatur ändert die Intensität eines Magneten, so dass mit Steigerung jener eine Abnahme dieser verbunden ist.

11. Die Schwächung des Magnetismus durch Temperaturerhöhung ist theils bleibend, theils momentan.

12. Ein Stab erhält den Magnetismus beim Erkalten zum Theil wieder, den er beim Erhitzen verloren hat.

13. Ein Stab, dem sein Magnetismus durch entgegengesetztes Magnetisiren entzogen ist, wird durch einmaliges Erwärmen und Erkalten wieder magnetisch.

14. Wie durch Erwärmen nimmt der Magnetismus eines Stahlstabes durch Torsion ab, und zwar in einem mit wachsender Torsion abnehmenden Verhältniss. Wird ein gedrehter Stab wieder in seine Gleichgewichtslage zurückgeführt, so erleidet er noch einen ferneren Verlust an Magnetismus.

15. Wird ein magnetisirter Stahlstab so oft hin- und hergedreht, dass sich sein remanenter Magnetismus nicht mehr verändert, wenn der Stab in seine Gleichgewichtslage zurückgekehrt ist, so bewirkt jede Torsion nach der einen Seite eine Zunahme, jede Torsion nach der anderen Seite eine Abnahme des Magnetismus.

16. Ein gedrehter Stab wird durch Magnetisirung wieder aufgedreht und zwar um so mehr, je stärker die Magnetisirung ist.

17. Wird ein gedrehter Stab abwechselnd in entgegengesetzter Richtung magnetisirt, so wird die Aufdrehung bei jeder Magnetisirung vermehrt.

X. Abschnitt.

Ueber die Zeit des Entstehens und Verschwindens des Elektromagnetismus.

§. 1.

Der geschlossene Magnet.

1. Bald nach Verfertigung der ersten Elektromagnete machte man die Beobachtung, dass der das Hufeisen schliessende Anker noch nach dem Oeffnen der erregenden Batterie eine Zeit lang gehalten wird, dass also die Kraft erst allmälig in dem Eisen verschwindet. So theilt Ritchie[1]) mit, dass Watkins einen Elektromagneten besessen, der nach Oeffnen der Kette seinen Anker nicht nur mehrere Tage lang trug, sondern auch eine lange Zeit hindurch noch einen magneto-elektrischen Funken gab. Ritchie suchte den Grund dieser Erscheinung theils in der Beschaffenheit des Eisens, theils in der Länge des magnetischen Bogens. Je härter das Eisen ist, sagt er, desto kräftiger und andauernder ist die nachhaltige Magnetkraft. Hinsichts der Grösse des Magneten stellte er Versuche mit drei Hufeisen an, welche von demselben Eisen gemacht waren, und deren einer im Bogen 6'', der zweite 1' und der dritte 4' lang war. Wenn ihre Spiralen mit der Batterie verbunden waren, besassen sie fast gleiche Kräfte; ward dagegen die Batterie geöffnet, so fiel beim ersten der Anker fast augenblicklich ab; bei dem zweiten blieb er nicht nur hängen, sondern trug eine beträchtliche Zeit nach dem Oeffnen der Kette noch mehrere Pfunde, bevor er abgerissen ward; bei dem dritten endlich war eine noch grössere Kraft erforderlich, um den Anker eine Zeit nach der Stromunterbrechung abzureissen.

Zur Erklärung dieser Erscheinung sagt Ritchie: „Der Grund dieser sonderbaren Thatsache scheint mir folgender zu sein. Die Moleküle des

[1]) Pogg. Ann. 29 pag. 464; Phil. Mag. Ser. III Vol. III. p. 122.

elektrischen Fluidums (nämlich im Eisenkern), welche mit derselben Kraft aufeinander wirken, werden offenbar schneller in ihre natürliche Lage zurückkehren, wenn der Bogen, durch welchen die Wirkung stattfindet, kurz ist." [1]) Ritchie sucht also den Grund dieser Erscheinung in der Zeit, welche die magnetische Wirkung nöthig hat, sich durch einen grösseren oder kürzeren Bogen fortzupflanzen. Wenngleich auch hierzu, wie wir sehen werden, eine Zeit nöthig ist, so ist dieselbe doch nur so kurz, dass sie bei so einfachen Beobachtungsmitteln durchaus unserer Wahrnehmung entgeht. Dass aber Ritchie's Erklärung nicht die richtige ist, beweist schon der Umstand, dass ein an einem Hufeisen befindlicher Anker nicht, oder doch nur mit fast unmerklicher Kraft wieder gehalten wird, wenn man ihn nach Unterbrechung des Stromes abgerissen hat, wogegen er sehr lange hängen bleibt, wenn man ihn nicht abreisst. Ja ein geringes Gewicht wird immerwährend gehalten, wenn man die Verbindung zwischen Magnet und Anker nicht unterbricht. Die hierüber angestellten Versuche von Watkins [2]) zeigten, dass ein Hufeisen, welches in der Kette 120 Pfd. trug, noch nach 15 Wochen 56 Pfd. hielt, wogegen mit dem Abreissen des Ankers alle Tragkraft aufhörte, selbst wenn dieser sogleich wieder angelegt wurde. Wurde dagegen der erste Anker nach und nach abgezogen und ein zweiter so aufgeschoben, dass das Hufeisen keinen Augenblick ohne Armatur blieb, so haftete nun der zweite mit demselben Gewicht als der erste. Selbst wenn der Anker das Hufeisen nicht unmittelbar berührt, sondern etwa durch Glimmerblättchen davon getrennt ist, vermag er ein freilich kleineres Gewicht zu tragen. Dasselbe beobachtete Dove. [3]) Der Grund dieser Erscheinung liegt darin, dass Magnet wie Anker auf einander magnetisirend wirken, und die magnetische Spannung, in die sie sich gegenseitig beim Anlegen des Ankers versetzen, durch die Stromesunterbrechung nicht aufgehoben wird. Der Strom ist die primäre Ursache des Magnetismus, schliesst man nun ein magnetisirtes Hufeisen, so wird, wie wir früher gesehen haben, der Magnetismus bedeutend verstärkt. Oeffnet man darauf den Strom, so wird der durch den Strom ursprünglich erregte Magnetismus aufgehoben, allein es ist kein Grund vorhanden, weshalb auch der durch die gegenseitige Induction von Magnet und Anker bewirkte Magnetismus eher verschwinden soll als der magnetische Kreis geöffnet wird.

2. Allein auch der Theil des Magnetismus, welcher bei geschlossenem Magneten verschwindet, wenn man die Kette öffnet, bedarf zu seinem Ver-

[1]) Pogg. Ann. 29 pag. 465. [2]) Phil. trans. for. 1833. Pogg. Ann. 29 p. 464. [3]) Pogg. Ann. 29 pag. 462.

schwinden einer messbaren Zeit. Magnus zeigte dies durch das Experiment.[1]) In seiner Untersuchung „über die Wirkung des Ankers auf Elekromagnete und Stahlmagnete“ zeigt er, nachdem er den Unterschied der Inductionswirkungen eines offenen und geschlossenen Magneten dargelegt, dass für das Verschwinden des Inductionsstromes in dem Schliessungsdrahte eines Elektromagneten eine Zeit erforderlich ist. Der Nachweis hierfür wurde in folgender Weise geführt:[2])

„Der Strom wurde durch einen langen Schliessungsdraht eines Elektromagneten geleitet. Darauf wurde, um den Strom zu unterbrechen, das eine Ende des Drahtes aus dem Quecksilbernäpfchen, welches an der einen Platte der Säule befestigt war, herausgehoben, und so rasch als möglich in ein anderes Näpfchen mit Quecksilber getaucht, welches in leitender Verbindung mit dem anderen Ende des Schliessungsdrahtes stand, so dass der Draht in sich zurückkehrte, ohne mit der Säule verbunden zu sein. Um zu sehen, ob hierbei noch ein Strom in dem Drahte vorhanden bliebe, war zuvor ein Multiplicator in den Schliessungsdraht eingeschaltet worden. So lange der Draht mit der Säule in Verbindung gestanden hatte, war die Doppelnadel des Multiplicators um 90^0 abgewichen. Wenn nun bei der Trennung des Drahtes von der Säule sich kein Anker an dem Eisen befand, so war augenblicklich jede Ablenkung der Nadel verschwunden, denn sie machte Schwingungen, die sich nach beiden Seiten ihrer ursprünglichen Lage gleich weit erstreckten. War dagegen vor der Trennung des Drahtes von der Säule der Anker an dem Elektromagneten angelegt worden, so kehrte die Nadel nur ganz allmälig in ihre ursprüngliche Lage zurück, und zwar so langsam, dass nach der verschiedenen Stärke des Stromes 20 bis 70 Sekunden vergingen, bis die Nadel Schwingungen machte, die auf beiden Seiten ihrer ursprünglichen Lage gleich gross waren.“

Wurde statt des 1400′ langen Schliessungsdrahtes, der bei dem eben beschriebenen Versuche um den Magnetkern gewunden war, ein 200′ langer angewandt, so war die Zeit bis zur Rückkehr der Nadel in ihre Ruhelage kürzer. Dasselbe fand statt, wenn ein schwächeres Eisen angewandt wurde.

Zur Begründung dieser Erscheinungen sagt nun Magnus:

„Das langsame Verschwinden des Stromes in dem Schliessungsdrahte lässt sich vollständig erklären, wenn man annimmt, dass auch der Magnetismus eines Elektromagneten bei dem Oeffnen der Kette nicht augenblicklich verschwindet, wenn ein Anker an dem Elektromagneten sich befindet,

[1]) Pogg. Ann. 38 pag. 430. [2]) Ebendas. 38 pag. 427.

sondern alsdann nur allmälig abnimmt. Denn ein solches allmäliges Verschwinden des Magnetismus würde durch Induction einen Strom in dem geschlossenen Leitungsdrahte von gleicher Richtung erzeugen, als der, welcher ursprünglich durch den Draht geleitet worden. Dieser inducirte Strom aber würde ebenso allmälig erregt werden, als der Magnetismus verschwindet (d. h. als die gerichteten Molekularströme des Eisens wieder in ihre Ruhelage zurückkehren), er wird deshalb die Nadel des Multiplicators stets von Neuem abzulenken suchen, und sie dadurch nur allmälig in ihre ursprüngliche Lage zurückkehren lassen."

„Dass aber in der That das langsame Zurückkehren der Nadel in ihre Ruhelage davon herrührt, dass während längerer Zeit ein Strom von derselben Richtung fortwährend erzeugt wird, wurde durch folgenden Versuch bestätigt. Der Strom wurde, wie zuvor, durch den 1400′ langen Schliessungsdraht geleitet und der Anker an den Elektromagneten gelegt. Derselbe blieb bei Unterbrechung des Stromes noch mit ziemlich bedeutender Kraft an dem Elektromagneten haften. Es wurden sodann beide Enden des Drahtes von der Säule getrennt und mit dem Multiplicator in Verbindung gesetzt, so dass mittelst dieses Multiplicators der Schliessungsdraht in sich zurückkehrte. Sogleich wich die Nadel ab und zwar in derselben Richtung, als sie durch den Strom der Säule würde abgelenkt worden sein. Dieses Abweichen der Nadel fand noch statt, selbst nachdem der Leitungsdraht während zehn Sekunden von dem Plattenpaare getrennt und dann erst durch den Multiplicator in sich selbst zurückkehrend gemacht war. Je später indess dies geschah, um so geringer waren die Ablenkungen der Nadel, und um so viel schneller kehrte dieselbe in ihre ursprüngliche Lage zurück. Stets aber schien die Zeit, von dem Oeffnen der Kette bis zu dem Augenblick, wo die Nadel gleiche Schwingungen nach beiden Seiten ihrer ursprünglichen Lage machte, dieselbe zu sein, der Draht mochte nach seiner Trennung von der Säule augenblicklich oder erst nach einiger Zeit in sich zurückkehrend gemacht werden."

„Wenn aber, wie dieser Versuch zeigt, das langsame Verschwinden des Magnetismus das langsame Verschwinden des Stromes in dem Leitungsdrahte des Elektromagneten bei angelegtem Anker bewirkt, so ist auch einleuchtend, dass bei gleichen Eisenmassen und gleicher Tragkraft derselben, der Strom in dem umgebenden Drahte um so langsamer verschwinden wird, je länger dieser Draht ist, indem dieses langsame Verschwinden des Stromes eigentlich auf einer stets neuen Erregung desselben durch Induction beruht, die um so viel stärker ist, je länger der Draht ist, auf den sie ausgeübt wird."

„Dies bestätigte sich auch vollständig, als das in dem vorigen Versuch angewandte Eisen, statt mit dem 1400′ langen Drahte, nur mit 200′ umgeben wurde. Es zeigte sich alsdann zwar dieselbe Erscheinung wie in dem vorigen Versuche, allein nur, wenn die von der Säule getrennten Drähte sehr rasch mit dem Multiplicator in Verbindung gesetzt wurden. Und wenn statt dieses Drahtes der 3‴ dicke und nur 9′ lange Draht für dasselbe Eisen benutzt wurde, so konnte eine Ablenkung der Nadel nur erhalten werden, wenn ein sehr empfindlicher Multiplicator angewandt wurde. Ebenso verhielt es sich, wenn ein schwaches Eisen (nur 0,8″ im Durchmesser) mit 200′ Draht benutzt wurde.“

Zu dem Grunde, welchen Magnus für das langsamere Verschwinden des Stromes in dem Leitungsdrahte angiebt, kommt noch der, dass durch die Erregung eines gleichen Inductionsstromes in vielen Windungen in dem Eisen wieder viel mehr Magnetismus inducirt wird, als wenn nur wenig Windungen vorhanden sind, so dass das Herabstimmen der magnetischen Intensität bei einem langen Drahte viel langsamer von Statten gehen muss als im anderen Falle. Während also aus dem oben angegebenen Grunde die Zeit, während welcher man den Strom beobachtet, nur deshalb länger sein könnte, weil der längere Draht noch geringere Wirkungen anzeigt, obschon der Magnetismus bei gleicher Magnetisirung gleich schnell verschwindet, muss aus dem letztgenannten Grunde auch der Magnetismus bei längerem Draht langsamer verschwinden.

§. 2.

Das Schliessen des Magneten.

Ebenso wie das Verschwinden des Magnetismus in einem geschlossenen Magneten einer bemerkbaren Zeit nöthig hat, ebenso bedarf es einer Zeit für die Steigerung des Magnetismus, wenn seine beiden Pole durch den Anker mit einander verbunden werden. Auch dies hat Magnus in dem eben genannten Aufsatze zuerst nachgewiesen. Er sagt: [1])

„Dass der Magnetismus eines Elektromagneten, nachdem seine Verbindung mit der Säule unterbrochen ist, nur langsam verschwindet, wenn der Anker angelegt ist, während er plötzlich verschwindet, wenn dies nicht der Fall ist, wird dadurch weniger auffallend, dass auch, während der Magnet unausgesetzt mit der Säule in Verbindung bleibt, der Magnetismus

[1]) Pogg. Ann. 38 pag. 434.

desselben zunimmt, wenn ein Anker angelegt wird, und dass diese Zunahme des Magnetismus ebenfalls nur allmälig stattfindet."

Dies geht zunächst daraus hervor, dass ein an das Hufeisen gelegter Anker mit viel geringerer Kraft abgerissen werden kann, wenn dies sogleich geschieht, als wenn er erst einige Sekunden haftet. Dass sich bei dem Anlegen des Ankers im Magneten wirklich der Magnetismus steigert, beweist der Inductionsstrom, welcher entsteht, wenn man einem Magneten den Anker nähert. Die Nadel des in den Schliessungsdraht eingeschalteten Multiplicators weicht ab und kehrt erst allmälig in ihre Ruhelage zurück. Dieser durch das Anlegen des Ankers entstehende Inductionsstrom ist dem magnetisirenden Strome entgegengesetzt und „daraus", sagt Magnus,[1]) „erklärt sich, warum eine Zeit für die Zunahme des Magnetismus bei dem Elektromagneten nöthig sei. Indem nämlich der Magnetismus des Eisens zunimmt, erzeugt er in dem umgebenden Drahte einen Strom, der von entgegengesetzter Richtung als der schon vorhandene ist, und hebt hierdurch die Wirkung dieses letzteren theilweise auf."

„Dass dies wirklich der Fall sei, wird durch Folgendes bestätigt: Wenn man einen Elektromagneten mit langem Draht anwendet und dabei einen Multiplicator einschaltet, so weicht die Nadel, wenn kein Anker angelegt ist, bei hinreichend starkem Strom um 90° ab. Sobald man aber den Anker anlegt, hört sie auf so stark abzuweichen und erreicht erst nach mehreren Schwingungen ihre frühere Abweichung vollständig wieder."

„Es wird also durch das Anlegen des Ankers die Wirkung des von der Säule erzeugten Stroms auf kurze Zeit theilweise aufgehoben. Dieser aber erzeugt sich sogleich von Neuem, bewirkt eine neue Verstärkung des Magnetismus, wodurch er selbst wieder von Neuem gehemmt wird; hiernach erneut er sich wieder und verstärkt den Magnetismus wieder, bis dieser endlich das Maximum seiner Stärke angenommen hat. Es ist hiernach einleuchtend, dass bei Anwendung sehr langer Drähte für die Elektromagnete eine längere Zeit bis zur Erreichung dieses Maximums vergeht als bei kürzeren Drähten, weil die inducirende Wirkung des Eisens auf einen längeren Draht (wie wir früher gesehen haben, wegen der Zuleitungsdrähte) stärker ist,[2]) und deshalb den in ihm vorhandenen Strom stärker hemmt. Bei kurzen Drähten kann die inducirende Wirkung des Eisens im Vergleich mit dem von der Säule erzeugten Strom nur unbedeutend sein; es wird dieser daher nur eine sehr unbedeutende Hemmung erfahren, und deshalb wird ein Elektromagnet mit kurzem Draht das Maximum seiner Tragkraft bei Anlegung des Ankers fast augenblicklich erreichen."

[1]) Pogg. Ann. 38 pag. 443. [2]) Abschnitt II. §. 5, pag. 74.

Der offene Magnet.

§. 3.

Das Entstehen des Magnetismus.

1. Der im vorigen Paragraphen erwähnte Grund für die zur Steigerung des Magnetismus nöthige Zeit hat auch Hinsichts der Entstehung des Magnetismus überhaupt Geltung, und es folgt daraus, dass auch der Magnetismus eines offenen Magneten nicht momentan in seiner vollen Kraft auftreten kann. Da die inducirenden Wirkungen um so stärker sind, je grösser die Dimensionen sowohl des Schliessungsdrahtes als des Eisenkernes sind, so liegt es nahe, dass die Zeit zur vollständigen Entwicklung der ganzen Kraft des Magneten um so grösser sein wird, je grösser der Magnet ist. Meines Wissens war Faraday der Erste, welcher diese zur Entwicklung des Magnetismus nöthige Zeit an seinem grossen Magneten beobachtete. In der Untersuchung „Ueber die Magnetisirung des Lichts" sagt er: [1]) „Wenn die Volta'sche Batterie geschlossen, also ein Strom um den Elektromagneten gesandt wird, hat das durch die Drehung des polarisirten Strahls entstandene Bild nicht sogleich seinen vollen Glanz, sondern erlangt diesen erst allmälig nach einigen Sekunden; bei Oeffnung der Batterie verschwindet es dagegen anscheinend auf ein Mal. Die allmälige Zunahme an Helligkeit rührt davon her, dass der Eisenkern Zeit gebraucht, um alle magnetische Kraft zu entfalten, welche der elektrische Strom in ihm zu erregen sucht; so wie der Magnetismus an Stärke zunimmt, wächst auch die Wirkung auf das Licht."

Etwas ausführlicher spricht Faraday über diesen Umstand in der 22. Reihe seiner Untersuchungen und erwähnt darin besonders auch der Zeit, welche beim Verschwinden des Magnetismus nöthig ist, während man aus dem Obigen schliessen könnte, dass dies plötzlich geschähe. Er sagt: [2])

„Ehe ich zur Erklärung der übrigen Erscheinungen schreite, wird es nöthig sein, eine allgemein anerkannte Thatsache hervorzuheben, nämlich die, dass zur Entwicklung von Magnetismus in einem Eisenkerne durch einen elektrischen Strom und ebenso zum Verschwinden desselben nach Aufhebung des Stromes Zeit erforderlich ist. Eine Wirkung dieses allmäligen Steigens der Kraft ward noch in der letzten Reihe dieser Untersuchungen

[1]) Neunzehnte Reihe der Exper. Unters. 2170, Pogg. Ann. 68 pag. 113.

[2]) Nr. 2332, Pogg. Ann. 69 pag. 316.

(2170) angeführt. Diese Zeit ist wahrscheinlich länger bei einem nicht wohl geschmeidigen Eisen als bei einem, welches es sehr gut und vollkommen ist. Die letzten Portionen von Magnetismus, welche ein gegebener Strom in einem gewissen Eisenkerne entwickeln kann, werden anscheinend langsamer erlangt als die ersten; und diese Portionen (oder der sie bedingende Zustand des Eisens) scheinen auch langsamer verloren zu werden als die übrigen. Wenn die Batterie nur für einen Augenblick geschlossen wird, verschwindet der durch den Strom entwickelte Magnetismus so augenblicklich bei Aufhebung des Stromes, als er bei Bildung desselben zum Vorschein kam. Wenn aber die Schliessung drei bis vier Sekunden unterhalten wird, ist die Aufhebung des Stromes keinesweges von einem gleich raschen Verschwinden des Magnetismus begleitet."

2. Bei diesen Mittheilungen ist wohl zu beachten, dass Faraday die Ursache dieser allmäligen Verstärkung nicht in den Inductionsströmen der galvanischen Spirale, sondern in dem Eisenkerne selbst sucht. Dass wirklich, wenigstens theilweise, der Eisenkern selbst die Ursache der Verzögerung der vollen Kraftäusserung ist, geht aus einer dritten Notiz Faraday's in der 23. Reihe seiner Untersuchungen über Elektricität hervor.[1]) Er sagt in Nr. 2650:

„Der Magnet wird durch den elektrischen Strom von fünf Grove-schen Plattenpaaren erregt und ist sehr kräftig. Nicht mit der Batterie verbunden, bleibt er noch in schwachem Grade magnetisch. In diesem Zustande angewandt, kann seine Kraft als längere Zeit constant angesehen und die kleine Drahtrolle in jedem Moment mit dem Galvanometer verbunden werden, ohne dass darin ein Strom entsteht. Wendet man aber den Magnet im erregten Zustande an, so sind gewisse Vorsichtsmassregeln nothwendig; denn verbindet man den Magnet mit der Batterie und darauf die kleine Rolle (eine Kupferdrahtrolle von 516′ feinem Draht, welche auf das eine, 1″ lange verdünnte Ende des angewandten geraden Elektromagneten, ausser Verbindung mit der magnetisirenden Spirale gesteckt war, und noch 2″ über das 1″ lange Magnetende hervorragte) mit dem Galvanometer, so erscheint im letzteren ein Strom, der in gewissen Fällen länger als eine Minute anhält und anscheinend aus dem der Batterie entspringt. Er entsteht jedoch nicht also, sondern rührt her von der Zeit, welche der Eisenkern zur Annahme des Maximums seines Magnetismus gebraucht, und während dieser ganzen Zeit wirkt er auf die kleine Rolle und erregt einen Strom in ihr.

[1]) Pogg. Ann. 82 pag. 79.

Diese Zeit ist nach Umständen verschieden und ändert sich bei einem und demselben Elektromagneten besonders darnach, wie lange dieser ausser Gebrauch war. Bei erster Anwendung, nach einer Ruhe von 2—3 Tagen beträgt sie 98 Sekunden und mehr. Nach Oeffnung der Batterie und unmittelbar darauf folgender Schliessung derselben, wiederholt sich der Effekt, erfordert aber nur 20—30 Sekunden. Bei einer dritten Unterbrechung und Erneuerung des Stromes erscheint er in noch kürzerer Zeit, und wenn der Magnet eine Zeit lang in kurzen Intervallen gebraucht worden ist, scheint er fähig zu sein, das Maximum seiner Kraft auf einmal anzunehmen. Bei jedem Versuch ist es nothwendig zu warten, bis der Effekt auf das Galvanometer vorüber ist, sonst können die Ueberreste eines solchen Effektes irrthümlich für das Resultat einer Polarität oder anderen eigenthümlichen Wirkung des Wismuths (welches Faraday bei diesem Versuche beobachten will), oder anderen untersuchten Körpers genommen werden.“

3. Wäre der in der galvanischen Spirale entstehende Inductionsstrom die alleinige Ursache der Verzögerung der Magnetkraft, so müsste diese Verzögerung bei wiederholter Magnetisirung dieselbe Zeit dauern als bei der ersten. Daraus jedoch, dass der Inductionsstrom ebenfalls einen Einfluss übt, folgt, dass das plötzliche Eintreten der ganzen Kraft, von der Faraday oben spricht, nur scheinbar sein kann. Die Verzögerung wird jedoch bei offenem Magneten so kurz sein, dass eine Wahrnehmung derselben ohne feinere Beobachtungsmittel nicht möglich ist. Den sichersten Beweis aber, dass der Kern selbst von Einfluss auf die fragliche Erscheinung ist, liefert die vorn von Magnus angeführte Beobachtung, dass das Aufhören des Magnetismus nach Unterbrechung des Stromes, in welchem Falle doch ein Extracurrent nicht zu Stande kommen kann, ebenso eine Zeit erfordert, als das Entstehen desselben. Aus dem Bisherigen ist es jedoch wahrscheinlich, dass der Magnetismus schneller verschwinden wird als er entsteht.

4. An diese Thatsachen schliessen sich noch die Versuchsresultate, welche Quet erhalten hat.[1]) Er findet, dass, wenn durch eine plötzliche Einwirkung der magnetische Zustand des weichen Eisens geändert wird, der neue Zustand in Folge der Coërcitivkraft nicht sogleich eintritt. Ueber die Dauer dieser Verzögerung sagt Quet, dass dieselbe länger als eine Minute sei; wobei zu bemerken ist, dass hier sehr viel auf die Dimensionen des angewandten Magneten ankommt, wie wir bereits vorn gesehen haben. Quet

[1]) Compt. rend. XXXV. pag. 749, Berl. Ber. 1852 pag. 350.

findet ferner aus den inducirten Strömen, welche dem weichen Eisen mitgetheilte Stösse in demselben erzeugten, dass die Zunahme des Magnetismus nur allmälig stattfindet. Gleiches Resultat zeigte die Magnetisirung des Eisens der Elektromagnete durch die Einwirkung der Erde.

§. 4.

Das Verschwinden des Magnetismus.

1. Die Frage nach der Ursache der Verzögerung beim Entstehen und Verschwinden des Magnetismus in einem weichen Eisenstabe nach Aufhebung oder Verminderung der Wirkung, welche in dem vorliegenden Falle nur theoretisch wichtig ist, hat bei der Construction der magnetoelektrischen Maschinen praktische Wichtigkeit, weil aus der Beantwortung dieser Frage auch die über die vortheilhafteste Einrichtung der Maschine hervorgeht.

Zunächst bringt eine Untersuchung von Magnus,[1]) welche angestellt ist, um die stärkere physiologische Wirkung von Drahtbündeln, im Gegensatze von massiven Eisenkernen in einer Inductionsspirale, zu erklären, ein neues Moment zur Begründung der Ursachen der fraglichen Erscheinung. Wir haben nämlich bisher erkannt, dass die Verzögerung beim Entstehen und Verschwinden des Magnetismus zum Theil ihren Grund in der den Kern umgebenden Spirale, zum Theil aber in dem Kerne selbst haben muss. Die Wirkung, welche die galvanische Spirale hervorruft, die natürlich nur vorhanden sein kann, wenn die Spirale geschlossen ist, beruht unzweifelhaft auf den durch das Entstehen und Verschwinden des Magnetismus erregten Inductionsströmen, welche dann das Eintreten wie das Aufhören des Magnetismus verzögern. Nicht so unzweifelhaft ist der Grund, welcher ein plötzliches Verschwinden des Magnetismus hindert, sobald die erregende Spirale geöffnet ist, so dass nicht ein Inductionsstrom in derselben die Ursache sein kann.

Einige Physiker, unter ihnen W. Weber,[2]) suchen den Grund des langsamen Verschwindens des Magnetismus in der Zeit, welche die drehbaren Molekularmagnete, und mit ihnen die Molekularströme nöthig haben, um in ihre ursprüngliche, oder die neu hervorgerufene Lage zu gelangen, während andere mit Lenz[3]) der Ansicht sind, dass der Grund, weshalb die Stärke des Inductionsstromes einer magneto-elektrischen Maschine

[1]) Pogg. Ann. 48 pag. 95. [2]) Elektr. Maassbest. 1852 pag. 564.
[3]) Pogg. Ann. 76 pag. 494 und Pogg. Ann. 92 pag. 128.

nicht der Drehungsgeschwindigkeit derselben proportional wachse, in secundärem Magnetismus beruhe, den die wechselnden Ströme hervorrufen, welcher dann wieder einen secundären Strom in den Spiralen erzeugt.

2. In der genannten Untersuchung zeigt nun Magnus, dass der Unterschied zwischen der physiologischen Wirkung massiver Eisenkerne und Drahtbündel dadurch hervorgerufen werde, dass in dem massiven Eisen elektrische Ströme entstehen, welche in den nicht zusammenhängenden Massen des Drahtbündels nicht zu Stande kommen können.

Der Verfasser weist zunächst nach, dass die Erscheinung der heftigeren Zuckungen bei den in die Spirale eingeführten Drahtbündeln statt der massiven Stäbe, nur ein Inductionsphänomen sei, weil die Wirkung der Drähte dann nicht stärker ist, wenn der galvanische Strom ununterhrochen das Eisen umgiebt. — Eine andere Frage war die, ob nicht der Grund der stärkeren Wirkung darin beruhe, dass die Drähte aus weicherem Eisen seien als die dickeren Stäbe. Die Anwendung gehärteter Stahldrähte (Stricknadeln), welche ebenfalls stärkere Inductionswirkungen gaben, als eine massive Masse des weichen Eisens, zeigte, dass die grössere Weichheit nicht der Grund der Erscheinung sei.

Der Experimentator schmolz darauf ein Bündel Drähte in einen Cylinder von Rose'schem Metall ein. Die Wirkungen, welche bei Anwendung dieses Cylinders erhalten wurden, waren nun schwächer als die, welche ein einziger Eisenstab von demselben Gewichte als die Drähte hervorbrachte, während die Wirkungen des gleichen Gewichtes besponnener oder unbesponnener Drähte ausserordentlich viel stärker waren.

3. Denselben Einfluss wie der aus den Drähten und dem leichtflüssigen Metall bestehende Cylinder zeigte auch annäherungsweise eine Hülse aus dem genannten Metall oder aus Messing, welche die Eisendrähte umgab. Auch in diesem Falle wurde die Wirkung geschwächt, trat aber sogleich wieder mit der ursprünglichen Stärke auf, wenn die angewandten Hülsen aufgeschlitzt wurden. Der Verfasser fährt dann fort:

„Um aus diesen Versuchen die starke Wirkung der Drähte zu erklären, muss man sich zunächst erinnern, auf welche Weise Faraday die vermehrte Wirkung beim Oeffnen der Kette erklärt. Der elektrische Strom nämlich erzeugt, wenn er verschwindet, in jedem neben ihm befindlichen geschlossenen Leiter einen Strom von gleicher Richtung. Befindet sich aber beim Oeffnen der Kette kein geschlossener Leiter neben ihm, so erzeugt der Strom bei seinem Verschwinden diesen Strom von gleicher Richtung in dem Schliessungsdrahte selbst. Ist dieser ferner spiralförmig gewunden und befindet sich in ihm eine Eisenmasse, so verschwindet beim

Oeffnen der Kette gleichzeitig auch der Magnetismus, welchen dieses Eisen angenommen hatte, während die Kette geschlossen war. Das Verschwinden des Magnetismus aber kann man sich vorstellen als ein Verschwinden von elektrischen Strömen. Indem diese verschwinden, erzeugen sie ebenfalls einen Strom von derselben Richtung in dem sie umgebenden Schliessungsdraht. Durch diese beiden inducirenden Wirkungen entsteht der starke Funke und die starken Zuckungen, welche man beim Oeffnen der durch einen Elektromagneten geschlossenen Kette beobachtet."

„Diese Erklärung," fährt Magnus fort, „so richtig sie ohne Zweifel ist, ist aber nicht ganz vollständig. Denn da beim Oeffnen des Schliessungsdrahtes in jedem neben ihm befindlichen geschlossenen Leiter ein Strom erzeugt wird von gleicher Richtung wie der verschwindende, so entstehen auch in den Querschnitten einer Eisenmasse, die sich in einer Drahtspirale befindet, beim Oeffnen der Kette Ströme von gleicher Richtung, als der in der Spirale vorhandene."

„Durch Erzeugung dieser Ströme wird die Eisenmasse magnetisch, und zwar in derselben Richtung, als sie es vorher war. Es findet also beim Oeffnen der Kette in dieser Eisenmasse nicht nur ein Verschwinden des Magnetismus statt, sondern es wird auch noch Magnetismus erzeugt, und dieser hebt die inducirende Wirkung des verschwindenden Magnetismus auf den Schliessungsdraht theilweise auf."

4. Aus diesem Satze ergiebt sich nun leicht die Erklärung des Unterschiedes der Wirkung von Drahtbündeln und massiven Eisenstäben. Die Wirkung des verschwindenden Magnetismus kann in den Drahtbündeln nicht aufgehoben werden, wenn wegen der discontinuirlichen Masse kein Strom in derselben entstehen kann, was doch möglich ist bei einem massiven Cylinder.

Hiermit ist ein neuer Grund für die Verzögerung des Verschwindens des Magnetismus nach Unterbrechung des erregenden Stromes gegeben.

Man wendet daher bei Maschinen, bei denen das möglichst plötzliche Verschwinden des Magnetismus nach der Stromesunterbrechung erwünscht ist, unter Umständen vortheilhafter Eisenbündel als massive Kerne an. Es ist nur hierbei zu beachten, was vorn nachgewiesen ist, dass die elektromagnetische Wirkung von Bündeln geringer ist, als die von massiven Stäben.

5. Es ist nun die Frage, ob der von Magnus angegebene Grund der Verzögerung des Verschwindens des Magnetismus aus Eisenstäben vielleicht

die einzige Ursache der Erscheinung sei. Wäre dies der Fall, so müsste in einem Drahtbündel, bei welchem die angegebene Ursache nicht vorhanden ist, der erregte Magnetismus plötzlich verschwinden, sobald der erregende galvanische Strom unterbrochen wird.

Dies scheint in der That nach einem Versuche von Helmholtz[1]) der Fall zu sein. Er sagt:

„Wenn in eine Spirale solide Eisenkerne eingeschoben werden, so müssen bei der Unterbrechung des Stromes in diesen inducirte Ströme entstehen, welche eine gewisse Zeit dauern, und das Eisen in demselben Sinne magnetisirt halten, als es der ursprüngliche Strom that. Es können demnach noch eine gewisse Zeit nach der Unterbrechung des primären Stromes Inductionen durch die secundären Ströme und den zurückgehaltenen Magnetismus erhalten werden. Man hat diese Nachwirkung beim Eisen längst bemerkt, und sie von einer gewissen Trägheit der magnetischen Fluida herleiten zu müssen geglaubt."

„Um dies zu prüfen, kam es darauf an, die Entstehung von Strömen in der Eisenmasse zu verhindern. Ich bildete mir daher einen Kern aus einem Bündel der feinsten Eisendrähte, welche ich bekommen konnte (sogenannten feinen Blumendraht, 0,123 par. Linien dick) überzog jeden Draht mit einer dünnen isolirenden Schicht aus einer Mischung von Wachs und Harz, und untersuchte mittelst der Wippe die Nachwirkungen dieses und verschiedener anderer Drahtbündel, welche ich so stark gemacht hatte, da sie alle Inductionsströme von ungefähr gleicher elektromagnetischer Wirkung (gleicher Quantität von Elektricität) gaben. Es ergab sich sehr augenscheinlich, dass bei derselben Stellung der Wippe die Nachwirkungen desto grösser waren, je dicker die Drähte, und bei dem feinen Blumendrahte fehlte jede Spur davon. Es konnte zwischen ihm und einer ganz leeren Spirale kein Unterschied in dieser Beziehung gefunden werden, obgleich die inducirten Ströme mit dem Drahtbündel viermal stärker waren, als ohne dasselbe."

„Daraus folgt, dass in linearen Eisenstücken sich die Gleichgewichtsstände der magnetischen Vertheilung in unmessbar kleiner Zeit herstellen können. Dies geschieht in Stücken von beträchtlicher Ausdehnung nach drei Dimensionen, wie wir gezeigt haben, schon wegen der dabei erregten elektrischen Strömungen niemals."

„Wieviel andere Einflüsse, z. B. Mischung des Eisens, die Schwierigkeit der Wirkung auf das Innere der Masse dabei mitwirken mögen, müssen

[1]) Pogg. Ann. 83 pag. 535.

wir dahingestellt sein lassen. Dass solche andere Ursachen nicht ganz fehlen, zeigen die Versuche von Faraday[1]) über das oft minutenlange Ansteigen der Kraft in grossen Elektromagneten, welche längere Zeit geruht haben."

Dieser Beobachtung Helmholtz's, welche beweisen würde, dass das verzögerte Verschwinden des Magnetismus seinen Grund in den den Kern umfliessenden Inductionsströmen hat, widerspricht eine Beobachtung du Bois's, welcher mit dem Drahtbündel wie mit dem massiven Eisenkerne Nachwirkungen erhält, die ihn zu der Aeusserung veranlassen: „das Eisen erreicht also, unter dem Einflusse des Stromes das Maximum der Polarität in viel kürzerer Zeit, als es, nach Unterbrechung desselben unter dem Einflusse der unbekannten Ursache, welche die Depolarisation der magnetischen Elemente herbeiführt, seinen Magnetismus einbüsst."[2])

6. Nach dem bisher Mitgetheilten hat also die zum Entstehen und Verschwinden des Magnetismus in einem Elektromagneten erforderliche Zeit verschiedene Ursachen, welche theils einzeln, theils gleichzeitig nach den Ansichten der verschiedenen Physiker wirken.

Die Verzögerung des Entstehens des Magnetismus wird erklärt:

1) aus der Zeit, welcher die Molekularströme bedürfen, um in die durch den Strom hervorgerufene Lage zu gelangen;

2) aus dem durch den beginnenden galvanischen Strom und die sich richtenden Molekularströme erzeugten Extracurrent in der galvanischen Spirale, welcher der Wirkung zur Erregung des Magnetismus entgegengesetzt gerichtet ist;

3) aus dem Extracurrent, welcher nicht in der Spirale, sondern in dem Umfange des massiven Eisenkernes (peripherischer Strom) entsteht.

Für die Verzögerung beim Verschwinden des Magnetismus kann man natürlich nur den ersten und dritten Grund annehmen, sobald man das Verschwinden dadurch herbeiführt, dass die erregende Spirale geöffnet wird, also in derselben kein Extracurrent entstehen kann; während bei magneto-elektrischen Maschinen unter Umständen wieder alle drei Ursachen, mutatis mutandis, geltend gemacht werden können. Wir können daher als von den verschiedenen Physikern angegebene Ursachen der Verzögerung des Entstehens und Verschwindens des Magnetismus kurz nennen:

1. Trägheit des Eisens,
2. Extracurrent in der den Kern umgebenden Spirale,
3. Peripherische Ströme.

[1]) Exper. Res. 2170, 2382, 2650. [2]) Unters. über thier. El. I. pag. 428.

7. Die in neuster Zeit in Bezug diesen Gegenstand angestellten Untersuchungen wurden meist an magneto-elektrischen Maschinen gemacht, und die Physiker differiren, wie schon vorn bemerkt, in der Meinung, welchen der genannten Ursachen die dabei auftretenden Erscheinungen zuzuschreiben seien.

Nach der eben angeführten Untersuchung von Magnus müssen wir zunächst der Versuche Dove's erwähnen, bei deren Darlegung er sich ebenfalls über die in den vorliegenden Erscheinungen auftretenden Ursachen ausspricht. Er sagt:[1]

„Die Ergebnisse der in dieser Abhandlung dargelegten Versuche zeigen, wenn wir sie ohne alle hypothetische Voraussetzungen betrachten, dass bei dem Elektromagnetisiren des Eisens in demselben zwei einander entgegenwirkende Erscheinungen bedingt werden, nämlich Erregen elektrischer Ströme und Hervorrufen magnetischer Polarität. Bei den bisher in diesem Gebiete angestellten Untersuchungen überwog der Effekt der magnetischen Polarisirung stets den hemmenden der zugleich erregten elektrischen Ströme, man erhielt daher, indem man diese letzteren mehr oder minder sich zu bilden hinderte, nur eine Verstärkung einer durch die magnetische Polarisirung bereits hervorgebrachten Wirkung. Die vermittelst Reibungselektricität angestellten Versuche zeigten unter denselben Bedingungen eine vollkommene Umkehrung dieser Wirkung in die entgegengesetzte. Diese Umkehrung tritt aber für die physiologische Wirkung der inducirten Ströme, für ihre magnetisirenden Eigenschaften und für ihre thermischen Wirkungen nicht zugleich ein, so dass dieselbe experimentelle Vorrichtung, welche die eine ihrer Wirkungen noch verstärkt, für die andere bereits einen schwächenden Einfluss äussert. Dadurch werden alle Erklärungen beseitigt, welche aufgestellt worden sind, um *eine* dieser Wirkungen in ihren verschiedenen Modificationen *allein* zu erläutern. Da es nun nicht passend scheint, zwei Naturthätigkeiten, von denen die eine unter Umständen zu wirken beginnt, bei welchen die andere nie hervortritt, und welche, wenn sie zugleich in dem Körper thätig sind, einander so entgegenwirken, dass bald die eine, bald die andere überwiegt, als identisch durch denselben Namen zu bezeichnen, so scheint es zunächst zweckgemässer, die magnetische Polarisirung als ein von den im Eisen erregten elektrischen Strömen nicht nur *unabhängiges*, sondern *entgegen wirkendes Agens* anzuerkennen."

Die Erklärung der hier beobachteten Phänomene wäre dann folgende:

[1]) Unters. im Gebiete d. Inductionselektricität pag. 54.

„Der in einem das Eisen spiralförmig umgebenden Drahte wirksame primäre elektrische Strom erzeugt in dem Momente, wo er entsteht, in dem Eisen elektrische Ströme, während seiner Dauer magnetische Polarität, welche sich langsamer steigert als jener Strom, im Moment seines Aufhörens wiederum einen elektrischen Strom. Der bei dem Aufhören des primären Stromes erzeugte zweite elektrische, mit dem primären gleichgerichtete Strom wirkt dem durch den Magnetismus erzeugten entgegen. Hatte, wie es bei galvanischem Magnetisiren der Fall ist, der Magnetismus Zeit sich zu entwickeln, so überwiegt die Wirkung desselben die entgegengesetzte des bei dem Aufhören des primären Stromes erzeugten elektrischen Stromes. Alle gegen die Bildung elektrischer Ströme angewandten Mittel steigern daher nur eine vom massiven Eisen bereits auch ausgeübte Wirkung.“

„Ist dagegen der primäre Strom so schnell vorübergehend, wie der einer sich entladenden elektrischen Batterie, hatte also der Magnetismus nicht Zeit sich vollständig zu entwickeln, so überwiegt der bei dem Aufhören des primären Stromes erzeugte elektrische die Wirkung des verschwindenden Magnetismus. Das Zerstören dieser elektrischen Ströme durch Auflösen der Masse in Drähte kehrt daher hier die Wirkung vollständig um, indem es den Ausschlag erst auf Seiten des verschwindenden Magnetismus bringt, der vor dieser Trennung auf Seiten der elektrischen Ströme war. Die Gleichgewichtsgränze beider ist aber für die thermischen, physiologischen und magnetisirenden Wirkungen nicht dieselbe, weil nämlich die Abhängigkeit jeder eingelnen derselben von der Intensität des verschwindenden Magnetismus eine andere sein wird, als ihre Veränderung durch den entgegenwirkenden elektrischen Strom. Für die magnetisirenden Wirkungen waltet daher noch die Wirkung des verschwindenden Magnetismus vor, wenn für die thermischen hingegen der elektrische Strom überwiegt, und die physiologischen Erscheinungen auf beide Seiten dieser Gränze fallen.“

Diese Mittheilung zeigt, dass Dove, ohne sich den Ansichten Ampère's anzuschliessen, doch die drei vorn genannten Wirkungen bei der Thätigkeit eines Elektromagneten scheidet. Dass er ebenfalls mit Magnus das Vorhandensein der peripherischen Ströme als bei den Erscheinungen wirksam anerkennt, wird in dem Folgenden gesagt:

„Um die inducirende Wirkung eines massiven Elektromagneten aber auf die eines Drahtbündels zurückzuführen, muss das letztere von einer leitenden Hülle umgeben sein. Ein massiver Elektromagnet wäre demnach Eisen, in welchem ausser den einander parallelen elektrischen Strömen um die einzelnen Theilchen noch peripherische Ströme das Ganze umgeben. Eisen elektromagnetisiren hiesse daher vorhandene elektrische Ströme richten und ausserdem neue, und zwar anderer Art, erzeugen, da die Wirkung der letztern die der erstern hemmt."

Hinsichts der theoretischen Gründe, welche Ampère diesen Erscheinungen unterlegt, fügt Dove dem eben Gesagten noch hinzu:

„Ist man aber einmal genöthigt, die nachweisbaren elektrischen Ströme im Eisen zu unterscheiden von den hypothetischen, welche den Magnetismus bedingen, so scheint es einfacher, einen Schritt weiter zu gehen, und Elektricität und Magnetismus als zwei verschiedene Naturkräfte anzuerkennen."

8. In dem Folgenden hebt Dove noch den für die vorliegenden Fragen wichtigen Punkt hervor, dass die grossen Unterschiede, welche zwischen massivem Eisen und Drahtbündel vorhanden sind, wenn beide durch einen galvanischen Strom magnetisirt werden, wegfallen, wenn das Eisen magnetisirt wird durch Annähern an einen Stahlmagneten, wie dies bei der Saxton'schen Maschine der Fall ist. Er sagt:

„Hat man bei einer bestimmten Stellung des Compensators für die leeren Spiralen der Saxton'schen Maschine für physische, chemische und physiologische Prüfungen Stromgleichgewicht erhalten, so wird ein Aufheben dieses Stromgleichgewichts durch Hineinlegen verschiedener Substanzen in die Rollen zeigen, dass die hineingelegten Substanzen verschieden wirken, und aus der Richtung des hervortretenden Stromes sich bestimmen lassen, welche überwiegt." Die zu diesen Versuchen angewandten Bündel mit verschiedener Anzahl von gefirnissten Eisendrähten ergaben, „dass in Beziehung auf physiologische Wirkung, Erwärmung des elektrischen Thermometers, Ablenkung der Galvanometernadel, Magnetisiren des weichen Eisens, chemische Zersetzung und Funken der massive Cylinder überwiegt über eiserne Drahtbündel."

„Wirkt nämlich, sagt Dove, ein Drahtbündel in der einen Rolle einem massiven Cylinder entgegen, so werden mit Vermehrung der Drähte die Erschütterungen immer schwächer. Das Experimentum curvis in diesem Gebiete ist das, dass zwei gleiche eiserne Drahtbündel, eins in einer geschlossenen, das andere in einer der Länge nach aufgeschnittenen Röhre einander physiologisch vollkommen das Gleichgewicht halten, wenn der Schluss der Handhaben mit trocknen Händen vollführt wird. Die sehr schwache Wirkung, welche man mit nassen Händen erhält, rührt davon her, dass der in den Drahtrollen unmittelbar durch Annähern derselben an den Stahlmagneten inducirte Strom einen secundären in der umschliessenden Hülle erzeugt; sie findet also auch statt, wenn gar keine eiserne

Drahtbündel in den compensirten Rollen befindlich sind, und ist gar nicht zu vergleichen mit den starken Unterschieden, welche bei elektromagnetisirten Drahtbündeln sich zeigen, die offen liegen oder in Hülsen eingeschlossen sind. Die durch directes Magnetisiren des Eisens inducirten Ströme unterscheiden sich demnach von den durch Elektromagnetisiren des Eisens erregten dadurch, dass jenen die charakteristischen Kennzeichen fehlen, welche bei diesen durch gleichzeitig im Eisen erregte elektrische Ströme erklärt werden können."

9. Wenn nun in den bisher gegebenen Mittheilungen besonders der Nachweis für die Wirkung des Extrastromes so wie der peripherischen Ströme auf die Verzögerung beim Entstehen und Verschwinden des Magnetismus geführt ist, so verdient schliesslich noch einmal die Beobachtung hervorgehoben zu werden, aus der man unbedingt auf eine Trägheit der Molekularwirkungen zu schliessen genöthigt ist. Es ist dies die von Faraday mitgetheilte Beobachtung, dass die Zeit, nach welcher in einem Magneten der erregte Magnetismus zu seiner vollen Kraft gelangt, verschieden ist, je nach der Zeit, während welcher der Magnet ausser Gebrauch gewesen ist.[1]) Wenn der grosse Magnet, welchen Faraday anwandte, nach einer Ruhe von zwei bis drei Tagen, 80 bis 90 Sekunden gebraucht, um seine volle Kraft zu erlangen, nach wiederholter Schliessung der Säule nur 20 bis 30 Sekunden, und nach einer dritten Unterbrechung und Erneuerung des Stromes noch kürzere Zeit; so muss man wohl diese Erscheinung aus einer Trägheit des Eisens herleiten. Von Niemand bisher ist eine Beobachtung mitgetheilt, welche eine solche Aenderung in der Dauer der Wirkung elektrischer Ströme, je nachdem dieselben zum ersten Male oder wiederholt erregt worden waren, erkennen liesse. Wir können daher weder den Extracurrent noch die im Kerne vorhandenen peripherischen Ströme als Ursache dieser von Faraday gemachten Beobachtung betrachten, und es bleibt mithin nichts anderes übrig, als dieselbe aus der Zeit zu erklären, welche die Molekularmagnete und die mit ihnen verbundenen Kreisströme nöthig haben, um aus ihrer momentanen Lage in eine andere überzugehen. Aus der Beobachtung würde dann zugleich folgen, dass diese Zeit auch um so länger dauert, je grösser die Dimensionen der magnetisirten Eisenmassen sind; ein Factum, welches auch mit den in anderer Beziehung gemachten Beobachtungen Hinsichts der Grösse des angewandten Kernes im Einklange steht.

[1]) Unters. über Elektr. Nr. 2650; Pogg. Ann. 82 pag. 79.

§. 5.

Streit über die Ursachen der Verzögerung.

1. In neuerer Zeit haben Untersuchungen, welche zu anderen Zwecken von namhaften Physikern angestellt worden sind, Veranlassung gegeben, die in den Eisenkernen angenommene Trägheit bei der Bewegung der von Ampère vorausgesetzten Molekularströme zu bestreiten, wogegen von Anderen die Gründe der bei der magneto-elektrischen Induction auftretenden Erscheinungen eben in der genannten Trägheit des Eisens gesucht werden.

Die erste Veranlassung zu diesem Austausch der Ansichten wurde durch einen Aufsatz von Weber: „das Maass der Wirksamkeit elektromagnetischer Maschinen" gegeben.[1]) In dem Abschnitte über die Abhängigkeit der Stromstärke von der Schnelligkeit des Wechsels der Inductionsrollen zwischen den Polen der Stöhrer'schen Maschine zeigt Weber, dass die Stärke des Stromes nicht der Schnelligkeit des Polwechsels proportional wachse, obgleich eine Zunahme derselben stattfinde. Bei drei verschiedenen Geschwindigkeiten der Rotation der Inductionsrollen, deren geringste in einer Sekunde 27,9 Polwechsel bewirkte, wurden nämlich folgende Ablenkungen des Magnetometers durch die hervorgerufene Stromesintensität beobachtet:

Wechsel in 1 Sekunde.	Magnetometerstände.
27,90	89,150
33,48	95,263
44,64	101,646

„Wenn das Eisen in den Inductionsrollen, sagt Weber, vollkommmen weich wäre, so dass zur Herstellung des magnetischen Gleichgewichts keine merkliche Zeit erfordert würde, so würde die Stromstärke mit der Zahl der Wechsel proportional sein, d. i.

$$g = a\,n,$$

wenn g die Stromstärke, n die Zahl der Wechsel in 1 Sekunde, und a eine Constante bezeichnet. Die Coërcitivkraft des Eisens, welche desto grösseren Einfluss gewinnt, je grösser die Zahl der Wechsel ist, macht, dass dieses nicht der Fall ist."

„Vorausgesetzt nun, dass mit Beschleunigung der Wechsel die Stromstärke ein Maximum erreicht und von da an wieder abnimmt, lässt sich die

[1]) Pogg. Ann. 61 pag. 431.

Abhängigkeit der Stromstärke von der Zahl der Wechsel durch folgende Gleichung darstellen:

$$g = \frac{a\,n}{1 + b\,n + c\,n^2},$$

wo a, b und c drei aus den Versuchen zu bestimmende Constanten sind, deren Werthe sich aus obigen Versuchen ergeben:

$$a = 5{,}74435$$
$$b = 0{,}019393$$
$$c = 0{,}0003297.$$

Für 18 Wechsel in 1 Sekunde würde sich hieraus die Stromstärke nach Skalentheilen gemessen = 71,5 ergeben. Das Strommaximum findet hiernach für $n = 55$ statt, und ist = 103,1.

2. In einer später von Lenz veröffentlichten Abhandlung über denselben Gegenstand[1]) zeigt dieser Physiker zunächst, dass in der That bei Steigerung der Wechsel Maxima der Stromstärken eintreten, was die Ver-

Fig. 99.

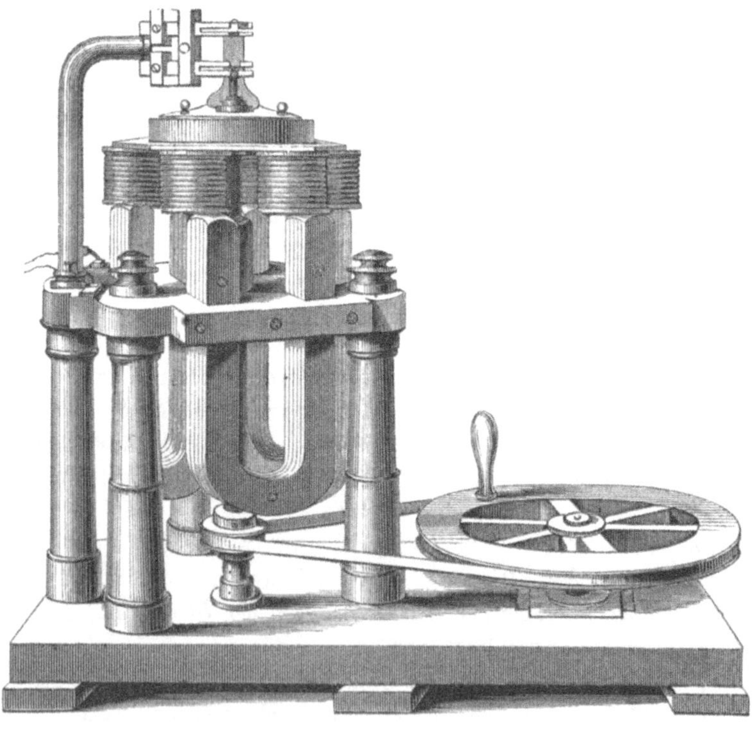

[1]) Pogg. Ann. 76 pag. 491.

suche von Weber noch nicht factisch nachgewiesen hatten; allein er bestreitet den von Weber angegebenen Grund für diese Erscheinung.

Die Versuche von Lenz waren wie die von Weber mit einer magneto-elektrischen Maschine nach der Stöver'schen Construction[1]) angestellt, wie sie die Fig. 99, S. 420, zeigt, bei der drei Hufeisenmagnete ihre 6 Pole in einer Horizontalebene zu liegen haben, und eine solche Stellung zu einander einnehmen, dass die Linien, welche die zunächst liegenden Pole mit einander verbinden, ein reguläres Sechseck bilden. Die auf 6 Eisencylindern gleichmässig vertheilten Inductionsspiralen können auf vier verschiedene Arten unter einander verbunden werden, nämlich:

1) alle Spiralen neben einander zu einer sechsfachen Parallelkette,

2) je 3 neben einander und 2 hinter einander,

3) je 2 neben einander und 3 hinter einander,

4) alle 6 hinter einander, wo also der Draht ein fortlaufendes Ganze bildet.

Wurde die Stromesintensität durch die an dem Voltameter erhaltene Gasmenge gemessen, so zeigte sich bei jeder der einzelnen Verbindungsarten das von Weber gefundene Resultat bestätigt, dass die Stromstärke keineswegs der Drehungsgeschwindigkeit proportional wuchs, sondern bei allen vier Verbindungen der Inductionsrolle bei einer gewissen Anzahl von Umdrehungen ein Maximum der Stromstärke eintrat.

Hiernach könnte man die von Weber gegebene Erklärung der Erscheinung gelten lassen und also die Schwächung des Stromes der Coërcitivkraft des Eisens zuschreiben. Hängt jedoch die allmählige Annäherung an ein Maximum allein von dem Eisen in den Spiralen ab, so muss, wenn die Spiralen verschieden verbunden werden, doch dieses Maximum in allen Fällen bei derselben Umdrehungszahl eintreten. Die verschiedene Verbindungsart der Spiralen kann alsdann die Stromstärke ändern, weil in den verschiedenen Fällen derselben ungleich starker Widerstand entgegengesetzt wird, allein das nach Weber davon unabhängige Maximum müsste doch bei derselben Zahl der Polwechsel eintreten. Nun ergeben aber die vier Verbindungsarten das Maximum der Stromstärke bei folgenden Umdrehungsgeschwindigkeiten:

Verbindung I.		Verbindung II.		Verbindung III.		Verbindung IV.	
Wechsel in 1 Min.	Strom.	Wechsel in 1 Min.	Strom.	Wechsel in 1 Min.	Strom.	Wechsel in 1 Min.	Strom.
655	1,011	380	0,664	175	0,399	158	0,274

[1]) Pogg. Ann. 61 pag. 426.

Bei der Verbindung I war bei 655 Umdrehungen noch kein Maximum eingetreten, und es bleibt also ungewiss, ob dasselbe in diesem Falle nicht noch ferner liegt; aus den andern Fällen geht nun hervor, dass das Maximum um so eher eintritt, je grösser die Anzahl der Inductionsrollen ist, die hinter einander vom Strome durchflossen werden. Diese Erscheinung lässt sich nicht aus Weber's Annahme erklären, und es ist daher nothwendig, den Grund in noch etwas Anderem zu suchen, obgleich dies den genannten Einfluss des Kernes nicht ausschliesst.

3. Um sich zu überzeugen, dass nicht die Polarisation bei der Wasserzersetzung der Grund der obigen Beobachtung war, leitete Lenz darauf den Strom durch einen Multiplicator, wobei er jenen jedoch 400 Mal schwächer machen musste, um die Ablenkungen zwischen 0^0 und 60^0 zu erhalten. Für diesen Fall ergaben sich folgende Resultate:[1])

Strom bei	Anzahl der Umdrehungen in 1 Minute. 100	200	300	400	500	600
Verbindung I.	3,72	7,05	9,98	12,53	14,68	16,44
Verbindung II.	7,77	14,50	20,19	24,85	28,47	31,05
Verbindung III.	11,54	21,64	30,17	37,45	43,18	47,44
Verbindung IV.	22,62	42,55	59,78	74,13	86,15	95,28

Aus diesen Reihen geht hervor, dass bei einer solchen Schwächung des Stromes noch bei keiner Verbindung ein Maximum eintritt, bis zu einer Umdrehungsgeschwindigkeit von 600.

Ward statt des Multiplicators eine Nervander'sche Tangentenbussole eingeschaltet,[2]) so traten wieder wie bei dem Voltameter Maxima ein, und zwar bei folgenden Umdrehungsgeschwindigkeiten:

Verbindung I.		Verbindung II.		Verbindung III.		Verbindung IV.	
Umdrehgn. in 1 Min.	Strom.	Umdrehgn. in 1 Min.	Strom.	Umdrehgn. in 1 Min.	Strom.	Umdrehgn in 1 Min.	Strom.
705	28,71	258	16,79	170	11,81	120	6,29

Auch in diesem Falle ergab bei Verbindung I eine Geschwindigkeit von 705 Umdrehungen in der Minute noch kein Maximum, während die Maxima in den anderen Fällen bei den aufgeführten Geschwindigkeiten eingetreten waren. Diese Versuche zeigen einerseits, dass die Erscheinung nicht in der Polarisation zu suchen sei, während ein Vergleich mit den am

[1]) Pogg. Ann. 76 pag. 505. [2]) Pogg. Ann. 59 pag. 203; vorn I. Abschn. pag. 24.

Multiplicator erhaltenen Resultaten beweist, dass das Eintreten der Maxima durch **die Stromstärke** bedingt ist.

Ein anderer Beweis für die Abhängigkeit des Maximums von der Stromstärke liegt in dem Vergleich der Wirkung der vier verschiedenen Verbindungen. Bei der Verbindung IV, wo alle Inductionsspiralen hinter einander verbunden sind, geht nämlich der ganze am Multiplicator gemessene Strom durch jede Spirale; bei der Verbindnug III aber, wo je 2 Spiralen neben einander verbunden sind, geht durch jeden nur $1/2$ des gemessenen Stromes, aus demselben Grunde geht bei Verbindung II nur $1/3$ und bei Verbindung I sogar nur $1/6$ des vorhandenen Stromes durch jede Spirale. Berechnet man nun aus den Stromstärken, bei denen die Maxima eingetreten sind, diejenige Stromstärke, welche in diesem Falle durch eine jede Spirale geht, so ergiebt sich:

für die Verb. IV Stromst. d. Max. 6,29 in jeder Spirale $\frac{6,29}{1} = 6,29$

„ „ „ III „ „ „ 11,81 „ „ „ $\frac{11,81}{2} = 5,9$

„ „ „ II „ „ „ 16,79 „ „ „ $\frac{16,79}{3} = 5,597.$

Hieraus sieht man, dass die Maxima in der That beinahe bei gleichem Strome eintreten, auch zeigt dieser Vergleich, dass bei der Verbindung I noch kein Maximum eintreten konnte, da bei der angewandten Drehungsgeschwindigkeit durch jede der Spiralen erst der Strom $\frac{28,72}{6} = 4,78$ ging, welcher noch viel geringer ist, als die Stromstärken der Maxima der anderen Verbindungen.

4. Einen fernern Beweis dafür, dass die Stromstärke selbst der Grund des Auftretens des Maximums der Stromstärke bei bestimmter Drehungsgeschwindigkeit sei, liefert Lenz dadurch, dass er ein Agometer als Widerstand mit in die Kette einschloss. Ohne Einschaltung von Agometerwindungen betrug der Gesammtwiderstand 32,19, bei welchem die letztgenannten Messungen vorgenommen waren. Wurde nun dreimal hinter einander diesem Widerstande immer noch ein neuer von 30 hinzugefügt, so ergeben sich für diese vier Widerstände bei der Verbindung IV folgende Geschwindigkeiten, bei denen das Maximum eintrat.

Widerstand.	Geschwindigkeit d. Max.	Stromstärke.
32,19	120 Umdrehungen in 1 Minute.	7,03
62,19	208 „ „ 1 „	6,13
92,19	296 „ „ 1 „	5,65
122,19	490 „ „ 1 „	5,42

Die Messung dieser Maxima zeigt, dass die Stromstärke immer geringer wird, je grösser der eingeschaltete Widerstand ist.

Lenz sagt nun: „So hat sich denn aus den bisherigen Untersuchungen der Erfahrungssatz ergeben, dass die Ursache der Nichtproportionalität des Wachsthums der elektromotorischen Kraft und der Drehungsgeschwindigkeit der magneto-elektrischen Maschinen nicht in der Trägheit des Eisens zur Annahme des Magnetismus ihren Hauptgrund habe, sondern dass die geringere Steigerung der elektromotorischen Kraft vorzüglich durch die Stärke des erregten Stromes bedingt werde. Diese Schwächung der elektromotorischen Kraft muss also von einer Rückwirkung des Stromes in den inducirten Spiralen auf die inducirenden Eisencylinder herrühren, welche Rückwirkung sich nur als Magnetisirung äussern kann."

Der Magnetismus eines jeden Eisencylinders vermindert sich nämlich während seiner Bewegung von der Stellung gerade über einem der Magnetpole bis zu der Mitte zwischen diesem und dem nächstfolgenden bis auf 0. Durch diese Verminderung des Magnetismus inducirt er in der Spirale einen Strom, dessen Richtung mit der Richtung der Ampère'schen Ströme des magnetischen Cylinders zusammenfällt, dessen Grösse aber der in ihm stattfindenden Schwächung des Magnetismus proportional ist. Dieser inducirte Strom muss seinerseits wiederum secundären Magnetismus in dem Eisen hervorrufen, welcher dann eine Verstärkung des primären Stromes zur Folge hat. Durch diesen inducirenden Einfluss werden die Punkte auf dem Wege des rotirenden Eisenkernes, an welchen ihr Magnetismus 0 ist, an andere Stellen gerückt. Man darf daher dem Commutator, welcher die Richtung der Ströme umkehren muss, damit sie immer nach derselben Richtung gehen, nicht eine solche Stellung geben, dass die Stromumkehrung unmittelbar über den Polen der Stahlmagnete stattfindet, sondern dass diese Umkehrung erst später geschieht, und zwar um so später, je schneller die Drehung ist, wenn man das Maximum der Kraft erhalten will.

Was diese Drehung des Commutators betrifft, so liefert sie freilich nicht wie die früher angegebenen Gründe einen Beweis für die von Lenz aufgestellte Ansicht, da man ja bei der Annahme der Trägheit des Eisens ebenfalls ein solches Verstellen des Commutators vornehmen und dieses ebenfalls mit der Drehungsgeschwindigkeit wachsen lassen müsste.

5. Die Verschiedenheit in den Ansichten von Weber und Lenz beruhen also darin, dass Weber als Grund für die in den Eisenkernen beobachtete Verzögerung des Entstehens und Verschwindens des Magnetismus die Coërcitivkraft des Eisens angiebt, Lenz den Hauptgrund dieser Erscheinung in den secundären Strömen sucht, ohne jedoch den Einfluss der Coërcitivkraft ganz und gar zu negiren.

Dem gegenüber behauptet Sinsteden,[1]) der Grund jener Erscheinung sei unbedingt in der Coërcitivkraft zu suchen und verwirft die von Lenz angegebenen Gründe. Er sagt: „Hätte man zu den Kernen ein Eisen von grösserer Coërcitivkraft gewählt, so könnten die Eisenkerne bei rascher Rotation nie ihre magnetische Sättigung erlangen; denn wenn sie in demselben Augenblicke, wo sie ganz der Polfläche gegenüberstehen, sogleich mit dem vorhergehenden Rande ihres Umfanges den Pol schon wieder verlassen, so muss ohne allen Zweifel ihr noch nicht völlig entwickelter Magnetismus schon wieder abnehmen, und der Strom bleibt also auch unentwickelt; haben ferner die Kerne keinen starken Magnetismus angenommen, so können sie auch keinen starken Magnetismus verlieren, von der Stärke des verschwindenden Magnetismus hängt aber die Stärke des Gegenstromes ab, folglich bleibt auch dieser unentwickelt.“

Sinsteden geht hierbei von vorn herein von der Ansicht aus, dass der Magnetismus eine Zeit zu seiner vollständigen Entwicklung gebrauche. Er erklärt aber mit dieser Annahme nicht die Erscheinung, welche eben Lenz darauf brachte, dass noch ein anderer Einfluss als die Coërcitivkraft des Eisens mitwirke. Nach Sinsteden's Erklärung müsste nämlich, bei beliebiger Verbindung der wirksamen Inductionsrollen das Maximum des Stromes stets bei derselben Drehungsgeschwindigkeit eintreten. Dass dies nicht der Fall ist, ist ein thatsächlicher Beweis, dass nicht der Magnetismus der Eisenkerne absolut und allein, wie Sinsteden sagt,[2]) von der Einwirkung der Magnetpole abhängt. „In der grössten Nähe der Magnetpole, fährt Sinsteden fort, sind die Eisenkerne am stärksten magnetisch, in dem Grade, wie sie sich von den Polen entfernen, nimmt ihr Magnetismus ab; in den Eisenkernen ist nichts Selbstthätiges, vermöge dessen sie den durch die Nähe der Pole in ihnen entstandenen Magnetismus durch sich selbst stärker entwickeln und schon aus der Nähe der Pole gerückt, zu einem höheren Grad der Sättigung steigern könnten. Die

[1]) Pogg. Ann. 84 pag. 195. [2]) Pogg. Ann 84 pag. 209.

einzige Ursache des Magnetischwerdens der Eisenkerne ist die Nähe der Magnetpole, und die einzige Ursache des Verschwindens ihres Magnetismus ist ihr Entfernen von den Magnetpolen.“

Sinsteden lässt hierbei die Wechselwirkung zwischen Magnetismus und Inductionsstrom ganz ausser Acht, und mit Recht erwidert Koosen auf diese Behauptungen:[1]) „Es ist klar, dass durch die Rotation der Eisenkerne vor den Polen des Stahlmagneten ein directer Strom in dem geschlossenen Leitungsdrahte, welcher jene umgiebt, erregt wird, und ferner auch, dass dieser Strom ebenso, als wenn er durch ein galvanisches Element erregt wäre, den ihm entsprechenden secundären Magnetismus wiederum erregen muss.“

6. Koosen findet auf analytischem Wege in derselben Abhandlung als Ausdruck für das absolute Maximum der magnetischen Polarität, welche die Eisenkerne bei geschlossener Inductionsspirale anzunehmen im Stande sind:

$$Y = \pm m \frac{4\Theta}{\sqrt{16\Theta^2 + \pi^2 \alpha^2 \mu^2}}$$

und als Ausdruck für die in der Zeiteinheit entwickelte absolute Elektricitätsmenge oder Stromstärke, d. h. für die Stromstärke, wie sie an einer in den Schliessungsdraht eingeschalteten Tangentenbussole gemessen wird:

$$J = \frac{16\alpha m}{\sqrt{16\Theta^2 + \pi^2 \alpha^2 \mu^2}},$$

wenn Θ die Zeit bedeutet, während welcher der Eisenkern vom Magnetismus Null bis zum magnetischen Maximum $+m$ oder $-m$ gelangt, und α und μ Constanten sind, von denen α von der Natur, dem Gewichte und den Dimensionen des Leitungsdrahtes, μ von der Natur und den Dimensionen des Eisenkernes abhängt. Aus diesen Formeln folgt nicht nur die Verschiebung der Punkte der grössten und kleinsten Polarität der Eisenkerne, sondern auch die nothwendige Relation der absoluten Elektricitätsmenge in Beziehung auf die Umdrehungsgeschwindigkeit. Ist nämlich ein bedeutender ausserwesentlicher Widerstand in die Leitung eingeschaltet, so dass, unabhängig von der elektromotorischen Kraft, die Stromstärke in den Inductionsrollen bedeutend geschwächt wird, so muss auch der Coëfficient $\alpha\mu$, welcher die Einheit der durch die entwickelte elektromotorische Kraft auf die Polarität der Eisenkerne ausgeübten secundären schwächenden Kraft bezeichnet, verkleinert werden, so dass, wenigstens bei langsamer Um-

[1]) Pogg. Ann. 87 pag. 389.

drehungsgeschwindigkeit, d. h. bei grossem Θ die Grösse $\pi^2 \alpha^2 \mu^2$ im Nenner des zweiten Ausdrucks vernachlässigt werden kann, und diese dann nahezu proportional der Umdrehungsgeschwindigkeit $\frac{1}{\Theta}$ zunimmt, wie wir das auch früher bei den Versuchen von Lenz gesehen haben.

Ist dagegen der Leitungswiderstand sehr verringert worden und sind überhaupt grosse Massen von Kupferdraht in der Maschine verwendet, so erhält der Coëfficient $\alpha \mu$ einen solchen Werth, dass gegen ihn, wenigstens bei grosser Umdrehungsgeschwindigkeit, d. h. bei kleinem Θ, die letztere Grösse im Nenner gegen $\pi^2 \alpha^2 \mu^2$ verschwindet und der Ausdruck für die Stromstärke allmälig in die Constante $\frac{16 m}{\pi \mu}$ übergeht, wie dies ebenfalls Lenz's Versuche annäherungsweise gezeigt haben.

7. Ausser diesen beiden Punkten hebt Koosen noch als dritte Ursache, welche den Magnetismus des Kernes verzögern muss, den früher besprochenen peripherischen Magnetismus der Eisenkerne hervor. Er sagt: „Im vorliegenden Falle kann man sich von der Existenz desselben in der magneto-elektrischen Maschine auch bei ungeschlossener Inductionsspirale und von dessen hemmender Einwirkung auf die Entwicklung des inducirten Magnetismus in den Eisenkernen, so wie von der dadurch bewirkten Verschiebung der Punkte der grössten magnetischen Polarität durch folgenden Versuch überzeugen. Stellt man in der Ebene der Magnetpole der Saxton'schen Maschine, und wenige Zolle von dieser entfernt, eine leicht bewegliche Bussole auf, so wird, wenn die Maschine mit einer gewissen Geschwindigkeit gedreht wird, die Magnetnadel nach heftigem Schwanken bald in eine feste Gleichgewichtslage kommen, indem nun drei Kräfte, der Erdmagnetismus, der Magnetismus der Stahlmagnete und die inducirte Polarität der Eisenkerne auf sie wirken. Dreht man nun die Maschine mit derselben Geschwindigkeit rückwärts, so ist anscheinend in Bezug auf die drei genannten Kräfte alles unverändert; dennoch kommt die Nadel sofort in eine von der vorigen ganz verschiedene Gleichgewichtslage, und ich habe oft bei günstiger Stellung der Nadel einen Unterschied von 90° beobachtet.“

Koosen fügt nun hinzu: „Dies ist nur durch einen secundären Strom in der Eisenmasse erklärbar, welcher auch bei ungeschlossener Inductionsspirale eine Verschiebung der Punkte grösster magnetischer Polarität im weichen Eisen, sowohl beim Vor- wie beim Rückwärtsdrehen der Maschine; in beiden Fällen geschieht diese Verschiebung aber in entgegengesetzter Richtung, übt deshalb die verschiedenste ablenkende Wirkung auf die

Magnetnadel aus. Schliesst man nun plötzlich die Inductionsspirale, so entsteht eine weitere Verschiebung der genannten Punkte und eine weitere Veränderung in der Gleichgewichtslage der Bussole."

8. Nach Sinsteden liegt der Grund, weshalb der Commutator bei verschiedener Drehungsgeschwindigkeit anders gestellt werden muss, nicht in den erregten secundären Strömen, sondern in der Unvollkommenheit der Unterbrechung und der Stromleitung beim Umsetzen des Stromes. Koosen weist nun darauf hin, dass in dem Weber'schen Dynamometer[1]) ein Mittel gegeben sei, die von ihm entwickelte Theorie, welche die Ansicht Lenz's vertritt, unabhängig von der Verschiebung der magnetischen Maxima und der daraus hervorgehenden unvollkommenen Umkehrung der alternirenden Ströme zu prüfen. Das Dynamometer misst nämlich die Quadrate der Intensität der durch dasselbe gehenden Ströme unabhängig von ihrer Richtung, es muss also an diesem der Strom der Saxton'schen Maschine, wenn er durch dasselbe geleitet wird, dieselbe Ablenkung geben, wie auch der Commutator gestellt sein mag, und auch, wenn überhaupt kein Commutator vorhanden ist, sondern die Drahtenden der Inductionsrollen direct mit denen des Dynamometers verbunden sind. Namentlich würde ein Versuch mit diesem Iustrumente, der leider noch nicht angestellt ist, ein Mittel zur Würdigung des Ausdrucks für die Stromstärke der Saxton'schen Maschine

$$J = \frac{16\,\alpha\,m}{\sqrt{16\,\Theta^2 + \pi^2\alpha^2\mu^2}}$$

an die Hand geben.

§ 6.

Beobachtung von Hipp.

1. Wie schon bemerkt, ist bei elektromagnetischen Maschinen das plötzliche Eintreten und Aufhören der Wirkung der Elektromagnete nach Schliessung und Unterbrechung des galvanischen Stromes von grosser Wichtigkeit.

Bei den elektromagnetischeu Telegraphen kommt es darauf an, die Zeichen möglichst schnell hinter einander zu geben. Da nun diese Zeichen dadurch gemacht werden, dass ein Elektromagnet einen über ihm gehaltenen Anker anzieht und ihn nach der Aushebung der Stromleitung wieder loslässt, so wird dieses Experiment um so schneller nach einander wiederholt werden können, je schneller die Wirkung eintritt und wieder aufhört

[1]) Abschnitt I. §. 8, pag 47.

nach Einsetzen und wieder Aufheben des Stromes. Man hat daher bei dieser Einrichtung darauf Bedacht zu nehmen, alle Ursachen zu entfernen, welche die Präcision der Wirkung hemmen.

Bei einem hierauf zielenden Versuche beobachtete nun in neuester Zeit Hipp,[1]) dass zwei gleich starke voltaische Ströme, deren einer von einer einpaarigen, der andere von einer vielpaarigen Batterie gleicher Einrichtung erregt wird, in verschiedener Art auf einen Eisenstab magnetisirend wirken, und zwar so, dass der letztere den Magnetismus schneller hervorrufe als der erstere.

Diese Erscheinung wurde durch zwei Beobachtungsmethoden bestätigt. Bei der einen ging der Strom eines Elementes von grosser Oberfläche durch ein Galvanometer und ein Relais. Die Relaisankerfeder wurde so stark gespannt, dass die Spannung dem Magnetismus beinahe das Gleichgewicht hielt. Wurde das Relais in gewöhnlicher Weise mit einem Morse'schen Schreibapparat verbunden, so konnte man in einer gegebenen Zeit höchstens 16 deutliche Punkte hervorbringen. Wurden statt des einen Elementes zwölf kleinere angewandt, welche die gleiche Ablenkung am Galvanometer gaben, so konnte man unter gleichen Umständen nun 26 Punkte hervorbringen.

Die zweite Methode bestand darin, dass die Zeit, welche der Anker brauchte vom Momente der Stromschliessung bis zu dem Momente, in welchem er angezogen ward, direct durch das Chronoskop gemessen wurde. Auch in diesem Falle war bei gleichem Strome mit dem einen Elemente eine längere Zeit nöthig, als mit den 12 Paaren, ehe der Anker von dem Magneten herangeholt wurde. In dem ersten Falle waren $\frac{58}{1000}$ Sekunden, im zweiten $\frac{36}{1000}$ Sekunden nöthig.

Mündlich hat Hipp noch an Beetz die Mittheilung gemacht, dass der Unterschied zwischen den angegebenen Wirkungsarten immer unbedeutender wurde, je schwächer die Feder gespannt ward, und dass ferner sich ein solcher Unterschied in der Zeit des Losreissens des Ankers nicht zeigte.

2. Um diese Erscheinung zu erklären, machte Beetz[2]) zunächst folgenden Versuch zur Feststellung des Factums.

[1]) Mittheilungen d. naturf. Ges. in Bern 1855 pag. 90 und Pogg. Ann. 102 pag. 557. [2]) Pogg. Ann. 102 pag. 558.

Statt des bei Hipp's Versuchen in der galvanischen Leitung befindlichen Telegraphenapparates schaltete Beetz einen Wagner'schen Hammer, eine Vorrichtung von der Form der beistehenden Fig. 100, in dieselbe ein.

Fig. 100.

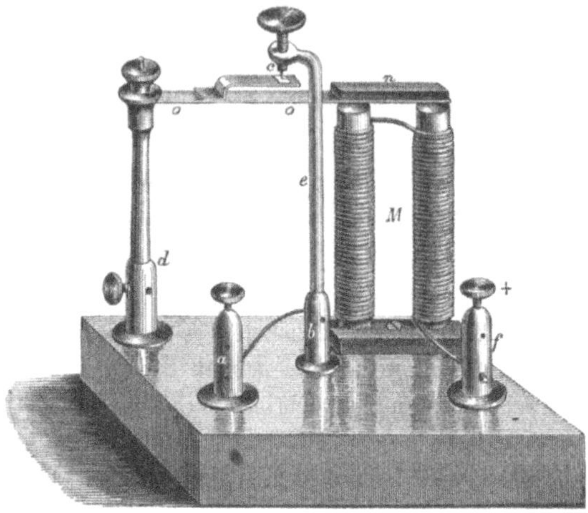

Dieser Apparat besteht aus einem kleinen Elektromagneten *M*, über dessen Pole mittelst der Metallfeder *o o* ein Anker *n* in geringer Entfernung gehalten wird. Diese Metallfeder lässt den Anker in grösserer oder geringerer Entfernung von den Magnetpolen, je nachdem die an einem metallenen Ständer *e* befestigte und mit einer Platinspitze versehene Schraube *c* angezogen oder gelockert wird. Berührt nun die Platinspitze die Feder, und man setzt die beiden Leitungsdrähte der galvanischen Säule in die beiden Klemmschrauben *b* und *f*, während die Enden der Spirale des Magneten *M* nach den Schrauben *f* und *a* führen, so geht der Strom, wenn nach *f* der positive Pol geleitet ist, von da durch die Spirale des Magneten nach *a*. Die Klemmschraube *a* wird nun durch einen, je nach Bedürfniss langen oder kurzen Leiter mit *d* verbunden. Nachdem der Strom diesen durchlaufen, geht er von *d* durch den Ständer und die Feder *o* nach der Platinspitze *c* und durch diese und den Ständer *e* über *b* nach der Säule zurück. Der Strom magnetisirt in diesem Falle den Magneten und dieser zieht den Anker an. Dadurch wird die Feder von der Schraube *c* entfernt und so der Strom unterbrochen. In Folge der Unterbrechung hört der Magnet auf zu wirken und lässt den Anker wieder los, wodurch dann die leitende Verbindung wieder hergestellt und die Anziehung aufs Neue bewirkt wird. Die Schnelligkeit, mit der das Spiel des Ankers stattfindet, ist sowohl von der Spannung der Feder als von der Stärke des Stromes abhängig, und kann aus der Höhe des Tones beurtheilt werden, den das schnell hinter einander erfolgende Aufschlagen des Ankers auf die Magnetpole hervorbringt.

Während nun zuerst der Strom der einpaarigen Säule wirksam war, wurde die Feder des Hammers so gestellt, dass derselbe, auf einem Resonanzboden stehend, einen deutlich bestimmbaren musikalischen Ton gab. Wurde nun der Commutator umgelegt, so dass die sechspaarige Säule in Thätigkeit kam, so war der Ton höher, d. h. die Zahl der Unterbrechungen war grösser. Bei anderen Spannungen der Feder entstanden andere Töne, doch immer war der durch 6 Elemente erregte Ton höher als der durch 1 Element hervorgerufene. Die hier folgende Tabelle giebt die Ergebnisse dieser Untersuchung:

1 Element.		6 Elemente.	
Ton.	Zahl der Wirkungen.	Ton.	Zahl der Wirkungen.
As —	100	As +	104
A	106	B	114
H	120	Cis	132
C	128	D	144
Cis	136	Dis	155
D	144	F	170
Dis	153	versagt.	

Bei der letzten Federstellung hörte der Apparat auf zu arbeiten, wenn er durch 6 Elemente getrieben wurde.

Aus diesen Versuchen geht auf's Klarste hervor, dass die Wirkung des Magnetismus beschleunigt wird bei Anwendung einer vielpaarigen Säule im Vergleich mit einer von geringerer Becherzahl, wenn für den Ruhezustand des Stromunterbrechers beide Säulen dieselbe Stromstärke erzeugen.

3. Diese Erscheinung ist nicht aus der Trägheit des Eisens des Elektromagneten zu erklären, da kein Grund vorhanden ist, weshalb bei gleichem Strome diese Trägheit in beiden Fällen sich verschieden äussern sollte. Wir müssen daher den Grund der Erscheinung in einer Stromverschiedenheit beider Säulen suchen, welche durch den beiden gleichen Strömen entgegenwirkenden Inductionsstrom hervorgerufen wird.

Die Anwendung des Ohm'schen Gesetzes auf diesen Fall ergiebt denn auch in der That eine solche Verschiedenheit.

Bedeutet E die elektromotorische Kraft eines Elementes, R den Widerstand in einem jeden Becher, r den der Leitungsdrähte und w den der sechspaarigen Säule hinzugefügten Widerstand, damit deren Strom auf die Stärke des des einen Elementes gebracht wird, so muss vor dem Beginn der Thätigkeit des Stromunterbrechers

$$\frac{E}{R+r} = \frac{6E}{6R+r+w}$$

sein. Wird nun der Strom schnell hintereinander unterbrochen, so inducirt der Magnet bei Anwendung jeder der beiden Säulen dem galvanischen Leiter einen Gegenstrom, dessen elektromotorische Kraft x sein mag. Da nun für beide Fälle diese elektromotorische Kraft gleich ist, nicht aber der Widerstand, den sie zu überwinden hat, so kann auch in beiden Fällen der inducirte Gegenstrom nicht derselbe sein. Dieser Gegenstrom ist in dem Falle, wo 1 Element angewandt wird $= \frac{x}{R+r}$, wogegen er in dem Falle der 6 Elemente $= \frac{x}{6R+r+w}$ ist. Die zur Thätigkeit kommenden Ströme sind daher fur beide Fälle

$$\frac{E-x}{R+r} < \frac{6E-x}{6R+r+w},$$

d. h. der Strom der 6 Elemente ist vom Beginn der Wirkung ab so lange stärker, als der eines Elementes, als überhaupt der Inductionsstrom dauert. Folgen nun die Impulse schneller aufeinander als der Inductionsstrom verschwindet, so muss die Wirkung der 6 Elemente stets stärker bleiben als die des einen. Nun setzt die Feder des Hammers oder Ankers der Anziehung eine in beiden Fällen gleiche Kraft entgegen, und deshalb muss die Kraft, welche beim Beginn gleich Null ist, in dem einen Falle früher so hoch steigen, um die Federkraft zu überwinden als im anderen, d. h. die Feder muss bei den 6 Elementen früher angezogen werden als bei einem, und die Impulse müssen also in diesem Falle schneller aufeinander folgen.

4. Ausser den Versuchen mit dem Hammer stellt Beëtz noch andere an, bei denen er den Strom durch eine Bussole misst und ihn schnell hintereinander durch ein eingeschaltetes Zahnrad unterbricht, an dessen Peripherie eine schleifende Feder den Strom leitete, in welchen ausserdem eine kurze Spirale von drei Lagen 0,5^{mm} dicken Kupferdrahts eingeschaltet war. Nachdem bei stillstehendem Zahnrade beide Säulen dieselbe Ablenkung an der Bussole gaben, ward mittelst des Rades der Strom 200mal in der

Sekunde unterbrochen und abwechselnd die einpaarige und die sechspaarige Säule eingeschaltet. Dabei wurde die Wirkung beobachtet, welche sich ergab, wenn ein Eisenkern in die Spirale eingeführt und wenn dies nicht der Fall war. Es zeigte sich dabei folgendes Resultat:

	1 Element.	6 Elemente.
Ohne Eisenkern	6,2°	7,5°
Mit Eisenkern	2,5°	5,8°

Was die Ablenkungen ohne eingeführten Eisenkern betrifft, so ist der dabei bemerkbare Unterschied in der Stromstärke nicht auf den Inductionsstrom zu rechnen, welcher von Windung zu Windung inducirt wird, sondern er wird durch den erhöhten Widerstand in der Leitung im Momente, wo die Feder den Zahn des Rades verlässt, herbeigeführt. Dies ergiebt sich für diesen Fall aus einer Anwendung des Ohm'schen Gesetzes in ähnlicher Weise wie die Erklärung der durch den Inductionsstrom veranlassten Aenderung der Wirkung in Nr. 3.

Viel bedeutender wird aber der Strom geschwächt, wenn sich ein Eisenkern in der Spirale befindet; während derselbe bei der einpaarigen Säule von 6°,2 auf 2°,5 herabsinkt, fällt er bei der sechspaarigen nur von 7°,5 auf 5°,8.

Bei verschieden schnellen Unterbrechungen zeigten folgende Schwächungen des Stromes die Wirkung des inducirenden Eisens:

	1 Element.	6 Elemente.
170 Unterbrechungen	1°,2	2°,6
250 „	0°,5	2°,4

während ohne Eisenstab die entsprechenden Ablenkungen waren:

	2°,5	3°,4
	2°	3°

Ein anderer Beweis, dass alle diese Erscheinungen der inducirenden Wirkung des Eisenkernes und nicht dem gegenseitigen Einfluss der Drahtwindungen zuzuschreiben sind, geht aus der Beobachtung hervor, dass die Erscheinungen wenig dadurch abgeändert werden, dass man die Spirale, welche der sechspaarigen Säule als Widerstand dient, durch einen gerade gespannten Draht ersetzt. Bei Einschaltung des Unterbrechungsrades und des Hammers erhielt Beetz, während in allen Fällen die Stärke des continuirlichen Stromes dieselbe war, folgende Ablenkungen:

von 1 Element	2,2
„ 6 Elementen mit eingeschalteter Spirale	2,65
„ 6 „ „ gespanntem Draht	2,7

§. 7.
Untersuchungen von Beetz.

1. In neuester Zeit sind zum ersten Male von Beetz Untersuchungen Hinsichts der Zeit angestellt, deren der Magnetismus zu seinem Entstehen und Verschwinden in dem Elektromagneten unter verschiedenen Bedingungen bedarf.

Die Methode, nach welcher experimentirt ward, bestand im Wesentlichen darin, dass ein Commutator mit einer bestimmten Geschwindigkeit gedreht ward, welcher entweder gleichzeitig oder in bestimmten kleinen Zeittheilen nach einander eine magnetisirende Spirale und eine Inductionsspirale schloss. Die Inductionsspirale gab dann an der mit ihr in Verbindung gebrachten Spiegelbussole einen Ausschlag, sobald der durch die galvanische Spirale, in welcher sich der Magnetkern befand, geleitete Strom geschlossen oder geöffnet ward. Der Commutator bestand in einem Elfenbeincylinder.

Die Einrichtung dieses Cylinders wird in Fig. 101 dargestellt. Die mit schrägen Strichen gezeichneten Stellen sind metallisch, während die hell

Fig. 101.

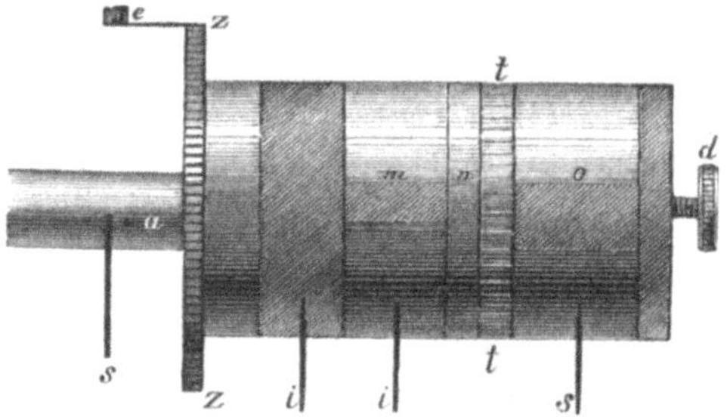

gelassenen nicht leitend sind. *a* ist die Axe, mittelst der der Cylinder in Rotation versetzt werden kann. Die vier Streifen *s*, *i*, *i*, *s* bedeuten vier Federn, deren zwei *s* und *s* die beiden Enden der galvanischen Leitung sind, wogegen in *i* und *i* die Leitungsdrähte der Inductionsspirale enden. Der Theil von *tt* bis *d* des Cylinders lässt sich um seine Axe drehen, so dass die Theilung *t t* an dem Striche *n* verschoben werden kann. Berühren nun in der gezeichneten Stellung der beiden Theile des Cylinders die Federn *i* und *s* die metallische Einlage *m* und *o*, so ist sowohl die galvanische Säule als auch die Inductionsspirale geschlossen. Da jedoch der Theil von *t t* bis *d* drehbar ist, so kann die Leitung *o* gegen *m* so verschoben werden, dass die Inductionsspirale bei Rotation des ganzen Cylinders später geschlossen wird als die galvanische Säule und umgekehrt. Dadurch wird es möglich, den Inductionsstrom sogleich beim Entstehen und Verschwinden des galvanischen Stromes oder eine bestimmte Zeit nach demselben zu beobachten. Natürlich kommt es hierbei darauf an, die Zeit genau zu bestimmen, um welche der Inductionsstrom später als der galvanische geschlossen oder geöffnet wurde. Zu diesem Zwecke ist an der Axe des Elfenbeincylinders noch ein Zahnrad *z z* befestigt, auf welchem eine Feder *e* schleift. Der Cylinder wurde nun bei jeder Beobachtung so schnell gedreht, dass die dadurch in Schwingung versetzte Feder *e* den Ton einer daneben befindlichen Stimmgabel gab. War dies der Fall, so drehte sich der Cylinder in einer Zeit von 0,00039 Sekunden um 1^0.

Wurde also nun das leitende Messingstück *o* gegen *m* um einen Grad verstellt, so trat der Inductionsstrom 0,00039 Sekunden später ein, als der primäre Strom angefangen oder mutatis mutandis aufgehört hatte. Ausser dem genannten Cylinder war die Einrichtung des vollständigen Apparates, mittelst dessen die Versuche unternommen wurden, etwa folgende, wie sie Fig. 102 darstellt.

Fig. 102.

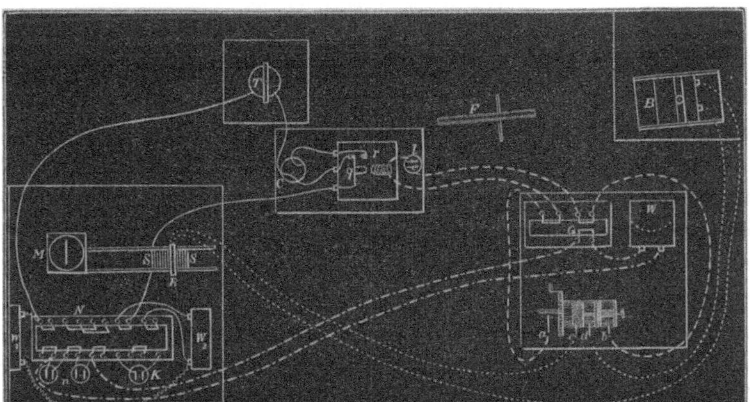

Die magnetisirende Spirale *S S* liegt in der Regel zwischen zweien horizontalen Holzleisten in der Ostwestrichtung, so dass ihre Axe auf das Ende einer in einem Glaskasten aufgehängten Magnetnadel *M* hinweist, und ihre Entfernung von diesem Nadelende an den Leisten abgelesen werden kann. Die Drähte dieser Spirale führen zur Hauptbatterie *n* und schliessen einen Widerstandsmesser W_2, eine Tangentenbussole mit wenigen Windungen T und einen Commutator C ein, der die Leitung mit einem Relais r in Verbindung setzt. Ist der in diesem Relais befindliche Magnet unmagnetisch, so liegt das Leiterstück q, das den Anker trägt, nach links

Fig. 102.

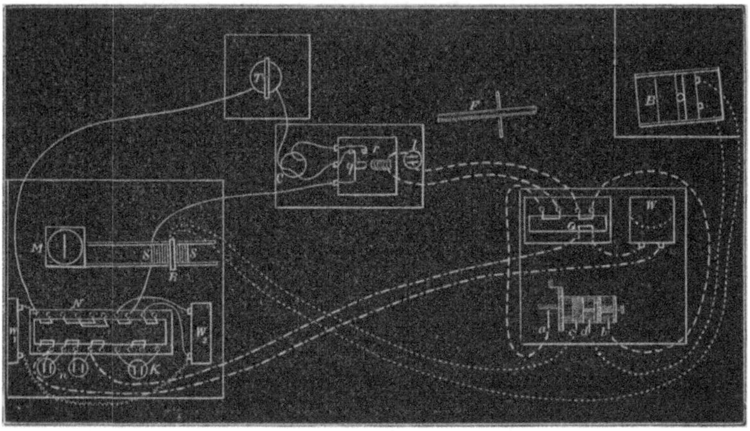

hin. Auf diese Weise ist die Leitung der Hauptbatterie geschlossen. Sie kann entweder dadurch, dass man den Commutator C umsetzt, oder dadurch, dass man den Relaiseisenkern magnetisch macht, geöffnet werden. Geschieht beides zugleich, so ist die Leitung wieder geschlossen.

Will man nun den Einfluss des Kernes auf das Entstehen und Verschwinden des Magnetismus kennen lernen und hierbei davon ausgehen, dass zwei verschiedenen Kernen dasselbe magnetische Moment gegeben wird, so muss die Stromstärke der galvanischen Säule mittelst des Widerstandsmessers W_2 geändert werden. Dadurch wird aber auch der Widerstand des Extracurrents der Spirale S S geändert, der ebenfalls die Zeit des Entstehens und Verschwindens des Magnetismus im Kerne modificirt. Um dies zu verhindern, war noch ein zweiter Widerstandsmesser W_1 mit einer Zweigleitung des Hauptstromes angebracht. Auf diese Weise wird der Strom sowohl durch Vergrösserung des Widerstandes in W_2 als durch Verkleinerung desselben in W_1 geschwächt. Man konnte also durch Verstellen von W_1 und W_2 mit verschiedenen Kernen dieselbe Ablenkung bei M hervorbringen, ohne dabei den Gesammtwiderstand zu ändern. Um sich von dem Vorhandensein dieses gleichen Gesammtwiderstandes zu überzeugen, schaltete Beetz die Hauptbatterie als Elektromotor aus und dafür ein einfaches Grove'sches Element K in die für den Extracurrent unverzweigte Leitung, liess aber die Hauptbatterie als Widerstand in dem galvanischen Kreise. Alsdann musste die Tangentenbussole T bei jeder Stellung der beiden Widerstandsmesser dieselbe Ablenkung zeigen. Die Aus- und Einschaltung der beiden verschiedenen Elektromotoren ward einfach durch Umlegen der Wippe N bewirkt.

Das Oeffnen und Schliessen der Hauptbatterie geschah stets durch die Lokalbatterie l, welche bei dem richtigen Stande der Wippe Q geschlossen ward, sobald die Feder b die Metalleinlage des Elfenbeincylinders berührte. Wenn der Cylinder rotirt, so wird die Relaisleitung dann geschlossen, wenn die Feder b zum ersten Male über den Metalleinsatz schleift und Q die richtige Stellung hat.

Ein dritter Widerstandsmesser W ist dann in der Leitung zur Hauptbatterie, wenn die Wippe Q nach der anderen Seite umgelegt ist. Er wird so gestellt, dass er dem Widerstande der Spirale S S und beider Widerstandsmesser W_1 und W_2 gleich ist, und durch ihn ist die Säule, wenn ein Schliessungsstrom untersucht werden soll, so lange geschlossen, bis die Wirkung der Spirale eintreten soll, damit nicht durch die Aenderung des Zustandes in der Hauptbatterie beim Schliessen derselben der zu beobachtende Schliessungs-Inductionsstrom geändert werde.

Auf die Magnetisirungsspirale ist die Inductionsspirale R geschoben. Der in derselben erregte Strom wirkt nur so lange auf die Spiegelbussole B, als die Feder d über den Metalleinsatz schleift und dadurch die Verbindung mit c herstellt. Die Ablenkung des Spiegels wird durch das Fernrohr F abgelesen.

Die Versuche wurden nun so angestellt, dass zunächst der galvanische Strom geschlossen oder unterbrochen wurde, wenn der Cylinder still stand und die Inductionsspirale R ebenfalls geschlossen war. Darauf wurde derselbe Versuch wiederholt bei rotirendem Cylinder, wo also dann sowohl der galvanische als der Inductionsstrom nur intermittirend wirkten.

In den Versuchsreihen nennt Beetz der Kürze wegen den Inductionsstrom, den er beobachtete, wenn der Cylinder nicht gedreht ward, den Integralstrom, während er die Ströme Differentialströme nennt, welche er bei Drehung des Cylinders erhielt, wenn der Inductionsstrom 1, 2, 3 etc. Mal 0,00039 Sekunden nach Schliessung oder Oeffnung des primären Stromes eintrat.

Bei jedem Versuch ward die Inductionsspirale entweder auf die Magnetisirungsspirale oder auf den magnetisirten Eisenkern gesteckt, und wenn dann den Metalleinsätzen m und o eine bestimmte Stellung zu einander gegeben und der Elfenbeincylinder in die gehörige Rotation versetzt war, wurde der galvanische Strom unterbrochen und die durch die Induction bewirkte Ablenkung an einem Multiplicator abgelesen. Ganz derselbe Versuch wird darauf wiederholt, nachdem der Eisenkern fortgenommen, alles Uebrige aber an der gleichen Stelle geblieben ist, um die Wirkung der Spiralen allein auf einander zu erhalten. Die Differenz beider Ablesungen ist das Maass des Inductionsstromes, welcher durch die Veränderung hervorgebracht ist, die der Magnetismus während 0,00039 Sekunden erlitten hat, und zwar je nach Verschiebung der Einsätze während der ersten, zweiten oder irgend welcher folgenden 0,00039 Sekunden nach Schliessung oder Oeffnung des Stromes.

2. Beetz giebt zunächst Beobachtungen der Volta-Induction. Eine 14,5^{cm} lange Inductionsspirale, die über eine ebenso lange Magnetisirungsspirale geschoben war, zeigte bei einem Integralstrom der Oeffnung von 3,5 folgende Differentialströme der Oeffnung:

Verschiebung	0^0	3,4
	1^0	3,4
	2^0	3,4
	5^0	3,4
	6^0	3,3
	7^0	2,2
	8^0	0

Eine viel grössere Spirale mit etwa 7mal so vielen Windungen, auf welche eine sehr kurze Inductionsspirale gelegt wurde, bei der der Integralstrom der Oeffnung 9,05 war, zeigte als Differentialströme der Oeffnung:

Verschiebung	0^0	8,8
	5^0	8,8
	6^0	8,6
	7^0	6,2
	8^0	0

Aus diesen Beobachtungen geht hervor, dass einerseits der Oeffnungs-Inductionsstrom sogleich bei der Oeffnung des inducirenden mit seiner ganzen Kraft beginnt oder doch unmessbar schnell diese ganze Kraft erreicht, und dass er andererseits nur von ganz kurzer Dauer ist. Dieselbe Beobachtung hat schon früher Heimholtz gemacht.[1])

[1]) Pogg. Ann. 83 pag. 534.

Durchaus verschieden zeigen sich die Inductionsströme der Schliessung. Die Spiralen des ersten Versuchs gaben einen Integralstrom der Schliessung von 3°,5. Die Differentialströme der Schliessung waren:

Verschiebung.	Strom.	Verschiebung.	Strom.
5°	0,03	35°	0,30
10	0,20	40	0,10
15	0,40	45	0,05
20	1,00	50	0,02
25	0,80	55	0,01
30	0,50		

Die Spiralen des zweiten Versuchs gaben einen Schliessungsintegralstrom von 9,05 und folgende Differentialströme der Schliessung:

Verschiebung.	Strom.	Verschiebung.	Strom.
5°	0,02	90°	0,22
10	0,04	100	0,15
15	0,10	110	0,10
25	0,30	120	0,05
35	0,85	130	0,02
45	0,75	140	0,02
60	0,60		
75	0,35		

Wenngleich diese Ströme längere Zeit dauern als die Oeffnungsströme, so ist doch auch ihre Dauer nur kurz, sie steigen schnell an und nehmen dann allmählig ab. Die Dauer dieser Ströme beträgt etwa 0,05 Sekunden bei der grossen Spirale, wenn wir den Strom bei 140° Verschiebung als unterbrochen ansehen.

3. Zu Einlagen in die galvanischen Spiralen dienten bei den nachstehenden Versuchen folgende Dinge als Magnetkerne:

1. Ein massiver Eisencylinder von $14{,}5^{cm}$ Länge und $2{,}4^{cm}$ Durchmesser.
2. Bündel von 1000 Eisendrähten.
3. Flintenlauf.
4. Aufgeschlitzter Flintenlauf.
5. Papierrohr mit Eisenfeile gefüllt.
6. Papierrohr mit 190 runden Eisenblechscheiben.

Alle Kerne von 2 – 6 haben dieselben Dimensionen wie der Cylinder Nr. 1.

7. Eisenstab von 14,5^{cm} Länge und 1,2^{cm} Durchmesser.
8. „ „ „ „ „ 2^{mm} „
9. 2 Eisenstäbe von 29^{cm} Länge und 2,4^{cm} „
10. Drahtbündel von 7^{cm} Länge und 2,4^{cm} „

Bei den folgenden Versuchen sind der leichteren Uebersicht wegen gleich die Ströme angegeben, welche die Kerne allein hervorbringen, d. h. die Differenz zwischen der Wirkung der Spirale mit dem Kerne und der der Spirale allein.

Zunächst ist eine Versuchsreihe mit den Spiralen des ersten Versuchs und sehr verschiedenartigen Kernen angestellt. Der Integralstrom ist so geregelt, dass er in allen Fällen ziemlich genau 11°,3 beträgt. Die Differentialströme sind folgende:

Kern.	Verschiebung.	Oeffnungs-ströme.	Schliessungs-ströme.
1. Der massive Eisencylinder	5°	7,5	0,14
	10	2,0	0,35
	15	1,0	1,0
	20	0,5	3,1
	25	0,1	3,0
	30	0,01	2,5
	35		1,6
	40		0,35
	50		0,1
	60		0,05
	75		0,01
2. Die 1000 Drähte	5°	11,1	0,19
	10	0	0,45
	15		1,4
	20		3,6
	25		2,7
	35		1,4
	45		0,19
	60		0,01
3. Der Flintenlauf	5°	8,0	
	10	2,5	
	15	0,3	
	20	0,1	
	25	0,01	

Kern.	Verschiebung.	Oeffnungsströme.	Schliessungsströme.
4. Der aufgeschlitzte Flintenlauf	5^0	10,2	
	10	1,0	
	15	0,01	
5. Eisenfeilrolle	5^0	10,9	0,15
	10	0	0,3
	15		1,5
	20		3,8
	25		2,5
	30		1,8
	40		0,4
	50		0,04
	60		0,01
6. Blechscheibenrolle	5^0	8,5	0,1
	10	2,0	0,2
	15	0,01	1,0
	20		3,1
	25		3,0
	30		2,5
	40		0,35
	50		0,1
	60		0,05
	75		0,01

Diese Versuche zeigen durch die Schliessung der galvanischen Kette bei allen verschiedenen Kernen fast gleiches Anwachsen und Abnehmen des Inductionsstromes, woraus hervorgeht, dass das Entstehen desselben so wesentlich durch die Gegenströme der Schliessung in der magnetisirenden Spirale selbst bedingt werden, dass es ziemlich gleichgültig ist, ob noch andere Ursachen hierbei mitwirken. Wir haben früher gesehen, dass die hier noch möglichen Ursachen der Erregung von Inductionsströmen, d. h. mit anderen Worten, die Ursachen der Verzögerung des Entstehens oder Verschwindens des Magnetismus, die Trägheit des Eisens und die peripherischen Ströme des Kernes sind.

Nach der Art des hier angestellten Versuchs können also dergleichen Einflüsse nur in dem Falle merklich werden, wenn die eben genannten Ströme der Magnetisirungsspirale nicht vorhanden sind. Dies ist der Fall bei der Oeffnung dieser Spirale, und deshalb tritt denn auch unter diesen Umständen ein grosser Unterschied zwischen den beobachteten Inductionsströmen auf.

Der massive Eisenkern zeigt wie der Flintenlauf ein allmähliges Verschwinden des Magnetismus. Bei beiden Kernen kann die Ursache sowohl in der Trägheit des Eisens, sowie in den peripherischen Strömen liegen, da für Beides die Bedingungen vorhanden sind. Aus der Beobachtung an dem aufgeschlitzten Flintenlaufe und den Blechscheiben, wo der Inductionsstrom viel schneller abnimmt, folgt, dass die peripherischen Ströme in den beiden anderen Kernen gewirkt haben; allein daraus, dass sich in diesem Falle doch noch ein andauernder Strom bemerken lässt, geht ferner hervor, dass auch die Trägheit des Eisens mitwirken muss. In dieser Ansicht bestärkt die Erscheinung an den Drähten und der Rolle mit Eisenfeilspänen, in welchen der Inductionsstrom momentan verschwindet. Hierbei ist nicht ausser Acht zu lassen, dass in diesen Fällen ein sehr viel stärkerer galvanischer Strom angewandt werden musste, um den den anderen gleichen Integral-Inductionsstrom zu erzeugen. Beetz sagt: „Beispielsweise war die Stromstärke, welche das Rohr mit Eisenfeilspänen magnetisirte, etwa fünf Mal so stark als die, welche dem massiven Eisenkerne denselben Magnetismus gab.“ [1])

4. Den Einfluss der peripherischen Ströme zeigt sehr klar ein Versuch mit dem massiven Cylinder, dem Drahtbündel und einem Kerne, bei welchem das Drahtbündel in eine Metallhülse eingeschlossen war. Während alle drei Kerne bei sehr starkem Integralstrom, 42,05, fast genau gleiche Inductionsströme bei der Schliessung gaben, waren die Differentialströme der Oeffnung folgende:

Verschiebung.	Massiver Kern.	Drahtbündel.	Draht mit Hülse.
5°	29,0	41,7	33,2
10	6,3	0	6,4
15	2,9		2,5
20	1,6		1,3
25	0,8		0,4
30	0,3		0,1
35	0,1		

Wir sehen aus diesem Versuche, dass unter den obwaltenden Bedingungen, wenn nämlich die Spirale den Kern seiner ganzen Länge nach bedeckt,

[1]) Pogg. Ann. 105 pag. 517.

die peripherischen Ströme den Hauptgrund der Verzögerung des Verschwindens des Magnetismus ausmachen und die Trägheit des Eisens wenig Einfluss übt. Die Polarität entsteht fast gleichzeitig durch den ganzen Kern. Dieselbe Beobachtung macht Beetz, wenn er eine ganz kurze Inductionsspirale (Ringspirale) auf das Ende oder die Mitte eines seiner ganzen Länge nach mit der galvanischen Spirale bedeckten Eisenkernes bringt.

5. Durchaus verschieden von diesen sind jedoch die Erscheinungen, wenn ein langer Kern auf dem einen Ende die galvanische und auf dem anderen die Inductionsspirale trägt.

Ein 22'' langer Eisenstab trug an einem Ende eine 1,5'' lange Magnetisirungsspirale und an dem anderen Ende eine $3{,}5^{mm}$ lange Inductionsspirale. Bei einem Integralstrom 2,6 zeigten sich folgende Schliessungs- und Oeffnungsströme, während die Schliessungsströme bei den Spiralen des ersten Versuchs, an beiden Enden vertheilt, noch stärker waren:

	Kleine Spiralen.		Grosse Spiralen.
Verschiebung.	Schliessung.	Oeffnung.	Schliessung.
5^0	0	0,8	0
10	0	0,5	0
15	0	0,2	0,2
20	0,2	0,15	0,8
30	0,35		0,9
40	0,3	0,02	0,8
100	0,15		0,4
250	0,05		0,1
350			0

Aus diesen Versuchen folgt ganz unzweifelhaft, dass es einer Zeit bedarf, bis der an dem einen Ende dem Kerne ertheilte Magnetismus sich bis zu dem anderen fortpflanzt. Die beiden verschiedenen Fälle zeigen, dass diese Zeit um so länger währt, je schwächer die Magnetisirung ist.

Um nur eine Spur von Wirkung an dem entfernten Ende zu beobachten, ist in dem ersten Falle eine Zeit von $20 \,.\, 0{,}00039 = 0{,}0078$ Sekunden nöthig. Aehnliche Erscheinungen zeigen noch mehrere andere von Beetz angestellte Versuche. Wir sehen hiermit in den von Beetz angestellten Versuchen die schon früher von Magnus, Dove u. A. auf anderem Wege erlangten Resultate bestätigt.

Es heben ferner diese Versuche den besonders zwischen Sinsteden und Lenz geführten Streit über den Grund der Erscheinungen an der

Saxton'schen Maschine. Die hier angeführten Versuche setzen es ausser Zweifel, dass sowohl die Coërcitivkraft des Eisens als auch die erregten Inductionsströme eine Verzögerung bewirken, und dass mithin Sinsteden weder berechtigt ist zu behaupten, dass die Verrückung der Commutatorfedern allein durch die unpassende Einrichtung der Stöhrer'schen Maschine nöthig werde, noch dass die nach dem Entfernen von den Polen in den Eisenkernen sich steigernde Kraft eine Selbstthätigkeit der Eisenkerne bedinge.

Die von Beetz aus seinen Versuchen zusammengestellten Resultate sind zugleich die Ergebnisse, welche sämmtliche auf diesem Felde angestellten Untersuchungen geliefert haben. Sie lauten:

1. Die Verzögerung des Entstehens des Magnetismus in Eisenkernen, die mit der galvanischen Spirale ganz bedeckt sind, hängt zum grössten Theile von den in den Spiralen selbst erzeugten Gegenströmen ab. Die gleichzeitige Bildung peripherischer Ströme ist von geringem Einfluss, ebenso die Coërcitivkraft des Eisens.

2. Die Verzögerung des Verschwindens des Magnetismus aus Eisenkernen, die ganz mit der Spirale bedeckt sind, hängt zum grössten Theil von der Bildung peripherischer Ströme in den Kernen ab.

3. Die Verzögerung des Entstehens und Verschwindens des Magnetismus in nur theilweise mit der galvanischen Spirale bedeckten Eisenkernen hängt zum grössten Theile von der Trägheit des Eisens die Magnetisirung fortzupflanzen ab; dagegen sind die peripherischen Ströme, welche sich in dem Kerne selbst bilden, ohne merklichen Einfluss.

4. Die der Einwirkung peripherischer Ströme zuzuschreibenden Verzögerungen äussern sich durch **verlangsamtes** Anwachsen oder Abfallen der, diese Veränderung darstellenden Curve, dagegen die der Einwirkung geschwächter Polarisirbarkeit zuzuschreibenden Verzögerungen durch **verspätetes** Anwachsen oder Abfallen derselben.

XI. Abschnitt.

Ueber die

Versuche zur Anwendung des Elektromagnetismus

als

Triebkraft.

§. 1.

Die elektromagnetischen Motoren.

Ein Elektromagnet unterscheidet sich dadurch wesentlich von einem Stahlmagneten, dass seine Wirkung beliebig aufgehoben und wieder hergestellt werden kann. Durch diese Eigenschaft des Elektromagneten wird man in Stand gesetzt, seine Kraftäusserung als Triebkraft zu benutzen. Man hat sich daher auch seit der Bekanntschaft mit dem Elektromagneten stets bemüht, praktische Anwendung von demselben zu machen. Die wichtigste dieser Anwendungen ist unzweifelhaft seine Benutzung zum Telegraphiren; allein obgleich man bei einem Telegraphen allerdings Elektromagnete gebraucht, so ist doch der Elektromagnet nicht das Wesentlichste der Telegraphie. Die Benutzung der elektromagnetischen Kraftäusserung beschränkt sich dabei auf ein Minimum derselben.

Das Bemühen, die Elektromagnete als eigentliche Motoren anzuwenden, ist zwar fruchtlos geblieben; allein dessen ungeachtet können wir die Mittheilung der hierher gehörigen Forschungen nicht unterlassen, weil sie die umfangreichere Ergründung des Wesens des Elektromagnetismus bedeutend gefördert haben.

Die vielen bisher gefertigten Modelle elektromagnetischer Maschinen, deren Zahl fast wöchentlich durch ein neues vermehrt wird, lassen sich zunächst in zwei Arten scheiden, in solche nämlich, bei denen die Kraftäusserung von Magneten auf einander wirksam ist, und in solche, bei denen galvanische Spiralen auf Eisenkerne wirken und so eine Bewegung unterhalten. Die erste Art der Maschinen, welche auf Eisenanziehung basirt, enthält drei Unterabtheilungen. Die Anziehung kann nämlich dadurch bewirkt werden:

1. Dass ein Elektromagnet auf einen Stahlmagneten wirkt;
2. dass zwei Elektromagnete aufeinander in Entfernung einwirken;
3. dass zwei Elektromagnete oder ein Magnet mit einem Anker in unmittelbare Berührung kommen.

I.

Magnetanziehung.

1. Die Bewegung durch die Wechselwirkung zwischen Elektromagneten und Stahlmagneten hervorgebracht.

§. 2.

Die erste elektromagnetische Maschine.

1. Die erste elektromagnetische Maschine wurde von Dal Negro construirt, und beruhte auf der Oscillation eines magnetischen Stahlstabes zwischen den beiden wechselnden Polen eines elektromagnetischen Hufeisens. Vorsselmann de Heer giebt eine kurze Beschreibung dieses Apparates,[1]) über welchen der Erfinder selbst in einer Abhandlung: „Nuova Macchina elektro-magnetica immaginata“ vom März 1834[2]) berichtet.

„Er nahm einen gewöhnlichen Magnetstab, der senkrecht zwischen den Armen eines weichen Hufeisens aufgestellt und von unten um eine wagerechte Axe drehbar war. Als er nun das weiche Eisen zu einem Elektromagneten machte, wurde das dem Eisen zugewandte Ende des Stabes durch einen der Pole angezogen, durch den anderen abgestossen, und so eine Schwankung in Richtung des freundschaftlichen Pols vollbracht. Darauf wurden die Pole des Hufeisens umgekehrt, die Anziehung ward in Abstossung und die Abstossung in Anziehung verwandelt; und so am Ende jeder Schwankung die Pole wechselnd, bekam er eine fortdauernde Schwingungsbewegung. Es kostete nur wenig Mühe, die Schwingung des Stabes selbst als Mittel zur Verwechslung der Pole zu benutzen, während diese schwin-

[1]) Pogg. Ann. 47 pag 76.

[2]) Annali delle scienze del Regno Lombardo-Veneto.

gende Bewegung durch bekannte Mittel in eine drehende und fortschreitende Bewegung verändert und zur Hebung von Lasten gebraucht ward. Auf diese Weise erhielt dal Negro eine Maschine, durch die er 180 Grm. in einer Minute zur Höhe eines Meter hob. Dies war die Nutzwirkung der ersten elektromagnetischen Maschine."

2. Vorsselman de Heer fügt diesem Berichte bei: „Diese Vorrichtung von dal Negro hat unzweifelhaft viele Gebrechen. Der Magnetstab, der durch seine Schwingung die Maschine in Bewegung setzte, wirkte nur durch Anziehung und Abstossung eines seiner Pole. Ueberdies mussten die Arme des weichen Hufeisens dicht bei einander stehen, wodurch das Vermögen jeden Poles auf sich selbst geschwächt ward. Dal Negro suchte später diesem Mangel dadurch abzuhelfen, dass er statt des Stabes einen Hufmagnet anwandte."

Der Hauptmangel beruht aber, nach meiner Meinung, in der Anwendung eines Stahlmagneten überhaupt.

Man hat zwar früher behauptet, die Wirkung eines Elektromagneten nehme mit der Entfernung in viel schnellerem Verhältnisse ab als die eines Stahlmagneten, und deshalb werde die geringere absolute Kraft eines Stahlstabes, gegen die eines Elektromagneten von derselben Dimension, wieder ausgeglichen durch die Wirkung auf grössere Entfernung, durch den grösseren Hub, den er begünstige; allein wir haben bereits früher gezeigt,[1]) dass dieser Satz nur richtig ist für den Vergleich der Tragkraft zweier Hufeisen mit ihrer Anziehung, und dass dagegen die Wirkung eines Elektromagneten in verschiedenen Abständen genau dieselbe ist, wie die eines Stahlmagneten von gleicher Form. Da nun bei derartigen Maschinen stets nur die Anziehung benutzt werden kann, und die absolute Kraft eines Stahlmagneten sehr gering ist, gegen die eines gleich geformten Elektromagneten bei mässiger Magnetisirung, so ist für alle Fälle die Anwendung eines Stahlmagneten unvortheilhaft.

Ich kann hier noch bemerken, dass bei den oben angegebenen Messungen die Stromstärke nur ganz gering sein durfte, wenn der Elektromagnet eine dem Stahlmagneten gleiche Anziehung bei gleicher Entfernung äussern sollte. Um dem Elektromagnetstabe einen dem Stahlstabe gleichen Magnetismus zu ertheilen, wandte ich einen Strom an, der die Nadel der Tangentenbussole etwa auf 4^0 ablenkte. Dabei war die grösste Mühe darauf verwandt, den Stahlstab möglichst stark magnetisch zu machen. Freilich

[1]) Abschnitt IX. §. 1. Nr. 6.

würde ein von Logemann gefertigter Magnet günstigere Resultate geben, obschon er gegen die Elektromagnete zurückbleiben müsste. Während in dem obigen Falle der angewandte Strom 4^0 stark war, lässt sich derselbe bei einêm 1″ dicken Kerne sehr gut bis auf 60^0 erhöhen, ohne eine Abweichung von der Proportionalität zwischen Stromstärke und Magnetismus zu zeigen, d. h. man würde dem Elektromagneten etwa eine 25mal so grosse Kraft ertheilen können, als der Stahlmagnet bei aller Mühe erlangt hatte, ohne dass an jenem eine Annäherung an den Sättigungszustand zu beobachten wäre.

Ritchie construirte ebenfalls eine Maschine, bei der ein elektromagnetischer Stab vor den Polen eines hufeisenförmigen Stahlmagneten rotirt.[1]) Die Einrichtung derselben wird aus der beistehenden Fig. 103 klar.

Fig. 103.

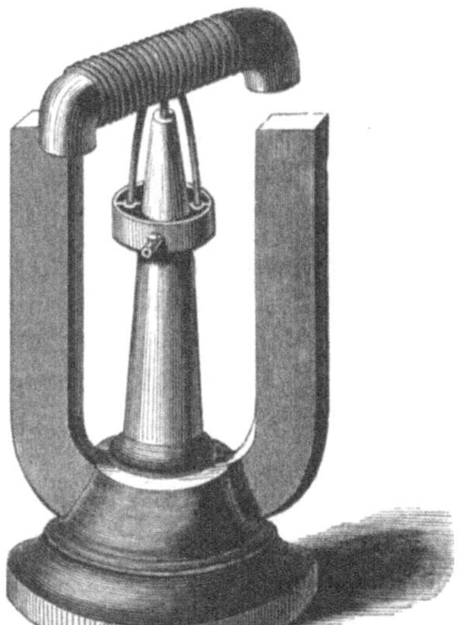

3. Aus neuerer Zeit existirt noch eine auf dasselbe Prinzip basirte Maschine von d'Heureuse, welche, bei alleiniger Ueberwindung der Reibung und des Luftwiderstandes in so schnelle Rotation zu versetzen ist, dass sie von dem Erfinder als Farbenkreisel benutzt wurde. Die Einrichtung derselben geht aus Fig. 104 (pag. 451) hervor.

[1]) Sturgeon Ann. of Electr. 1, 113 (1837).

Auf einem Brettchen ist ein rechtwinklig gebogener Arm *a* befestigt, welcher eine zwischen zwei Spitzen laufende 3'' lange Axe *b* senkrecht hält. Auf dieser Axe ist eine Holzscheibe *c* von 4'' Durchmesser horizontal befestigt. Die Unterseite dieser Holzscheibe trägt an der Peripherie zweier

Fig. 104.

gegenüberstehenden Quadranten entlang zwei Elektromagnete *m* und *n*, welche aus starken Drahtbündeln bestehen. Die Enden der Drahtspiralen der Elektromagnete laufen an der Unterseite der Scheibe *c* nach einem Holzcylinder an der Axe *b*, an welchem auf sehr einfache Weise die Commutation so zu Stande gebracht ist, dass zwei Metallreifen um denselben gelegt sind, von denen jeder nur zwei gegenüberliegende Quadranten in der Oberfläche des Cylinders hat, während die anderen beiden eingelassen sind. Nach einem dieser Metallreifen führen die Anfangs- und nach dem anderen die Enddrähte der Spiralen, so dass die beiden Magnete gleichzeitig, aber im entgegengesetzten Sinne, magnetisch werden. Mittelst zweier Federn *o* und *p*, von denen eine auf jedem Metallreifen schleift, und die um einen Quadranten des Holzcylinders von einander entfernt stehen, wird der Strom bei einer jeden Viertelsdrehung der Scheibe umgesetzt, so dass bei jeder Umdrehung der Magnetismus in jedem Magnetbündel viermal gewechselt wird. Durch zwei Klemmschrauben, von denen hier nur die vordere *f* vollständig zu sehen ist, wird der Strom nach den beiden Federn geführt. Ist der Strom in Thätigkeit, so fängt diese Vorrichtung an zu rotiren, sobald man der Scheibe einen, oder auch von zwei entgegengesetzten Seiten her, zwei Stahl-Hufeisenmagnete nähert, so dass zweien Polen der Elektromagnete die beiden Pole des Stahlmagneten gegenüberstehen. Die Rotation ist natürlich um so kräftiger und schneller, je näher die Pole des Hufeisens denen der Elektromagnete stehen. Die Commutation findet jedes Mal statt, wenn ein Pol eines der Elektromagnete sich auf halbem Wege zwischen den beiden Polen des Hufeisens befindet.

Es liegt nahe, dass die Kraft der in den angeführten Maschinen benutzten Stahlmagnete bei einigen Modificationen durch den Magnetismus der Erde ersetzt werden kann, doch ist die Kraftäusserung in diesem Falle nicht erheblich.

2. Wirkung von Elektromagneten auf einander.

§. 3.

Die Magnete kommen nicht zur Berührung.

1. Die Art, in der zwei Elektromagnete bei ihrer Anwendung zu einer Maschine auf einander wirken können, ist entweder so, dass dieselben einander anziehen ohne sich zu berühren, oder dass sie wirklich in Berührung kommen. Nach beiden Prinzipien existiren Modelle elektromagnetischer Maschinen. Auf die gegenseitige Anziehung von Elektromagneten basirte Jakobi die Construction einer Maschine, über welche er im November desselben Jahres, in welchem dal Negro seine Maschine construirte, der pariser Akademie Mittheilung machte.[1])

Jakobi stellt auf einer beweglichen Scheibe *S*, Fig. 105 (pag. 453), vier Hufeisenelektromagnete *a*, *b*, *c*, *d* vier anderen gegenüber, welche an dem Ständer *T* unbeweglich befestigt sind. Die bewegliche Scheibe wird von einer Welle *AA* getragen, auf der bei *C* die Vorrichtung für den Stromwechsel, der Commutator, angebracht ist. Die 8 Polenden der vier Hufeisenpaare stehen so, dass ihre Verbindungslinien ein reguläres Achteck bilden. Werden die 8 Hufeisen durch den Strom magnetisirt, so ziehen sich die freundlichen Pole an und die Scheibe bewegt sich, bis diese Pole einander gegenüberstehen. Wird alsdann der Strom unterbrochen und im entgegengesetzten Sinne durch die Spiralen geleitet, so werden sie von den folgenden Polen angezogen, während die, welche bisher angezogen haben, sie nun abstossen u. s. w.

[1]) Sur l'application de l'électromagnétisme au mouvement des machines, 1835.

Fig. 105.

Der Commutator besteht aus vier Kupferscheiben, auf denen vier Hebel schleifen, welche die leitende Verbindung zwischen dem beweglichen und dem festen Systeme der Hufeisen in geeigneter Weise herstellen, und durch isolirende Stellen den Stromwechsel rechtzeitig bewirken, wie dies in der Figur angedeutet ist. Jakobi bemerkt bei der Beschreibung dieses Commutators, dass dasselbe System der Polwechsel sich auf eine jede Zahl von Hufeisen anwenden lasse, wenn nur die Abtheilungen der Kupferscheiben in isolirende und nicht isolirende der Zahl nach jenen gleich sind. Soviel ich sehe, liesse sich bei der vorliegenden Maschine die Commutation wohl in noch etwas einfacherer Weise bewirken, da ja ein Stromwechsel in dem

Systeme der festen Magnete nicht nöthig ist. Der Commutator setzt dem guten Gange einer elektromagnetischen Maschine manche Schwierigkeiten entgegen, weil durch die an den Unterbrechungsstellen zwischen dem schleifenden Hebel und der rotirenden Scheibe entstehenden Funken Verbrennung des Metalls bewirkt und so die Leitung durch die sich bildenden Oxydschichten geschwächt wird. Man hat daher auf eine möglichst geringe Zahl von Unterbrechungsstellen und schleifenden Hebeln Bedacht zu nehmen. Wir werden später Gelegenheit haben, dergleichen Commutatoren zu beschreiben, in denen Umstände in Betracht gezogen sind, deren Vernachlässigung natürlich dem Erfinder der ersten Maschine dieser Art nicht zum Vorwurf gereichen kann.

2. Jakobi macht sogleich bei der Mittheilung über die eben genannte Maschine auf das Haupthinderniss in der Wirkung dieser Maschinen aufmerksam. Dieses Hinderniss besteht in den durch die Bewegung der Magnete erzeugten Inductionsströmen, welche den bewegenden Volta'schen Strömen entgegen wirken. Ohne Kenntniss dieser Wirkung musste man eine viel grössere Kraftäusserung erwarten, als sich bei der Anwendung zeigte. Diese Ströme sind in dem vorliegenden Falle zweifacher Art. Einmal wird ein Inductionsstrom in einem Drahte erzeugt, wenn der Magnetismus in dem Eisenkerne entsteht, und ferner bewirken die sich nähernden und sich entfernenden Magnete ebenfalls einen solchen Strom. Alle diese genannten Ströme wirken schwächend auf den magnetisirenden Strom, und müssen also den Gang der Maschine hemmen.

Dass nun in der That eine solche Verringerung des angewandten Stromes bei der Bewegung der Maschine vorhanden ist, wies Jakobi sogleich an der von ihm zuerst construirten Maschine direct nach. Er schaltete in den galvanischen Kreis der Maschine ein Galvanometer ein und bemerkte nun, während er die Maschine anhielt, eine Abweichung der Nadel auf 60^0. Als er nun die Maschine in Bewegung setzte, fing die Nadel an, sich zurück zu bewegen, und that dies um so mehr, je mehr sich der Gang der Maschine beschleunigte. Als derselbe gleichförmig geworden war, so dass die Maschine 60 Umdrehungen in der Minute machte, stand die Nadel auf 47^0. War der Strom bei der stillstehenden Maschine nur 47^0, so zeigte er sich zu schwach, um den Apparat in Bewegung zu setzen.

3. Ausser diesen Gegenströmen, welche in einer jeden Maschine vorhanden sind und die Kraft des magnetisirenden Stromes schwächen, erwähnen wir sogleich noch anderer Hindernisse der Kraft, die nicht bei

jeder Art von Maschinen auftreten. Diese Hindernisse sind einerseits der remanente Magnetismus der Eisenstangen, andererseits die Zeit, welche der wirklich verschwindende Magnetismus gebraucht. Haben sich die Magnetpole einander genähert, so dass sie sich gegenüberstehen, so muss der Magnetismus Behufs der weiteren Drehung in dem einen Pole umgekehrt werden. Nun verschwindet aber, wie früher gezeigt ist,[1]) der vorher vorhandene Magnetismus weder vollständig in dem Kerne, noch wird der wirklich verschwindende plötzlich wirkungslos. Beide Erscheinungen sind Ursache einer Kraftverringerung der Maschine. Die erste derselben bleibt bei einer jeden Geschwindigkeit gleich, wogegen die zweite den Gang um so mehr hemmt, je schneller derselbe ist.

Eine noch andere Ursache der Kraftverminderung der Maschinen sind die in den Eisenkernen selbst sich bildenden peripherischen Ströme, die jedoch nach Beetz's Beobachtungen gering sind, wenn die Spiralen den Kern seiner ganzen Länge nach bedecken.[2])

4. Mit einer nach dem angegebenen Prinzip construirten Maschine trieb Jakobi im Jahre 1839 ein Boot auf der Newa, das 28′ Länge, $7^1/_2$′ Breite und $2^3/_4$′ Tiefgang hatte, und in dem sich 14 Personen befanden. Es bewegte sich mit einer Geschwindigkeit von $2^1/_4$ englische Meilen in der Stunde. Die angewandte Maschine wurde mit 64 Grove'schen Bechern, deren jede Platinplatte 36□″ Oberfläche hatte, in Bewegung gesetzt. Jakobi sagt in Bezug auf diese Maschine: [3]) „Obwohl diese Resultate vielleicht nicht die übertriebenen Erwartungen einiger Personen befriedigen mögen, so muss doch daran erinnert werden, dass im vorhergehenden Jahre, als ich dieses Boot durch dieselbe Maschine und eine mit Kupfervitriollösung geladene Batterie von 320 Plattenpaaren, jede Platte von 36□″ bewegte, nur die Hälfte dieser Geschwindigkeit erreicht wurde. Diese ungeheure Batterie nahm einen bedeutenden Raum ein, und die Handhabung war äusserst beschwerlich. Richtige Veränderungen in der Vertheilung der Stäbe, in der Einrichtung des Commutators und zuletzt in den Prinzipien der Volta'schen Batterie, führten zu dem erfolgreichen Resultat des folgenden Jahres.“

Schon vor dieser Anwendung der elektromagnetischen Maschine hatten Stratingh und Becker zu Gröningen mittelst derselben einen Wagen in Bewegung gesetzt. Die Einrichtung ihrer Maschine war folgende:[4]) „Zwischen

[1]) Abschnitt IX. [2]) Abschnitt X. §. 7 Nr. 5. [3]) Pogg. Ann. 51 pag. 366. [4]) Ebendas. 47 pag. 78.

den Polen eines weichen Hufeisens ist ein ähnlicher Stab, wie ihn Ritchie bei der vorn beschriebenen Maschine anwendet, um eine senkrechte Axe drehbar. Beide werden zu Elektromagneten gemacht, und durch eine zweckmässig ausgeführte Verwechslung der Pole bekommt man eine drehende Bewegung, die durch ein Kronrad auf die horizontale Axe eines Wagens übertragen wird und diesen in Bewegung setzt.

Im Jahre 1836 construirte Botto in Turin einen ähnlichen Wagen. Die von ihm angewandte Maschine hatte eine Kraft, dass 25 solcher Maschinen nöthig gewesen wären, um eine Watt'sche Pferdekraft hervorzubringen.

5. Vorsselmann de Heer ändert das Prinzip der Anziehung von Elektromagneten dahin ab, dass er die ganzen Magnetstäbe an einander vorbeiführt. Er sagt: „Bei den anderen Apparaten wird der bewegliche Stab rechtwinklig vor den Polen des festen Hufeisens oder Cylinders vorbeigeführt. Das Eigenthümliche meiner Vorrichtung besteht darin, dass die Stäbe nicht rechtwinklig, sondern parallel an einander gestellt sind, so dass jeder Punkt des festen Stabes auf jeden Punkt des beweglichen eine wechselseitige Wirkung ausübt, und diese Wirkungen vereinigen sich sämmtlich, um die Bewegung in derselben Richtung hervorzubringen.

Fig. 106.

Die beistehende Figur 106 zeigt die Einrichtung dieser Maschine. Vier Stäbe von weichem Eisen sind in dem Umfang einer cylindrischen Hülle befestigt, so dass sie die vier Kanten eines in den Cylinder beschriebenen Parallelopipedums bilden. Die die Stäbe umgebende Kupferspirale, die hier der bessern Veranschaulichung wegen nicht mit gezeichnet ist, ist bei zweien rechts, bei zweien links gewunden, so dass die abwechselnden Magnete gleiche Pole nach derselben Seite kehren. Innerhalb dieser vier Magnete bewegen sich parallel mit diesen vier andere, so dass sie bei der Rotation so dicht wie möglich an den festen vorbei streifen. Der Verfertiger glaubt durch diese Einrichtung im Vergleich zu den in anderer Weise sich gegen einander bewegenden Magneten anderer Maschinen an Kraft zu gewinnen; allein dieser Gewinn ist sehr fraglich. Mir sind keine Versuche bekannt über das Verhältniss der Kraft, mit der zwei Magnete seitwärts angezogen werden, gegen die, mit der dieselben conaxial auf einander wirken. Vorausgesetzt, die Kraft wäre dieselbe bei gleicher Entfernung der Magnetpole, was ich aber bezweifle, und es ginge daraus ein Gewinn hervor, dass alle Theile auf der ganzen Länge der Magnete anziehend wirken, so müsste doch dieser Gewinn entschieden dadurch wieder verloren gehen, dass in diesem Falle die Kerne einander bei Weitem nicht in dem Maasse genähert werden können, als wenn die Endflächen einander gegenüber gestellt werden. Bei sorgfältiger Arbeit wird diese Entfernung auf ein Minimum verringert, während sie im ersten Falle um so grösser wird, je dicker die Spirale ist. Das Bedenken, dass die Wirkung im Ganzen der Entfernung umgekehrt proportional ist, dürfte wohl von einer ähnlichen Construction abhalten.

Es ist unmöglich und wäre auch zwecklos, alle Modelle aufzuführen, welche als elektromagnetische Motoren angefertigt worden sind. Es liegt daher nur die Absicht vor, für jedes der verschiedenen in Bezug hierauf angewandten Prinzipe eines derselben zu erwähnen, und ich will daher nur bemerken, dass meines Wissens die grösste Anzahl der Modelle nach dem soeben besprochenen Prinzipe der wechselseitigen Anziehung von Elektromagneten construirt worden sind, wobei man dann mannigfach in der Form der Magnete wie deren Polflächen, in der Bewicklung und in der Vertheilung der magnetisirenden Kraft überhaupt variirt hat.

§. 4.

Die Magnete kommen zur Berührung.

1. In neuester Zeit sind zwei Modelle angefertigt worden, bei denen die angezogenen Kerne während der Bewegung in unmittelbare Berührung mit einander kommen.

Das erste derselben ist von Grüel,[1]) welcher diejenige Kraft benutzt, mit der ein Magnet den schief auf seine Pole aufgesetzten Anker gerade zu richten strebt, so dass die anfängliche Kantenberührung am Ende in den vollständigen Contact der plangeschliffenen Ankerfläche mit der Magnetfläche übergeht, wobei nun jeder Querschnitt des Ankers gleichzeitig eine Winkelbewegung macht. Dass die hierbei geäusserte Kraft nicht eben gering ist, davon kann man sich beim Auflegen des Ankers auf den Magneten in der angegebenen Weise leicht überzeugen. Die Maschine wirkte mit zwei Magneten, deren jeder Schenkel $4\frac{1}{2}''$ lang und 1'' dick war. Der Kupferdraht auf den vier Schenkeln war $1{,}5^{mm}$ dick und wog im Ganzen $4\frac{5}{8}$ Pfd. Die Magnete wirkten alterirend, dagegen waren die Anker so miteinander verbunden, dass die Bewegung des einen gleichzeitig die des anderen bewirkte.

Diese Maschine gab mit zwei kleinen Eisenzinkelementen von 14□'' wirksamer Oberfläche 0,03 Pferdekraft.

Die hier gezeichnete Figur 107 stellt eine Grüel'sche Maschine mit nur einem Hufeisenmagneten dar. Sie wirkt ohne Umkehrung nur durch

Fig. 107.

[1]) Pogg. Ann. 89 pag. 155.

Unterbrechung des Stromes, welche zweimal bei einer jeden Umdrehung des Schwungrades in dem Momente geschieht, wo die Ankerfläche in vollkommene Berührung mit den Magnetpolflächen tritt. Kurz vor diesem Momente hat die auf den Krummzapfen ausgeübte Triebkraft ihr Maximum.

2. Das zweite Modell einer elektromagnetischen Maschine, bei welchem die wirksamen Polflächen mit einander in Berührung kommen, ist von Zöllner angefertigt.[1])

Fig. 108.

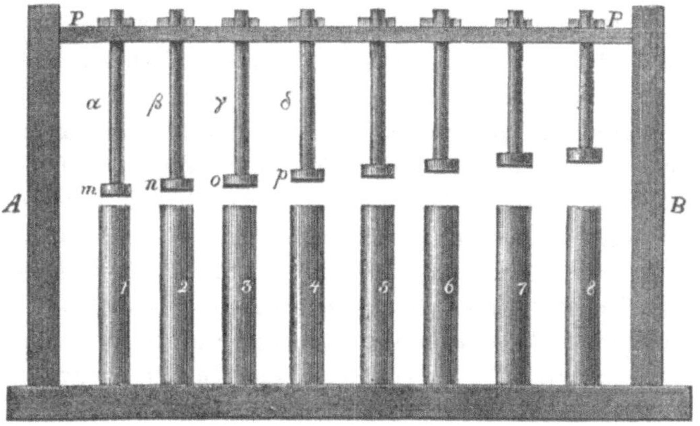

Die Einrichtung dieser Maschine wird aus Fig. 108 klar. Es seien *a*, *b*, *c* etc. die Pole cylindrischer und senkrecht befestigter Magnete. *A* und *B* seien zwei Schienen, innerhalb welcher sich der horizontale Querbalken *P P'* leicht auf und ab bewegen lässt. Dieser Balken ist in der verlängerten Axe der Elektromagnete durchbohrt, so dass sich die Anker *m*, *n*, *o*, *p* etc., die an den Stäben α, β, γ etc. befestigt sind, senkrecht über den Magneten befinden. Diese Stäbe sind so verkürzt, dass die auf einander folgenden Anker immer je um etwa $^1/_8$'' weiter von ihrem Magneten entfernt sind. Ein die beiden Magnete 1 und 2 umfliessender Strom würde nun den $^1/_8$'' entfernten Anker *m* sowie den $^2/_8$'' entfernten anziehen. Sobald *m* mit seinem Magneten in Berührung ist, wird durch einen geeigneten Commutator der Strom in 1 unterbrochen und durch 3 geleitet, so dass dann für 2 und 3 dasselbe Verhältniss stattfindet, wie zu Anfang für 1 und 2 u. s. f.

[1]) Pogg. Ann. 101 pag. 139.

In dieser Weise wird der Querbalken $P P'$ durch die 8 Elektromagnete 1" weit mit der Kraft fortbewegt, deren unterste Gränze der Anziehung die Wirkung jedes der Magnete auf $^1/_8$" und deren oberste die Tragkraft ist. Durch Vermehrung der Magnete kann der Hub beliebig vergrössert werden, ohne dass eine Verstärkung des Stromes erforderlich wäre.

Die angewandten Magnete sind wie die von Romershausen construirt, und gewähren allerdings durch ihre grosse Intensität Vortheile vor den bisher benutzten.

Der Erfinder hebt hervor, dass bei dieser Einrichtung der sonst so hinderliche Inductionsstrom auf ein Minimum reducirt sei, was jedoch eines experimentellen Nachweises bedarf. Der Extracurrent wie die Induction durch den entstehenden Magnetismus sind hier in demselben Maasse wie bei jedem anderen Magneten vorhanden, und der letztere ist der Menge des erregten Magnetismus proportional. Was nun den durch die Annäherung der Anker erregten Inductionsstrom betrifft, auf den der Erfinder hier nur Rücksicht nimmt, so sehe ich nicht, aus welchem Grunde derselbe hier geringer sein soll, als bei anderen Maschinen. Dieser Strom ist nämlich der Geschwindigkeit der Annäherung und der Intensität des Magnetismus proportional. Beide Grössen sind in dem vorliegenden Falle bedeutend, und daher muss auch die Induction wie in einem jeden anderen Falle vorhanden sein. Hierzu kommt noch, dass in dem vorliegenden Falle die Annäherung in der Richtung der Axe der Spirale stattfindet, was bei anderen Maschinen nicht der Fall ist. Dadurch wird aber die Induction vergrössert.

II.

Spiralenwirkung.

§. 5.

Gerade Stäbe als Magnetkerne.

1. Die von einem galvanischen Strome durchflossene Spirale kann auf zweifache Art als bewegende Kraft zu einer Maschine benutzt werden. Man kann einerseits die Spiralwindungen wie die Windungen eines Multiplicators und einen zwischen dieselben gebrachten Magneten statt der Nadel anwenden, andererseits kann man einen Eisenstab conaxial in die Spirale

einführen und die anziehende Kraft dieser Spirale auf den Eisenkern benutzen, um eine Bewegung hervorzubringen. In dem ersten Falle wird die ausstossende Kraft, im anderen die Anziehung der Spirale benutzt.

Die Kraft, mit welcher eine Spirale von der Gestalt der Multiplicatorspiralen einen in der Ebene dieser Windungen befindlichen, und um seinen Mittelpunkt drehbaren Magneten aus dieser Ebene herausstösst, wurde von Stöhrer als Triebkraft für einen Elektromagneten angewandt.[1])

Die Fig. 109 stellt die Maschine dar, welche Stöhrer construirt hat. Eine horizontale Welle *a b*, welche zwischen Spitzen drehbar ist, trägt den

Fig. 109.

Elektromagnet *c*. Die Spirale besteht aus zwei Theilen, gewickelt auf zwei Holzrahmen, welche an einander befestigt sind. Die beiden Spiralen haben 160 und der Elektromagnet 132 Windungen 2^{mm} dicken Kupferdrahts.

[1]) Pogg. Ann. 69 pag. 83.

Der Elektromagnet ist an den Enden mit starken viereckigen Eisenplatten versehen.

Damit eine Rotation des Elektromagneten erfolge, ist eine geeignete Commutation *m* auf der Welle *a b* angebracht, welche nach jeder halben Umdrehung des Magneten den Strom in den Multiplicatorwindungen umkehrt, ohne denselben in der Spirale des Magneten zu ändern. Durch den unverändert bleibenden Strom in der Spirale des Kernes erhält diese Maschine einen Vortheil vor den bisher besprochenen Apparaten. Alle Maschinen nämlich, deren Bewegung durch eine Umkehrung des Magnetismus im Elektromagneten bewirkt wird, verlieren an Kraft, wie wir gesehen haben, durch den der Bewegung entgegenwirkenden remanenten Magnetismus; dieser Kraftverlust ist hier nicht vorhanden, weil der Strom nur in der Spirale umgekehrt wird, in welcher diese Umkehrung ohne nachtheiliges Residuum zu Stande kommt. Ebenso wenig wie der remanente Magnetismus kann bei dieser Maschine die Zeit nachtheilig wirken, welche der Magnetismus zu seiner vollständigen Entwickelung nöthig hat, weil ja der Magnetismus immerwährend in dem Kerne erhalten wird, und die Zeit, welche der Strom gebraucht, um in der Spirale zur vollen Entwickelung zu kommen, für die hier angewandten Spiralen gewiss geringer ist, als wenn diese den Kern eng umschliessen. Eine andere noch nicht gelöste Frage ist die, in welchem Verhältniss die Kraft der ausstossenden Spirale zu derjenigen stehe, mit der von derselben Drahtmenge umwundene Eisenkerne den rotirenden Magneten in Bewegung setzen würden. Es fragt sich, ob die letztere Benutzung der magnetisirenden Kraft nicht vortheilhafter ist, für welchen Fall man denn die vorliegende Einrichtung als eine Kraftverschwendung erklären müsste.

Mittelst dieser Maschine fand Stöhrer folgende Kraftzunahme mit Vergrösserung der Batterie, welche aus Bunsen'schen Elementen bestand:

1	Element	27'	℔
2	„	60'	„
3	„	120'	„
4	„	180'	„
5	„	230'	„

Hinsichts der Form der Polflächen des rotirenden Elektromagneten hat Stöhrer beobachtet, dass für den vorliegenden Fall um so grössere Kraft gewonnen wird, je ausgebreiteter die Polfläche ist. Er wendet daher Magnetkerne an, die in eisernen Platten von der Breite des inneren Raumes der ausstossenden Spirale endigen.

2. Nach Stöhrer's Prinzip hat d'Heureuse eine Maschine construirt, welche als eine Verbesserung der Stöhrer'schen angesehen werden

muss. Dieser Physiker wendet statt der einen Spirale Stöhrer's drei solcher Spiralen an, welche, in einander gesteckt, unter Winkeln von 60° einander schneiden, wie die Fig. 110 (p. 464) zeigt. In dem durch die Spiralen offen gelassenen Raume bewegen sich, statt des geraden Elektromagneten von Stöhrer, zwei auf der Peripherie einer Scheibe befestigte Elektromagnete von der Länge eines Quadranten dieser Scheibe, wie sie in der Figur zu sehen sind. Die beiden gleichnamigen Pole derselben sind daher um 180° von einander entfernt.

Diese Abweichung Hinsichts des Magneten von dem einfachen Stöhrer'schen gewährt eben keinen wesentlichen Vortheil, wohl aber bietet die Einrichtung mit den drei Spiralen einen solchen dar. Ohne nämlich den Verbrauch zu erhöhen, wird die Kraft bedeutend vergrössert, wenn der Strom jedes Mal die Spirale zu durchlaufen beginnt, an deren Windungen der entsprechende Magnetpol eben herantritt. Da in diesem Momente das Maximum der Kraftäusserung vorhanden ist, so wird dies Maximum bei der Einrichtung d'Heureuse's bei einer ganzen Umdrehung des Magneten sechs Mal benutzt, während es bei der Stöhrer'schen Einrichtung nur zwei Mal geschieht.

Die Commutation bietet bei dieser Einrichtung einige Schwierigkeiten, doch hat d'Heureuse diese in folgender einfacher Weise überwunden. Der Strom muss beständig den Magneten, und während einer halben Umdrehung desselben nach einander die drei Spiralen durchlaufen, so dass er immer bei einer Fortbewegung des Magneten, oder hier der beiden Magneten, um 60° in die folgende Spirale tritt. Die Leitung des Stromes durch den Magneten geschieht mittelst zweier Federn, welche auf kleinen, mit Kupferblech überzogenen Holzwellen schleifen, die sich zu beiden Seiten der Spirale *A* befinden, und nach denen hin der Anfang und das Ende der isolirten Drahtbewicklung der Magnetkerne auf der Welle entlang führen. Durch diese Leitung geht der Strom beständig in derselben Richtung, und daher sind diese Federn ganz ausser Verbindung mit dem Commutator. Der Strom wird durch die Klemmschraube *a* in die Magnetspirale hinein- und durch die Klemmschraube *b* wieder aus derselben herausgeleitet. Von dieser geht er mittelst der Schraube *c* in den Commutator, der folgende Einrichtung hat.

In einer horizontalen Holzleiste *m n* sind 5 senkrecht in die Höhe stehende Kupferfedern befestigt, welche mit den Klemmschrauben *c*, *d*, *e*, *f* und *g* in leitender Verbindung stehen, wie die Figur zeigt. Ebenso befinden sich 5 andere Federn auf der anderen Seite der Axe *h i* den ersteren gegenüber *c'*, *d'*, *e'*, *f'* und *g'*. Auf der Axe, an der Stelle der Federn,

Fig. 110.

befindet sich fest eine Welle aus Holz, welche so ausgeschnitten und mit Erhabenheiten versehen ist, dass sie bei ihrer Rotation immer nach einander die Federn *c* oder *c'* und *d* oder *d'* und je ein Paar der Federn *e* und *e'* oder *f* und *f'* oder *g* und *g'* an die beiden mit starkem Platin überzogenen Cylinder *o p* und *q r* drückt. Diese Cylinder werden von Ständern in der gehörigen Höhe gehalten, welche an den hölzernen Leisten, die die Federn tragen, befestigt sind. Die Holzwelle, welche die Federn an die Platinwellen drückt, und so die Commutation bewirkt, ist in Figur 111 in natürlicher Grösse dargestellt.

Fig. 111.

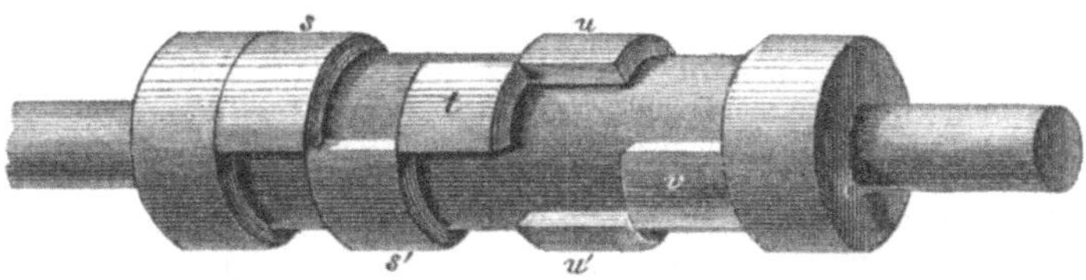

Zuerst sind zwei Erhöhungen auf dieser Welle neben einander *s* und *s'*, deren jede einen Halbkreis bildet und die zusammen den ganzen Umfang der Welle ausfüllen. Darauf folgen neben einander drei Erhabenheiten, deren jede einen Sextanten umfasst, von denen hier nur eine *t* ganz, und die zweite *u* halb zu sehen ist. Diesen drei erhabenen Sextanten stehen drei andere diametral gegenüber, von denen man in der Figur den zweiten *u'* halb, und den dritten *v* ganz sieht.

Von den 10 Federn ist nun *c* mit *c'* und *d* mit *d'* leitend verbunden, so dass, wenn man den aus der Klemmschraube *b* kommenden Strom nach der Klemmschraube *c* leitet, er sowohl durch die damit verbundene Feder *c* oder *c'* gehen kann, je nachdem die nähere oder fernere an die Platinwelle mittelst der Wulst *s* angedrückt wird. Wir wollen annehmen, es würde *c'* an die Platinwelle *o p* angedrückt, so geht dann der Strom von da aus in eine der drei Federn *e'*, *f'* oder *g'*, je nachdem eines der drei Sextantenpaare *t*, *u* oder *v* in Thätigkeit ist. Während von den beiden Federpaaren *c*, *c'* und *d*, *d'* immer nur eine, und zwar die abwechselnde angedrückt wird, werden von den andern 3 Paaren immer beide zugleich an ihre zugehörigen Platinwellen gedrückt. Mit diesen drei Federpaaren stehen nun die Enden der drei Spiralen *A*, *B* und *C* in Verbindung, so dass die Anfänge derselben nach den Klemmschrauben *e*, *f* und *g*, und die Enden nach den ihnen gegenüberstehenden Schrauben gehen, von denen in der Fig. 111 nur die beiden äussersten zu sehen sind. Wird nun der Strom durch die Klemmschraube *d* nach der galvanischen Säule zurückgeleitet, so ist bei jeder Stellung der Commutatorwelle leitende Verbindung vorhanden, nur dass der Strom entweder durch die Spirale *A*, oder *B*, oder *C* nach *d* hingeleitet wird, je nachdem das Federnpaar *e*, *f* oder *g* an die gegenüberstehenden Platinwellen gedrückt wird.

Nehmen wir z. B. an, dass durch den erhabenen Halbkreis *s* der Holzwelle, Fig. 111, die Feder *c'* an die hintere Platinwelle gedrückt wird, so drückt *s'* gleichzeitig die Feder *d* an die vordere Platinwelle. Drücken nun gerade auch die gegenüberstehenden Sextanten *u* und *u'*, wie die Figur 111 die Stellung zeigt, das Federpaar *f* und *f'* an die Platinwelle, so geht der negative Strom von *a* durch die Spirale des Magnetkernes, von da bei *b* heraus nach *c* und der Feder *c'*, dann durch die Platinwelle nach *f'*, von da durch die Spirale *B* in die Feder *f*, mittelst dieser durch die Platinwelle nach *d* und so in die Säule zurück. In diesem Falle wird, bei gehöriger Richtung des Stromes, der Magnet durch die Spirale *B* geführt. Ist er durch diese hindurch, so fangen jetzt die Sextanten *t* an zu wirken, der Strom geht durch die Spirale *A* und führt den Magneten weiter durch diese etc.

Hat der Magnet in dieser Weise 180^0 seiner Bahn durchlaufen, so wechselt die Wirkung der beiden halbkreisförmigen Erhabenheiten *s* und *s'* auf der Commutatorwelle, und es werden nun die beiden Federn *c* und *d'* angedrückt. Das Spiel der Sextanten beginnt von vorn, nur dass jetzt der Strom zuerst durch die vordere Platinwelle geht, wodurch dann der Strom in allen drei Spiralen entgegengesetzte Richtung erhält, und so die Magnete, die dieselbe Richtung des Magnetismus beibehalten, weiter führt, bis sie den ganzen Kreis durchlaufen haben, und durch den wieder umgekehrten Strom in den Spiralen in fortgesetzter Rotation erhalten werden.

3. Die zweite Art, die Wirkung einer galvanischen Spirale zu benutzen, ist die, dass man einen in der Axe der Spirale befindlichen Eisenstab, der durch den Strom der Spirale zum Magneten wird, in diese hineinziehen lässt. Die Gesetze, nach denen diese Anziehung stattfindet, sind bereits im V. Abschnitte §. 7 besprochen.

Page wandte zuerst im Jahre 1846 diese Kraft an, um eine darauf gegründete Maschine in Bewegung zu setzen.[1])

Fig. 112.

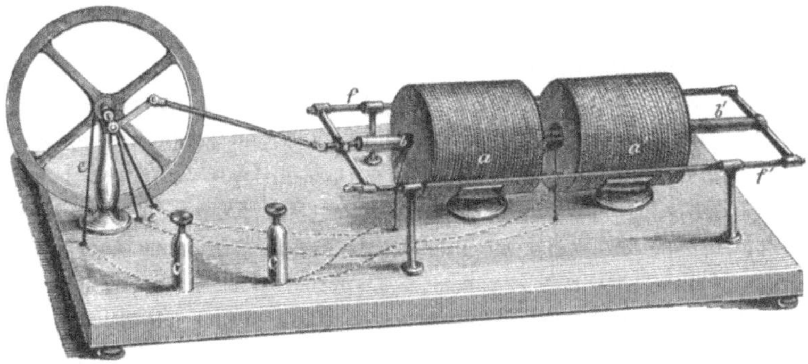

Fig. 112 stellt die erste von Page nach diesem Princip construirte Maschine dar. Zwei Schraubencylinder *a, a'* sind auf der Unterlage gut befestigt und mit ihren Axen genau in eine gerade Linie gestellt. Die beiden Stäbe *b, b'*, durch einen starken Messingdraht mit einander verbunden, sind an den beweglichcnRahmen *f, f* befestigt, so dass sie möglichst wenig Reibung erleiden. Die Drähte von den Enden der Spirale gehen abwärts durch die Unterlage, und ihre gegenseitige Verbindung wird durch den Commutator auf der Welle des Schwungrades bewerkstelligt. Die punktirten Linien zeigen den Lauf der Drähte, und ihre Verbindungen mit den Klemmschrauben *c, c* und den Federn *e, e*.

4. Als besondere Vorzüge dieser Maschine hebt der Erfinder hervor, dass an ihr die allen anderen Arten von elektromagnetischen Maschinen gemeinschaftliche Verzögerung der Bewegung nicht vorkommen könne; denn da die Stäbe nicht dick seien, so würden sie augenblicklich magnetisch, und wenn sie auch noch so viel Magnetismus nach der Unterbrechung des Stromes zurückhielten, so könne dieser die Bewegung nicht hindern, da eben nach der Stromunterbrechung keine Anziehung möglich sei. Die Vortheile, welche diese Maschine durch die nicht hemmende Coërcitivkraft hat, hat sie, wie wir bereits gesehen, mit der Stöhrer'schen gemein, auch ist selbst ein dicker Eisenstab in diesem Falle nicht hinderlich, da ja der-

[1]) Silliman's Journal; Dinglers Journal 102 pag. 112.

selbe seinen Magnetismus immer behält und ja nur das Entstehen desselben eine Zeit erfordert. Page fährt darauf fort: „Es wird also mit einer gegebenen Batteriefläche das Maximum von Geschwindigkeit und Kraft erhalten." Diese Behauptung ist jedoch unbegründet, da meines Wissens noch keine vergleichende Messungen angestellt sind, wie die Kraft anderer Maschinen, mit Elektromagneten, auf die dieselbe Drahtmenge verwandt ist, sich zu der Kraft dieser Maschine verhalte. Gewiss ist die Anziehung zweier Magnete grösser, als die einer Spirale auf einen Eisenstab bei derselben Windungszahl und gleichem Strom, allein diese grössere Kraft wird allerdings durch die hindernde Coërcitivkraft verringert. Jedoch nur für den Fall, dass durch die Verzögerung die Kraft mehr geschwächt würde, als die Anziehung der Magnete die Spiralenanziehung übertreffen, verdiente die vorliegende Maschine den Vorzug. Page führt schliesslich noch einen Vorzug seiner Maschine an, den ich ebenso wenig begründet finde. Er sagt nämlich: „Während der inducirte Strom bei allen anderen Maschinen gerade dann auftritt, wenn die Magnete dem Punkte ihrer grössten Wirkung sehr nahe sind, so entsteht derselbe bei dieser Maschine in der grösstmöglichsten Entfernung von diesem Punkte." Der Inductionsstrom entsteht aber bei den anderen elektromagnetischen Maschinen in den die Kerne umgebenden Spiralen beim Entstehen des Magnetismus und bei der Verstärkung desselben durch die Annäherung der Magnete. Allerdings ist diese Ursache der Inductionsströme hier nicht vorhanden, allein es werden auch starke Inductionsströme erzeugt, wenn ein Magnet conaxial in eine Spirale eingeführt wird, und diese sind bei der Page'schen Maschine die schwächenden. Der Erfinder sagt: „Wenn die Stäbe von Stahl sind, so sind sie unmittelbar nach dem Gebrauch der Maschine stark magnetisch; wird dann die Batterie entfernt und die Maschine mechanisch in Bewegung gesetzt, so wird sie eine magneto-elektrische Maschine, die an dem Commutator Funken und starke Schläge giebt." Diese Funken sind aber das Zeichen der Inductionsströme, welche den Gang der Maschine bei ihrer Anwendung als elektromagnetische hemmen, und, soviel ich weiss, immer dann am stärksten sind, wenn die grösste Kraft zur Anwendung kommt.

Nach meiner Meinung besteht der Vorzug der Page'schen Maschine in dem grossen Hube, den sie bei fast gleichbleibender Kraft hat, während die meisten anderen Maschinen bei ihrer Rotation von Punkten der grössten Kraft schnell zu solchen von geringer Wirkung übergehen. Dieser Hub lässt sich ohne Vermehrung des Verbrauchs noch dadurch vergrössern, dass man eine grössere Zahl von Spiralen in einer geraden Linie hinter einander reiht, und die Stäbe die ganze Länge durchlaufen lässt.

5. Im Jahre 1850 construirte Page eine Maschine nach diesem Princip im Grossen,[1]) deren Abbildung im Querschnitte hier gegeben ist.

Fig. 113.

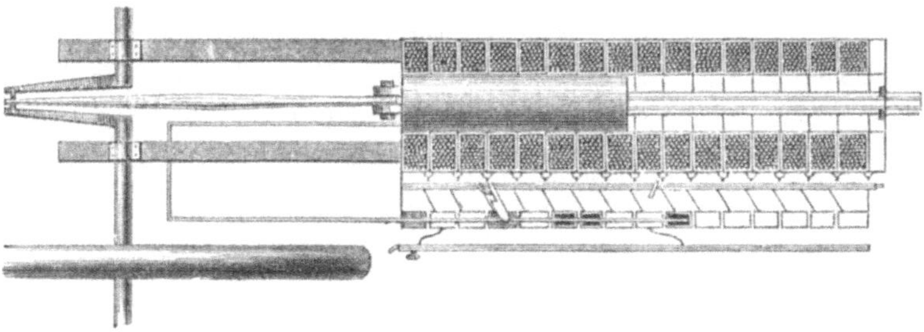

Die Fig. 113 zeigt ein System neben einander gereihter Spiralen, die aus viereckigem Kupferdrahte gewunden sind, und deren jede 1500 Yards Draht enthält. Alle diese Spiralen können unter einander metallisch verbunden werden. Diese Verbindung wird durch einen Schieber bewirkt, der sich mit dem durch die Spiralen hindurchgehenden Eisenkerne fortbewegt und immer je drei Spiralen mit einander verbindet, so dass diese gleichzeitig vom Strome durchflossen werden. Diese drei Spiralen befinden sich jedes Mal am Ende des sich bewegenden Kernes, und von ihnen wird immer die letzte ausgeschaltet, während die folgende, die sich gerade vor dem fortschreitenden Kerne befindet, mit in den leitenden Kreis eintritt. Die übrige Einrichtung der Maschine geht aus der Zeichnung selbst hervor.

Mit dieser Maschine erhielt Page zehn Pferdekraft, indem der Hub 2′, der Umfang des Schwungrades 13′,29, Anzahl der Umdrehungen 102, und der Druck degen die Peripherie des Rades 1900 Pfd. betrug.

Leider hat Page in keinem Berichte die Grösse der angewandten galvanischen Säule, welche aus Grove'schen Elementen bestand, angegeben, und es lässt sich daher nicht über den Kostenaufwand urtheilen, den diese zehn Pferdekräfte verursachten; denn die Bemerkung, dass die Maschine billiger sei als die kostspieligsten Dampfmaschinen, lässt kein Urtheil über die Höhe des Verbrauchs zu. Aus der naiv zu nennenden Notiz, dass eine Vergrösserung der Batterie um einige Quadratfuss Platinoberfläche

[1]) American Journ. vol. X. pag. 344, 1850; Dingler's Journ. 124 pag 18 Mechanic's Mag. Nr. 1483; Krönig, Journ. I. pag. 233.

schon eine merkliche Vermehrung der Kraft hervorgebracht habe, lässt sich auf eine ungeheure Grösse der Säule schliessen.

6. Du Moncel in Paris construirte eine Maschine nach diesem Page'schen Princip, bei welcher der Eisenkern und die anziehende Spirale oscilliren. Ein mit dem Kerne fest verbundener Eisenstab, welcher eine Verlängerung der Kernaxe ist, greift, wie die Figur 114 zeigt, in die zum Krummmzapfen gebogene Axe des Schwungrades und bringt so die rotirende Bewegung hervor.

Fig. 114.

Page hatte schon vor dieser Maschine eine Abänderung seiner vorn beschriebenen Maschine in der Weise unternommen, dass hufeisenförmige Stäbe statt der geraden mit beiden Enden in Spiralen hineingezogen wurden, wobei denn aber allerdings eine doppelte Anzahl von Spiralwindungen, also ein grösserer Kostenaufwand nöthig ward.

§. 6.

Der Glockenmagnet.

1. Die eben erwähnte Vermehrung des Verbrauchs bei Anwendung von Magnetkernen in Hufeisenform wird vermieden durch die Form, welche in der folgenden Maschine dem Hufeisen gegeben ist, das von der wirksamen Spirale angezogen wird. Diese Form ist bereits im VIII. Abschnitt §. 1, Nr. 4 als Glockenmagnet besprochen. Sie gewährt bedeutende Vortheile vor der Construction der eben besprochenen Formen. Die Kraft, welche Page durch ein Hufeisen und Anwendung zweier Spiralen erreicht, wird mittelst eines Magneten von dieser Construction und nur einer Spirale noch übertroffen.

Zu Vorversuchen für die schon besprochenen Untersuchungen, welche d'Heureuse und ich mittelst Spiralen angestellt haben, die über den mit einem Eisenbecher umgebenen Eisenkern gezogen wurden, hatten wir zwei Spiralen von $1\frac{1}{2}''$ innerer Weite und 160 Windungen $1{,}5^{mm}$ dicken Kupferdrahtes zu beiden Seiten eines kleinen Schwungrades mittelst Krummzapfen und Bleuelstangen befestigt, und so die Vortheile geprüft, welche eine Zusammenstellung dieser Art in Rücksicht auf praktische Anwendung gewähren könnte.

Nachdem die Versuche im Grossen gezeigt hatten, dass der bedeutende Kostenaufwand durch die galvanische Säule, trotz Page's Anpreisung eine praktische Anwendung bis jetzt unmöglich mache, habe ich mit den genannten kleinen Spiralen ein Modell zusammengestellt, welches als eine Vervollkommnung der Anwendung des Page'schen Prinzips betrachtet werden darf.

Zu beiden Seiten des Eisengestells, Fig. 115 (p. 473), stehen die Eisenbecher *a*, 6'' hoch und innen 5'' weit, aus $\frac{1}{4}''$ dickem Schmiedeeisen. In der Mitte des Bodens dieser Becher sind 6'' lange, $1\frac{1}{2}''$ dicke Eisenkerne aufgeschraubt, so dass zwischen ihnen und den Wänden der Becher ein $\frac{7}{4}''$ breiter Raum bleibt, den die Spiralen ausfüllen. Diese Spiralen sind Behufs der Bewegung und Führung an zwei Holzhülsen *b* von 5'' Höhe befestigt, die sich oben in ebenso langen Messingstangen fortsetzen, mit denen die Bleuelstangen verbunden sind.

Da die die Becher magnetisirenden Spiralen sich auf und ab bewegen, so muss der Strom von festen Punkten nach der beweglichen Spirale geleitet werden. An dem vorliegenden Modell ist dies dadurch bewirkt, dass die von der Spirale ausgehenden Leitungsdrähte in Fugen an den Holzhülsen *b* emporgeführt und von dort aus nach beiden Seiten hin mittelst Messingfedern *f* nach den Punkten *c* des Gestelles, hinten und vorn, geleitet werden, und dort an Holzklötzchen befestigt sind. Diese Messingfedern sind 13'' lang, $^3/_8$'' breit und etwa 0,5^{mm} dick, und biegen sich mit den auf- und abgehenden Spiralen auf und zusammen. Von ihnen aus geht dann die Leitung an den Pfosten des Gestelles mittelst besponnener Kupferdrähte von und zu dem Commutator, der auf der Axe des Schwungrades befestigt ist, in folgender Weise.

2. Zwei Klemmschrauben aus dem Fussgestell nehmen die Leitungsdrähte der galvanischen Säule auf. Der bei *d* links eintretende Strom geht durch den Leitungsdraht, wie die Figur zeigt, an dem Pfosten des Gestells in die Höhe bis zu einer Klemmschraube, von welcher aus eine Feder nach dem Commutator führt.

Der Commutator besteht aus einem Holzcylinder von 15^{mm} Durchmesser und 32^{mm} Länge, den eine Hülse von etwa 0,5^{mm} dickem Kupferblech umschliesst. Diese Kupferhülse ist an zweien Stellen halb ausgeschnitten, wie Fig. 116 (p. 274) zeigt.

Fig. 115.

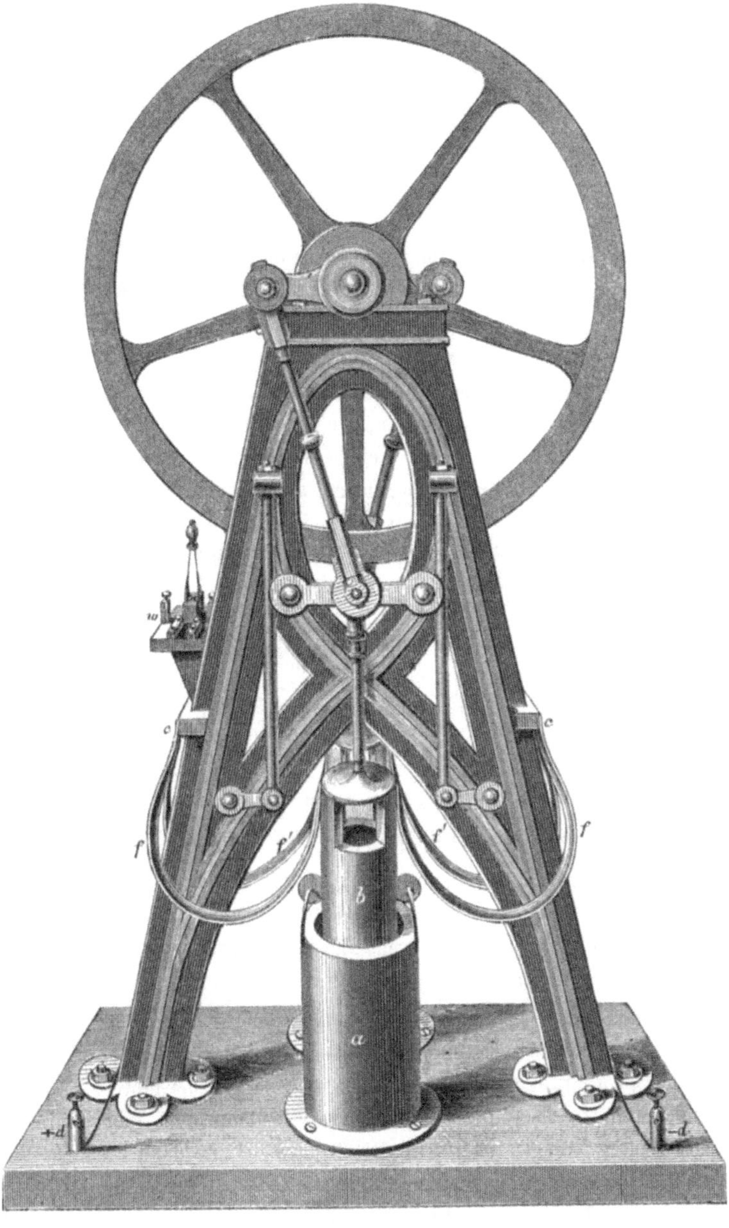

Fig. 116.

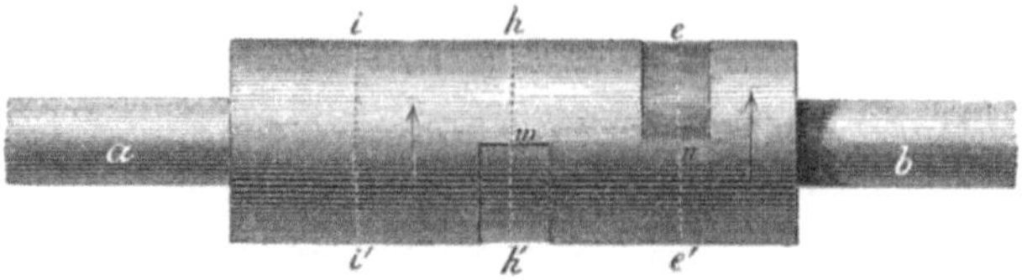

Denken wir uns die auf die Welle geschobene Hülse *i h e* in der Richtung der Pfeile bewegt und auf derselben drei senkrecht zur Ebene des Papiers stehende Metallfedern in den Punkten *i*, *h* und *e* schleifend, so werden die Berührungsstellen auf dem Commutator die punktirten Linien beschreiben. Die Stellen bei *h'* und *e* bedeuten die ausgeschnittenen Hälften der Kupferhülse. Man sieht, dass die Feder, welche in *i* schleift, stets in leitender Berührung mit dem Commutator sich befindet, wogegen die Federn bei *h* und *e* sich in der metallischen Berührung abwechseln; so dass also ein aus der Feder bei *i* kommender Strom sich bei der halben Commutatordrehung in die Feder bei *h* und während der anderen Hälfte der Drehung in die Feder bei *e* fortsetzen muss.

Es sei nun die Feder bei *i* die Fortsetzung des Leitungsdrahtes, durch den der Strom von *d* aus in die Höhe steigt. Ist die Stellung des Commutators die, welche die Fig. 116 zeigt, so geht in diesem Momente der Strom von *i* aus in die Feder bei *h*. Von dieser wird der Strom dann wieder abwärts nach der Messingfeder *f'* geleitet, geht mittelst derselben durch die hintere Spirale, aus dieser durch die auf der andern Seite abführende Feder und so nach der Klemmschraube *d* und in die Säule zurück.

Hat das Rad der Maschine die Stellung, dass die hintere Spirale sich auf dem Boden des Bechers befindet, so ist der Commutator so weit gedreht, dass die Feder bei *h* die metallische Berührung in *m* verlässt uud anfängt auf dem Holz zu schleifen, wogegen die Feder *e* in leitende Berührung mit dem Commutator bei *n* tritt. Alsdann geht der Strom aus der Feder *e* in einem zweiten mit dem ersten parallel laufenden Drahte nach der Feder *f* und der Spirale in dem vorderen Becher *a*, während die hintere Spirale zu wirken aufhört. Aus dieser Spirale geht alsdann der Strom durch die andere Feder *f* rechts nach dem festen Punkte *c* und dann wieder an dem Gestell herab nach *d*. So wird abwechselnd die vordere und die hintere Spirale in die Becher hineingezogen und der Magnetismus nie in dem Eisen umgekehrt, was den Vortheil gewährt, dass der im Eisen vorhandene remanente Magnetismus nicht hemmend wirken kann.

Der Gyrotrop.

3. Behufs der Umkehrung des Ganges der Maschine führen die Leitungsdrähte von dem Commutator zurück nicht direkt nach den Punkten bei *c*, Fig. 115, hinten und vorn in die Federn *f* und *f'*, sondern es ist zwischen diesen ein Gyrotrop *w* eingeschaltet. Dieser hier angewandte sehr bequeme Stromwender ist von Wettin construirt und bis jetzt noch nicht beschrieben. Er hat folgende Einrichtung.

Fig. 117.

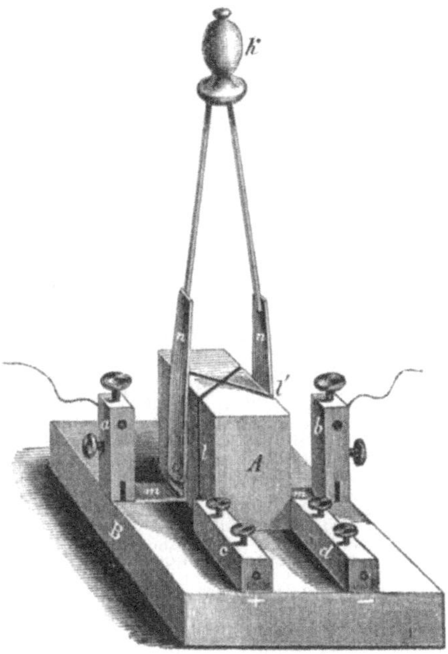

Auf einem Brettchen *B*, Fig. 117, von 108^{mm} Länge, 72^{mm} Breite und 14^{mm} Dicke ist in der Mitte ein Klotz *A* 48^{mm} lang, 27^{mm} hoch und 18^{mm} breit befestigt. Ausserdem trägt das Brettchen *B* vier Klemmschrauben *a*, *b*, *c*, *d*, deren zwei, *a* und *b*, stehend, dagegen *c* und *d* liegend befestigt sind. Von den beiden liegenden Schrauben *c* und *d* gehen nach dem Klotz *A* zwei Drähte *l* und *l'*, welche sich auf beiden Seiten desselben vor der

Mitte der Seitenwand des Klotzes in die Höhe richten, sich dann über dem Klotze kreuzen, ohne sich zu berühren, und dann hinten wieder an dem Klotze hinabgehen, sich aber nicht weiter fortsetzen. Damit die Drähte in der ihnen gegebenen Lage bleiben, hat der Klotz oben zwei sich kreuzende Einschnitte, in welche die Drähte hineingezwängt sind. Diese Einschnitte reichen, damit Berührung verhindert werde, verschieden tief, so dass der eine Draht über den andern frei hinweggeht.

Von der Basis der beiden Klemmschrauben *a* und *b* gehen Kupferstreifen *m* nach dem Klotze *A* und erheben sich an demselben. Dicht über der Biegung dieser Streifen sind auf ihnen zwei andere elastische Streifen *n* aufgeschraubt, so dass zwischen den beweglichen *n* und den festen *m* metallische Berührung stattfindet. Die metallischen Streifen *n* sind nach oben in zwei Drähte verlängert, welche mittelst eines nichtleitenden Knopfes *k* gehalten werden.

Befestigt man die Leitungdrähte von der galvanischen Säule in den Klemmschrauben *c* und *d*, so ist der Strom in der gezeichneten Stellung des Gyrotropen unterbrochen, denn er hat in den Drähten *l* und *l'*, welche hinten auf beiden Seiten enden, keine leitende Verbindung. Denken wir aber nun die beiden federnden Kupferstreifen *n*, *n* mittelst des Knopfes aus der Ebene des Papiers heraus auf uns zu bewegt, so schleifen dieselben auf beiden Seiten gegen die von *c* und *d* ausgehenden Drähte *l* und *l'*. Der in *c* eintretende positive Strom geht alsdann durch den Draht *l* bis zu dem Streifen *n*, aus diesem in den mit ihm mittelst einer Schraube in leitender Verbindung stehenden Kupferstreifen *m* in die Klemmschraube *a*, von da durch die zwischen *a* und *b* eingeschaltete Verbindung, in welcher der Strom gewendet werden soll, nach der Klemmschraube *b* hinüber, hier wieder durch *m* nach dem anderen Streifen *n*, und aus diesem durch *l'* nach der Klemmschraube *d*, welche den Leitungsdraht des anderen Poles der Säule trägt. Der Strom geht also bei dieser Stellung der beweglichen Federn den Weg *c*, *l*, *n*, *a*, *b*, *l'*, *d*, ganz als ob die Klemmschrauben *c* und *d* unmittelbar mit einander verbunden wären. Bewegt man dagegen den Knopf *k* aus der Ebene des Papiers heraus nach hinten, so schleifen die beiden Kupferstreifen *n* die hinten abwärts gebogenen Theile der Drähte *l* und *l'*, so dass also der eine Streifen *n* den von *d* ausgehenden Draht *l'*, und der andere Streifen *n* den von *c* ausgehenden Draht *l* hinten berührt. In diesem Falle geht dann der Strom von *c* aus durch den Draht *l* über den Klotz *A* hinweg nach der andern Seite desselben, dort in den ihn berührenden Streifen *n* und von diesem nach der Klemmschraube *b* und durch die eingeschaltete Leitung nach der Klemmschraube *a*, von dort durch *m* in den anderen Streifen *n*, welcher links den Draht *l'* berührt. Dieser führt dann den Strom unter dem Draht *l* ohne diesen zu berühren über den Klotz *A* hinweg nach der Klemmschraube *d*. Während also in der früheren Stellung der Strom durch die Verbindung der beiden Klemmschrauben *a* und *b* in der Richtung von *a* nach *b* ging, muss er jetzt diesen Verbindungsdraht in der umgekehrten Richtung von *b* nach *a* durchlaufen. Es wird jeder zwischen *a* und *b* eingeschaltete Leiter in der einen Stellung in entgegengesetzter Richtung von dem Strome durchlaufen als in der anderen.

Ich habe diesen Gyrotropen bei allen meinen Versuchen angewandt und ihn äusserst vortheilhaft und bequem gefunden. In der beschriebenen Maschine, Fig. 115, ist derselbe bei *w* angebracht. Nach seinen beiden Klemmschrauben *a* und *b* führen die beiden Drähte, welche von dem Commutator herab kommen. Von den beiden Klemmschrauben des Gyrotropen *c* und *d* dagegen gehen die Drähte nach den beiden Federn *f* und *f'* bei *c* hinten und vorn und führen somit in die beiden Spiralen an den Holzhülsen *b*. Bewegt sich nun bei der Stellung des Gyrotropenknopfes nach vorn das Rad in der Richtung des Uhrzeigers, und geht in diesem Falle der Strom aus der einen Feder des Commutators nach der Feder *f* der vorderen Spirale, so muss durch das Zurücklegen des Knopfes der Strom aus derselben Feder in die Feder *f'* der hinteren Spirale fliessen. Dadurch wird die Spirale, welche soeben unthätig gewesen, vom Strome durchflossen und das Rad wird nach der entgegengesetzten Seite gezogen. Es kehrt sich also der Gang der Maschine um.

4. Kraftmessungen habe ich mit dem vorliegenden Modell nicht angestellt. Bei einer galvanischen Säule von 4 Grove'schen Elementen, deren Platinbleche $3^1/_2''$ lang und $2^1/_2''$ breit waren, bewegte sich die Maschine, wenn sie keine Arbeit vollführte, mit einer Geschwindigkeit, dass das Rad 160 Umdrehungen in der Minute machte. Eine viel grössere Säule durfte nicht angewandt werden, weil alsdann in den Draht der Spiralen Erwärmung bemerkbar wurde.

Aus diesen Angaben, wie aus den Messversuchen, welche im VIII. Abschnitte §. 2, Nr. 7 über den grossen, 3' hohen Magneten mitgetheilt sind, lassen sich Schlüsse auf die Wirksamkeit und praktische Brauchbarkeit einer nach diesem Modell im Grossen ausgeführten Maschine machen. Obgleich eine solche Maschine über das Doppelte der Kraft haben würde, als die von Page, wenn sie in denselben Dimensionen, wie sie dieser Experimentator anwendet, ausgeführt würde; so würde man sich doch sehr getäuscht finden, wenn man daraus auf eine Brauchbarkeit für die Praxis schliessen wollte. Der Irrthum, in dem man sich hierbei befände, leuchtet deutlich aus einer Rechnung ein, die man nach den im VIII. Abschnitte mitgetheilten Resultaten anstellen kann.

Die an dem Modell beobachtete Geschwindigkeit lässt bei einer Construction desselben im Grossen auf 140 Umdrehungen in der Minute schliessen. Mit dieser Angabe sind alle Data zur Beurtheilung der Kraftäusserung einer solchen Maschine gegeben. Die Verhältnisse an den grossen Kernen mit der Glocke sind so gewählt, dass der Hub der daraus construirten Maschine 2′ sein würde, und da vorausgesetzt wird, dass, wie bei dem Modell, an jedem der beiden Krummzapfen des Schwungrades eine gleiche Spirale wirkte, so würde bei jeder ganzen Umdrehung des Schwungrades die Last durch die wirksame Kraft 4′ hoch gehoben werden. Wenn nun die Messungen ergeben hatten, dass die Anziehung im Maximo 125 und im Minimo 75 Pfd. beträgt, so ergiebt sich als Mittel der Kraft 100 Pfd., welche in einer Minute 140mal 4′ hoch gehoben werden. Hieraus ergiebt sich als Kraft der Maschine

$$\frac{100 \,.\, 140 \,.\, 4}{33000} = 1{,}7 \text{ Pferdekraft.}$$

Nehmen wir mit Page an, dass durch die Reibung an den einzelnen Theilen der Maschine im Ganzen 15% der Totalwirkung verloren gehen, was allerdings sehr günstig gerechnet ist, und nach meiner Erfahrung bei den grossen Massen, die bewegt werden müssen, viel eher 50% heissen müsste, so erhalten wir als Kraft der obigen Construction

$$\frac{85 \,.\, 1{,}7}{100} = 1{,}445 \text{ Pferdekraft,}$$

d. h. etwa $1\frac{1}{2}$ Pferdekraft.

Zu diesen anderthalb Pferdekräften wurden 24 Pfd. Salpetersäure durchschnittlich in 4 Stunden verbraucht; denn wenngleich nach dieser Zeit die Säure noch nicht ganz kraftlos war, so hatte sich doch die Wirkung mit Ausnahme der ersten halben Stunde schon beständig verringert. Es ist mithin sehr günstig gerechnet, wenn der Verbrauch in 4 Stunden, bei constanter Kraft, auf 24 Pfd. Salpetersäure gesetzt wird. Nehmen wir den Preis der Salpetersäure à Pfd. zu 3 Sgr. und rechnen dazu, ebenfalls nach einem sehr mässigen Satze, ein Viertel dieses Preises als Verbrauch an Schwefelsäure und Zink, so ergiebt sich als Verbrauch einer solchen Maschine innerhalb 4 Stunden der Preis von 3 Thalern, d. h. in 24 Stunden für eine Pferdekraft 12 Thaler.

Uebertragen wir diese Angaben, die ein Jeder als sehr günstig gestellt anerkennen wird, auf die von Page in Bewegung gesetzte Maschine, welche sicherlich nur die halbe Kraft bei demselben Verbrauch haben konnte, so ergiebt sich, dass Page an seiner Maschine die Pferdekraft den ungeheuren Preis von 24 Thalern täglich gekostet haben muss.[1]) Man wird hiernach zu der Frage nach denjenigen Dampfmaschinen veranlasst, mit denen eine Maschine von diesem Kostenaufwande zu concurriren im Stande wäre.

§. 7.

Ueber den Inductionsstrom bei der Bewegung der Maschine.

1. Wie bereits bemerkt, haben die fruchtlosen Bemühungen um die Anwendung des Elektromagnetismus als Triebkraft zu der Einsicht in die bei den elektromagnetischen Maschinen waltenden Gesetze geführt.

Wir schicken der mathematischen Entwicklung dieser Gesetze durch Jakobi eine Auseinandersetzung in Bezug auf den Inductionsstrom von Koosen voraus.[2])

Schaltet man in den Schliessungsdraht einer elektromagnetischen Maschine eine Tangentenbussole, so beobachtet man eine bedeutende Verminderung des Stromes, sobald die Maschine in Gang gesetzt wird, und diese Abnahme des Stromes wird um so grösser, je schneller die Maschine bei gleicher Stärke der Batterie geht. Bewegt sich die Maschine ohne Belastung, hat sie also nur den Widerstand der Luft und die Reibung zu überwinden, und man verstärkt die Batterie, so nimmt die Geschwindigkeit der Maschine beinahe in demselben Verhältnisse zu, wie die Stromstärke (i) zunehmen würde, wenn die Maschine sich nicht bewegte; dagegen zeigt die Stromstärke (J) während der Bewegung durch die Vergrösserung der Säule nur eine geringe Zunahme, so dass, wenn i um das $n$fache wächst, J nur um das $\sqrt[4]{n}$ oder $\sqrt[5]{n}$ fache vermehrt wird.

Ist dagegen die Maschine belastet, so dass der Widerstand der Luft und die Reibung unbedeutend ist gegen die zu hebende Last, so nimmt J nahezu um das $\sqrt[3]{n}$fache zu, wenn sich i in $n\,i$ verwandelt.

Der Grund des Unterschiedes in diesen beiden Fällen ist offenbar darin zu suchen, dass im zweiten Falle, wo eine wirkliche Last gehoben wird, der Widerstand proportional der Geschwindigkeit wächst, wogegen im ersten

[1]) Pogg. Ann. 94 pag 590. [2]) Pogg. Ann. 85 pag. 226.

Falle Luftwiderstand und Reibung einen geringer zunehmenden Widerstand bewirken.

2. Diese Erscheinungen werden, wie wir bereits wissen, durch den Inductionsstrom hervorgerufen, der sowohl durch das Entstehen und Verschwinden des Magnetismus als durch die Annäherung der Magnete an die Spirale erregt wird und dem Batteriestrome entgegengesetzt gerichtet ist.

Bezeichnen wir den inducirten Strom mit i', so ist

$$i = i' + J,$$

wobei, wie wir gesehen haben,[1] i' dem Magnetismus proportional ist, durch den er erregt wird, während dieser Magnetismus wieder der Stromstärke proportional ist. Es ist nun aber die Frage, welcher Stromstärke der Magnetismus proportional gesetzt werden muss, ob der von i' unabhängigen i oder der durch i' verminderten J. Offenbar ist das Letztere der Fall, da ja i gar nicht zur Wirkung kommt, sondern während des Ganges immer auf $i - i' = J$ herabgedrückt wird.

Bezeichnet nun m den Magnetismus, den die Einheit des in einem Zeitpunkte den Schliessungsdraht durchfliessenden Stromes hervorbringt; a die Intensität des Extrastromes, den der Magnetismus $= 1$ bei der Umdrehungsgeschwindigkeit $= 1$ hervorbringt, und v die statthabende Geschwindigkeit, so ist

$$i' = m\,a\,J\,v$$

der Ausdruck für den Extrastrom, wenn die Maschine eine gleichförmige Bewegung angenommen hat. Alsdann ist

$$i = m\,a\,J\,v + J \qquad 1.$$

$$\text{und } m\,a\,v = \frac{i - J}{J}.$$

Diese Grösse $\frac{i - J}{J}$ muss also, wenn i, die Stärke des Batteriestromes, constant bleibt, bei veränderlicher Umdrehungsgeschwindigkeit v, dieser proportional wachsen und abnehmen, da ja $m\,a$, d. h. die Stärke des Extrastromes, der bei der Einheit der Umdrehungsgeschwindigkeit durch die Einheit des primären Stromes in demselben Schliessungsdrahte hervorgebracht wird, constant sein muss.

Koosen hat zur Prüfung dieser Formel Versuche mit vier verschiedenen Maschinen angestellt, und die Quotienten $\frac{i - J}{J}$ bei der ruhenden Maschine

[1]) Abschnitt II. §. 4 Nr. 2.

und bei Geschwindigkeiten derselben von $^1/_2$, 1, 2 und 3 Umdrehungen in einer Sekunde zusammengestellt. Diese Quotienten zeigen sich annäherungsweise der Geschwindigkeit der Maschine proportional, und Koosen sucht den Grund der besonders bei 3 Umdrehungen auftretenden Abweichungen in der Mangelhaftigkeit des Commutators, wie in dem Umstande, dass der Strom i nicht immer derselbe ist, bei verschiedenen Stellungen, in denen die Maschine, um ihn zu beobachten, angehalten wird, weil der Strom in den verschiedenen Phasen der Umdrehung durch verschiedene Schliessungsdrähte geht, die nicht alle gleichen Widerstand haben.

3. Geht eine elektromagnetische Maschine mit einer bestimmten Belastung P, die so gross ist, dass der Widerstand der Luft und die Reibung vernachlässigt werden können, so ist in der Gleichung (1)

$$v = \frac{J^2}{P},$$

da ja der mechanische Effekt von P wie das Quadrat des erzeugten Magnetismus wächst. Daraus folgt

$$i = \frac{m\,a\,J^3}{P} + J \text{ und } \frac{m\,a}{P} = \frac{i - J}{J^3}.$$

Aus dieser Grösse $\frac{i-J}{J^3}$, die bei einer bestimmten Belastung constant ist, erhellt, weshalb bei verstärkter Batterie der an der Tangentenbussole gemessene Strom J so wenig wächst, nämlich wie die Kubikwurzel des Batteriestromes i.

Ersetzt man in (1) J durch v, so wird diese Gleichung

$$i = \frac{a\,m\,v^{3/2} + \sqrt{v}}{\sqrt{P}}$$

d. h. die Geschwindigkeit einer unter constanter Belastung gehenden Maschine nimmt mit dem Batteriestrome i nahezu in demselben oder etwas grösserem Verhältnisse zu, was auch mit der Erfahrung übereinstimmt. Geht dagegen die Maschine ohne Belastung, d. h. hat sie einen Widerstand zu überwinden, der nur in einem geringeren Verhältnisse, etwa in der $\frac{1}{n}$ ten Potenz der Geschwindigkeit wächst, so werden die obigen Gleichungen

$$i = \frac{a\,m\,J^{2n+1}}{P^n} + J$$

$$\text{und } i = \left(a\,m\,v^{\frac{2n+1}{2n}} + v^{\frac{1}{2n}}\right)\sqrt{P},$$

so dass hier J in noch weit geringerem Verhältnisse als in dem der Cubikwurzel der Zunahme von i wächst und die Geschwindigkeit der Maschine v als nahe einfach proportional der Stromstärke i gesetzt werden kann.

§. 8.

Theorie der elektromagnetischen Maschinen.

1. Jakobi hat die bis jetzt bei elektromagnetischen Maschinen bekannten Verhältnisse in mathematische Formeln gefasst,[1]) die sich sowohl durch ihre Allgemeinheit, wie durch ihre Einfachheit auszeichnen.

Nennt man i die Stromstärke, k die elektromotorische Kraft eines Elementes der Batterie, n die Zahl der Elemente, und ϱ den Widerstand des ganzen Systems, so ist nach dem Ohm'schen Gesetz

$$i = \frac{n\,k}{\varrho}. \qquad 1.$$

Der in der Säule stattfindende elektro-chemische oder elektro-lytische Effekt, oder die während einer bestimmten Zeit aufgelöste Menge Zink, ist bekanntlich dem Produkte der Stromstärke und der Plattenpaare proportional. Nennt man diese Zinkmenge q, so ist:

$$q = n\,i = \frac{n^2\,k}{\varrho}. \qquad 2.$$

So lange die Maschine still steht, sind die Grössen i und q ganz unabhängig von der Construction derselben. Jedoch herrschen zwischen den Polen der in die Systeme eingehenden Magnete Kräfte, welche die Bewegung der Maschine herstellen und aus den Gesetzen des Elektromagnetismus berechnet werden können. Ist nun β die Windungszahl der Drahtrollen der magnetischen Systeme, m der Gesammtmagnetismus aller Magnete und μ die Summe ihrer gegenseitigen Anziehungen, so ist nach den früher besprochenen Gesetzen:

$$m = \beta\,i = \frac{\beta\,n\,k}{\varrho} \qquad 3.$$

und

$$\mu = m^2 = \beta^2\,i^2 = \frac{\beta^2\,n^2\,k^2}{\varrho^2}. \qquad 4.$$

[1]) Bulletin de l'Academie de Saint-Pétersbourg IX. pag. 289. Krönig, Journ III. pag. 377.

2. Diese hier durch die Formel ausgedrückte Kraft wird nun, wie wir bereits gesehen, durch die bei der Bewegung erregten Inductionsströme geschwächt. Die Intensität dieser Ströme ist aber proportional:

a) der magnetischen Kraft der Maschine,

b) der Windungszahl der galvanischen Spirale,

c) der Geschwindigkeit der Veränderung in der Lage der Magnete zu den Spiralen.

Hierzu kommt, dass die Magnetkraft abhängig ist von der inneren Structur des Eisens, der Coërcitivkraft, und von der Form der Magnetkerne. Jakobi führt daher, um diesen Einfluss auf den Gegenstrom auszudrücken, in die folgenden Formeln den Coefficienten x ein.

In den früheren Formeln bedeutete i die Intensität des Stromes bei der Geschwindigkeit $= 0$, nun sei ferner i' die Intensität bei gleichförmiger Geschwindigkeit der Maschine, und $i_{,}$ die Intensität des Gegenstromes, dann ist:

$$i_{,} = i - i'. \qquad 5.$$

Ferner ist der mittlere Magnetismus m' der Systeme

$$m' = \beta\, i', \qquad 6.$$

und die Intensität des Gegenstromes

$$i_{,} = \frac{x\, m'\, \beta\, v}{\varrho}, \qquad 7.$$

wo v die gleichmässige Geschwindigkeit der Maschine bedeutet.

Aus diesen Formeln folgt nun:

$$i_{,} = \frac{x\, \beta^2\, i'\, v}{\varrho}, \qquad 8.$$

$$i' = \frac{i\, \varrho}{\varrho + x\, \beta^2\, v}, \qquad 9.$$

und da nach (1) $i = \frac{n\, k}{\varrho}$:

$$i' = \frac{n\, k}{\varrho + x\, \beta^2\, v}, \qquad 10.$$

$$m' = \frac{\beta\, n\, k}{\varrho + x\, \beta^2\, v}, \qquad 11.$$

$$v = \frac{\beta\, n\, k - m'\, \varrho}{m'\, x\, \beta^2}. \qquad 12.$$

3. Diese Formeln beziehen sich auf eine jede elektromagnetische Maschine und erfordern in keiner Weise die Kenntniss ihrer Construction. Ebenso ist ferner, um die allgemeinen Prinzipien der mechanischen Arbeit auf die elektromagnetischen Maschinen anzuwenden, keineswegs die Kenntniss der periodischen Veränderung der bewegenden Kraft nothwendig. Jenen Prinzipien gemäss ist nämlich während jeder Periode der Bewegung, wo die Maschine wieder ihre anfängliche Geschwindigkeit annimmt, die Summe der bewegenden Arbeit gleich der Summe der Widerstandsarbeit. Wie die elektromagnetischen Maschinen in dieser Beziehung keine Ausnahme bilden, so ist dies auch nicht der Fall bei einem anderen ebenso wichtigen Prinzip, dass sie nämlich wie die anderen Maschinen eines Maximums des Nutzeffekts fähig sind. Wenn die elektromagnetische Maschine eine gleichförmige Bewegung und zugleich die Galvanometernadel eine constante Stellung angenommen hat, so folgt daraus, dass dann die bewegende und die Widerstandsarbeit gleich sind. Man kann also die eine für die andere setzen, und da es erlaubt ist, die Momente des Widerstandes an irgend einen Punkt des beweglichen Systems, mithin auch auf den Punkt der magnetischen Anziehung zu übertragen, so darf man setzen:

$$R = \mu', \qquad 13.$$

und

$$R v = \mu' v, \qquad 14.$$

d. h. man darf für den Widerstand R die während der Bewegung stattfindende mittlere Anziehung μ' substituiren.

4. Hieraus ergiebt sich nach den obigen Formeln:

$$R = \mu' = m'^2, \qquad 15.$$

oder nach (11)

$$R = m'^2 = \frac{(\beta n k)^2}{(\varrho + k \beta^2 v)^2}, \qquad 16.$$

und wenn die Arbeit der Maschine T genannt wird,

$$T = R v = \frac{\beta n k m' - m'^2 \varrho}{x \beta^2}, \qquad 17.$$

$$T = \frac{\beta n k \sqrt{R} - R \varrho}{x \beta^2}, \qquad 18.$$

$$T = \frac{v (\beta n k)^2}{(\varrho + x \beta^2 v)^2}. \qquad 19.$$

Aus der Gleichung Nr. 18 sieht man, dass, wenn wir R auf der Abscissenaxe annehmen, d. h. wenn wir die Arbeit der Maschine als Function des Widerstandes betrachten, die Arbeit durch die Ordinaten eines parabolischen Bogens ausgedrückt wird, dessen Abscissenaxe eine Sehne der Parabel ist. Die Curve dagegen, welche die Arbeit als Function der Geschwindigkeit darstellt, ist vom dritten Grade, und hat die Abscissenaxe zur Asypmtete. In dem einen wie im anderen Falle versteht es sich, dass die Arbeit ein Maximum hat, welches man erhält, wenn man aus den Gleichungen

$$\frac{dT}{dR} = 0$$

und

$$\frac{dT}{dv} = 0,$$

die dem Maximum der Arbeit T_0 entsprechenden Werthe R_0 und v_0 ableitet, nämlich

$$R_0 = \frac{\beta^2 n^2 k^2}{4 \varrho^2} \qquad 20.$$

und

$$v_0 = \frac{\varrho}{x \beta^2}; \qquad 21.$$

woraus durch Substitution in (18) und (19) sich ergiebt

$$T_0 = \frac{n^2 k^2}{4 x \varrho}. \qquad 22.$$

Ein Vergleich der Formeln (20) und (4)

$$R_0 = \frac{\beta^2 n^2 k^2}{4 \varrho^2}$$

und

$$\mu = \frac{\beta^2 n^2 k^2}{\varrho}.$$

ergiebt den Satz:

„Um das Maximum der Arbeit zu erreichen, muss die Summe der Widerstandskräfte der Maschine gleich dem vierten Theile der mittleren Anziehung der Magnete im Ruhezustande gemacht werden.“

Ferner zeigt die Gleichung Nr. 18

$$T = \frac{\beta n k \sqrt{R} - R \varrho}{x \beta^2},$$

dass $T = 0$ wird, wenn man $R = 0$, und $R = \frac{\beta^2 n^2 k^2}{\varrho^2}$ setzt. Im ersten Falle ist $v = \infty$ (16), d. h., wenn man von jedem Widerstande, selbst von dem der Luft absieht, so wird die Geschwindigkeit unendlich gross, während zugleich die Intensität des Stromes $i' = 0$ wird. Die Maschine bewegt sich dann allein in Folge der erhaltenen lebendigen Kraft und ohne Hülfe irgend einer magnetischen Wirkung. Es ist also eine unendlich grosse Geschwindigkeit nothwendig, damit die Intensität des magneto-elektrischen Gegenstromes der Intensität des Stromes der Säule gleich wird. — In dem anderen Falle, wo $R = \frac{\beta^2 n^2 k^2}{\varrho^2}$ ist, wird auch $v = 0$, wenn die Widerstandskräfte der mittleren anziehenden Kraft der temporären Magnete im Ruhezustande der Maschine gleich sind.

5. Das Maximum der Arbeit

$$T_0 = \frac{n^2 k^2}{4 \varrho x}$$

ist deshalb merkwürdig, weil in demselben kein von der besonderen Construction der Maschine, der Combination der Spiralen etc. abhängiges Element vorkommt. Die Spiralen haben in der That auf das Maximum der Arbeit keinen Einfluss durch die Zahl ihrer Windungen, sondern nur durch den Widerstand, den sie dem Strome darbieten. Wenn einerseits die Zahl der Elemente der Säule und andererseits der Widerstand der Schliessung gleich bleiben, so kann die Zahl der Umwindungen beliebig gross gemacht werden, ohne dass das Maximum der Arbeit die geringste Aenderung erleidet. Man hat es indessen in der Gewalt, die beiden Elemente der Arbeit, die Kraft und die Geschwindigkeit nach Belieben zu ändern. Im Ausdruck T_0 ist nur deshalb β^2 nicht enthalten, weil es bei

$$R_0 = \frac{\beta^2 n^2 k^2}{4 \varrho^2} \text{ im Zähler,}$$

und bei

$$v_0 = \frac{\varrho}{x \beta^2}$$

im Nenner enthalten ist. Nimmt man also Drähte von verschiedener Länge und Dicke, aber so gewählt, dass sie denselben Widerstand bieten, so kann man die Zahl der Windungen beliebig ändern. Durch eine Vermehrung der Zahl derselben nimmt die Stärke der Maschine im Verhältniss des Quadrats dieser Zahl zu, die Geschwindigkeit aber in demselben Verhältniss ab, so dass man also Kraft und Geschwindigkeit beliebig variiren lassen, nicht aber das Maximum der Arbeit verändern kann.

6. Die Unterhaltungskosten sind nach (2) dem Produkte der Intensität des Stromes und der Zahl der Elemente der Säule proportional, nennt man sie q'_0, so ist

$$q'_0 = n\,i',$$

und wenn man für i' seinen Werth aus (10) und für v aus (21) substituirt, so wird

$$i'_0 = \frac{n\,k}{2\,\varrho}, \qquad 23.$$

$$q'_0 = \frac{n^2\,k}{2\,\varrho} \qquad 24.$$

und

$$T_0 = \frac{k\,q'_0}{2\,x}. \qquad 25.$$

Diese Formel zeigt, dass bei dieser Maschine ebenso das Gesetz der Proportionalität der Kosten und der Arbeit, wie das der Proportionalität von Kraft und Geschwindigkeit stattfindet. Daraus, dass in der Formel (25) die elektromotorische Kraft als Factor enthalten ist, folgt, dass man am vortheilhaftesten diejenige Säule wählt, welche die grösste elektromotorische Kraft besitzt. Ein Pfund Zink giebt z. B. in einer Grove'schen Säule aufgelöst, $1^3/_4$ mal so viel Arbeit, als ein Pfund Zink einer Daniell'schen Säule.

Dividirt man die Menge der Arbeit durch den Verbrauch, so erhält man den ökonomischen Effekt

$$E = \frac{T_0}{q'_0} = \frac{k}{2\,x}.$$

Dieser ist also unabhängig von der Einrichtung der Batterie und der Spiralen, und nur abhängig von der elektromotorischen Kraft und dem Coëfficienten x, welcher die Coërcitivkraft und die Construction der Maschine in sich schliesst. Für dieselbe Art von elektromagnetischen Maschinen und für dieselbe Volta'sche Combination, ist also das Maximum des ökonomischen Effekts eine Constante, die weder von der Dicke der Drähte noch von der Weite der Spiralen, noch auch von der Oberfläche oder der Zahl der die Säule bildenden Volta'schen Elemente abhängt.

7. In dem Ausdrucke für das Maximum der Arbeit (22)

$$T_0 = \frac{n^2 k^2}{4 \varrho x},$$

kann man T_0 als Funktion der Zahl n, der Elemente der galvanischen Säule betrachten. Nennt man σ die Gesammtoberfläche der Säule, λ den Widerstand der Flächeneinheit eines Paares und λ' den Widerstand der Spiralen, so ist

$$\varrho = \frac{n^2 \lambda}{\sigma} + \lambda',$$

und

$$T_0 = \frac{\sigma n^2 k^2}{4 x (n^2 \lambda + \lambda' \sigma)}, \qquad 27.$$

woraus erhellt, dass bei gegebener Oberfläche das Maximum der Arbeit wächst mit der Vermehrung der Zahl der Elemente oder mit Verminderung ihrer Oberfläche. Nehmen wir an, $n^2 \lambda$ sei so gross geworden, dass man das Glied $\lambda' \sigma$ vernachlässigen kann, so wird als Gränze für das Arbeitsmaximum

$$T_0 = \frac{\sigma k^2}{4 x \lambda}. \qquad 28.$$

Ebenso erhält man als Gränze der Kraft, der Geschwindigkeit und der Stromstärke

$$R_0 = \frac{\beta^2 \sigma^2 k^2}{4 \lambda^2 n^2}, \qquad 29.$$

$$v_0 = \frac{n^2 \lambda}{x \sigma \beta^2}, \qquad 30.$$

$$i'_0 = \frac{\sigma k}{2 n \lambda}. \qquad 31.$$

Diese letztere Intensität ist also gleich der Hälfte des Strommaximums eines einzigen Paares, dessen Schliessungsdraht so dick ist, dass sein Widerstand $= 0$ gesetzt werden kann.

Nach den bei Elektromagneten geltenden Gesetzen erhält man das Maximum der Magnetisirung durch eine gegebene Gesammtoberfläche, wenn man die Säule so construirt, dass ihr eigener Widerstand gleich dem der Spiralen ist, d. h. dass

$$\lambda' = \frac{n^2 \lambda}{\sigma}.$$

Setzt man in der Formel (22)

$$\varrho = \frac{2 n^2 \lambda}{\sigma},$$

so erhält man

$$T_0 = \frac{\sigma k^2}{8 x \lambda}. \qquad 32.$$

Das heisst:

„Die Gränze der mechanischen Arbeit, die eine Säule von gegebener Oberfläche hervorbringen kann, ist nur doppelt so gross wie die Arbeit, die man bekommt, wenn man den Elektromagneten das Maximum ihrer Magnetisirung giebt."

Diese Construction muss man also zu gleicher Zeit wählen, wenn es sich darum handelt, einer elektromagnetischen Maschine die grösste Kraft zu geben, ohne sie von dem Arbeitsmaximum zu entfernen.

Setzt man in (21)

$$v_0 = \frac{\varrho}{x \beta^2},$$

$$\varrho = \frac{\lambda' \sigma + n^2 \lambda}{\sigma},$$

so ergiebt sich

$$v_0 = \frac{\lambda' \sigma + n^2 \lambda}{x \beta^2 \sigma},$$

woraus erhellt, dass sich die Geschwindigkeit der Maschine mit n vergrössert, während die Arbeit ein Maximum bleibt. Indessen ist es für die Praxis unzweckmässig, über gewisse Gränzen der Geschwindigkeit hinaus zu gehen, da man durch Beschleunigung des Ganges die schädlichen Widerstände vergrössert und so den Nutzeffekt kleiner macht.

An diese Untersuchungen über die elektromagnetischen Maschinen schliessen sich noch andere Beobachtungen Hinsichts der continuirlichen Rotationen, welche sowohl durch die Wirkung eines galvanischen Stromes auf einen Magneten, als durch den Einfluss zweier von Strömen durchflossener Leiter hervorgebracht werden. Wir übergehen jedoch diese, besonders schon in früherer Zeit von Ampère, Faraday und Anderen ausführlich dargelegten Erscheinungen, weil sie ihre Erklärung meist, wenigstens erst vollständig in den Gesetzen der Elektrodynamik finden, deren Darlegung die diesem Buche gesteckten Gränzen überschreitet.

XII. Abschnitt.

Die wichtigsten Resultate der bisherigen Untersuchungen

über

Elektromagnetismus.

§. 1.

Der Magnetismus.

Man denkt sich Behufs der Erklärung der magnetischen Erscheinungen die kleinsten Theilchen einer jeden Eisenmasse, auch des Stahles, als Magnete. Trotz dieses Magnetismus seiner Moleküle zeigt sich jedoch gewöhnliches Eisen unmagnetisch, weil ursprünglich die gleichnamigen Pole in gleicher Anzahl nach jeder Richtung gekehrt sind.

Da nun ein Magnet, wenn er nicht durch eine Kraft in einer bestimmten Lage gehalten, durch einen ihm genäherten Magneten so gerichtet wird, dass sich sein befreundeter Pol ihm zukehrt; so müssen auch die einzelnen Moleküle einer jeden Eisenmasse sich bei Annäherung eines fremden Magneten mit ihren befreundeten Polen demselben zukehren, wenn ihre Beweglichkeit in der Eisenmasse es erlaubt. Aus vielen theoretischen Gründen muss man eine solche Beweglichkeit den Molekülen aller Körper zugestehen, welche nur bei den verschiedenen Körpern verschieden gross ist. Aus dieser Ansicht über den Zustand des Eisens lassen sich die Erscheinungen erklären, die wir an Magneten beobachten.

Eine Eisenmasse muss sich selbst wie ein Magnet verhalten, wenn alle Molekularmagnete polar gerichtet sind, sie zeigt nach der einen Seite hin freien Nordmagnetismus als Resultat der Wirkungen jedes einzelnen Moleküles, und nach der entgegengesetzten Seite aus demselben Grunde freien Südmagnetismus.

Aus dem Grade der Beweglichkeit der Moleküle ergeben sich die beiden Arten der Magnete, nämlich die beharrlichen und der veränderlichen, welche sich jedoch nicht streng von einander scheiden lassen. Die beharrlichen Magnete entstehen durch solches Eisen, dessen Moleküle nur schwer beweglich sind, und die daher nicht vollständig in ihre Ruhelage zurückkehren, sobald die Kraft zu wirken aufhört, welche sie aus derselben heraus bewegte. Eisen dieser Art ist der harte Stahl. Magnetisirter harter Stahl wird daher nicht wieder unmagnetisch, sobald die magnetisirende Kraft nicht mehr wirkt. Allein die magnetisirende Kraft macht auch aus demselben Grunde den harten Stahl nicht in so hohem Grade magnetisch als das weiche Eisen. Beim weichen Eisen sind die Molekularmagnete leicht beweglich und kehren daher in ihre frühere Lage zurück, sobald der von aussen wirkende Einfluss aufhört.

Da es kein Eisen giebt, in welchem die Theilchen absolut in ihre ursprüngliche Lage zurückkehrten, so giebt es auch keine veränderlichen Magnete, die nach der Magnetisirung ihren Magnetismus wieder vollständig verlören. Den nach dem Aufhören der magnetisirenden Kraft in dem Eisen zurückbleibenden Theil des Magnetismus nennen wir remanenten Magnetismus.

§. 2.

Elektromagnetismus und Induction.

1. Der Elektromagnet. Der galvanische Strom übt auf einen Magneten denselben Einfluss wie ein ihm genäherter anderer Magnet, insofern er ebenfalls den Magneten richtet, und zwar so, dass, wenn er geradlinig ist, er ihn senkrecht auf die Ebene zu stellen strebt, welche durch ihn und den Mittelpunkt des Magneten gelegt ist. Hieraus ergiebt sich, dass ein Kreisstrom ein in seiner Axe befindliches magnetisches Molekül senkrecht auf die durch den Strom gelegte Ebene zu stellen strebt. Man kann daher einen galvanischen Strom als Magnetisirungsmittel für einen Eisenstab benutzen. Ein Eisenstab wird natürlich um so stärker magnetisch, je häufiger man dieselbe Stromesrichtung auf ihn wirken lässt. Dies geschieht in der Weise, dass man einen durch Bespinnung isolirten Draht oft um den zu magnetisirenden Eisenstab herumwindet. Eine solche Vorrichtung, bestehend aus einem Eisenstabe, umwunden mit einer den galvanischen Strom leitenden Substanz, nennt man einen Elektromagneten.

2. Induction. Wie der Strom einen bewegenden Einfluss auf einen Magneten übt, so übt andererseits ein bewegter Magnet auch einen Einfluss auf einen galvanischen Leiter aus, indem er einen Strom in demselben her-

vorruft, sobald der Leiter geschlossen ist. Man nennt diesen galvanischen Strom einen Inductionsstrom, und da ein Inductionsstrom auch noch auf andere Weise erzeugt wird, so nennt man diese Art der Induction Magneto-Induction. Dieser Magneto-Inductionsstrom entsteht also, wenn man einem geschlossenen Leiter einen Magneten nähert oder ihn von demselben entfernt, und zwar so, dass der Strom beim Entfernen des Magneten die entgegengesetzte Richtung von der hat, die er bei Annäherung desselben erhält.

Eine von einem Strome in bestimmter Richtung durchflossene Spirale zieht einen Magneten an, dagegen stösst sie denselben ab, wenn der Strom in ihr die entgegengesetzte Richtung hat. Nun hat der Inductionsstrom, den ein sich nähernder oder ein sich entfernender Magnet in der Spirale erzeugt, gerade die entgegengesetzte Richtung von demjenigen, der in dem galvanischen Leiter schon hätte vorhanden sein müssen, um jene Annäherung oder Entfernung zu bewirken.

Auch ein beginnender und aufhörender Strom erregt in einem benachbarten Leiter einen Inductionsstrom. Diese Art der Induction heisst Volta-Induction.

Die Untersuchungen haben gelehrt, dass der erregte Inductionsstrom der Stärke des erregenden Magneten oder Stromes proportional ist. Man kann daher den erregten Inductionsstrom als Mittel anwenden, den in einem Magneten vorhandenen Magnetismus zu messen. Dies ist möglich, ohne dabei den Magneten zu bewegen. Da nämlich bei der Magnetisirung, wie wir gesehen haben, die Molekularmagnete bewegt werden, so muss durch diese Bewegung in einer den Magnetkern umgebenden geschlossenen Spirale ein Inductionsstrom entstehen, welcher mittelst des vorn beschriebenen Multiplicators gemessen werden kann, und da nach der Magnetisirung die Moleküle wieder in ihren Ruhezustand zurückkehren, so muss diese Bewegung ebenfalls wieder einen Inductionsstrom erzeugen, welcher aber, wegen der entgegengesetzten Bewegung der Moleküle, auch die entgegengesetzte Richtung des anfänglich erzeugten hat.

3. Erregter Magnetismus, freier Magnetismus, Anziehung und Tragkraft. Denken wir uns einen Magnetkern durch Schnitte senkrecht auf seine Längsaxe in Schichten zerlegt, deren Dicke gleich der Länge eines Moleküles ist, so besteht eine jede dieser Schichten aus lauter neben einander gereihten Molekular-Magneten, welche im Zustande der Magnetisirung alle ihre Nordpole nach der einen und ihre Südpole nach der

anderen Seite kehren, d. h. der Magnet besteht aus lauter Magnetschichten, deren Südseiten alle nach dem einen Ende des Magneten, und deren Nordseiten alle nach dem anderen Ende desselben gerichtet sind, so dass immer die Südseite der einen Schicht mit der Nordseite der folgenden zusammenkommt. Durch diese Stellung der Schichten zu einander wird der Magnetismus der einzelnen Schichten zum grössten Theile neutralisirt, und es kommt daher nach aussen nur ein kleiner Theil des überhaupt im Magneten vorhandenen Magnetismus zur Wirkung.

Den im Magneten durch die magnetisirende Kraft hervorgerufenen Magnetismus nennen wir den erregten Magnetismus, und dieser wird auf die eben beschriebene Weise durch den Inductionsstrom gemessen, wogegen der nach aussen zur Wirkung kommende Theil des Magnetismus der freie Magnetismus genannt wird. Er wird gemessen, indem man beobachtet, in welchem Grade er eine in bestimmter Entfernung frei schwebende Magnetnadel ablenkt.

Die Kraft, mit der ein Magnet einen Anker hält, nennt man Anziehung im weiteren Sinne des Wortes, und unterscheidet dabei die Anziehung in unmittelbarer Berührung von der in Entfernung. Die Kraftäusserung in Entfernung auf einen Anker nennt man kurz Anziehung, dagegen die in unmittelbarer Berührung Tragkraft.

4. Der Sättigungszustand. Die Kraft eines Magneten wird bedingt durch die Stärke des Stromes, welcher den Magnetismus hervorruft. Allein aus der vorn angegebenen Art, wie man sich den Magnetismus entstanden denkt, leuchtet ein, dass eine Gränze der Magnetisirung eines Eisenstabes eintreten muss, wenn sämmtliche Moleküle vollständig gerichtet sind. Die Erfahrung hat nun gelehrt, dass der Magnetismus nicht bis zu dieser Gränze hin dem erregenden Strome proportional wächst, sondern, dass schon viel früher ein Zustand eintritt, wo der Magnetismus nicht mehr mit der Intensität der erregenden Kraft gleichen Schritt hält. Diesen Zustand nennt man den Sättigungszustand des weichen Eisens.

Wenn dieser Sättigungszustand darin seinen Gruud hat, wie man annimmt, dass die Moleküle nicht willig der richtenden Kraft des Stromes folgen, so leuchtet ein, dass derselbe schon gleich Anfangs auftreten müsse. Die Beobachtung lehrt aber nun, dass bei nicht sehr dünnen Stäben der Sättigungszustand bei schon bedeutender Steigerung des Stromes noch nicht bemerkbar wird. Innerhalb dieser Gränzen, wo man noch keine Sättigung wahrnimmt, sind die meisten der hier folgenden Gesetze gültig.

§. 3.

Die Stromstärke.

1. Das Ohm'sche Gesetz. Der galvanische Strom, welcher den Magnetismus in einem Eisenstabe hervorruft, ist abhängig von der Kraft, mit welcher die beiden in einem galvanischen Becher einander gegenüber gestellten Metalle Elektricität erzeugen. Diese Kraft nennt man die elektromotorische Kraft. Ferner hängt aber die Stärke des galvanischen Stromes auch von dem Widerstande ab, den die zwischen den beiden Metallen in dem Becher befindliche Flüssigkeit dem erregten Strome entgegenstellt und ebenso von dem Widerstande in dem Leiter, welcher die beiden Metalle der Säule ausserhalb verbindet. Das Gesetz, welches die Abhängigkeit der Stromstärke von diesen Theilen des Stromerzeugers feststellt, ist von Ohm gefunden, und stellt sich einfach in der Formel dar

$$S = \frac{E}{W + w},$$

d. h. die Stromstärke S ist gleich der elektromotorischen Kraft E, dividirt durch den Widerstand in der Säule W, vermehrt um den ausser der Säule w.

Die Abhängigkeit der Stromstärke von dem Widerstande in und ausser der Säule, ist bedingt durch die Länge λ, die Leitungsfähigkeit $\varkappa$ und durch den Querschnitt des Leiters ω, und zwar ist die Stromstärke dem Querschnitte und der Leitungsfähigkeit des Leiters gerade, dagegen der Länge desselben umgekehrt proportional, so dass sich hiernach die Ohm'sche Formel in folgender Weise darstellt:

$$S = \frac{E}{\frac{\lambda}{\varkappa\,\omega}} = \frac{\varkappa\,\omega\,E}{\lambda}.$$

2. Einfluss der Stromstärke. Wird nun der den Magnetismus erregende Strom gegeben, so erhält man unter übrigens gleichen Bedingungen den erregten Magnetismus so lange der Stärke des Stromes proportional, bis Sättigung auftritt. In Bezug auf diese Sättigung hat die Erfahrung gelehrt, dass bei allen gewöhnlich zur Anwendung kommenden Strömen noch immer Proportionalität des erregten Magnetismus mit der Stromstärke vorhanden ist, wenn der Magnetkern nicht unter 1' stark ist.

Ebenso wie der erregte Magnetismus ist der freie Magnetismus der erregenden Stromstärke proportional.

Die Anziehung wird dadurch bewirkt, dass ein dem Magneten genähertes Stück Eisen selbst zu einem Magneten wird. Die Menge des in dem Eisenstück, Anker, erzeugten Magnetismus, ist dem Magnetismus des Magneten proportional, d. h. der Magnetismus des Ankers steigert sich in demselben Maasse als der Magnetismus des Magneten, deshalb muss die Anziehung das quadratische Verhältniss des freien Magnetismus zeigen, sie muss also dem Quadrate der Stromstärke proportional sein.

Lässt man zwei Magnete auf einander wirken, so verhält sich ein jeder zu dem anderen wie ein Anker zu seinem Magneten, es wird also ein jeder derselben ausser seiner eigenen Kraft noch die erhalten, welche ihm durch Annäherung an den anderen ertheilt wird, und da diese der Stromstärke des anderen Magneten proportional ist, so wird ein jeder den anderen mit der Kraft anziehen, welche der Summe der Stromstärken beider Magnete proportional ist, daher muss die Anziehung zweier Magnete dem Quadrate der Summe der Stromstärken beider proportional sein.

Bei der Wirkung eines Magneten auf einen Anker in unmittelbarer Berührung treten Störungen durch die unvollkommene Berührung zwischen beiden Theilen ein, und deshalb ist die Tragkraft nicht ganz dem Quadrate der Stromstärke proportional, sie wächst in etwas geringerem Verhältniss als dieses Quadrat, doch nähert sie sich bei Steigerung der Stromstärke allmälig immer mehr dem quadratischen Verhältniss.

§. 4.

Die Spirale.

1. Einfluss der Windungszahl auf den erregten und freien Magnetismus. Der Einfluss, den die galvanische Spirale auf den Magnetismus übt, kann von zwei verschiedenen Gesichtspunkten aus betrachtet werden. Der Unterschied besteht darin, ob man den Elektromagneten oder ob man einen bestimmten Strom als gegeben annimmt. Ist ein Elektromagnet vorhanden, durch den man den Strom einer galvanischen Säule leitet, so bedingt die Art der Spirale die Stärke des Stromes, denn wir wissen, dass diese letztere von der Substanz, der Dicke und Länge des Spiraldrahtes abhängt, weil dieser ein Theil des Leiters ausserhalb der galvanischen Säule ist. Dieser Einfluss der Spirale auf die Stromstärke

ergiebt sich aus dem Ohm'schen Gesetz, und ist eine Frage, welche die Lehre über den Galvanismus zu lösen hat.

Die eigentliche Frage Hinsichts des Einflusses der Spirale auf den Elektromagnetismus ist die: „Welchen Einfluss übt die leitende Spirale bei gleicher Stromstärke?“ Ist bei sich gleichbleibendem Strome auch noch die Substanz und Dicke des Drahtes, sowie die Weite und Anzahl der Spiralwindungen von Einfluss? Die Untersuchungen haben gelehrt, dass die Substanz und Dicke des Drahtes ganz ohne Einfluss auf den Magnetismus ist, wenn dieser Draht von demselben Strome durchflossen wird. Auch die Weite der Windungen der Spirale übt nur insofern einen Einfluss, als am Ende des Magnetkernes um so mehr von der Seitenwirkung der Spiralwindungen verloren geht, je weiter die Windungen sind, bei gleicher Entfernung vom Ende des Kernes. Lässt man dagegen den Eisenkern in demselben Verhältniss weiter aus der magnetisirenden Spirale hervorragen, als diese selbst an Weite zunimmt, so ist diese Weite ganz ohne Einfluss.

Der einzig wichtige Einfluss, den die Spirale auf den Magnetismus ausübt, wird durch die Anzahl der Windungen derselben bedingt. Die Versuche haben gelehrt, dass sowohl der erregte wie der freie Magnetismus der Elektromagnete der Anzahl der Spiralwindungen proportional ist, wenn nur eine der ursprünglichen Windungszahl hinzugefügte Anzahl von Windungen in gleicher Weise wie jene über den Magnetkern verbreitet ist. Ist dies nicht der Fall, so findet besonders Hinsichts des freien Magnetismus diese Proportionalität nicht statt, weil die von dem Magnetpole ferner liegenden Windungen nicht für alle Fälle einen gleichen Finfluss auf denselben üben. Für alle Fälle gilt aber der Satz: „Die Totalwirkung sämmtlicher, einen Eisenkern umgebender Windungen ist gleich der Summe der Wirkung der einzelnen Windungen.“

2. Anziehung und Tragkraft. Für die Anziehung und die Tragkraft ist, analog den Erscheinungen bei der Stromstärke, der Magnetismus unter den oben genannten Bedingungen dem Quadrate der Anzahl der Windungen proportional.

Diese Sätze gelten sowohl für die geraden Elektromagnete wie für die Hufeisen.

Aus diesen Sätzen in Verbindung mit denen in Bezug auf die Stromstärke geht nun hervor: „Der erregte wie der freie Magnetismus

32*

ist dem Produkte aus Stromstärke und Windungszahl der Spirale proportional."

„Die Anziehung und annäherungsweise auch die Tragkraft, sind dem Quadrate des Produkts aus Stromstärke und Windungszahl der Spirale proportional."

Wie für die Stromstärke, so gilt auch für die Anzahl der Spiralwindungen bei dem Einflusse zweier Magnete auf einander der Satz, dass die Anziehung dem Quadrate der Summe aller Windungen beider Magnete proportional ist.

Da nun aber derselbe Satz auch Hinsichts der Anzahl der Windungen eines Magneten gilt, so folgt daraus, dass es gleichgültig ist, ob eine bestimmte Anzahl von Windungen über einen oder über beide sich anziehenden Stäbe ausgebreitet ist, wenn nur in beiden Fällen die Windungen die Kerne ihrer ganzen Länge nach bedecken. Dieser Satz findet sich durch die Versuche bestätigt.

3. Spiralenanziehung. Wir wissen, dass eine galvanische Spirale einen Magneten anzieht. Nähert man nun einer vom Strome durchflossenen Spirale einen unmagnetischen Eisenstab in der Richtung ihrer Axe, so wird dieser zu einem Magneten und also auch in dieselbe hineingezogen.

Die Beobachtung hat gelehrt, dass die Kraft, mit der ein in der Axe einer galvanischen Spirale befindlicher Eisenkern angezogen wird, dem Quadrate des Stromes proportional ist, welcher die Spirale galvanisirt, und ebenso proportional dem Quadrate der Windungszahl der galvanischen Spirale.

4. Vertheilung der Windungen auf dem Magnetkerne. Für den Fall, dass der Kern nicht seiner ganzen Länge nach mit der galvanischen Spirale bedeckt ist, sind die vorn aufgeführten Sätze über die Magnetisirung durch die Spirale nicht durchaus gültig, weil die Wirkung nicht dieselbe bleibt, wenn die Spirale an verschiedene Stellen des Kernes gebracht wird.

In Bezug auf die Aenderung der Lage der Spiralwindungen auf dem Kerne sind zwei Arten zu unterscheiden. Die Aenderung kann nämlich geschehen, entweder durch Verschieben der ganzen Spirale, ohne diese selbst zu ändern, oder durch Zusammenhäufen oder Ausbreiten der Windungen der Spirale selbst. Für jeden der beiden Fälle bieten wieder die verschiedenen Aeusserungen des Magnetismus (erregter, freier Magnetismus, Anziehung und Tragkraft) verschiedene Erscheinungen dar. Wir betrachten zunächst die Wirkung einer constanten Spirale, welche von dem Ende des Magnetkernes nach der Mitte desselben geführt wird. Es wird einleuchten, dass bei den einzelnen Stellungen die Resultate des durch den ganzen Kern erregten Magnetismus andere werden müssen, als die des freien Magnetismus, der doch immer vorzüglich die Wirkung der Endfläche des der prüfenden Nadel zugekehrten Poles ist. Wie, wenn man eine Menge kleiner Stahlmagnete an einander reiht, nach dem Auseinandernehmen derselben diejenigen am stärksten geworden sind, welche sich in der Mitte befunden hatten; so muss auch durch eine galvanische Spirale, eben wegen der nach beiden Seiten befindlichen Armatur, in der Mitte mehr Magnetismus erregt werden, als durch dieselbe Spirale am Ende des Kernes. Dieser Schluss findet sich durch die Beobachtung bestätigt. Bei einem 3′ langen Eisenstabe stieg der erregte Magnetismus des ganzen Stabes, wenn die Spirale vom Ende bis zur Mitte geführt wurde, um das $2^1/_2$fache.

Hinsichts des freien Magnetismus der Endflächen eines Kernes beobachtet man zunächst im grossen Ganzen eine Abnahme des Magnetismus bei zunehmender Entfernung der Spirale vom wirksamen Polende. Wenn nun aber der erregte Magnetismus beim Bewegen nach der Mitte des Kerns wächst, dagegen der freie Magnetismus durch das Entfernen vom Ende abnimmt, und ein grösserer erregter Magnetismus andererseits doch auch wieder den freien Magnetismus verstärkt; so ist es beim Entfernen der Spirale vom wirksamen Polende bis zur Mitte zweifelhaft, wo sich das Maximum des freien Magnetismus zeigen werde, da hier die beiden genannten Wirkungen in Conflict sind, während über die Mitte hinaus beide eine Abnahme bewirken. Die Beobachtung hat nun gelehrt, dass der freie Magnetismus das Maximum zeigt, wenn die Spirale ziemlich nahe am wirksamen Polende ist, obschon in der nächsten Nähe wieder eine Abnahme bemerkt wird.

Die Erscheinungen der Anziehung und Tragkraft entsprechen für diesen Fall denen des freien Magnetismus.

§. 5.

Der Magnetkern.

1. Erregter und freier Magnetismus. Der Einfluss des Eisenkernes auf die Intensität des Elektromagneten richtet sich sowohl nach der Art des angewandten Eisens, als nach den Dimensionen desselben. Hinsichts der letzteren ist der durch verschiedene Kerne erregte, sowie der

freie Magnetismus den Wurzeln der Lineardimensionen proportional, wenn der Kern seiner ganzen Länge nach mit der galvanischen Spirale bedeckt ist.

Der erregte und der freie Magnetismus sind also unter übrigens gleichen Bedingungen den Wurzeln der Durchmesser verschiedener Magnetkerne proportional; und der erregte und freie Magnetismus sind den Wurzeln der Länge verschiedener Magnetkerne proportional, wenn dieselbe Anzahl von Spiralwindungen bei gleichem Strome (dieselbe magnetisirende Kraft) jeden Kern seiner ganzen Länge nach bedeckt.

Auch die Kraft, mit der ein in der Axe einer Spirale befindlicher Eisenkern in dieselbe hineingezogen wird, ist unter übrigens gleichen Umständen der Wurzel der Durchmesser dieser Eisenkerne proportional.

2. Anziehung und Tragkraft. Da nun der Magnetismus eines Kernes in dem ihm genäherten Anker in demselben Maasse Magnetismus erregt, als er ihn besitzt, so muss daraus geschlossen werden, dass die Anziehung dem Quadrate des im Eisenkerne vorhandenen Magnetismus proportional sein müsse. Die Erfahrung hat nun gelehrt, dass dies nur für den Fall vollständig eintritt, wenn der angewandte Anker ebenfalls im Verhältniss des Magnetkernes an Durchmesser zunimmt. Diese Erscheinung findet darin ihre Begründung, dass Magnet und Anker wie ein zusammengehöriges Ganzes zu betrachten sind.

Die Tragkraft zeigt nicht ein so einfaches Resultat, weil hier, wegen der schon vorn erwähnten unvollständigen Berührung der Polflächen, in den meisten Fällen Störungen eintreten. Für die Fälle jedoch, wo die Berührungsfläche eine Gestalt hat, welche eine unter allen Umständen gleichmässige Berührung bedingt, gilt auch für die Tragkraft das Gesetz, dass dieselbe dem Durchmesser des Kernes proportional ist.

Man hat wohl behauptet, dass der Magnetismus, da er sich besonders an den Rändern stark äussert, nicht von der ganzen Masse des Eisenkernes, sondern von dem Umfange desselben abhänge. Wäre dies richtig, so müssten hohle Magnetkerne dieselbe, und unter Umständen grössere Wirkung äussern als massive. Mannigfache Versuche haben aber gelehrt, dass hohle Magnetkerne geringere Kraft zeigen als massive. Der Unterschied zwischen den beiden Arten von Kernen wird um so bedeutender, je grössere magnetisirende Kraft man anwendet, weil bei einem hohlen Magneten viel eher Sättigung eintritt, als bei einem massiven.

Hierbei darf jedoch ein Fall nicht ausser Acht gelassen werden, für welchen allerdings nicht-massive Kerne vortheilhafter wirken können als massive. Ausser den hohlen Kernen hat man auch Drahtbündel als Ausfüllung der Spirale angewandt. Lässt man auf diese bei einer gewöhnlichen Prüfung der magnetischen Wirkung dauernd den Strom wirken, so geben sie, wie die hohlen Kerne, geringere Kraft als solides Eisen. Nun entstehen aber beim Anfange des galvanischen Stromes in der Peripherie des Eisens ebenso Inductionsströme, wie in einem jeden anderen Leiter, und diese bewirken, da sie dem erregenden Strome entgegengesetzt gerichtet sind, Anfangs eine Hemmung des Magnetismus. Wird nun die magnetische Wirkung nur ganz kurze Zeit gebraucht, und dann immer wieder unterbrochen, so kommt der Magnetismus wegen dieser peripherischen Inductionsströme gar nicht zur vollen Wirkung. Diese peripherischen Ströme können aber nicht entstehen, wenn der Eisenkern kein Continuum ist, und deshalb muss für diesen Fall die Wirkung eines Drahtbündels vortheilhaft sein.

3. Vertheilung des erregten Magnetismus in der Längsrichtung des Magneten. Ausser dem vorn genannten Satze in Bezug auf den erregten und freien Magnetismus verschieden langer Magnete, haben die Untersuchungen noch mehrere andere wichtige Sätze für solche Magnete ergeben, die auf ihrer ganzen Länge mit der galvanischen Spirale bedeckt sind.

Hinsichts der Vertheilung des erregten Magnetismus in den verschiedenen Querschnitten der Länge des Magnetkernes sind drei Fälle denkbar. Entweder nimmt der erregte Magnetismus von dem Ende des Magneten nach der Mitte hin zu, oder er bleibt gleich, oder er nimmt ab. Aus jeder dieser Möglichkeiten folgt eine bestimmte Art der Vertheilung des freien Magnetismus an der Oberfläche des Magneten und aus diesen Folgerungen erhellt, dass von den drei Fällen nur der erste anwendbar ist, dass also der erregte Magnetismus in den aufeinander folgenden Querschnitten von dem Ende nach der Mitte des Magneten hin zunimmt.

Die Untersuchungen haben nun gelehrt, dass die Zunahme des erregten Magnetismus vom Ende nach der Mitte hin den Wurzeln der Entfernungen vom nächsten Ende proportional ist.

Hieraus folgt, dass das in der Mitte jedes Kernes vorhandene Maximum des erregten Magnetismus ebenfalls der Wurzel der Länge des ganzen Kernes proportional ist, und dass bei gleicher magnetisirender Kraft der erregte Magnetismus verschieden langer Kerne in allen den Querschnitten gleich ist, welche gleich weit vom nächsten Ende entfernt sind.

4. Vertheilung des freien Magnetismus auf der Länge des Kernes. Der freie Magnetismus der Endflächen eines Elektromagneten ist, wie wir bereits gesehen, der Summe des auf der ganzen Länge des Kernes erregten Magnetismus, d. h. der Wurzel der Länge proportional. Nun zeigt aber der Kern auf seiner ganzen Längenausdehnung ebenfalls freien Magnetismus, der bis zur Mitte hin abnimmt, wo er gleich Null ist. Es verhält sich also der freie Magnetismus umgekehrt wie der erregte Magnetismus, welcher letztere in der Mitte sein Maximum hat und am Ende gleich Null ist. Die Versuche haben nun gelehrt, dass in einem jeden Querschnitte der freie Magnetismus und der erregte einander zur Einheit ergänzen, so dass also der freie Magnetismus eines jeden Querschnitts auf der Länge eines Magneten proportional ist der Differenz zwischen dem erregten Magnetismus in diesem Querschnitte und dem Maximum desselben in der Mitte des Magnetstabes.

Dasselbe Gesetz gilt sowohl für Stahl- als auch für Elektromagnete und muss ohne Rücksicht auf den erregten Magnetismus so heissen:

„Der freie Magnetismus in jedem Querschnitte eines Magneten ist der Differenz zwischen der Quadratwurzel aus der halben Länge und der Quadratwurzel aus dem Stück vom Querschnitt bis zum nächsten Ende des Magneten proportional."

5. Anziehung und Tragkraft der Stäbe von verschiedener Länge. Legt man an einen geraden Stabelektromagneten einen geraden Stab als Anker, so bilden diese beiden Stäbe ein Continuum. Es wirkt also auf der Endfläche, wo beide Stäbe sich berühren, nicht das Maximum des freien Magnetismus, und es lässt sich schliessen, dass die Anziehung also wohl dem Quadrate des in diesem Querschnitte erregten Magnetismus proportional sein werde. Die Untersuchungen haben diese Vermuthung bestätigt, sie lehren, den eben aufgestellten Sätzen über den erregten Magnetismus entsprechend, wenn wir ein solches Continuum von Magnet und Anker ein magnetisches System nennen:

1. **„Die Anziehung und Tragkraft sind der Länge verschiedener Systeme proportional, wenn diese proportional getheilt sind."**

2. „**Die Anziehung und Tragkraft verschiedener elektromagnetischer Systeme von gleicher Länge sind der Länge des kürzeren beider Theile proportional, wenn entweder ein Theil oder beide mit der galvanischen Spirale ihrer ganzen Länge nach bedeckt sind.**“

Da nun der kürzere Theil sein Maximum erreicht, wenn er dem anderen gleich wird, so folgt aus dem Satze in Nr. 2:

„Unter Systemen von gleicher Länge hat das das Maximum der Anziehung und Tragkraft, bei welchem Anker und Magnet gleich lang sind.“

Aus diesem Satze folgt dann ferner in Verbindung mit Nr. 1:

„Anziehung und Tragkraft beliebig langer Systeme sind gleich, wenn die kürzeren Theile, sei es Anker oder Magnet, einander gleich sind.“

6. Die Hufeisen. Wir haben bisher unter allen Umständen die Anziehung und Tragkraft der Hufeisen denen der geraden Stäbe analog gefunden, für beide gelten dieselben Gesetze Hinsichts der Stromstärke, der Windungszahl der Spirale und des Durchmessers der Magnetkerne. Anders verhält es sich mit der Wirkung der Länge der Eisenkerne. Der Grund dieser Verschiedenheit ergiebt sich daraus, dass, während am Ende eines Magnetkernes das Maximum des freien Magnetismus vorhanden ist, dies nicht mehr der Fall ist, wenn an dieses Ende ein Anker angesetzt wird. Denkt man sich daher einen geraden Elektromagneten zu einem Ringe gekrümmt, so dass die beiden Polflächen einander berühren, so zeigt dieser Ring keinen freien Magnetismus mehr. Dies ist aber nur dann möglich, wenn der erregte Magnetismus in allen Querschnitten des Ringes derselbe ist. Ein solcher Ring, durch einen Schnitt in zwei Theile getheilt, stellt nun zwei Hufeisen dar, deren Anziehung zu einander wegen des überall gleichen erregten Magnetismus gleich sein muss, durch welche Theile auch immer der Schnitt gelegt sein mag. Daraus folgt denn, dass Anziehung und Tragkraft dieselben bleiben müssen, bei jeder beliebigen Länge und Form des Hufeisens, wenn dasselbe nur auf seiner ganzen Ausdehnung mit der galvanischen Spirale bedeckt ist.

Die Erfahrung hat gelehrt, dass bei nicht vollständiger Bedeckung des ganzen Kernes erst eine Abweichung von diesem Gesetze eintritt, wenn ein Anhäufen der Windungen auf einem ganz kleinen Raum, oder eine so grosse Annäherung der Schenkel eintritt, dass sie fast zur Berührung wird, bevor das Ankerstück aufgelegt ist.

§. 6.

Die Form der Elektromagnete und der Anker.

1. Form des ganzen Magneten. Man hat sehr verschiedenartige Magnetformen hergestellt, doch existiren nur wenige vergleichende Versuche über die Wirkung derselben. Ausser den Untersuchungen über die cylindrischen einfachen Stäbe sind in neuster Zeit einige über die Wirkung des Glockenmagnets angestellt. Zu dieser Form führte eine andere, die man füglich den Gabelmagneten nennen kann. Auch diese beiden Magnete wirken Hinsichts der Anziehung auf einen Anker nicht sehr vortheilhaft, obgleich die Tragkraft bedeutend ist; allein, wenn man auf den mittleren Eisenkern eine galvanische Spirale anziehen lässt, welche sich zwischen der Glocke und dem innern Kerne bewegt, so wird die Kraft dieser Anziehung im Vergleich mit der eines einfachen Kernes sehr bedeutend erhöht, ohne dass dadurch im mindesten der Verbrauch gesteigert würde. Auch in diesem Falle ist, wie bei den einfachen Kernen, die Anziehung den Wurzeln der inneren Kerndurchmesser proportional.

In Uebereinstimmung mit der theoretischen Betrachtung lehrt der Versuch, dass eine galvanische Spirale im Innern eines Hohlcylinders nur geringen Magnetismus in demselben erregt.

2. Form der Magnetenden. Von besonderem Einfluss auf die Kraftäusserung des Magneten, ist die Form des Magnetendes. Die Erfahrung hat gelehrt, dass besonders die Tragkraft von der Grösse der Berührungsfläche zwischen Anker und Magnet abhängig ist. Wegen der schlechten Berührung, welche stets zwischen zwei ebenen Polflächen vor dem Abreissen des Ankers stattfindet, ist es für diesen Fall vortheilhaft, die Polfläche möglichst klein zu machen; allein diese Kleinheit der Berührungsfläche findet dadurch ihre Gränze, dass um so eher Sättigung eintritt, je dünner der erregte Eisenstab ist. Es kommen also bei der Wirkung in Berührung von Anker und Magnet zwei Einflüsse mit einander in Conflict, und daher giebt es für eine jede magnetische Intensität eine bestimmt grosse Polfläche, welche das Maximum der Wirkung äussert. Diese Grösse der Polfläche erreicht nicht die Grösse des Querschnitts des Magnetkernes, und deshalb bewirkt eine Zuspitzung des Kernes stets ein günstiges Resultat Hinsichts der Tragkraft. Auch abgerundete Endflächen wirken so lange vortheilhaft, als nicht durch zu grosse Steigerung des Magnetismus der eintretende Sättigungszustand eine fernere Zunahme des Magnetismus am Polende verhindert.

Aus diesen Gründen sind Ansatzstücke an dem wirksamen Polende, welche die Polfläche vergrössern, stets nachtheilig, sobald die Tragkraft wirken soll.

Etwas anders ist die Wirkung bei der Anziehung. Von nicht sehr grosser Entfernung ab wirkt eine gut geebnete Polfläche am besten, deren Durchmesser gleich dem des Kernes überhaupt ist. Ansatzstücke, welche die Polfläche über diese Gränze hinaus vergrössern, sind deshalb nachtheilig, weil dadurch die magnetisirende Spirale vom Pol fern gehalten wird.

Die Wirkung des freien Magnetismus ist von der der Anziehung und Tragkraft verschieden. Es kommt hierbei darauf an, ob der magnetische Einfluss des Poles sich auf ein grösseres oder kleineres Feld erstrecken soll, je nach diesem Bedürfniss ist die Grösse des Magnetendes, so wie dessen Form zu wählen.

3. Form der Anker. Wie die Form der Magnetenden, so ist auch die Form der anzuwendenden Anker von Einfluss, weil sowohl ihre Masse die Anziehung, als auch die Grösse ihrer Endflächen die Grösse der Berührungsflächen zwischen Anker und Magnet bedingen. Hinsichts dieser letztern gilt dasselbe Gesetz, welches die Grösse der Endfläche des Magnetkernes bestimmt. Wir haben bereits früher gesehen, dass Tragkraft und Anziehung der Länge des Ankers proportional wachsen, wenn dieser gleichen Durchmesser mit dem Magnetkerne hat und seine Länge die des Magneten nicht übersteigt. Auch für den Fall nimmt die Anziehung mit der Länge zu, wenn der Anker nicht denselben Durchmesser wie der Magnet hat, allein diese Zunahme ist dann nicht immer der Länge proportional. Aehnliche Erscheinungen zeigen verschiedene Durchmesser der Anker.

Aus diesen Resultaten folgt, dass die Anziehung mit der Masse des Ankers wachsen muss. Bei der Tragkraft wird dieses Gesetz durch die mangelhafte Berührung zwischen Magnet und Anker abgeändert. Dadurch, dass der Anker den Magneten vor dem Abreissen immer nur in einigen wenigen Punkten berührt, wird die Erscheinung veranlasst, dass bei jeder magnetischen Intensität eine bestimmt grosse Berührungsfläche das Maximum der Tragkraft giebt. Die Grösse dieser Berührungsfläche wächst mit der Intensität des Magneten. Da die Masse des Ankers auch die magnetische Intensität ändert, so wächst die Grösse der Berührungsfläche, welche das Maximum der Tragkraft zeigt, auch mit der Masse des Ankers.

Wie bei den Magnetenden, so ist Hinsichts der Anziehung auch für die Enden des Ankers der Satz gültig, dass eine ebene Polfläche, welche gleichen Durchmesser wie der ganze Anker hat, am vortheilhaftesten wirkt.

§. 7.

Der remanente Magnetismus.

1. Die Eisensorten. Der remanente Magnetismus muss nach der vorn angegebenen Theorie darin seinen Grund haben, dass die aus ihrer ursprünglichen Lage herausgebrachten Molekularmagnete nicht vollständig in dieselbe zurückkehren, sobald die magnetisirende Kraft aufgehört hat. Nach dieser Anschauungsweise muss diejenige Eisensorte den meisten remanenten Magnetismus zeigen, welche am wenigsten magnetisirungsfähig ist. Dies findet sich in der That mit der Erfahrung in Uebereinstimmung. Die Härte und der Kohlengehalt des Eisens sind die Ursachen des remanenten Magnetismus. Der Kohlengehalt der verschiedenen Eisensorten variirt zwischen $^1/_{120}$ und $^1/_{15}$ der Eisenmasse.

Aus der Unbeweglichkeit der Moleküle erklärt sich die Erscheinung, dass, während ein Stahl- und ein Elektromagnet gleichen freien Magnetismus zeigen, doch der letztere eine viel grössere Tragkraft hat als ersterer. Durch das Anlegen des Ankers wird nämlich in demselben noch mehr Magnetismus erregt, während die starreren Theile des Stahlmagneten dies nicht zulassen.

Aus demselben Grunde ist die Anziehung eines Elektromagneten geringer als die eines Stahlmagneten, wenn die Tragkraft beider gleich ist.

2. Magnetisirungsmethoden. Unter der Sättigung eines Stahlmagneten versteht man das Maximum des Magnetismus, welches der Magnet nach Anwendung der magnetisirenden Kraft zu behalten fähig ist, wogegen die absolute Sättigung eines Elektromagneten das Maximum der Kraft genannt wird, welche der Magnet während der Anwendung eines sehr starken Stromes erreichen würde. Man ist im Stande ziemlich vollständig gesättigte Stahlmagnete anzufertigen, wogegen man bei einem Elektromagneten meist nur eine Annäherung an den Sättigungszustand, d. h. „relative Sättigung" wahrnimmt.

Wegen der Unbeweglichkeit der Moleküle eines Stahlmagneten wird dessen Magnetisirung am vortheilhaftesten dadurch bewirkt, dass man durch Streichen mit einem starken Magneten, oder durch Erschütterungen die Moleküle in Bewegung bringt. Daher wirkt eine Magnetisirungsmethode unvortheilhaft, bei der die Theilchen unmittelbar in die zu dem magnetischen Zustande nothwendige Lage gebracht werden, ohne zuvor ein oder mehrere

Male nach der entgegengesetzten Seite gerichtet worden zu sein. Es ist dies der Grund, weshalb ein Stahlstab wenig magnetisch wird, wenn man ihn in eine galvanische Spirale bringt, und durch diese erst den Strom leitet, wenn er bereits sich in derselben befindet. Viel stärker wird er magnetisch, wenn er in der Spirale, während der Thätigkeit des Stromes hin- und hergeschoben, oder mit einem anderen Magneten gestrichen, oder erschüttert wird. Die Beobachtung hat auch gelehrt, dass ein vollständiger Elektromagnet eine grössere magnetisirende Kraft auf den Stahlmagneten ausübt, als wenn der Stahlmagnet selbst unmittelbar mit der galvanischen Spirale umgeben wird. Nach diesen hier aufgestellten Prinzipien sind sämmtliche Magnetisirungsmethoden des harten Stahles zu beurtheilen.

3. Modificationen des Magnetismus. Es giebt keinen absolut harten Stahl, d. h. keinen Stahl, in welchem nicht immer noch Theile vorhanden wären, die sich wie das weiche Eisen verhalten. Man schliesst dies daraus, dass bei der Magnetisirung eines Stahlstabes ausser dem erzeugten dauernden (remanenten) Magnetismus stets noch temporärer erzeugt wird, der nach Aufhebung der magnetisirenden Kraft wieder verschwindet.

Ebenso giebt es auch kein absolut weiches Eisen, d. h. solches, bei dem nicht remanenter Magnetismus zu beobachten wäre. Aus diesem Grunde nimmt man wahr, dass der Magnetismus bei steigenden Strömen in geringerem Verhältniss als dem der Ströme zu-, und bei fallenden ebenfalls in geringerem Verhältniss abnimmt. Erst nach Abzug des jedes Mal vorhandenen remanenten Magnetismus erhält man den der magnetisirenden Kraft proportionalen Magnetismus.

Das Gesetz, nach welchem der remanente Magnetismus durch verschiedene erregende Kräfte zu- oder abnimmt, ist noch nicht erforscht. Die Beobachtungen haben besonders auch den Umstand erkennen lassen, dass der Grad des remanenten Magnetismus durch wiederholtes Magnetisiren geändert wird, und dass zur vollständigen Entfernung des remanenten Magnetismus ein schwächerer entgegengesetzter Strom nöthig ist, als der, welcher die Magnetisirung bewirkt hatte. Es hat sich ferner nicht als gleichgültig erwiesen, ob man einen durch Ausglühen unmagnetisch gemachten Stab magnetisirte, oder ob dieser mit derselben Kraft magnetisirt ward, nachdem er durch den Einfluss entgegengesetzt gerichteter Ströme scheinbar unmagnetisch gemacht war. Aus dieser Wahrnehmung muss man schliessen, dass ein auf die letzte Art unmagnetisch gemachter Stab doch noch Magnetismus enthält, der nur durch Magnetismus in der entgegengesetzten Richtung verdeckt ist. Man hat diesen nicht unmittelbar wahrnehmbaren

Magnetismus „dissimulirten“ genannt. Nach den Begriffen der Theorie unterscheidet sich also ein Stab, in welchem der Magnetismus durch Erwärmen entfernt ist, von einem solchen, welcher durch entgegengesetztes Magnetisiren unmagnetisch geworden ist, in der Weise, dass während bei der ersteren Art die Theile in ihre ursprüngliche Lage zurückgebracht sind, bei der letzteren andere Theile als die früher gerichteten entgegengesetzt gerichtet worden sind, wodurch die ursprüngliche Wirkung neutralisirt ist.

Der remanente Magnetismus wächst, wenn ein Stab während der Thätigkeit der magnetisirenden Kraft erschüttert wird, er nimmt dagegen ab, wenn die Erschütterung nach Aufhören der magnetisirenden Wirkung erfolgt. Sind in dem Stabe beide entgegengesetzten Magnetismen vorhanden, so kann in demselben durch Erschüttern statt des momentan vorhandenen der entgegengesetzte Magnetismus erscheinen.

4. Einfluss der Temperatur auf die Magnete. Die Einwirkung der Wärme auf einen Magneten ist theils eine momentane, theils eine bleibende, in jedem Falle wird aber die Kraft durch die Wärme vermindert. Die Magnete aus weichem Stahl zeigen erwärmt eine geringere Intensität als nach dem Erkalten. Die Abnahme des Magnetismus durch Wärme zeigt sich ungefähr dem Durchmesser der Magnete proportional. Der Verlust durch die Wärme nimmt auch mit der Länge des Magneten zu. Der gehärtete Stahl verliert durch die Wärme einen grösseren Theil des Magnetismus als der weiche.

Nicht allein ein Erwärmen, sondern auch Erkalten verringert unter Umständen den Magnetismus, dagegen nimmt ein Stab um so mehr Magnetismus auf, je niedriger die Temperatur ist, bei welcher er magnetisirt wird.

Ein Stab, dem nach einander stärkere Magnetismen ertheilt werden, erleidet bei wiederholter Erwärmung und Erkaltung innerhalb derselben Temperaturgränzen nach einander Verluste an Magnetismus, welche jedesmal dem ursprünglichen Magnetismus proportional sind.

Ein unmagnetischer Stab, welcher dissimulirten Magnetismus enthält, wird beim einmaligen Erwärmen und Erkalten unter Umständen magnetisch.

Diese Erscheinungen ändern sich, wenn ein Stab stark magnetisirt war und ihm durch entgegengesetztes Magnetisiren ein Theil seines Magnetismus entzogen ist. Je mehr ihm von seinem ursprünglichen Magnetismus genommen ist, um so weniger verliert er durch Erwärmen und Erkalten, ja er kann sogar alsdann durch diese Operation gewinnen.

5. Wechselwirkung von Torsion und Magnetismus. Nicht allein Temperaturveränderung und Erschütterung, sondern auch Torsion ändert den magnetischen Zustand eines Stabes. Der Magnetismus eines Stabes nimmt durch Torsion ab, und diese Abnahme ist der magnetischen Intensität nahezu proportional, bei gleichem Grade der Torsion. Wird ein gedrehter Stab wieder in seine Gleichgewichtslage zurückgeführt, so erleidet er einen fernern Verlust an Magnetismus. Eine wiederholte Drehung nach derselben Seite vermindert den Magnetismus noch um Weniges, dagegen bewirkt eine Drehung nach der entgegengesetzten Richtung wieder eine starke Verminderung.

Wird ein Stab so oft hin und her gedreht, dass sein Magnetismus sich nicht mehr verändert, so bewirkt jede Torsion nach der einen Seite eine Zunahme, nach der andern eine Abnahme des Magnetismus.

Ist ein Stab durch Erschütterung auf einen constanten Zustand geführt, so verliert er durch Torsion doch noch Magnetismus.

Ist einem Stabe durch entgegengesetztes Magnetisiren viel von seinem Magnetismus entzogen, so gewinnt er durch Torsion wieder einen Theil desselben. Dieser erreicht ein Maximum und nimmt bei fortgesetzter Torsion wieder ab.

Werden Torsion und Erwärmung vereinigt, so zeigt sich, dass der Stab, wenn ihm durch Torsion mehr Magnetismus entzogen ward, als er durch wiederholte Temperaturveränderung verloren hatte, seinen ganzen Magnetismus behält, wenn er nach einer Erwärmung auf die frühere Temperatur zurückgeführt ist.

Werden Drähte vor der Magnetisirung gedreht, so bewirkt die Magnetisirung durch den galvanischen Strom eine Detorsion der Drähte. Diese Detorsion wächst mit dem Grade der Magnetisirung. Eine wiederholte Magnetisirung von demselben Grade und in demselben Sinne detordirt nicht weiter, wohl aber eine im entgegengesetzten Sinne.

§. 8.

Ueber das Entstehen und Verschwinden des Elektromagnetismus.

1. Der geschlossene Magnet. Wenn man den Strom unterbricht, während ein Hufeisen den Anker trägt, so vergeht eine Zeit nach dieser Unterbrechung, bis der Anker abfällt. Diese Zeit ist kürzer, wenn

der Anker belastet ist, als wenn dies nicht der Fall. Es bedarf also einer Zeit, ehe der Magnetismus im Eisen verschwindet. Ausserdem beobachtet man aber, dass ein sehr starkes Hufeisen eine kleine Last beliebig lange trägt, wenn der Anker nicht abgerissen wird. Diese Tragkraft ist jedoch verschwunden, wenn man den Anker abreisst. Der Grund dieser Erscheinung liegt darin, dass durch das Anlegen des Ankers noch neuer Magnetismus in dem Kerne erregt wird, der nicht mit dem Aufheben des Stromes verschwindet, wohl aber beim Aufheben der Verbindung zwischen Anker und Magnet.

Die Thatsache, dass verschwindender Magnetismus einen Inductionsstrom erregt, giebt ein Mittel an die Hand, das allmälige Verschwinden des Magnetismus in einem Eisenkerne anschaulich nachzuweisen. Verschwände der Magnetismus plötzlich, so müsste eine um den Eisenkern befindliche Inductionsspirale beim Unterbrechen des Stromes einen starken Strom zeigen, der darauf gänzlich verschwunden wäre. Statt dessen zeigt die mit der Spirale verbundene Multiplicatornadel nur ein ganz allmäliges Zurückweichen in die Ruhelage. Zu dieser Beobachtung kommt noch die, dass das Verschwinden des Magnetismus um so langsamer vor sich geht, je grösser die Zahl der Spiralwindungen ist, die den Kern magnetisiren. Diese letzte Beobachtung lässt schliessen, dass das langsame Verschwinden eine Folge der Inductionsströme in der Magnetisirungsspirale ist, welche immer wieder Magnetismus in dem Kerne erregen.

2. Das Schliessen des Magneten. Wie zum Verschwinden, so gebraucht der Magnetismus auch eine Zeit zum Entstehen und auch zur Steigerung der Kraft, wenn der Anker aufgelegt wird. Abgesehen davon, dass die Kraftäusserung erst allmälig wächst, nimmt man auch wieder die Zunahme an dem Inductionsstrome wahr. Dieser in diesem Falle entstehende Inductionsstrom ist dem erregenden Strome entgegengesetzt gerichtet, und muss daher dem entstehenden Magnetismus entgegen wirken, und eben dies bewirkt die nur allmälige Steigerung des Magnetismus mit dem allmälig aufhörenden Inductionsstrome.

3. Andere Ursachen dieser Erscheinungen. Wie beim Entstehen und Verschwinden des Magnetismus überhaupt, so bemerkt man auch beim Oeffnen und Schliessen eines Hufeisenmagneten durch den Anker, nur ein allmäliges Zu- und Abnehmen des Magnetismus. Aus der Verschiedenheit der Zeit, die ein Magnet nöthig hat, um das Maximum seiner Wirkung zu erhalten, wenn er verschieden lange nicht in Gebrauch gewesen ist, lässt

sich entnehmen, dass der in der Spirale vorhandene Inductionsstrom nicht der einzige Grund für die Verzögerung des Magnetismus ist, sondern, dass eine gewisse Trägheit der Eisenmoleküle das plötzliche Zustandekommen des ganzen Magnetismus verhindert. Der Inductionsstrom muss in dem einen Falle ja doch so lange anhalten wie in dem anderen.

Während einerseits also der Inductionsstrom dem plötzlichen Entstehen und Verschwinden hinderlich ist, bewirkt andererseits die Trägheit des Eisens selbst eine Verzögerung beider Erscheinungen. Zu diesen zwei Ursachen kommt nun noch eine dritte. Man hat nämlich beobachtet, dass ein massiver Eisenkern die eben besprochenen Erscheinungen in hohem Maasse zeigt, während ein Drahtbündel, das in anderer Hinsicht fast ebenso wirksam ist, wie der massive Kern, dieselben wenig oder gar nicht bemerken lässt. Der Grund liegt in elektrischen Strömen, welche in jedem Querschnitte der massiven Eisenmasse inducirt werden, und die bei den Drahtbündeln nicht zu Stande kommen können, weil diese kein Continuum bilden. Dass dies in der That so ist, beweist der Versuch mit Drahtbündeln, die in leichtflüssiges Metall eingeschmolzen worden sind. Obgleich dieses Metall für den Magnetismus durchaus indifferent ist, und also nichts ändern müsste, so zeigen Drahtbündel dieser Art ganz gleiches Verhalten wie massive Kerne, weil in ihnen wieder die peripherischen Ströme sich bilden können.

Somit hat also die Verzögerung des Entstehens und Verschwindens des Magnetismus von Elektromagneten drei verschiedene Ursachen, nämlich 1) die Trägheit der Eisenmoleküle, 2) die Inductionsströme und 3) die in jedem Querschnitte des Eisens erregten peripherischen Ströme. Alle drei Ursachen können zusammen wirken, doch kommt unter Umständen jede derselben einzeln zur Geltung.

4. Nachtheilige Wirkung der Verzögerung. Für eine Anwendung des Elektromagnetismus in solchen Fällen, wo ein schneller Wechsel zwischen Anziehen und Nichtanziehen oder gar Abstossen stattfinden muss, ist die Verzögerung der Wirkung natürlich nachtheilig, und das Streben muss dahin gehen, diese hemmenden Einflüsse zu vermeiden oder doch wenigstens so gering wie möglich zu machen.

Wir haben bereits gesehen, dass eine Anwendung von isolirten Drahtbündeln die peripherischen Ströme unmöglich macht. Ein solches Mittel, die Verzögerung aufzuheben, giebt es aber nicht für die beiden andern Ursachen derselben, wohl aber ist man neuerdings auf ein Mittel aufmerksam geworden, welches die Verzögerung beim Entstehen verringert, jedoch mit einer Kostenerhöhung verbunden ist. Man hat nämlich beobachtet, dass die Zahl der Zeichen, die man mittelst des telegraphischen Apparates in einer bestimmten Zeit zu geben im Stande ist, sich mehrt, wenn derselbe Strom durch eine grössere Anzahl von galvanischen Bechern erzeugt wird. Da nun bei gleichem Strome in einem jeden Becher der galvanischen Säule derselbe Verbrauch an Zink und Säure stattfindet, so muss natürlich der Verbrauch bei gleichem Strome mit der Becherzahl wachsen. Der Grund, weshalb durch Vermehrung der Zahl der Paare einer Säule die Wirkung beschleunigt wird, liegt darin, dass durch eine vielpaarige Säule ein grösserer Widerstand überwunden werden kann, als durch eine Säule von geringerer Becherzahl. Der Einfluss des hemmenden Inductionsstromes nämlich wird um so grösser, je geringer der Widerstand ist, den ihm der primäre Strom entgegenzusetzen vermag, dagegen wird der Inductionsstrom um so schneller zu einer solchen Schwäche herabgedrückt werden können, dass der im Apparat anzuziehende Anker in Bewegung kommt, je grösseren Widerstand der primäre Strom zu überwinden vermag. Da dies Vermögen mit der Becherzahl wächst, so muss die Vergrösserung derselben eine schnellere Aufeinanderfolge der Impulse fördern.

Nach den neuesten Untersuchungen über diesen Gegenstand sind die Inductionsströme der galvanischen Spiralen der wichtigste Grund der Verzögerung des Entstehens des Magnetismus im Eisenkern, wogegen die gleichzeitige Bildung der peripherischen Ströme sowohl als die Wirkung der Coërcitivkraft des Eisens von geringerem Einfluss ist.

Dagegen hängt die Verzögerung des Verschwindens des Magnetismus, wo ja gewöhnlich der galvanische Leiter nicht geschlossen ist, also keine Inductionsströme vorhanden sein können, von den in dem Kerne sich bildenden peripherischen Strömen ab, wenn der Kern seiner ganzen Länge nach mit der Spirale bedeckt ist; mehr endlich von der Trägheit des Eisens, wenn die Spirale nur einen Theil des Kernes bedeckt, in welchem letzteren Falle auch die Verzögerung des Entstehens des Magnetismus in der Trägheit ihren Grund hat.

Die Verzögerungen, welche durch die Einwirkung der peripherischen Ströme bewirkt werden, äussern sich durch verlangsamtes Anwachsen und Abnehmen des Magnetismus, während die durch geschwächte Polarisirbarkeit hervorgerufenen Verzögerungen sich durch verspätetes Anwachsen und Abnehmen bemerklich machen.

§. 9.

Elektromagnetische Maschinen.

1. Arten der Maschinen. Wenngleich das Bestreben, den Elektromagnetismus als Triebkraft anzuwenden, erfolglos geblieben ist, so ist doch die Mittheilung der darüber angestellten Versuche deshalb von Wichtigkeit, weil die dadurch erlangten negativen Resultate zu einer allgemeinen Entwicklung der auf Maschinen dieser Art bezüglichen Gesetze geführt haben, welche näheren Aufschluss über das Wesen dieser Kraft geben.

Die Maschinen, deren Kraftäusserung man geprüft hat, zerfallen in solche, bei denen Magnete aufeinander wirken, und in solche, bei denen die Bewegung durch Wirkung galvanischer Spiralen auf einfache Eisenkerne oder Elektromagnete hervorgebracht wird.

Bei der ersten Art kann die Kraftäusserung entweder so stattfinden, dass die Magnete stets in Entfernung von einander bleiben, oder dass eine Bewegung bei theilweiser Berührung zwischen Magnet und Anker stattfindet.

2. Der die Kraft schwächende Inductionsstrom. Bei der Bewegung der Maschine werden Magnete an andere Magnete oder an Spiralen heranbewegt oder von ihnen entfernt. Durch diese Bewegung müssen Magnetoinductionsströme erzeugt werden, welche dem die Maschine bewegenden Strome entgegengesetzt gerichtet sind, und ihn daher schwächen. Die Stromstärke, welche die Maschine treibt, muss also die Differenz zwischen dem ursprünglichen Strome, wenn die Maschine still steht, und dem durch die Bewegung erregten Inductionsstrome sein. Man kann also bei der Bewegung der Maschine stets die Stärke des Inductionsstromes bestimmen, sie ist gleich der Differenz zwischen dem Strome vor der Bewegung und dem während der Bewegung. Diese Differenz, dividirt durch den Strom während der Bewegung, ist der Geschwindigkeit der Maschine proportional.

3. Kraftäusserung der Maschinen. Der mechanische Effekt einer Maschine ist das Produkt aus Belastung und Geschwindigkeit. Dieser mechanische Effekt wächst wie das Quadrat des erzeugten Magnetismus, und daraus ergiebt sich in Verbindung mit dem früheren Satze:

Der bei vergrösserter Säule während des Ganges der Maschine mit der Tangentenbussole. gemessene Strom ist der dritten Wurzel aus dem Strome beim Stillstande der Maschine proportional.

Ferner zeigt die Theorie wie die Erfahrung:

Die Geschwindigkeit einer unter constanter Belastung gehenden Maschine ist annäherungsweise dem Batteriestrome proportional.

Um das Maximum der Arbeit zu erreichen, muss die Summe der Widerstandskräfte der Maschine gleich dem vierten Theile der mittleren Anziehung der Magnete im Ruhezustande gemacht werden.

Druck von Gebrüder Katz in Dessau.

GPSR Compliance

The European Union's (EU) General Product Safety Regulation (GPSR) is a set of rules that requires consumer products to be safe and our obligations to ensure this.

If you have any concerns about our products, you can contact us on ProductSafety@springernature.com

In case Publisher is established outside the EU, the EU authorized representative is:

Springer Nature Customer Service Center GmbH
Europaplatz 3
69115 Heidelberg, Germany

Batch number: 10682411

Printed by Printforce, the Netherlands